海鳴社

はじめに

本書は，高校で学ぶ三角比～三角関数の長い道に沿って歩きながら，その周辺の景色も眺めるという感じのもので，中学校を卒業したての方から，高校数学を学んだことのある方，さらに，数学を教える立場にある方を想定しています。

また，「高校で学ぶ」といっても，学習指導要領の“知識の制限”には従わず，“周辺の景色”には，高校の範囲を超えるものも多くありますが，そのときの話の段階に合わせ，初めて高校数学を学ぶ人でも無理なく読み進められるように配慮しました。

最近，教科横断的な学習も注目され始め，大学入試などでは，高校の教科書では学ばない概念，定理や公式について，問題文中の説明を読んでその場で理解して使ったり証明したりというようなことも考えられているようです。つまり，学校で習ったことを基礎に，新しいことを自ら読んで理解する力がより一層求められているのです。本書でいう“周辺の景色”は，そういったところに相当するものなのかもしれません。

三角比～三角関数が“長い道”というのは，高校では３年にわたって学習するし（筆者の世代は中学校で鋭角の三角比を習ったから４年間），歴史的にも土地の測量ということを含めると，エジプトのピラミッドの時代から数千年にわたる長い時間をたどることができるからです。

そうした時間軸も本書では意識して，歴史にも目を向け，数学とは関係ないひとたちにも登場願ってその時代のようすに思いを馳せたりと，話が逸れて散漫な印象も拭えませんが，むしろ，そうした寄り道も楽しんでいただけたらと思います。

本書は，基礎→応用 という順序にとらわれず，その時点で持っている道具（知識）をできるだけ使ってみたほうが面白いだろう，ということを優先させて進んでいきます。

たとえば三角比は，教科書では（なぜかどの会社も），定義→基本的な性質→正弦定理→余弦定理→面積という順になっているところを，本書では，定義→面積→基本的な性質→余弦定理→正弦定理という順にしてあります。

三角形の面積は三角比の基本的な使い方の恰好のネタなので，学習の“ツカミ”として最適だし，正弦定理よりも余弦定理の方が，辺の長さを求める道具としては分かりやすいと私は思っており，実際の高校の授業でも，他の先生と試験範囲をそろえるという問題がない場合は，本書のような順序でやっています。

また，余弦定理と共に正弦定理も，定理を先に導いてそれを応用するのではなく，三角形の与えられた条件から未知の辺の長さを，そこまでに得た知識で求めてみて，その結果として，定理・公式の形にまとめるという順序にしています。

学校の教科書は，ページ数や，割り当てられた授業時間の制限も考慮してつくるので，“効率のよい”構成になるのもやむを得ません。したがって，ある程度，力のある生徒でないと，教科書で予習するというのは，数学の場合は難しいだろうと思います。

教科書と生徒の間をつなぐのが教員の大きな役割です。生徒の予習も含め，本書がその参考になれば幸いです。また，すでに高校を卒業された方も，「そうだったのか！」となれば，なお喜ばしいことです。

第７章までは有限の代数的計算できちんと説明できる内容ですが，それ以降では「無限」の概念を根底にして広がる世界を扱います。その世界では，時には日常の感覚と異なる結果になることがあります。

人の理解の過程を考慮した場合，ともかく一旦，直感的に分かったつもりになってから理論的な厳密さを追求しても遅くはありません。

数学史上でもこうした過程が見られます。荒削りでも，特段の不都合が起こらない限りは直感的な理解に基づいて話を進めていったのが，オイラー（1707～1783）やフーリエ（1768～1830）までで，その後，彼らのアイデアに対して，コーシー（1789 ～ 1857）たちが理論的な検討を重ねていくことで，現代の数学の基礎が確立されてきたのです。これは，教科書や数学事典の記述からすると，応用→基礎 という順序です。

大げさに言えば，本書で歴史の流れを追体験しようというわけです。

このように，結論を先に見て，厳密さの必要性を認識してからなら，その理論的な根拠に関心が向きやすくなり，たとえば，実数の連続とはどういうことか，などということから始まる学習も苦にはならないのではないでしょうか。

高校と大学の数学の境界が，この，オイラーやフーリエとコーシーのあたりと考えることができ，そこから遡っていくとピタゴラス（BC570頃～ 490 頃）にたどり着きます。これが本書のタイトルの意味です。

また，視覚化できるものはできるだけ図示し，途中の計算なども，学校の授業で黒板にかくものにできるだけ近い形にすることで，式の変形などを目で追うだけで理解できるよう配慮したつもりです。これが「読む授業」の意味です。

“周辺の景色”には，かなり背伸びして見る風景もあり，ちょっとしんどいと感じる場合もあるかも知れませんが，決まった時期に試験があるわけでもありませんから，時間をおいてあとで見直しても良いでしょう。また，さらにもっとよく見たいと思ったら，是非，皆さん自身でそちらまで足を踏み入れてみてください。

そうした，より高みへ続く道の入口への案内役にもなれれば，望外の幸せです。また，教える立場にある方にとって，本書が，若い学習者にちょっと遠くの景色も見せてあげるヒントになれば，嬉しく思います。

2019 年新春　坂 江　正

目　次

第６章　加法定理

第７章　弧度法（ラジアン）

第９章　三角関数の応用

第 10 章　複素数

第 11 章　指数関数と対数関数

登場人物（年代順）

おことわり：生没年については，不正確なところもあると思いますが，御容赦ください。また，読みについては，現地読みだったり英語読みだったり，フルネームであったりそうでなかったりということも含めて，最も広く使われていると思われるものにしてあります。

第１章

ピタゴラス

1　オリエント・ギリシャ

●エジプト

ナイル川（約6000km）流域では，BC5000年頃にはすでに農耕や牧畜が行なわれており，BC4000年頃には小部族国家が形成され，BC3000年頃にこれらを統一する王国が成立しました。

【図1-1-1】

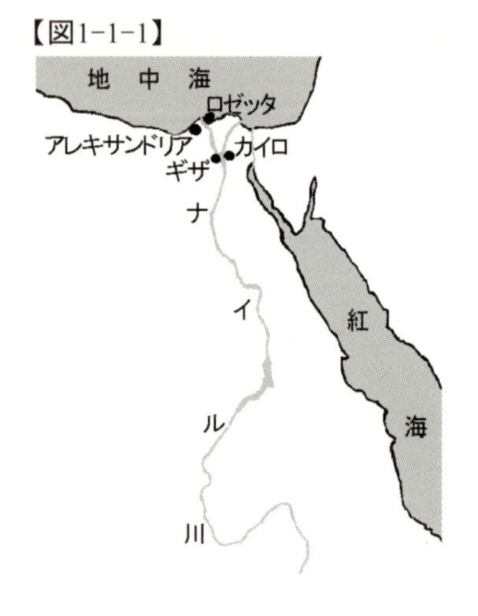

ナイル川は，毎年７月ごろになると日増しに増水し，両岸の畑は水没してしまいます。そして，10月ごろに水が引き，かつての畑は，上流から運ばれた泥土で覆われた更地となって再び現れます。

そこでまた，きちんと面積を計って農民に再配分します。そのため，測量技術が発達しました。畑の面積は収穫後の納税額にも関係しますから，測量は役所の大変重要な仕事だったのです。収穫前の畑に被害が出たときは，国王は役人を派遣して測量をさせ，被害面積に応じて納税額を計算し直したということです。したがって，税の計算などの計算技術も発達していました。

このような手間を強いるナイルの洪水は，決して災いなのではなく，上流から肥沃（ひよく）な泥土が運ばれ，肥料を必要とせずに毎年豊かな実りを与えてくれる自然からの恵みだったのです。

そのためエジプトでは，ナイル川に堤防を設けたり上流にダムをつくるというような考えは起こりませんでした。自然には逆らわない，自然を神格化する信仰心を持って，むしろ，ナイル川の水量をコントロールする神様(クヌム神)がいると信じていたくらいです。

ギリシャの歴史家ヘロドトス（BC485～425頃）は「エジプトはナイルの賜物(たまもの)」と評しました。エジプト人にはこの評を快く思わないひともいるようで,「エジプトはエジプト人の賜物」と言っているそうです。

さらに，ピラミッドの巨大な石は，増水したナイル川を船で運んだのだろうと見られており，造船技術も高水準にあったことが分かります。

また，この洪水が，おおいぬ座の１等星シリウスが日の出前の東の地平線上に現れる時期に始まることに気付き，その時期（現在の６月下旬）を１年の始まりとして暦をつくり，洪水の時期を知ることができたのでした。

geometry(幾何学(きかがく))の geo は土地を表します。geography は地理学，geology は地質学です。metry は測定を意味します。ですから，土地の測量が幾何学の始まりというわけです。

●バビロニア

メソポタミア地方のチグリス川(約1800km)，ユーフラテス川(約2000km)流域でも洪水は見られました。メソポタミアとは「川の間」という意味のギリシャ語で，現在のイラクあたりになります。

こちらの増水は不定期で，地形の関係からエジプトより急激でしたが，その期間は，せいぜい数日というものでした。

【図 1-1-2】

この地域の人々にとっての洪水は災害でしかないので，水路を整備し，洪水の防止と同時に農業用水や生活用水の確保に努めました。

水路の建設等で，隣接する集落どうしが共同体から都市国家をつくるようになり，互いに主導権争いをしていましたが，BC2000年頃にはひとつの国にまとめられました。これが古代バビロニア王国です。

バビロニアは，農業や商業，織物や鍛冶，大工などの専門職の人々の集まりで，東はインド，西は地中海地方，北は黒海方面とも交易があり，その中心地として栄え，商取引などの必要性から数の計算が重んじられ，発達しました。

古代バビロニアといえば，第６代国王ハムラビ（在位 BC1700頃）の定めた「ハムラビ法典」は，「目には目を，歯には歯を」という同害復讐の原則（過剰な復讐の禁止）で有名ですが，そこには，果実などの盗みに対する代償が銀に換算した数量できちんと示されています。

また，自分の堤防の補強を怠って洪水となり他の者の作物が流されたときは，堤防の所有者が流された作物を償うことも規定されているそうで，エジプトとの違いがよく分かります。

エジプトにしろバビロニアにしろ，このころの幾何や代数は，図形や数式の性質を研究するのではなく，専ら長さや面積を求めたり商取引上の計算等，実用の手段としての必要性から知識を蓄積，伝えることで発展してきたのです。

エジプトやメソポタミアあたりを，のちのローマ人は「太陽の昇る地方」という意味でオリエントと呼びました。

●ギリシャ

ギリシャ人がバルカン半島南部に侵入定着し，BC1200年頃，各地に小王国をつくりました。ギリシャは山岳地帯で大きな川もないので，広範囲の領土国家ではなく，小さな都市（ポリス）の共同体国家をなしていました。

【図 1-1-3】

やがて，王権は弱まり，BC800年頃には貴族政に移っていきました。

地中海や黒海を舞台に海上交易が盛んになって，商人や農民，手工業者が力をつけるのにともなって軍事的役割も増し，彼等は次第に政治への参加も主張するようになり，BC500年頃にアテネなどで民主政治の基礎がつくられました。

市民が直接討論に参加して全体の意思決定をするという，いわゆる直接民主主義においては，言論によって物事を論理的に説明することが重要で，そうした思考や論述の基礎として，今で言う数学が重んじられ，発展することとなるのです。

ギリシャの論理の起源は，後にユダヤ教となる古代イスラエル人の宗教だという話もあります。その宗教では，人々に神の存在を説得しなければならなかったのです。存在を証明するには論理的でなければなりません。さもなくば，どこかの政治家のように説明なしに「ご理解を願いたい」，すなわち「とやかく言わずに従え」というしかなくなり，信頼を得ることはできないのです。

さて，すべての物質の根源は水であるという説を唱えたタレス（BC624頃～546頃）は，民主政治が確立されていく過程の真っただ中のギリシャに生きたひとです。

【図 1-1-4】

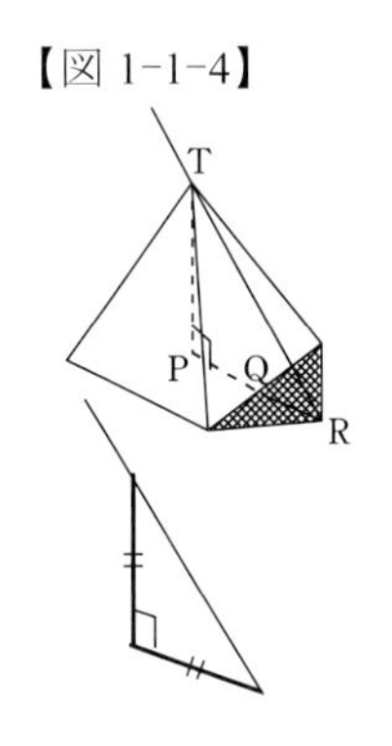

彼は，青年時代にエジプトやバビロニアに行き，図形等の多くの知識を得たようです。そして，ピラミッドの高さを計るのに，地面に垂直に立てた棒の影が棒の長さと同じになる時刻にピラミッドの影の長さ QR を計ったといわれています。

今なら，相似な三角形の関係を使えば，棒と影が同じ長さでなくても良いことは知っていますが，図形の一般的な相似の概念がまだ認識されていない時代においては，タレスはやはり大変に頭の良いひとだといえるわけです。

歴史を学習するとき，私たちはしばしば，現在の知識や価値観で当時のことを判断してしまいがちですが，やはり，その当時の人々の知識や価値観，社会情勢をしっかり想像しながら学ばなければいけないと思います。過去のことを「遅れてる」などといっても洒落にもなりません。

話を戻して，タレスは「哲学の祖」とも「数学の父」とも呼ばれていますが，それは，エジプトやバビロニアの実用本位の図形の知識を整理し，初めて証明を与えたとされているからです。たとえば

二等辺三角形の両底角は相等しい

２辺とその間の角が相等しい２つの三角形は合同

１辺とその両端の角が相等しい２つの三角形は合同

対頂角は等しい

半円内の角(直径を見込む円周角)は直角

など，今の小中学校で学ぶ幾何学の基礎的なことはタレスが証明したと伝えられています。

【図 1-1-5】

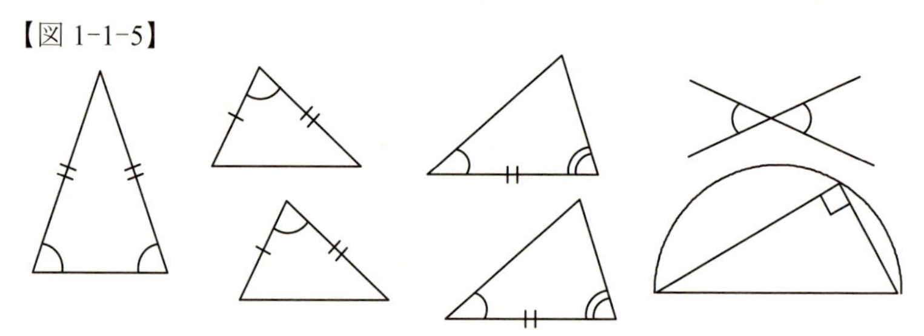

ただ，タレスについては文献等の証拠はほとんど残っておらず，タレスの1000年ほども後の数学者や歴史学者が言い伝えを書き記したものによってタレスの業績であると広く思われるようになったのです。

アテネの哲学者プラトン（BC427頃～347）は，「幾何学は人間の魂を真理へ導き，哲学の精神を創造する」という信念のもとにアカデメイアという学校をつくり，その門に「幾何学を知らないものは入るべからず」と書いたという話は有名です。

図形の性質を研究するという意味での幾何学の発祥は，ギリシャであるといえます。

たとえば，エジプトでは，縄で３辺の長さが 3, 4, 5 の三角形をつくると 3 と 4 の間が直角になることを利用したといわれていますが，どういうときに直角になるかを理論的に研究しようとはし

【図 1-1-6】

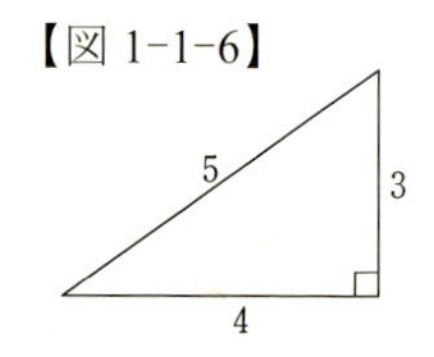

ませんでした。

【図 1-1-7】

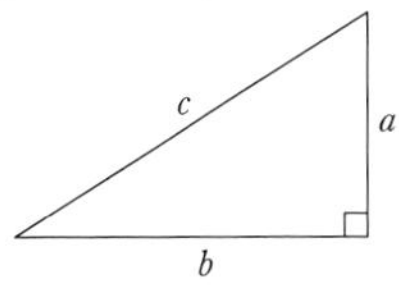

一方，3，4，5 に限らず，全ての直角三角形で，直角をつくる２辺を a，b ，直角の向かいの辺を c としたとき

$$a^2+b^2=c^2$$

という関係が成り立つことを証明したのはギリシャのピタゴラス（BC570頃〜490頃）をはじめとするピタゴラス学派の人々だとされています。

また，エジプトやバビロニアで知られていた図形や数論に関する数多くの個別の事実やそれまでに証明されたことがらを，理論的・体系的に初めてまとめたのがユークリッド（エウクレイデス，BC300前後）で，全13巻の『原論(ストイケイア)』という書物です。ストイケイアとは，ギリシャ語で「基本」とか「基礎」という意味です。

数論として『原論』に載っているものの中でも，ピタゴラスがその存在を見出した素数が無数に存在することの証明は，非常に画期的なものです。（次項）

『原論』が出るまでは，学者たちは，最初はエジプトやバビロニアへ行き，そこで長年にわたり蓄積されてきた知識を学ぶことから始めていました。ピタゴラスも，エジプトやバビロニアで勉強したあとギリシャにもどり，今でいうイタリア南部のクロトンで学校を開いています。

その意味では，幾何学もナイルの賜物，いや，エジプト人の賜物といえるかもしれません。

ところで，ジオメトリがなぜキカになったかというと，実は「幾何」は中国語読みでは「ジーホー」なのだそうです。ジオの音に漢字を当てたのです。

こうした言葉の伝わり方も興味深いところです。西から中国へは音で伝わり，中国ではそれを文字(漢字)に当てて表しました。中国から日本へは文字で伝わり，日本ではそれを日本語の音を当てて読んだのです。

●素数が無数に存在することの証明（ユークリッドの『原論』の方法）

有限個の素数をp_1，p_2，p_3，…，p_nとすると$p_1p_2p_3\cdots p_n+1(=P)$は，$p_1 \sim p_n$のいずれでも割り切れません（1余る）。（☆）

Pは，素数か素数でないかのいずれかです。

もしPが素数だとすれば，Pは$p_1 \sim p_n$と異なるので，素数がひとつ増えたことになります。（A）

もしPが素数でないとすると，Pはある素数qで割り切れます。そして，このqは，$p_1 \sim p_n$のいずれとも異なります。なぜなら，もし，qがp_k $(1 \leqq k \leqq n)$のどれかだとするとPはそのp_kで割り切れることになり，(☆)と矛盾します。したがって，素数qは$p_1 \sim p_n$と異なるものでなければなりませんから，素数がひとつ増えたことになります。（B）

(A)か(B)のいずれか一方が必ず成り立つのですから，結局，素数は無数に存在することになります。（終）

なお，『原論』には記号は使われていません。すべて言葉で書かれています。

2　ピタゴラスの定理

●基本は直角三角形

測量等において**直角**は重要です。したがって，**直角三角形**が重要です。プラトンも，「三角形の基本は直角三角形である」と述べています。

【図 1-2-1】

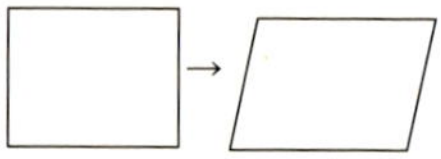

直角を維持するには長方形ではダメで，対角線を入れて三角形に分けなければなりません。いわゆる筋交（すじか）いです。

【図 1-2-2】

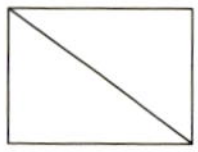

三角形は３辺の長さが決まれば形が崩れないからです。

●三角形の記号

三角形には独特の記号の付け方があります。

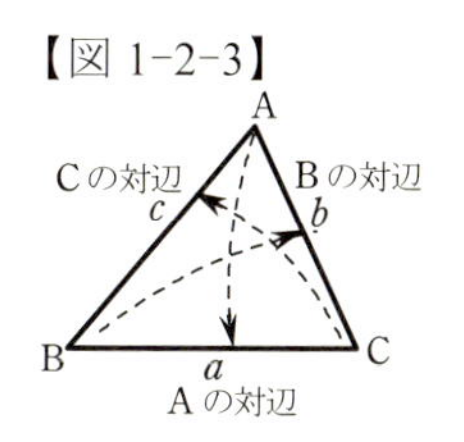

【図 1-2-3】

３つの頂点にどちら回りでも良いから，大文字で A，B，C と付けたならば，頂点 A の対辺 BC には小文字の a を付けます。頂点 B の対辺 CA は b，C の対辺 AB は c という具合に，各辺には向き合っている頂点と同じアルファベットの小文字を付けることにします。このような記号の付け方を始めたのはオイラー（1707～1783）です。

ときには x や y という文字で辺を表すこともありますが，とくに説明がなければ，△ABC の辺は，今説明した約束に従って a，b，c という名前が付いていると考えてください。

これら頂点や辺の記号は，呼び名であると同時に，大文字は内角の大きさを，また，小文字は辺の長さも表して，$A+B=90°$ とか $a^2+b^2=c^2$ のように計算式の中に使っていきます。

印刷の場合，大文字は，点の記号は A，B，…，角の大きさを表す場合は斜体の A，B，… と区別しますが，小文字のほうは逆に，斜体のまま辺 a というように辺の記号として使うこともあります。ですから，手書きでは字体の区別は気にしなくて良いでしょう。

なお，辺 BC や∠BAC，∠A という表現も適宜使います。

●ピタゴラスの定理

直角三角形には大変重要な性質，**ピタゴラスの定理**（**三平方の定理**）があります。

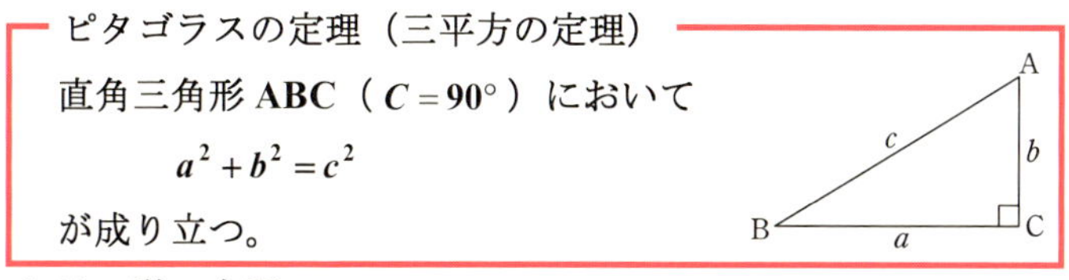

これは，**逆**の命題：

△ABC が $a^2+b^2=c^2$ を満たすならば　△ABC は直角三角形

も成り立ちます。「逆」とは，仮定と結論を入れかえた命題のことです。

さて，辺の２乗というのは，その辺を１辺とする正方形の面積という図形的な意味がありますから，ピタゴラスの定理は図 1-2-4 のように，各辺の上につくった正方形の面積で表現することができます。

【図 1-2-4】

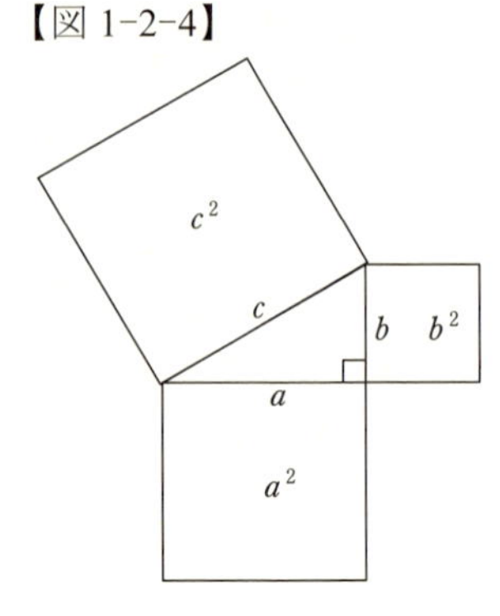

ユークリッドの『原論』でもこのように面積で表現しています。

ギリシャ数学においては，数値は，長さや面積などを表すというのが当たり前の考えで，a^2 は長さの２乗ですから，面積を表していると考えるのが当然だったわけです。

なお，２乗のことを「平方」ともいうので，平方が３つ並んでいることから，日本ではこの定理を「三平方の定理」ともいいます。

●ピタゴラスの定理の証明

右図において

外側の正方形の面積（ c^2 ）

= 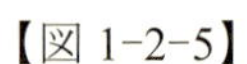 ×4＋

$=\frac{1}{2}ab\times 4+(b-a)^2$

$=2ab+b^2-2ab+a^2$

$=a^2+b^2 \qquad \therefore a^2+b^2=c^2$ （終）

【図 1-2-5】

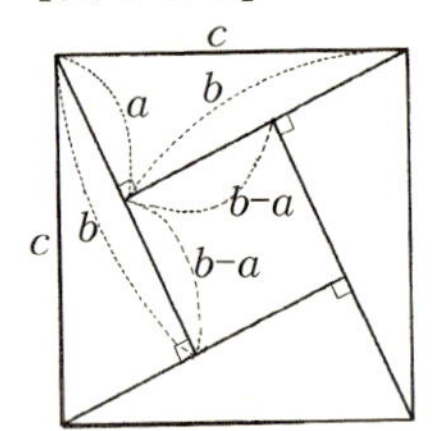

●ピタゴラスの定理の逆の証明

「 $\boldsymbol{a^2+b^2=c^2}$ **ならば直角三角形**」の証明です。

いま，△A′B′C′ の２辺の長さが a，b で，C'の対辺を x として（まだ，直角かどうかは分からないとして）

$$a^2+b^2=x^2 \qquad \cdots ①$$

が成り立っているとします。

【図 1-2-6】

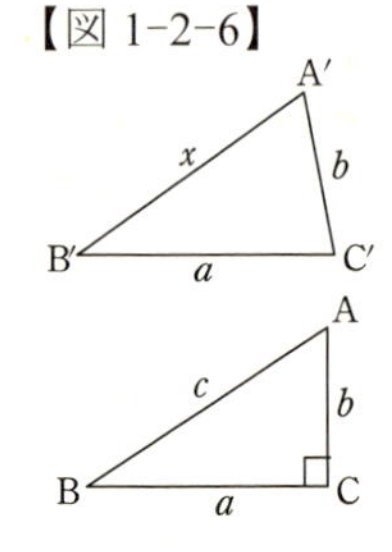

一方，$C=90°$ の直角三角形 △ABC では，ピタゴラスの定理により

$$a^2+b^2=c^2 \qquad \cdots ②$$

が成り立ちます。（△A′B′C′ とは２辺 a，b は同じ長さ。）

①と②より，$x=c$ となり，△A′B′C′ と△ABC は３辺相等で合同です。

したがって，△A′B′C′ も $C'=90°$ の直角三角形となります。（終）

●代表的な直角三角形

例１　45° の直角三角形。

【図 1-2-7】

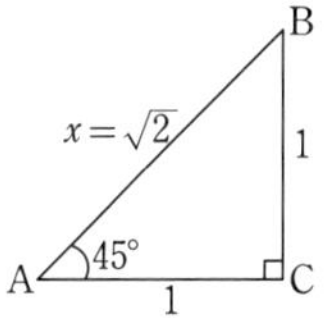

45° の直角三角形は，正方形を対角線で切った形で二等辺になりますから，その２辺を１とすると，辺 $AB=x$ はピタゴラスの定理により

$$x^2=1^2+1^2=2$$

となり，$x>0$ ですから $x=\sqrt{2}$

45° の直角三角形は，大きさはいろいろでも二等辺で，３辺の比率は「$1:1:\sqrt{2}$」になるということです。

例２　30°·60° の直角三角形。

【図 1-2-8】

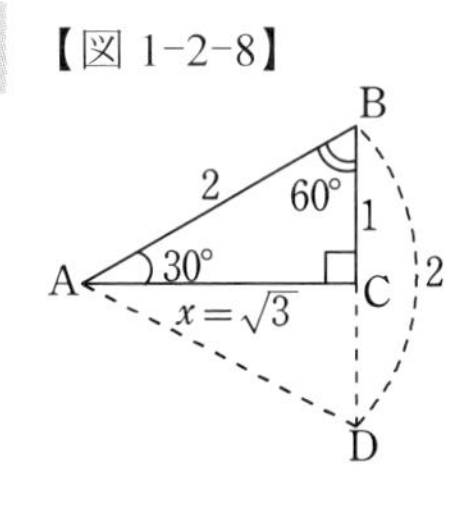

30°·60° の直角三角形は，正三角形 ABD を真半分に切ったものなので，正三角形の１辺を２とすると，BC はその半分の１になります。そして，残りの辺 x は，ピタゴラスの定理から

$$x^2+1^2=2^2 \quad \text{より} \quad x^2=4-1=3$$

$$x>0 \quad \text{ゆえ} \quad x=\sqrt{3}$$

で，「$1:2:\sqrt{3}$」という，これまた聞き覚えのある比が出てきます。

この 30°·60° の直角三角形は，プラトンが「最も美しく，基本的な三角形」といったものです。

例１と例２の直角三角形は，三角定規のセットになっています。

例３　「3，4，5」「5，12，13」の直角三角形。

この直角三角形は，３辺とも長さが整数になる直角三角形として有名

です。とくに「3，4，5」のものは，ピタゴラスよりもずっと前のエジプトで経験的に知られていたようだということはすでに述べました。

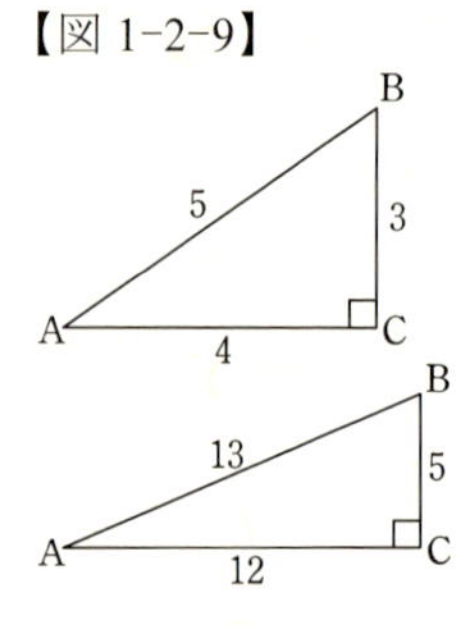

これらはピタゴラスの定理を満たします。

$3^2+4^2=5^2$　より　$9+16=25$

$5^2+12^2=13^2$　より　$25+144=169$

これら，3辺の長さが整数になる直角三角形は，角度は切りのいい数値にはならず

「3，4，5」は $A=36.8698976458\cdots°$

「5，12，13」は $A=22.6198649480\cdots°$

となっています。

●ピタゴラス数

$x^2+y^2=z^2$ を満たす正の整数の組 (x, y, z) を**ピタゴラス数**といいます。つまり，直角三角形の3辺の長さが3つとも整数であるもののことです。

(3，4，5)，(5，12，13)のほか，(8，15，17)，(20，21，29)などがあり，3つの数の公約数(共通な約数)が1だけであるピタゴラス数は無数に存在することが分かっています。

ピタゴラス自身は

m を3以上の奇数として m ，$\dfrac{m^2-1}{2}$ ，$\dfrac{m^2+1}{2}$

を示しています。この3数がピタゴラスの定理を満たすことを確認してください。（$m=2k+1$ として計算する。）

$m=3$, 5にすると，上の例3の直角三角形になります。

しかし，この式はすべてのピタゴラス数を表すというわけではありません。実際，(8，15，17)，(20，21，29)は，この式では得られません。

ユークリッドやディオファントス（300年代頃）は

$2mn$ ，m^2-n^2 ，m^2+n^2

を示しています。この式は，ピタゴラスの示した3数を2倍すると

$2m \cdot 1$ ，$m^2 - 1^2$ ，$m^2 + 1^2$

となり，さらにこの１を n にしたものといえます。2 で割る必要がなくなるので，「m は奇数」という条件は必要でなくなり，$m > n$ なら m，n は任意ですし，式がシンプルですので，今でも広く使われています。（$m \leqq n$ でもピタゴラスの定理の等式は成り立ちます。）

$m = 4$, $n = 1$ とすると(8，15，17)が，$m = 5$, $n = 2$ で(20，21，29)が得られます。この式で，すべてのピタゴラス数が求められます。

フェルマー・ワイルズの定理

さて，ピタゴラスの定理の「２乗」を３乗以上にした場合

$x^n + y^n = z^n$　$(n \geqq 3)$ を満たす整数の組 (x, y, z) は存在しない

というのが有名な「フェルマー予想」とか「フェルマーの最終定理」といわれていたものです。

1635年頃にフランスの行政官だったフェルマー（1601～1665）が，ディオファントスの『数論』を勉強している途中，その本の余白にこのことをメモしたのですが，「証明を書くにはこの余白はあまりに狭い」としたものですから，その後，世界中の数学者をプロ・アマ問わず巻き込むことになってしまったのです。

そのころの日本は，徳川３代将軍・家光（1604～1651，在職 1623～1651）が日本人の海外渡航と在外邦人の帰国を禁止し，海外の文化や技術の流入が著しく制限され始めたところです。

1995年，米プリンストン大学で研究していたイギリス人のアンドリュー・ワイルズ（1953～）がついにフェルマーの主張が正しいことを証明し，約360年にわたる論争に終止符を打ったのでした。それで今は「フェルマー・ワイルズの定理」と呼ばれています。

ワイルズは，10歳のときに図書館でこの問題に出会ったのがキッカケで数学の世界に入ったのだそうです。はなから，フェルマーの最終定理を証明することを目標に数学の勉強を始めたということです。

3　インド

●バスカラ

先ほどのピタゴラスの定理の証明に使った図は，ヨーロッパでは暗黒時代といわれている12世紀のインドの数学者バスカラⅡ世（1114～1185頃）が使ったものです。日本は平安時代で，バスカラの一生の間に平家が台頭し，壇の浦で滅亡しています（1185年）。まさに「驕れる者久しからず」です。

【図 1-3-1】

バスカラは，２次方程式の解き方や，未知数が２つの不定方程式（解が無数にある方程式）なども研究しました。

●零の発見

インドの西側のインダス川（約3100km）から，BC1000年頃には東側のガンジス川（約2400km）流域に移って発展したインド文明は，エジプト，メソポタミア，中国と並んで，世界４大文明といわれています。

インドといえば，『零の発見』（吉田洋一著）が頭に浮かびます。

私たちが普段使っている数字「１」「２」「３」… の原形はインドで使われていたもので，1024 というような位取り記数法はインドが発祥といわれています。この，何もない桁に「0」（はじめのころは「・」だったそうです）を書くこと，つまり，何もないことをわざわざ数字で表すという，これがいわゆる「零の発見」です。

いつごろから０という "数" が使われていたかは定かではありませんが，インドの数学者・天文学者であるブラーマグプタ（598～665 以降）の著書には，「どんな数に 0 を加えても変わらない」「どんな数に 0 を乗じても 0 になる」ということが書かれており，0 は，単に何もないことを表すだけではなく，計算の対象としていたことが分かります。

インドの数字は，８世紀後半ごろにはアラビア経由でヨーロッパへ伝わり，その数字を「アラビア数字」と呼んだのですが，本当は「インド数字」です。日本でも，私が幼少の頃はまだ，銀行などでも，漢数字に対して「アラビア数字」といっていた記憶があります。今では「算用数字」というのでしょうか。

これは，コロンブス（1431－51頃～1506）がアメリカ大陸に上陸し，そこをインドだと勘違いして先住民たちを「インディアン」と呼んだのと似ています。今では「ネイティブ・アメリカン」と呼んでいます。

算盤（そろばん）がヨーロッパから急速に姿を消したのは，「零の発見」で筆算が容易になったためだと言われています。同時に，紙や手軽な筆記具が身近になってきたこともあるでしょう。それまでは，数字は計算の結果を(粘土板などに)記録するためのもので，途中の計算を，算盤があるのにわざわざ文字にするという発想は生まれなかったのだと思います。

結果だけを書き表すにしても，算盤自体がすでに位取りを表していたにもかかわらず，長い間そのようすを数字で表すアイデアにだれも気づかなかったのですから，「零の発見」は，まさに "コロンブスの卵" といえます。（たとえば，ローマ数字Ⅰ，Ⅱ，Ⅲ，… には，零を表す数字はありませんし，10 も１文字Ｘで表します。）

なぜインドで０を早くから認識できたのか。インドには，ギリシャ数学のように，数を線分に対応させるという考えがなかったからだという説や，「無」や「空（くう）」という宗教的な思想の影響があると指摘するひともいます。

インドの科学が宗教と強く結びついていたのは確かのようです。宗教儀式を行うための暦の計算や，祭壇をつくる際の図形のかき方などが，BC500年頃から BC100年頃にかけて書かれたとされる『シュルバ・スートラ』という文献に残されています。シュルバは縄や綱を意味するそうで，縄によって祭壇の位置や形をつくるためのマニュアルのようなものです。たとえば，「3，4，5」の直角三角形だけでなく，一般的にピタゴラスの定理と同じことが説明されていたり，平方根の求め方（無理数の存在を認識していた），円と同じ面積の正方形のかき方（近似的なもの。理論上，作図は不可能）などが載っています。

インドは，現代でも計算や科学が重視されていて，日本の九九に相当するものが 19 の段とか 40 の段，果ては 99 の段まであって，小学校で暗記するのだそうです。そして，インドのおおぜいのＩＴ(information technology，情報技術）技術者が世界で活躍しています。

4　ピタゴラス

BC570頃～490頃。ギリシャの哲学者。

私たちがこの名前を知るキッカケとなる「ピタゴラスの定理」は，実は彼が発見したのではないというのが真実のようです。日本の学校の教科書で「三平方の定理」に統一されているのはそのせいでしょうか。

ピタゴラスの生没年は，諸説あって確定されていませんが，サモス島で宝石細工職人の子として生れ，18歳頃にタレスから多くのことを学んだけれど，タレスもすでに高齢であったので，彼の勧めに従ってエジプトへ出向き，22年間，幾何や天文，神事について学び，その後バビロニアで算術や音楽などを習得したということです。

そして，イタリアの南部のクロトンで学校を開き，たくさんの弟子が数（すう）や図形について研究しました。彼らはとても閉鎖的な集団を形成し，弟子たちの研究成果はすべて集団の成果とされ，外部への発表も厳しく規制していました。しかし，ピタゴラス自身が優れた研究者であったことは間違いありません。

自然数を奇数と偶数に分類したり，素数を発見したり，6＝1＋2＋3

や 28＝1＋2＋4＋7＋14 などのように，自身を除く約数の和が自身になるという完全数などの数論，正五角形のかき方，黄金分割，正多面体等の幾何，さらに宇宙（今でいう太陽系とその他の星々）の秩序といった天文の研究もしています。

●正多面体

【図 1-4-1】

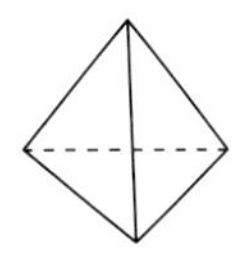

正４面体

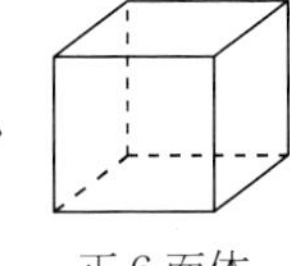

正６面体

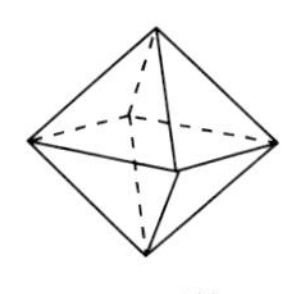

正８面体

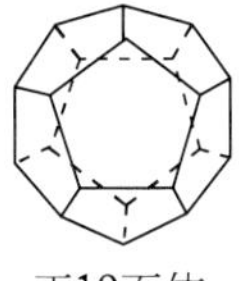

正12面体

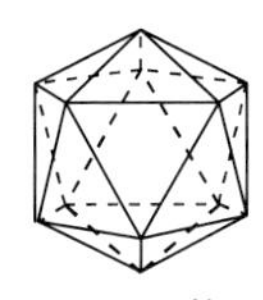

正20面体

正多面体（すべての面が合同な正多角形で，どの頂点の正面から見ても同じ形に見える立体）は，古代オリエントでは正四面体（正三角形４個），正六面体（立方体，正方形６個），正八面体（正三角形８個）が知られていましたが，ピタゴラスはそれに正十二面体（正五角形12個）と正二十面体（正三角形20個）を追加したといわれています。これら５つの正多面体は，プラトンが自著『ティマイオス』で総合的に扱ったので「プラトンの立体」と呼ばれています。

正多面体の種類は，その展開図を考えるとそれなりに納得できるでしょう。展開図で，ひとつの頂点の周りに合同な正多角形をいくつ置くことができるかを考えます。１つ，２つでは立体はできません。正三角形は３つ，４つ，５つ（６つだと平面になって立体がつくれない），正方形，正五角形は３つです。

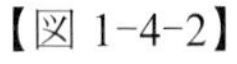

【図 1-4-2】

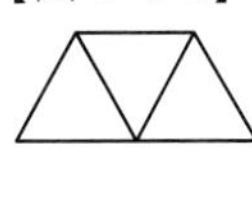

正四面体

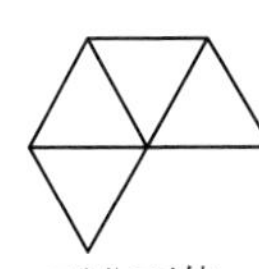

正八面体

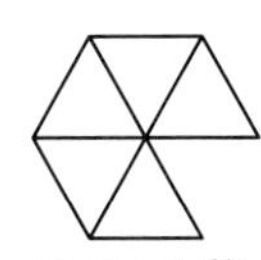

正二十面体

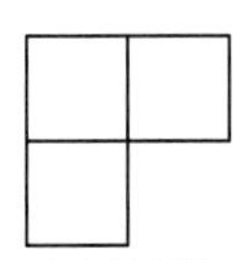

正六面体

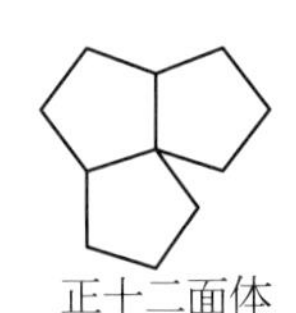

正十二面体

ピタゴラスの研究に共通していることは「規則性」「バランス」「調和」という考えです。

●ピタゴラス音階

ピタゴラスは，弦の長さと音程，和音の響きの研究もしています。

弦の長さを半分にすると１オクターブ高い音になり，１オクターブ違いの２音は，同時に鳴らしても完全に調和して聞こえます。

弦の長さが 3：2 である２音も心地良く響きます。この２音はドとソ，ファとド̇の関係にあります。

【図 1-4-3】

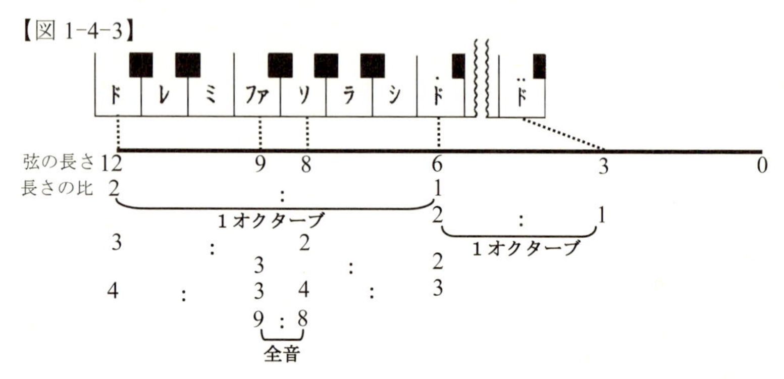

こうすると，ドとファ，ソとドの弦の長さが 4：3 になります。

もとの弦の長さを 12 とし，ピアノの鍵盤の位置（右の方が高い音＝弦が短い）に合せて表すと分かりやすくなります。上の図は，ハ長調の場合の鍵盤の位置です。

ファとソの弦の長さの差が１に相当しており，この２音の差を「全音（トーン）」といいます。しかし，音階と弦の長さは，オクターブの関係をみると等差ではなく等比の関係であることが分かりますから，このファからソへの弦の長さの比の値 $\frac{8}{9}$ をもとにして，さらに音階を刻んでいきます。

ドからファまでの間に，ドの弦の長さを順に $\frac{8}{9}$ 倍した位置が２ケ所取れます。それはレとミです。（図 1-4-4）

また，ソから上のドまでの間に，ソの弦の長さを順に $\frac{8}{9}$ 倍した位置が２ヶ所取れます。それはラとシです。

こうしてできあがった音階を「ピタゴラス音階」といいます。半音のところ（ミとファ，シとドの間）の弦の長さの比は $\frac{243}{256}$ です。

【図 1-4-4】

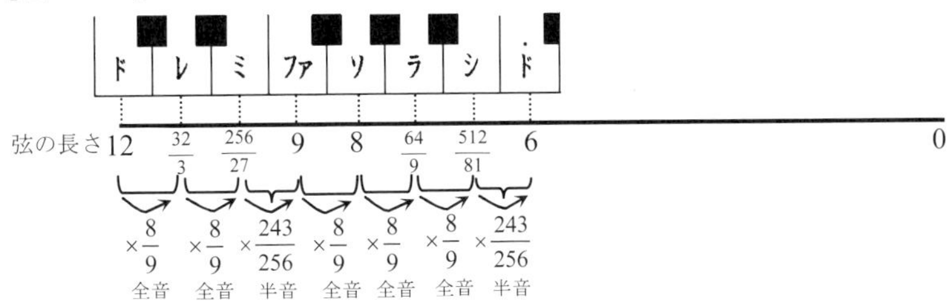

実は，ピタゴラスが研究したのは美しい和音(調和)についてであり，はじめの４音(ドファソド)以外を補足してこの音階を完成させたのは，ピタゴラスの後継者として活躍したアルキュタス（BC430頃～345頃）だという説もあります。

ピタゴラスは，弦の長さを半分にする代わりに，張力(弦を引っ張る力)を４倍にしても１オクターブ高い音が出ることを知っていました。これは，弦の長さの比の２乗と張力の比が反比例の関係にあるということで，たとえば弦の長さを３分の１（２乗は９分の１）にするのと張力を９倍にするのとで，同じ高さの音になる，ということです。

このことについて，後にニュートン（1642～1727）は「ピタゴラスは距離の２乗に反比例する力（ニュートンが発見した万有引力のこと）の存在を示唆していた」と考えていたようです。

さて，次の図 1-4-5 は，「純正律音階」という音階の弦の長さの比を表したものです。弦の長さは，図 1-4-3 や図 1-4-4 のものを 15倍しています。

【図 1-4-5】

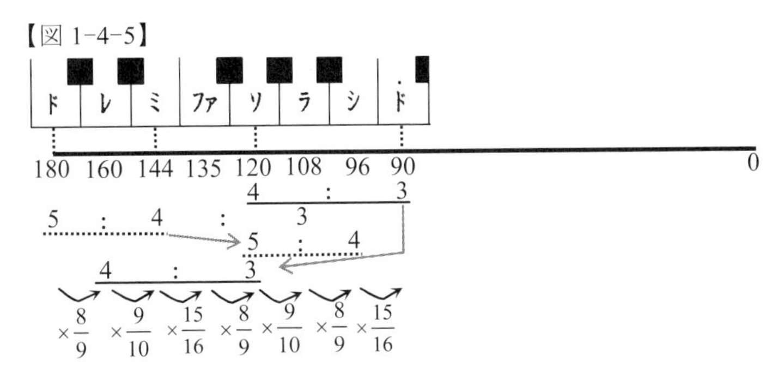

ピタゴラスの４音のあと，弦の長さがドから５：４：３になるところをミとラにします。また，ドと，オクターブを除いて最も良く調和するソをもとにして，ドとミと同じ ５：４ の関係にある音をシ，ソとドと同じ ４：３ の関係にある音をレとします。こうすると，ピタゴラス音階よりも和音の響きが美しくなります。

●無理数の発見

ピタゴラスは，美しく調和する２音の弦の長さが整数の比で表せることから，すべての美しいものは整数の比で表せるという考えになったといわれています。そして，「音楽は，魂を肉体という牢獄から解放するもの」と考えました。

このようなピタゴラス学派といわれている集団は一種の宗教教団のようなもので，タレスが「万物のもと(アルケー)は水」といったのに対して，ピタゴラスは「万物のアルケーは数である」と考え，「数は神が創り給(たも)うたもの」と主張し

すべての数は線分の長さに対応し
線分は有限個の点の集まりで
すべての数（線分の長さ）は点の大きさの整数倍で表される
よって，すべての２数の比は整数の比で表せる

と説明しました。

整数の比($\frac{\text{整数}}{\text{整数}}$)で表せる数を**有理数**，整数の比で表せない数を**無理数**といいますが，ピタゴラスのこの主張は，すべての数は有理数であるといっているわけです。

【図 1-4-6】

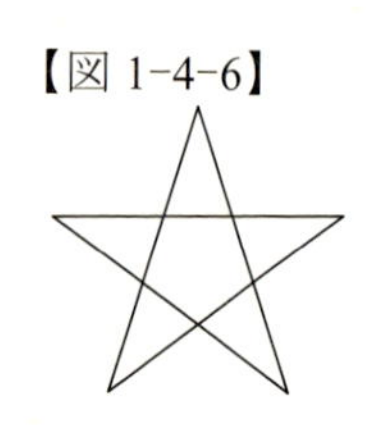

ところが，ピタゴラスの定理の主役の直角三角形や，ピタゴラス学派がシンボルマークにしていたペンタグラム（図 1-4-6）の中に整数の比で表せない，つまり無理数の長さが潜んでいたというのは，皮肉な感じがします。

【図 1-4-7】

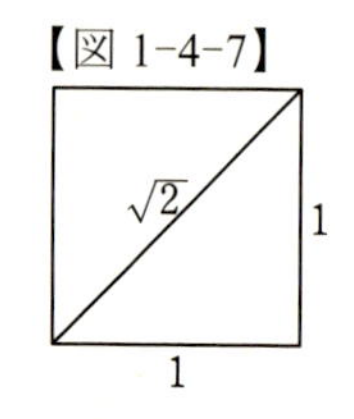

この無理数の存在については，ピタゴラス自身も気

付いており，彼は，$\sqrt{2}$ が整数の比で表せないことを，背理法で証明したようです(後述)。しかし彼は，無理数の存在すら口外することを弟子たちに固く禁じていたそうです。

「すべての数は線分の長さに対応する」という考え方は，その後2000年以上，デカルト（1596～1650）が登場するまで人々の頭から離れることはありませんでした。（第５章）

●黄金比

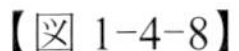

【図 1-4-8】

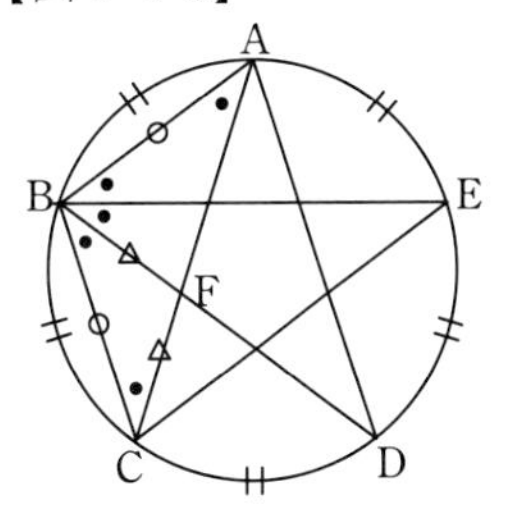

ここで，星形(ペンタグラム)の中の無理数を見ておきましょう。

この星型は，正五角形 ABCDE の対角線ですから，円周角の性質により，右図の「•」の角度がすべて等しくなっています。よって

$\triangle ABC \backsim \triangle BFC$　　　（二角相等）

よって

$AC : BC = BC : FC$　　　… ①

$\therefore AC \cdot FC = BC^2$　　　… ②

また，$\angle AFB$ は $\triangle BCF$ の外角ゆえ

$\angle AFB = \angle FBC + \angle FCB =$「••」$= \angle ABF$

よって，$\triangle ABF$ は $AB = AF$ の二等辺三角形。

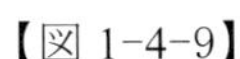

【図 1-4-9】

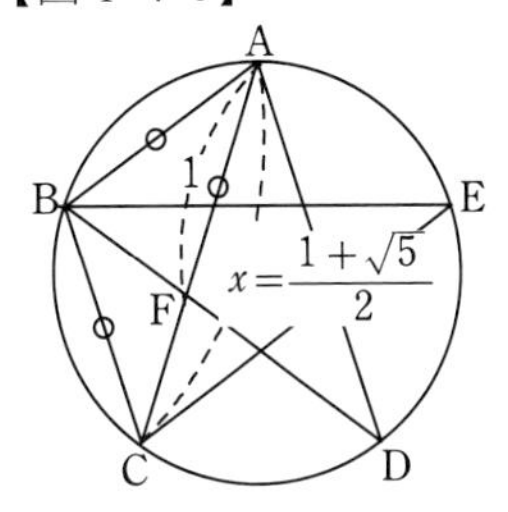

$AB = AF = 1$，$AC = x$ とすると

$FC = AC - AF = x - 1$

②に代入して（$BC = 1$）

$x(x-1) = 1$

$x^2 - x - 1 = 0$

２次方程式の解の公式で解くと

$$x = \frac{1 \pm \sqrt{1 - 4 \cdot 1 \cdot (-1)}}{2} = \frac{1 \pm \sqrt{5}}{2}$$

$x > 0$ ゆえ　$x = \dfrac{1+\sqrt{5}}{2} = AC$

２次方程式 $ax^2 + bx + c = 0$ の解は

$$x = \frac{-b \pm \sqrt{b^2 - 4ac}}{2a}$$

となり，無理数です。

【図 1-4-10】

この

$$AC:AF = AC:AB = \frac{1+\sqrt{5}}{2} : 1$$
$$= 約1.618 : 1$$

を**黄金比**といいます。これは

$$AF:FC = \frac{1+\sqrt{5}}{2} : 1$$

でもあります。なぜなら，①において $\underline{BC = AF}$ ゆえ

$$AC:BC = \underline{BC}:FC = \underline{AF}:FC$$

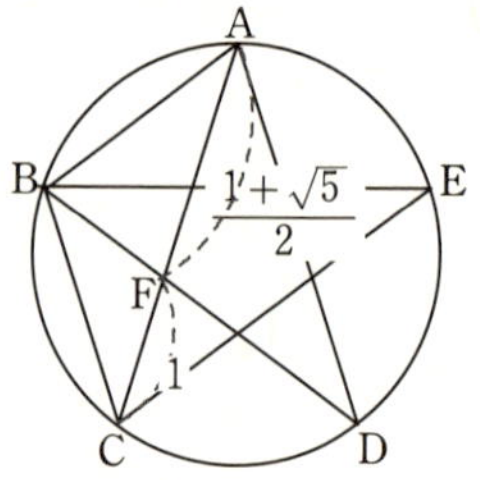

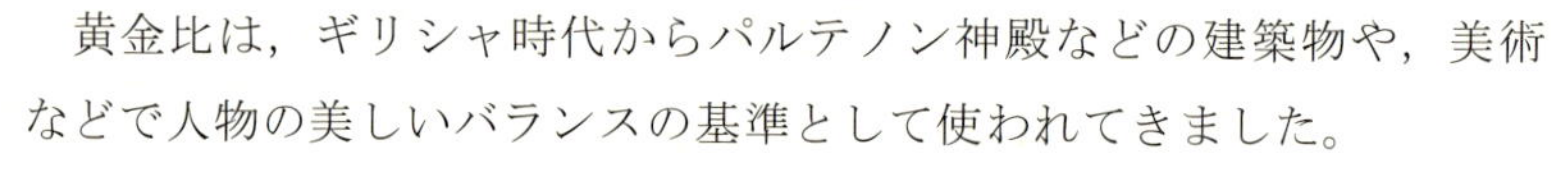

黄金比は，ギリシャ時代からパルテノン神殿などの建築物や，美術などで人物の美しいバランスの基準として使われてきました。

縦横がこの比の長方形は，正方形を切り取った残りの長方形が常にもとの長方形と相似になります。実際，相似の比例式より

【図 4-1-11】

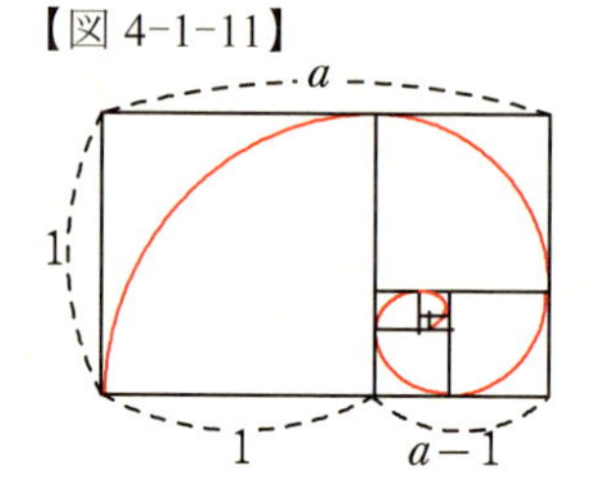

$$a : 1 = 1 : (a-1)$$

$$a^2 - a - 1 = 0 \qquad a > 0 ゆえ\ a = \frac{1+\sqrt{5}}{2}$$

と，黄金比の値が出てきます。

正方形を切り取るたびに相似な長方形ができるので，この操作が無限に続き，そこには上図のような渦巻き(螺(ら)線)が重なり合いますが，これは，対数螺線（本書第 12 章 2 節）といわれるものです。

カタツムリやアンモナイトの化石を連想してしまいます。

● $\sqrt{2}$ が有理数でないことの証明（背理法）

$\sqrt{2}$ が有理数である，つまり

$$\sqrt{2} = \frac{m}{n} \qquad (m,\ n\ は正の整数) \qquad \cdots ①$$

と表せると仮定します。

①の両辺に n を掛けて２乗すると

$$\sqrt{2}n = m \qquad \therefore 2n^2 = m^2 \qquad \cdots ②$$

$2n^2$ は偶数なので，それと等しい m^2 も偶数。すると m も偶数（※）だから，$m=2k$ と表せます。よって②は

$$2n^2 = 4k^2 \qquad \therefore n^2 = 2k^2$$

$2k^2$ は偶数なので，n^2 も偶数，したがって n も偶数。（※）

m，n ともに偶数となるので，$\dfrac{m}{n}$ は 2 で約分できます。2 で約分したものを改めて $\dfrac{m}{n}$ と表して①に戻ります。以下，この手順は無限に繰り返されます。

つまり，$\sqrt{2}=\dfrac{m}{n}$ は，無限回 2 で約分できる分数ということになりますが，そのような分数は存在しません（矛盾）。

途中の推論には間違いはありませんから，この矛盾の原因は，①と仮定したことにあります。よって，①の仮定は誤りと言わざるを得ません。

したがって①とは表せない，すなわち，$\sqrt{2}$ は有理数ではありません。

（終）

※　すべての整数 m は，偶数（$m=2\ell$）か奇数（$m=2\ell+1$）のいずれか一方に分類されます。（ℓ は整数）

m が偶数のとき　$m^2=(2\ell)^2=2(2\ell^2)$　ゆえ，m^2 は偶数。

m が奇数のとき　$m^2=(2\ell+1)^2$

$=4\ell^2+4\ell+1=2(2\ell^2+2\ell)+1$ ゆえ，m^2 は奇数。

したがって，m^2 が偶数になるのは m が偶数のときだけです。（終）

ある仮定をした後，正しい推論を経て何か矛盾が生じれば，最初の仮定が誤りであった，という論法で仮定の否定が正しいことを示す方法を**背理法**，あるいは**帰謬法**（きびゅうほう）（謬は「誤り」の意味）といいます。

背理法で大切なことは

仮定Aは，成り立つか成り立たないかのどちらか一方だけが真

ということになっていなければならないことと（だから，仮定 A が誤りなら必ず A でない方が成り立つといえる）

仮定の後の推論は正しい

ということです。

背理法は，試験の択一問題など，私たちが判断に迷ったときにやる，いわゆる "消去法" に似ています。しかし，私たちの人生の進路選択や意思決定において消去法に頼る場合は，最後に残ったものが必ずしも正解とは限らない中で，最善と思う道を選んで進んでいかなければならないわけで，試験の択一問題のときの消去法などとは比べ物にならないくらい過酷な判断・決心を強いられるのだと，私は思います。

AI（人工知能，artificial intelligence）が，こうした判断の手助けになるように進歩していけば，よき相談相手になれる可能性が増していくでしょう。

しかし，AI も完璧すぎると，いずれ人間は AI のいいなりになってしまうのではないかという懸念ももたれていて，判断ができずにモジモジするロボットも研究されているという話を聞いたことがあります。

ところで，p.8 の「素数が無数に存在することの証明」のなかでも，この背理法が使われていたのですが，べつに違和感を覚えることはなかったでしょう。つまり，背理法というのは，擬似的には "消去法" も含めて，私たちが普段から慣れ親しんでいる説明の仕方なのです。

●マセマティクスは「学ぶべきもの」

ピタゴラスは，数論，幾何，音楽，天文の４つの学科を重要なものととらえ，これら４学科をまとめて「マテーマタ」といいました。これは，ギリシャ語で「学ぶべきもの」という意味で，mathematics の語源です。

西洋でこのような意味をもつ「マセマティクス」は，かつては哲学や神学に属する基礎的な科目だったりするのでした。

一方日本では，そうした歴史的流れや思想とは完全に切り離された，いわば "既製品" としての「数学」を明治になって一気に取り入れたため，数学をすべての学問の基礎とする考えはなく，数学を自然科学に分類して，いわゆる文系の学部では非常に軽視されてきました。そこには，江戸時代における「計算は商人の行う卑しい行為」という考えの影響もあったかもしれません。

第２章

三角比

1　鋭角の三角比

●直角三角形の辺の長さの比

【図 2-1-1】

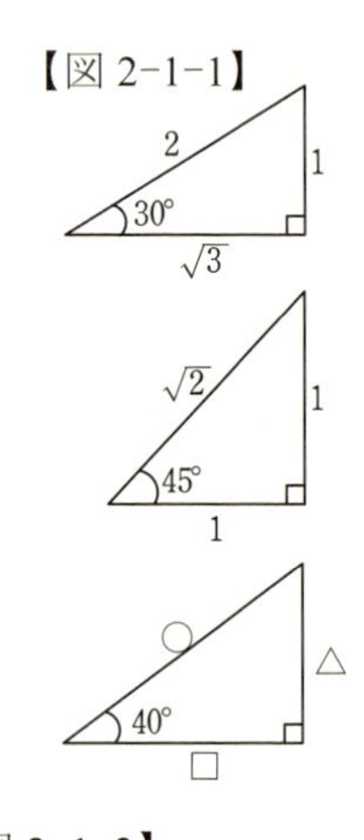

30°·60° の直角三角形の３辺の比は「$1:2:\sqrt{3}$」，45°の直角三角形の３辺は「$1:1:\sqrt{2}$」になっています。そして，たとえば 40° の直角三角形なら「ナン：ナン：ナニ」という 40° なりにある決まった比になっているはずです。

具体的な値は分からなくても，それぞれの角度に応じて直角三角形の３辺の比が決まっているはずだということを理解しておき，その値を表す記号を決めて，辺の長さや面積を式で表現できるようにしようということをこれからやります。

【図 2-1-2】

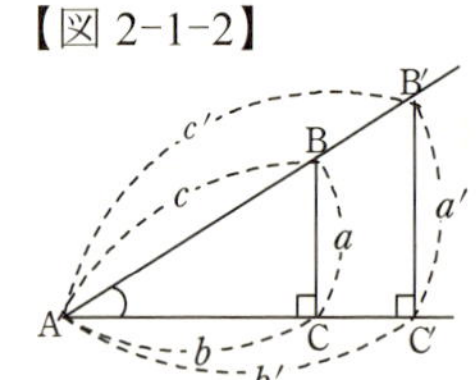

直角三角形は，鋭角（90° より小さい角）をひとつ決めると形が決まりますから（大きさは定まりません），右図において相似関係

$$a:b:c=a':b':c'$$

が成り立ちます。

３辺セットでは使いづらいので，２辺ずつ組み合わせて，各組合せに名前をつけることにします。

●斜辺をもと（分母）にする「sin」「cos」，直角の２辺の割合「tan」

斜辺 *c* を分母にした２つの分数（比の値）

図 2-1-2 において

Ａの**対辺** a を組合せた $\dfrac{a}{c}$ を $\mathbf{sin}\boldsymbol{A}$ と書いて「**サインＡ**」と読む

Ａの**隣辺**（りんぺん） b を組合せた $\dfrac{b}{c}$ を $\mathbf{cos}\boldsymbol{A}$ と書いて「**コサインＡ**」と読む

直角三角形の最も長い辺，つまり，直角と向き合った辺を**斜辺**といいます。斜辺は，直角三角形の向きによらず見分けがつきます。

これらは，同じ図 2-1-2 において

$$\frac{a'}{c'} \text{ も } \sin A \quad , \quad \frac{b'}{c'} \text{ も } \cos A$$

となります。

ひとつの鋭角に注目して，その鋭角の頂点の対辺，隣辺というのですから，必ず注目している角を書き添えます。$A=40°$ ならば，$\sin 40°$ や $\cos 40°$ という具合です。

【図 2-1-3】

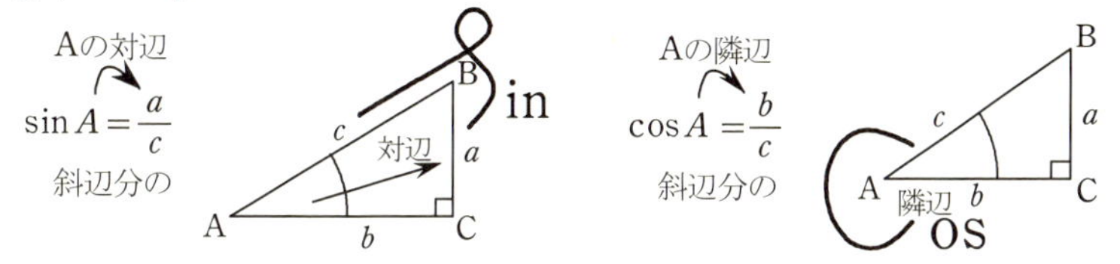

いまは中学，高校の教科書で筆記体を使わないそうで，ｓの筆記体を知らないひとが大勢いて，この図は，昔ほどインパクトはないようです。

日本語では ── といっても，中国から入ってきたことばですが ──，$\sin A$ は「角度 A に対する**正弦**（せいげん）」，$\cos A$ は「角度 A に対する**余弦**（よげん）」といいます。

直角の２辺を組み合わせたとき，$\frac{a}{b}$ と $\frac{b}{a}$ の２通りができます。そこで

直角の２辺の割合

$\frac{\boldsymbol{a}}{\boldsymbol{b}}=\frac{\text{Aの対辺}}{\text{Aの隣辺}}$ を **tan*A*** と書いて「**タンジェント A**」と読む。

【図 2-1-4】

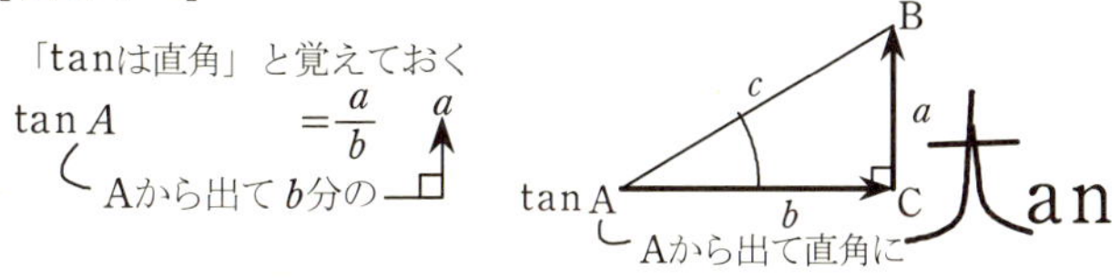

A から出発して，辺に沿って直角に曲りながら分数を読み上げれば

よいのです。分数は日本語では分母から読みます。これも，必ず角度を書き添えます。

tの筆記体も，見慣れていないひとがいるようです。

$\tan A$ は「角度 A に対する**正接**（せいせつ）」といいます。

これらの辺の組み合わせの区別は，縦とか横という言葉ではなく，注目している角との位置関係で判断します。

たとえば，右図においては

【図 2-1-5】

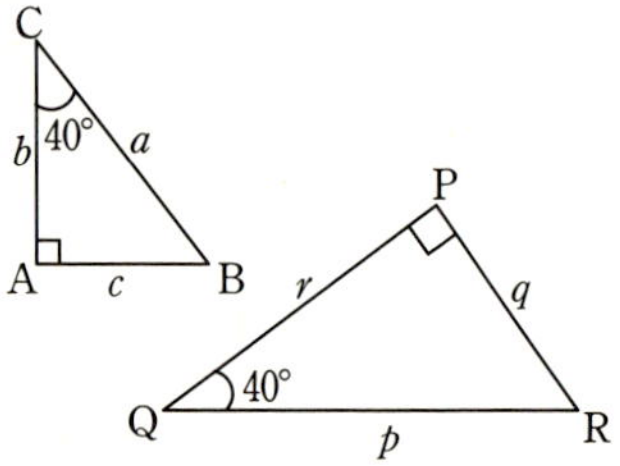

$$\sin 40^\circ = \frac{c}{a} = \frac{q}{p} \quad \begin{matrix} \leftarrow 40^\circ\text{の対辺} \\ \leftarrow \text{斜辺} \end{matrix}$$

$$\cos 40^\circ = \frac{b}{a} = \frac{r}{p} \quad \begin{matrix} \leftarrow 40^\circ\text{の隣辺} \\ \leftarrow \text{斜辺} \end{matrix}$$

$$\tan 40^\circ = \frac{c}{b} = \frac{q}{r} \quad \begin{matrix} \leftarrow 40^\circ\text{の対辺} \\ \leftarrow 40^\circ\text{の隣辺} \end{matrix}$$

という具合になります。

「sin」(正弦)，「cos」(余弦)，「tan」(正接) を**三角比**といいます。

sin は sine，cos は cosine，tan は tangent の頭３文字をとって記号化したもので，17世紀に使われるようになったものです。

三角比の値は，長さを長さで割っていますので，単位名も "約分" されて，いわゆる無名数です。強いていうなら「倍」でしょう。

斜辺が最も長く，他の２辺は必ず斜辺の 0.ナン倍になりますから，直ちに

$$\mathbf{0 \leqq \sin A \leqq 1,\ 0 \leqq \cos A \leqq 1}$$

という性質をあげることができます。等号については，いずれ説明されます。

また

$$\mathbf{0 \leqq \tan A}$$

で，上限はありません。

● 30°，45°，60° の三角比の値

これらは特別な角です。これらの角の三角比の値は暗記するのでは

なく，次のような図をかいて（思い描いて）いつでも出せるようにしておきます。

【図 2-1-6】

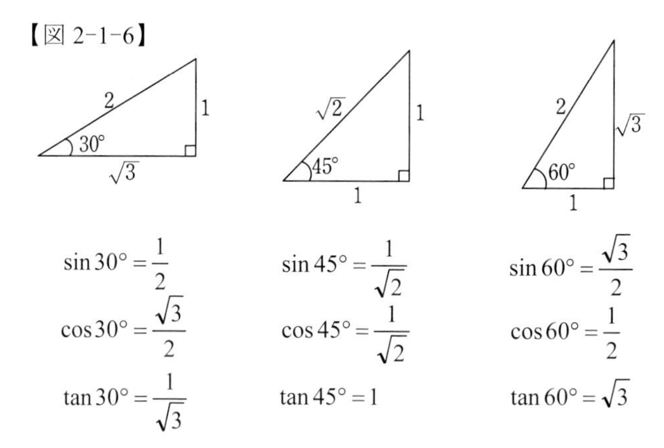

$$\sin 30^\circ = \frac{1}{2} \qquad \sin 45^\circ = \frac{1}{\sqrt{2}} \qquad \sin 60^\circ = \frac{\sqrt{3}}{2}$$

$$\cos 30^\circ = \frac{\sqrt{3}}{2} \qquad \cos 45^\circ = \frac{1}{\sqrt{2}} \qquad \cos 60^\circ = \frac{1}{2}$$

$$\tan 30^\circ = \frac{1}{\sqrt{3}} \qquad \tan 45^\circ = 1 \qquad \tan 60^\circ = \sqrt{3}$$

●「sin」と「cos」の入れかえ

これらの値を見ると

$$\sin 30^\circ = \cos 60^\circ = \frac{1}{2}\ ,\quad \sin 60^\circ = \cos 30^\circ = \frac{\sqrt{3}}{2}\ ,\quad \sin 45^\circ = \cos 45^\circ = \frac{1}{\sqrt{2}}$$

が成り立っています。

これは，２つある鋭角のうち，どちらに注目して対辺，隣辺というかということなのであり，右図において

【図 2-1-7】

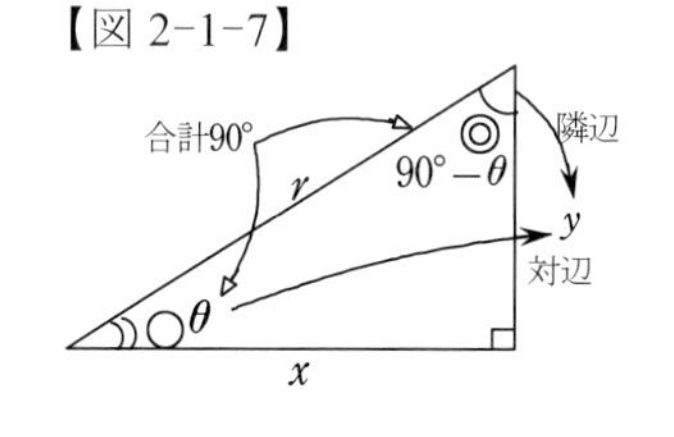

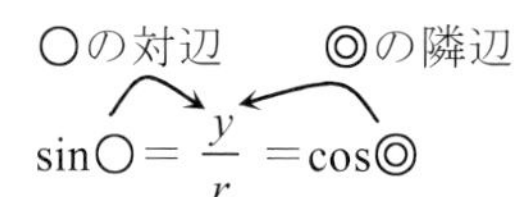

というように，辺 y は，○の対辺であり，◎の隣辺なので，○に注目すれば「sin」，◎に注目すれば「cos」というように，名前が変わるのです。

○と◎は

sin○＝cos◎
（和が 90°）

という関係です。和が 90° になる２つの角は，互いに**余角**（よかく）といいます。

○を θ（シータ）という文字で表せば，◎＝ $90^\circ-\theta$ となりますから

$$\mathbf{\sin\theta = \cos(90° - \theta)} \qquad \mathbf{\sin(90° - \theta) = \cos\theta}$$

あるいは

$$\mathbf{\cos\theta = \sin(90° - \theta)} \qquad \mathbf{\cos(90° - \theta) = \sin\theta}$$

という表現になります。

「tan」は

$$\tan 30° = \frac{1}{\sqrt{3}} \ , \quad \tan 60° = \sqrt{3} = \frac{\sqrt{3}}{1}$$

というように，注目する鋭角を変えると逆数になります。

$\tan\theta$ が $\tan(90° - \theta)$ の逆数であることを等式では

$$\mathbf{\tan\theta = \frac{1}{\tan(90° - \theta)}} \quad \text{あるいは} \quad \mathbf{\tan(90° - \theta) = \frac{1}{\tan\theta}}$$

というように，逆数にしたいものを分母にして「分の１」にします。

たとえば上図において

分子分母に同じものを掛けても変わらない。

$$\frac{1}{\tan(90° - \theta)} = \frac{1 \times y}{\frac{x}{y} \times y} = \frac{y}{x} = \tan\theta$$

分数自体がひとつの分母

という具合に「分の１」とすれば，分子分母がひっくり返ります。

分数の分子や分母の中に分数が入っている分数を**繁**（はん）**分数**といいます。

繁分数の処理の仕方として，上のような方法の他に

$$\frac{1}{\tan(90° - \theta)} = \frac{1}{\frac{x}{y}} = 1 \div \frac{x}{y} = 1 \times \frac{y}{x} = \frac{y}{x} = \tan\theta$$

というように，分数を割り算（分子）÷（分母）として分母の逆数を掛けるという方法もあります。やりやすい方法を使い分けてください。

●三角関数表

30°, 45°, 60° 以外の角に対する三角比の値はすぐには分かりません。

実は，0° から 90° までの各角度の「sin」「cos」「tan」の値が，すでに一覧表になっていて，三角比の表とか**三角関数表**といいます。本書では三角関数表ということにして，巻末に載せてあります。

次の図中で30°のところを矢印線で指してありますが，これらの値は

【図 2-1-8】

三角関数表（小数第 11 位を四捨五入）の一部抜粋

θ°	sin θ（正弦）	cos θ（余弦）	tan θ（正接）
25	0.42261 82617	0.90630 77870	0.46630 76582
26	0.43837 11468	0.89879 40463	0.48773 25886
	↱sin 30°	↱cos 30°	↱tan 30°
30	0.50000 00000	0.86602 54038	0.57735 02692
31	0.51503 80749	0.85716 73007	0.60086 06190
32	0.52991 92642	0.84804 80962	0.62486 93519

$$\sin 30^\circ = \frac{1}{2} = 0.5,\quad \cos 30^\circ = \frac{\sqrt{3}}{2} = \frac{1.7320508\cdots}{2} = 0.8660254\cdots$$

$$\tan 30^\circ = \frac{1}{\sqrt{3}} = \frac{\sqrt{3}}{3} = \frac{1.7320508\cdots}{3} = 0.5773502\cdots$$

によって求めたものと，当然のことですが，一致しています。

巻末の表を注意深く見ると

$$\sin 0^\circ = \cos 90^\circ \qquad \sin 45^\circ = \cos 45^\circ$$

$$\sin 1^\circ = \cos 89^\circ \qquad \sin 60^\circ = \cos 30^\circ$$

$$\sin 10^\circ = \cos 80^\circ \qquad \sin 80^\circ = \cos 10^\circ$$

$$\sin 30^\circ = \cos 60^\circ \qquad \sin 90^\circ = \cos 0^\circ$$

というように，$\sin 0^\circ$ から角が増加する向きと $\cos 90^\circ$ から角が減少する向きの数値の並びが一致しています。これは，先ほど説明した

$\sin\theta = \cos(90^\circ - \theta)$，cos の方の角を θ とすれば $\sin(90^\circ - \theta) = \cos\theta$

ということです。

実は，$\tan 1^\circ \fallingdotseq 0.0174550649$ と $\tan 89^\circ \fallingdotseq 57.2899616308$ が

$$\tan 1^\circ = \frac{1}{\tan 89^\circ} \quad \text{つまり} \quad 0.01745\,50649 \fallingdotseq \frac{1}{57.28996\,16308}$$

という関係になっているのですが，これは見ただけでは分かりません。

$\sin\theta$, $\cos\theta$ だけなら，0°～45° の範囲の表があれば事足りるということになります。つまり，たとえば $\sin 50^\circ$ の値を知りたければ，$\sin 50^\circ = \cos 40^\circ$ ですから，$\cos 40^\circ$ の値を見ればよいというわけです。

しかし，$\tan 50^\circ = \dfrac{1}{\tan 40^\circ} \fallingdotseq \dfrac{1}{0.8390996312}$ を計算する気にはなりません。ですから，結局，90°までの表が用意されているのです。

●三角比の基本的な使い方

例 1　三角関数表を用いて，右の図の辺 x，y の長さを求める。

【図 2-1-9】

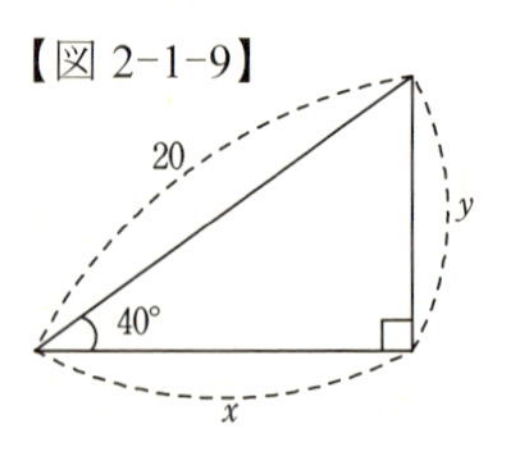

斜辺を分母にすれば「sin」か「cos」のどちらかになりますから，<u>とにかく「斜辺分の」という分数をつくる</u>ところから始めます。

40°の**隣辺** → cos

斜辺分の → $\dfrac{x}{20}=\cos 40°$　ゆえ，両辺に 20 を掛けて分母を払い

$x=20\cdot\cos 40° \fallingdotseq 20\cdot 0.766044431$　　$\therefore x \fallingdotseq 15.320888862$　（答）

40°の**対辺** → sin

斜辺分の → $\dfrac{y}{20}=\sin 40°$

$y=20\cdot\sin 40° \fallingdotseq 20\cdot 0.6427876097$　　$\therefore y \fallingdotseq 12.855752194$　（答）

例 2　右の図のように木の先端を見上げたら，仰角（ぎょうかく）が 26° であった。この木の高さを計算し，小数第 3 位を四捨五入して小数第 2 位まで答える。

【図 2-1-10】

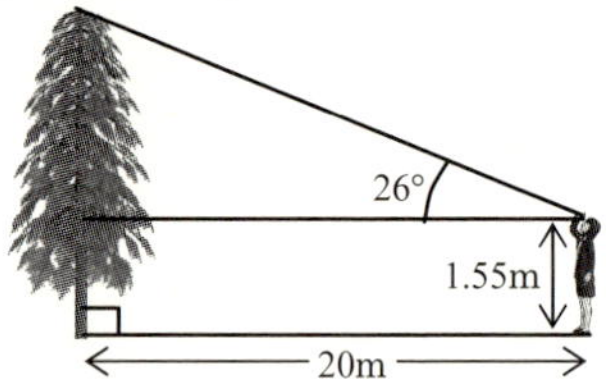

仰角とは，水平方向から計った見上げた角度のことです。見下ろすように，水平方向から下方へ計った角度を**俯角**（ふかく）といいます。

【図 2-1-11】

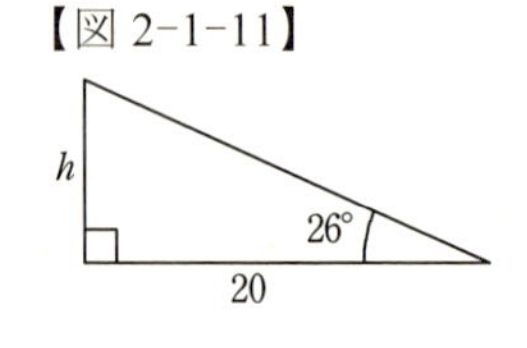

さて，目の高さから木の先端までの高さを h［m］とすると

$$\frac{h}{20}=\tan 26° \text{　ゆえ　} h=20\cdot\tan 26°=20\times 0.48773\cdots=9.75465\cdots$$

$\therefore$ 木の高さ $=9.75465\cdots+1.55$

$=11.30465\cdots \fallingdotseq 11.30$［m］　（答）

●有効数字

例２の答え，11.30 の最後の０は，うるさくいえば必要です。

11.30 は，小数第３位を四捨五入した結果で

$$11.295 \leqq (11.30\ の実際の値) < 11.305$$

です。この幅（誤差）は $11.305-11.295=0.01[\mathrm{m}]=1[\mathrm{cm}]$ です。

一方，11.3 と書けば，小数第２位を四捨五入した結果で

$$11.25 \leqq (11.3\ の実際の値) < 11.35$$

となり，誤差は $11.35-11.25=0.1[\mathrm{m}]=10[\mathrm{cm}]$ なので，精度が１桁悪くなります。

一般に，誤差を含んだおおよその値を**近似値**（きんじち）といいますが，近似値は，どの桁までが正しいのかが分かる形で表します。そういう意味で表される桁を**有効桁**とか**有効数字**といい，理科や測量等，実験や計測に基づくデータを扱うときには重要な概念です。

●三角形の面積

例３ 右の図の△ABC の面積を求める。
結果は，小数第２位を四捨五入して小数第１位まで答える。

【図 2-1-12】

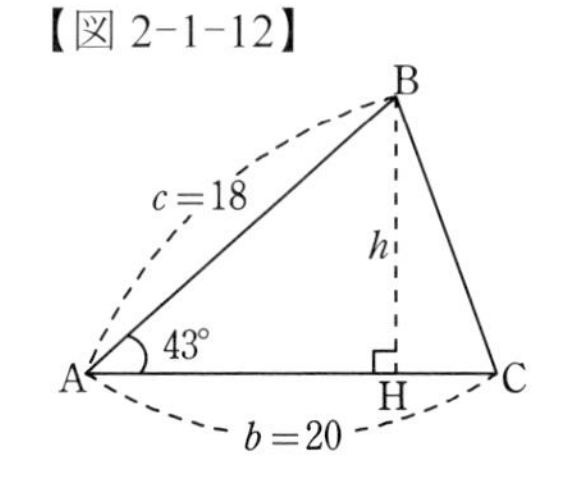

△ABC は直角三角形ではありませんが

$$三角形の面積=(底辺)\times(高さ)\div 2$$

なので，たとえば，辺 AC を底辺とすると，

高さは，B から辺 AC に下ろした垂線 BH で，こうすると直角三角形が現れ，そこに三角比を適用することができます。

BH＝h とすると

$$\frac{h}{18}=\sin 43^\circ \quad ゆえ \quad h=18\cdot\sin 43^\circ$$

よって

$$面積=\frac{1}{2}bh=\frac{1}{2}20\cdot 18\sin 43^\circ \fallingdotseq 180\cdot 0.68199\cdots$$

$$=122.7\overset{8}{\cancel{5}}970\cdots \fallingdotseq 122.8 \quad （答）$$

この計算をすべて文字や記号のままでやってみます。

$$\frac{h}{c}=\sin A \quad \text{ゆえ} \quad h=c\sin A$$

よって

$$\triangle\mathrm{ABC}=\frac{1}{2}bh=\frac{1}{2}bc\sin A$$

2辺 と 間の角

これは，2辺と間の角（2辺挟角（きょうかく））を用いた三角形の面積の公式と見ることができます。2辺が a, b ならその間の角は C，2辺が a, c ならその間の角は B になりますから，△ABC の面積 S は

$$\boldsymbol{S=\frac{1}{2}bc\sin A=\frac{1}{2}ca\sin B=\frac{1}{2}ab\sin C}$$

という3種類の式ができることになります。

【図 2-1-13】

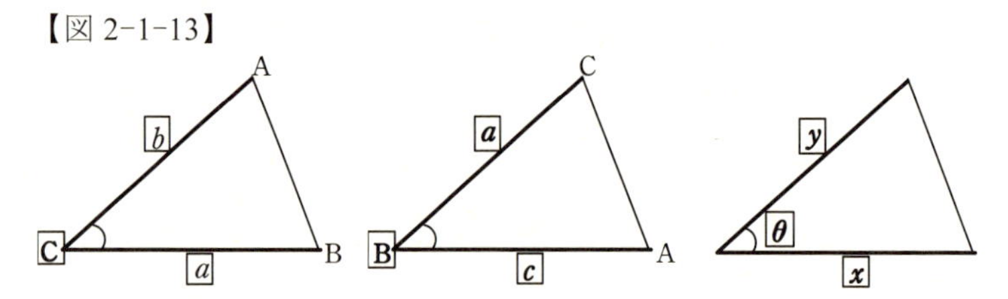

しかし，いずれも $\frac{1}{2}$(2辺)·sin(間の角) という本質をつかんでいれば，2辺が x，y，その間の角が θ となっていても，図をかかずに

$$\text{面積}=\frac{1}{2}xy\sin\theta$$

と，即座に対応できます。（上図右端）

このような公式は，文字列として暗記しても使い物にはなりません。

●文字のローテーション

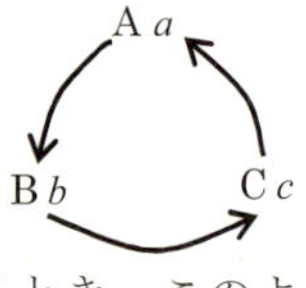

上の面積の公式の2番目では ac ではなく ca になっています。これは，右のようにグルグルッと3文字を回す格好になっています。3文字の因数分解の公式などでも，このような順に整理してあります。

【図 2-1-14】

A a　B b　C c

また，三角形 ABC について $\frac{1}{2}bc\sin A$ という式があるとき，このよ

うなローテーションで文字を書きかえれば

$$\frac{1}{2}bc\sin A \quad \rightarrow \quad \frac{1}{2}ca\sin B \quad \rightarrow \quad \frac{1}{2}ab\sin C$$

という具合に，図に頼らずに他の式もすぐつくれます。

●三角形の角と辺の文字の組合せ

【図 2-1-15】

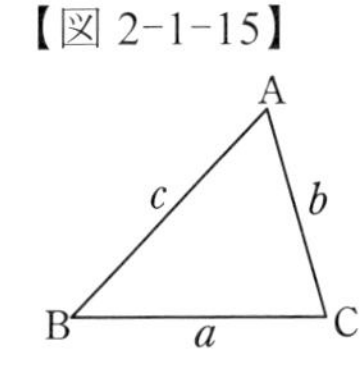

三角形で，向き合った角と辺に同じ種類のアルファベットの大文字と小文字を使うという，オイラーの考えた規則に従うと，たとえば，$A \cdot b \cdot c$，$a \cdot B \cdot c$，$a \cdot b \cdot C$ のようにふたつの小文字（２辺）とひとつの大文字（角）の組合せで，同じ種類のアルファベットが入っていないときは，「２辺とその間の角（２辺挟角）」の組合せであることが，図を見なくても分かるのです。

また，$A \cdot B \cdot c$，$a \cdot B \cdot C$，$A \cdot b \cdot C$ のように大文字（角）２個と小文字（辺）１個の場合は，「１辺とその両端の角（２角挟辺）」となります。

●正多角形の面積

例４　半径１の円に内接する正 72 角形の面積を求める。結果は小数第３位を四捨五入する。

【図 2-1-16】

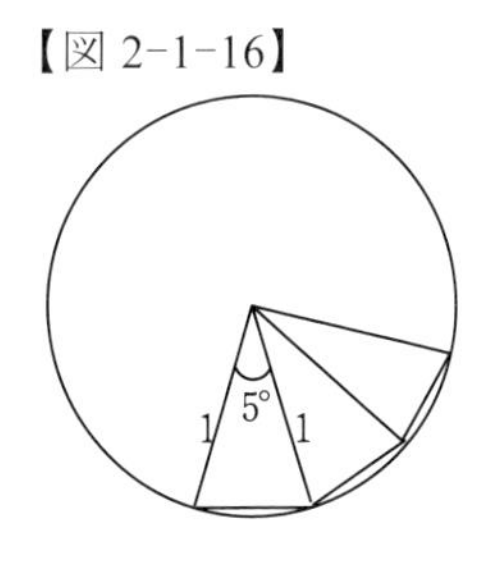

円の中心と各頂点を結ぶと，円の中心が72等分されるので，頂角が $360° \div 72 = 5°$，等辺の長さが 1（半径）の二等辺三角形が72個できます。

したがって，求める面積は

$$\frac{1}{2} \cdot 1 \cdot 1 \sin 5° \times 72 \fallingdotseq 0.08715\,57427 \times 36 = 3.13\overset{4}{\not{7}}60 \cdots \quad \therefore 約\ 3.14 \quad （答）$$

●概数計算の桁数

3.14 からは円周率 π を連想しますが，これは偶然ではありません。

正72角形の面積は，この外側の半径 $r = 1$ の円の面積 $= \pi r^2 = \pi =$

3.14159… の近似値を表しているということが理解できます。

もっと辺を増やして，半径 1 の円に内接する正360角形にすると

$$\frac{1}{2}\cdot 1\cdot 1\sin 1°\times 360 \fallingdotseq 0.01745\,24064\times 180 = 3.141433\cdots$$

となって，π に一層近付くことが確かめられます。

教科書の三角比の表ですと，たいてい小数第５位を四捨五入してありますから，$\sin 1°$ は 0.0175 と書いてあるはずです。よりによって，最も誤差の大きい四捨五入(切り上げ)になっています。これで先ほどのように，内接正360角形の面積を計算すると

$$\frac{1}{2}\cdot 1\cdot 1\sin 1°\times 360 \fallingdotseq 0.0175\times 180 = 3.15$$

というように，外側の円の面積より大きくなってしまいます。

こうしてみると，概数による計算というのは，どの程度の精度を要求すべきかの判断が大変難しいということが分かります。

●正四面体の体積

例５　１辺の長さが a の正四面体の体積 V を求める。

【図 2-1-17】

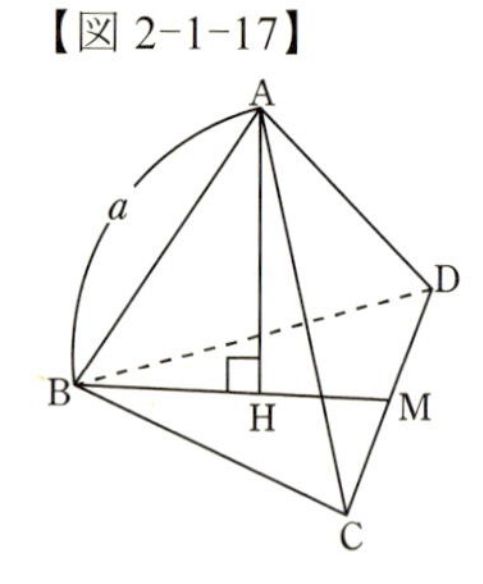

正四面体は，辺の長さがすべて等しい三角錐です。

$$(\text{～錐の体積}) = \frac{1}{3}(\text{底面積})\cdot(\text{高さ})$$

ですから，底面の正三角形 BCD の面積と，高さ AH を求めます。

まず，底面積は，１辺 a の正三角形の面積ですから２辺の長さ a とその間の角 60° ということで

$$\triangle\mathrm{BCD} = \frac{1}{2}a^2\sin 60° = \frac{1}{2}a^2\cdot\frac{\sqrt{3}}{2} = \frac{\sqrt{3}}{4}a^2$$

次に，高さ AH を求めるのに必要なものは，図 2-1-17 の中の直角三角形 ABH に注目して，辺 BH の長さです。

それでは，点 H は，底面のどういう位置にあるのでしょうか。これは，この正四面体を真上から見ればよく分かります。

【図 2-1-18】

【図 2-1-19】

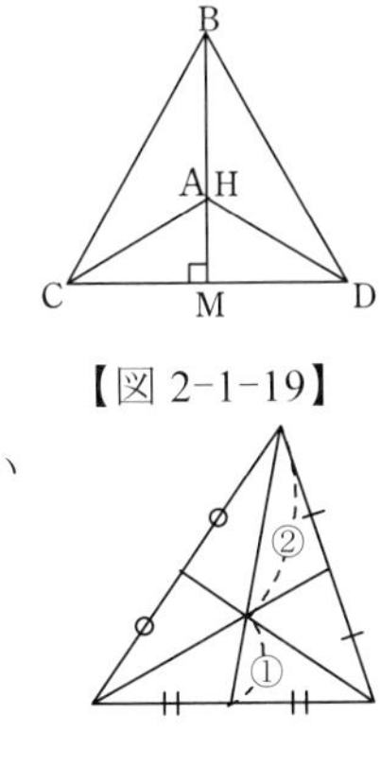

点Ｈは，△BCDの重心，外心，内心，垂心です。

今は，重心の性質（図 2-1-19）が使えるので

$$\mathrm{BH}=\frac{2}{3}\mathrm{BM}\,,\ \mathrm{BM}=\mathrm{BC}\sin 60^\circ=\frac{\sqrt{3}}{2}a$$

$$\frac{\mathrm{BM}}{\mathrm{BC}}=\sin 60^\circ$$

$$\therefore \mathrm{BH}=\frac{2}{3}\cdot\frac{\sqrt{3}}{2}a=\frac{\sqrt{3}}{3}a$$

となり，直角三角形ABHにピタゴラスの定理を用いて

$$\mathrm{AH}=\sqrt{\mathrm{AB}^2-\mathrm{BH}^2}=\sqrt{a^2-\frac{a^2}{3}}=\sqrt{\frac{2}{3}a^2}=\frac{\sqrt{2}}{\sqrt{3}}a$$

したがって，１辺 a の正四面体の体積 V は

$$V=\frac{1}{3}\cdot\triangle\mathrm{BCD}\cdot\mathrm{AH}=\frac{1}{3}\cdot\frac{\sqrt{3}}{4}a^2\cdot\frac{\sqrt{2}}{\sqrt{3}}a=\frac{\sqrt{2}}{12}a^3 \qquad \text{（答）}$$

●図形の性質の証明

例６　△ABCにおいて，∠Aの二等分線と辺BCの交点をＤとするとき

　　BD：DC＝AB：AC

が成り立つことを，三角形の面積を用いて証明する。

【図 2-1-20】

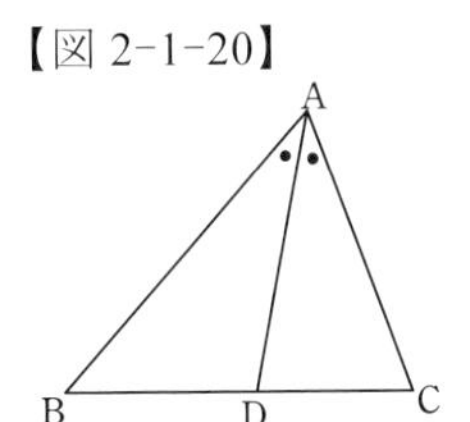

△ABDと△ADCの面積をそれぞれ S_1，S_2 と表すことにします。

【図 2-1-21】

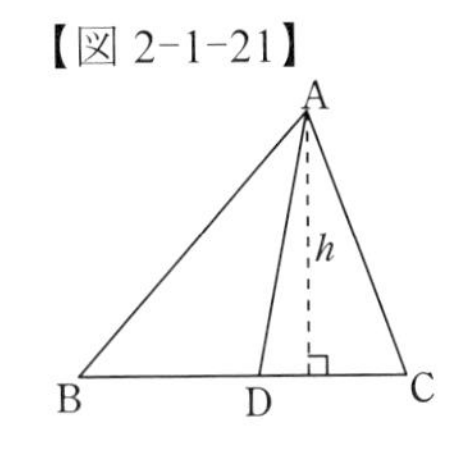

まず，△ABDと△ADCは，底辺をそれぞれBDとDCとしたときに，高さは共通（h）ですから，面積は

$$S_1=\frac{1}{2}\mathrm{BD}\cdot h\ ,\quad S_2=\frac{1}{2}\mathrm{DC}\cdot h$$

$$S_1:S_2=\cancel{\frac{1}{2}}\mathrm{BD}\cdot\cancel{h}\ :\ \cancel{\frac{1}{2}}\mathrm{DC}\cdot\cancel{h}$$

$$\therefore S_1:\ S_2=\mathrm{BD}:\mathrm{DC} \qquad \cdots ①$$

と，面積の比は底辺の比になります。

次に

$$\angle BAD = \angle DAC = \theta$$

とすると，S_1，S_2 は，２辺とその間の角 θ を用いて，それぞれ

【図 2-1-22】

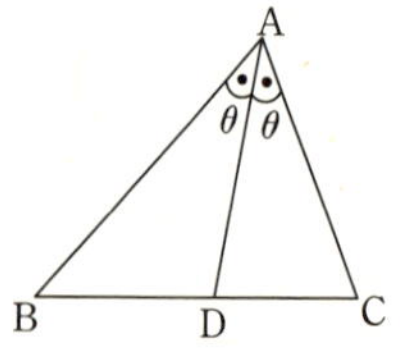

$$S_1 = \frac{1}{2}AB\cdot AD\sin\theta \ , \ \ S_2 = \frac{1}{2}AD\cdot AC\sin\theta$$

と表されますから

$$S_1 : S_2 = \cancel{\tfrac{1}{2}}AB\cdot \cancel{AD\sin\theta} : \cancel{\tfrac{1}{2}}\cancel{AD}\cdot AC\cancel{\sin\theta}$$

$$\therefore S_1 : S_2 = AB : AC \qquad \cdots ②$$

①と②より

BD：DC＝AB：AC（終）

この，三角形の角の二等分線の性質は，ご存知のひとも多いでしょう。

直角三角形の２辺の比を表す三角比の記号は，このような使い方もできるので，とても役立ちそうだということが感じられると思います。

● 18°，36°，54°，72° の三角比

本節の最後に，これらの角の三角比の値を求めてみましょう。

【図 2-1-23】

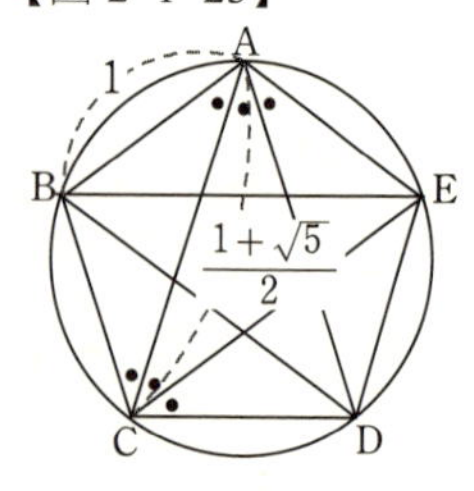

これらの角度は，正五角形の中に出てきます。

正五角形といえば，前章(p.21)で，１辺の長さが１の正五角形の対角線の長さを求めました。これをもとにして，これらの角度の三角比を求めます。

五角形の内角の和は，三角形３つ分ですから $180°\times 3 = 540°$ で，正五角形の場合は，１つの内角は $540° \div 5 = 108°$，それが２本の対角線で，円周角の性質により３等分されるので，図 2-1-23 の中の「・」は $108° \div 3 = 36°$ です。

【図 2-1-24】

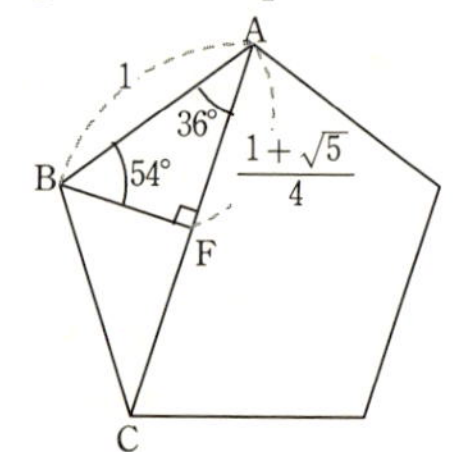

まず，B から AC へ垂線 BF を下ろすと，AF

はACの半分です。したがって

$$\mathbf{\cos 36^\circ = \sin 54^\circ = \frac{AF}{AB} = \frac{1+\sqrt{5}}{4}}$$

が得られます。

また，ピタゴラスの定理より

$$BF = \sqrt{AB^2 - AF^2} = \sqrt{1 - \frac{(1+\sqrt{5})^2}{16}} = \sqrt{\frac{16-1-2\sqrt{5}-5}{16}} = \frac{\sqrt{10-2\sqrt{5}}}{4}$$

したがって

$$\mathbf{\sin 36^\circ = \cos 54^\circ = \frac{BF}{AB} = \frac{\sqrt{10-2\sqrt{5}}}{4}}$$

となります。

次に，△ACDに注目します。これは，底角が72°の二等辺三角形ですから，AからCDへ垂線AGを下ろすと，$\angle CAG = 18^\circ$，$CG = \frac{1}{2}$ となります。

これから直ちに

【図2-1-25】

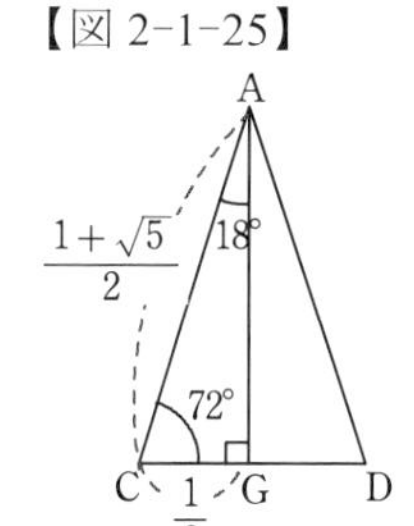

$$\cos 72^\circ = \sin 18^\circ = \frac{CG}{AC} = \frac{\frac{1}{2}}{\frac{1+\sqrt{5}}{2}} = \frac{1}{1+\sqrt{5}}$$

これは，分母を有理化して（次項）

$$\mathbf{\cos 72^\circ = \sin 18^\circ = \frac{\sqrt{5}-1}{4}}$$

また，ピタゴラスの定理により

$$AG = \sqrt{AC^2 - CG^2} = \sqrt{\frac{(1+\sqrt{5})^2}{4} - \frac{1}{4}} = \sqrt{\frac{1+2\sqrt{5}+5-1}{4}} = \frac{\sqrt{5+2\sqrt{5}}}{2}$$

となりますから

$$\cos 18^\circ = \sin 72^\circ = \frac{AG}{AC} = \frac{\frac{\sqrt{5+2\sqrt{5}}}{2}}{\frac{1+\sqrt{5}}{2}} = \frac{\sqrt{5+2\sqrt{5}}}{1+\sqrt{5}} \qquad (★)$$

分母を有理化して，分子をまとめると（次項）

$$\mathbf{\cos 18^\circ = \sin 72^\circ = \frac{\sqrt{10+2\sqrt{5}}}{4}}$$

となります。根号の扱いにはある程度慣れておきましょう。

●分母の有理化と根号の性質

$\dfrac{1}{1+\sqrt{5}}$ のように，和や差の形をした分母を有理化するには

$$(a+b)(a-b)=a^2-b^2$$

を利用します。２乗しか出てこないので $\sqrt{}$ を消すには好都合です。

$$\frac{1}{1+\sqrt{5}}=\frac{1\quad(1-\sqrt{5})}{(1+\sqrt{5})(1-\sqrt{5})}$$

←付き合いで分子にも同じものを掛ける
←和と差の積にする

$$=\frac{1-\sqrt{5}}{1^2-\sqrt{5}^2}=\frac{1-\sqrt{5}}{1-5}=\frac{1-\sqrt{5}}{-4}=\frac{\sqrt{5}-1}{4}$$

分母はプラスにしておきましょう。

次に，前項(★)の分母を有理化した後の処理を見ておきます。

まず，分母の有理化で

$$\frac{\sqrt{5+2\sqrt{5}}}{1+\sqrt{5}}=\frac{\sqrt{5+2\sqrt{5}}\ (\sqrt{5}-1)}{(\sqrt{5}+1)(\sqrt{5}-1)}=\frac{\sqrt{5+2\sqrt{5}}\ (\sqrt{5}-1)}{4}$$

何気なく，分母の足し算を逆順にしていますが，それは，有理化したときに分母が負になることを避けたかったからです。

そしてこのあと，根号の性質

$$A\geqq 0,\ B\geqq 0 \text{ のとき }\quad A\sqrt{B}=\sqrt{A^2B} \qquad (☆)$$

を適用して，分子全体をひとつの根号の中にまとめます：

$$\frac{\sqrt{5+2\sqrt{5}}\ (\sqrt{5}-1)}{4}=\frac{\sqrt{(5+2\sqrt{5})(\sqrt{5}-1)^2}}{4}$$

$$=\frac{\sqrt{(5+2\sqrt{5})(6-2\sqrt{5})}}{4}=\frac{\sqrt{30+2\sqrt{5}-20}}{4}=\frac{\sqrt{10+2\sqrt{5}}}{4}$$

(☆)にある，$A\geqq 0$，$B\geqq 0$ という条件は重要です。

もし，$A<0$，$B\geqq 0$ ですと，(☆)の等式は成り立ちません。なぜなら，$\sqrt{B}\geqq 0$ なのですから

$$\text{左辺}=A\sqrt{B}\leqq 0 \quad ,\ \text{右辺}=\sqrt{A^2B}\geqq 0$$

となり，両辺の符号が異なることになってしまうからです。

したがって，上の有理化で分母の足し算の順序を変えずに

$$\frac{\sqrt{5+2\sqrt{5}}}{1+\sqrt{5}}=\frac{\sqrt{5+2\sqrt{5}}\ (1-\sqrt{5})}{(1+\sqrt{5})(1-\sqrt{5})}=\frac{\sqrt{5+2\sqrt{5}}\ (1-\sqrt{5})}{-4}$$

とやって，分母もこのままで分子に(☆)を適用してしまうと

$$\frac{\sqrt{(5+2\sqrt{5})(1-\sqrt{5})^2}}{-4}=\frac{\sqrt{10+2\sqrt{5}}}{-4}<0 \qquad (\sqrt{5}-1)^2=(1-\sqrt{5})^2$$

という結果になってしまいます。

なお，最後の２重根号は解消することはできません。２重根号の解消については，次の機会に学習しましょう。

2　0°～180°の三角比

●角度を鈍角にまで広げる動機

例１　右の図の△ABC の面積を計算する。結果は小数第２位を四捨五入して小数第１位まで答える。

【図 2-2-1】

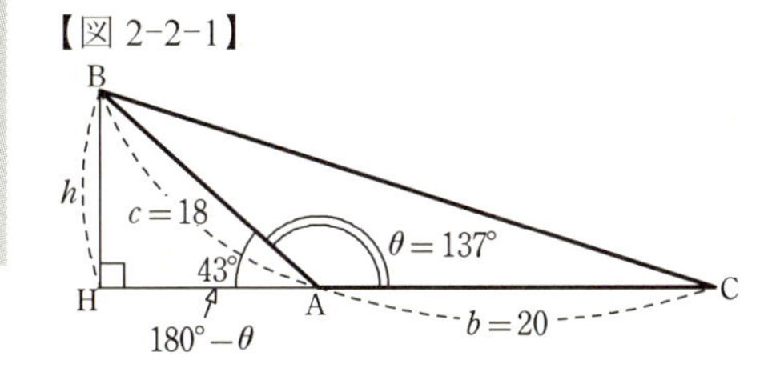

90° より大きく 180° より小さい角を**鈍角**といいます。そして，内角のひとつが鈍角の三角形を**鈍角三角形**といいます。３つの角すべてが鋭角なら**鋭角三角形**，ひとつの角が直角の三角形は**直角三角形**です。

さて，底辺を $b=20$ とすると，この場合の高さ h は図のように B から辺 b の延長上へ垂直に計ることになります。すると，△ABC の外側にできた直角三角形 ABH で三角比を使うことができます。

斜辺は $c=18$ ，角度は外角の $180°-\theta=180°-137°=43°$ で

$$\frac{h}{c}=\sin 43° \quad ゆえ \quad h=c\sin 43°$$

$$S=\frac{1}{2}bh=\frac{1}{2}\cdot 20\cdot 18\sin 43° \qquad (1)$$

$$=180\cdot 0.68199\cdots=122.7\overset{8}{\underset{\smile}{5}}970\cdots \qquad \therefore 122.8 \quad (答)$$

これは，前節の例３の三角形と同じ面積で，途中の式（１）も全く同じです。違いは，例３の $43°$ は三角形の内角 A そのものだったのに対して，（１）式の $43°$ は，A の外角 $180°-A$ であるという点です。

その部分を並べてみます。

例３は，　$S=\frac{1}{2}bh=\frac{1}{2}\cdot 20\cdot 18\sin A$　　　$A<90°$

（１）は，　$S=\frac{1}{2}bh=\frac{1}{2}\cdot 20\cdot 18\sin(180°-A)$　　　$A>90°$

ほんのわずかな違いです。場合分けや例外を極力なくそうというのが数学の進む方向です。そもそも，図形には鈍角が存在するのに，三角比が鋭角でしか使えないというところに改良の余地があります。

●座標平面で考える

直角三角形 OPQ を右図のように座標平面上に置き，斜辺 OP（長さ r）を時計の針のように O を中心に回してみます。その際，常に P から x 軸に垂線が下ろされているものとして，垂線と x 軸の交点を Q とします。

【図 2-2-2】

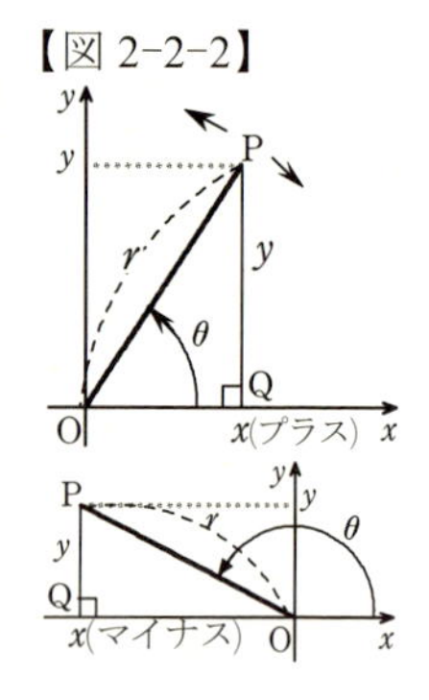

右図上のように角度 θ が鋭角なら，これまで見てきた直角三角形で定義した三角比がそのまま当てはめられます：

$$\sin\theta=\frac{\mathrm{PQ}}{\mathrm{OP}}\ ,\quad \cos\theta=\frac{\mathrm{OQ}}{\mathrm{OP}}\ ,\quad \tan\theta=\frac{\mathrm{PQ}}{\mathrm{OQ}}$$

ここで，PQ は P の y 座標に，OQ は P の x 座標に，OP は r に置き換えることができるので

$$\boldsymbol{\sin\theta=\frac{y}{r}\ ,\quad \cos\theta=\frac{x}{r}\ ,\quad \tan\theta=\frac{y}{x}} \qquad (2)$$

この，r，x，y　使った表現なら，OP がどこにあっても使えます。

OP が O を中心に時計の針のように回転すると考えると，「斜辺」とは言いにくくなります。このように回転する線分 OP を**動径**といいます。動径の長さ r は，常に正の数で表すことにします。

そして，動径 OP が図 2-2-2 の下の図のようなところにあっても，P の x 座標，y 座標を用いて，やはり(2)をもってその三角比ということにします。

P の x 座標，y 座標は，正にも負にも 0 にもなります。

角度 θ は，x 軸の正の部分から時計の針と反対向きに OP まで計ったものを使うことにします。

注意　図 2-2-2 では，動径の先端 P から横に y 軸まで点線を引いて，P の y 座標が書いてあるのと同時に，P から x 軸へ下ろした垂線 PQ の横にも「y」と書いてあります。これは，とくに $\sin\theta=\dfrac{y}{r}$ を図でなぞるとき，三角比の定義を継承する意味でも，$\cos\theta=\dfrac{x}{r}$ との区別を強調するためにも，$\sin\theta=\dfrac{y}{r}$ は原点 O から P，Q の順番になぞるためです。

【図 2-2-3】

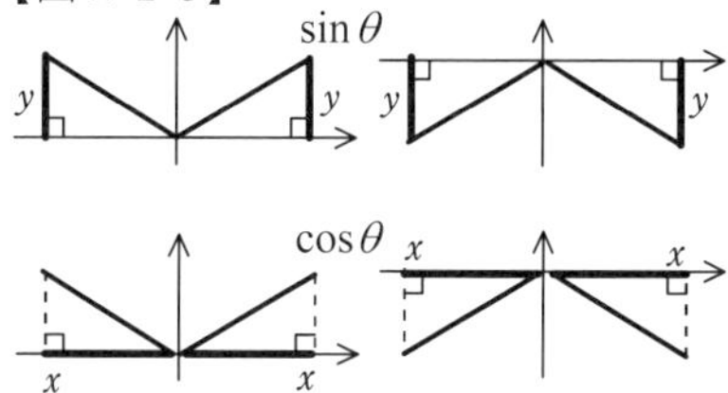

本書では，動径の先端の y 座標は，x 軸への垂線の横に「y」と書くだけにしていますので注意してください。座標平面においては「sin は縦方向」「cos は横方向」のイメージを大切にする，というのが本書の主張です。

● 0°

0° とは，動径が x 軸の正の部分と重なっている状態ですから，先端 P は

$$x=r,\ y=0$$

となります。したがって

$$\sin 0^\circ=\frac{y}{r}=\frac{0}{r}=0 \quad \therefore \sin 0^\circ=0$$

$$\cos 0^\circ=\frac{x}{r}=\frac{r}{r}=1 \quad \therefore \cos 0^\circ=1$$

$$\tan 0^\circ=\frac{y}{x}=\frac{0}{r}=0 \quad \therefore \tan 0^\circ=0$$

【図 2-2-4】

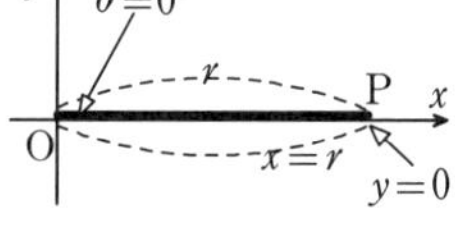

● 90°

【図 2-2-5】

90° は，動径 OP が y 軸の正の部分と重なった状態ですから，P は $x=0$，$y=r$。したがって

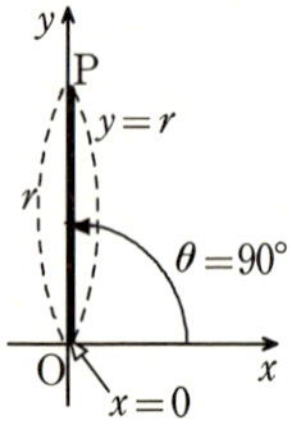

$$\sin 90° = \frac{y}{r} = \frac{r}{r} = 1 \quad \therefore \sin 90° = 1$$

$$\cos 90° = \frac{x}{r} = \frac{0}{r} = 0 \quad \therefore \cos 90° = 0$$

となります。

しかし，「tan」は分母の x が 0 ですから

tan90° の値はない

ということになります。三角関数表では，tan 90° のところは「－」になっていて，数値は書いてありません。電卓ではエラーになります。

これで

$$0 \leqq \sin\theta \leqq 1,\ 0 \leqq \cos\theta \leqq 1,\ 0 \leqq \tan\theta$$

の等号の説明ができ，三角関数表の範囲の説明は終わりになります。

● 120°

【図 2-2-6】

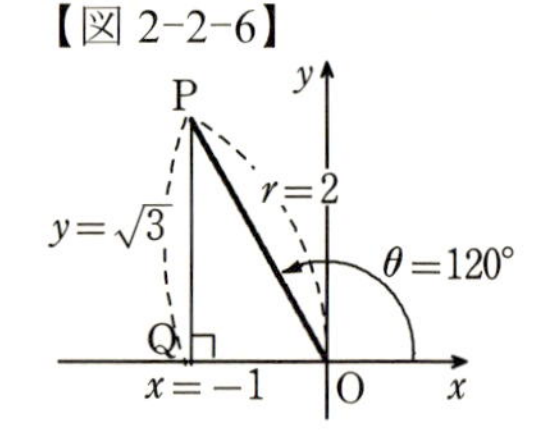

120° という動径 OP の位置は，右図のようなところです。点 P から x 軸へ垂線を下ろすと，図のように「$1:2:\sqrt{3}$」の直角三角形が利用できて

$$r=2,\ x=-1,\ y=\sqrt{3}$$

と考えるのが最も簡単で

$$\sin 120° = \frac{y}{r} = \frac{\sqrt{3}}{2}$$

$$\cos 120° = \frac{x}{r} = \frac{-1}{2} = -\frac{1}{2}$$

$$\tan 120° = \frac{y}{x} = \frac{\sqrt{3}}{-1} = -\sqrt{3}$$

というように，「cos」と「tan」が負の値になります。

● 135°，150°，180°

135°, 150° についても三角比の値を求めることができます。

【図 2-2-7】

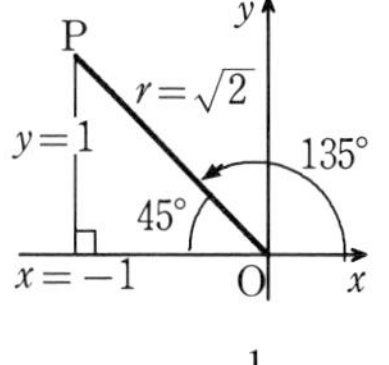

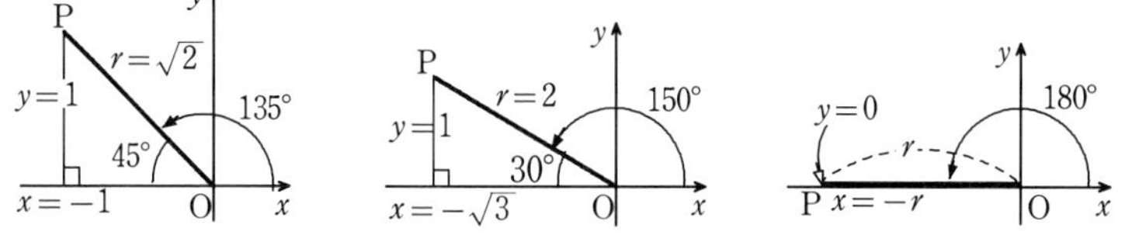

$$\sin 135^\circ = \frac{1}{\sqrt{2}} \qquad \sin 150^\circ = \frac{1}{2} \qquad \sin 180^\circ = \frac{0}{r} = 0$$

$$\cos 135^\circ = \frac{-1}{\sqrt{2}} = -\frac{1}{\sqrt{2}} \qquad \cos 150^\circ = \frac{-\sqrt{3}}{2} = -\frac{\sqrt{3}}{2} \qquad \cos 180^\circ = \frac{-r}{r} = -1$$

$$\tan 135^\circ = \frac{1}{-1} = -1 \qquad \tan 150^\circ = \frac{1}{-\sqrt{3}} = -\frac{1}{\sqrt{3}} \qquad \tan 180^\circ = \frac{0}{x} = 0$$

● 180° を超える

【図 2-2-8】

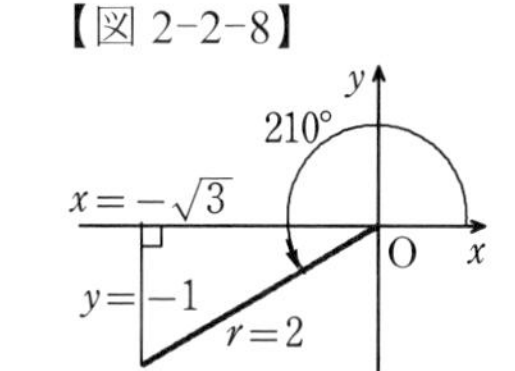

座標を用いた定義では，動径の角度を 180° までに制限する必然性はありません。

たとえば，180° からさらに 30° 回せば 210° という角も表現できて

$$\sin 210^\circ = -\frac{1}{2}\ ,\quad \cos 210^\circ = -\frac{\sqrt{3}}{2}\ ,\quad \tan 210^\circ = \frac{-1}{-\sqrt{3}} = \frac{1}{\sqrt{3}}$$

となります。さらに

$$\sin 315^\circ = -\frac{1}{\sqrt{2}}\ ,\quad \cos 315^\circ = \frac{1}{\sqrt{2}}\ ,\quad \tan 315^\circ = \frac{-1}{1} = -1$$

また，360° で動径は 0° と同じ位置に戻ってきますから

$$\sin 360^\circ = \sin 0^\circ = 0\ ,\quad \cos 360^\circ = \sin 0^\circ = 1\ ,\quad \tan 360^\circ = \tan 0^\circ = 0$$

も理解できるでしょう。

$0^\circ \leqq \theta \leqq 180^\circ$ の範囲に限定した場合を三角比といい，それ以上の角度まで考慮するときは**三角関数**というのが普通です。

三角関数は，第５章から学習します。

●三角比の値の範囲

$0° \leqq \theta \leqq 180°$ のときの三角比の値の範囲は

$$\mathbf{0 \leqq \sin\theta \leqq 1}$$

$$\mathbf{-1 \leqq \cos\theta \leqq 1}$$

$\tan\theta$ はすべての実数

となります。

●鈍角の三角比を三角関数表で求める

三角関数表は 90° までしか載っていません。これは本書の手抜きではありません。どんなに大きな図書館へ行っても，鈍角の三角比の表は見つけられないでしょう。それでは，なぜ，90° までしかないのでしょうか？

例 2　130° の三角比の値を三角関数表を用いて求める。

三角関数表は，動径が 0°〜90° の範囲にある場合のものですから，130° のところにある動径を 0°〜90° の範囲に移動させることを考えます。

【図 2-2-9】

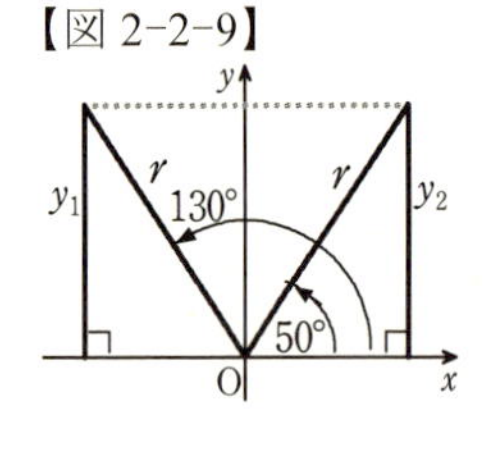

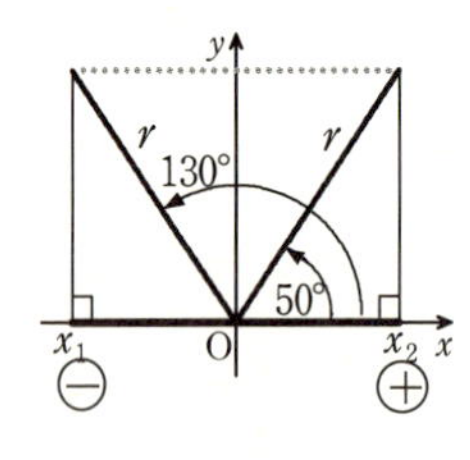

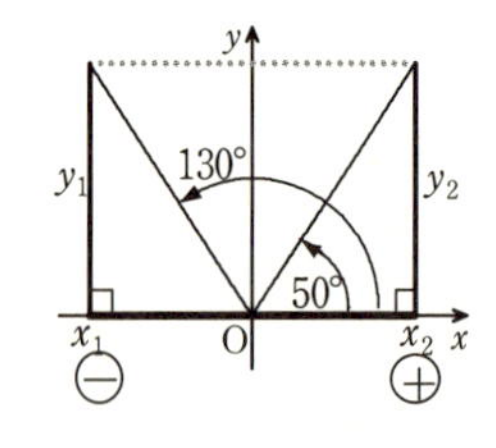

130° の動径を 0°〜90° の範囲に移動させるためには，「左右対称な角」に注目します。130° と左右対称な角は 50° です。180°−130° で求められます。

上図左端の図において，$y_1 = y_2$ ですから

$$\sin 130° = \frac{y_1}{r} = \frac{y_2}{r} = \sin 50°$$

が成り立つことが分かります。つまり，sin130° の値は三角関数表の sin50° の値と同じであるということです。

$$\sin 130^\circ = \sin 50^\circ \fallingdotseq 0.76604\,44431 \quad \text{（答）}$$

次に，中央の図において，130° のときの x_1 は負で $x_1 = -x_2$ ですから

$$\cos 130^\circ = \frac{x_1}{r} = \frac{-x_2}{r} = -\frac{x_2}{r} = -\cos 50^\circ$$

という具合に，50° の x_2 にした時点で x_1 に含まれる「−」を補ってやります。

$$\cos 130^\circ = -\cos 50^\circ \fallingdotseq -0.6427876097 \quad \text{（答）}$$

そして，図 2-2-9 右端の図において

$$\tan 130^\circ = \frac{y_1}{x_1} = \frac{y_2}{-x_2} = -\frac{y_2}{x_2} = -\tan 50^\circ$$

$$\therefore \tan 130^\circ = -\tan 50^\circ \fallingdotseq -1.1917535926 \quad \text{（答）}$$

●左右対称な角（θ と $180^\circ - \theta$ ）

一般に，θ と $180^\circ - \theta$ の動径の位置は y 軸に関して対称ですから

$$\left.\begin{array}{lll} \sin\theta = \ \ \sin(180^\circ - \theta) & \text{あるいは} & \sin(180^\circ - \theta) = \ \ \sin\theta \\ \cos\theta = -\cos(180^\circ - \theta) & \text{あるいは} & \cos(180^\circ - \theta) = -\cos\theta \\ \tan\theta = -\tan(180^\circ - \theta) & \text{あるいは} & \tan(180^\circ - \theta) = -\tan\theta \end{array}\right\} \quad (3)$$

が成り立つことが分かります。

【図 2-2-10】

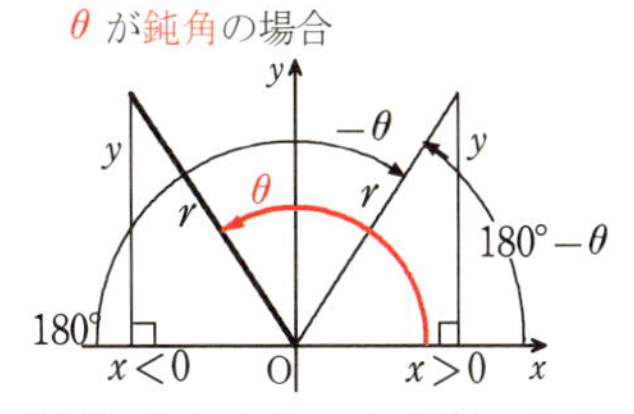

三角比で使う角度は常に x 軸の正の部分から計った角度である。

与えられた θ を左右対称な角に変換するという観点では，（３）の左側の列の形の方が実用的だと思います。とくに $\theta > 90^\circ$ の場合は，左側の等式で 90° 未満に変換できます。しかし，式の形を簡単にするという観点では（３）の右側の列の形の方がシックリきます。

和が 180° になるふたつの角を互いに**補角**（ほかく）といいます。ここでいう「左右対称な角」は補角の関係です。

●三角形の面積の公式の１本化

これで，本節最初の三角形の面積の計算で，鋭角か鈍角かの場合分けは必要ではなく

$$\triangle\mathrm{ABC}\text{の面積}=\frac{1}{2}bc\sin A \qquad (4)$$

ひとつで対応できるようになり，例１の△ABC の面積は

$$S=\frac{1}{2}bc\sin A=\frac{1}{2}\cdot 20\cdot 18\sin 137°$$

と書いてよいことになりました。そして，電卓ではそのまま入力すればよいのです。（三角関数表は結局 $\sin 43°$ を使うのですが．．．）

$A=90°$ なら，底辺 b に対して c がそのまま高さになっているので

$$\text{面積}=\frac{1}{2}bc$$

【図 2-2-11】

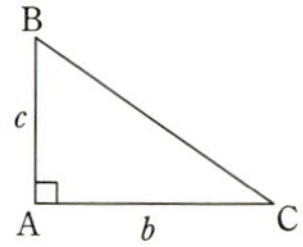

でよいのですが，これは（４）に $A=90°$ を代入した結果と一致します。（ $\sin 90°=1$ ）

したがって，（４）は，A が鋭角，鈍角，直角，すべての場合で使える公式なのです。

例３ 対角線の長さが a, b ，それらのなす角が θ の四角形の面積 S。

【図 2-2-12】

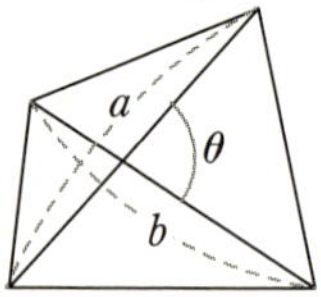

各対角線を平行移動して，それぞれ頂点を通るようにします。そうすると，２辺の長さが a, b ，その間の角が θ の平行四辺形ができます。

もとの四角形の面積は，外側にできた平行四辺形の面積のちょうど半分です。なぜなら，もとの四角形の各辺は，４つできた平行四辺形の対角線になっていて，それぞれにおいて，各平行四辺形の面積の半分になっているからです。

【図 2-2-13】

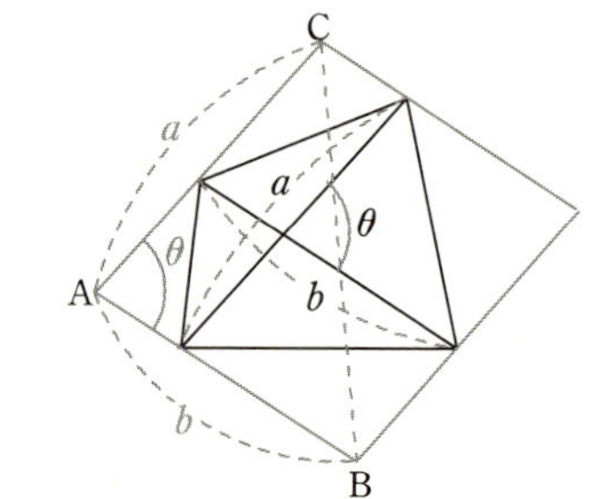

ということで，もとの四角形の面積 Sは，外側の大きな平行四辺形の半分，すなわち三角形 ABC の面積と等しいので

$S=\frac{1}{2}ab\sin\theta$　（答）

θは，上図では鋭角になっていますが，鈍角の方をθにしても構いません。もう，鋭角と鈍角に場合分けせずに三角比は使えるのです。

また，もとの四角形の対角線どうしの交点の位置は面積に影響しないということにも気づいておきましょう。右の２つの四角形の面積は，上のものと同じです。

【図 2-2-14】

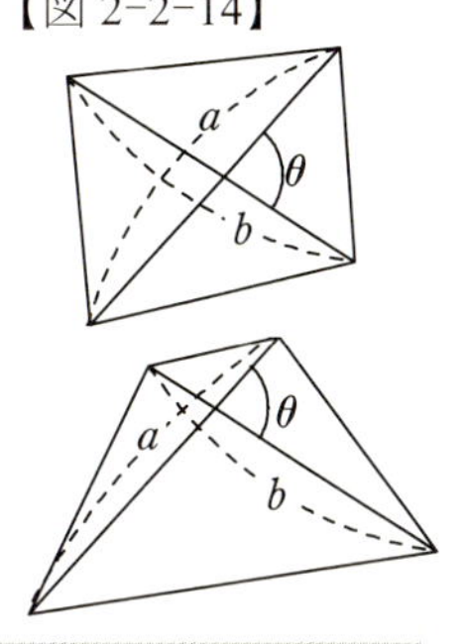

例4　例３の四角形でa，bは一定として，面積Sを最大にするにはθを何度にすればよいか。

$S=\frac{1}{2}ab\sin\theta$　で，　$0<\theta<180°$　なので

$0<\sin\theta\leqq 1$

よって，Sを最大にするのは$\sin\theta=1$，つまり$\theta=90°$にすればよい。

（答）

3　三角比の相互関係

●三角比の相互関係

三角比どうしには，非常に密接な関係があります。

三角比の相互関係

Ⅰ　$\sin^2\theta+\cos^2\theta=1$

Ⅱ　$\tan\theta=\frac{\sin\theta}{\cos\theta}=\sin\theta\div\cos\theta$

Ⅲ　$1+\tan^2\theta=\frac{1}{\cos^2\theta}$

$\sin^2\theta$ は $(\sin\theta)^2$，$\cos^2\theta$ は $(\cos\theta)^2$，$\tan^2\theta$ は $(\tan\theta)^2$ の意味です。それぞれ「サイン２乗シータ」「コサイン２乗シータ」「タンジェント２乗シータ」と読みます。２乗は「自乗」ともいいます。

●Ⅰ　$\sin^2\theta+\cos^2\theta=1$

【図 2-3-1】

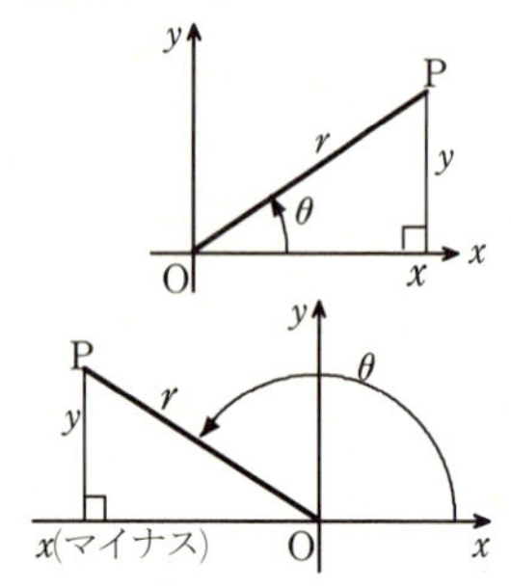

これは，ピタゴラスの定理の変形に過ぎません。右の上の図でも下の図でも，ピタゴラスの定理

$$x^2+y^2=r^2$$

が成り立ちます。この両辺を r^2 で割ると

$$\frac{x^2}{r^2}+\frac{y^2}{r^2}=1 \quad \text{つまり} \quad (\frac{x}{r})^2+(\frac{y}{r})^2=1$$

ここで $\frac{x}{r}=\cos\theta$，$\frac{y}{r}=\sin\theta$ だから

$$(\cos\theta)^2+(\sin\theta)^2=1$$

$$\therefore \sin^2\theta+\cos^2\theta=1$$ （終）

【図 2-3-2】

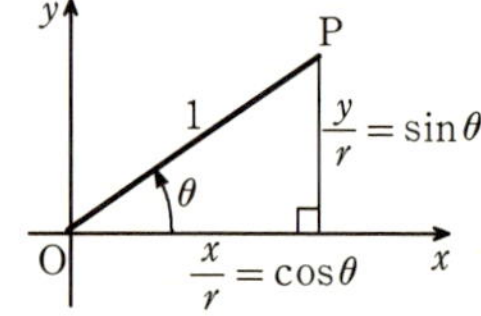

これは，動径 OP の長さを 1 にして（上図を r で割って）ピタゴラスの定理を使っても導けます：

$$(\frac{y}{r})^2+(\frac{x}{r})=1^2 \qquad \therefore \sin^2\theta+\cos^2\theta=1$$

この関係を三角関数表に当てはめると，次のようになっているということです。表だけでは気が付きませんね。

【図 2-3-3】

θ °	$\sin^2\theta$ ＋ $\cos^2\theta$ ＝1
25	$0.42261\,82617^2 + 0.90630\,77870^2 = 1$
26	$0.43837\,11468^2 + 0.89879\,40463^2 = 1$
27	$0.45399\,04997^2 + 0.89100\,65242^2 = 1$
28	$0.46947\,16628^2 + 0.88294\,75929^2 = 1$
29	$0.48480\,96202^2 + 0.87461\,97071^2 = 1$
30	$0.50000\,00000^2 + 0.86602\,54038^2 = 1$

●Ⅱ　$\tan\theta=\frac{\sin\theta}{\cos\theta}=\sin\theta\div\cos\theta$

$\tan\theta=\frac{y}{x}$ の分子，分母を r で割ると

$$\tan\theta=\frac{\frac{y}{r}}{\frac{x}{r}}=\frac{\sin\theta}{\cos\theta}=\sin\theta\div\cos\theta$$ （終）

これも，斜辺を１にした図 2-3-2 から直接導くこともできます。

この関係を三角関数表に当てはめると，次のようになります。

【図 2-3-4】

θ°	$\sin\theta$	÷	$\cos\theta$	＝	$\tan\theta$
25	0.42261 82617	÷	0.90630 77870	＝	0.46630 76582
26	0.43837 11468	÷	0.89879 40463	＝	0.48773 25886
27	0.45399 04997	÷	0.89100 65242	＝	0.50952 54495
28	0.46947 15628	÷	0.88294 75929	＝	0.53170 94317
29	0.48480 96202	÷	0.87461 97071	＝	0.55430 90515
30	0.50000 00000	÷	0.86602 54038	＝	0.57735 02692

●Ⅲ　$\mathbf{1+\tan^2\theta=\dfrac{1}{\cos^2\theta}}$

$\sin^2\theta+\cos^2\theta=1$ の両辺を $\cos^2\theta$ で割ると

$$\frac{\sin^2\theta}{\cos^2\theta}+\frac{\cos^2\theta}{\cos^2\theta}=\frac{1}{\cos^2\theta}$$

ここで，$\dfrac{\sin\theta}{\cos\theta}=\tan\theta$　だから

$$\tan^2\theta+1=\frac{1}{\cos^2\theta}\qquad \therefore 1+\tan^2\theta=\frac{1}{\cos^2\theta}$$ （終）

左辺の足し算の順序を逆にして $1+\tan^2\theta$ としてあるのは，この "業界" の習慣だと思ってください。

【図 2-3-5】

この等式は，図 2-3-1 において，$x=1$ として（全体を x で割って）ピタゴラスの定理を適用しても得られます：

$$1^2+\left(\frac{y}{x}\right)^2=\left(\frac{r}{x}\right)^2$$

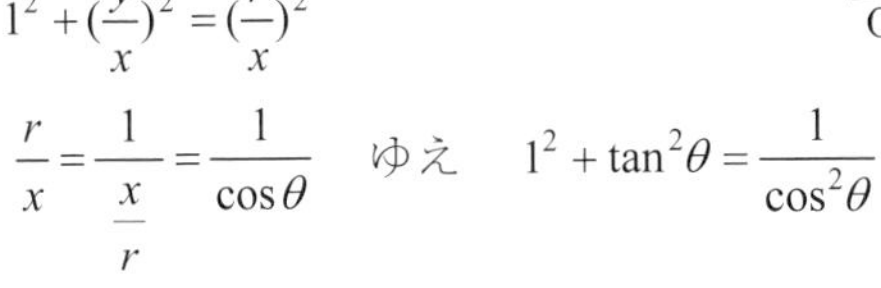

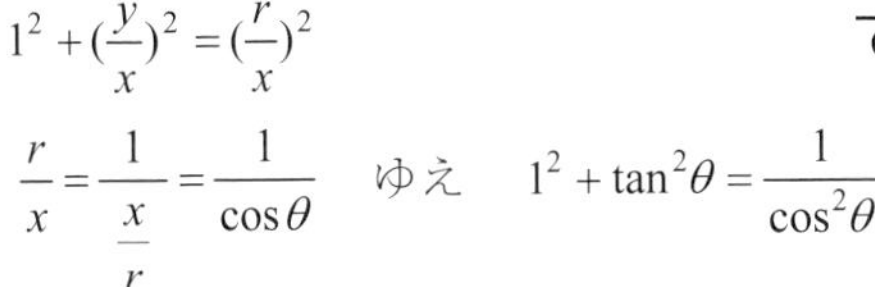

$$\frac{r}{x}=\frac{1}{\frac{x}{r}}=\frac{1}{\cos\theta}\quad ゆえ\quad 1^2+\tan^2\theta=\frac{1}{\cos^2\theta}$$

例１　$\sin\theta=0.2$ のとき，$\cos\theta$，$\tan\theta$ の値を求める。

［解答１］

$\sin^2\theta+\cos^2\theta=1$　より

$\cos^2\theta = 1 - \sin^2\theta$　　　　　　← この式の形も見慣れておこう

これに $\sin\theta = 0.2 = \frac{1}{5}$ を代入して（分数の方が計算が楽）

$$\cos^2\theta = 1 - (\frac{1}{5})^2 = 1 - \frac{1}{25} = \frac{24}{25}$$

$$\therefore \cos\theta = \pm\sqrt{\frac{24}{25}} = \pm\frac{2\sqrt{6}}{5}$$

平方根では，常に＋と－の可能性があることを忘れないこと。

ここで，θ が鋭角のとき $\cos\theta > 0$ ，θ が鈍角のとき $\cos\theta < 0$ 。

$$\tan\theta = \sin\theta \div \cos\theta = \frac{1}{5} \div (\pm\frac{2\sqrt{6}}{5}) = \frac{1}{5} \times (\pm\frac{5}{2\sqrt{6}}) = \pm\frac{1}{2\sqrt{6}}$$

よって

θ が鋭角のとき　$\cos\theta = \frac{2\sqrt{6}}{5}$，$\tan\theta = \frac{1}{2\sqrt{6}}$

θ が鈍角のとき　$\cos\theta = -\frac{2\sqrt{6}}{5}$，$\tan\theta = -\frac{1}{2\sqrt{6}}$　（答）

［**解答２**］

$\sin\theta = 0.2 = \frac{1}{5}$ を図にしてみます。

【図 2-3-6】

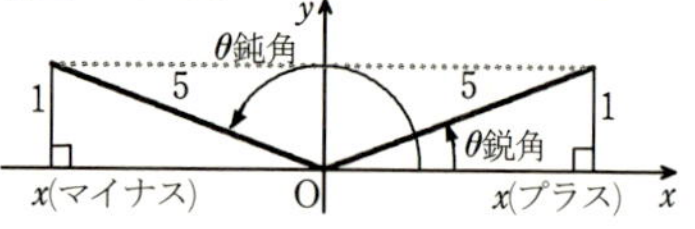

ピタゴラスの定理より

$$x^2 + 1^2 = 5^2$$

$$x^2 = 25 - 1 = 24$$

$$\therefore x = \pm\sqrt{24} = \pm 2\sqrt{6}$$　（±を忘れないこと）

したがって

$\cos\theta = \pm\frac{2\sqrt{6}}{5}$，$\tan\theta = \pm\frac{1}{2\sqrt{6}}$　（複号同順）　（答）

本当は，解答１のように θ によって分けて答えた方が better です。

「±」を**複号**といいます。上にある符号どうし，下にある符号どうしを組み合わせる場合，「**複号同順**」と表示します。

$\sin\theta$ は，動径が "左右対象" の位置で同じ値になります。一方，$\cos\theta$，$\tan\theta$ は "左右対象" な位置で符号が逆になります。

解答２によれば，相互関係の公式は必要ないのではないかと思うひとも出てきそうですが（実際の授業でそういう生徒がいました），次のような式の計算ではどうしても必要になります。

例２　次の式を簡単にする。

$$(1+\sin\theta)^2+(1+\cos\theta)^2-2(\sin\theta+\cos\theta)$$

$\sin\theta$ や $\cos\theta$ をひとつのものとして，文字式と同じように展開整理します。慣れないうちは，$\sin\theta$ を s，$\cos\theta$ を c など１文字で表して，$(1+s)^2+(1+c)^2-2(s+c)$ と書くとやりやすいかも知れません。

$$(1+\sin\theta)^2+(1+\cos\theta)^2-2(\sin\theta+\cos\theta)$$

$$=1+\cancel{2\sin\theta}+\underbrace{\sin^2\theta+1+\cancel{2\cos\theta}+\cos^2\theta}_{1}-\cancel{2\sin\theta}-\cancel{2\cos\theta}\ =3\quad（答）$$

こうした三角比を含む式の計算は，今後徐々に多くなってきます。

そもそも，三角比の記号を決めた最大の理由が，具体的な数値でない状態のままで辺の比を式の中で扱えるようにする，という点にあったのです。

● $\mathbf{1+\dfrac{1}{\tan^2\theta}=\dfrac{1}{\sin^2\theta}}$

学校の教科書には載っていませんが，この等式も成り立ちます。

これは，相互関係 $\sin^2\theta+\cos^2\theta=1$ の両辺を $\sin^2\theta$ で割ればよいのです。

$$1+\frac{\cos^2\theta}{\sin^2\theta}=\frac{1}{\sin^2\theta}$$

そして

$$\frac{\cos^2\theta}{\sin^2\theta}=(\frac{\cos\theta}{\sin\theta})^2=(\frac{1}{\tan\theta})^2=\frac{1}{\tan^2\theta}$$

$$\therefore 1+\frac{1}{\tan^2\theta}=\frac{1}{\sin^2\theta}\quad（終）$$

あるいは，図 2-3-1 において，$y=1$ として（全体を y で割って）ピタゴラスの定理を使っても導けます：

$$1^2+(\frac{x}{y})^2=(\frac{r}{y})^2$$

ここで $\dfrac{x}{y}=\dfrac{1}{\frac{y}{x}}=\dfrac{1}{\tan\theta}$, $\dfrac{r}{y}=\dfrac{1}{\frac{y}{r}}=\dfrac{1}{\sin\theta}$ ですから

$$1+\frac{1}{\tan^2\theta}=\frac{1}{\sin^2\theta}$$

【図 2-3-7】

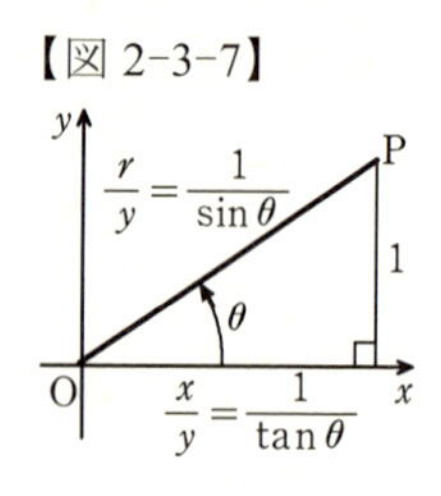

● **sinθ, cosθ, tanθ の逆数**

三角比の逆数は「分の１」で表せるのですが，これら逆数にもまた別の名前があります：

$\dfrac{1}{\sin\theta}=\mathrm{cosec}\,\theta$ 「コセカント θ，余割（よかつ）」

$\dfrac{1}{\cos\theta}=\sec\theta$ 「セカント θ，正割（せいかつ）」

$\dfrac{1}{\tan\theta}=\cot\theta$ 「コタンジェント θ，余接（よせつ）」

たとえば

$$1+\frac{1}{\tan^2\theta}=\frac{1}{\sin^2\theta} \text{ は } 1+\cot^2\theta=\mathrm{cosec}^2\theta$$

となります。

これが分かりやすいかどうかは慣れの問題です。これらを日常的に使うことになっているところでは，その現場の習慣に従って，早く慣れるようにしてください。

本書では紹介に留めておき，本文中では「分の１」で表すことにします。

世界最初の三角比

ヒッパルコス（BC190頃～125頃）は，小アジアの黒海沿岸の都市，ニケーア出身の天文学者で，天体の運行の計算のために，円において中心角が 7.5° の整数倍 $(7.5n)°$ で 180° 未満の角に対する弦の長さ（図 2-3-8 の線分 c ）の表をつくっています。

当時は占星術が盛んで，天体（太陽，月，惑星＝水星・金星・火星・木星・土星）の位置を計算する必要がありました。（図 2-3-9）

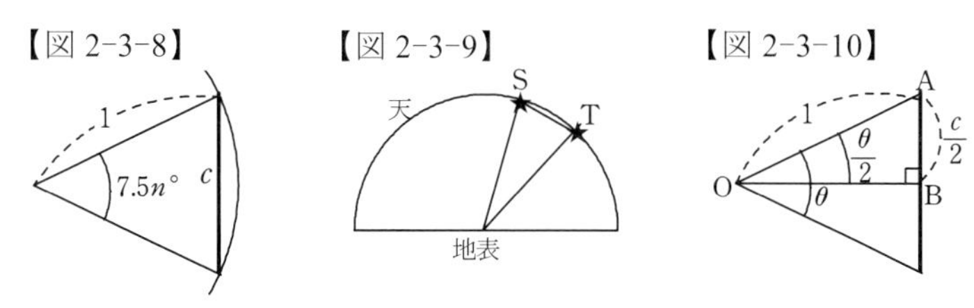

この時代では，太陽と月以外の星々は，球形の暗い幕の上にあると考えられていましたから，地表から幕までの距離（半球の半径）をある値に定めておいて，中心角に対する S，T 間の距離を前もって表にしておけば天体観測に大変便利なわけです。

ヒッパルコスの弦の表を現代風にいうと，図 2-3-10 において，半径を 1，中心角を θ とすると，直角三角形 OAB の斜辺は 1，$\angle \mathrm{AOB}=\dfrac{\theta}{2}$，その対辺は $\mathrm{AB}=\dfrac{c}{2}$ ですから

$$\frac{\frac{c}{2}}{1}=\sin\frac{\theta}{2}=\sin(\frac{7.5n}{2})°=\sin(3.75n)° \quad \therefore c=2\sin(3.75n)° \quad (n=1〜23)$$

の値の表をつくったことになります。

7.5° というのは半端な角度に思えますが，これは直角 90° を 12 等分した角度，あるいは，正三角形の内角 60° の 8 分の 1，すなわち，2 で３回割った値です。半分半分にしていくという考え方はごく自然だし，十二進法や六十進法が使われていた当時としては，直角の 12 等分もそんなに不自然ではないのかも知れません（ヒッパルコスの数表も六十進法で書かれている)。

ヒッパルコスの弦の長さ c の一部を，第６章２節の最後で実際に計算してみます。

ヒッパルコスの300年ほど後，プトレマイオス（トレミー，83頃～168頃）は，古代ギリシャの天文学の集大成である『アルマゲスト』を著しました。彼の名は「トレミーの定理」(次項）や，現在にも伝わる星座のうち48個（トレミーの48星座）を確定させたひととして知っているひとも多いでしょう。

『アルマゲスト』にはヒッパルコスの研究も多く引用され，プトレマ

イオスは，自ら発見したトレミーの定理を用いて 0.5° 刻みの弦の表をつくっています。

その後インドで，ヒッパルコスの弦の半分が使われました。これが現在の三角比の原形と考えられます。

このように，三角形の角度と辺の長さの関係を基礎にして，図形の計量や，地表や天体の測量をすることを，**三角法**といいます。

トレミーの定理

円に内接する四角形 ABCD において

$$AB \cdot CD + AD \cdot BC = AC \cdot BD$$

が成り立つ。

【図 2-3-11】

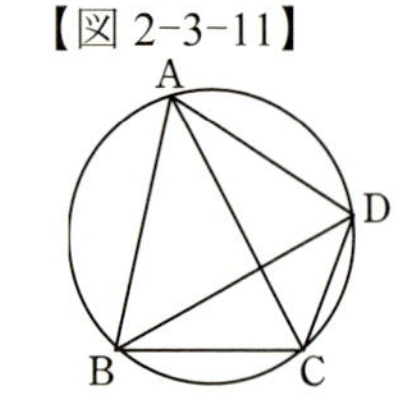

◆証明

円に内接する四角形 ABCD において，

$\angle BAD > \angle CAD$ ゆえ，$\angle BAD$ の中に

$$\angle BAE = \angle CAD$$

となるように，線分 BD 上に点 E を取ることができます。そうすると，まず

【図 2-3-12】

$$\triangle ABE \backsim \triangle ACD$$

です。なぜなら

仮定より　$\angle BAE = \angle CAD$

弧 AD を見込む円周角で　$\angle ABE = \angle ACD$

で，２角相等だからです。よって

$$AB : BE = AC : CD \qquad \therefore AB \cdot CD = BE \cdot AC \qquad \cdots ①$$

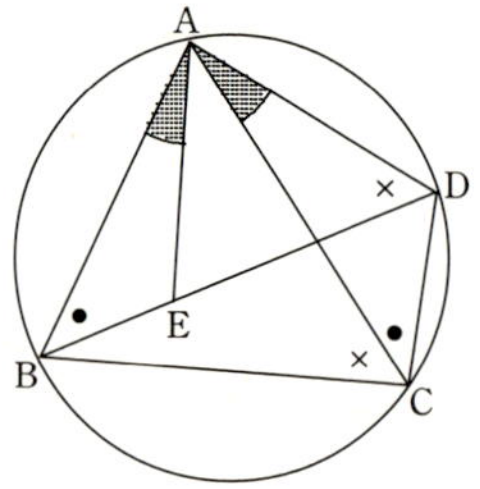

次に

$$\triangle ABC \backsim \triangle AED$$

です。なぜなら

$$\angle BAC = \underline{\angle BAE} + \angle EAC \ , \quad \angle EAD = \underline{\angle CAD} + \angle EAC$$

仮定により

$$\underline{\angle BAE = \angle CAD} \qquad \therefore \angle BAC = \angle EAD$$

また

弧 AB を見込む円周角で　∠ACB =∠ADE

で，２角相当だからです。よって

BC : CA = ED : DA　　∴AD･BC =AC･ED　　… ②

①と②の辺々を足すと

AB･CD + AD･BC =AC･(BE+ED)

ここで，BE + ED =BD ゆえ

AB･CD + AD･BC =AC･BD（終）

◆トレミーの定理とピタゴラスの定理

証明をしたついでに，応用も見てみましょう。

【図 2-3-13】

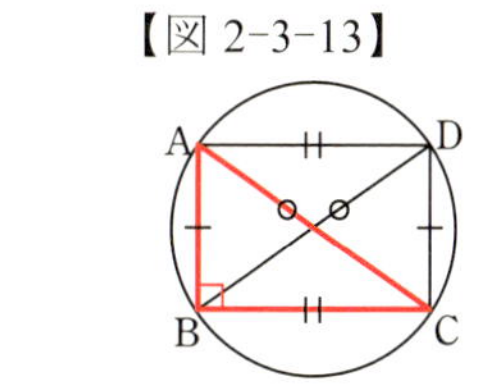

トレミーの定理：

$$AB \cdot CD + AD \cdot BC = AC \cdot BD$$

において，四角形 ABCD が長方形の場合は

$$AB = CD,\ AD = BC,\ AC = BD$$

ですから

$$AB^2 + BC^2 = AC^2$$

となり，ピタゴラスの定理が導かれます。

◆トレミーの定理と黄金比

円に内接する１辺の長さが１の正五角形の中の四角形(台形)ABCD において

【図 2-3-14】

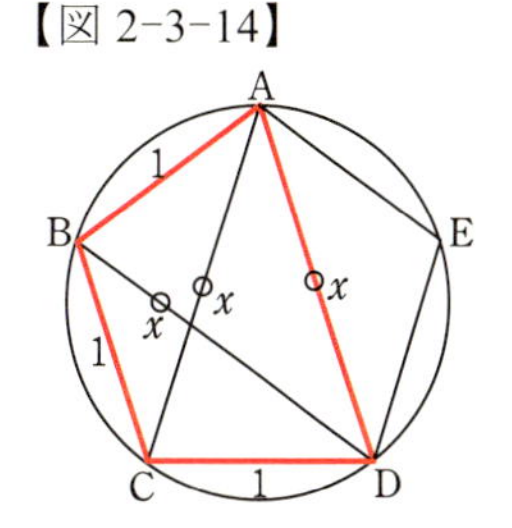

$$AB = CD = BC = 1,\ AD = AC = BD = x$$

としてトレミーの定理を適用すると

$$1 \cdot 1 + 1 \cdot x = x^2$$

$$x^2 - x - 1 = 0$$

$$x > 0 \text{　ゆえ　} x = \frac{1+\sqrt{1+4}}{2} = \frac{1+\sqrt{5}}{2}$$

という具合に，１節と同じ黄金比の値が得られました。

◆２つの中心角の差を中心角とする弦の長さ

プトレマイオスは，下図において，中心角 θ_1，θ_2（$\theta_1 < \theta_2$）に対する弦 ℓ_1，ℓ_2 の長さから，中心角 $\theta_2 - \theta_1$ に対する弦 ℓ の長さを計算する方法を，自らのトレミーの定理を用いてつくりました。

【図 2-3-15】

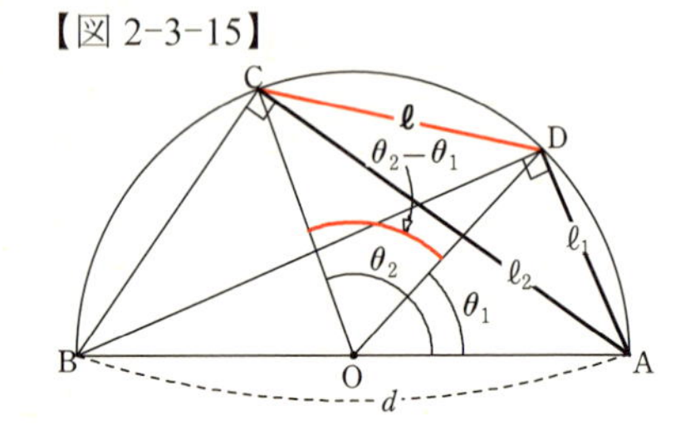

半円の直径 AB を d とします。

四角形 ABCD と対角線 AC と BD において，トレミーの定理により

$$\mathrm{AB}\cdot\mathrm{CD} + \mathrm{AD}\cdot\mathrm{BC} = \mathrm{AC}\cdot\mathrm{BD}$$

ゆえ　$d\ell + \ell_1 \cdot \mathrm{BC} = \ell_2 \cdot \mathrm{BD}$

よって

$$\ell = \frac{\ell_2 \cdot \mathrm{BD} - \ell_1 \cdot \mathrm{BC}}{d} \quad \cdots ①$$

$\angle\mathrm{ADB} = 90°$ ゆえ，直角三角形 ADB においてピタゴラスの定理により

$$\mathrm{BD}^2 = d^2 - \ell_1{}^2 \qquad \mathrm{BD} > 0 \text{ ゆえ } \mathrm{BD} = \sqrt{d^2 - \ell_1{}^2}$$

$\angle\mathrm{ACB} = 90°$ ゆえ，直角三角形 ACB においてピタゴラスの定理により

$$\mathrm{BC}^2 = d^2 - \ell_2{}^2 \qquad \mathrm{BC} > 0 \text{ ゆえ } \mathrm{BC} = \sqrt{d^2 - \ell_2{}^2}$$

①に代入して

$$\ell = \frac{\ell_2\sqrt{d^2 - \ell_1{}^2} - \ell_1\sqrt{d^2 - \ell_2{}^2}}{d}$$

彼は，天文学研究のついでに，占星術書『テトラビブロス』も著しています。

日本における三角比

江戸時代の寛永４年（1627年）に吉田光由（よしだみつよし）（1598～1672）が出版した『塵劫記（じんこうき）』の中の「こうばいののびの事」（勾配の延びの事）に，屋根の斜面の長さを知るための早見表が，説明図とともに載っています。

底辺を一尺として，高さが五分刻みで上がっていったときの斜面の長さが底辺よりどれだけ延びるかが，高さ一尺まで表になっているのです。

【図 2-3-16】

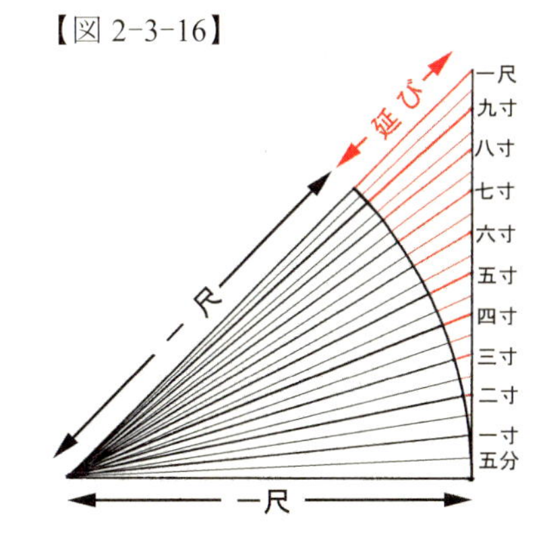

ただし

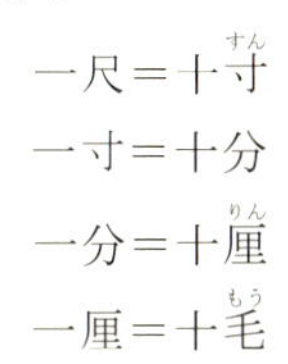
一尺＝十寸
一寸＝十分
一分＝十厘
一厘＝十毛
一毛＝十糸

で，一尺≒33cm です。

たとえば，高さが四寸のときの延びは「七分七り三糸」と書いてあります。「り」は「厘」のことで，小数では

0.7703 寸＝0.07703 尺

となります。

これは，底辺一尺，高さ四寸＝0.4 尺のときの斜面の長さ(直角三角形の斜辺)が，底辺より 0.07703 尺延びるということですから，これで斜面の長さは 1.07703 尺ということが分かるのです。

現代風に計算すると

$$(\text{斜辺})^2 = 1^2 + 0.4^2 = 1.16 \qquad \therefore \text{斜辺} = \sqrt{1.16} = 1.07703\,296\cdots$$

ですから，大変精度の良い表になっています。

実質的にはピタゴラスの定理の活用となるのですが，三角比の記号を使って表現すると

$$\text{延び} = \frac{1}{\cos\theta} - 1 = \sec\theta - 1$$

となります。ただし，角度 θ を直接与えるのではなく， $\tan\theta$ の値を 0.05 刻みで 1 まで変えることで角度を変えているということなのです。

この表によって，当時の大工さんは屋根の面積を知り，必要な瓦や葺き板の枚数を算出していたということです。

小数と大きな数の読み方

単位量の 10 分の 1 から順に

分(ぶ)，厘(りん)，毛(もう)，糸(し)，忽(こつ)，微(び)，繊(せん)，沙(しゃ)，塵(じん)，埃(あい)，渺(びょう)，漠(ばく)，模糊(もこ)
逡巡(しゅんじゅん)，須臾(しゅゆ)，瞬息(しゅんそく)，弾指(だんし)，刹那(せつな)，六徳(りっとく)，虚空(こくう)，清浄(せいじょう) $=\frac{1}{10^{21}}$

となっています。虚，空，清，浄 $=\frac{1}{10^{23}}$ と 1 桁ずつ区切るという説もあるようです。また，さらにこの下にも何桁かあるようです。

現在では，たとえば野球の打率等で見られるように，0.2345 を 2 割 3 分 4 厘 5 毛といいますが，本来，単位量の 10 分の 1 を一分(いちぶ)というのです。「五分五分」とか「八分咲き」というのはそのような使い方です。

なお，「塵埃」「(曖昧(あいまい))模糊」「逡巡(する)」「刹那(的)」「清浄」は日常の言葉として使われています。

これらは，仏教の伝来とともに伝わったサンスクリット語（梵語(ぼんご)，古代インド語）がもとになっています。

ちなみに，電子の直径は約「五漠六模糊四逡巡」[mm] ということになります。ただし，これは，電子を球体と考える古典的な概念に基づくもので，現在は，電子は大きさのない点という扱いがされているそうです。

ついでに，大きい方は

一，十，百，千，万 $=10^4$

その後は，4 桁ずつ区切って

億，兆，京(けい)，垓(がい)，秭(じょ)，穣(じょう)，溝(こう)，澗(かん)，正(せい)，載(さい)，極(ごく)
恒河沙(ごうがしゃ)，阿僧祇(あそうぎ)，那由他(なゆた)，不可思議(ふかしぎ)，無量大数(むりょうたいすう) $=10^{68}$

となっています。秭は𥝱(し)というものや，無量 $=10^{68}$ と大数 $=10^{72}$ に分けるという説もあるようですし，さらにこの上にもあるようです。

これらは，インド，中国の仏教の宇宙観から考え出されたものです。

酸素分子(O_2) 6.02×10^{23} 個で 32 グラム，1 気圧・0 ℃で 22.4 リットルということを，アボガドロ数という言葉とともに高校の化学で学びました。アボガドロ（1776～1856）はイタリアの物理学者・化学者です。

6.02×10^{23} は，6020 垓です。たいしたことないですね。

第３章

余弦定理と正弦定理

1　余弦定理

●２辺と間の角（２辺挟角）から残りの１辺を求める

例１　△ABC において，A, b, c から辺 a の長さを求める。

これまでの知識で求めることができます。ちょっと考えてみてください。

ア　A が鋭角の場合

求めるべき辺 a を斜辺とする直角三角形をつくります。そのためには B から辺 b に垂線を下ろすか，C から辺 c に垂線を下ろせばよいわけで，ここでは，C から辺 c に垂線を下ろすことにして，それを CH $= h$ とします。

【図3-1-1】

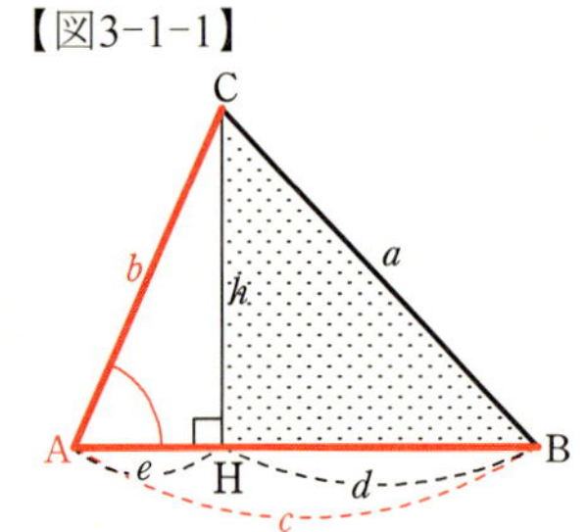

この図は，三角形の面積を求めるときにも現れた図です。辺 a を求める手順は次のようにします。

① 左側の直角三角形 ACH から h と e を求める
（h は面積で使った）

② d を求める

③ 右側の直角三角形 BCH にピタゴラスの定理を適用する

それでは，計算しましょう。

①　$\dfrac{h}{b} = \sin A$ より $h = b\sin A$，$\dfrac{e}{b} = \cos A$ より $e = b\cos A$

②　$d = \mathrm{AB} - \mathrm{AH} = c - e = c - b\cos A$

③　$a^2 = h^2 + d^2$

$= (b\sin A)^2 + (c - b\cos A)^2$　　前半の２乗は積の２乗
後半の２乗はいわゆる展開

$$= b^2 \sin^2 A + c^2 - 2bc\cos A + b^2\cos^2 A$$

$$= b^2(\sin^2 A + \cos^2 A) + c^2 - 2bc\cos A$$

$$\therefore a^2 = b^2 + c^2 - 2bc\cos A \qquad (1)$$

そして，$\sqrt{\ }$ を付ければ a が得られます。

【図3-1-2】

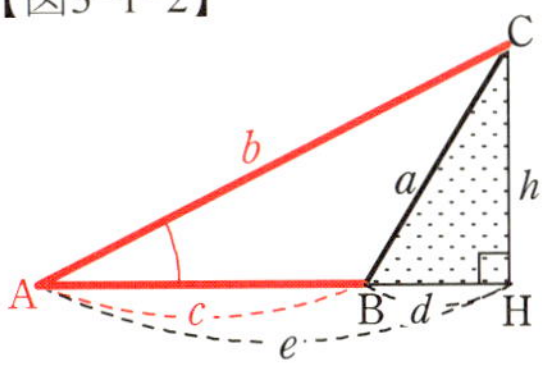

B が鈍角だと，C からの垂線は AB の延長上に下ろすことになります。この場合も

$$h = b\sin A \quad , \qquad a^2 = h^2 + d^2$$

までは同じですが

$$d = \mathrm{AH} - \mathrm{AB} = e - c = b\cos A - c$$

と，先ほどの手順②での引く順序が逆になります。

しかし，２乗すれば先ほどと同じになります：

$$d^2 = (b\cos A - c)^2 = (c - b\cos A)^2$$

したがって，結論も（１）と同じになります。

イ　A が鈍角の場合

辺 AB の A 側の延長線上に頂点 C から垂線を下ろし，$\mathrm{CH} = h$ とします。

【図3-1-3】

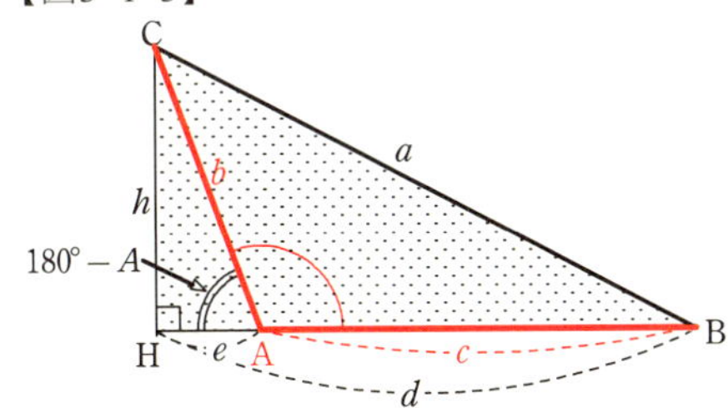

すると，求めたい a を斜辺とする大きな直角三角形 BCH にピタゴラスの定理を適用して

$$a^2 = \mathrm{CH}^2 + \mathrm{BH}^2 = h^2 + d^2$$

が成り立ちます。この記号の使い方は A が鋭角の場合とまったく同じです。

手順①②③に従って進めます。

①　左の（外側にできた）直角三角形 ACH において

$$\frac{h}{b} = \sin(180° - A) \quad ゆえ \quad h = b\sin(180° - A)$$

ところが， $\sin(180°-A)=\sin A$ ですから

$$h=b\sin A$$

$180°-A \quad A$
左右対称な角（補角）

また

$$\frac{e}{b}=\cos(180°-A) \quad \therefore e=b\cos(180°-A)$$

ところが， $\cos(180°-A)=-\cos A$ ですから

$$e=b\cos(180°-A)=-b\cos A \qquad (★)$$

② $d=\mathrm{BH}=\mathrm{AB}+\mathrm{AH}=c+e$ ← アの②では $c-e$ だった

ですが，（★）より

$\therefore d=c+e=c-b\cos A$ ← 結局アの②と同じになった

③ $a^2=h^2+d^2$

$$=(b\sin A)^2+(c-b\cos A)^2$$

で，アの③と同じになりましたから，（1）と同じ結果になります。

鈍角に対する「cos」を負の数であると定義したことが，効果を発揮しました。

ウ　*A* が直角の場合

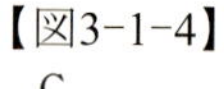
【図3-1-4】

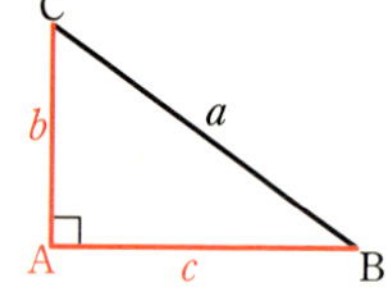

$A=90°$ の場合は，ピタゴラスの定理により

$$a^2=b^2+c^2$$

となりますが，これは，（1）で $A=90°$ とした場合と一致します：

$$a^2=b^2+c^2-2bc\underbrace{\cos 90°}_{0}$$
$$=b^2+c^2$$

こうして得られた（1）式を**余弦定理**といいます。

余弦定理

△ABC において

$$\boldsymbol{a^2=b^2+c^2-2bc\cos A}$$

が成り立つ。

文字のローテーション（p.34）で

$$c^2=a^2+b^2-2ab\cos C$$
$$b^2=c^2+a^2-2ca\cos B$$

余弦定理は，ピタゴラスの定理の拡張と見ることができます。

余弦定理は，ユークリッドの『原論』で証明されています。ただし，三角比の記号は使われていません。

●余弦定理の辺と角の組合せ

面積の公式と同様，ただ単に文字列として見るのではなく

$$a^2 = b^2 + c^2 - 2bc\cos A$$

２辺と　　間の角

というように，辺や角の使われ方に目をやります。そうすれば，２辺が s と t，その間の角が α で，第３辺 u を求めるというときに

$$u^2 = s^2 + t^2 - 2st\cos\alpha$$

というように，a, b, c との対応を考えなくてもつくることができます。

例２　右図のような小山をはさんだ PQ 間の距離を求める。必要に応じて電卓を用いる。

【図3-1-5】

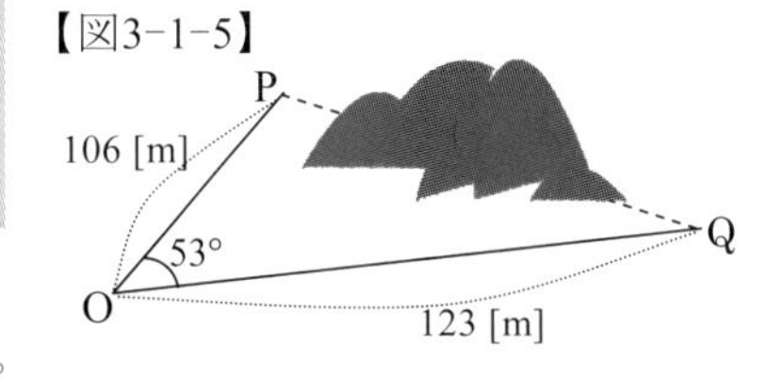

２辺とその間の角が分かった状態ですから，余弦定理が使えます。

$$PQ^2 = 106^2 + 123^2 - 2\cdot106\cdot123\cos53°\ \ (=10672.07146)$$

最後に電卓の「√」キーを押して

PQ=103.3057…　≒103.3 [m]　（答）

どこで四捨五入するのかが書いてないのは問題の不備だ，というのは，入試問題などにドップリ浸りすぎている証拠です。この問題は，ひとに順位をつけるためのものではありません。

また，実務の現場では，いちいちそのような指示はありません。この問題の内容の状況で，１cm や１mm 単位まで求める意味はあるでしょうか？

通常は，与えられた（観測などで得られた）数値と同じか，ひとつ下の桁までで，現実には十分でしょう。

● 3辺から角を求める（余弦定理の変形）

3辺の長さが決まれば三角形は決まります。そこで今度は，3辺の長さから角度を求めてみます。余弦定理より

$$a^2 = b^2 + c^2 - 2bc\cos A$$

右辺へ　左辺へ　それぞれ移項する

$$2bc\cos A = b^2 + c^2 - a^2$$

$$\therefore \cos A = \frac{b^2 + c^2 - a^2}{2bc}$$

この式をまた新たに暗記するのではなく，たとえばAを求めたければ $\cos A$ を含む余弦定理を変形できるようにしておきます。実は，式変形ができるひとは，結果も頭に入ってしまうものなのです。

$\cos A$ を含む余弦定理の左辺は，同じアルファベットの a^2 です。

$$a^2 = b^2 + c^2 - 2bc\cos A$$

両端が同じアルファベット（向き合った辺と角）

例3　$a=6$，$b=3\sqrt{7}$，$c=9$ の△ABC において，B の角度を求める。ただし，ここでは電卓や関数表は使わない。

B ですから，$b^2 =$ の余弦定理を使います。

$$b^2 = c^2 + a^2 - 2ca\cos B \quad \text{より} \quad 2ca\cos B = c^2 + a^2 - b^2$$

よって

$$\cos B = \frac{c^2 + a^2 - b^2}{2ca} = \frac{9^2 + 6^2 - (3\sqrt{7})^2}{2\cdot 9\cdot 6} = \frac{81 + 36 - 63}{2\cdot 9\cdot 6}$$

分母の掛け算は約分のあとで

$$= \frac{54}{2\cdot 9\cdot 6} \qquad \therefore \cos B = \frac{1}{2}$$

（次項へ続く）

●角度を求める

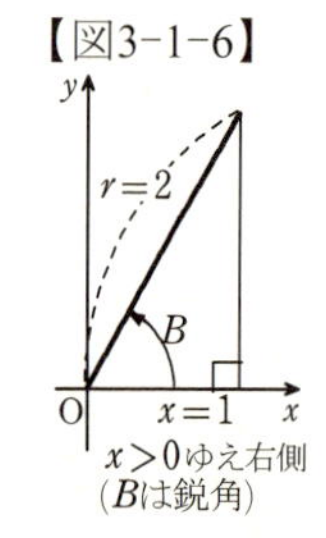

【図3-1-6】

ここから B の角度を求めるには，$\cos B = \frac{1}{2}$ となるような状況を図にしてみます。（1 ← x，2 ← r）

そうすると「$1:2:\sqrt{3}$」ですから，図より

$B = 60°$　（答）

実務の世界では電卓の使用が現実的ですが，学校の数学では0°，30°，45°，60°，90°，120°，135°，150°，180° になる場合は，そのことを見逃さず，このようにキッチリ求めます。それ以外のときは，学校では三角関数表から最も近い角度を探すことになります。

これまでのように，三角形の既知の要素（辺の長さや角の大きさ）から未知の要素を求めることを**三角形を解く**といいます。

●逆三角関数

関数電卓では，$\frac{1}{2}$として「0.5」を表示させて「$\cos^{-1}$」というキーを押します。機種によっては「$\cos^{-1}$」のキーの後に「0.5」と入力します。

「$\cos^{-1}$」は「インバース　コサイン」と読みます。「－1乗」ではありません。インバース(inverse)は「逆」という意味です。

「cos」が角度θから$\frac{x}{r}$ を求めるものであるのに対して，「$\cos^{-1}$」は，$\cos\theta$ の値 $\frac{x}{r}$ から角度θを "逆算" することを表す記号です。「$\sin^{-1}$」「$\tan^{-1}$」も同様に，角度の逆算を表す記号です。これらを**逆三角関数**といい

$\sin\theta = p$　　のとき　$\theta = \sin^{-1} p$

$\cos\theta = p$　　のとき　$\theta = \cos^{-1} p$

$\tan\theta = p$　　のとき　$\theta = \tan^{-1} p$

【図3-1-7】

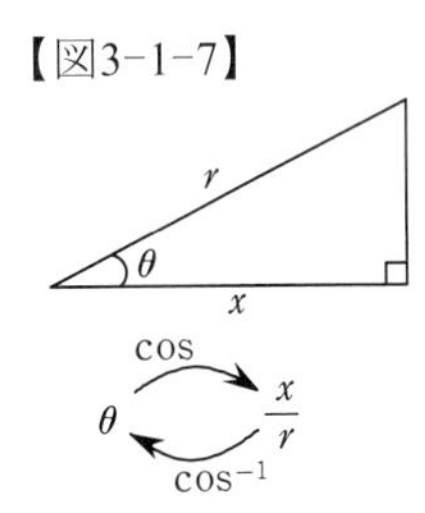

という使い方をします。これは，たとえば $\sin\theta = p$ の両辺に $\sin^{-1}$ を付けて

$$\sin^{-1}\sin\theta = \sin^{-1} p \qquad (☆)$$

$$\therefore\ \theta = \sin^{-1} p$$

で，ちょうど $\sin^{-1}\sin$ が1になったように見えます。

一般に，$a^{-1} = \frac{1}{a}$ という定義があるので $a^{-1}a = \frac{1}{a}\cdot a = 1$となりますが，(☆)の関数記号の部分が，これと同じ形になっているというわけです。逆関数を「－1乗」で表すことにした理由でしょう。負の指数と逆三角関数については，本書第11章でもっとよく見ることができます。

逆三角関数の記号を使うと，先ほどの例3は

$$B=\cos^{-1}\frac{1}{2}=60°$$

と記述することになります。

なお，$\sin^{-1}$，$\cos^{-1}$，$\tan^{-1}$ はそれぞれ arcsin，arccos，arctan と表すこともあります。arc は「アーク」と読んで，普通は「弧」を意味しますが，「逆関数」という意味があります。

●３辺から面積を求める（ヘロンの公式）

三角形の３辺の長さから面積を求める手順は

３辺 ⟶① cos ⟶② sin ⟶③ 面積

で，新しい知識，公式は必要ありません。

例４　$a=5$，$b=7$，$c=9$ の△ABC の面積 S を求める。

３辺からは，$\cos A$ でも $\cos B$ でも $\cos C$ でも，お好みのものが求められます。ここでは，とりあえず $\cos A$ を求めることにします。

①　余弦定理より

$$\cos A=\frac{b^2+c^2-a^2}{2bc}=\frac{49+81-25}{2\cdot7\cdot9}=\frac{\overset{5}{\cancel{\overset{15}{\cancel{105}}}}}{2\cdot\cancel{7}\cdot\underset{3}{\cancel{9}}}=\frac{5}{6}$$

②　$\sin^2A+\cos^2A=1$ より　$\sin^2A=1-\cos^2A$ ，$\sin A>0$　だから

$$\sin A=\sqrt{1-\cos^2A}=\sqrt{1-\frac{25}{36}}=\sqrt{\frac{11}{36}}=\frac{\sqrt{11}}{6}$$

③　A の "両側" の辺は b，c だから（アルファベットがダブらない）

$$S=\frac{1}{2}bc\sin A=\frac{1}{2}\cdot7\cdot\overset{3}{\cancel{9}}\cdot\frac{\sqrt{11}}{\underset{2}{\cancel{6}}}=\frac{21\sqrt{11}}{4}\quad\text{（答）}$$

この計算を文字のままやると，次の**ヘロンの公式**が得られます。その導出過程は，本節末をご覧ください。

ヘロンの公式

△ABC の面積 $\boldsymbol{S=\sqrt{s(s-a)(s-b)(s-c)}}$

ただし，$s=\dfrac{a+b+c}{2}$　（分母は 2。三角形の周の半分。）

高校の教科書では「参考」などとして載っていますが，知っていると便利です。建築や土木などの実務では重宝な公式としてよく使われるようです。

この公式を実際に使うときには，s，$s-a$，$s-b$，$s-c$ を事前に計算しておいてから，根号 $\sqrt{\ }$ の中でこれら４つを掛け合わせます。

例５　$a=5$，$b=7$，$c=9$ の△ABC の面積 S をヘロンの公式で求める。

$$s=\frac{a+b+c}{2}=\frac{5+7+9}{2}=\frac{21}{2}\text{，}\ s-a=\frac{21}{2}-5=\frac{11}{2}$$

$$s-b=\frac{21}{2}-7=\frac{7}{2}\text{，}\ s-c=\frac{21}{2}-9=\frac{3}{2}$$

したがって　$S=\sqrt{\frac{21}{2}\cdot\frac{11}{2}\cdot\frac{7}{2}\cdot\frac{3}{2}}=\frac{21\sqrt{11}}{4}$　（答）

当然ですが，例４と同じ結果です。

一般に，根号の中の掛け算は，一気に掛け算はせず，ここでは $7\cdot3=21$ に気づけば，21 がすぐに根号の外に出せます。約分なども想定して，掛け算のタイミングには注意しましょう。

ヘロンの公式は，辺の長さが整数でなく，電卓も使えない場合は実用的ではありません。例４の方法をしっかり身につけておきましょう。

●三角形の内接円の半径

三角比に直接関係する話ではないですが，三角形の３辺から面積が求められるという話のついでに，三角形の内接円の半径について見ておきます。

三角形の内接円の中心=内心 I は，３つの内角の二等分線の交点です。

【図3-1-8】

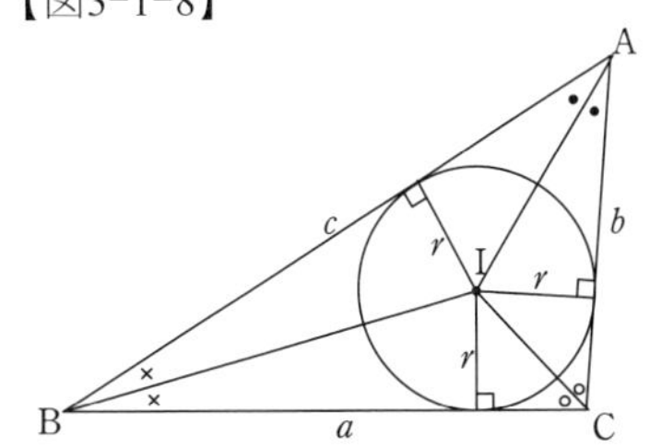

三角形 ABC は，３つの三角形 BCI，CAI，ABI に分割されます。そして，それらの三角形は，もとの

三角形の各辺を底辺として，高さがすべて内接円の半径 r になっています。ですから，三角形 ABC の面積を S とすると

$$S = \triangle\mathrm{BCI} + \triangle\mathrm{CAI} + \triangle\mathrm{ABI}$$
$$= \frac{1}{2}ar + \frac{1}{2}br + \frac{1}{2}cr = \frac{1}{2}r(a+b+c) \qquad (\bigstar)$$

が成り立ちます。したがって，内接円の半径 r は

$$\boldsymbol{r = \frac{2S}{a+b+c}}$$

となります。

これは，暗記するのではなく，上のような図と(★)をセットにして導けるようにしておくべきです。

ヘロンの公式にも $\frac{a+b+c}{2} = s$ が出てきました。この小文字の s を使うと

$$S = sr \qquad \text{(三角形の面積=(三角形の周の半分の長さ)×(内接円の半径))}$$
$$r = \frac{S}{s}$$

という表現にもなります。

例6 例4(例5)の三角形の内接円の半径 r を求める。

面積は $S = \frac{21\sqrt{11}}{4}$ と求められていますから

$$r = \frac{2 \cdot \frac{21\sqrt{11}}{4}}{5+7+9} = \frac{\frac{21\sqrt{11}}{2}}{21} = \frac{\sqrt{11}}{2} \quad \text{(答)}$$

●円に内接する四角形の対角線の長さ

例7 円に内接する四角形 ABCD において，AB=3, BC=2, CD=6, DA=5 のとき，対角線 AC と BD の長さを求める。

【図3-1-9】

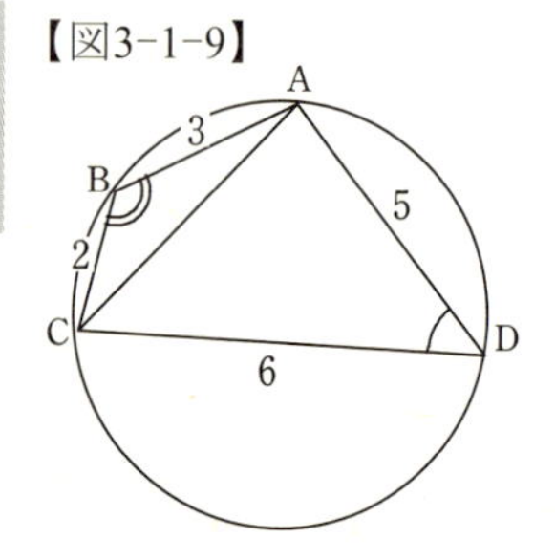

方針は見えますか？

これは，ふたつの三角形 ABC と ACD において，$\mathrm{AC}^2 =$ という余弦定理の式をつく

るのです。

そのとき，円に内接する四角形の角に関する性質を利用します。（図 3-1-10，証明は後述※）

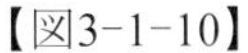

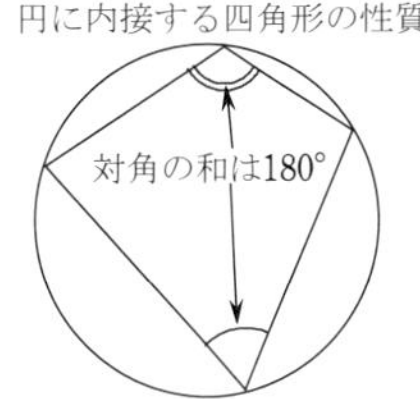

まず，△ABC において

$$AC^2 = AB^2 + BC^2 - 2AB \cdot BC\cos B$$
$$= 9 + 4 - 2 \cdot 3 \cdot 2\cos B$$
$$= 13 - 12\cos B \qquad \cdots ①$$

△ACD において

$$AC^2 = AD^2 + CD^2 - 2AD \cdot CD\cos D$$
$$= 25 + 36 - 2 \cdot 5 \cdot 6\cos D$$
$$= 61 - 60\cos D \qquad \cdots ②$$

ここで，円に内接する四角形の性質より

$$B + D = 180° \quad \therefore D = 180° - B$$

だから

$$\cos D = \cos(180° - B) = -\cos B$$

よって②は

$$AC^2 = 61 + 60\cos B \qquad \cdots ③$$

①と③の右辺どうしが等しいので

$$61 + 60\cos B = 13 - 12\cos B$$
$$72\cos B = -48 \qquad \therefore \cos B = -\frac{48}{72} = -\frac{2}{3}$$

①に代入して

$$AC^2 = 13 - 12 \cdot \left(-\frac{2}{3}\right) = 21$$

$AC > 0$ ゆえ　$AC = \sqrt{21}$　（答）

BD は，トレミーの定理（p.56）で簡単に求めることができます。

$$AC \cdot BD = AB \cdot CD + BC \cdot AD$$
$$\sqrt{21}\,BD = 3 \cdot 6 + 2 \cdot 5 = 28$$
$$BD = \frac{28}{\sqrt{21}} = \frac{28\sqrt{21}}{21} = \frac{4\sqrt{21}}{3} \qquad （答）$$

もちろん，BD も AC と同じ方法で求められます。このような余弦定理の使い方の練習としてやってみてください。

※　円に内接する四角形の角の性質の証明

まず，円周角は中心角の半分です：

【図3-1-11】

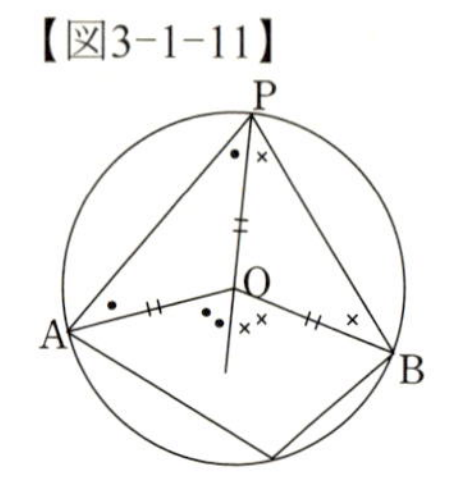

$$\angle\mathrm{APB} = \frac{1}{2}\angle\mathrm{AOB}$$

図 3-1-11 において，半径を等辺とする二等辺三角形 OAP の外角が「・」２個分，二等辺三角形 OBP の外角が「×」２個分です。したがって，円周角 APB は中心角 AOB の半分になります。

すると，向き合う円周角に対する２つの中心角の和は

【図3-1-12】

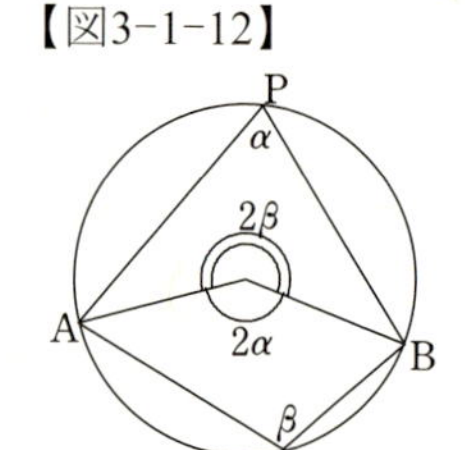

$$2\alpha + 2\beta = 360°$$

ですから，円周角の和はその半分

$$\alpha + \beta = 180°$$

となります。(終)

ヘロンの公式の導出

$0 < A < 180°$　ゆえ $\sin A > 0$ なので，$\cos A = \dfrac{b^2 + c^2 - a^2}{2bc}$ より

$$\sin A = \sqrt{1 - \cos^2 A} = \sqrt{1 - \frac{(b^2 + c^2 - a^2)^2}{4b^2c^2}} = \sqrt{\frac{4b^2c^2 - (b^2 + c^2 - a^2)^2}{4b^2c^2}}$$

$$4b^2c^2 - (b^2 + c^2 - a^2)^2$$
$$= (2bc)^2 - (b^2 + c^2 - a^2)^2$$
$$X^2 - Y^2 = (X + Y)(X - Y)$$

$$= \frac{\sqrt{(2bc + b^2 + c^2 - a^2)(2bc - b^2 - c^2 + a^2)}}{2bc}$$

$$2bc - b^2 - c^2 + a^2 = a^2 - (b^2 - 2bc + c^2)$$
$$= a^2 - (b - c)^2$$

$$= \frac{\sqrt{\{(b + c)^2 - a^2\}\{a^2 - (b - c)^2\}}}{2bc}$$

$$(b + c)^2 - a^2$$
$$= (b + c + a)(b + c - a)$$
$$= (a + b + c)(b + c - a)$$

$$= \frac{\sqrt{(a + b + c)(b + c - a)(a + b - c)(a - b + c)}}{2bc}$$

となるので，△ABC の面積を S とすると

$$S = \frac{1}{2}bc\sin A$$

$$=\frac{1}{2}\cancel{bc}\cdot\frac{\sqrt{(a+b+c)(b+c-a)(a+b-c)(a-b+c)}}{2\cancel{bc}}$$

$$=\sqrt{\frac{(a+b+c)(b+c-a)(a+b-c)(a-b+c)}{16}}$$

$$=\sqrt{\frac{a+b+c}{2}\cdot\frac{b+c-a}{2}\cdot\frac{a+b-c}{2}\cdot\frac{a-b+c}{2}}$$

ここで，$\frac{a+b+c}{2}=s$ とすると

$$\frac{b+c-a}{2}=\frac{a+b+c-2a}{2}=s-a \qquad \frac{a+b-c}{2}=\frac{a+b+c-2c}{2}=s-c$$

$$\frac{a-b+c}{2}=\frac{a+b+c-2b}{2}=s-b$$

したがって　$S=\sqrt{s(s-a)(s-b)(s-c)}$（終）

【図3-1-13】

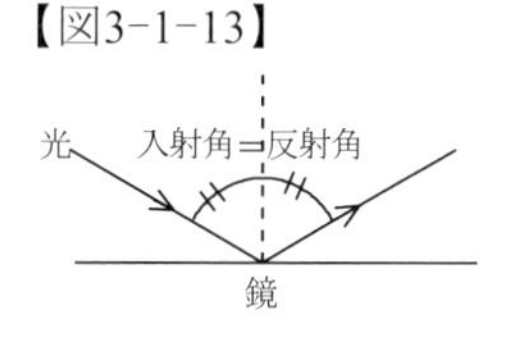

ヘロン（BC300頃から１世紀まで諸説あり）は，ギリシアの数学者兼技術者で，光の反射で「入射角と反射角が等しい」ことを発見し，また，いろいろな自動装置をつくったといわれています。

水時計などもありますが，神殿の入口の皿の上で火を燃やすと扉が開くとか，お金を入れると一定量の聖なる水が出てくるという，自動販売機の原型のようなものでも，当時は実用をねらったものではありませんでした。貴族のオモチャや，人々を驚かせて神殿・神社の権威を高めるためのものだったそうです。その当時は，機械化するよりもっと安い人手(奴隷)がいたので，機械化の必要性は誰も感じなかった，と指摘するひともいます。

なお，ヘロンの公式はヘロンがつくったのではないという説もあります。

３つの余弦定理

余弦定理：

$$a^2=b^2+c^2-2bc\cos A$$

は，実は**第２余弦定理**といわれています。

第１余弦定理は，右図の

$$a = c\cos B + b\cos C$$

という関係式のことです。これは，B や C が直角や鈍角でも成り立ちます。（後述）

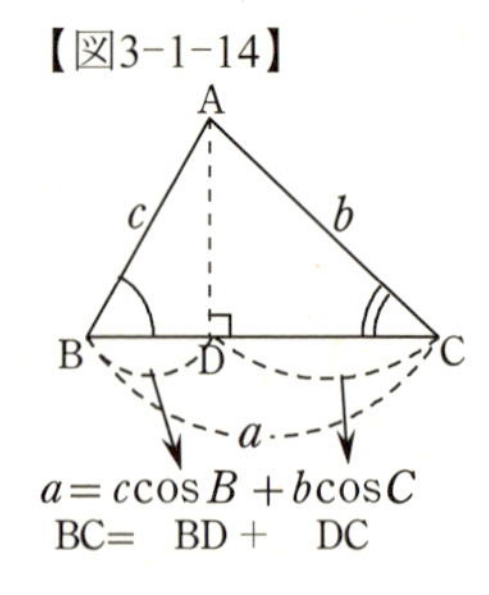

【図3-1-14】

普通，黙って余弦定理といえば，第２の方を指します。

さて，第２余弦定理は，２辺挟角が分かっている三角形の残りの１辺を求める式というとらえ方をしてきました。

これを，２辺 b, c によって平行四辺形が決まる，というように視野を広げれば，これまでの三角形の「残りの１辺」は，平行四辺形の対角線のひとつになります。

【図3-1-15】

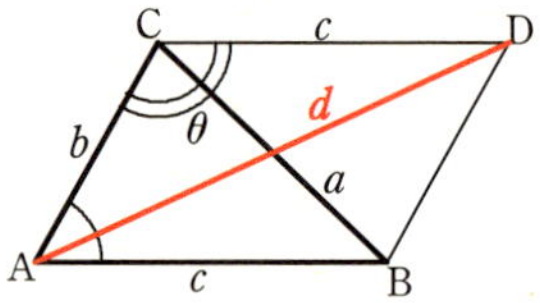

そうすると，もう一方の対角線，つまり，２辺 b, c の間の対角線の長さは？　というように話題が広がります。

上図で分かるように，２辺 AB と AC によって決まる平行四辺形 ABDC において，$\mathrm{CD} = c$，$\angle\mathrm{ACD} = \theta = 180° - A$ になりますから，△ACD も２辺とその間の角 θ が既知の三角形になっているので，第２余弦定理により

$$\begin{aligned}\mathrm{AD}^2 = d^2 &= b^2 + c^2 - 2bc\cos\theta \\ &= b^2 + c^2 - 2bc\cos(180° - A) \\ &= b^2 + c^2 - 2bc(-\cos A)\end{aligned}$$

$$\therefore \boldsymbol{d^2 = b^2 + c^2 + 2bc\cos A}$$

となります。第２余弦定理の最後の項の符号違いです。これが「３つ目の余弦定理」というわけです。（私が勝手にそういっているだけです．．．）

平行四辺形の対角線の役割の例は，次章２節で見ることができます。

第１余弦定理は，$B = 90°$ のときも明らかに成り立ちますね。（$\cos B = 0$ ）$C = 90°$ も同様です。

$B>90°$ のときは，右図より

$$\mathrm{BC}=\mathrm{DC}-\mathrm{BD}=-\mathrm{BD}+\mathrm{DC}$$
$$=-c\cos(180°-B)+b\cos C$$

$\cos(180°-B)=-\cos B$　ですから

$$a=c\cos B+b\cos C$$

となります。$C>90°$ の場合も同様に確かめられます。

【図3-1-16】

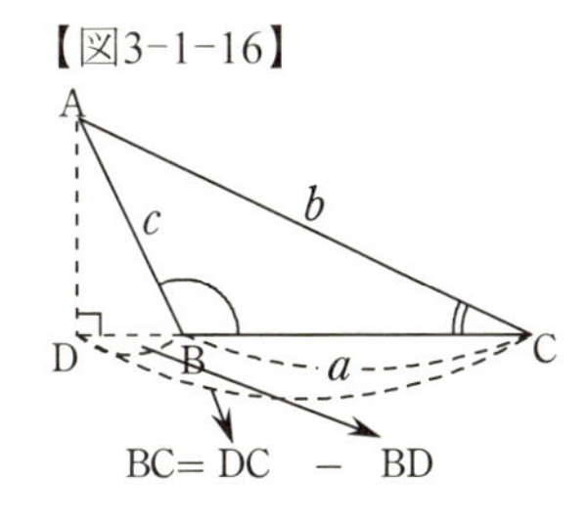

鈍角に対する「cos」の値を負の数と定義したことの効果が発揮されました。

2　正弦定理

●１辺とその両端の角（２角挟辺）から他の辺を求める

例１　△ABC において，a，B，C　から，他の辺や角を求める。

B，C　が辺 a の両端の角であることは，記号だけでも分かりますね。これも，三角比の基本的な使い方を駆使して求めることができます。まず

$$A=180°-(B+C)$$

は問題ないでしょう。実質的に A も与えられたようなものです。

ア．鋭角三角形の場合

b を求める場合は，既知の a と求めたい b は "まるごと" 残るように，△ABC を２つの直角三角形に分けます。

【図3-2-1】

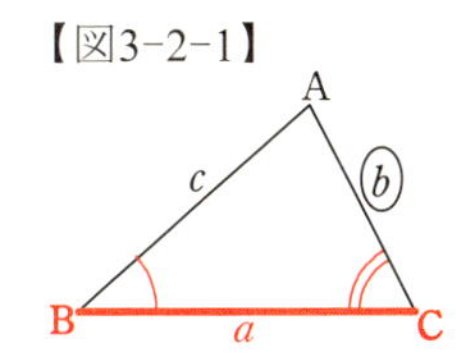

b を求める場合

a，b が斜辺になるように２つの直角三角形に分ける。

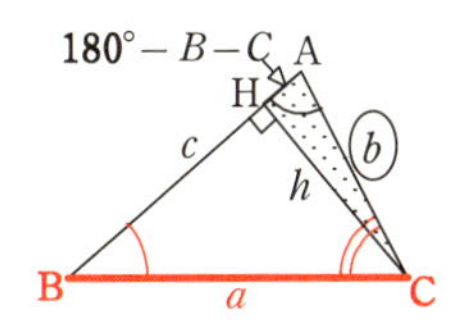

既知の a を斜辺とする直角三角形 BCH に注目して

$$\frac{h}{a}=\sin B \text{ ゆえ } \quad h=a\sin B \qquad (1)$$

求めたい b を斜辺とする直角三角形 ACH に注目して

$$\frac{h}{b}=\sin A \text{ ゆえ } \quad h=b\sin A \qquad (2)$$

（1）と（2）より

$$b\sin A=a\sin B$$

$$\therefore b=\frac{a\sin B}{\sin A} \qquad (A=180^\circ-(B+C)) \quad \cdots \text{（答）} \qquad (3)$$

c を求める場合は，B から AC へ垂線を下ろします。

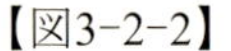
【図3-2-2】

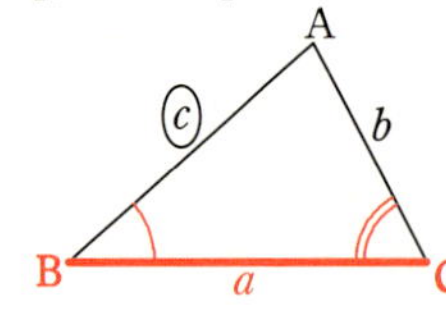

c を求める場合

a，c が斜辺になるように
２つの直角三角形に分ける。

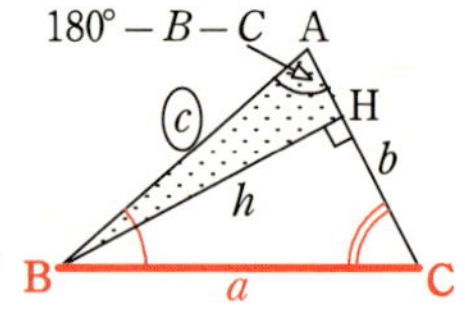

$$\frac{h}{a}=\sin C \text{ ゆえ } \quad h=a\sin C \qquad (4)$$

$$\frac{h}{c}=\sin A \text{ ゆえ } \quad h=c\sin A \qquad (5)$$

（4）と（5）より

$$c\sin A=a\sin C$$

$$\therefore c=\frac{a\sin C}{\sin A} \qquad (A=180^\circ-(B+C)\ ) \quad \text{（答）} \qquad (6)$$

さて，（3）と（6）をよく見ると

$$b=\frac{a\sin B}{\sin A},\ c=\frac{a\sin C}{\sin A}$$

というように，A と a，つまり向き合ったひと組の角と辺でできた部分が共通に含まれています。そこで，この部分をとり出してみると

$$b=\frac{a\sin B}{\sin A} \text{ より } \quad \frac{a}{\sin A}=\frac{b}{\sin B}$$

$$c=\frac{a\sin C}{\sin A} \text{ より } \quad \frac{a}{\sin A}=\frac{c}{\sin C}$$

となって，鋭角三角形 ABC において次の等式が成り立つことが分かります。

$$\frac{a}{\sin A}=\frac{b}{\sin B}=\frac{c}{\sin C} \qquad (7)$$

イ．A が鈍角の場合

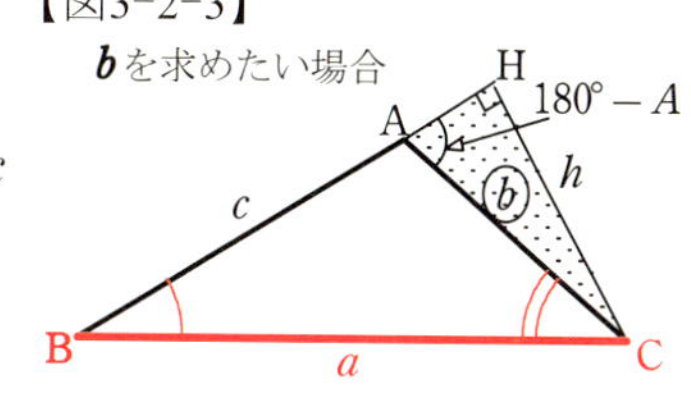

既知の a を斜辺とする直角三角形と，求めたい b を斜辺とする直角三角形をつくるために，C から対辺 c の延長上に垂線 CH を下ろします。

a を斜辺とする直角三角形 BCH に注目すると

$$\frac{h}{a}=\sin B \text{ ゆえ } \quad h=a\sin B$$

で（１）と同じですし，求めたい b を斜辺とする直角三角形 ACH において

$$\frac{h}{b}=\sin(180°-A)=\sin A \text{ ゆえ } \quad h=b\sin A \qquad \text{鈍角のままの } A$$

で，（２）と同じになります。

また，「読む授業」なのに，ここはひとつ，図は皆さん各自でかいてもらうことにして，B から対辺 b の延長上に垂線 BH（$=h$）を下ろすと，やはり

$$\frac{h}{a}=\sin C \text{ ゆえ } \quad h=a\sin C$$

$$\frac{h}{c}=\sin(180°-A)=\sin A \text{ ゆえ } \quad h=c\sin A \qquad \text{鈍角のままの } A$$

で（４）（５）と同じになるので，（３）（６）および（７）が導けます。

ウ　A が直角の場合

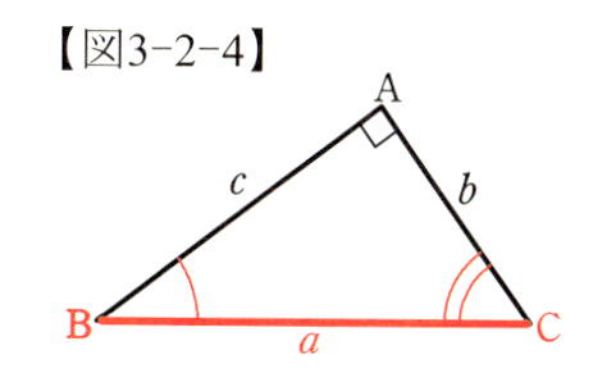

（３）（６）において，$\sin A=\sin 90°=1$ ゆえ

$$b=a\sin B\,,\quad c=a\sin C \qquad (8)$$

となりますが，これは，右図より直接得ら

れる結果と一致します。

また，(8)より

$$\frac{b}{\sin B}=a \quad , \quad \frac{c}{\sin C}=a$$

で，$\dfrac{a}{\sin A}=\dfrac{a}{\sin 90^\circ}=\dfrac{a}{1}=a$ なので，やはり(7)が成り立ちます。

さらに，B または C が鈍角あるいは直角の場合もありますが，これは皆さんの練習問題としておいて，**正弦定理**のできあがりです。

正弦定理

△ABC において

$$\frac{a}{\sin A}=\frac{b}{\sin B}=\frac{c}{\sin C}=2R$$

が成り立つ。ただし，R は△ABC の外接円の半径である。

突然，外接円の半径 R（$2R$ は直径）が出てきましたが，これについては次項で説明します。

正弦定理は，３つの分数がどれも，A と a，B と b，C と c というように，向き合った角と辺でできている，というところに注目です。

●三角形の外接円

正弦定理の式は，ひと組の向合った辺の長さと頂点の角度が一定ならば，他の辺や角がどう変化しても $\dfrac{\text{対辺}}{\sin \text{角}}$ の値は変わらないということを表しています。

ア．A が鋭角の場合

【図3-2-5】

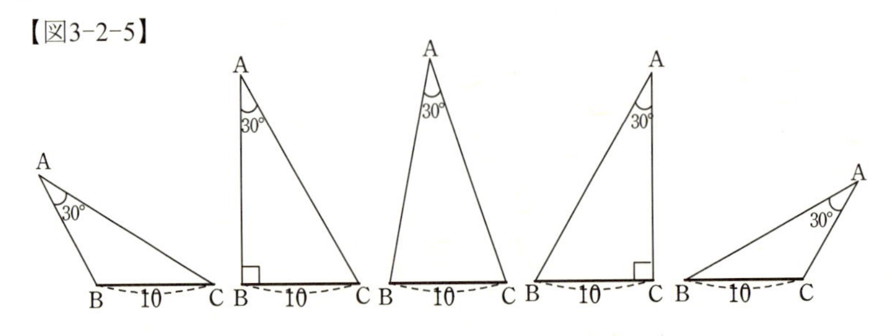

たとえばこの図において，どの△ABCにおいても

$$\frac{a}{\sin A}=\frac{10}{\sin 30^\circ}=10\div\frac{1}{2}=20 \qquad (9)$$

が共通に成り立ちます。そして，B，b，C，c がどうであっても

$$\frac{b}{\sin B}=20\ ,\ \frac{c}{\sin C}=20 \qquad (10)$$

が成り立つということなのです。

【図3-2-6】

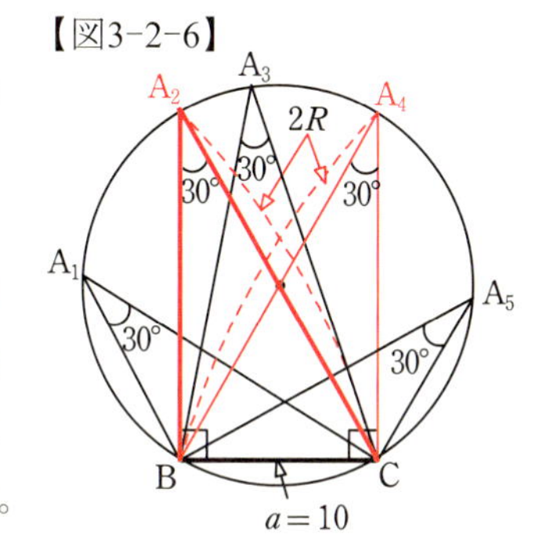

この 20 という値は，これらの三角形に共通なものを表しているはずです。

これらの三角形を辺 a を重ねてかくと，A_1～A_5 がB，Cとともに同一円周上にあることが分かります。円周角の性質ですね。つまり，これらの三角形に共通なものは外接円だということです。

それで，右図において A_2，A_4 に注目してください。

A_2 の場合は $B=90^\circ$，$b=A_2C=2R$ であり，A_4 の場合は $C=90^\circ$，$c=A_4B=2R$ となっているので，A_2，A_4 のいずれもAで表すことにすれば，どちらの場合も

$$\frac{a}{2R}=\sin A \quad \therefore \frac{a}{\sin A}=2R$$

となって，(9)の 20 の正体が，この三角形の外接円の直径 $2R$ であることが分かりました。

また，(10)については，A_2 の場合は

$$\frac{b}{\sin B}=\frac{2R}{\sin 90^\circ}=\frac{2R}{1}=2R=20$$

A_4 の場合は

$$\frac{c}{\sin C}=\frac{2R}{\sin 90^\circ}=\frac{2R}{1}=2R=20$$

が確かに成り立ちます。

これで，鋭角三角形において，正弦定理の $=2R$ が説明できました。

イ．Aが鈍角の場合

たとえば $A=150°$ とすると，頂点 A を円周角として動かしてみても，直径は現れません。しかし，A を辺 BC を挟んだ反対側の円周にもってきて△A′BC にすると，前節で示したように

$$A+A'=180°$$

という関係がありますから

$$A'=180°-A=30°$$

で，図 3-2-6 に帰着できます。

【図3-2-7】

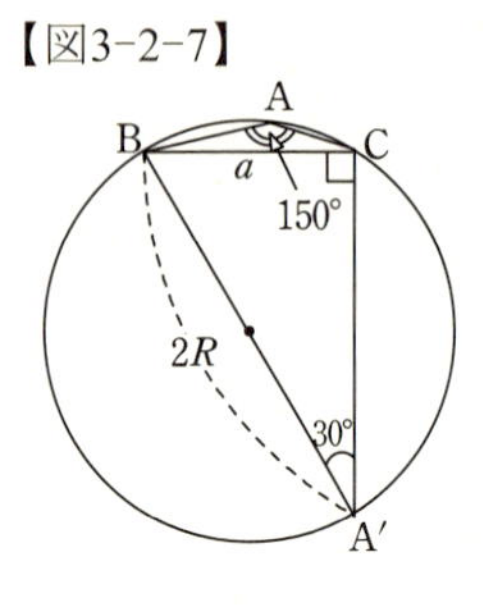

そこで，図 3-2-6 の A_2 を右図の A′ と考えれば

$$\sin A'=\frac{a}{2R}\quad\therefore\frac{a}{\sin A'}=2R$$

が成り立ちますが

$$\sin A'=\sin(180°-A)=\sin A$$

なので，結局，A が鈍角の場合も

$$\frac{a}{\sin A}=2R$$

が成り立つことになります。そして，A が鈍角でも(7)が成り立つのですから，正弦定理の $=2R$ も成り立ちます。

ウ　Aが直角の場合

【図3-2-8】

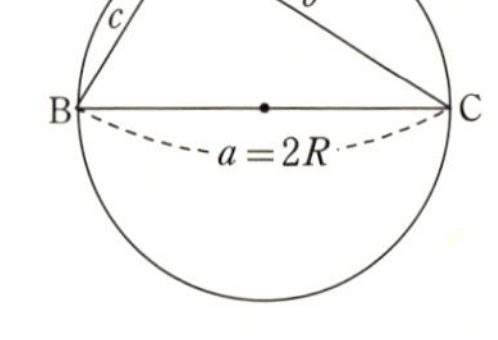

A が直角のときは，辺 a が外接円の直径 $2R$ になり，$\sin 90°=1$ ですから

$$\frac{a}{\sin A}=\frac{2R}{\sin 90°}=2R$$

また「(7)により」でもいいですが，ここは直接

$$\sin B=\frac{b}{2R}\ より\ \frac{b}{\sin B}=2R$$

$$\sin C=\frac{c}{2R}\ より\ \frac{c}{\sin C}=2R$$

が示せるので，A が直角のときも $=2R$ 付きの正弦定理が成り立ちます。

●正弦定理の基本的な使い方

例２　$B=45°$，$b=15$　の△ABC の外接円の半径を求める。

$$2R=\frac{b}{\sin B}\text{ より }R=\frac{b}{2\sin B}$$

$$\therefore R=\frac{15}{2\sin 45°}=\frac{15}{2\cdot\frac{1}{\sqrt{2}}}\begin{matrix}\times\sqrt{2}\\ \times\sqrt{2}\end{matrix}=\frac{15\sqrt{2}}{2}\quad\text{(答)}$$

３つの分数を一度に扱うことはあまりありません。基本的には２組ずつ等号で結んで使います。そのとき，向き合った角と辺がセットで分かっている分数と，求めたい要素を含む分数を等号で結びます。

例３　$A=60°$，$B=75°$，$c=12$　の△ABC の辺 a の長さを求める。

まず，$C=180°-(A+B)=180°-135°=45°$ で，角 C と辺 c がひと組の向き合った角と辺になるので（このことは図がなくても分かりますね），正弦定理により

【図3−2−9】

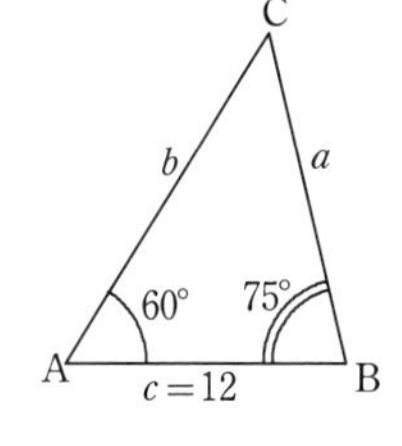

$$\frac{a}{\sin A}=\frac{c}{\sin C}$$

両辺に $\sin A$ を掛けて

$$a=\frac{c\sin A}{\sin C}=\frac{12\sin 60°}{\sin 45°}=\frac{\overset{6}{12}\cdot\frac{\sqrt{3}}{2}}{\frac{1}{\sqrt{2}}}\begin{matrix}\times\sqrt{2}\\ \times\sqrt{2}\end{matrix}=6\sqrt{6}\quad\text{(答)}$$

p.67 でも述べましたが，学校の数学では，電卓や数表を使わなくても三角比の値が分かる角度のときは，そのことを見逃さずに正確に表現してください。b を求めるときは $\sin 75°$，あるいは，余弦定理を用いるなら $\cos 75°$ が必要ですから，今のところは電卓や数表を使うことになります。

●１辺と２角から面積を求める

例４　a，B，C　から△ABC の面積 S を求める。

［解答１］　$\triangle \mathrm{ABC} = \frac{1}{2}bc\sin A = \frac{1}{2}ca\sin B = \frac{1}{2}ab\sin C$

のどれかに当てはめるには，b か c のどちらかを求めればよいので，ここでは b を求めて，$\frac{1}{2}ab\sin C$ を使う方針で行きます。

【図3-2-10】

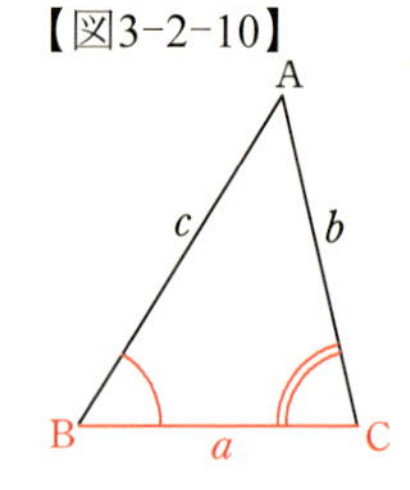

$$A = 180° - (B + C)$$

ですが，A のまま使うことにして，正弦定理により

$$\frac{b}{\sin B} = \frac{a}{\sin A} \qquad \therefore b = \frac{a\sin B}{\sin A}$$

$$S = \frac{1}{2}ab\sin C = \frac{1}{2}a \cdot \frac{a\sin B}{\sin A} \cdot \sin C$$

$$\therefore S = \frac{a^2 \sin B \sin C}{2\sin A} \quad （ただし，A = 180° - (B + C)\ ）$$

最初に与えられた B と C で表します。

$$\sin A = \sin(180° - (B + C)) = \sin(B + C)$$

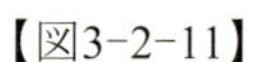

「左右対称な角」
$\sin(180° - \theta) = \sin\theta$
$\theta = B + C$

ですから

$$S = \frac{a^2 \sin B \sin C}{2\sin(B + C)} \qquad （答）$$

［解答２］　底辺とそれと直角の高さの関係というと「tan」も使えそうな感じがします。

そこで，底辺 a に対する高さ $\mathrm{AD} = h$ を「tan」で表すことを考えます。

まず，B, C とも鋭角のときは，左右の直角三角形△ABD と△ACD の両方を使って

【図3-2-11】

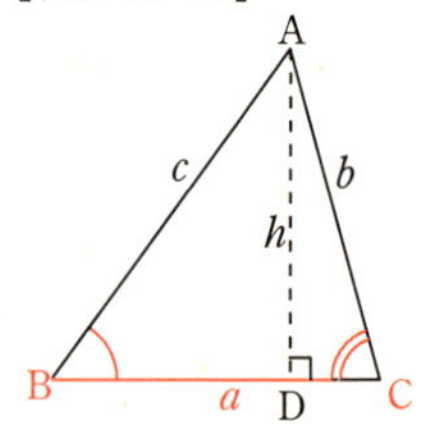

$$\frac{h}{\mathrm{BD}} = \tan B \text{ ゆえ } \quad \mathrm{BD} = \frac{h}{\tan B}$$

$$\frac{h}{\mathrm{CD}} = \tan C \text{ ゆえ } \quad \mathrm{CD} = \frac{h}{\tan C}$$

$\mathrm{BD} + \mathrm{CD} = \mathrm{BC} = a$　なので

$$\frac{h}{\tan B} + \frac{h}{\tan C} = h \cdot \frac{\tan B + \tan C}{\tan B \tan C} = a$$

$$\therefore h = a \cdot \frac{\tan B \tan C}{\tan B + \tan C}$$

$B>90°$ のときは（図3-2-12）

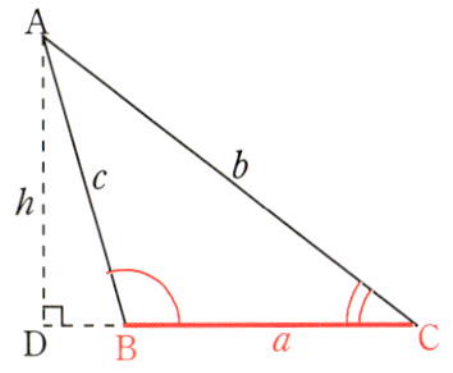

$$\frac{h}{\mathrm{BD}}=\tan(180°-B)=-\tan B \text{ ゆえ}$$

$$\mathrm{BD}=-\frac{h}{\tan B}$$

ですが

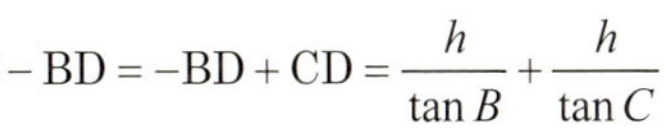

$$a=\mathrm{CD}-\mathrm{BD}=-\mathrm{BD}+\mathrm{CD}=\frac{h}{\tan B}+\frac{h}{\tan C}$$

【図3-2-12】

で，上と同じになります。

$C>90°$ のときも同様ですから，$B\neq 90°$，$C\neq 90°$ のとき

$$S=\frac{1}{2}ah=\frac{1}{2}a^2\cdot\frac{\tan B\tan C}{\tan B+\tan C}=\frac{a^2\tan B\tan C}{2(\tan B+\tan C)} \qquad \text{（答）} \qquad (★)$$

$B=90°$ のときは $h=c=a\tan C$，$C=90°$ のときは $h=b=a\tan B$ なので

$$\left.\begin{array}{lll} B=90° \text{ のとき} & S=\dfrac{1}{2}a^2\tan C & \text{（答）} \\ C=90° \text{ のとき} & S=\dfrac{1}{2}a^2\tan B & \text{（答）} \end{array}\right\}(☆)$$

解答１で B または C を $90°$ にすると解答２の(☆)になります。ただし

$$\sin(90°+C)=\cos C \quad , \quad \sin(B+90°)=\cos B$$

は，動径の図をかいて確かめてみてください。（第５章２節）

解答２の(★)が解答１と等しいことは，加法定理（第６章）で確認できます。

●正弦定理は比例式

どの文字も０でないとして，一般に，ふたつの分数が等しいとき

$$\frac{a}{p}=\frac{b}{q} \Leftrightarrow a:p=b:q \Leftrightarrow a:b=p:q \qquad \cdots ①$$

という**比例式**が成り立ちます。ここで

$$\frac{a}{p}=\frac{b}{q} \not\Rightarrow a=b,\ p=q$$

であること（バツであること）に注意してください。逆の命題：

$$\frac{a}{p}=\frac{b}{q} \Leftarrow a=b,\ p=q$$

は成り立ちます。

３つの分数なら

$$\frac{a}{p}=\frac{b}{q}=\frac{c}{r} \Leftrightarrow a:p=b:q=c:r \Leftrightarrow a:b:c=p:q:r \qquad \cdots ②$$

となります。この最後にある $a:b:c$ のように，３つ(以上)の数を「：」でつなげたものを**連比**といいます。

①②において，はじめの分数の等式が一番右の比例式になることは

$$\frac{a}{p}=\frac{b}{q}=\frac{c}{r}=k \qquad \cdots ③$$

とおくと

$$a=pk\,,\ b=qk\,,\ c=rk \qquad \therefore a:b:c=pk:qk:rk=p:q:r$$

という具合に証明できます。

また，(分子)：(分母) が等しくなることについては，①において

$$\frac{a}{p}=\frac{b}{q} \overset{(ア)}{\Leftrightarrow} aq=bp \overset{(イ)}{\Leftrightarrow} \frac{a}{b}=\frac{p}{q} \Leftrightarrow a:p=b:q$$

(ア) ⇒は $\times pq$ ⇐は $\div pq$
(イ) ⇒は $\div bq$ ⇐は $\times bq$

が成り立ちますから，３つ(以上)の分数については（順次）

$$\frac{b}{q}=\frac{c}{r} \Leftrightarrow b:q=c:r$$

として，$a:p=b:q=c:r$ が示されます。このようなことから，「：」を用いていなくても，$\frac{a}{p}=\frac{b}{q}=\frac{c}{r}$ を比例式と呼ぶ場合があります。

さて，正弦定理：$\dfrac{a}{\sin A}=\dfrac{b}{\sin B}=\dfrac{c}{\sin C}=2R$ は，③と同じ形ですから

$$a:b:c=\sin A:\sin B:\sin C$$

と表すこともできます。

例５ 半径 $2\sqrt{3}$ の円に内接する△ABCにおいて $\dfrac{3}{\sin A}=\dfrac{7}{\sin B}=\dfrac{5}{\sin C}$ が成り立つとき，最大の内角の角度と３辺の長さをそれぞれ求める。

条件の比例式より

$$\sin A:\sin B:\sin C=3:7:5 \qquad \cdots ①$$

３辺を a，b，c とすると，正弦定理：$\dfrac{a}{\sin A}=\dfrac{b}{\sin B}=\dfrac{c}{\sin C}=2R$ と①より

$$a:b:c=\sin A:\sin B:\sin C=3:7:5$$

とつながるので，最も長い辺は b だと分かり，最も大きな角は B です。

この，三角形の辺の長さと角の大きさの関係は

より大きい内角の対辺がより長い　(※)

という三角形の性質によります。この定理は，ユークリッドの『原論』にも書いてあります。

【図3-2-13】

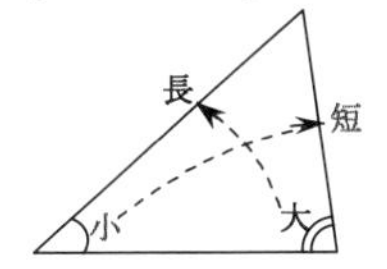

さて

$$a:b:c=3:7:5$$

なので，$k>0$ として

$$a=3k\,,\ b=7k\,,\ c=5k \qquad \cdots ②$$

と表し，余弦定理より

$$\cos B=\frac{c^2+a^2-b^2}{2ca}=\frac{25k^2+9k^2-49k^2}{2\cdot 5k\cdot 3k}=\frac{-15k^2}{30k^2}=-\frac{1}{2}$$

$$\therefore B=120^\circ \qquad \text{(答)}$$

次に，問題中の円は△ABC の外接円ですから，正弦定理より

$$\frac{b}{\sin B}=2R \quad \therefore b=2R\sin B$$

$R=2\sqrt{3}$，$\sin B=\sin 120^\circ=\dfrac{\sqrt{3}}{2}$ なので

$$b=2\cdot 2\sqrt{3}\cdot\frac{\sqrt{3}}{2}=6$$

②のうち $b=7k$ より，$k=\dfrac{b}{7}=\dfrac{6}{7}$ ゆえ

$$a=3\cdot\frac{6}{7}=\frac{18}{7}\,,\quad c=5\cdot\frac{6}{7}=\frac{30}{7}$$

以上より　$a=\dfrac{18}{7}$，$b=6$，$c=\dfrac{30}{7}$　(答)

$\dfrac{3}{\sin A}=\dfrac{7}{\sin B}=\dfrac{5}{\sin C}$ が正弦定理 $\dfrac{a}{\sin A}=\dfrac{b}{\sin B}=\dfrac{c}{\sin C}$ と同じ形だからといって，$a=3$，$b=7$，$c=5$ と即断してはいけません。$a=3$，$b=7$，$c=5$ で計算しても $\cos B$ の値は同じになりますが，そうした解答は，理論的な筋としては "欠陥品" になります。実際，この問題では a，b，c の値は3，7，5ではありませんでした。

あくまでも，比が $a:b:c=3:7:5$ なのです。注意してください。

※ 三角形の辺の長さと角の大小関係の証明

△ABC において，$\angle B < \angle C$ とします。

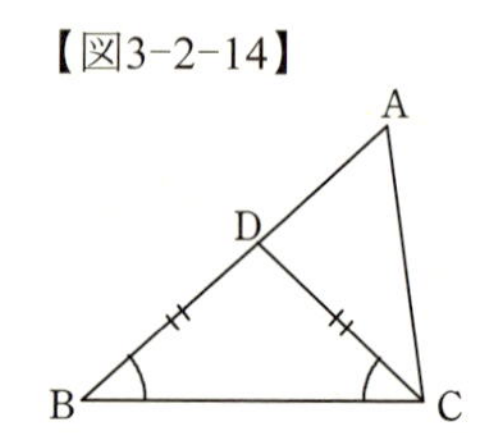

【図3-2-14】

角度が大きいほうの内角 C の中に，∠B をとることができますから，$\angle BCD = \angle B$ となるような点 D を辺 AB 上にとることができます。

すると，△BCD は DB = DC の二等辺三角形になりますから

$$AB = AD + DB = AD + DC \quad \cdots ①$$

また，△ACD における 3 辺の長さの関係から

$$AD + DC > AC \quad \cdots ②$$

①②より　$AB > AC$

よって

$$\angle B < \angle C \Rightarrow AB > AC \quad \cdots ③$$

次に，$AB > AC$ とすると，$AE = AC$ となる点 E を辺 AB 上にとることができます。

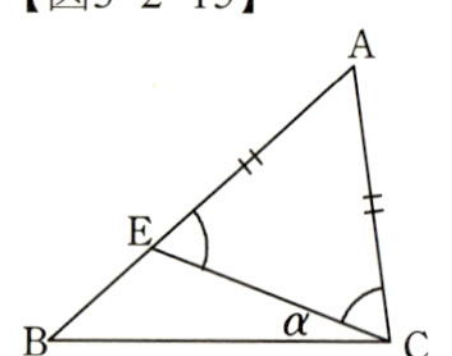

【図3-2-15】

すると，△ACE は二等辺三角形ですから

$$\angle AEC = \angle ACE \quad \cdots ④$$

∠AEC は△BCE の外角なので，$\angle BCE = \alpha$ として

$$\angle AEC = \angle B + \alpha$$

$$\therefore \angle B = \angle AEC - \alpha \quad \cdots ⑤$$

一方，④に留意して

$$\angle C = \angle ACB = \angle ACE + \alpha = \angle AEC + \alpha \quad \cdots ⑥$$

⑤⑥より　$\angle B < \angle C$

よって

$$AB > AC \Rightarrow \angle B < \angle C \quad \cdots ⑦$$

以上，③と⑦より

$$\angle B < \angle C \Leftrightarrow AB > AC$$ （終）

第４章

三角比の応用

1　いろいろな図形の計量

●正十二角形の面積と内接円，外接円の半径

例1　１辺の長さが１の正十二角形について，次のものを求める。
（ア）面積 S　　（イ）内接円の半径　　（ウ）外接円の半径

（ア）この正十二角形は，右図の二等辺三角形を12個合わせたものですから，S は，この二等辺三角形の面積（これを s とする）の12倍です。

【図4-1-1】

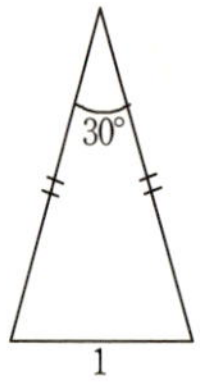

30°

1

底角は 75° ですから，30° を使うしかありません。

等辺を x とすると，その間の角は 30° なので

$$s=\frac{1}{2}x^2\sin 30°$$

ですから，x そのものではなく x^2 の値が分かればよいわけです。

「２辺挟角」で連想するのは余弦定理です。これも 30° を使うしかなく，30° を「間の角」とする２辺は２つとも x ですから

$$1^2=x^2+x^2-2xx\cos 30°$$

２辺と　　間の角

が成り立ちます。このような余弦定理の使い方も押さえておきましょう。

$\cos 30°=\frac{\sqrt{3}}{2}$ を代入して x の方程式として整理します。

$$1^2=2x^2-\cancel{2}x^2\cdot\frac{\sqrt{3}}{\cancel{2}}$$

$$(2-\sqrt{3})x^2=1$$

$$\therefore x^2=\frac{1}{2-\sqrt{3}}=\frac{1(2+\sqrt{3})}{(2-\sqrt{3})(2+\sqrt{3})}=\frac{2+\sqrt{3}}{4-3}=2+\sqrt{3}$$

よって

$$s=\frac{1}{2}x^2\sin 30°=\frac{1}{2}(2+\sqrt{3})\cdot\frac{1}{2}=\frac{2+\sqrt{3}}{4}$$

したがって

$$S = 12s = 12 \cdot \frac{2+\sqrt{3}}{4} = 3(2+\sqrt{3})$$　（答）

（イ） 内接円というのは，正十二角形の12本の辺に接している円のことです。

【図4-1-2】

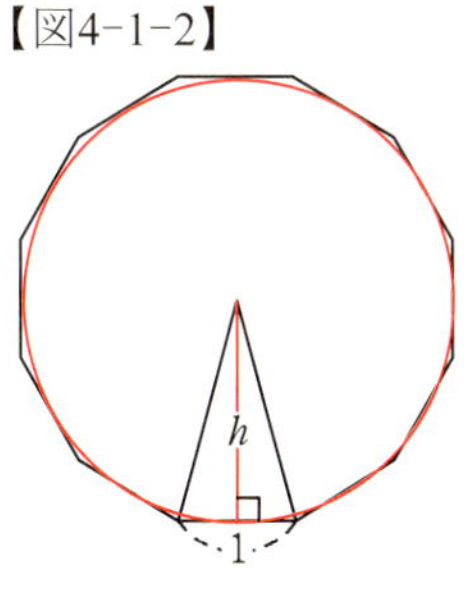

さて，内接円の半径は，図 4-1-1 の二等辺三角形の高さです。（右図の h）

三角比の問題だと思い込んで，$\sin 75°$ や $\cos 15°$ にとらわれると手間がかかります。

ここは，（ア）の途中で求めた二等辺三角形の面積 s を利用します。

$$s = \frac{1}{2} \cdot 1 \cdot h = \frac{2+\sqrt{3}}{4} \quad ゆえ \quad h = 2 \cdot \frac{2+\sqrt{3}}{4} = \frac{2+\sqrt{3}}{2}$$　（答）

（ウ） 外接円は，12個の頂点を通る円なので，その半径は，中心と頂点を結ぶ線分，すなわち，二等辺三角形の等辺の長さ x です。

【図4-1-3】

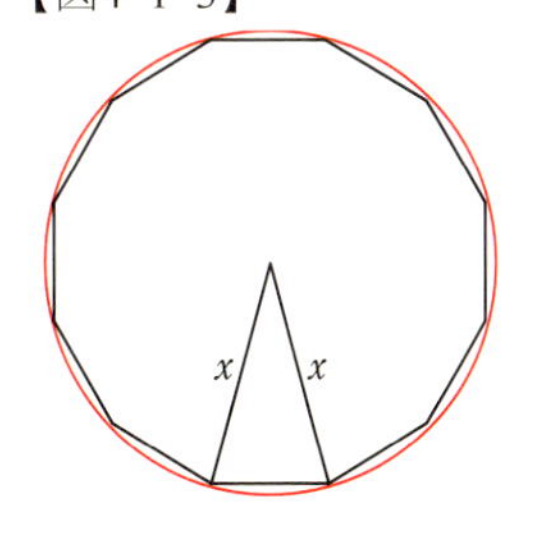

（ア）で $x^2 = 2+\sqrt{3}$ が求められましたから

$x > 0$ ゆえ　$x = \sqrt{2+\sqrt{3}}$

この二重根号は解消できて（次項）

$$x = \frac{\sqrt{6}+\sqrt{2}}{2}$$　（答）

●２重根号の解消

根号の中に根号が入っている場合，特殊な条件のもとではそれを解消して通常の根号の式に直すことができます：

$\sqrt{a \pm 2\sqrt{b}}$　において

$uv = b,\ u + v = a$　…　①　を満たす正の数 u，v が見つかれば
(掛けてb，足してa)

$\sqrt{a \pm 2\sqrt{b}} = \sqrt{u} \pm \sqrt{v}$　　（ただし，引き算の場合は $u > v$ ）

と変形できる。（複号同順。以下同じ。）

これは，両辺を２乗してみれば正しいことが分かります：

$$\left.\begin{aligned}\sqrt{a\pm 2\sqrt{b}}^{\,2}&=\underline{a}\pm 2\underline{\sqrt{b}}\\(\sqrt{u}\pm\sqrt{v})^2&=\underline{u+v}\pm 2\underline{\sqrt{uv}}\end{aligned}\right\}\ \underline{uv=b},\ \underline{u+v=a}$$

さて，$\sqrt{2\pm\sqrt{3}}$ は $\sqrt{a\pm 2\sqrt{b}}$ と形が異なります。内側の根号の前に 2 が掛かっていません。しかし，まだ２重根号解消が不可能と結論は出せません。強引に，内側の根号の前に２が付くような変形を考えます：

$$\sqrt{2\pm\sqrt{3}}=\sqrt{\frac{4\pm 2\sqrt{3}}{2}}=\frac{\sqrt{4\pm 2\sqrt{3}}}{\sqrt{2}}$$

こうしておいて，分子について

$uv=3,\ u+v=4$ を満たす u，v は $u=3,\ v=1$

$$\therefore\sqrt{4\pm 2\sqrt{3}}=\sqrt{3}\pm\sqrt{1}=\sqrt{3}\pm 1$$

したがって

$$\sqrt{2\pm\sqrt{3}}=\frac{\sqrt{3}\pm 1}{\sqrt{2}}=\frac{\sqrt{6}\pm\sqrt{2}}{2}$$

と，２重根号が解消できます。

●等脚三角錐の体積

右図のように，ひとつの頂点から出ている３辺の長さが等しい三角錐を，本書では等脚三角錐と呼びます。

【図4-1-4】

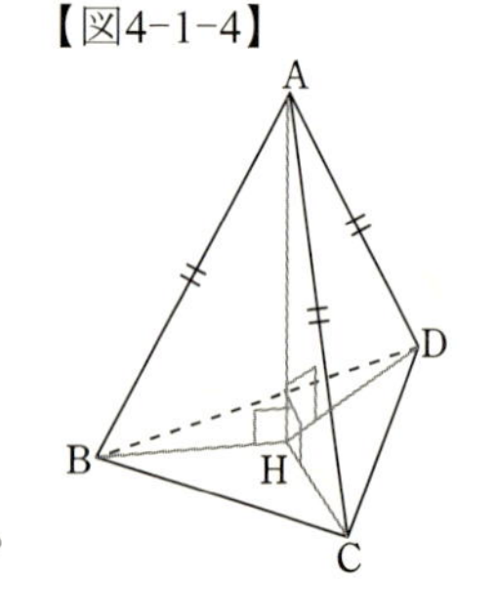

前章の最後に正四面体の体積を見ましたが，等脚三角錐の場合は，底面が正三角形になるとは限らないことに注意してください。

さて，三角錐の体積は $\frac{1}{3}$(底面積)·(高さ) です。

底面を△BCD，それに対する高さを AH とします。正四面体と違って底面が正三角形とは限らないので，正四面体のときのように真上から見ただけではよく分かりません。

上の図をよく見ると，等脚の３辺のうちの１辺と高さ AH を２辺とする直角三角形が３つできています。これら３つの直角三角形は，対応する２辺の長さが等しいのでみな合同です。（直角三角形は２辺で決まる。なぜなら，残りの1辺はピタゴラスの定理で計算できるので，直角の頂点との位置関係が同じ2辺が相等ならば3辺相等になる。）

したがって，$\mathrm{BH}=\mathrm{CH}=\mathrm{DH}$ が成り立ちます。つまり，点Hは△BCDの各頂点から等距離にあるのですから，Hは△BCDの外接円の中心，すなわち，外心です。

【図4-1-5】

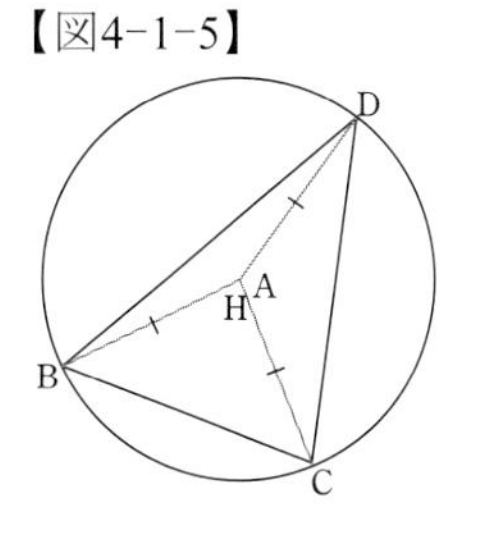

結果論として，等脚の $\mathrm{AB}=\mathrm{AC}=\mathrm{AD}$ がそのまま底面に垂直に投影されるのだから当たり前ではないか，となりますが，いきなり，3辺が底面に対して同じ角度になる（$\angle\mathrm{ABH}=\angle\mathrm{ACH}=\angle\mathrm{ADH}$）ということは，それほど明らかではありませんでした。

例2　$\mathrm{AB}=\mathrm{AC}=\mathrm{AD}=8$，$\mathrm{BC}=4$，$\mathrm{CD}=5$，$\mathrm{DB}=6$ の三角錐ABCDの体積 V を求める。

【図4-1-6】

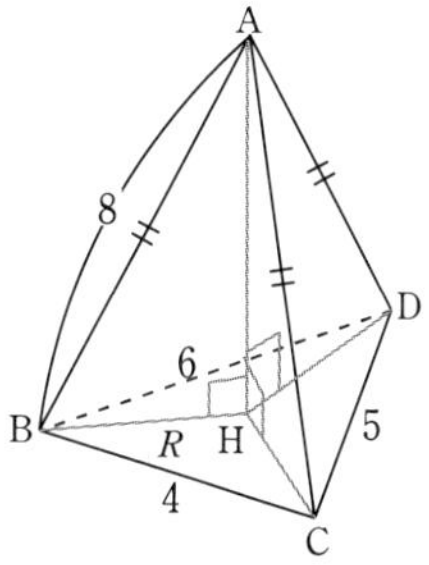

まず，底面 △BCD の面積を求めます。ヘロンの公式も使えますが，どうせその先，外接円の半径 BH を求める際に「sin」が必要になりますから，前章1節の例4の方法で求めます。

△BCDにおいて，余弦定理より

$$\cos C=\frac{4^2+5^2-6^2}{2\cdot4\cdot5}=\frac{16+25-36}{2\cdot4\cdot5}=\frac{5}{2\cdot4\cdot5}=\frac{1}{8}$$

$$\sin C>0\text{ ゆえ}\quad \sin C=\sqrt{1-\cos^2 C}=\sqrt{1-\frac{1}{64}}=\frac{\sqrt{63}}{8}=\frac{3\sqrt{7}}{8}$$

よって，△BCDの面積を S とすると

$$S=\frac{1}{2}\mathrm{BC}\cdot\mathrm{CD}\sin C=\frac{1}{2}\cdot4\cdot5\cdot\frac{3\sqrt{7}}{8}=\frac{15\sqrt{7}}{4}$$

△BCDの外接円の半径を R とすると，正弦定理より

$$2R=\frac{\mathrm{DB}}{\sin C}=\frac{6}{\frac{3\sqrt{7}}{8}}=\frac{48}{3\sqrt{7}}=\frac{16}{\sqrt{7}}\quad \therefore R=\frac{8}{\sqrt{7}}$$

直角三角形ABHでピタゴラスの定理を用いて

AH>0ゆえ　$\mathrm{AH}=\sqrt{\mathrm{AB}^2-R^2}=\sqrt{64-\dfrac{64}{7}}=8\sqrt{\dfrac{7-1}{7}}=\dfrac{8\sqrt{6}}{\sqrt{7}}$

したがって　　　　　　　　　あわてて分母を有理化する必要はない。

$$V=\frac{1}{3}\cdot S\cdot \mathrm{AH}=\frac{1}{3}\cdot\frac{15\sqrt{7}}{4}\cdot\frac{8\sqrt{6}}{\sqrt{7}}=10\sqrt{6}$$　（答）

なぜ，$\cos A$ や $\cos B$ でなく $\cos C$ を選んだかというと

$$\cos C=\frac{a^2+b^2-c^2}{2ab}$$

の分子において，最大の辺 c を引く役割にした方が，この分数の分子，分母の値が小さくなって，その後の計算が楽になることが期待できそうだったからです。

●三角形が確定しない場合

例３　$a=2$，$c=2\sqrt{2}$，$A=30°$　（☆）　の三角形 ABC を解く。

条件（☆）は２辺挟角ではないので，この△ABC はとてもかきづらいと思います。先に頂点 $A=30°$ を左下にかいてしまうのがコツです。

この条件（☆）を満たす三角形は２種類あります。

B から直線 AC に垂線を下ろせば，その長さは $\sqrt{2}$ になりますから（30° の直角三角形だから c の半分），B を中心にコンパスで半径 2 の円を描くことを想像すれば，C が２ヶ所にできることが理解できます。

【図4-1-7】

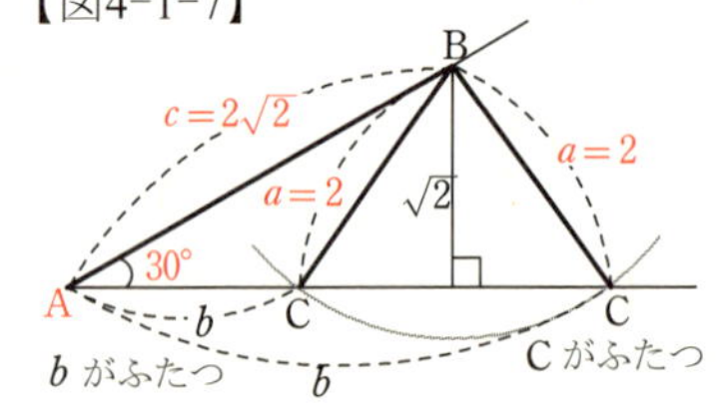

この三角形を解くには，次の２通りの方針が考えられます。

方針［1］　向き合っている辺 a と角 A が分かっているのだから，正弦定理により，既知の辺 c に向き合っている角 C が求められそう。

方針［2］　２辺と１角なら，A を使う余弦定理で b が求められるかも知れない（例１（ア）のような使い方）。

<u>方針[1]</u>

正弦定理により

$$\frac{c}{\sin C}=\frac{a}{\sin A} \text{ ゆえ } \frac{\sin C}{c}=\frac{\sin A}{a}$$ ← 逆数どうしも等しい

$$\therefore \sin C=\frac{c\sin A}{a}$$

数値を代入して

$$\sin C=\frac{\cancel{2}\sqrt{2}\sin 30°}{\cancel{2}}=\sqrt{2}\cdot\frac{1}{2}=\frac{\sqrt{2}}{2}$$

これは，分子を有理化すると見覚えのあるものになります：

$$\frac{\sqrt{2}\cdot\sqrt{2}}{2\cdot\sqrt{2}}=\frac{2}{2\sqrt{2}}=\frac{1}{\sqrt{2}} \quad \begin{matrix}\leftarrow y\\ \leftarrow r\end{matrix}$$

【図4-1-8】

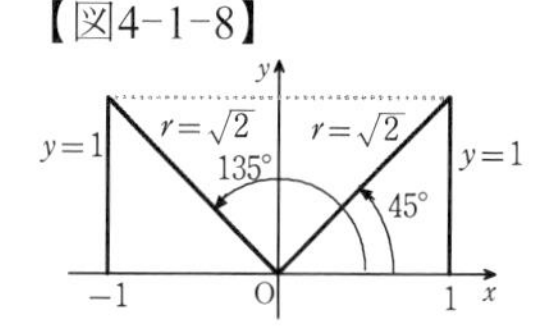

この r と y の状態を図にしてみます。

45° だけでなく，「左右対称」な 135° もあります。

$C=45°$ の場合

$$B=180°-(A+C)=180°-(30°+45°)=105°$$

で，△ABC は成立します。

$C=135°$ の場合

$$B=180°-(A+C)=180°-(30°+135°)=15°$$

で，やはり△ABC は成立します。

以上より

$$\left.\begin{matrix}B=15°,\ C=135°\\ B=105°,\ C=45°\end{matrix}\right\}\text{(答)}$$ （辺 b はこのあと）

電卓で「$\sin^{-1}$」キーを使って C を求めると，45° しか出てきません。補角の 135° は，人間が補ってやらねばなりません。電卓は所詮は計算の補助器具に過ぎないのです。

さて，辺 b を，正弦定理や余弦定理で求めるには，$\sin B$ や $\cos B$ が必要ですが，$B=105°$ や 15° では，電卓か三角関数表でしか分かりません。

しかし，方針[2]の方法を使うと，b の正確な値が求められます。

__方針[2]__

Aを使う余弦定理は，同じアルファベットの a^2 から始まる式です：

$$\underline{a^2} = b^2 + c^2 - 2bc\cos \underline{A}$$

これに $a=2$，$c=2\sqrt{2}$，$A=30°$ を代入すると

$$2^2 = b^2 + (2\sqrt{2})^2 - 2b \cdot 2\sqrt{2}\cos 30° \qquad (2)$$

$$4 = b^2 + 8 - \overset{2}{\cancel{4}}\sqrt{2}\,b \cdot \frac{\sqrt{3}}{\cancel{2}}$$

$$b^2 - 2\sqrt{6}\,b + 4 = 0$$

2次方程式 $ax^2+bx+c=0$ の解は $x=\dfrac{-b\pm\sqrt{b^2-4ac}}{2a}$

2次方程式の解の公式により

$$b = \frac{2\sqrt{6} \pm \sqrt{24-16}}{2} = \frac{2\sqrt{6} \pm 2\sqrt{2}}{2} = \sqrt{6} \pm \sqrt{2}$$

$\sqrt{6}+\sqrt{2}>0$，$\sqrt{6}-\sqrt{2}>0$ ゆえ，ともに辺の長さとして適するので

$$b = \sqrt{6} \pm \sqrt{2}$$

よって，図 4-1-7 より

$$\left.\begin{array}{l} B=15°,\ C=135°,\ b=\sqrt{6}-\sqrt{2} \\ B=105°,\ C=45°,\ b=\sqrt{6}+\sqrt{2} \end{array}\right\}(答)$$

図 4-1-9 の赤の三角形
図 4-1-9 の黒の三角形

●角と辺の組合せの判断

方針[1]で，$\sin B$ や $\cos B$ を用いて b が求められれば，角 B，C と辺 b の組合せが分かるのですが，方針[2]では，角 B，C と関連させずに b を求めたので，角と辺の組合せは，問題の観察のためにかいた図に頼って判断しました。

【図4-1-9】

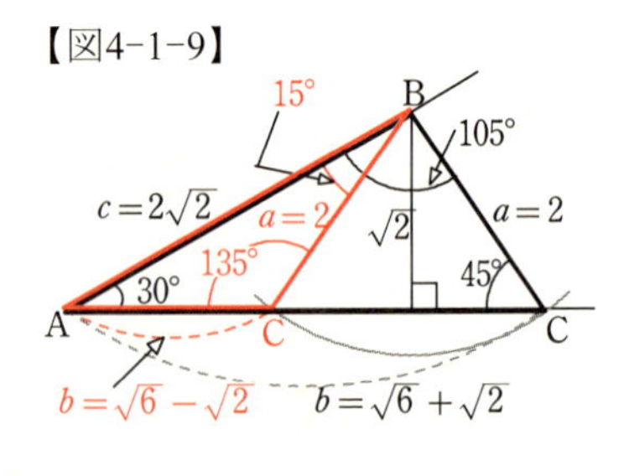

実は，辺 b と角 B の組合せは，図に頼らなくても判断できます。それには，p.86 で証明した

より大きい内角の対辺がより長い

という三角形の性質を利用します。

【図4-1-10】

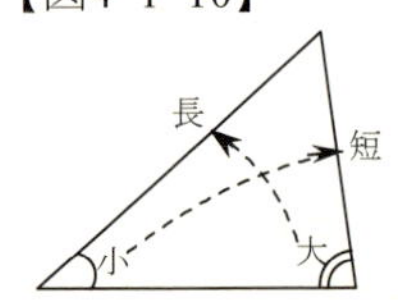

これによれば，先に方針[1]で得た

$B=15°$，$C=135°$ ，$c=2\sqrt{2}$　　　… ①

$B=105°$，$C=45°$ ，$c=2\sqrt{2}$　　　… ②

$2\sqrt{2}-(\sqrt{6}-\sqrt{2})=3\sqrt{2}-\sqrt{6}$
$=\sqrt{18}-\sqrt{6}>0$

の２通りの三角形に対して

①は　$B<C$　なので　$b<c$　よって $b=\sqrt{6}-\sqrt{2}$　$(<2\sqrt{2}=c)$

②は　$B>C$　なので　$b>c$　よって $b=\sqrt{6}+\sqrt{2}$　$(>\sqrt{2}+\sqrt{2}=2\sqrt{2}=c)$

という具合に，角 B と C の大小から辺 b と c の大小が判断できます。

●存在しないものを求めようとすると

ちなみに，もし a が $\sqrt{2}$ より短いと，B から直線 AC に垂線を下ろそうとしても直線 AC に届かないので，三角形ができません。

そこで，$\sqrt{2}$ より短い，たとえば $a=1$ として C や b を求めようとするとどうなるでしょうか。

$$\sin C=\frac{c\sin A}{a}=\frac{2\sqrt{2}\sin 30°}{1}=2\sqrt{2}\cdot\frac{1}{2}=\sqrt{2}>1$$

で，$0\leqq\sin C\leqq 1$ の範囲外になります。したがって，このような角 C は存在しないということになります。

あるいは，前ページの(２)において $a=1$（左辺を 1）とすると

$$1=b^2+8-\overset{2}{\cancel{4}}\sqrt{2}b\cdot\frac{\sqrt{3}}{\cancel{2}}$$

$$b^2-2\sqrt{6}b+7=0$$

$$b=\frac{2\sqrt{6}\pm\sqrt{24-28}}{2}=\frac{2\sqrt{6}\pm\sqrt{-4}}{2}$$

で，$\sqrt{\ }$ の中が負になってしまいました。負の数(-4)の平方根は，辺の長さとしては存在しません。

つまりこれで，$a=1$ のときには三角形が存在しない，ということが計算上でも分かるのです。

●三角形ができる３辺の条件

３本の線分が与えられたとき，それらを３辺とする三角形ができるための条件は

$$|a-b|<c<a+b$$

を満たすことです。一般には a, b の大小が不明なので左辺は絶対値にしてあります。

【図4-1-11】

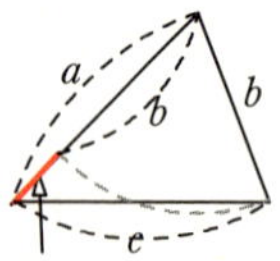

$a-b<c<a+b$

後半の不等式は，「２辺の和は他の１辺より長い」という，いわゆる "遠回り" を表すもので，三角不等式ということがあります。

もし $c \geqq a+b$ だと，右図のように a と b をまっすぐにつなげても c の長さに及ばず，三角形の "山型" はつくれません。

【図4-1-12】

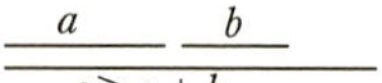

$c \geqq a+b$

これは，すでに p.86 の②式で，当然のように使っています。

前半の不等式は，図 4-1-11 でいうと，c が赤い部分 $a-b$ より長くないと b と c で三角形の "山型" ができないということです。（この図では $a \geqq b$ なので絶対値記号はつけていない。）

１辺 c として最も長い線分を選べば，後半の不等式だけで十分です。

ユークリッドの『原論』では，「どの２辺をとってもその和は残りの１辺より大きい」という表現で証明されています。「どの２辺をとっても」となっているので，$|a-b|<c$ は必要ありません。

例４　$a=7$, $b=2$, $c=4$ の三角形は存在しない。

一見，三角形が確定するかのような条件（３辺が与えられた）ですが，最も長い辺 a について，$a>b+c$ となっていますから，これは三角形ができません。それでも，たとえば $\cos A$ を計算してみると

$$\cos A=\frac{b^2+c^2-a^2}{2bc}=\frac{4+16-49}{2\cdot 2\cdot 4}=\frac{-29}{16}<-1$$

となり，$-1 \leqq \cos A \leqq 1$ の範囲外ですから，角 A は存在しないことになります。前ページでは，$\sin C>1$ となる例を見ました。

$0° \leqq \theta \leqq 180°$ において $0 \leqq \sin\theta \leqq 1$ や $-1 \leqq \cos\theta \leqq 1$ は忘れないこと！

たとえば「$\cos A$ の値を求めよ」という問題で，計算違いでこの範囲外の値になっても気づかずにそのまま答えにするのは，考えようによっては，白紙の答案より評価は下がるのかもしれません。

●地球の表面における２点間の最短の道のり（球面三角法）

球を，その中心を通る平面で切ったときの切り口の円を**大円**といいます。

球面上の２点 A，B 間の最短の道のりは，A，B を通る大円の短い方の弧 AB の長さです。

【図4-1-13】

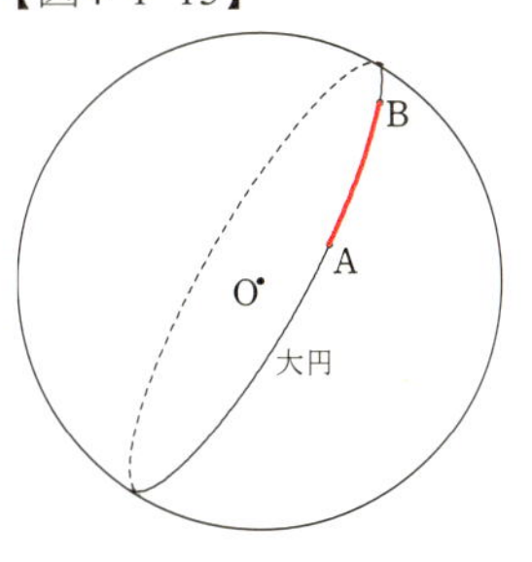

地球の表面上の位置を，経度と緯度を座標として表すことはご存知でしょう。たいていのスマートフォンには，衛星を利用した GPS (global positioning system) 機能が付いていて，現在位置が経度と緯度で表示されます。

経線は地球の大円ですが，緯線は，赤道以外は大円ではありませんから，赤道以外の緯線に沿った経路は最短ではありません。

【図4-1-14】
赤い曲線が東京・ニューヨーク間の最短経路

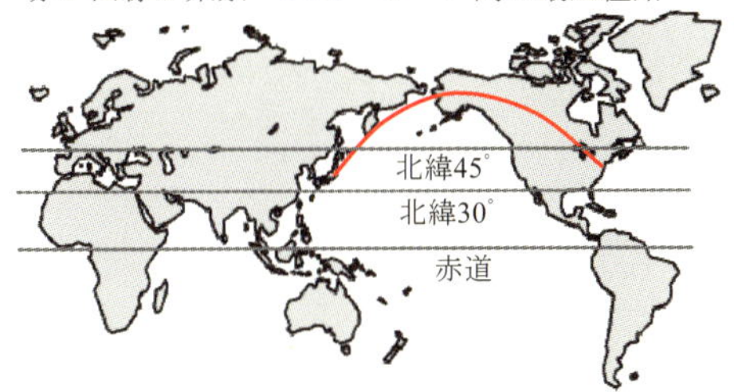

例５　東経 α_1°，北緯 β_1° の地点 A と，東経 α_2°，北緯 β_2° の地点 B の地球の表面における最短の道のりを求める。ただし，地球を半径 R の完全な球と考える。

ここで最終的に求めるものは，図 4-1-15 で赤で示した大円の弧 AB の短いほうの長さです。これを ℓ とします。

ℓ を求めるには，扇形 OAB の中心角が分かればよいのですが，これまでの学習で，角度を直接求めるような計算はありませんでした。通常は，求めたい角に対する三角比の値を計算することになります。

そこで，いくつかの三角形を設定して考えていくことにします。三角形なら正弦定理や余弦定理などの道具が使えます。

まず，A，B の経度の差を α とします（以下の式で角度の「°」は省略)。

$$\alpha = |\alpha_2 - \alpha_1| \quad \cdots ①$$

また

$$\angle \mathrm{AOB} = \gamma$$

とします。$\sin\gamma$ か $\cos\gamma$ か $\tan\gamma$ の計算式をつくることが当面の目標です。

【図4-1-15】

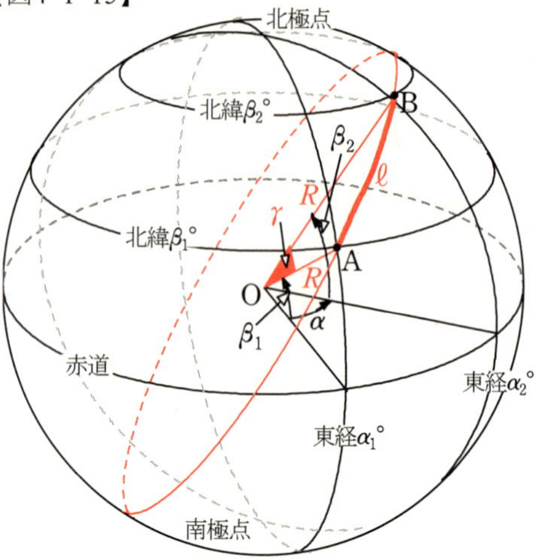

2点 A，B 間を地下の直線（下図の破線 AB）で結んで△OAB を考えます。すると，余弦定理により

$$\mathrm{AB}^2 = R^2 + R^2 - 2R \cdot R\cos\gamma$$

$$= 2R^2 - 2R^2\cos\gamma$$

$$\therefore \cos\gamma = \frac{2R^2 - \mathrm{AB}^2}{2R^2}$$

$$= 1 - \frac{\mathrm{AB}^2}{2R^2} \qquad \cdots ②$$

【図4-1-16】

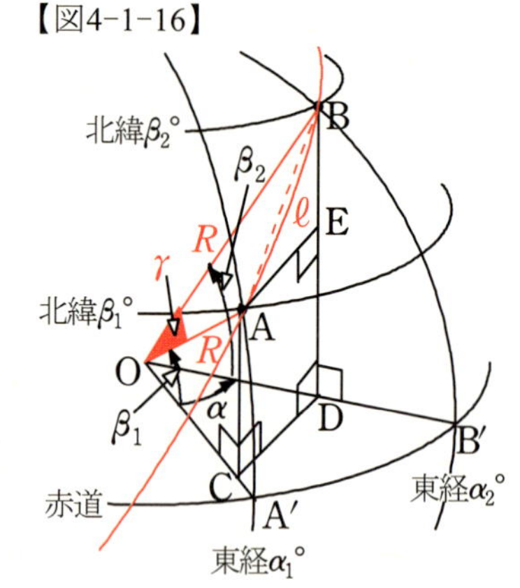

したがって，AB^2 を α や β_1，β_2 を用いて表すことができればよいわけです。

A を通る経線と赤道の交点を A′，B を通る経線と赤道の交点を B′ とすると

$$\left.\begin{array}{l} 扇形\mathrm{OAA'} \perp 扇形\mathrm{OA'B'} \\ 扇形\mathrm{OBB'} \perp 扇形\mathrm{OA'B'} \end{array}\right\} \cdots ③$$

です。直角は大切です。

A から OA′ へ下ろした垂線を AC，B から OB′ へ下ろした垂線を BD とすると，③より

$$\mathrm{AC} \perp \mathrm{CD} \ , \ \mathrm{BD} \perp \mathrm{CD}$$

そして，A から BD へ（設定によっては BD の延長線へ）垂線 AE を引

けば

$$\mathrm{AE}=\mathrm{CD},\ \mathrm{ED}=\mathrm{AC} \qquad \cdots ④$$

となります。（四角形 ACDE は長方形）

直角三角形 ABE において，ピタゴラスの定理と④より

$$\mathrm{AB}^2=\mathrm{AE}^2+\mathrm{BE}^2=\mathrm{CD}^2+\underline{(\mathrm{BD}-\mathrm{ED})^2}=\mathrm{CD}^2+(\mathrm{BD}-\mathrm{AC})^2 \qquad \cdots ⑤$$

→設定によっては$(\mathrm{ED}-\mathrm{BD})^2$

ここで，$\mathrm{BD}=R\sin\beta_2$，$\mathrm{AC}=R\sin\beta_1$　ゆえ

$$(\mathrm{BD}-\mathrm{AC})^2=R^2(\sin\beta_2-\sin\beta_1)^2 \qquad \cdots ⑥$$

また，△OCD において余弦定理により

$$\mathrm{CD}^2=\mathrm{OC}^2+\mathrm{OD}^2-2\mathrm{OC}\cdot\mathrm{OD}\cos\alpha$$

ここで，$\mathrm{OC}=R\cos\beta_1$，$\mathrm{OD}=R\cos\beta_2$ ゆえ

$$\begin{aligned}\mathrm{CD}^2&=R^2\cos^2\beta_1+R^2\cos^2\beta_2-2R\cos\beta_1\cdot R\cos\beta_2\cos\alpha\\&=R^2(\cos^2\beta_1+\cos^2\beta_2-2\cos\alpha\cos\beta_1\cos\beta_2) \qquad \cdots ⑦\end{aligned}$$

⑤に⑥と⑦を代入して

$$\begin{aligned}\mathrm{AB}^2&=\underline{R^2}(\cos^2\beta_1+\cos^2\beta_2-2\cos\alpha\cos\beta_1\cos\beta_2)+\underline{R^2}(\sin\beta_2-\sin\beta_1)^2\\&=\underline{R^2}(\cos^2\beta_1+\cos^2\beta_2-2\cos\alpha\cos\beta_1\cos\beta_2\\&\qquad+\sin^2\beta_2-2\sin\beta_1\sin\beta_2+\sin^2\beta_1)\end{aligned}$$

$$\therefore \mathrm{AB}^2=2R^2(1-\cos\alpha\cos\beta_1\cos\beta_2-\sin\beta_1\sin\beta_2) \qquad \cdots ⑧$$

⑧を②に代入して

$$\cos\gamma=1-\frac{2R^2(1-\cos\alpha\cos\beta_1\cos\beta_2-\sin\beta_1\sin\beta_2)}{2R^2}$$

$$\therefore \cos\gamma=\cos\alpha\cos\beta_1\cos\beta_2+\sin\beta_1\sin\beta_2$$

①により α をもとに戻して

$$\cos\gamma=\cos|\alpha_2-\alpha_1|\cos\beta_1\cos\beta_2+\sin\beta_1\sin\beta_2$$

この γ（$0°\leqq\gamma\leqq180°$）を用いて

$$\ell=2\pi R\times\frac{\gamma}{360}=\frac{\pi R}{180}\gamma$$

（答）

例４では，分かりやすいように２地点とも東経と北緯にしましたが，西経 $\theta°$ は東経 $(-\theta)°$，あるいは，東経で360°まで表せば，東経 $(360-\theta)°$ とすればよいし，南緯の場合は，緯度を負の角度で表せば，例５の結

果はそのまま使えます。

【図4-1-17】

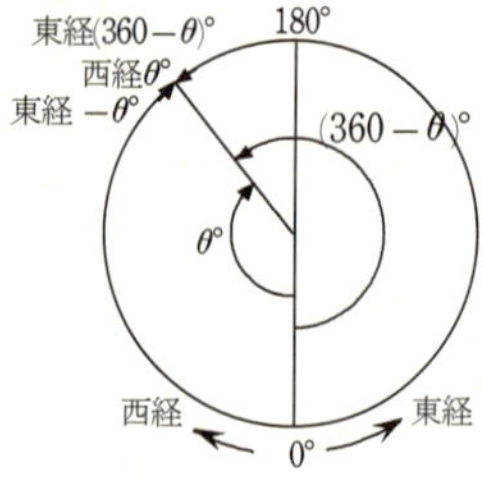

例 6 例５の結果を利用して，次の２地点 A，B の間の地球表面における最短の道のりを計算する。ただし，地球の半径を $R=6378\text{km}$ とする。

A：東経 138.727°　北緯 35.361°

B：西経 155.476°　北緯 19.826°

西経 155.476°　は，東経 $(360-155.476)°=204.524°$

とします。ここでも，以下，角度を表す文字には「°」を省略します。

例５の文字に相当する値は

$$\alpha_1=138.727°\ ,\ \alpha_2=204.524°\quad \therefore \alpha=\alpha_2-\alpha_1=65.797°$$

$$\beta_1=35.361°\ ,\ \beta_2=19.826°$$

ですから

$$\begin{aligned}\cos\gamma&=\cos(\alpha_2-\alpha_1)\cos\beta_1\cos\beta_2+\sin\beta_1\sin\beta_2\\&=\cos 65.797°\cdot\cos 35.361°\cdot\cos 19.826°+\sin 35.361°\cdot\sin 19.826°\\&=0.510806\cdots\end{aligned}$$

$$\gamma\fallingdotseq 59.2824°$$

$$\therefore \ell=\frac{\pi R}{180}\gamma=\frac{3.141593\times 6378}{180}\times 59.2824=6599.1455\cdots$$

したがって　約 6599km　(答)

Google マップでは，6591.92km と表示されます。

ここの計算で使った地球の半径は，地球の最も "太い" 赤道半径で，南北方向の極半径 6356.8km より 21km ほども長くなっています。

半径 1 km の差は ℓ の約1.03km の差になりますから，Google マップとの差は，地球の半径にして 6 km ほどの違いになるので，上の計算は，十分，誤差の範囲に入るといえます。

この，地球表面上の長さの計算は，とくに大航海時代にあった中世ヨーロッパから現在の飛行機の時代に至るまで，実用上不可欠な計算です。しかし，ご覧のようにとても面倒な計算で，計算機ができるまでは，計算に大変な時間と労力がかかったろうと想像されます。

三角比を用いた球面上の計量を**球面三角法**といいます。

なお，例５の A 地点は，ほぼ富士山頂，B 地点は，ハワイ島のマウナ・ケア山のすばる望遠鏡付近です。上の計算では，標高（富士山3776m，すばる望遠鏡4200m，地球の半径約４km 相当）は考慮していません。

参考までに，A，B 間の地下（海面下）を通る直線距離は，余弦定理で計算すると約6309km で，球面上の距離より290km ほど短くなります。これで燃料を計算すると，燃料不足になる危険があります。

●球面上の三角形（球面三角形）

前項で，２点 A，B 間の最短経路は，A，B を通る大円の弧であるといいました。平面上では，２点 A，B 間の最短経路は直線ですから，球面上においては，A，B を通る大円を直線 AB，弧 AB を線分 AB ということにします。

さて，球面上において直線 AB 上にない点 C があると，線分 AC と線分 BC ができて，線分 AB と合わせて球面上に"三角形" ABC ができます。すなわち，異なる３つの大円で，３つともが同じ点を通ることがなければ，右図のような"三角形" ができますが，これを**球面三角形**といいます。

【図4-1-18】

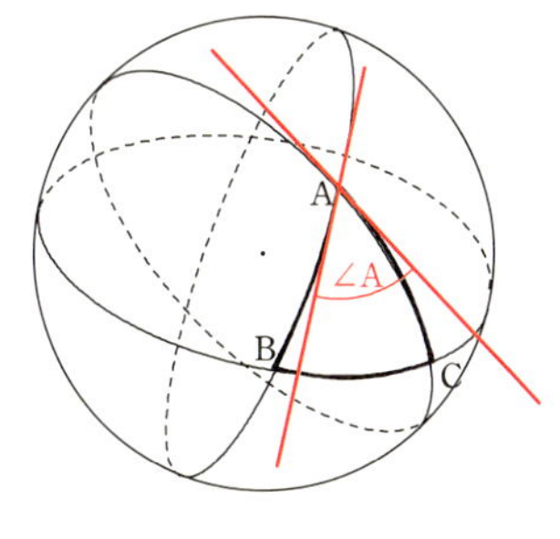

球面三角形 ABC があるとき，辺の長さは線分 AB，BC，CA ですが，∠A は，点 A における大円 AB の接線と大円 AC の接線のなす角のうち，線分 BC の側にあるほうとします。∠B，∠C も同様に定義します。

このように球面三角形の要素（辺と角）を定義すると，そこにやはり，余弦定理や正弦定理と呼ばれるものができるのですが，その場合には，一般に弧度法が用いられますので，第７章の最後で改めて見ることにします。

ここでは，球面上の幾何学と平面上の幾何学の，最も大きな違いを挙げておくに留めます。それは

球面上の異なる直線は，必ず２点で交わる

ということです。つまり，球面上には平行線は存在しない，ということです。

これは，ひとつの直線に対して，その直線外の１点を通る平行線は１本だけ存在することを前提とした，ユークリッドが『原論』において扱っている幾何学(**ユークリッド幾何学**)とは異なる幾何学(**非ユークリッド幾何学**)のひとつを構成します。

地球の緯線どうしは平行ではありません。私たちは，地球儀でも緯線は平行に見えたり，緯線が平行に描かれている地図を見慣れ過ぎていますので注意してください。（図 4-1-14，図 4-1-15）

なお，球面上の直線(大円)の２つの交点は，その球の直径の両端です。

もうひとつ

球面三角形の内角の和は，180°より大きい　　（☆）

ということも，ユークリッド幾何学と大きく違うところです。

【図4-1-19】

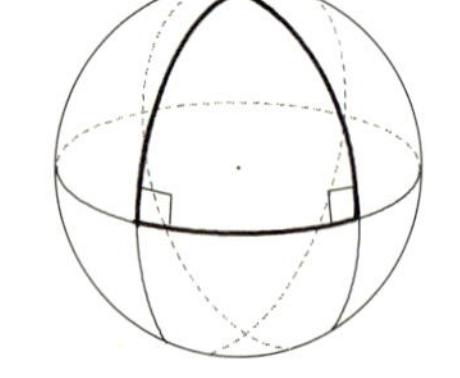

たとえば，赤道と経線は直角ですから，赤道と２本の経線で囲まれる球面三角形は，赤道との交点である２つの内角がともに 90° で，この２角だけで **180°** になります。

(☆)は，アレキサンドリアの天文学者・メネラウス（100頃）が著書『球面論』で述べています。

●必要なデータを自分で探す

学校の数学の問題は，条件が与えられて辺や面積を求めるものが大半です。ここでは，それ以前の問題を考えてみます。

例 7　右図のような四角形の土地の面積 S を求める際，どこを計って どういう計算で求められるかを何通りか考える。測量できるのは長さと角度だけとする。

【図4-1-20】

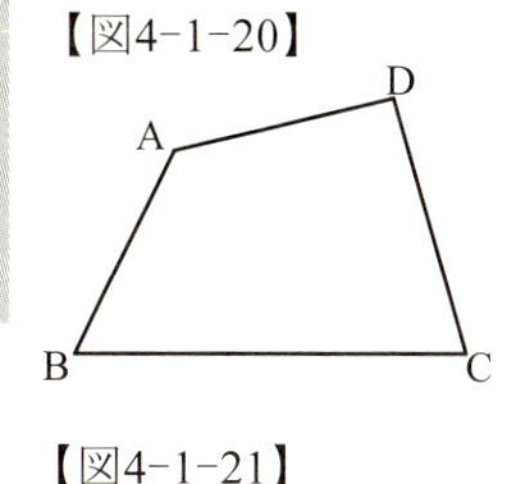

[解答例1]

対角線 AC とそれへの垂線 BE，DF。

△ABC と△ACD の面積をそれぞれ

$$\frac{1}{2}(\text{底辺})(\text{高さ})$$

で計算。 $S=\triangle ABC+\triangle ACD$

【図4-1-21】

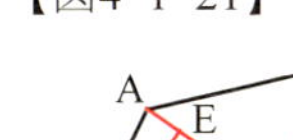

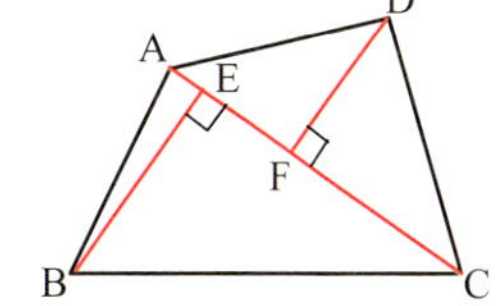

[解答例2]

４辺と対角線 AC。

△ABC と△ACD の面積をそれぞれヘロンの公式で求める。 $S=\triangle ABC+\triangle ACD$

【図4-1-22】

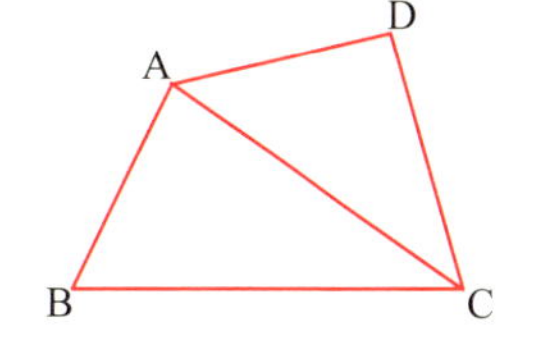

[解答例3]

４辺と∠B。

△ABC の面積は２辺と間の角で計算。

さらに，余弦定理で対角線 AC が求められるから，△ACD の面積をヘロンの公式で算出。

$S=\triangle ABC+\triangle ACD$

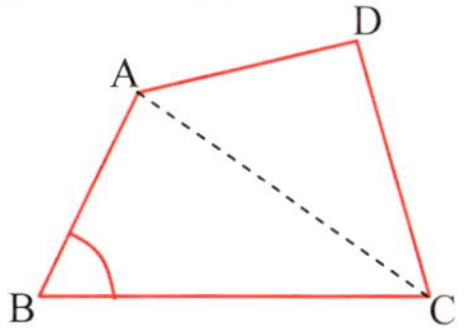

【図4-1-23】

A D B C

ただし，ヘロンの公式でなく，３辺→$\cos\theta$ → $\sin\theta$ の手順で求めることもできます。以下も同様です。

[解答例4]

３辺 AB，BC，CD，対角線 AC，∠ACD。

△ABC の面積をヘロンの公式で求める。

△ACD の面積は，２辺と間の角で計算。

$S=\triangle ABC+\triangle ACD$

【図4-1-24】

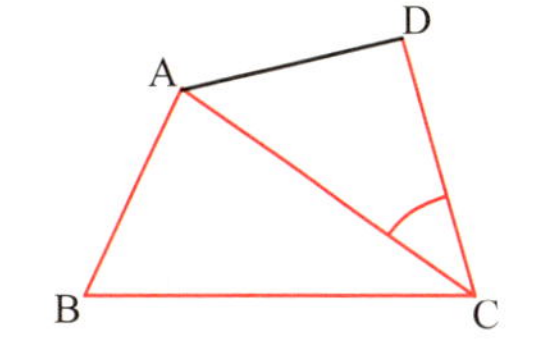

［解答例５］

２辺 BC，CD と対角線 AC，および∠BCA，∠ACD。

△ABC，△ACD とも２辺と間の角で面積計算。 $S=\triangle ABC+\triangle ACD$

【図4-1-25】

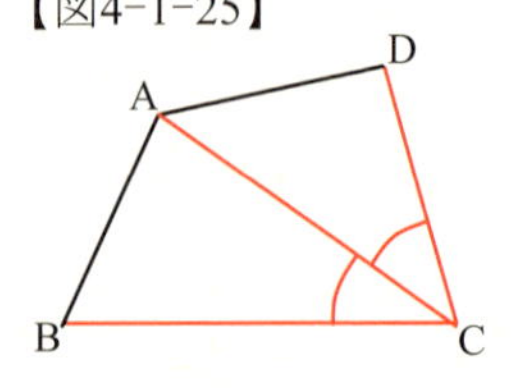

［解答例６］

対角線 AC，BD とその交点における∠CED。

$$S=\frac{1}{2}\cdot AC\cdot BD\sin\angle CED$$

この計算法は，p.48 例３で求めました。

【図4-1-26】

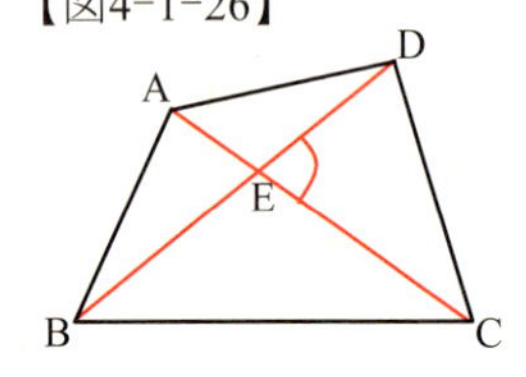

［解答例７］

A，D から辺 BC へ引いた垂線 AE，DF の長さと線分 BE，EF，FC。

S は，２つの直角三角形 ABE，DFC と台形 AEFD の面積を合算。

【図4-1-27】

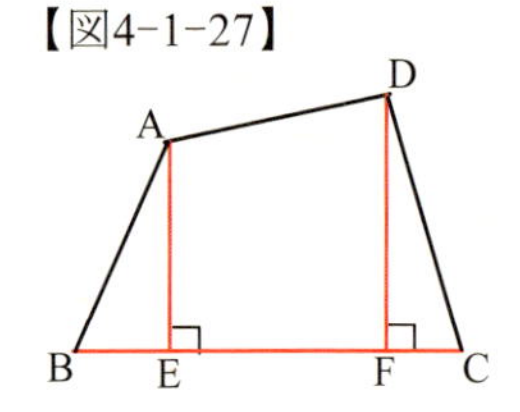

最後の解答例は，この BC のように基準にできるような直線（道路など）に隣接する多角形の土地を測量する場合には，こうして直角三角形や台形に分けることは，実際にも行われています。

この方法は，曲線で囲まれた部分の面積（の近似値）を求めるときにも使われる**区分求積法**といわれる手法で，定積分の定義につながるものです。（第８章４節）

【図4-1-28】

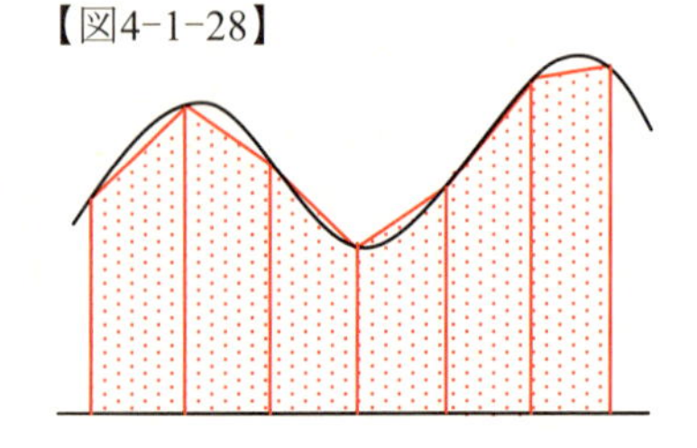

２　力の合成・分解

●力の合成

１点 P に力 $\overrightarrow{F}$ が働いているようすを右図のように矢線で表します。「F」は force（＝力）の F です。

【図4-2-1】

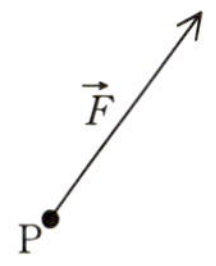

上に矢印を付けて $\overrightarrow{F}$ とするのは，力というものが，強さ（**大きさ**）だけでなく，力の働く**向き**もセットで取り扱う性質のものだからです。

一般に，大きさと向きを併せもったものを**ベクトル**といいます。

さて，１点 P に２つの力 $\overrightarrow{F_1}$，$\overrightarrow{F_2}$ が働いているとき，右図のように，それぞれの向きに，長さは力の大きさに比例させるようにかきます。

【図4-2-2】

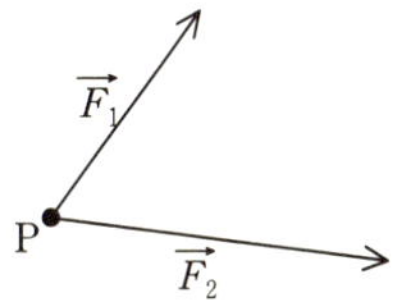

力の大きさだけを表すときは，絶対値の記号を使って $\left|\overrightarrow{F_1}\right|$ と表します。もしそれが 10［kg］の力なら $\left|\overrightarrow{F_1}\right| = 10$［kg］というように書きます。

そして，２つの力を表すベクトルを２辺とする平行四辺形の，２辺の間の対角線によってできる新たなベクトル $\overrightarrow{F_3}$ を，２つの力 $\overrightarrow{F_1}$，$\overrightarrow{F_2}$ の**合成力**とか**合力**（ごうりょく）といい，$\overrightarrow{F_1}+\overrightarrow{F_2}$ というように足し算で表現します。

【図4-2-3】

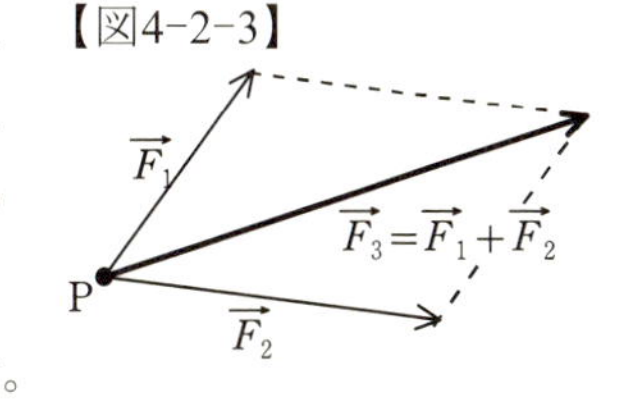

合力 $\overrightarrow{F_1}+\overrightarrow{F_2}$ は，２つの力 $\overrightarrow{F_1}$，$\overrightarrow{F_2}$ と同じ働きをひとつの力でやろうとすると，"このような向き" に "このような大きさ" にすればよいということを表しています。もし点 P が２つの力 $\overrightarrow{F_1}$ と $\overrightarrow{F_2}$ を同時に受けて動くとするならば，この合力 $\overrightarrow{F_3}$ の向きに動きます。

したがって，この $\overrightarrow{F_3}$ と正反対に同じ強さで点 P を引っ張れば，３つの力は釣り合って，点 P はまったく動かないことになります。

正反対の力は，もとの力にマイナス符「－」を付けて表します：

$\overrightarrow{F_3}=\overrightarrow{F_1}+\overrightarrow{F_2}$ と正反対の力 $=-\overrightarrow{F_3}=-(\overrightarrow{F_1}+\overrightarrow{F_2})$

【図4-2-4】

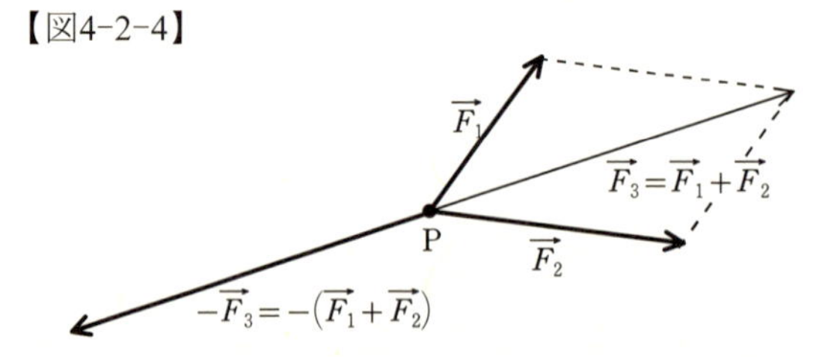

例1 $\left|\overrightarrow{F_1}\right|=10[\mathrm{kg}]$, $\left|\overrightarrow{F_2}\right|=15[\mathrm{kg}]$, $\overrightarrow{F_1}$ と $\overrightarrow{F_2}$ のなす角 $\theta=60°$ のときの合力の大きさ $\left|\overrightarrow{F_1}+\overrightarrow{F_2}\right|$ を求める。

【図4-2-5】

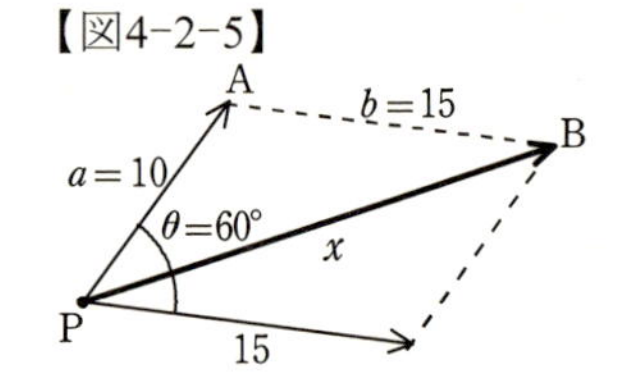

何よりも，$\left|\overrightarrow{F_1}+\overrightarrow{F_2}\right|\neq 10+15=25[\mathrm{kg}]$ ということをはっきり意識しておきましょう。力の強さは，まったく同じ向きに合成しない限りは，そのまま加算はされないということです。

一般に

$$\left|\overrightarrow{F_1}+\overrightarrow{F_2}\right|\leqq\left|\overrightarrow{F_1}\right|+\left|\overrightarrow{F_2}\right|$$ （図 4-2-5 において PB≦PA＋AB）

という関係になります。

これは，基本的には前節で見た三角形の３辺の長さの不等式と同じですが，三角形ができる条件との違いは，等号があるかないかです。

ベクトルの場合は，P，A，B または P，B，A の順に一直線上に並ぶときに等号が成り立つということも含めて表します。

【図4-2-6】

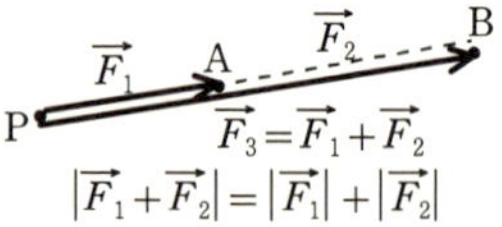

$\overrightarrow{F_3}=\overrightarrow{F_1}+\overrightarrow{F_2}$

$\left|\overrightarrow{F_1}+\overrightarrow{F_2}\right|=\left|\overrightarrow{F_1}\right|+\left|\overrightarrow{F_2}\right|$

さて，$\left|\overrightarrow{F_1}+\overrightarrow{F_2}\right|$ は，図 4-2-5 において，線分 PB の長さで表されますから，△PAB に余弦定理を適用すれば PB が求まります。

PB $=x$，PA $=a$，AB $=b$ とすると，$A=180°-\theta=120°$ ですから

$$x^2=a^2+b^2-2ab\cos A$$
$$=100+225-2\cdot 10\cdot 15\cos 120°$$
$$=325-300\left(-\frac{1}{2}\right)=475 \qquad \therefore x=\sqrt{475}=\sqrt{25\cdot 19}=5\sqrt{19}$$ （答）

（$-300\left(-\frac{1}{2}\right)$ の上に「+150」と書き込み）

$x \fallingdotseq 21.8$［kg］で，10＋15＝25［kg］より小さくなります。つまり，約3.2［kg］分の力が "無駄" になっています。

$\overrightarrow{F_1}$ と $\overrightarrow{F_2}$ のなす角 θ が 0° なら "無駄なく" 25［kg］になることは直感的にも理解できますが，$\cos A = \cos 180° = -1$ なので，この式でもそれは出てきます：

$$x^2 = a^2 + b^2 - 2ab\cos 180° = a^2 + b^2 + 2ab = (a+b)^2$$

$$\therefore x = a + b \quad (x > 0,\ a > 0,\ b > 0)$$

この計算の余弦定理は，一般に $A = 180° - \theta$ ですから

$$x^2 = a^2 + b^2 - 2ab\cos A$$

$$= a^2 + b^2 - 2ab\cos(180° - \theta) \qquad \cos(180° - \theta) = -\cos\theta$$

$$= a^2 + b^2 + 2ab\cos\theta$$

となり，第３章１節で私が勝手に命名した「３つ目の余弦定理」(第２余弦定理の第３項の符号違いのヤツ）です。

それでは，$\theta \neq 0°$ の場合の "無駄" になった力はどこへ行ったのでしょう。

【図4-2-7】

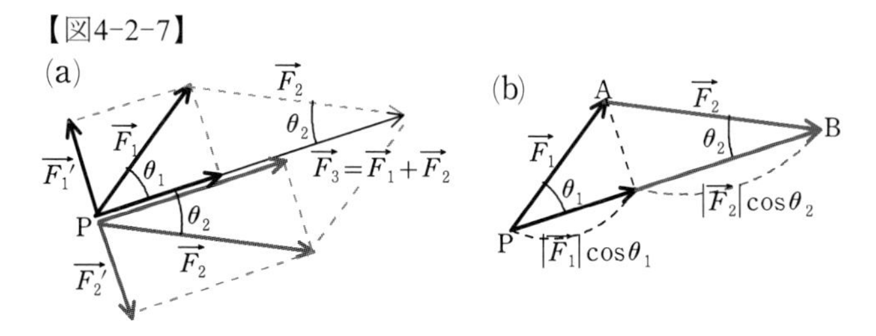

それは，上図(a)のように，$\overrightarrow{F_1}$ については合力 $\overrightarrow{F_3}$ と垂直な $\overrightarrow{F_1'}$，$\overrightarrow{F_2}$ については $\overrightarrow{F_3}$ と垂直な $\overrightarrow{F_2'}$ であるとそれぞれ考えます。これらは，有効な合力と垂直なので合力方向には加算されないし，互いに逆向きで大きさは同じです。

$$\overrightarrow{F_1'} = -\overrightarrow{F_2'}\ ,\ \left|\overrightarrow{F_1'}\right| = \left|\overrightarrow{F_2'}\right|$$

大きさが同じになることについては，合力の線によって，平行四辺形はふたつの合同な三角形に分けられて，$\overrightarrow{F_1'}$ と $\overrightarrow{F_2'}$ はそれら合同な三角形

の高さに相当しているということで分かりますし，上図(b)において，正弦定理により

$$\frac{\left|\overrightarrow{F_1}\right|}{\sin\theta_2}=\frac{\left|\overrightarrow{F_2}\right|}{\sin\theta_1} \quad ゆえ \quad \left|\overrightarrow{F_1}\right|\sin\theta_1=\left|\overrightarrow{F_2}\right|\sin\theta_2$$

で，上図(a) により

$$\left|\overrightarrow{F_1}\right|\sin\theta_1=\left|\overrightarrow{F_1'}\right|, \quad \left|\overrightarrow{F_2}\right|\sin\theta_2=\left|\overrightarrow{F_2'}\right|$$

ですから

$$\left|\overrightarrow{F_1'}\right|=\left|\overrightarrow{F_2'}\right|$$

が示せます。

大きさが同じで逆向きの力はお互いに相殺(そうさい)しあう(釣り合う)ので，点 P は合力と垂直な方向には動かないことになります。これが，"無駄"になった力だと考えられます。

一方，"有効な" 合力の大きさ $\left|\overrightarrow{F_1}+\overrightarrow{F_2}\right|$ は，図4-2-7(b)により

$$\left|\overrightarrow{F_1}+\overrightarrow{F_2}\right|=\left|\overrightarrow{F_1}\right|\cos\theta_1+\left|\overrightarrow{F_2}\right|\cos\theta_2$$

という関係も成り立っています。

【図4-2-8】

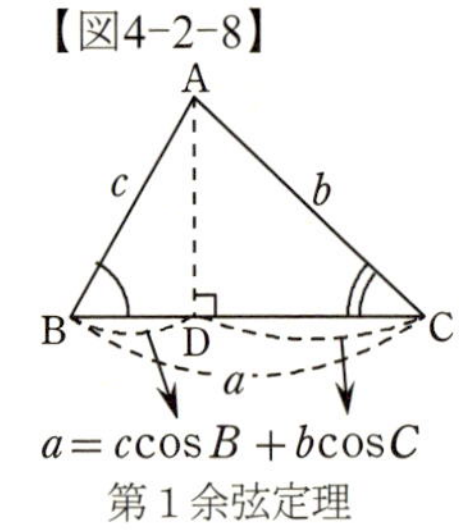

$a=c\cos B+b\cos C$

第１余弦定理

この関係は，第３章１節の最後に紹介した第１余弦定理です。第１余弦定理は，図形的には明らか過ぎて取り上げていない数学の教科書も多いのですが，これが２つの力の合力の大きさなのだと思えばまた印象も変わるのではないでしょうか。

●力の分解

先ほど(図 4-2-7)，たとえば $\overrightarrow{F_1}$ を，$\overrightarrow{F_3}=\overrightarrow{F_1}+\overrightarrow{F_2}$ の方向と，それと垂直な方向に分解しました。

【図4-2-9】

一般に，力(ベクトル)は，任意の２つの方向に分解することができます。そのとき，右図のように

$$\overrightarrow{F}=\overrightarrow{F_x}+\overrightarrow{F_y}$$

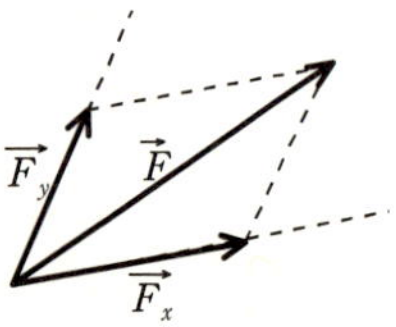

という，平行四辺形の関係になります。

これを**力（ベクトル）の分解**といいます。

例２ 次の図のように，傾斜角 θ の斜面に重さ w [kg] のブロックがあるときの力の釣り合いについて考える。

【図4-2-10】

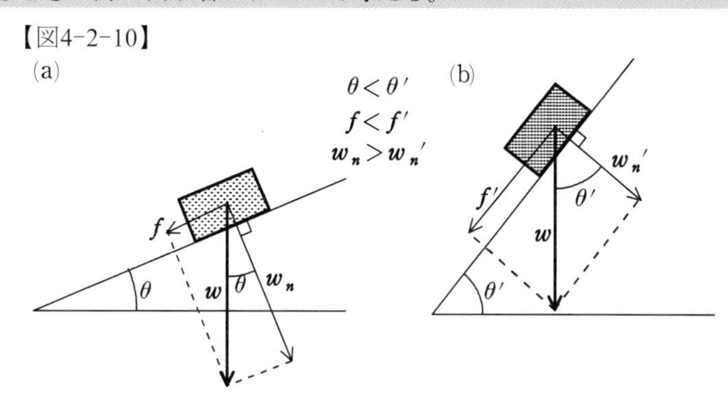

今度は，ベクトルを矢印なしの太文字で表しています（このような流儀もあるということです）。そしてその大きさは，絶対値記号も使わずに通常の太さの文字だけで表すことにします。（$|\boldsymbol{w}|=w$）

さて，このときブロックには，重力によって真下に向かってブロック自身の重さに相当する力 $\boldsymbol{w}$ が掛かっているのですが，この力は，斜面と平行な方向の力 $\boldsymbol{f}$ と，斜面に対して垂直な方向の力 $\boldsymbol{w_n}$ に分解されていると考えます。これらの力の大きさは

$$f = w\sin\theta,\ w_n = w\cos\theta \qquad \cdots ①$$

という関係になっています。

斜面と平行な（滑り落とそうとする）方向に働く力は，傾斜角 θ が緩やかなときの $\boldsymbol{f}$ より，角度が大きくなったとき（上図(b)）の $\boldsymbol{f}'$ のほうが大きい(矢印が長い)ことは，私たちの実感としても理解できるでしょう。

テレビの昔のクイズ番組で，対決する解答者が別々の滑り台に乗っていて，答えを間違えるたびにそのひとの滑り台の角度が増していき，先に滑り落ちた方が負けというのがありました。

一方，斜面に対して垂直な方向の力（滑り台に座っているひとのお尻に感じる自分の重さ）$\boldsymbol{w}_n$ は，角度が大きくなると小さくなります。

【図4-2-11】

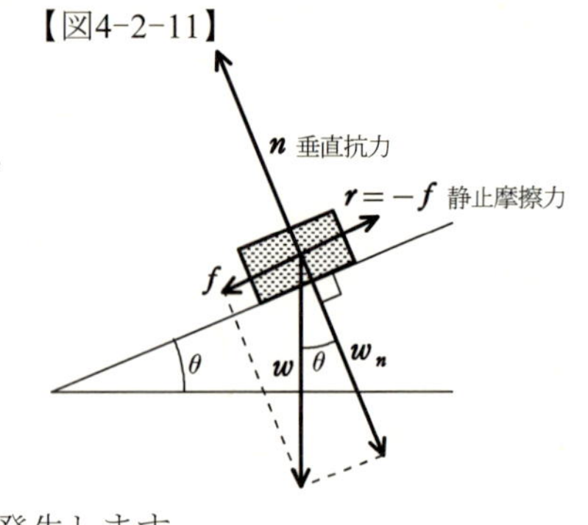

さて，物体をある面に沿って力 $\boldsymbol{f}$ で動かそうとすると，通常は，$\boldsymbol{f}$ と反対向きに，物体を静止させ続けようとする**静止摩擦力**（= $\boldsymbol{r}$）が発生します。

また，斜面を垂直に押す力 $\boldsymbol{w}_n$ に対しては，その反作用である力 $\boldsymbol{n}$ が働きますが，この $\boldsymbol{n}$ を**垂直抗力**といいます。

ちなみに，斜面と垂直な線を斜面の**法線**（normals）といいます。

物体が静止しているときは，物体に働く力が釣り合っていて，合力が 0 である状態です。

ここでは，$\boldsymbol{f}$ と静止摩擦力 $\boldsymbol{r}$ が釣り合っており，斜面に垂直な $\boldsymbol{w}_n$ と $\boldsymbol{n}$ が釣り合っていると考えます：

$\boldsymbol{f}+\boldsymbol{r}=\boldsymbol{0}\quad \therefore \boldsymbol{r}=-\boldsymbol{f}$　　大きさの関係は　$r=f$　　… ②

$\boldsymbol{w}_n+\boldsymbol{n}=\boldsymbol{0}\quad \therefore \boldsymbol{n}=-\boldsymbol{w}_n$　　大きさの関係は　$n=w_n$　　… ③

しかし，傾斜が増して物体を動かそうとする力 $\boldsymbol{f}$ が徐々に大きくなっていくと，静止摩擦力 $\boldsymbol{r}$ に打ち勝って，ついには物体は動き出します。その動き出す直前に働いていた静止摩擦力を**最大静止摩擦力**（= $\boldsymbol{R}$）といいます。

最大静止摩擦力 $\boldsymbol{R}$ の大きさは，垂直抗力 $\boldsymbol{n}$ の大きさに比例することが分かっています。つまり

$$R=kn$$

で，比例定数 k は**静止摩擦係数**といって，ブロックと斜面の材質や形状によって決まる定数です。これは，実験によって決定されるものです。

斜面の角度 θ を上げていくと，①でも分かるとおり，滑り落とそうとする力 $\boldsymbol{f}$ は増加するので，それに応じて静止摩擦力 $\boldsymbol{r}$ も増加しますが，垂直抗力 $\boldsymbol{n}$ は減少するので，静止させておける限界の力，最大静

止摩擦力$\boldsymbol{R}$は減少します。

そしてある角度に達したとき，滑り落とそうとする力$\boldsymbol{f}$の大きさが摩擦力の限界（最大静止摩擦力）Rを上回り，ブロックは滑り出します。

この滑り出す瞬間の斜面の角度を**摩擦角**といいますが，それをθ_0とすると，①②③により

【図4-2-12】

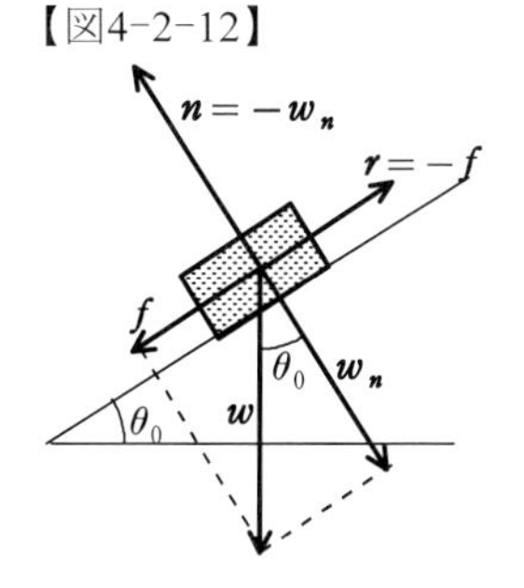

$$r = f = w\sin\theta_0\ ,\ \ n = w_n = w\cos\theta_0$$

$$R = kn = kw\cos\theta_0$$

で，ブロックが滑り出す瞬間の直前は$R = f$と考えてよいですから

$$k\cancel{w}\cos\theta_0 = \cancel{w}\sin\theta_0$$

$$k = \frac{\sin\theta_0}{\cos\theta_0}\quad \therefore k = \tan\theta_0$$

という関係になります。

【図4-2-13】

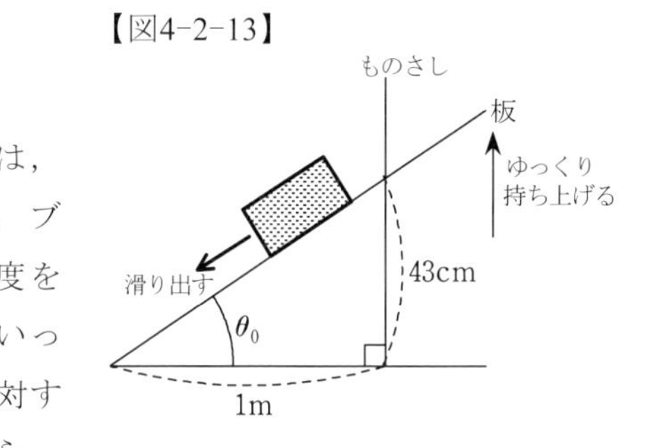

つまり，静止摩擦係数kは，斜面を徐々に傾けていき，ブロックが動き出す瞬間の角度を測ればよいのです。角度といっても，必要なのはその角度に対するタンジェントの値ですから，実際には斜面の高さを測ればよいのです。

たとえば，上図のようにブロックを乗せた板を徐々に持ち上げて，ブロックが滑り出す瞬間の高さが底辺1 mに対して43cm=0.43mであったとすれば，この板とブロックとの間の静止摩擦係数は 0.43 ということになります。

この場合，$\theta_0 = \tan^{-1}0.43 \fallingdotseq 23.3°$となります。

板とブロックの接触面のようす（凹凸，湿度や油などの汚れなど）によって，同じ材質でもこの値は変わります。

このような力の釣り合いを考えることは，力学の基本です。

建て物等の設計において，柱や梁などに，重力を基本とする力がど

のように合わさり(力の合成)，またどのように分散されるか(力の分解)を正確に分析・計算することがいかに重要かは，ちょっと想像するだけで理解できるでしょう。

シモン・ステヴィン

【図4-2-14】

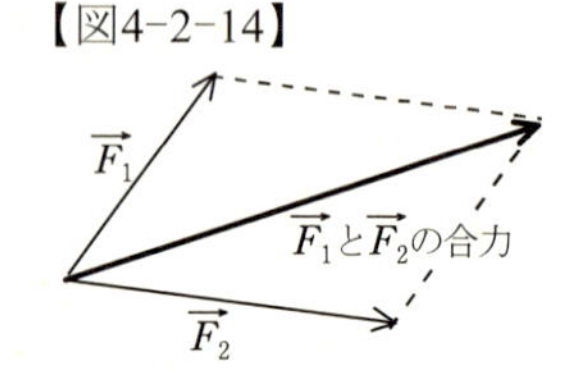

2つの力の合力が，2つの力を2辺とする平行四辺形のその2辺の間の対角線になること（**力の平行四辺形の法則**）を発見したひとは，ネーデルランド(現在のオランダ)のブリュージュに生まれ，アントワープで商店の番頭からオランダ軍の主計総監まで勤めたシモン・ステヴィン（1548～1620）です。アルキメデス（BC287頃～212）の「つりあいの原理」を研究して，この力の合成のほかに，水圧や梃子の原理の証明をしました（1586年）。

彼はまた，物体の自由落下の速度について，アリストテレス（BC384～322）の理論「重いものほど速く落下する」の誤りを実験で示して，1800年以上もみんなが正しいと信じてきたことを打ち破るなど，物理学へ大きな業績を残しました。

力学の研究のほかに，インド数字（算用数字）による十進表記を1より小さな数にも適用すること，すなわち現在の小数表記の便利さを見抜き，その普及に努めました。彼は

◎①②③④⑤
3.14159 を　3◎1①4②1③5④9⑤　とか　3 1 4 1 5 9

と表し，現在の十進法の小数表記の基礎をつくったのです。しかし，小数点はまだ使われませんでした。

実は，この十進表記のアイデアそのものは，ペルシャ(現在のイラン)の天文学者，アル・カーシー（1380～1429）が1427年に著した著書『計算の鍵』の中で，1未満の数を「分母が10の累乗の分数で表すこと」にしています。しかし，それはあくまでも分数表記でしたし，他人にその使用を勧めることはしませんでした。

当時のヨーロッパでは，整数の十進表記は定着していましたが，貨幣やその他の度量衡（どりょうこう）が六十進法であったり十二進法であったりしたため計算が面倒で，十進法が定着するまでは算盤（そろばん）が欠かせませんでした。

とくに，1より小さい数は，60^n を分母とする分数で表すことがずっと続けられていました。たとえば

$$123.14159 = 123 + \frac{8}{60} + \frac{29}{60^2} + \frac{43}{60^3} + \frac{26}{60^4} + \frac{24}{60^5}$$

ということになります。そして，このことをたとえば

123 ; 8 ; 29 ; 43 ; 26 ; 24

というように書き表していたわけです。「；」はここでのたとえです。

面倒なことやってたんだなと馬鹿にしてはいけません。21世紀の私たちも，角度は $139°45'16''$ とか，時間だと 2:01:39 などということをやっているのですから。ちなみに，これらを十進法に直すと

$$139°45'16'' = (139 + \frac{45}{60} + \frac{16}{60^2})° = 139.75444\cdots°$$

$$2:01:39 = 2 + \frac{1}{60} + \frac{39}{60^2} = 2.0275\ [\text{時間}]$$

あるいは　$2:01:39 = 2 \times 60^2 + 1 \times 60 + 39 = 7299\ [\text{秒}]$

という具合です。なかなか十進法にしようとはならないですね。慣習というのはそういうものなんです。

さて，ステヴィンは，すべて十進法に統一すれば「確実に人々はこれによる偉大な利益を享受するだろう」といって，度量衡の統一を提唱したのです。

企業や軍の会計の仕事をしていた彼にとって，1より小さな数を扱う場面は，利息の計算です。当時，「利息表」は各企業で秘密とされていたのを，ステヴィンは，『十分の一法』という著書で「利息表」を公表したのです（1582年）。そこで，前述のような十進小数表記を使ったわけです。

また彼は，十二平均律音階をつくりました。1オクターブ（弦の長さが 2 : 1）の間の半音 12 音階を，どの2音間も弦の長さを $\sqrt[12]{2}$: 1 にしたものです。$\sqrt[12]{2}$ は 2 の 12 乗根(12 乗すると 2 になる数)で，$\sqrt[12]{2}$ =

1.059463… という無理数です。ピタゴラス音階（第１章４節）の半音(ファとソ，シとド)の弦の長さの比の値は $\frac{256}{243}=1.05349\cdots$ です。

【図4-2-15】

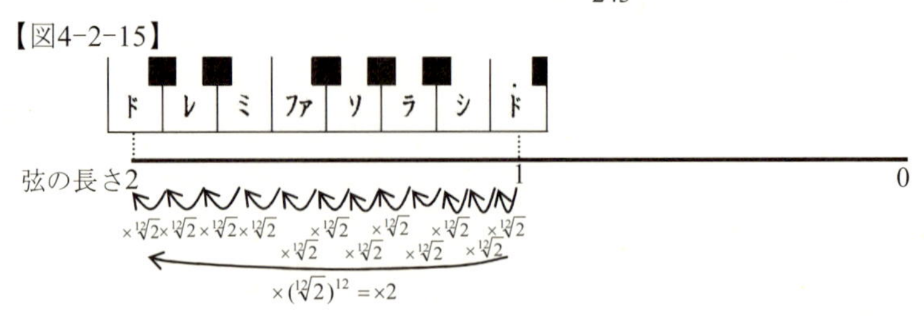

ピアノをはじめとして，現在の普通の楽器は平均律で調律されています。

ピタゴラス音階や純正律音階は，きれいに調和する２音として弦の長さがシンプルな整数比になるように音階を決めましたが，それだと，移調や転調ができません。そこで，どの音からでも「ドレミファソラシド」が同じに聞こえるように，どの２音間も同じ比率にしたのが十二平均律です。

ピタゴラスが，オクターブの次に美しく調和すると言った２音(ドとソ)の弦の長さの比 3：2 の値が 1.5 であるのに対して，十二平均律では $(\sqrt[12]{2})^7=1.49830\cdots$ になり，"ピタゴラス的" には不協和音となりますが，私たちは（少なくとも私は）不協和には感じません。

余弦定理とベクトルの内積

ベクトルを用いた話をしたついでに，ベクトルの内積について触れておきましょう。高校生にとって，最も分かりにくいもののひとつです。

ふたつのベクトル $\vec{a}$, $\vec{b}$ に対して，そのなす角を θ とすると

$\vec{a}$ と $\vec{b}$ の内積 $\vec{a}\bullet\vec{b}$ とは

$$\vec{a}\bullet\vec{b}=|\vec{a}||\vec{b}|\cos\theta$$

と定義されています。だいたいどの書籍でも，導入部分なしで，いきなり定義です。

【図4-2-16】

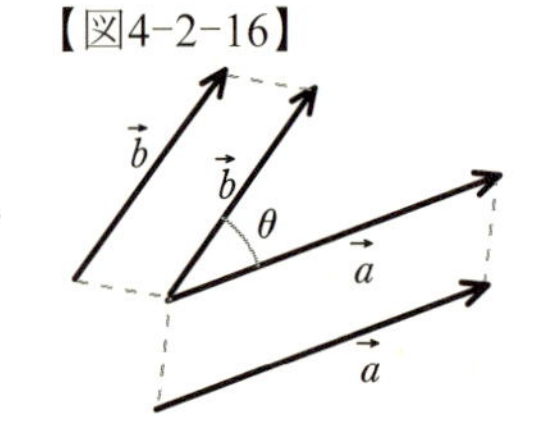

ベクトルのなす角とは，ふたつのベクトル

の始点をそろえたときの始点の周りの角で，$0° \leqq \theta \leqq 180°$ の範囲で表します。

で，この定義の意味するところは

$$\vec{a} \bullet \vec{b} = \left|\vec{a}\right| \cdot \left|\vec{b}\right| \cos\theta$$
$$= \mathrm{OA} \cdot \mathrm{OB'}$$

【図4-2-17】

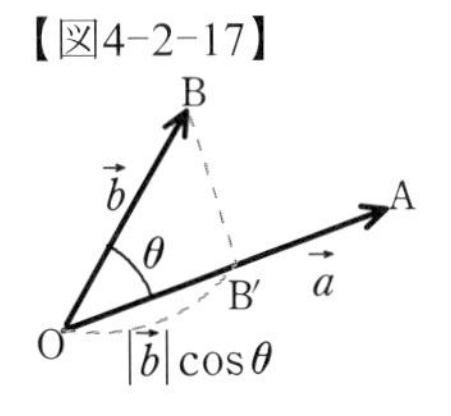

という，線分の長さの積です。ただし，$\theta > 90°$ の場合は $\cos\theta < 0$ なので，$\mathrm{OB'} < 0$ とします。

このような計算がどのような場面で出てくるかというと，まず，力学において，物体に大きさ F の力をかけて，その力と同じ向きに距離 s だけ物体を移動させたとき，その力の成した**仕事** W は

$$W = Fs$$

と定義されます。

【図4-2-18】

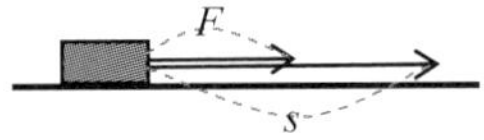

いま，図4-2-19のように，物体に大きさ F の力をかけて，物体が持ち上がることなく，力の向きと θ $(<90°)$ の角度の方向へ s だけ動いたとき，その力の仕事 W を計算するための力の強さは，F そのものではなく，移動方向に働いた分の

【図4-2-19】

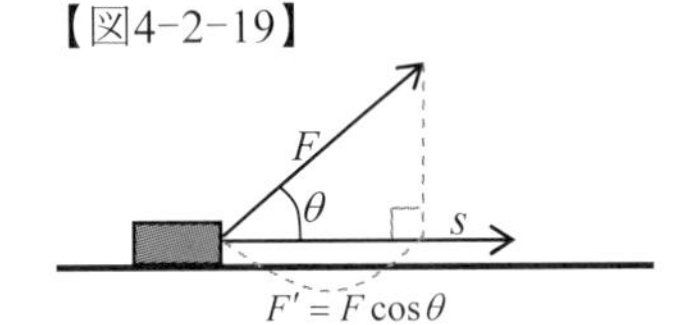

$$F' = F\cos\theta$$

です。それで，この力の成した仕事は

$$W = F's = F\cos\theta \cdot s$$

となります。

図 4-2-19 の力と移動をベクトルとして扱うと，大きさや距離は，絶対値の記号を用いて

$$W = F's = \left|\vec{F}\right|\cos\theta \cdot \left|\vec{s}\right| = \left|\vec{F}\right|\left|\vec{s}\right|\cos\theta$$
$$\therefore W = \vec{F} \bullet \vec{s}$$

と表されます。

内積は，力学においては力の成す仕事に相等します。

数学においては，2辺 OA，OB とその間の角 θ が既知の三角形の辺

AB を求める余弦定理をベクトルを用いて表したとき

$$\left|\overrightarrow{\mathrm{AB}}\right|^2=\left|\vec{a}\right|^2+\left|\vec{b}\right|^2-2\left|\vec{a}\right|\left|\vec{b}\right|\cos\theta$$

の最後の部分が $\vec{a}\bullet\vec{b}$ で，余弦定理は

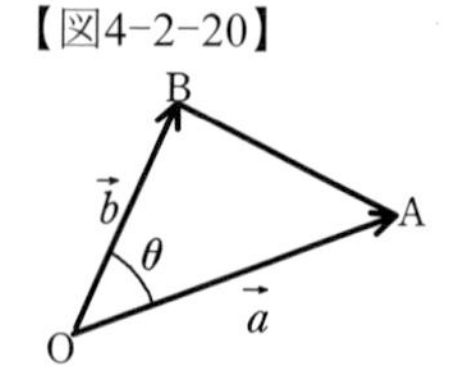

【図4−2−20】

$$\left|\overrightarrow{\mathrm{AB}}\right|^2=\left|\vec{a}\right|^2+\left|\vec{b}\right|^2-2\vec{a}\bullet\vec{b}$$

というように，ベクトルだけで書き表すことができます。

そして，$\overrightarrow{\mathrm{AB}}=\vec{b}-\vec{a}$ なので

$$\left|\vec{b}-\vec{a}\right|^2=\left|\vec{a}\right|^2+\left|\vec{b}\right|^2-2\vec{a}\bullet\vec{b}$$

$$\therefore \vec{a}\bullet\vec{b}=\frac{1}{2}(\left|\vec{a}\right|^2+\left|\vec{b}\right|^2-\left|\vec{b}-\vec{a}\right|^2)$$

と表すこともできます。

これは，余弦定理の変形：

$$\cos\theta=\frac{\mathrm{OA}^2+\mathrm{OB}^2-\mathrm{AB}^2}{2\mathrm{OA}\cdot\mathrm{OB}}$$

の両辺に $\mathrm{OA}\cdot\mathrm{OB}$ を掛けたもの：

$$\mathrm{OA}\cdot\mathrm{OB}\cos\theta=\frac{\mathrm{OA}^2+\mathrm{OB}^2-\mathrm{AB}^2}{2}\quad(=\vec{a}\bullet\vec{b})$$

にほかなりません。

といって驚くことではありません。いまのこの話の流れは余弦定理と内積の循環論法になっているだけです。しかし，表現を変えると，見え方や印象も変わるでしょう。

さて，数学で内積がもっとも多く使われる場面は

$$\vec{a}\perp\vec{b}\ \Leftrightarrow\ \vec{a}\bullet\vec{b}=0$$

という垂直条件としてです。（$\cos 90°=0$）

また

$$\vec{a}\bullet\vec{b}=\left|\vec{a}\right|\left|\vec{b}\right|\cos\theta \quad を \quad \cos\theta=\frac{\vec{a}\bullet\vec{b}}{\left|\vec{a}\right|\left|\vec{b}\right|}$$

と変形して，ベクトルのなす角や，その応用として，２直線のなす角，立体空間における２平面のなす角を求めたりします。

読む授業
～ピタゴラスからオイラーまで～

第5章

三角関数とそのグラフ

1　デカルト

これまでの話は，何千年かの歴史があります。一方，ここからの内容は，関数の概念を意識するようになった17世紀以降，フランス貴族の家に生れたデカルト（1596〜1650）が，線分の長さの間の関係を代数式で表すことにより図形の性質を考えるというアイデア，後に，点を座標という実数の組 (x, y) で表し，点の集まりである図形を，その図形上の点の座標 x，y が満たす関係式（等式）で表す**解析幾何学**のきっかけをつくった以降の話です。

コペルニクス（1473〜1543）の地動説を擁護した，イタリア・ピサのガリレオ・ガリレイ（1564〜1642）が宗教裁判で有罪判決を受けたころでした。

このころのヨーロッパは，マルティン・ルター（1483〜1546）やジャン・カルヴァン（1509〜1564）による宗教改革後，カトリック（ローマ教会）とプロテスタントとの激しい対立が続いていました。フランスでは1562年のユグノー（＝プロテスタント）戦争を経て，カトリックである国王アンリ４世（1553〜1610，在位 1589〜1610）の「ナントの勅令」によってカトリックとプロテスタントとの和解が行なわれ（1598年），フランスが繁栄に向けて動きだし，ルイ14世（1638〜1715，在位 1643〜1715）のベルサイユ宮殿の建造で宮廷生活の贅沢は頂点を究めていました。この貴族の贅沢が，やがてフランス革命（1789年）の誘因のひとつとなります。

1618年にプロイセン（現在のドイツ）で30年戦争が始まり，1642年にはイギリスで清教徒（ピューリタン＝プロテスタント）革命が起こっています。

日本では，1600年の関ケ原の戦いで徳川家康（1542〜1616，在職 1603〜1605）が石田三成（1560〜1600）を破って政権を取り，徳川３代将軍家光（1604〜1651，在職 1623〜1651）がキリスト教（カトリック)を禁止し，絵踏みの令を出したのが1629年です。

デカルトは，30年戦争でプロテスタント側であるオランダ軍の見習士官になり，そこで，イサク・ベークマン（1588～1637）という哲学者・数学者・医師と出会っています。ベークマンは「すべての自然法則は数式で表されるべき」という見解の持ち主で，デカルトに大きな影響を与えています。

デカルトは，地動説を前提にした『宇宙論』を発表しようとした矢先のガリレオの有罪判決に驚き，その発表を断念したのですが，真理を探求するための方法論は学問上必要なことと考え，地動説に関わらない部分だけを『理性を正しく導き，学問において真理を探求するための方法の話。加えて，その方法の試みである屈折光学，気象学，幾何学』という長いタイトルの大著（前半がいわゆる『方法序説』）で発表し(1637年)，その中の「幾何学」の部分に，座標や図形の方程式のもととなる概念が入っているのです。

彼は，近代哲学の父とも言われており，「我思う，ゆえに我あり」ということばは有名です。真理の探求，確実なものの追及の道具として数学を用い，最も確実な命題としてこのことばにたどり着いたということです。

●長さからの解放

フェルマー（1601～1665）もデカルトと同時代のひとで，解析幾何学の発見者ですが，両者には決定的な違いがありました。

フェルマーはギリシャ数学以来の，代数式の中の数値を，線分の長さや面積等，幾何学的に解釈することから抜け出ることができませんでした。たとえば，$a+ab$ という式についていうと，a は長さに相当する数(１次元)，ab は(長さ)×(長さ)で面積に相当する数(２次元)なので，これら次元の異なるものどうしを足すことはできない(同次性)，ということで，a を $1{\cdot}a$ と，わざわざ２辺が 1 と a の長方形の面積と解釈しなければならなかったのです。

一方，デカルトは，a，b が線分の長さを表すとき，ab も線分で表せ

るということ，つまり

$1 : a = b : ab$

という比例式の成り立つ相似な三角形の１辺として表せるということを示し，式の同次性の問題をクリアーしたのです。

【図5-1-1】

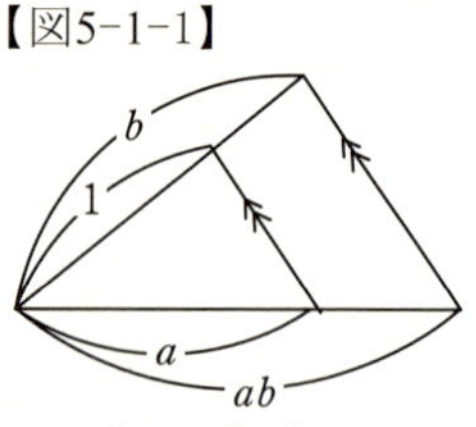

$1 : a = b : ab$

そして彼は，幾何学の問題も，代数式のように決まった手順で考えれば解答が得られるのではないかと考えたわけです。

これは，ユークリッドがエジプト王プトレマイオスＩ世（在位BC305～282）に言った「幾何学に王道はございません（王様といえども近道はない）」という言葉への挑戦でもあります。

実際，彼は『方法序説』で，「幾何学的解析と代数学とのあらゆる長所を借り，しかも一方の短所すべてをもう一方によって正せる」「最も単純で最も一般的なものから始めて，（中略）しまいには，知らなかった問題さえも，どういうやり方でどこまで解けるかが決定できる」と述べています。

この，いわゆる「機械論的」な考えにニュートン（1642～1727）も影響を受けて，りんごが落ちることと月が地球の周りを回ることは，同じ仕組みで説明できるはずだという発想に至った，という話もあります。

●方程式の解や関数の視覚化

未知数がx，yの２つで方程式が１つしかない場合，インドのバスカラ（1114～1185頃）などが，解が無数にあるものとして研究はしたようですが，デカルトの後，ライプニッツ（1646～1716）が用いた座標という考えが定着してからは，その無数の解を点(x, y)として並べて図形で表すことができるようになりました。

たとえば，方程式 $x-2y=1$ の解(x, y)：

$$(x, y)=(1, 0), (3, 1), (4, \frac{3}{2}), (0, -\frac{1}{2}), (-1, -1), \cdots$$

【図5-1-2】

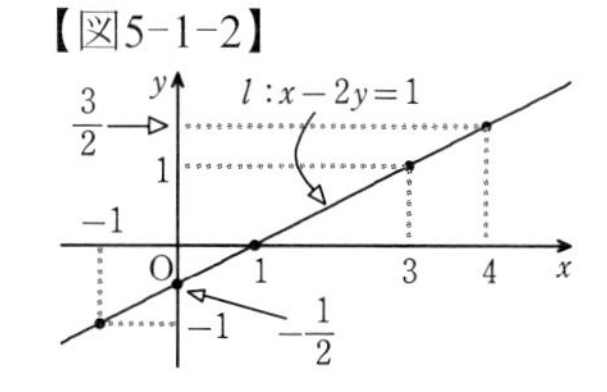

は，平面上の点の座標だと思って xy 座標平面に並べると直線 l 上に並びます。それで，**方程式** $x-2y=1$ **は直線** l **を表す**，という言い方をします。

一般に，x，y の１次方程式

$$ax+by+c=0$$

を満たす点 $(x,\ y)$ 全体は直線を表します。

また，x，y の２次方程式：

$$x^2+y^2=a^2 \quad (a>0)$$

は，原点 $\mathrm{O}(0,\ 0)$ と点 $\mathrm{P}(x,\ y)$ との距離が a であることを表していますから（ピタゴラスの定理を適用しただけ），これを満たす点 P 全体は，**原点を中心とする半径** $\boldsymbol{a}$ **の円**を表します。

【図5-1-3】

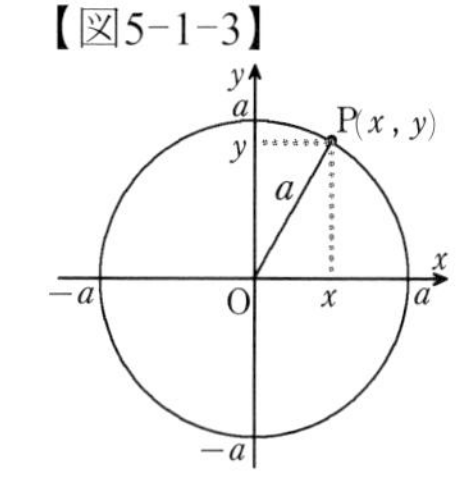

直線 $x-2y=1$ … ①　と半径 $\sqrt{2}$ の円 $x^2+y^2=2$ … ②　の交点の座標は，①，②の連立方程式の実数解として得ることができます：

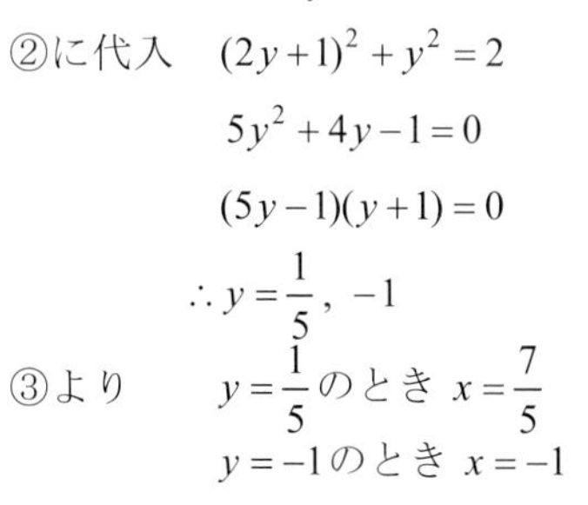

①より　$x=2y+1$ … ③

②に代入　$(2y+1)^2+y^2=2$

$$5y^2+4y-1=0$$

$$(5y-1)(y+1)=0$$

$$\therefore y=\frac{1}{5},\ -1$$

③より　$y=\dfrac{1}{5}$ のとき $x=\dfrac{7}{5}$

$y=-1$ のとき $x=-1$

【図5-1-4】

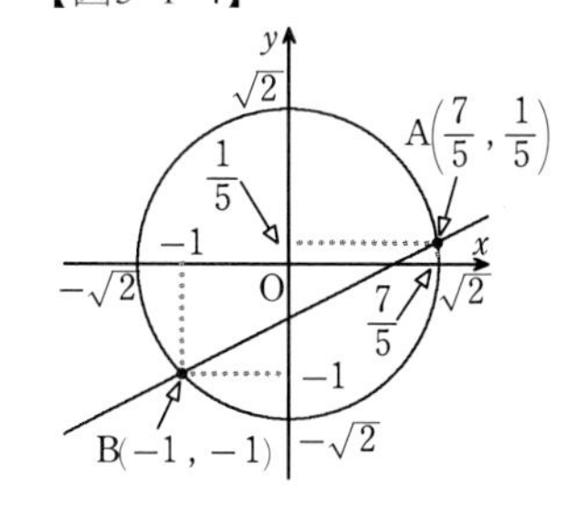

よって，交点は　$\mathrm{A}(\frac{7}{5},\ \frac{1}{5})$，$\mathrm{B}(-1,\ -1)$

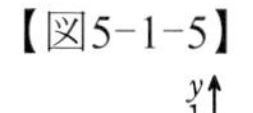
【図5-1-5】

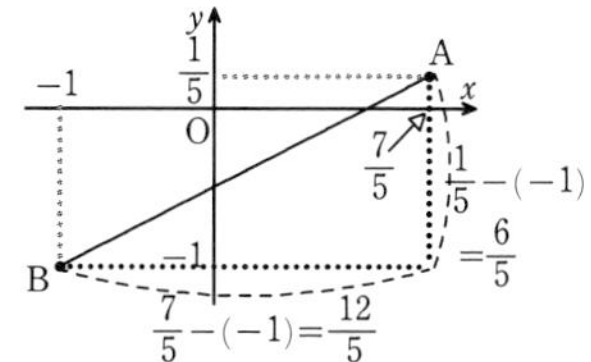

また，直線①が円②によって切り取られてできる線分，すなわち，弦 AB の長さは，ピタゴラスの定理を用いて，その両端（①と②の交点 A，B）の座標で計算

することができます：

$$\mathrm{AB}=\sqrt{(\frac{7}{5}-(-1))^2+(\frac{1}{5}-(-1))^2}=\sqrt{\frac{144}{25}+\frac{36}{25}}=\frac{\sqrt{180}}{5}=\frac{6\sqrt{5}}{5}$$

代数的に解くだけの対象だった方程式が，こうして図形と結びついて，方程式の解を視覚化することが可能になったのです。デカルトは，代数式を図形から一旦解放して，改めて図形と結びつけるアイデアを発見したわけです。

直線の方程式 $x-2y=1$ は，$y=\frac{1}{2}x-\frac{1}{2}$ という1次関数になり，直線 l は，この1次関数の**グラフ**と呼ぶことになります。

xy 平面上の図形の方程式は，一般には (x，yの式)$=0$ という形をしていますが，それを $y=$(xの式) という形に変形できれば，x の値が決まると y の値がひとつ定まるという関数の扱いとなり，グラフは関数を視覚化したものということになります。

そして，$y=$(xの式) において $y=0$ とすれば，(xの式)$=0$ という未知数がひとつの方程式ができ，その実数解は，グラフと x 軸との交点(の x 座標) として目で見ることができます。

代数式を表す際，既知量を a，b，c，… ，未知量を A，B，C，…（後に x，y，z，…）で表すという代数式の記号化もデカルトの大きな業績です。

三角比が三角関数になって，関数の主役を務めるようになるのは，やはりスイスのオイラー（1707～1783）とフランスのフーリエ（1768～1830）の功績だと思います。

オイラーは，複素数の世界で三角関数と指数関数を合体させ，フーリエは熱伝導の研究において「三角関数で表せない関数はない」としてフーリエ級数を発表しました。

三角関数が絡むこれらふたつの理論は，現在の理工学に欠かせないものとなっていますが，オイラーやフーリエの功績も，ニュートンやライプニッツによる微積分の発見，テイラー（1685～1731）やマクローリン（1698〜1746）による関数の級数展開等，さらに多くの先人たちの功績があってこそつくることができたものです。

なお，三角関数(比)の sin，cos，tan という省略形は，フランス生れのジラール（1595〜1632）が1626年に使っています。

ところで，三角関数の学習は，角度の計り方として「弧度法(ラジアン)」を学んでからという方法もありますが，本書では，グラフや各種公式・定理の学習に集中するため，三角比と同様に「度数法(=60分法：1周を360° とする計り方)」を主として話を進めます。

弧度法から学習する場合には，第7章のはじめの5ページほどを先にお読みください。

部分的に弧度法による表現も併記してありますが，角度を表す変数は，原則として，度数法の場合はθ，弧度法はxを用いるようにしています。

2　三角関数の定義と性質

● θは回転角

角度θを，動径 OP の回転角と考えると，三角比から三角関数へと話は移っていきます。

【図5-2-1】

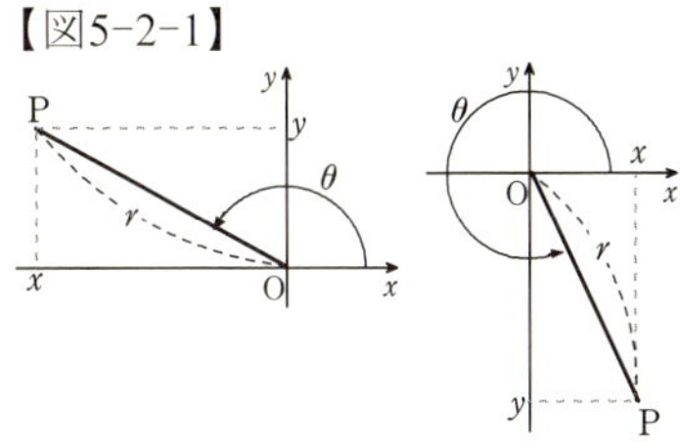

右図において

動径 OP の長さrは常にプラスで計る　$r>0$

ということにして，角度θの位置にある動径の先端 P のx座標，y座標を用いて，**三角関数**を次のように定義します。

$$\sin\theta=\frac{y}{r},\ \cos\theta=\frac{x}{r},\ \tan\theta=\frac{y}{x}$$

これは，三角比の定義となんら変わりがありませんが，動径が x 軸より下に来る場合もあって，そのときは $y<0$ なので，$\sin\theta$ が負の値になります。

そして，ここからは，角度 θ を変数とする関数と見ることになります。そのため，三角比と違って，角 θ は，x 軸の正の部分から，時計の針と反対回りに計った場合はプラス，時計回りに計った場合はマイナスで表すと約束します。

ここでひとつ注意があります。

【図5−2−2】

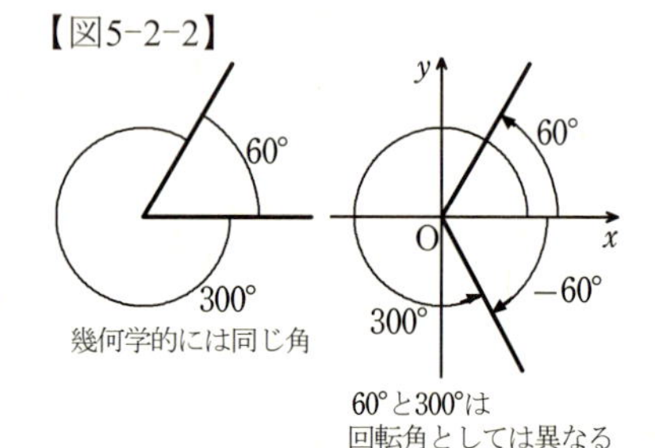

60° と 300° は，図形的な角度としては動径は同じ位置になりますが，三角関数で使う回転を表す角度としては，60° と 300° とでは動径の位置は異なります。

回転角としての300°で表される動径は，たとえば −60° の動径と同じ位置になります。

動径の角度は，あくまでも x 軸の正の部分から計り始め，正と負の向きも考慮に入れたものなのです。従って，回転角を図示するときは矢印が重要です。

●代表的な三角関数の値

まず，$\theta=360°$ と $\theta=0°$ のときの動径は同じ位置にありますから

$$\sin 360°=\sin 0°=0\ ,\quad \cos 360°=\cos 0°=1\ ,\quad \tan 360°=\tan 0°=0$$

となることは明らかです。

例1　次の角度に対する三角関数の値をそれぞれ求める。

（ア）210°, −150°　　（イ）315°, −45°

（ウ）270°, −90°　　（エ）120°, −240°

それぞれ動径の位置を図で確かめながら求めます。(ア)〜(エ)の各２つずつの角度は，それぞれ同じ位置の動径を表しています。

【図5-2-3】

(ア) 210°，−150°　(イ) 315°，−45°　(ウ) 270°，−90°　(エ) 120°，−240°

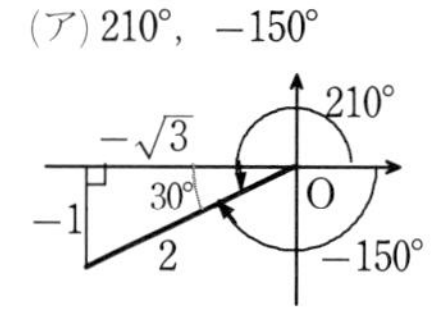

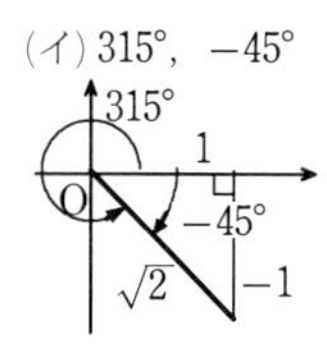

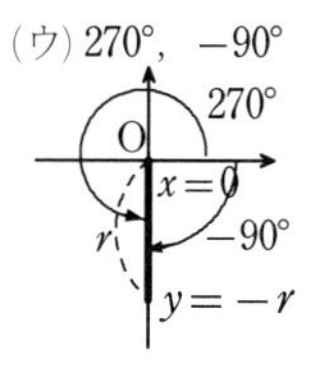

(ア) $\sin 210° = \sin(-150°) = \dfrac{-1}{2} = -\dfrac{1}{2}$

$\cos 210° = \cos(-150°) = \dfrac{-\sqrt{3}}{2} = -\dfrac{\sqrt{3}}{2}$

$\tan 210° = \tan(-150°) = \dfrac{-1}{-\sqrt{3}} = \dfrac{1}{\sqrt{3}}$

(ウ) $\sin 270° = \sin(-90°) = \dfrac{y}{r} = \dfrac{-r}{r} = -1$

$\cos 270° = \cos(-90°) = \dfrac{x}{r} = \dfrac{0}{r} = 0$

$\tan 270°$，$\tan(-90°)$　は値なし

分母が 0 で「無意味」という意味。

(イ) $\sin 315° = \sin(-45°) = \dfrac{-1}{\sqrt{2}} = -\dfrac{1}{\sqrt{2}}$

$\cos 315° = \cos(-45°) = \dfrac{1}{\sqrt{2}}$

$\tan 315° = \tan(-45°) = \dfrac{-1}{1} = -1$

(エ) $\sin(-240°) = \sin 120° = \dfrac{\sqrt{3}}{2}$

$\cos(-240°) = \cos 120° = \dfrac{-1}{2} = -\dfrac{1}{2}$

$\tan(-240°) = \tan 120° = \dfrac{\sqrt{3}}{-1} = -\sqrt{3}$

●一般角

さて，動径の回転ということなら，360°を超える角度も出てきます。

ある動径に対して，その位置に至るまでに何回転してきたかということで，ひとつの動径の位置を表すための角度は無数のいい表し方ができることになります。

動径が "ぐるぐる回る" ようすを角度で表現した例を示します。

【図5-2-4】

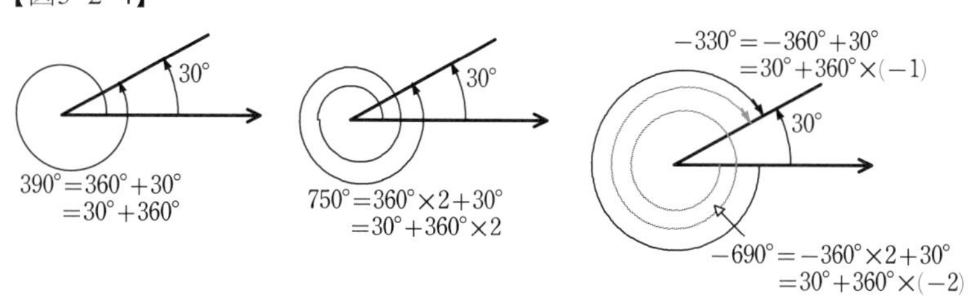

このどれも動径の位置は同じなわけですから

$$\sin 30° = \sin 390° = \sin 750° = \sin(-330°) = \sin(-690°) = \frac{1}{2}$$

$$\cos 30° = \cos 390° = \cos 750° = \cos(-330°) = \cos(-690°) = \frac{\sqrt{3}}{2}$$

$$\tan 30° = \tan 390° = \tan 750° = \tan(-330°) = \tan(-690°) = \frac{1}{\sqrt{3}}$$

ということになります。

これらの角は，"ふつうに" 計った角 30° に，プラス方向でもマイナス方向でも何回転分かの角度を足したり引いたりしているだけで，まとめて

$$30° + 360° \times n \quad (n = 0,\ \pm1,\ \pm2,\ \pm3, \cdots)$$

と表現することができます。

このような回転数 n を含んだ角を**一般角**といいます。

一般角に対して

$$\mathbf{\sin(\theta + 360° \times n) = \sin\theta}$$

$$\mathbf{\cos(\theta + 360° \times n) = \cos\theta}$$

$$\mathbf{\tan(\theta + 360° \times n) = \tan\theta}$$

という関係が成り立ちます。（n は整数）

これは，暗記するような公式ではなく，$360° \times n$ が，n 回転分の角度を加算しているだけで，動径の位置には影響しないということをしっかり理解しておけば，"当たり前の" 等式になるのです。

●象限

x 軸と y 軸によって分けられる xy 平面の４つの領域を，右図のように番号を付けて表します。これらの領域には x 軸，y 軸は含みません。

【図5-2-5】

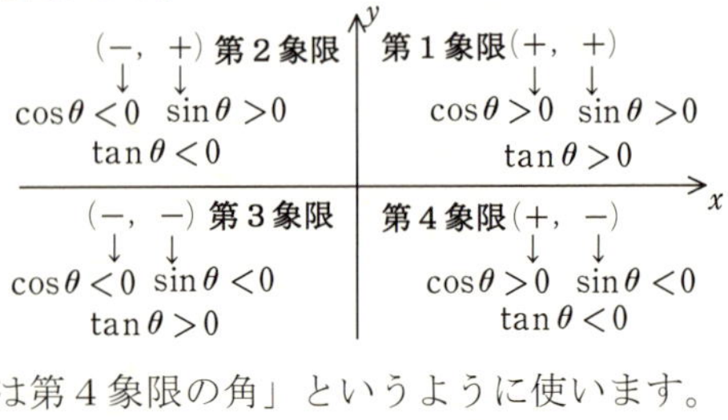

(−, ＋) 第２象限
$\cos\theta < 0$　$\sin\theta > 0$
$\tan\theta < 0$

第１象限 (＋, ＋)
$\cos\theta > 0$　$\sin\theta > 0$
$\tan\theta > 0$

(−, −) 第３象限
$\cos\theta < 0$　$\sin\theta < 0$
$\tan\theta > 0$

第４象限 (＋, −)
$\cos\theta > 0$　$\sin\theta < 0$
$\tan\theta < 0$

そして，たとえば「300° は第４象限の角」というように使います。

これらの領域は，x 座標と y 座標 $(x,\ y)$ の符号の組合せで区別でき

ることにも注目しておいてください。これらの x, y の符号が三角関数の値の符号を決定するのです。

●三角関数（三角比）の値の範囲

定義により，三角関数（三角比）の値の範囲（値域）は

$\mathbf{-1 \leqq \sin\theta \leqq 1}$　（ $0° \leqq \theta \leqq 180°$ のときは　$0 \leqq \sin\theta \leqq 1$ ）

$\mathbf{-1 \leqq \cos\theta \leqq 1}$　（ $0° \leqq \theta \leqq 180°$ のときも　$-1 \leqq \cos\theta \leqq 1$ ）

$\tan\theta$ はすべての実数　（$0° \leqq \theta \leqq 180°$ のときもすべての実数）

であることが分かります。

●相互関係

Ⅰ　$\sin^2\theta + \cos^2\theta = 1$

Ⅱ　$\tan\theta = \dfrac{\sin\theta}{\cos\theta} = \sin\theta \div \cos\theta$

Ⅲ　$1 + \tan^2\theta = \dfrac{1}{\cos^2\theta}$

【図5-2-6】

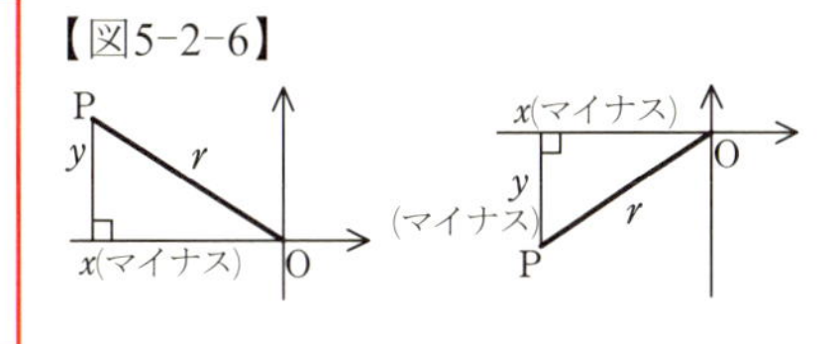

これは，三角比で見たものと全く同じです。

動径がどの位置にあろうと，x や y がマイナスになろうと，ピタゴラスの定理が成り立ちます：

$$x^2 + y^2 = r^2$$

この両辺を r^2 で割れば，Ⅰが証明されます。

また，$\tan\theta = \dfrac{y}{x}$ の分子，分母を r で割れば，Ⅱが証明されます。

さらに，Ⅰの両辺を $\cos^2\theta$ で割ってⅡを適用するとⅢが導けます。

●三角関数表の利用

0°〜90° の範囲しか載っていない三角関数表で，任意の角に対する三角関数の値を求める方法を考えます。原理は鈍角のときと同じです。動径を，対称性などを利用して第１象限にもってきます。

例２　（ア）$\sin(-35°)$　（イ）$\cos 230°$　（ウ）$\tan(-220°)$　（エ）$\sin(-220°)$ の各値を三角関数表で求める。

（ア）　$\sin(-35°)$　　　「**sin**」は y を見る

【図5-2-7】

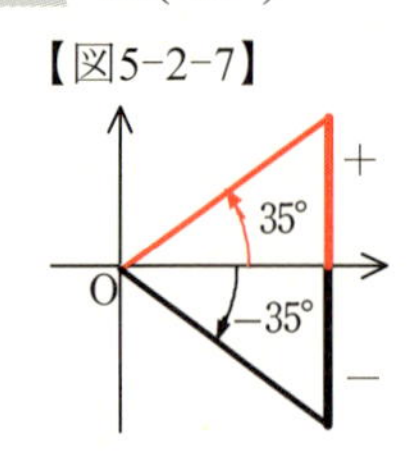

上下対称な位置で y 座標は符号逆転

↓　　　y 座標のマイナスがなくなった分を

sin は符号逆転　←人為的に "補填" しておく

$\therefore \underline{\sin(-35°)} = -\underline{\sin 35°} \fallingdotseq -0.57357\,64364$　（答）

（イ）　$\cos 230°$　　　「**cos**」は x を見る

【図5-2-8】

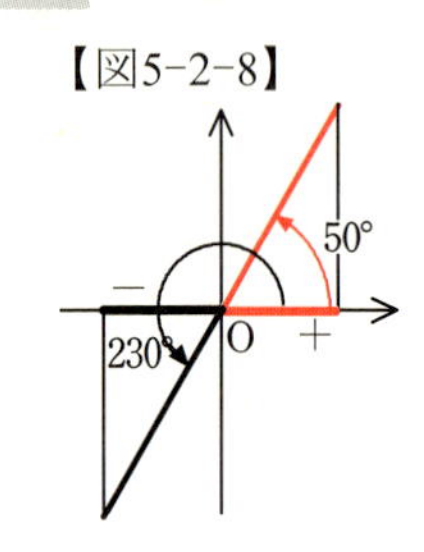

原点に関して対称な位置で x 座標は符号逆転

↓　　　x 座標のマイナスがなくなった分を

cos は符号逆転　←人為的に "補填" しておく

$\therefore \underline{\cos 230°} = -\underline{\cos 50°} \fallingdotseq -0.64278\,76097$　（答）

$230° - 180° = 50°$

（ウ）　$\tan(-220°)$　　　「**tan**」は x，y 両方を見る

【図5-2-9】

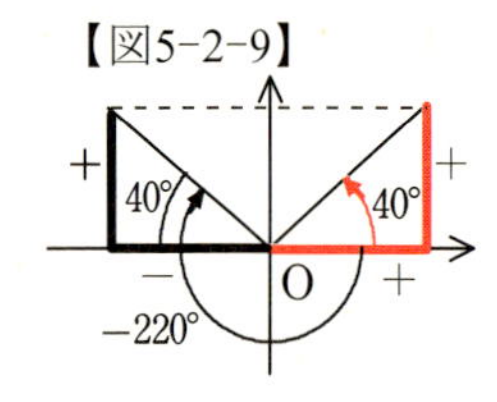

左右対称な位置で x 座標のみ符号逆転

↓　　　x 座標のマイナスがなくなった分を

tan は符号逆転　←人為的に "補填" しておく

$\therefore \underline{\tan(-220°)} = -\underline{\tan 40°} \fallingdotseq -0.83909\,96312$

（エ）　$\sin(-220°)$　　（（ウ）の図参照）　「**sin**」は y を見る

左右の y 座標は符号も等しい

↓　**角度のマイナスとはまったく関係ない！**

sin は符号は変わらない

$\therefore \underline{\sin(-220°)} = \underline{\sin 40°} \fallingdotseq 0.64278\,76097$　（答）　　今度は－は付かない

このようにできれば，角度に関する数々の公式は恐れるに足りません。これですでに，教科書や参考書に載っている公式を結果的に使っていることになっています。

（ア）は，　$\mathbf{\sin(-\theta) = -\sin\theta}$

（イ）は，　$\cos\theta = -\cos(\theta - 180°)$

　または，$50° = \theta$　と考えて　$\cos(\theta + 180°) = -\cos\theta$

（ウ）は，　$\tan(-\theta) = -\tan\theta$　と　$\tan\theta = \tan(\theta - 180°)$　の組合せ

（エ）は，　$\sin(-\theta) = -\sin\theta$　と　$\sin\theta = -\sin(\theta - 180°)$　の組合せ

三角関数表を使うという目的とは別に，このような角度の変換を考える必要のある場面がしばしばありますが，そのようなときには，こうして動径の位置を図示して（頭に思い描いて）考えるということをやるのです。暗記は長持ちしません。

●「sin」と「cos」の入れかえ

三角比での「sin」と「cos」の入れかえ公式：

$$\sin\theta = \cos(90° - \theta)$$

$$\cos\theta = \sin(90° - \theta)$$

$$\tan\theta = \frac{1}{\tan(90° - \theta)}$$

が，180°を超える角度や負の角度でも成り立つことを確認しておきます。

$90° - \theta$ は，90° の位置，つまり y 軸の正の部分から負の向き（時計回り）に θ だけ回ったところ，というとらえ方をします。θ が鈍角の場合を例に図示してみます。

図と式の対応をよ～く見てください。

【図5-2-10】

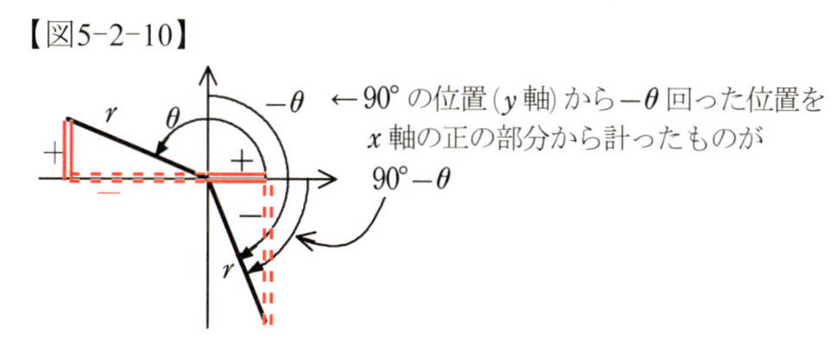

$$\sin\theta = \frac{\|}{r} = \frac{=}{r} = \cos(90° - \theta) \qquad \cos\theta = \frac{= =}{r} = \frac{\text{¦¦}}{r} = \sin(90° - \theta)$$

となることは，納得できるでしょうか。とくに，符号も一致すること

を確認してください。

「tan」の場合は

$$\tan\theta = \frac{\|}{=},\quad \tan(90^\circ - \theta) = \frac{\|}{=} \qquad \therefore \tan\theta = \frac{1}{\tan(90^\circ - \theta)}$$

という具合に，逆数の関係になることが分かります。

あるいは，「tan」は，「sin」と「cos」から図なしに

$$\tan\theta = \frac{\sin\theta}{\cos\theta} = \frac{\cos(90^\circ - \theta)}{\sin(90^\circ - \theta)} = \frac{1}{\tan(90^\circ - \theta)}$$

という方法でも求められます。

三角関数にはこの手の関係式がたくさん出てきますが，そのどれもが，90°, 180°, 360° がらみの式：

$\theta \pm 90^\circ,\ 90^\circ \pm \theta$ と θ の関係　（$90^\circ - \theta$ は今やった）

$\theta \pm 180^\circ,\ 180^\circ \pm \theta$ と θ の関係　（$\theta - 180^\circ$ はさっきやった）

$\theta + 360^\circ \times n$ と θ の関係　（ちょっと前にやった）

ですから，何か等式があったな，ということだけを忘れずにいて，あとは上のような図をかいて考える練習をしてください。

【図5-2-11】

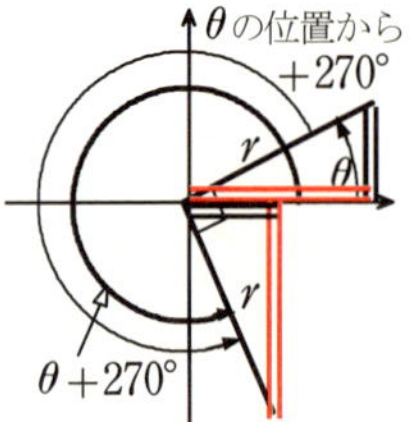

図による方法ができるようになれば，公式にはなっていない

$$\sin(\theta + 270^\circ) = -\cos\theta \qquad \tan(\theta + 270^\circ) = -\frac{1}{\tan\theta}$$

$$\cos(\theta + 270^\circ) = \sin\theta$$

なども，瞬時に理解できます。

これも，「tan」については，図ではなく

$$\tan(\theta + 270^\circ) = \frac{\sin(\theta + 270^\circ)}{\cos(\theta + 270^\circ)} = \frac{-\cos\theta}{\sin\theta} = -\frac{1}{\tan\theta}$$

とやることもできます。

ちなみに，教科書や学習参考書では，90° や 180° 関係の公式をいちいち当てはめて，だいたい次のようにやっています：

$$\sin(\theta + 270^\circ) = \sin(\theta + 90^\circ + 180^\circ) = -\sin(\theta + 90^\circ) = -\cos\theta$$

このようなことがスラスラとできるなら，それはそれで良いですが，本書は，学習の順序として，まず図を利用することを推奨しています。

●極座標

三角関数の定義に使った図をもう一度見てください。

【図5-2-12】

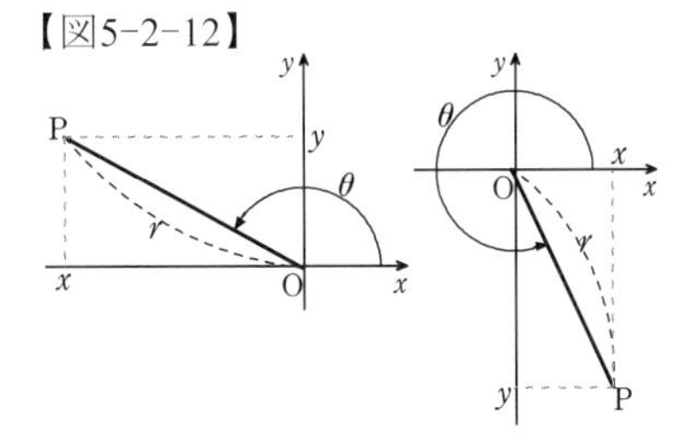

これは，平面上の点 P の位置を説明しているようにも見えます。しかも，どちらの図でも２通りの方法が示されています。

ひとつは，私たちが最もよく見慣れている

$P(x, y)$

という方法です。これは，互いに直交する x 軸と y 軸の目盛を組み合せたもので，**直交座標**とか xy 座標といいます。

もうひとつは，点 P の位置を，原点 O からの距離 r と線分 OP が x 軸の正の部分となす角（点 P の**偏角**という）θ を用いて表すという方法です。このような位置の表し方を**極座標**といい

$P(r, \theta)$

と書き表します。極座標だけなら，x 軸の負の部分と y 軸は必要ありません。

【図5-2-13】

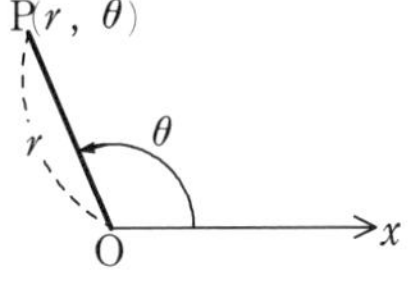

このとき，半直線（片方だけに延びた直線）Ox は，角度の計り始めの基準となるもので**始線**といいます。

●三角関数と座標（直交座標と極座標の相互変換）

極座標で $P(r, \theta)$ となっているとき（図 5-2-12 を参照）

$$\frac{x}{r}=\cos\theta \text{ より } x=r\cos\theta, \quad \frac{y}{r}=\sin\theta \text{ より } y=r\sin\theta$$

∴直交座標は　$P(r\cos\theta, r\sin\theta)$

また，直交座標で $P(x, y)$ となっているとき，極座標 $P(r, \theta)$ は

$$r=\sqrt{x^2+y^2}, \quad \cos\theta=\frac{x}{r},\ \sin\theta=\frac{y}{r} \text{ を満たす } \theta$$

となります。

●媒介変数表示

前項の点 P($r\cos\theta$, $r\sin\theta$) は, r を正の定数 a にすると, θ の変化によって, 原点を中心とする半径 a の円周上のすべての点を表すことになります。

【図5-2-14】

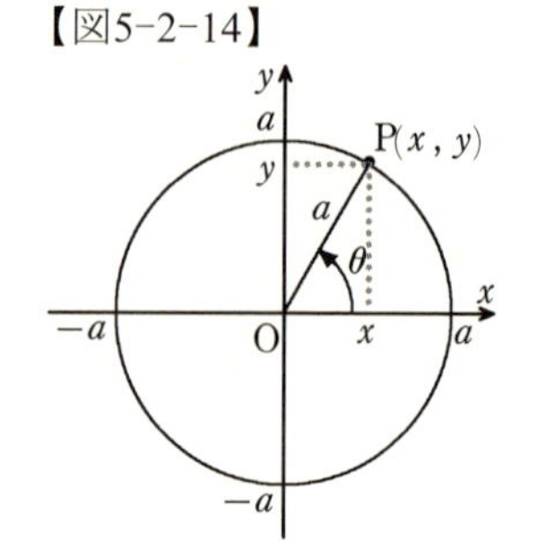

このとき, 円周上の点 P の直交座標は

$$\begin{cases} x = a\cos\theta \\ y = a\sin\theta \end{cases} \qquad (★)$$

というように, 直交座標平面上における "本来の" 変数 x, y が, 座標とは違う変数 θ を用いて別々に表されます。（a は定数）

この θ のような変数を, 座標を表す "本来の" 変数に対して, **媒介変数**とか**補助変数**, あるいは, **パラメータ**といいます。

そして(★)を, 原点を中心とする半径 a の円の方程式の**媒介変数表示**とか**パラメータ表示**などといいます。

媒介変数を消去できれば, x と y を直接結びつけた等式, つまり, その図形の "通常の" 方程式が得られます。

(★)の場合は, $\sin^2\theta + \cos^2\theta = 1$ を利用して θ が消去できます：

$$\cos\theta = \frac{x}{a},\ \sin\theta = \frac{y}{a} \text{ ゆえ } \quad (\frac{x}{a})^2 + (\frac{y}{a})^2 = 1$$

$$\frac{x^2}{a^2} + \frac{y^2}{a^2} = 1$$

$$\therefore x^2 + y^2 = a^2 \quad (a > 0)$$

p.121 で見た, 原点を中心とする半径 a の円の方程式と同じになりました。

3　三角関数のグラフ

● $y = \sin\theta$ のグラフ

$y = \sin\theta$ という三角関数は，関数値 y を計算する数式ではないというところが，$y = 2x - 1$ や $y = x^2 + 3$ などとはかなり勝手の違う関数です。

かといって，巻末の三角関数表の値を使って座標平面上に点を打つのでは納得できないでしょう。$\sin\theta$ の定義に従って "作業" をします。

$$\sin\theta = \frac{y}{r}$$

【図5-3-1】

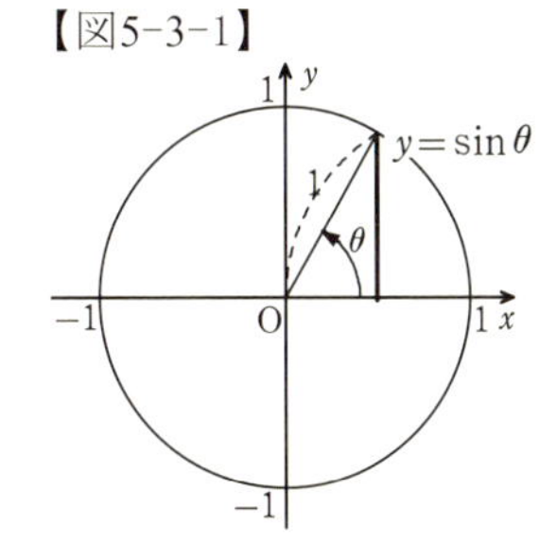

ですが，分母の r を 1 に固定して動径を回してみます。すると，動径の先端は，原点を中心とする半径 1 の円（**単位円**）の周上にあり，どの動径の位置においても

$$\sin\theta = \frac{y}{1} = y$$

と，その動径の先端の y 座標そのものが $\sin\theta$ の値を表すことになります。

【図5-3-2】

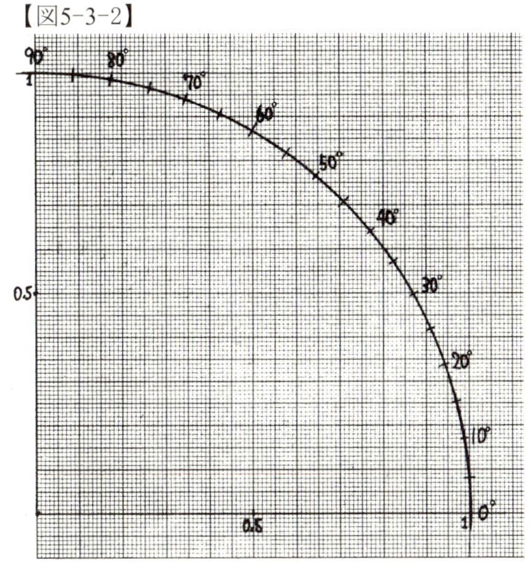

たとえば，方眼紙に半径 10 cm の円をかき，その半径を 1 と考えれば，円周上の縦の目盛りがそのまま $\sin\theta$ の値になります。

右図は，私がコンパスと分度器で方眼紙にかいたものを３分の２

程度に縮小したものですが，これでも

$$\sin 60° \fallingdotseq 0.865 \text{ 強}$$

くらいに見えます。実際は

$$\sin 60° = \frac{\sqrt{3}}{2} \fallingdotseq \frac{1.7320508\cdots}{2} = 0.8660254\cdots$$

です。この程度で小数第２位まで合うのですから，上出来でしょう。

それでは，動径の先端の y 座標を写し取る方法でグラフをかいてみます。

【図5-3-3】

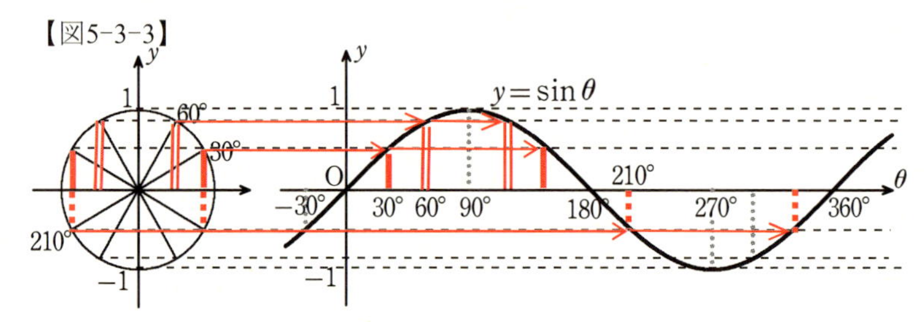

このように，30° 刻み程度でグラフの形は見えてきます。

90° や 270° のところでは，グラフはとがったりはしません。$\sin\theta$ のグラフは非常に滑らかなのです。この方法では厳密には分かりませんが，90° や 270° のところでは，グラフが "瞬間的に水平(横軸と平行)" になるということは，第８章で学ぶ「微分」という手法を使うと理論的に説明できます。

この曲線を**正弦曲線**とか**サインカーブ**といいます。形をしっかりと目に焼き付けておいてください。もちろん，右は360°以上の角度や，左は–30° 以下の角度の範囲まで，左右に無限に繰り返される波になります。

● $y = \cos\theta$ のグラフ

$\cos\theta = \frac{x}{r}$ も $r = 1$ に固定して考えると $\cos\theta = \frac{x}{1} = x$ となって，単位円周上の x 座標そのものが $\cos\theta$ の値になります。筆者手製の図 5-3-2 で $\cos 30°$ や $\cos 45°$ の値を読み取ってみてください。

さて，x 座標を写し取るには，グラフをかく θ 軸は図 5-3-4 のような位置にかかなければなりませんが，でき上がりのグラフの θ 軸が横向きになるように，右図全体を反時計回りに 90° 回転させて考えます。

【図5-3-4】

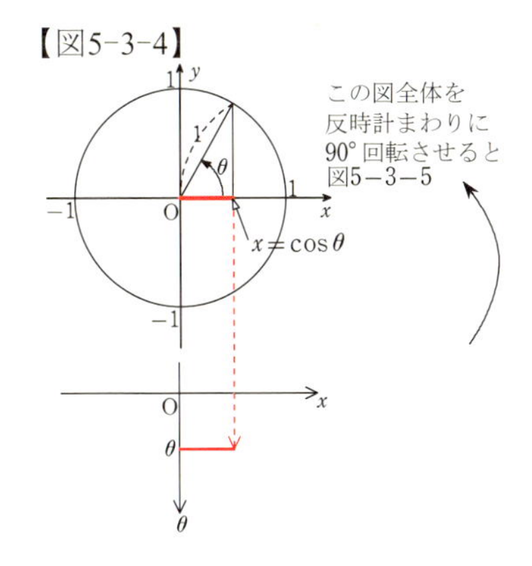

そうしてでき上がったのが下の図 5-3-5 です。

左側の動径の図を切り離して右側のグラフを "独立" させるために，縦軸はいつものように y 軸になっている方が良いので，y に書き変えてしまいます。こうすると，$y=\cos\theta$ という表現になります。

【図5-3-5】

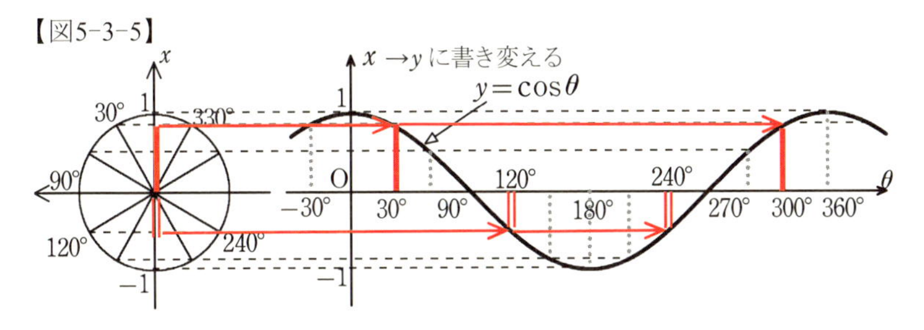

● sinθ と cosθ のグラフの平行移動

グラフの形は $\sin\theta$ と $\cos\theta$ はまったく同じです。$\cos\theta$ のグラフもやはり正弦曲線と呼び，左右にどこまでも続く波の繰り返しです。

動径の位置を見ると，$\cos\theta$ のグラフは，$\sin\theta$ のグラフの 90° のところからかき始めたのと同じことになっています。ですから

cosθのグラフは，sinθ のグラフを θ 軸方向に −90° 平行移動したものになっています。あるいは，立場を逆にして

sinθのグラフは，cosθ のグラフを θ 軸方向に 90° 平行移動したものともいえます。（図 5-3-6）

θ 軸方向というのは，θ 軸の正の方向（軸の端にかいてある矢印の方向）ということで，通常は右方向です。

また，θ 軸方向に $-90°$ というのは，負の方向（通常は左）に $90°$ と解釈します。

【図5-3-6】

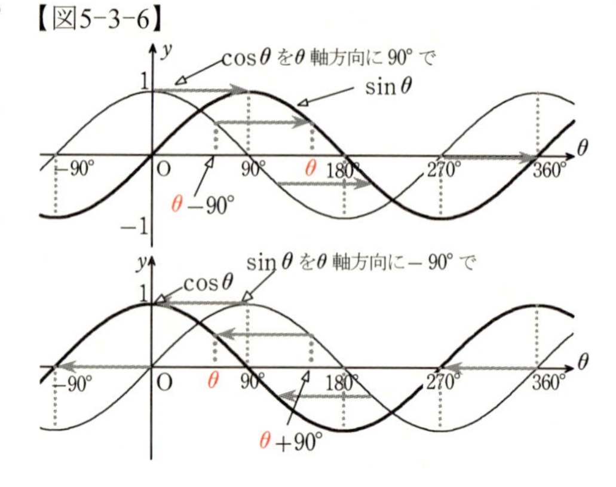

こうした平行移動のようすを式で表すと次のようになります。

右図を参考にして

上側の図より

$\sin\theta = \cos(\theta - 90°)$

$\sin\theta$ は $\cos\theta$ を θ 軸方向に $90°$

下側の図より

$\cos\theta = \sin(\theta + 90°)$

$\cos\theta$ は $\sin\theta$ を θ 軸方向に $-90°$

となります。図と言葉との対応をよく見ておいてください。

●波の位相

波の横軸方向の位置を**位相**といいます。「$\sin\theta$ と $\cos\theta$ の波（グラフ）は位相が $90°$ ずれている」というようないい方をします。

「位相」という用語は，数学では「トポロジー」の訳語になっており，三角関数では使われませんが，物理学，とくに電気工学（交流理論）や音響工学では

右にある $\sin\theta$ は，左にある $\cos\theta$ より位相が $90°$ **遅れている**

左にある $\cos\theta$ は，右にある $\sin\theta$ より位相が $90°$ **進んでいる**

というように，時間の概念とともに表現します。

【図5-3-7】

cosθ
sinθ
O

グラフが横軸の正の方向（右）にある方が遅れていて，負の方向（左）にあるほうが進んでいるというのですが，数学的な座標平面の感覚からすると逆のような感じがします。

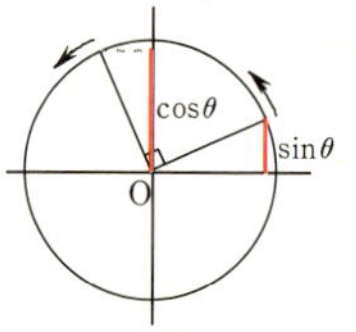

しかし，$\sin\theta$ と $\cos\theta$ グラフをかいたときのそれ

ぞれの動径の図を重ねてその動きを同時に見ると，$\sin\theta$ の動径が常に $\cos\theta$ の動径を 90° 遅れて追いかけるようになっています。

●周期

これらのグラフは横軸方向に永久に繰り返されます。繰り返しの最小幅は 360° です。繰り返しの最小幅を**基本周期**といいます。「基本」は省略されることがあります

$\sin\theta$，$\cos\theta$ の周期は 360° です。このことを式で表現すると

$$\sin(\theta+360°)=\sin\theta \qquad \cos(\theta+360°)=\cos\theta$$

となります。一般に，関数 $f(x)$ について

周期が α とは，任意の x に対して $f(x+\alpha)=f(x)$ が成り立つことです。

【図5-3-8】

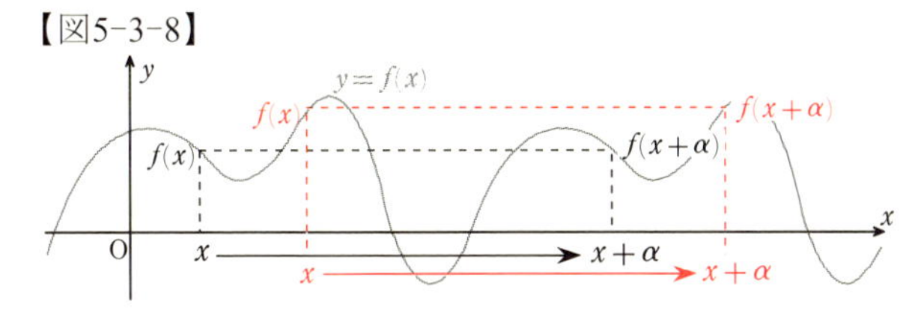

周期をもつ関数を**周期関数**といいます。

周期性は三角関数の最大の特徴です。したがって，三角関数は周期的に変化するものを表現するのに欠かせない関数です。

周期性というと，必ずしも回転する必要はありません。振り子やバネ，弦の振動（フーリエ級数の発想のきっかけになった），エンジンのピストンの往復運動を数学的に記述するときに，やはり三角関数が使われます。

私たちの家庭に供給されている交流電気の発電機は，導線を巻いたもの(コイル)の回りに磁石を回転させているのですが，そうして起こる電気を数式で表すにも三角関数は必需品です。（第９章）

また，バイオリズムというのを聞いたことがありますか。ひとの感情や知性，身体の状態が周期的に変化するというので，そのひとの生れた日を起点にして日数を計算して，今月や来月の起伏の状態を正弦

曲線で表します。

バイオリズムを発見したのは，ベルリン大学の耳鼻科講師のフリーズ博士（1858～1928）だそうです。患者の病状に周期性があることに気付き，友人に統計分析を頼んだ結果，身体の周期が23日，感情の周期が28日，知性の周期が33日であることを見出したとのことです。

生れた日を起点にして，それぞれの周期でサインカーブをかき，山の頂上付近，谷底付近は安定期，横軸と交差するときが不安定期，などといって，自分の調子を知ろうというものです。

●振幅

$\sin\theta$, $\cos\theta$ のように，グラフが縦軸方向(上下)に往復するような変化を，**振動する**といいます。

【図5-3-9】

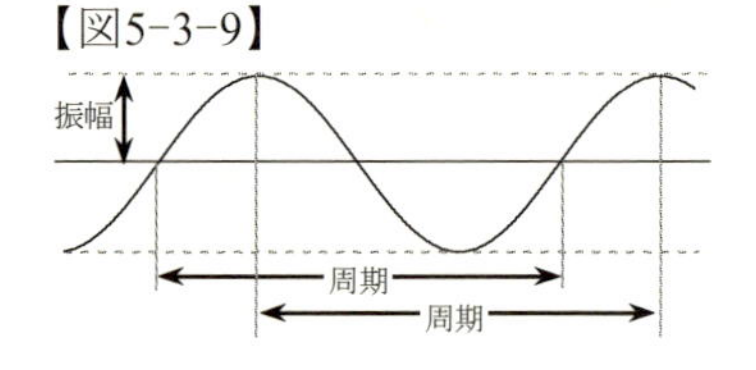

そして，振動の幅の半分，つまり，振動の中心から最大点までの長さを**振幅**(しんぷく)(amplitude)といいます。オーディオ機器の「アンプ」は，「振幅を増幅させるもの」(amplifier =増幅器)という意味です。

「振幅」は，高校数学では扱わない用語ですが，波を表現する際には，周期と振幅はセットで押さえておきたいものです。そうすると

$\sin\theta$, $\cos\theta$ とも，周期 360°，振幅 1 の周期関数

と簡潔に述べることができます。

振動の中心が横軸のとき，振幅が 1 ということを

$$-1 \leqq \sin\theta \leqq 1,\ -1 \leqq \cos\theta \leqq 1$$

あるいは，絶対値の記号を使って

$$|\sin\theta| \leqq 1,\ |\cos\theta| \leqq 1$$

と書くこともよく行なわれます。

●対称（偶関数・奇関数）

三角関数のグラフは，**対称性**でも特徴があります。三角関数に限ら

ず，関数のグラフの特徴として対称性は重要なポイントです。

$\sin\theta$ のグラフは**原点に関して点対称**

$\cos\theta$ のグラフは**縦軸に関して線対称**

になっています。そして，グラフが

原点に関して点対称になる関数を**奇関数**

縦軸に関して線対称になる関数を**偶関数**

といいます。ですから

$\sin\theta$ は奇関数，$\cos\theta$ は偶関数

です。

そのほかの奇関数，偶関数の代表的な例を下図に示します。

$y=x^n$ は，n が奇数の場合は奇関数，n が偶数なら偶関数になります。奇関数，偶関数の「奇」「偶」はここから来たのかもしれません。

【図5-3-10】

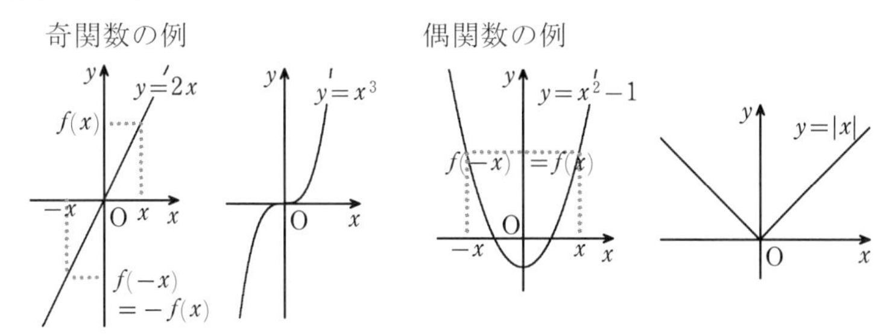

奇関数，偶関数を，グラフを用いずに表すと，関数 $f(x)$ に対して

奇関数とは，$f(-x)=-f(x)$ が成り立つ関数

となります。このイメージは，上図のうち，$y=2x$ の図の中に書き込んであります。具体的な関数式では

$f(x)=x^3$ のとき，　$f(-x)=(-x)^3=-x^3=-f(x)$

$f(x)=\sin x$ のとき，$f(-x)=\sin(-x)=-\sin x=-f(x)$

などとなります。

一方

偶関数とは，$f(-x)=f(x)$ が成り立つ関数

となります。このイメージは，上図のうち，$y=x^2-1$ の図の中に書き

込んであります。具体的な関数では

$f(x)=|x|$ のとき，$f(-x)=|-x|=|x|=f(x)$

$f(x)=\cos x$ のとき，$f(-x)=\cos(-x)=\cos x=f(x)$

などとなります。

定数関数 $f(x)=c$ は偶関数です。（$f(-x)=c=f(x)$）

● $y=\tan\theta$ のグラフ

$\tan\theta$ では動径は使いませんから，単位円はあまり関係なさそうです。

$\tan\theta=\dfrac{y}{x}$ なので，今度は x を 1 に固定すると $\tan\theta=\dfrac{y}{1}=y$ で，y 座標を写し取ればよいことになります。

【図5-3-11】

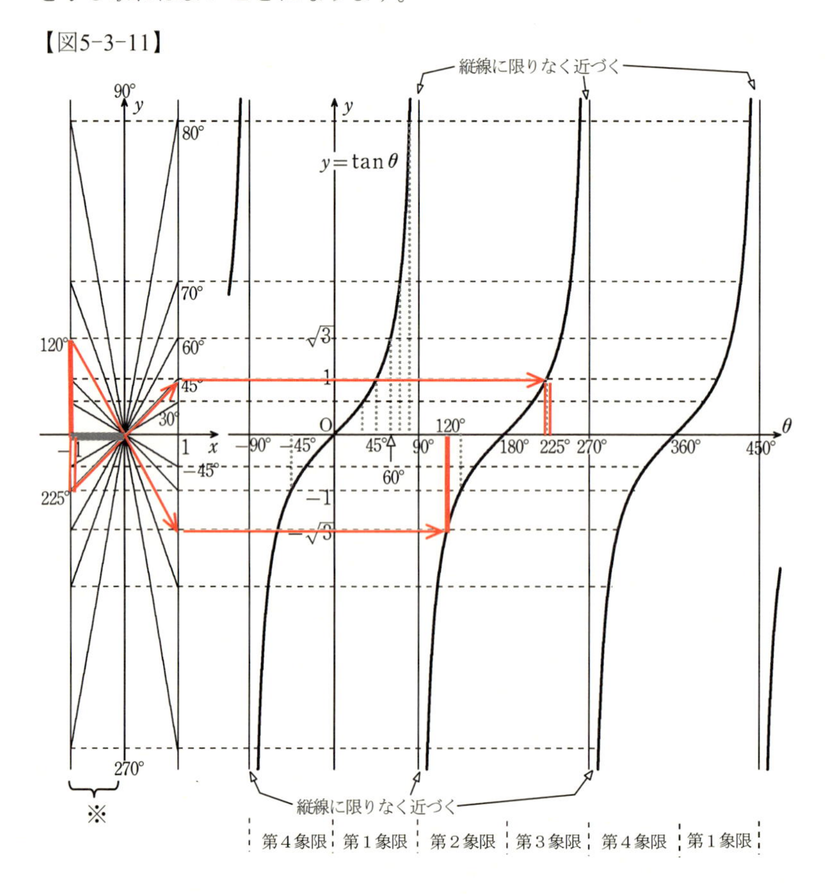

$-90°$ から $90°$ まで間（動径図の第４，第１象限）は，そのまま y を写し取ります。この間ではグラフは滑らかにひとつながりです。

$90°$ から $270°$ までの間（動径図の第２，第３象限＝※印の側）は $x=-1$ なので，$\tan\theta=\dfrac{y}{-1}=-y$ となりますから，y を上下逆にして写し取らなければなりません。

y を上下逆に写すコツは，原点に関して点対称に移動させます。

図にある ｜ や ‖ のようすをよく見てください。

動径の図の第２，３象限（$90°<\theta<270°$）に対応するグラフが，動径の図において原点に関して対称な第４，１象限（$-90°<\theta<90°$）に対応するグラフと同じ形になることも理解できるでしょう。

さて，非常に印象的な形のグラフですが，何といっても

$\tan\theta$ のグラフは，**不連続**だ

という特徴を挙げることができます。

$\theta=\pm 90°, \pm 270°, \pm 450°, \cdots$ でグラフは分断されています。動径が y 軸と重なるところです。ここでは動径は $x=1$ や $x=-1$ の縦線とぶつかりませんから，y 座標を写し取ることができません。

あるいは，$\tan\theta=\dfrac{y}{x}$ という定義に戻って言えば，$\theta=\pm 90°, \pm 270°, \cdots$ では分母の x が 0 になるので，そこにはグラフは存在しないということです。

●漸近線

グラフは，$\theta=\pm 90°, \pm 270°, \pm 450°, \cdots$ のところにある縦の直線に限りなく近付いていくような状態になります。

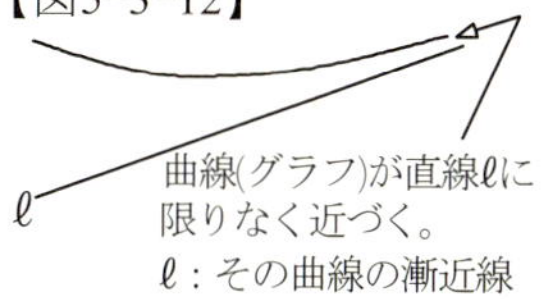

一般に，曲線（グラフ）がある一定の直線 ℓ に限りなく近付く状態になっているとき，この直線 ℓ をその曲線（グラフ）の**漸近線**（ぜんきんせん）といいます。

【図5-3-12】

ℓ

曲線(グラフ)が直線ℓに限りなく近づく。
ℓ：その曲線の漸近線

次ページに，グラフが漸近線をもつ関数の例として，反比例の関数 $y=\dfrac{1}{x}$ のほかに，$y=2^x$（指数関数）と $y=\log_2 x$（対数関数）を挙げまし

たが，指数関数と対数関数については第11章で学習します。

【図5-3-13】

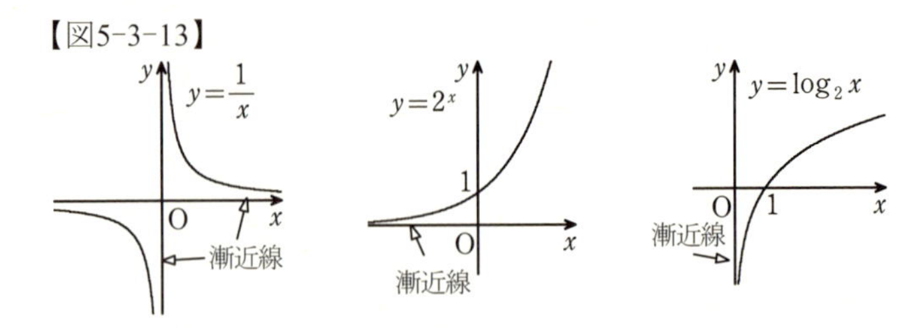

● **tanθ の周期と対称性**

tanθ も周期関数です。360° ごとの繰り返しではありますが，もっと短い幅で繰り返しになっています。ちょうど曲線ひとつながり分の幅が繰り返しになっていて，その幅は180° です。したがって

tanθ　の(基本)周期は180°　（$\tan(\theta+180°)=\tan\theta$ ）

となります。また，グラフは原点に関して点対象ですから

tanθ　は奇関数　（$\tan(-\theta)=-\tan\theta$ ）

です。

上下の制限はありません。グラフは上下に限りなく伸びています。これは，これまで「**tanθ** の値域は実数全体」と表現していたことで

$$-\infty<\tan\theta<\infty$$

と書き表すことがあります。

∞は「無限大」という状態を表す記号です。特定の数値ではありませんから，等号は馴染みません。

tanθ には，振幅という概念は適用しません。

tanθ のグラフは，原点において "水平" にはならず，このように右上がりの状態で原点を通過します。図 5-3-10 に $y=x^3$ のグラフを載せましたが，こちらは，原点で瞬間的に "水平" になります。

このような曲線の傾き具合を詳しく調べるには，第８章で学ぶ「微分法」という手法を使います。

次ページに$y=\sin\theta$，$y=\cos\theta$，$y=\tan\theta$ のグラフを並べておきました。一番下には，弧度法の座標軸 x も添えてあります。関数をそれぞれ

$y = \sin x$，$y = \cos x$，$y = \tan x$ と読みかえてみてください。ただし，この場合の x は，動径の図の x とは違います。

【図5-3-14】

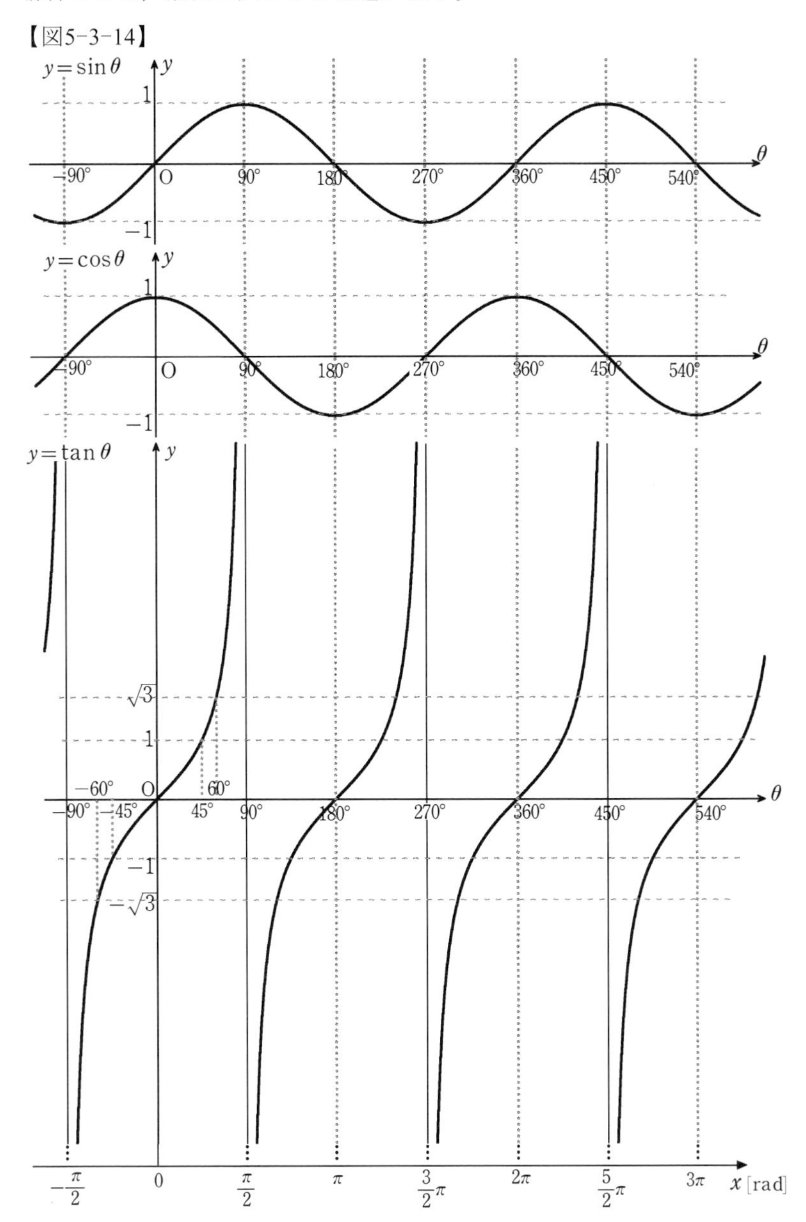

4　いろいろな波

●振幅を変える

例1　$y=2\sin\theta$ のグラフ

係数2がある場合とない場合の y 座標を比べます。

$y=2\sin\theta$ のグラフは，$y=\sin\theta$ のグラフの高さを θ 軸を中心に y 軸の正負の方向(上下)に2倍したものです。すなわち，振幅が2の正弦曲線です。周期に変化はなく360° です。

【図5-4-1】

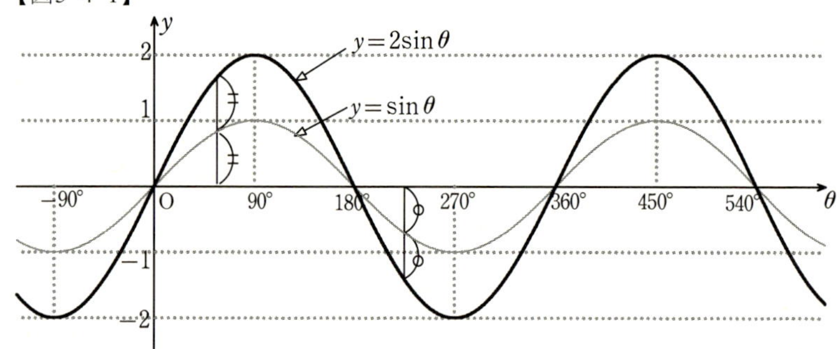

例2　$y=-\frac{1}{2}\cos\theta$　のグラフ。

係数が負ですから，$y=\frac{1}{2}\cos\theta$ と横軸に関して上下対称になります。

振幅は $\frac{1}{2}$ ，周期は360° です。

【図5-4-2】

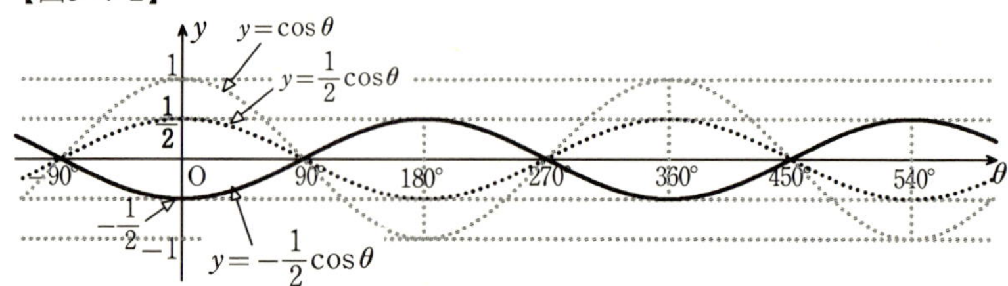

一般に，$y=a\sin\theta$，$y=a\cos\theta$ の振幅は$|a|$です。振幅は正の数で表しますから絶対値記号を付けておきます。

$a>0$ のグラフと $a<0$ のグラフは横軸に関して（上下）対称です。

係数 a は，周期には影響を及ぼしません。

●振動の中心を上下にずらす（y 軸方向の平行移動）

例３　$y=2\sin\theta+1$ のグラフ

$y=2\sin\theta$ のグラフを y 軸方向（上）に１だけ平行移動したものです。

【図5-4-3】

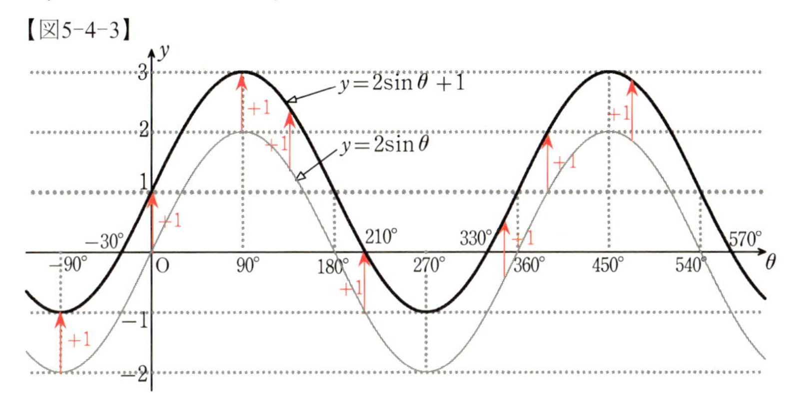

横軸との交点の目盛は，$y=0$ として

$$2\sin\theta+1=0 \quad より \quad \sin\theta=-\frac{1}{2}$$

$$\therefore \theta=-30°,\ 210° \qquad （原点前後の目盛り）$$

【図5-4-4】

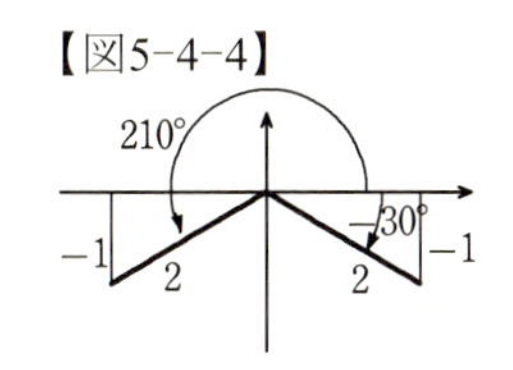

これに $360°\times n$ を加えれば求められます。

$$\theta=-30°+360°\times n,\ 210°+360\times n$$

●時間を変数にする

三角関数を物理学などで使うとき，角度そのものではなく，時間を変数にすることが多くあります。

たとえば，動径が等速で１秒間あたり１回転している場合を考えます。

最初に動径は $\theta=0°$ の位置にあって，その時刻を $t=0$［秒］とします。

すると，正弦曲線が原点から１往復したところ，いままで θ の目盛として「360°」と書いていたところに，t の値「1」を書けば，「1秒で1回転」がグラフに反映できます。

θ	0° ～ 360°
t	0 ～ 1

【図5-4-5】

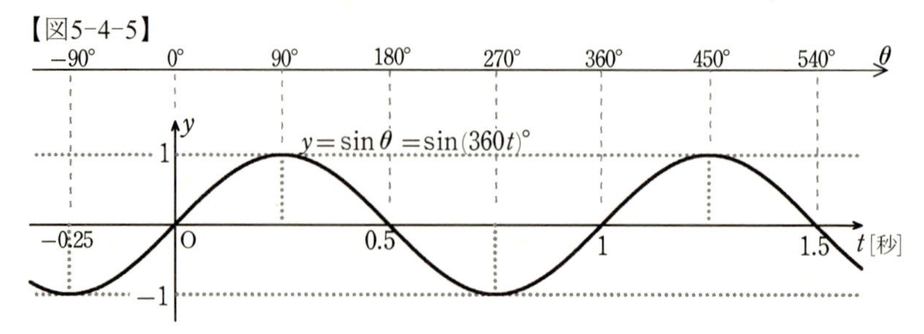

sin○ の○は，あくまでも角度でなければいけませんから，関数式では，時刻 t を動径の角度 θ に換算してやる必要があります。$\sin t$ ではダメです。

今は

$\theta=(360t)°$　　弧度法では　$x=2\pi t$

という関係ですから，$y=\sin\theta$ は　　弧度法では　$y=\sin x$

$y=\sin(360t)°$　　弧度法では　$y=\sin 2\pi t$

という式になります。

●周期を変える

例4　周期2秒の正弦関数。

これは，動径が1回転するのに2秒かかるという意味ですから，$t=0$ から $t=2$ の間に1往復の波をかきます。

そして，t 秒後の動径の位置を表す角度 θ は

$$\theta=\left(\frac{360}{2}t\right)°=(180t)°$$

←1秒あたりの回転角

となります。よって，周期が2秒の正弦関数の式は

$y=\sin(180t)°$　　弧度法では　$y=\sin\pi t$

という式になります。t の係数は，1秒当たりの回転角になります。これを**角速度**といいます。

θ と t の対応は右のようになり，グラフは次の図です。

θ	0° ～ 360°
t	0 ～ 2

今度は，弧度法の目盛りも併記しておきました。

【図5-4-6】

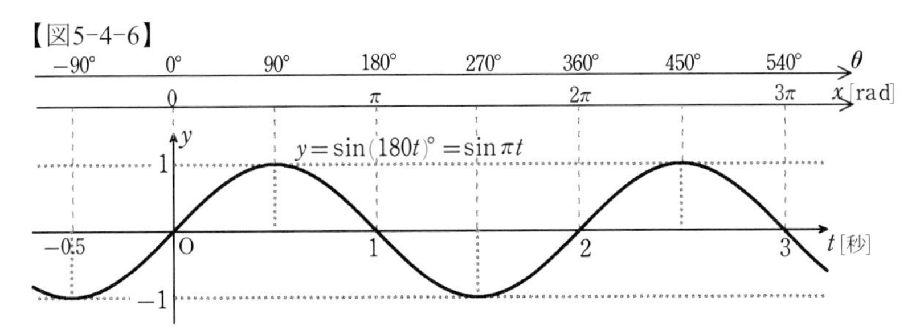

この図は，図 5-4-5 の t 軸の目盛を付けかえただけです。グラフの上にある θ の目盛は変わっていません。これを，t 軸の目盛間隔を図 5-4-5 と同じにしてかくと，波を左右に引き伸ばしたものになります。

【図5-4-7】

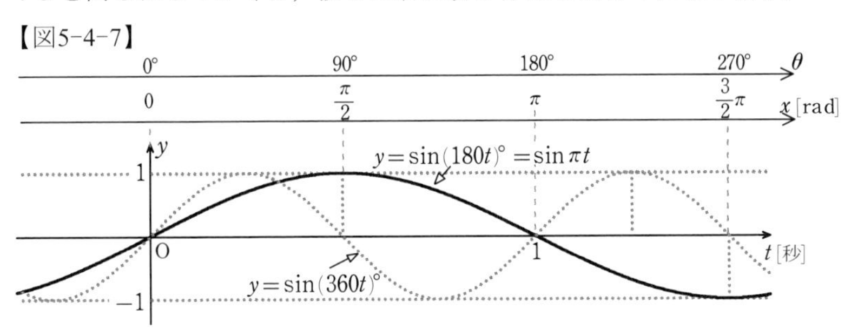

ともかく，正弦(sin)や余弦(cos)のグラフは

角度に換算して 0°～360°（弧度法では 0～2π ）の間で波１往復分

が基本です。そして，１往復に何秒かかるかで t 軸の目盛が決まるのです。

一般に，動径が $\theta=0°$ の位置から正の向きに 360° 回転するのに T 秒かかる(周期 T 秒の)正弦関数は，１秒間に $\dfrac{360°}{T}$ だけ回転しますから，t 秒で

$$\theta=(\frac{360}{T}t)° \qquad \text{弧度法では}\quad x=\frac{2\pi}{T}t \quad \text{[rad]}$$

となります。従って

$y=\sin(\dfrac{360}{T}t)°$ —θ→

θ	$0°\sim360°$
x	$0\ \sim\ 2\pi$
t	$0\ \sim\ T$

←x— 弧度法では $y=\sin\dfrac{2\pi}{T}t$

と表され，$t=0$ からTまでの間に正弦曲線を１往復分かきます。

【図5-4-8】

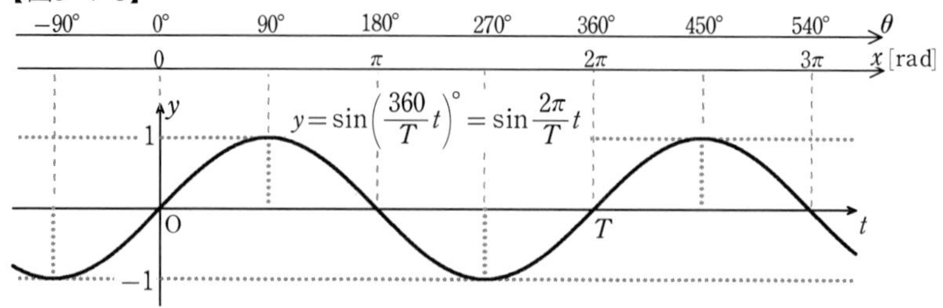

●位相をずらす（左右の平行移動）

例５ 周期６秒，$t=0$ のときに動径が $\theta=30°$ の位置にある正弦関数。

とにかくにも

sin0°～sin360° で波１往復

ですから，この角度を時刻 t に換算します。

【図5-4-9】

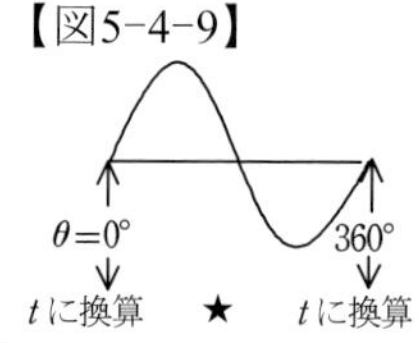

６秒間で１回転＝360° なので

1秒当たり $360°\div 6=60°$　弧度法では $2\pi\div 6=\frac{\pi}{3}$

t 秒間で　$(60t)°$　弧度法では $\frac{\pi}{3}t$

だけ回転します。$t=0$ で $\theta=30°$ ですから

$\theta=(60t+30)°$　弧度法では　$x=\frac{\pi}{3}t+\frac{\pi}{6}$　（☆）

$\therefore\ y=\sin(60t+30)°$　弧度法では　$y=\sin(\frac{\pi}{3}t+\frac{\pi}{6})$

となります。

t の目盛は，（☆）から逆算して

$$t=\frac{\theta-30°}{60°}=\frac{\theta}{60°}-\frac{1}{2}=\frac{\theta}{60°}-0.5\qquad \text{弧度法では}\ t=\frac{3x}{\pi}-0.5$$

従って，図 5-4-9 の★の換算は

$\theta=0°$ のとき　$t=\frac{0}{60°}-0.5=-0.5$

$\theta=360°$ のとき　$t=\frac{360°}{60°}-0.5=6-0.5=5.5$

θ	0° ～ 360°	
t	−0.5 ～ 5.5	★

というように目盛を付けかえて，あとは前後のようすを整えればグラフはでき上がりです。

【図5-4-10】

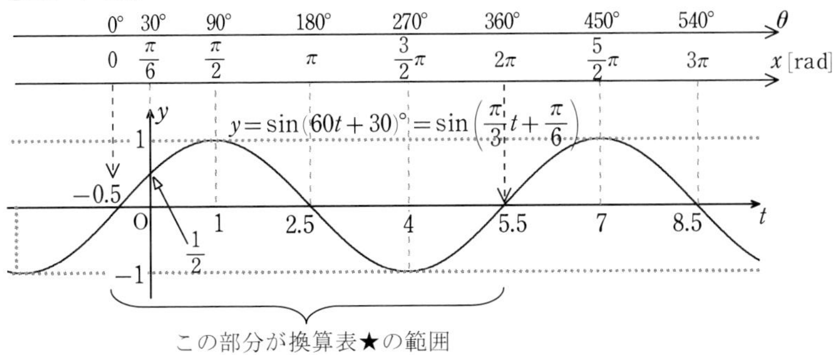

$y=\sin(60t)°$ は原点から始まる正弦曲線ですが，それを，左へ 0.5 秒，角度にして 30° 相当の目盛分だけ平行移動したものになっています。

ここで，$y=\sin(60t+30)°$ で左へずれるという関係に注目してください。「＋」で左にずれるのだから，$-30°$ なら右にずれるだろうという予測は，簡単に確認できます。

ずれを時間で表現したいなら，t の係数 60° でくくって

$$y=\sin\{60(t+0.5)\}°$$

とすると，時間 t のずれ 0.5 が出てきます。

● $y=a\sin(\omega t-\alpha)$

先ほどの $y=\sin(60t+30)°$ を一般的に表すと

$$y=a\sin(\omega t-\alpha) \qquad (\omega\text{（オメガ）},\ \alpha\text{は角度を表す定数})$$

$$=a\sin\omega(t-\frac{\alpha}{\omega}) \qquad (☆)$$

という形になります。公式としては，(　)の中は引き算で表現します。

変数 t の係数 ω が角速度です。１秒で ω[°] だけ回転するのですから，360° 回るには $\frac{360}{\omega}$ [秒]かかる，つまり

$$\text{周期}\ T=\frac{360}{\omega} \qquad \text{弧度法では}\ T=\frac{2\pi}{\omega} \quad (\omega\text{も弧度法})$$

という関係であることが分かります。

また，α は，グラフの左右の平行移動（波の位相のずれ）の量を，角度の単位で表します。そのずれを時間（t）で表すなら，(☆)の形にして，

t 軸方向（t 軸の矢印の方向=普通は右）に $\frac{\alpha}{\omega}$ 平行移動，と読み取ります。

たとえば，$y=\sin(1800t+90)°$ の角速度は t の係数 $\omega=1800°$／秒 ですから，周期 T は

$$T=\frac{360}{\omega}=\frac{360}{1800}=\frac{1}{5}=0.2\,[秒]$$

になります。また

$$y=\sin\{1800°(t+\frac{90}{1800})\}=\sin\{1800°(t+\frac{1}{20})\}$$

ですから

$y=\sin(1800t)°$ のグラフを t 軸方向に $-\frac{1}{20}=-0.05$［秒］平行移動

となります。

まとめると，$y=a\sin\omega(t-\frac{\alpha}{\omega})$ のグラフは

周期は $\boldsymbol{T=\frac{360}{\omega}}$［秒］　振幅は $|\boldsymbol{a}|$

正弦曲線 $\boldsymbol{y=a\sin\omega t}$ を $\boldsymbol{t}$ 軸方向に $\boldsymbol{\frac{\alpha}{\omega}}$［秒］，角度にして $\boldsymbol{\alpha}$[°]

だけ平行移動したもの

となります。とくに，$t=0$ のとき（y 軸との交点），$y=a\sin(-\alpha)$ です。

例 6　$y=2\sin(720t-90)°$ のグラフ。（t の単位は「秒」とする。）

$$y=2\sin 720(t-\frac{90}{720})°=2\sin 720°(t-\frac{1}{8})$$

より，角速度は $\omega=720°$［／秒］ですから

周期 $T=\frac{360}{720}=\frac{1}{2}=0.5$［秒］，$t$ 軸方向に $\frac{1}{8}=0.125$［秒］平行移動

したもので，振幅は 2 ですから，グラフは次のようになります。

【図5-4-11】

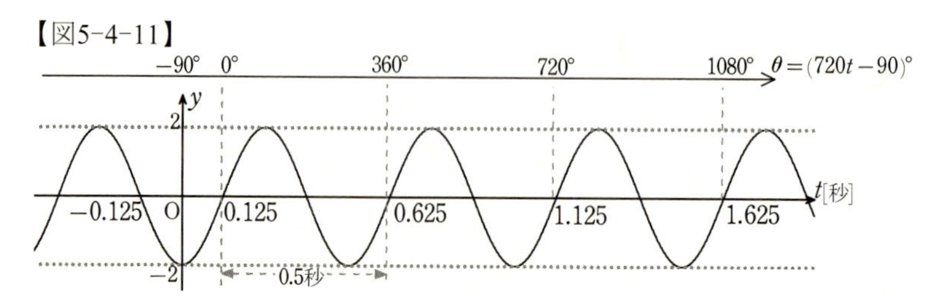

●周波数（振動数）

周波数ということばは，周期よりも日常で使われることが多いと思います。ラジオや携帯電話の周波数，コンピュータのクロック周波数，音の周波数，高周波，低周波．．．

周波数(frequency)は，波が１秒間に何往復するかを表した数で，単位名はヘルツ[Hz]です。かつては「サイクル／秒[c/s]」が使われていました。

ヘルツは，ドイツの物理学者（1857～1894）の名前です。イギリスの物理学者・マックスウェル（1831～1879）が自ら導いた「マックスウェルの方程式」によって，電気振動によって電磁波が発生することと，光が電磁波であることを予言し，その電磁波の存在についてヘルツが初めて実験で確認しました。

その電磁波の周波数は，1000倍ごとの補助単位をつけて

1000[Hz] ＝1[kHz]（キロ・ヘルツ）
1000[kHz]＝1[MHz]（メガ・ヘルツ）＝100万[Hz]
1000[MHz]＝1[GHz]（ギガ・ヘルツ）＝10億[Hz]
1000[GHz]＝1[THz]（テラ・ヘルツ）＝1兆[Hz]
1000[THz]＝1[PHz]（ペタ・ヘルツ）＝1000兆[Hz]
1000[PHz]＝1[EHz]（エクサ・ヘルツ）＝100京[Hz]

といいます。メガやギガ，テラも聞いたことがあるでしょう。

私たちの耳で聞くことのできる音の周波数は，だいたい 20Hz～20000Hz(＝20kHz)です。20kHz 以上の音を超音波といいます。

１秒当たりの往復数である周波数 f と周期 T の関係は，波１往復に要する時間が周期ですから

周波数 $f=\dfrac{1}{T}$[Hz]

になります。また，１秒間の回転角が角速度 ω ですから，この中に１往復分の回転角 360° がいくつ入っているかということで

周波数 $f=\dfrac{\omega}{360}$[Hz]　　　弧度法では $f=\dfrac{\omega}{2\pi}$ (ω も弧度法)

とも表せます。

また，たとえば周波数 $f=100$ [Hz]の波（音波など）は，１秒間に100往復の波が入っているのですから，これを角度に直したものが角速度で

角速度 $\omega=360°\times100=36000$[°／秒]　弧度法では $\omega=2\pi\times100=200\pi$

一般に，周波数を f とすると，角速度 ω は

$\omega=(360f)°$　　弧度法では $\omega=2\pi f$

となります。

そして，１秒で100往復の場合，１往復当たりの時間，周期 T は

$T=\dfrac{1}{100}=0.01$[秒]　　周波数 f の場合 $T=\dfrac{1}{f}$

となります。

【図5-4-12】

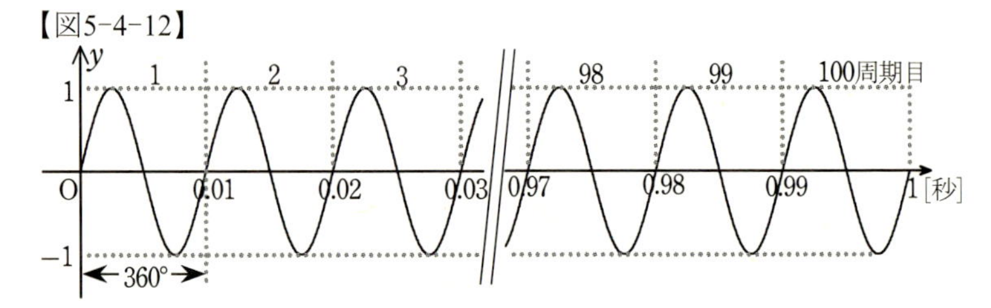

このグラフは

$y=\sin(360\times100t)°=\sin(36000t)°$　　弧度法では $y=\sin(2\pi\times100t)$
$=\sin200\pi t$

という式になります。一般に，周波数 f の正弦関数は

$y=a\sin(\omega t)°=a\sin(360ft)°$　　弧度法では $y=\sin2\pi ft$

と表されます。

波長による電磁波の分類

波長とは，波の伝わる速さが分かっているときの波１往復の長さのことです。

音は空気中を約340[m／秒]の速さで伝わります。で，たとえば400[Hz]の音は，この間に400往復の波が入っているのですから，波１往復分の長さは

$\dfrac{340}{400}=0.85$[m]$=85$[cm]

となります。これが400［Hz］の音の波長です。

電磁波の速さは，約30万［km／秒］です。で，たとえば600［kHz］の電磁波は，30万［km］の間に 600×1000=60万往復ですから，波長は

$$\frac{30万[\mathrm{km}]}{60万}=0.5[\mathrm{km}]=500[\mathrm{m}]$$

となります。一般に

$$周波数 f [\mathrm{Hz}]の電磁波の波長=\frac{3\times10^8}{f}[\mathrm{m}]$$

になります。

波長の長い方から電磁波の主な分類を載せておきます。　$(10^{-n}=\frac{1}{10^n})$

波　長	周波数	
30万km ～1万km	1Hz ～30Hz	極超長波(ELF) 脳波
100km ～10km	3kHz ～30kHz	超長波(VLF) 対潜水艦通信
10km ～1km	30kHz ～300kHz	長波(LF) 電波時計，船舶・飛行機無線
1km ～100m	300kHz ～3MHz	中波(MF) AMラジオ
100m ～10m	3MHz ～30MHz	短波(HF) 短波ラジオ，アマチュア無線
10m ～1m	30MHz ～300MHz	超短波(VHF) FMラジオ
1m ～10cm	300MHz ～3GHz	極超短波(UHF) 地上デジタルテレビ 携帯電話，GPS，無線LAN，電子レンジ
10cm ～1cm	3GHz ～30GHz	センチ波(SHF) BS・CS放送，無線LAN
1cm ～1mm	30GHz ～300GHz	ミリ波(EHF) レーダー，衛星通信
1mm ～0.1mm	300GHz ～3THz	サブミリ波　電波天文台
0.1mm ～7.7×10^{-4}mm	3THz ～ 390THz	遠赤外線～近赤外線
7.7×10^{-4}mm ～3.8×10^{-4}mm	390THz ～ 790THz	可視光（赤～紫）
3.8×10^{-4}mm ～ 10^{-5}mm	790THz ～ 30PHz	近紫外線～真空紫外線
10^{-5}mm ～ 10^{-8}mm	30PHz ～ 30EHz	X線
10^{-8}mm ～	30EHz ～	γ(ガンマ)線

波長が１m～0.1mm(100μm)程度の電磁波をマイクロ(μ)波というので，電子レンジを英語では microwave oven といいます。

携帯電話が普及し始めたころ，電子レンジと同じマイクロ波を使っていることから，携帯電話で通話すると，人体，とくに脳に悪影響がある

のではないかなどといわれたものです。実際はどうなんでしょう？

明治時代には，電話でコレラが移るという噂が広まったそうです。

それにしても，私たちの目で見ることのできる可視光が，テレビなどの放送電波と同種の電磁波であるということが，私はどうにも不思議に感じられて仕方がありません。紫外線を見ることのできる昆虫もいるわけですが，目のような動物性の組織で，ラジオなどの電波を "見る" ことはできるのでしょうか？　もし，そういう目で街なかを歩いたら，どのような風景に見えるのでしょうね。

裁縫と正弦曲線

円柱を斜めに切って展開すると，その切り口の縁は正弦曲線になります。

【図5-4-13】

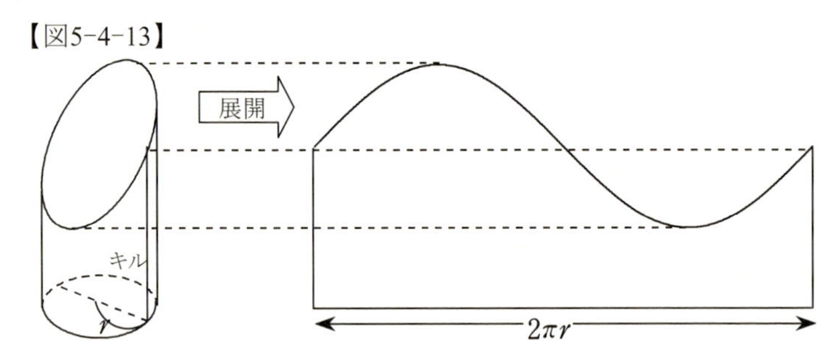

円柱の切り口の最も高いところで展開すると「cos」の形，真ん中の高さの所で展開すると「sin」，最も低いところだと「－cos」になります。

この応用として，洋服の袖付けがあります。

ご存知のように，衣服は平たい布を縫い合わせて立体的なものにつくり上げるわけですが，袖のような円筒形のものを斜めにつなげたいとき，そのつなぎめの展開図がほぼ正弦曲線になっているのです。

【図5-4-14】

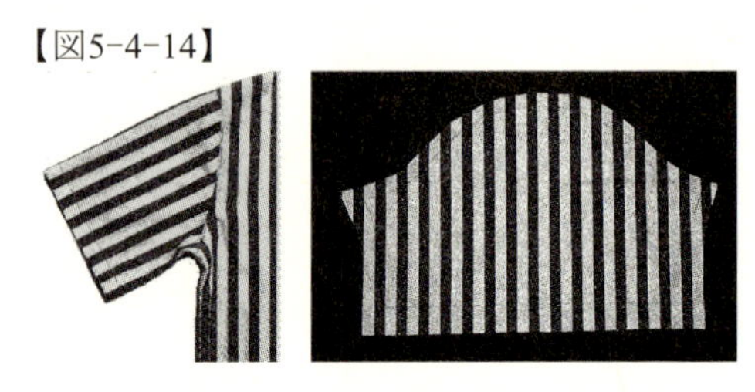

それでは，円柱の切り口の展開図が正弦曲線になることを，計算で確

かめましょう。

半径 r の円柱を，側面に垂直な面（図の点線の円）に対して 45° の角度で切った場合を考えます。そして，点線の円の中心と切り口(楕円)の中心が一致するときの円周の交点 X の所から側面を切って展開するとします。

【図5-4-15】

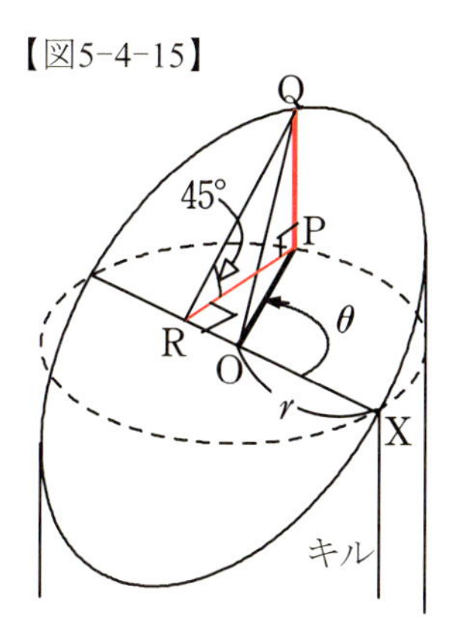

OX から角度 θ の位置にある動径 OP に対して，図のような点を Q，R とします。このとき，展開図における曲線は，点Qによってつくられます。

直角三角形 PQR は PQ = PR の二等辺三角形で $\mathrm{PR} = \mathrm{OP}\sin\theta$，$\mathrm{OP} = r$ ですから

$$\mathrm{PQ} = \mathrm{PR} = r\sin\theta \qquad \cdots ①$$

が成り立ちます。①は，$180° < \theta < 360°$ の場合にも，負の値としてそのまま成り立ちます。

切り口の角度を 60° にすると $\mathrm{PQ} = \sqrt{3}\,\mathrm{PR}$ ですから

$$\mathrm{PQ} = \sqrt{3}\,r\sin\theta$$

となります。

初めの図 5-4-13 において，横の長さは円柱の周の長さですから $2\pi r$ です。

さきほど，PQ を角度 θ の式で表しましたが，実際の展開図（図 5-4-13）に合わせるならば，図 5-4-15 でいうと，弧 XP の長さを変数にしたほうが "実用的" です。その場合，θ は扇形 OXP の中心角ですから，弧 XP を ℓ として

$$\ell = 2\pi r \times \frac{\theta}{360°} = \frac{\pi r}{180} \times \theta \quad \text{より} \quad \theta = \frac{180}{\pi r} \cdot \ell$$

したがって，①は

$$\mathrm{PQ} = \sin\left(\frac{180}{\pi r} \cdot \ell\right) \qquad \cdots ②$$

という式表現になります。

もし θ が弧度法(ラジアン)なら $\theta=\dfrac{\ell}{r}$ ですから，②は

$$\mathrm{PQ}=\sin\frac{\ell}{r}$$

と，よりシンプルな表現になります。（弧度法は第７章）

5　180°で１周？

● $y=\sin 2\theta$ について

例１　$y=\sin 2\theta$ という関数式について考える。

とにかく，2θ が角度を表すと解釈できさえすれば成立するわけです。

これまでに再三説明してきたように

$\sin○$　の○は角度で，○$=0°〜360°$ で波１往復

ということは変わりありませんから

$\sin 2\theta$ は，$2\theta=0°〜360°$　で波１往復

になります。ここで，○$=2\theta$ という関係にあります。

○ではカッコ悪いですから，○の中にＨと書いて，Θ という文字を使うことにすると，$\sin 2\theta$ は $\sin\Theta$ となります。Θ はギリシャ文字で θ の大文字です。

$y=\sin\Theta$ は，Θ を横軸にすれば最も基本的な正弦曲線になります。

そして，この横軸 Θ の目盛りを θ の目盛りに置きかえればよいわけです。そのために，右図の θ 軸の「？」のところを求めます。

【図5-5-1】

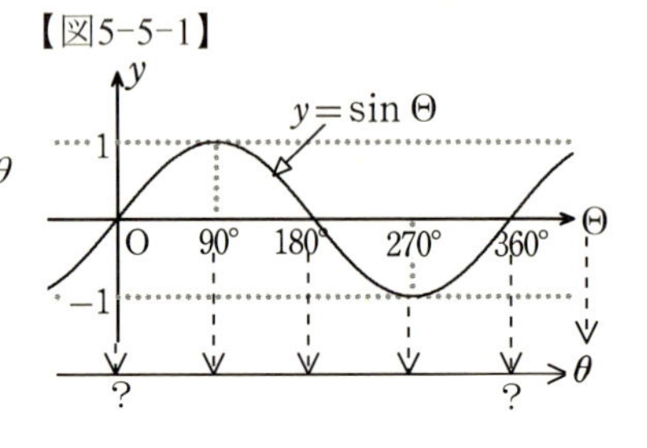

$2\theta=\Theta$ より $\theta=\dfrac{1}{2}\Theta$ ですから

$\Theta=0°$　のとき $\theta=0°$

$\Theta=360°$　のとき $\theta=180°$

Θ	$0°〜360°$
θ	$0°〜180°$

【図5−5−2】

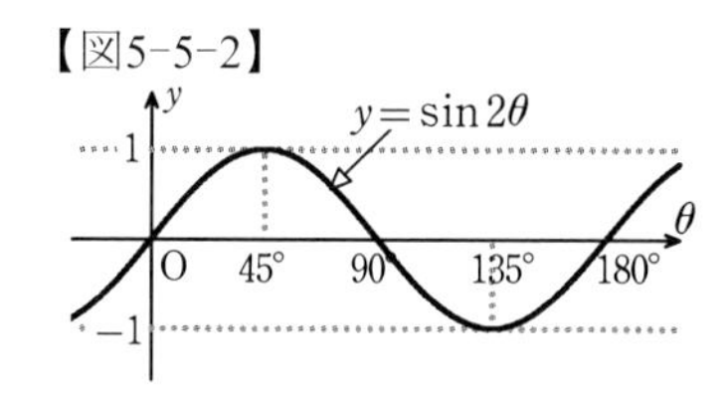

これで，θ を横軸にすれば，180°で１往復する波ができ上がるわけです。

あと，それを４等分した目盛を入れておけばカンペキです。１周期を４等分する目盛りは，正弦曲線をかく際にちょうどよい目印になります。これで

$\sin 2\theta$ の周期は 180°

ということになります。

この θ はもはや，グラフを写し取ったときの動径の角度であるはずはありません。動径の図から切り離して，θ はグラフの横軸の目盛に過ぎないと，割り切って考えなければなりません。

「実数 θ を決めれば $\sin\theta$, $\cos\theta$, $\tan\theta$ の値がそれぞれひとつずつ決まる」という，関数の意味をドライに適用します。

高校数学での三角関数もこの考えで学習します。前節のような時間 t を変数とするという扱いは出てきません。それゆえ，高校数学の三角関数と物理学などで利用する三角関数との間にギャップが生じているのです。

例２　$y=\cos(\frac{3}{4}\theta-60°)$ のグラフ。

$$\frac{3}{4}\theta-60°=\Theta$$

【図5−5−3】

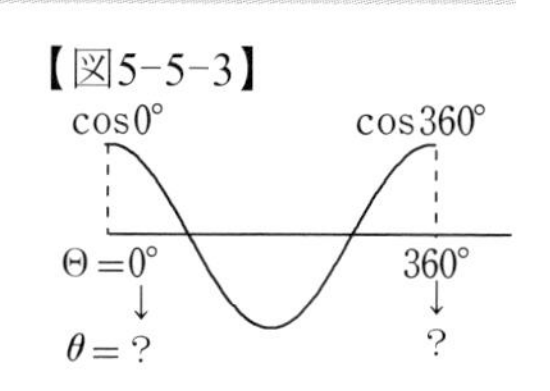

とおくと $y=\cos\Theta$ で，基本的なコサインのグラフになります。この Θ を θ の目盛に換算します：

$$\frac{3}{4}\theta-60°=\Theta \quad より \quad 3\theta-240°=4\Theta$$

$$\therefore \theta=\frac{4}{3}\Theta+80°$$

Θ	0° ～ 360°
θ	80° ～560°

←480°→

ですから，Θ と θ の対応は右のようになります。

上図の左下の「？」は 80°，右下の「？」は 560° です。

この関数は「480°で１往復」(周期480°）です。先ほども述べたように，

この4分の1 $=120°$ は，グラフをかくときに役立ちます。

振幅は1，振動の中心は $y=0$（横軸），y 切片は，$\theta=0°$ を代入して

$$\cos(-60°)=\frac{1}{2}$$

ですから，グラフは次のようになります。

【図5-5-4】

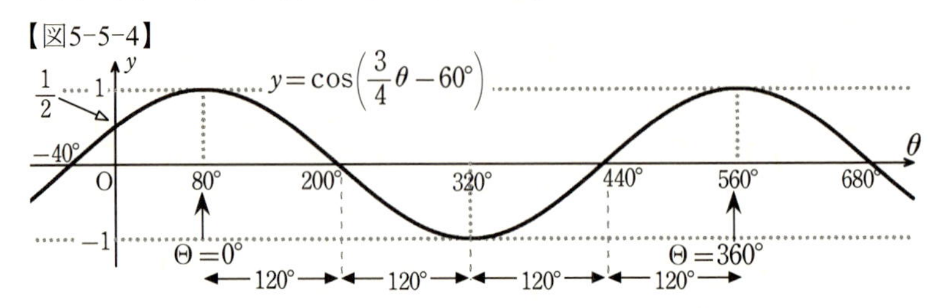

●横軸方向の平行移動の量

このグラフは，$y=\cos\frac{3}{4}\theta$ のグラフを θ 軸方向（右）へ 80° 平行移動したものになっています。「$-60°$」だから右へというのは，前節の話で分かるけれど，なぜ 80° になってしまうのかよく分からない，というひとは多いかもしれませんね。これは，t が変数のときと同様に

$$y=\cos(\frac{3}{4}\theta-60°)=\cos\{\frac{3}{4}(\theta-80°)\}$$

というように，θ の係数でくくってみると分かります。

<u>θ から直接引かれる量</u>が，θ の目盛での平行移動の量になるのです。

● $y=a\sin(b\theta-c)$ のグラフ

$y=a\sin(b\theta-c)$ 　は

$$b\theta-c=\Theta \quad \text{とおくと} \quad \theta=\frac{\Theta+c}{b}$$

Θ	$0°$ 〜 $360°$
θ	$\left(\frac{c}{b}\right)^\circ$ 〜 $\left(\frac{360+c}{b}\right)^\circ$

ですから，Θ と θ の対応は右の表のようになり

周期は $\frac{360+c}{b}-\frac{c}{b}=(\frac{360}{b})°$ ，振幅は $|a|$

$y=a\sin b\theta$ 　のグラフを θ 軸方向に $(\frac{c}{b})°$ 平行移動したものとなります。

一般には，p.149 と同じように，$y=a\sin b(\theta-\frac{c}{b})$ と変形して，Θ に置

き換えることなく θ 軸方向の平行移動を読み取ります。

$y=a\cos(b\theta-c)$ も同様です。

例3　$y=\tan 2\theta$ のグラフ。

久しぶりの「tan」ですが，基本となる $y=\tan\theta$ のグラフは覚えていますか？

$y=\tan\theta$ は漸近線が重要なポイントです。漸近線は，$\theta=\pm 90^\circ\times$(奇数) のところにあります。（弧度法なら $y=\tan x$ の漸近線は $x=\pm\frac{(\text{奇数})}{2}\pi$ ）

そこで，ここでもやはり，$2\theta=\Theta$ とおいてみるのですが，「sin」や「cos」と違って，１周期分の Θ の範囲として 0°〜360° でなく，-90°〜90° とするところが分かりやすくするコツです。

Θ と θ の対応は右の表のようになりますから，$\tan 2\theta$ の周期は，$\tan\Theta$ の周期の半分，90° です。

Θ	$-90^\circ\sim 90^\circ$
θ	$-45^\circ\sim 45^\circ$
	←90°→

グラフをかくときは，まずはじめに $\theta=\pm 45^\circ$ のところに漸近線をかき，あとは，周期の 90° 間隔で必要なところまで漸近線をかきます。

そして，漸近線の間に，あの独特の曲線をかいていきます。

y 軸につられないように気をつけてください。

【図5-5-5】

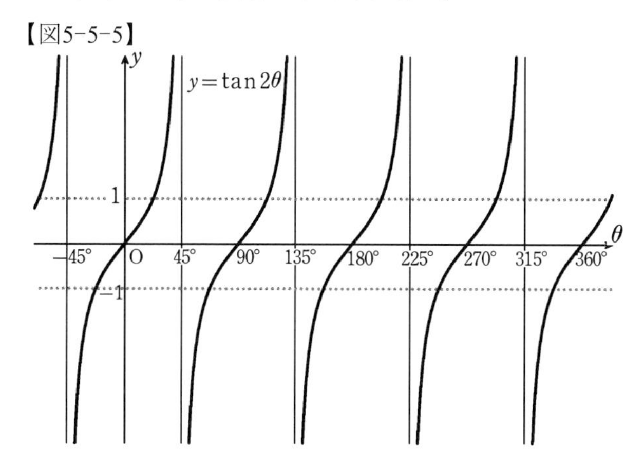

一般的に $y=a\tan(b\theta-c)$ については，振幅の概念はなくなり

周期は $\left(\frac{180}{b}\right)^\circ$　　　　弧度法の場合 $\frac{\pi}{b}$

という点が，正弦，余弦と違うところです。

平行移動については，正弦，余弦と同じく，$y = a\tan b(\theta - \frac{c}{b})$ として

θ軸方向に $(\frac{c}{b})°$ 平行移動

となります。漸近線も同じだけ移動します。

● **sin2θ のθの正体は？**

ということで，結局，$y = \sin 2\theta$ のθは，何の角度なのでしょうか。

【図5-5-6】

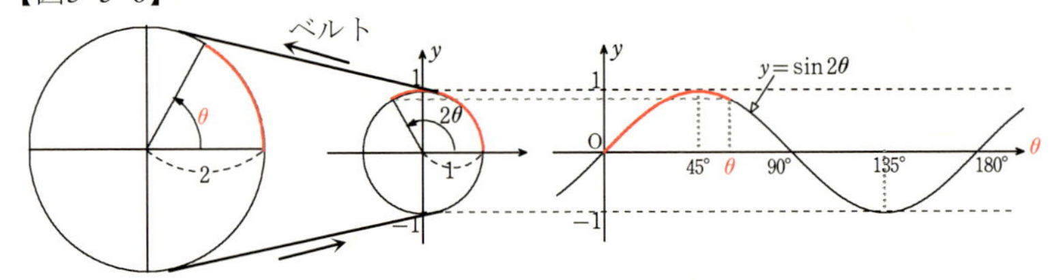

この図において，左端の大きな円の半径は2で，グラフの元になる単位円を回すための動力輪です。動力輪の円周は単位円の２倍の長さがありますから，正弦曲線を１往復分，つまり，単位円を１回転 $(2\theta = 360°)$ させるための動力輪の回転角θは $\theta = 180°$ だけでよいわけで，右のグラフの横軸の角度θを動力輪の回転角にすれば，180° の目盛り幅で正弦曲線１往復分が描かれることになります。

このように，"180°で１回転" というのは，動力輪の回転が 180° で単位円が１回転する，という解釈ができます。

次に，例２の $y = \cos(\frac{3}{4}\theta - 60°)$ の場合はどうでしょう。

動力輪の回転θの $\frac{3}{4}$ だけ単位円が回るのですから，単位円を１回転させるには，動力輪は $360° \times \frac{3}{4} = 480°$ 回す必要があります。これは，"480°で１回転" です。この場合は，動力輪の方が小さくなっています。

また，動力輪が 0° の状態にあるとき，単位円の動径は −60° の位置にあります。

そして，これは「cos」なので，単位円の向きは，上図のものを左に

90° 回したものになります。

下図の赤い部分は，動力輪の半周に対して，単位円はその $\dfrac{3}{4}$ だけ，$-60°$ の位置から回ることを表しています。

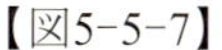

【図5-5-7】

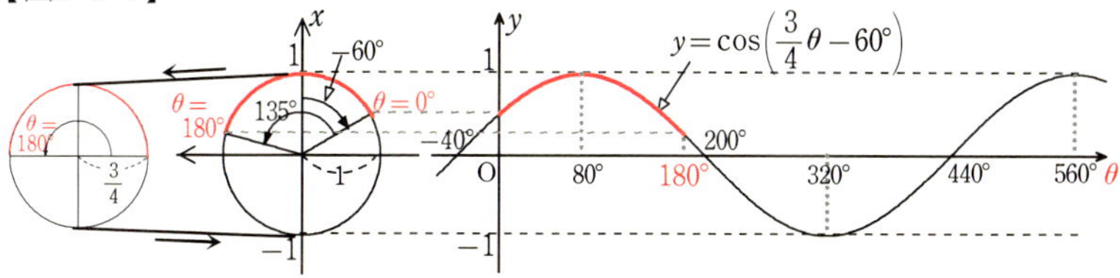

●一般のグラフの平行移動

一般の関数 $y=f(x)$ のグラフを

$$\left.\begin{array}{l} x\text{ 軸方向に } p \\ y\text{ 軸方向に } q \end{array}\right\}\text{だけ平行移動（★）}$$

した関数式をここで求めておきましょう。

【図5-5-8】

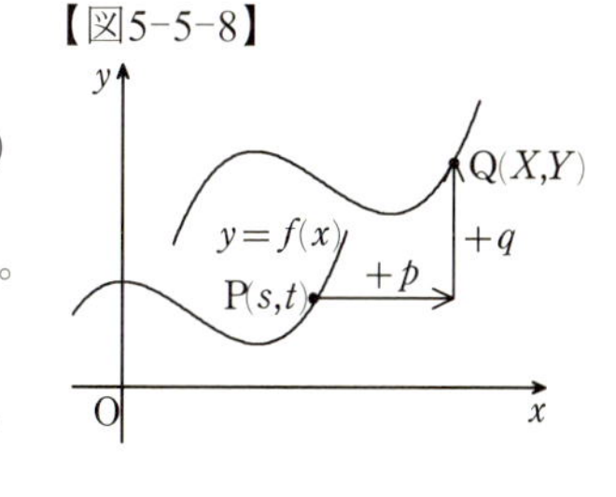

関数 $y=f(x)$ のグラフ上の任意の点を $P(s,t)$，平行移動（★）による点 P の移動先の点を $Q(X,Y)$とすると

$$X=s+p,\ Y=t+q \qquad (1)$$

$$t=f(s) \qquad (2)$$

という関係になります。

で，求めたいものは，移動先の点 $Q(X,Y)$ がどのような関数のグラフ上にあるかということですから，それは，点 $Q(X,Y)$ の座標 XとYの満たす等式ということになります。

そこで，別々になっているXとYを，（２）を介して結び付けてやります。そのためには，（１）を $s=$, $t=$ にそれぞれ変形して，（２）に代入すればよいのです。（１）より

$s=X-p$ ，$t=Y-q$　　ここでp, q の符号が移動の向きと逆になる

（２）に代入して

$Y-q=f(X-p)$　　$\therefore Y=f(X-p)+q$　　　　q はもとの符号に戻る

そして，X, Yをいつもどおりの小文字の変数にします。まとめると

$y=f(x)$ のグラフを x 軸方向に p，y 軸方向に q だけ平行移動したグラフの関数式は　$y=f(x-p)+q$

例 4　次の各関数のグラフを指定した量だけ平行移動したグラフの関数式を求める。

（ア）$y=\sin 3\theta$ ，θ 軸方向に40°，y 軸方向に -1

（イ）$y=2x^2-5x$ ，x 軸方向に -3 ，y 軸方向に 2

（ア）$y=\sin 3(\theta-40°)-1$　（答）　　　**注意**：$y=\sin(3\theta-40°)-1$ ではない

（イ）$y=2(x+3)^2-5(x+3)+2\ =2x^2+12x+18-5x-15+2$

$\therefore y=2x^2+7x+5$　（答）

この平行移動の話は，直線や円など，xy 平面上の図形の方程式：

$f(x, y)=c$ （cは定数）

に対しても適用できます。$f(x, y)$ は，「x と y の式」という意味です。

図形 $f(x, y)=c$ 上の任意の点をP(s, t) とすると

$f(s, t)=c$　　　　…（☆）

で，平行移動（★）による点 P の移動先の点をQ(X, Y)とすると，先ほどと同じように，（1）より得た $s=X-p$ ，$t=Y-q$ を（☆）の s と t にそれぞれ代入して

$f(X-p, Y-q)=c$

そして，X, Y を小文字 x, y に書き直せばよいのです。

例 5　原点を中心とする半径 r の円：$x^2+y^2=r^2$ を，x 軸方向にa，y 軸方向に b だけ平行移動した円の方程式を求める。

もとの円周上の任意の点をP(s, t)，P の移動先の点をQ(X, Y) とすると，$s^2+t^2=r^2$，$s=X-a$，$t=Y-b$ なので

$(X-a)^2+(Y-b)^2=r^2$

$\therefore (x-a)^2+(y-b)^2=r^2$　（答）

これは，点(a, b)を中心とする半径 r の円の方程式です。

第６章

加法定理

1　加法定理

●加法定理

加法定理

$$\sin(\alpha \pm \beta) = \sin\alpha\cos\beta \pm \cos\alpha\sin\beta$$

$$\cos(\alpha \pm \beta) = \cos\alpha\cos\beta \mp \sin\alpha\sin\beta$$

$$\tan(\alpha \pm \beta) = \frac{\tan\alpha \pm \tan\beta}{1 \mp \tan\alpha\tan\beta}$$

一見すると複雑そうな式ですが

sin は，sin から始まって　sin cos　cos sin
（サイン コサイン　コサイン サイン）

cos は，cos から始まって　cos cos　sin sin
（コス コス　サイン サイン）

となっていて，α，β は交互につけておくということ，そして

sin は，左辺が＋なら右辺も＋，－なら－

cos は，左辺と右辺が逆符号になる

という点を押さえておきます。この公式は，しっかり覚えておいてください。

「tan」の加法定理は，「sin」と「cos」から導けます。

$$\tan\theta = \frac{\sin\theta}{\cos\theta}$$

ですから，「sin」と「cos」の加法定理を上下に重ねて書いておき，間に分数の横線を入れてしまうのです：

$$\frac{\sin(\alpha+\beta)}{\cos(\alpha+\beta)} = \frac{\sin\alpha\cos\beta + \cos\alpha\sin\beta}{\cos\alpha\cos\beta - \sin\alpha\sin\beta}$$

すると，この左辺が $\tan(\alpha+\beta)$ を表しますから

$$\tan(\alpha+\beta) = \frac{\sin\alpha\cos\beta + \cos\alpha\sin\beta}{\cos\alpha\cos\beta - \sin\alpha\sin\beta}$$

で，右辺の分子・分母を $\cos\alpha\cos\beta$ で割ります：

$$\tan(\alpha+\beta)=\frac{\sin\alpha\cos\beta+\cos\alpha\sin\beta}{\cos\alpha\cos\beta-\sin\alpha\sin\beta}\qquad \begin{matrix}/\cos\alpha\cos\beta\\ /\cos\alpha\cos\beta\end{matrix}$$

‗‗のところが $\tan\alpha$，……のところが $\tan\beta$ になり，無印のところは約分できて 1 になります。よって，「tan」の加法定理は次のようになります。

$$\tan(\alpha+\beta)=\frac{\tan\alpha+\tan\beta}{1-\tan\alpha\tan\beta}$$ （1 マイナス タンタン分の タン プラ タン）

同様にして

$$\tan(\alpha-\beta)=\frac{\tan\alpha-\tan\beta}{1+\tan\alpha\tan\beta}$$

「sin」「cos」の証明は後にして，ちょっと加法定理を使ってみましょう。

例１ 次の三角関数の値を求める。
（ア） $\sin 75°$　　（イ） $\cos 105°$　　（ウ） $\tan 15°$

（ア） $\sin 75°=\sin(30°+45°)$　　sin は，左辺が＋だから右辺も＋

$$=\sin 30°\cos 45°+\cos 30°\sin 45°$$

$$=\frac{1}{2}\cdot\frac{\sqrt{2}}{2}+\frac{\sqrt{3}}{2}\cdot\frac{\sqrt{2}}{2}\qquad \therefore \sin 75°=\frac{\sqrt{2}+\sqrt{6}}{4}$$ （答）

（イ） $\cos 105°=\cos(45°+60°)$　　cos は，左辺が＋なら右辺は逆符号のー

$$=\cos 45°\cos 60°-\sin 45°\sin 60°$$

$$=\frac{\sqrt{2}}{2}\cdot\frac{1}{2}-\frac{\sqrt{2}}{2}\cdot\frac{\sqrt{3}}{2}\qquad \therefore \cos 105°=\frac{\sqrt{2}-\sqrt{6}}{4}$$ （答）

（ウ） $\tan 15°=\tan(60°-45°)$

$$=\frac{\tan 60°-\tan 45°}{1+\tan 60°\tan 45°}=\frac{\sqrt{3}-1}{1+\sqrt{3}\cdot 1}=\frac{\sqrt{3}-1}{\sqrt{3}+1}$$

$$=\frac{(\sqrt{3}-1)^2}{(\sqrt{3}+1)(\sqrt{3}-1)}=\frac{3-2\sqrt{3}+1}{3-1}=\frac{4-2\sqrt{3}}{2}=2-\sqrt{3}$$

$$\therefore \tan 15°=2-\sqrt{3}$$ （答）

（ウ）は，$\tan 15° = \tan(45° - 30°)$ でもやってみてください。

（ア）や（ウ）より，15°·75°の直角三角形の３辺の長さの比が右図のようになっていることが分かります。

【図6-1-1】

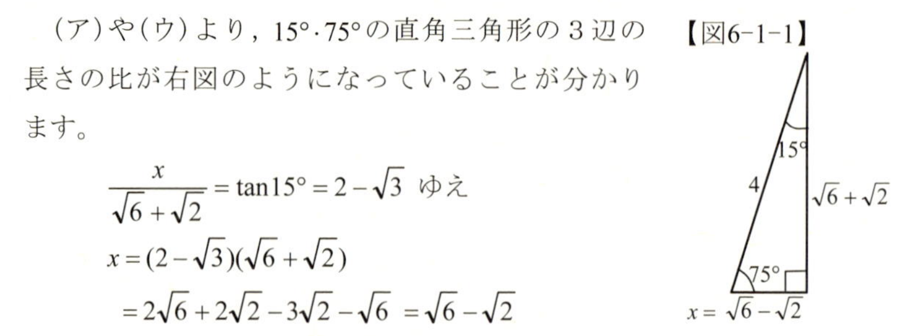

$$\frac{x}{\sqrt{6}+\sqrt{2}} = \tan 15° = 2-\sqrt{3} \text{ ゆえ}$$

$$x = (2-\sqrt{3})(\sqrt{6}+\sqrt{2})$$

$$= 2\sqrt{6}+2\sqrt{2}-3\sqrt{2}-\sqrt{6} = \sqrt{6}-\sqrt{2}$$

x をピタゴラスの定理で求めると２重根号の処理が必要になります。

●角の変換公式を加法定理で求める

三角関数には角の変換公式が多数存在します。ここに，教科書や学習参考書に載っているものを列挙してみます。

$$\sin(\theta + 360° \times n) = \sin\theta \qquad \sin(-\theta) = -\sin\theta$$

$$\cos(\theta + 360° \times n) = \cos\theta \qquad \cos(-\theta) = \cos\theta$$

$$\tan(\theta + 360° \times n) = \tan\theta \qquad \tan(-\theta) = -\tan\theta$$

上下対象

$$\sin(90° - \theta) = \cos\theta$$

$$\cos(90° - \theta) = \sin\theta$$

$$\tan(90° - \theta) = \frac{1}{\tan\theta}$$

$$\sin(\theta + 90°) = \cos\theta \qquad \sin(\theta - 90°) = -\cos\theta$$

$$\cos(\theta + 90°) = -\sin\theta \qquad \cos(\theta - 90°) = \sin\theta$$

$$\tan(\theta + 90°) = -\frac{1}{\tan\theta} \qquad \tan(\theta - 90°) = -\frac{1}{\tan\theta}$$

$$\sin(180° - \theta) = \sin\theta \qquad \sin(\theta \pm 180°) = -\sin\theta$$

$$\cos(180° - \theta) = -\cos\theta \qquad \cos(\theta \pm 180°) = -\cos\theta$$

$$\tan(180° - \theta) = -\tan\theta \qquad \tan(\theta \pm 180°) = \tan\theta$$

左右対象　　　　原点について対象

これらを暗記しようとすると数学が嫌いになります。動径の位置をかいたりして，そのたびに右辺が導けるようになることを目指してください。また，そうする練習を繰り返すうちに図が頭に浮ぶようになり，公式をまるで記憶してるかのように使えるようになるのです。

とくに「tan」については，すべて $\tan\alpha = \dfrac{\sin\alpha}{\cos\alpha}$ で求められます。

たとえば， $\sin(\theta+90°)=\cos\theta$，$\cos(\theta+90°)=-\sin\theta$ が分かれば

$$\tan(\theta+90°)=\frac{\sin(\theta+90°)}{\cos(\theta+90°)}=\frac{\cos\theta}{-\sin\theta}=-\frac{1}{\tan\theta}$$

という具合です。

また，これらはすべて，加法定理で導くこともできます。たとえば

$$\sin(\theta+90°)=\sin\theta\cos 90°+\cos\theta\sin 90°$$
$$=\sin\theta\cdot 0+\cos\theta\cdot 1 \quad =\cos\theta$$
$$\cos(180°-\theta)=\cos 180°\cos\theta+\sin 180°\sin\theta$$
$$=-1\cdot\cos\theta+0\cdot\sin\theta=-\cos\theta$$

皆さんは，ひとつひとつ実際にやってみてください。

● $\cos(\alpha-\beta)=\cos\alpha\cos\beta+\sin\alpha\sin\beta$ の証明

それでは，加法定理の証明をします。「sin」ではなく「cos」の，しかも，加法ではなく減法になっているものから証明します。

右の図のように，長さ１の動径 OP，OQ の２本を用意すると

$$\angle POQ=\alpha-\beta$$

動径の位置はこの図と異なっていても，この関係は成り立ちます。たとえ $\alpha<\beta$ であっても，これからの計算には影響しません。なぜなら

【図6-1-2】

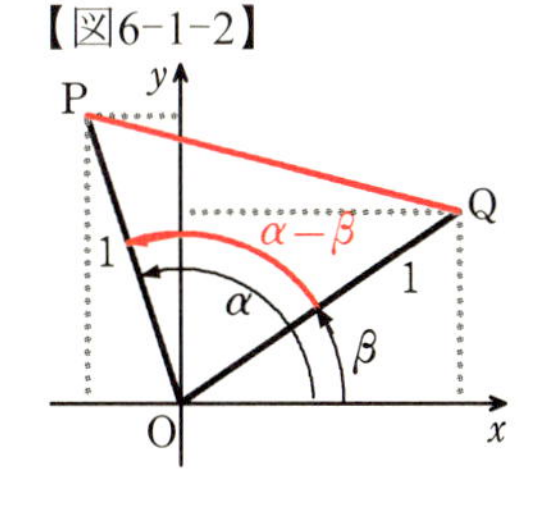

$$\cos(\alpha-\beta)=\cos\{-(\alpha-\beta)\}$$
$$=\cos(\beta-\alpha)$$

$$\cos\theta=\cos(-\theta)$$

α，β の大小に関係なく，引く順序による違いがないからです。

また，動径の長さは，$OP=OQ$ であれば１でなくても一般に r にしてもよいのですが，最後には r は約せて消えてしまいますので，ここでは最初から１にしてやっていきます。

方針は，上図の線分PQの長さを

① 点 P，Q の x，y 座標を三角関数で表し，PQ^2 をその座標を用いて表す。

② △OPQ に余弦定理を適用して PQ^2 を求める。

の２通りの方法で表します。そして

③ ①②の $PQ^2=$ の右辺どうしを等号で結んで整理。

① $P(x, y)$ とすると，いまは $OP=1$ なので

$\dfrac{x}{OP}=\cos\alpha$ より $x=\cos\alpha$ ， $\dfrac{y}{OP}=\sin\alpha$ より $y=\sin\alpha$

$\therefore P(\cos\alpha, \sin\alpha)$

$Q(x, y)$ も同様にして

$Q(\cos\beta, \sin\beta)$

そして，直交座標で表された２点間の距離(=線分の長さ)は，ピタゴラスの定理を座標で計算すればよいのです。

【図6-1-3】

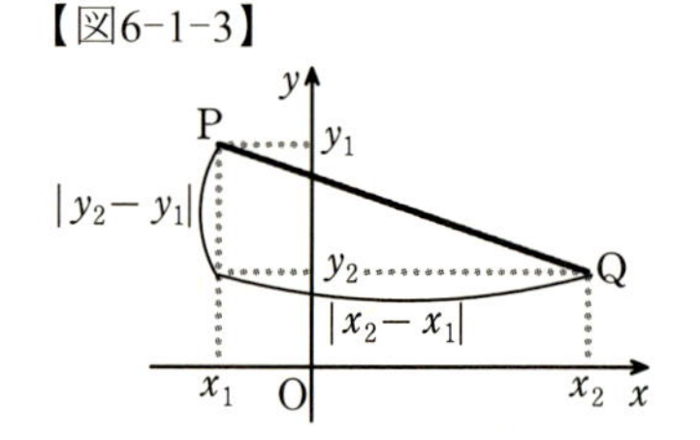

一般に，右図において

$$PQ^2=(x_2-x_1)^2+(y_2-y_1)^2$$

$PQ\geqq 0$ ゆえ

$$PQ=\sqrt{(x_2-x_1)^2+(y_2-y_1)^2}$$

引く順序は逆でも計算上は問題ありませんが，P から Q までの "変化" というときは Q から P を引く順序になるので，大小に関わらず，絶対値をつけるときや２乗するときも，その順序で書き表すのが標準的になっているのです。

さて，いまは $P(\cos\alpha, \sin\alpha)$ ， $Q(\cos\beta, \sin\beta)$ ですから

$$\begin{aligned}PQ^2&=(\cos\beta-\cos\alpha)^2+(\sin\beta-\sin\alpha)^2\\&=\underbrace{\cos^2\beta}-2\cos\beta\cos\alpha+\cos^2\alpha+\underbrace{\sin^2\beta}_{1}-2\sin\beta\sin\alpha+\sin^2\alpha\\&=2-2\cos\alpha\cos\beta-2\sin\alpha\sin\beta\end{aligned}$$

（$\cos^2\beta+\sin^2\beta=1$，$\cos^2\alpha+\sin^2\alpha=1$）

$$\therefore PQ^2=2-2(\cos\alpha\cos\beta+\sin\alpha\sin\beta) \qquad (1)$$

② 図 6-1-2 の△OPQ に余弦定理 $a^2 = b^2 + c^2 - 2bc\cos A$ を適用します。

2辺　と　間の角

$$PQ^2 = 1^2 + 1^2 - 2\cdot 1\cdot 1\cos(\alpha-\beta)$$
$$= 2 - 2\cos(\alpha-\beta) \qquad (2)$$

③ （1）（2）の右辺どうしは等しいから

$$2 - 2\cos(\alpha-\beta) = 2 - 2(\cos\alpha\cos\beta + \sin\alpha\sin\beta)$$
$$\therefore \cos(\alpha-\beta) = \cos\alpha\cos\beta + \sin\alpha\sin\beta \text{（終）} \qquad (3)$$

● $\boldsymbol{\cos(\alpha+\beta) = \cos(\alpha-(-\beta))}$

その他の式は，順次 "芋づる式" に導くことができます。

まず，（3）において，β を機械的に $-\beta$ に置き換えてみますと

左辺は　$\cos(\alpha-(-\beta)) = \cos(\alpha+\beta)$

右辺は　$\cos\alpha\cos(-\beta) + \sin\alpha\sin(-\beta)$

【図6-1-4】

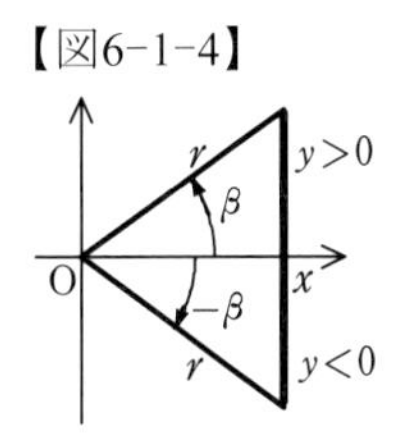

ここで，「上下対称な角」の関係で

$$\cos(-\beta) = \cos\beta \quad , \quad \sin(-\beta) = -\sin\beta$$

ですから（右図）

$$\cos(\alpha+\beta) = \cos\alpha\cos\beta - \sin\alpha\sin\beta \text{（終）}$$

● $\boldsymbol{\sin(\alpha+\beta) = \cos(90^\circ-(\alpha+\beta))}$

$$\sin\theta = \cos(90^\circ-\theta)$$

によって，「sin」を「cos」で表すことができます。

$$\sin(\underbrace{\alpha+\beta}_{\theta}) = \cos(90^\circ-(\underbrace{\alpha+\beta}_{\theta}))$$

となりますが，右辺については

$$(90^\circ-(\alpha+\beta)) = ((\underline{90^\circ-\alpha})-\beta) = (\underline{A}-\beta)$$

というようにかたまりを組みかえて，加法定理を適用します。

$$\cos((\underline{90^\circ-\alpha})-\beta) = \cos(\underline{A}-\beta) \qquad (A = 90^\circ-\alpha)$$
$$= \cos A\cos\beta + \sin A\sin\beta$$
$$= \cos(90^\circ-\alpha)\cos\beta + \sin(90^\circ-\alpha)\sin\beta$$
$$= \quad \sin\alpha \quad \cos\beta \quad + \quad \cos\alpha \quad \sin\beta$$

$$\therefore \sin(\alpha+\beta) = \sin\alpha\cos\beta + \cos\alpha\sin\beta \text{（終）}$$

あとは，β を $-\beta$ に置き換えれば，$\alpha+(-\beta)=\alpha-\beta$ ですから

$$\sin(\alpha-\beta)=\sin\alpha\cos(-\beta)+\cos\alpha\sin(-\beta)$$

$$\therefore \sin(\alpha-\beta)=\sin\alpha\cos\beta-\cos\alpha\sin\beta$$ （終）

●点の回転移動

角度を足したり引いたりする直接的な場面として，直交座標平面で，点 $P(s,t)$ を原点 O を中心に θ だけ回転させるというものがあります。

【図6-1-5】

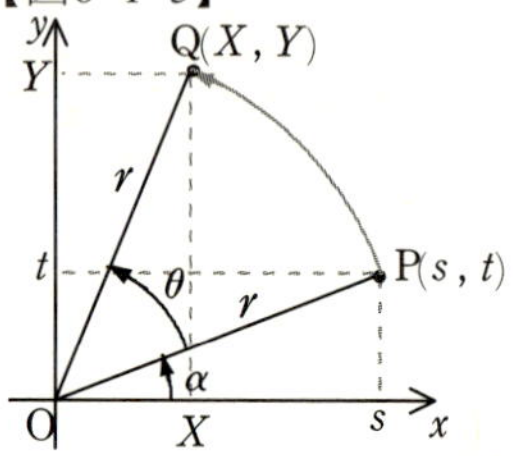

そこで，回転させた移動先の点 $Q(X,Y)$ の座標を求めてみましょう。

$$\underline{s=r\cos\alpha},\ \underline{t=r\sin\alpha}$$

$$X=r\cos(\alpha+\theta),\ Y=r\sin(\alpha+\theta)$$

ですから，加法定理により

$$X=r\cos(\alpha+\theta)=\underline{r\cos\alpha}\cos\theta-\underline{r\sin\alpha}\sin\theta$$

$$=\underline{s}\cos\theta-\underline{t}\sin\theta$$

$$Y=r\sin(\alpha+\theta)=\underline{r\sin\alpha}\cos\theta+\underline{r\cos\alpha}\sin\theta$$

$$=\underline{t}\cos\theta+\underline{s}\sin\theta$$

$$=\underline{s}\sin\theta+\underline{t}\cos\theta$$

したがって，$Q(X,Y)$ は

$$\begin{cases} \boldsymbol{X=s\cos\theta-t\sin\theta} \\ \boldsymbol{Y=s\sin\theta+t\cos\theta} \end{cases} \qquad (4)$$

このような点の移動を，原点を中心とする**回転移動**とか**回転変換**といいます。「変換」は，座標を変換するという意味です。

一般に，$P(s,t)$ から $Q(X,Y)$ へ

$$\begin{cases} X=as+bt \\ Y=cs+dt \end{cases} \qquad (5)$$

という形の式による座標の変換を**1次変換**といいます。

（4）は，（5）において

$$a=\cos\theta\ ,\ b=-\sin\theta\ ,\ c=\sin\theta\ ,\ d=\cos\theta$$

に相当します。

例２　原点を中心に，点P(2，3)を60°回転させた先の点Qの座標を求める。

$Q(X, Y)$ とすると，（４）により

$$\begin{cases} X = 2\cos 60° - 3\sin 60° \\ Y = 2\sin 60° + 3\cos 60° \end{cases}$$

ですから

$$X = 2\cdot\frac{1}{2} - 3\cdot\frac{\sqrt{3}}{2} = \frac{2-3\sqrt{3}}{2}, \quad Y = 2\cdot\frac{\sqrt{3}}{2} + 3\cdot\frac{1}{2} = \frac{2\sqrt{3}+3}{2}$$

$$\therefore Q\left(\frac{2-3\sqrt{3}}{2}, \frac{3+2\sqrt{3}}{2}\right)$$ （答）

例３　放物線 $C_1 : y = x^2$ を，原点を中心に $-45°$ 回転させてできる放物線 C_2 の方程式を求める。

まず，C_2 のだいたいの図はかけますね？

【図6-1-6】

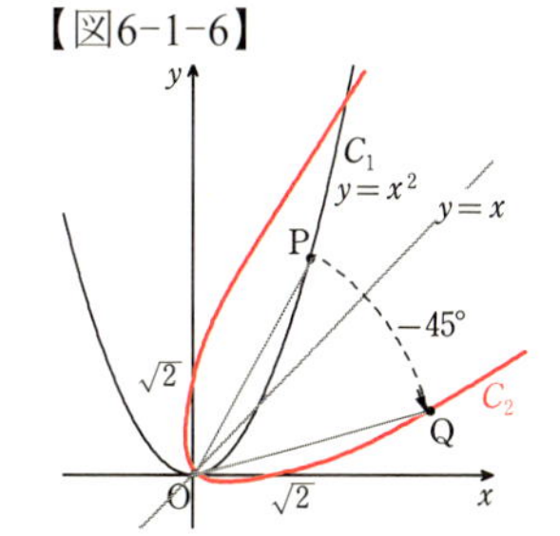

頂点が原点にあり，軸が直線 $y = x$ の放物線です。

移動前の C_1 上の任意の点を $P(s, t)$，それに対応する移動後の C_2 上の点を $Q(X, Y)$ とすると，（４）より

$$\begin{cases} X = s\cos(-45°) - t\sin(-45°) \\ Y = s\sin(-45°) + t\cos(-45°) \end{cases}$$

ゆえ

$$X = \frac{\sqrt{2}}{2}s + \frac{\sqrt{2}}{2}t, \quad Y = -\frac{\sqrt{2}}{2}s + \frac{\sqrt{2}}{2}t \quad \cdots ①$$

また，$P(s, t)$ は C_1 上にありますから

$$t = s^2 \quad \cdots ②$$

これらから，X と Y を直接結びつける等式をつくります。そのためには，②の関係の分かっている s と t について，①を連立方程式として解きます：

$$X - Y = \sqrt{2}s \quad \therefore s = \frac{1}{\sqrt{2}}(X - Y)$$

$$X + Y = \sqrt{2}t \quad \therefore t = \frac{1}{\sqrt{2}}(X + Y)$$

②に代入して

$$\frac{1}{\sqrt{2}}(X+Y)=\frac{1}{2}(X-Y)^2 \quad \times 2 = \times\sqrt{2}^2$$

$$\sqrt{2}(X+Y)=X^2-2XY+Y^2$$

$$X^2-2XY+Y^2-\sqrt{2}X-\sqrt{2}Y=0$$

通常の変数 x，y に戻して

$$x^2-2xy+y^2-\sqrt{2}x-\sqrt{2}y=0 \quad \text{（答）}$$

この式からは，放物線は連想できませんね。

一般に，x，y の２次方程式：

$$ax^2+bxy+cy^2+dx+ey+f=0$$

は，楕円，放物線，双曲線，交わる２直線，平行な２直線，１つの直線（２直線が重なったもの），１点，図形なし，のいずれかになります。これらは，直線や点だけも含めて**２次曲線**または**円錐曲線**といいます。円錐曲線というのは，これらが円錐の切り口として現れるから付けられた名前です。

という紹介だけにしておきます。

2　２倍角・３倍角・半角の公式

●２倍角の公式

加法定理において，β を α にすると，$\alpha+\beta=\alpha+\alpha=2\alpha$ となり

$$\sin 2\alpha=\sin(\alpha+\alpha)=\sin\alpha\cos\alpha+\cos\alpha\sin\alpha$$
$$=2\sin\alpha\cos\alpha$$

$$\therefore \boldsymbol{\sin 2\alpha=2\sin\alpha\cos\alpha}$$

$$\cos 2\alpha=\cos(\alpha+\alpha)=\cos\alpha\cos\alpha-\sin\alpha\sin\alpha$$
$$=\cos^2\alpha-\sin^2\alpha$$

$$\therefore \cos 2\alpha=\cos^2\alpha-\sin^2\alpha$$

これは

$$\cos 2\alpha = \underline{\cos^2\alpha} - \sin^2\alpha$$

$$= \underline{(1-\sin^2\alpha)} - \sin^2\alpha$$

$$\therefore \cos 2\alpha = 1 - 2\sin^2\alpha$$

$\sin^2\alpha + \cos^2\alpha = 1$ より
$\cos^2\alpha = 1 - \sin^2\alpha$

にもなりますし，さらに

$$\cos 2\alpha = \cos^2\alpha - \sin^2\alpha$$

$$= \cos^2\alpha - (1-\cos^2\alpha)$$

$$= \cos^2\alpha - 1 + \cos^2\alpha$$

$$\therefore \cos 2\alpha = 2\cos^2\alpha - 1$$

$\sin^2\alpha = 1 - \cos^2\alpha$

ともなり，$\cos 2\alpha$ は３通りの形になります：

$$\boldsymbol{\cos 2\alpha = \cos^2\alpha - \sin^2\alpha}$$

$$\boldsymbol{= 1 - 2\sin^2\alpha}$$

$$\boldsymbol{= 2\cos^2\alpha - 1}$$

３種類ある

あと

$$\tan 2\alpha = \frac{\tan\alpha + \tan\alpha}{1 - \tan\alpha\tan\alpha} \quad \text{または} \quad \frac{\sin 2\alpha}{\cos 2\alpha} = \frac{2\sin\alpha\cos\alpha}{\cos^2\alpha - \sin^2\alpha} \quad \begin{matrix} /\cos^2\alpha \\ /\cos^2\alpha \end{matrix}$$

$$\therefore \boldsymbol{\tan 2\alpha = \frac{2\tan\alpha}{1 - \tan^2\alpha}}$$

で，それぞれ**２倍角の公式**が得られます。

これらは単に暗記するのでなく，いつでも加法定理から導けるようにしてください。（加法定理はしっかり覚えておきましょう。）

例１　$y = \sin\theta\cos\theta$ のグラフ。

この関数の式を見て２倍角の公式を連想できるまでにはまだ時間がかかるかも知れません。

さて，$\sin 2\theta = 2\sin\theta\cos\theta$　ゆえ

$$y = \sin\theta\cos\theta = \frac{1}{2}\sin 2\theta$$

よって，周期 180°，振幅 $\frac{1}{2}$ の正弦曲線です。

2θ	0°～360°
θ	0°～180°

【図6-2-1】

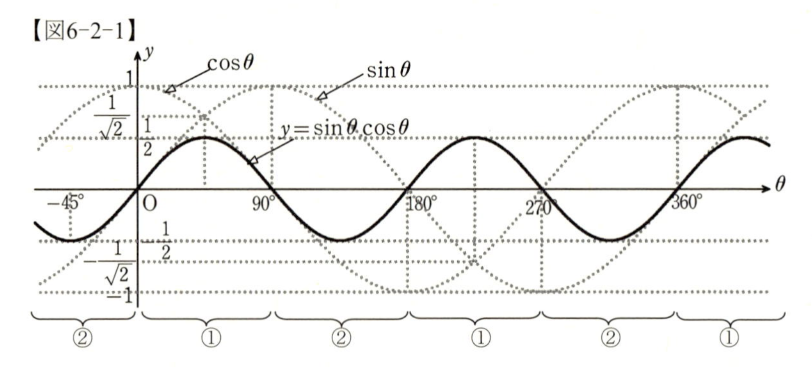

きれいな正弦曲線になると予想できましたか？

$\sin\theta$ と $\cos\theta$ のグラフを点線でかいておきましたので，それらの積 $\sin\theta\cos\theta$ との関係をよく観察してください。

$\sin\theta$, $\cos\theta$ の少なくとも一方が θ 軸と交わるところ（$y=0$）では，積 $\sin\theta\cos\theta$ も θ 軸と交わります（$\theta=0°, 90°, 180°, 270°, 360°, \cdots$）。

$\sin\theta$ と $\cos\theta$ が同符号の（θ 軸に関して上か下か同じ側にある）とき，$\sin\theta\cos\theta>0$ ですから，θ 軸より上にきます（①の部分）。

$\sin\theta$ と $\cos\theta$ が異符号の（θ 軸に関して上下反対側にある）とき，$\sin\theta\cos\theta<0$ ですから，θ 軸より下にきます（②の部分）。

そして，$0\leqq|\sin\theta|\leqq1$, $0\leqq|\cos\theta|\leqq1$ ですから

$0\leqq|\sin\theta|\leqq1$ の各辺に $|\cos\theta|$ を掛けて $0\leqq|\sin\theta\cos\theta|\leqq|\cos\theta|$

$0\leqq|\cos\theta|\leqq1$ の各辺に $|\sin\theta|$ を掛けて $0\leqq|\sin\theta\cos\theta|\leqq|\sin\theta|$

となります。すなわち，$y=\sin\theta\cos\theta$ のグラフは，θ 軸との交点以外は常に，$y=\sin\theta$, $y=\cos\theta$ のグラフよりも θ 軸に近いところを通ります。

●３倍角の公式

加法定理の $\alpha+\beta$ を $2\alpha+\alpha$ にして，２倍角の公式もあわせて用いると，次の３倍角の公式が得られます。

３倍角の公式

$$\sin3\alpha=3\sin\alpha-4\sin^3\alpha$$
$$\cos3\alpha=4\cos^3\alpha-3\cos\alpha$$
$$\tan3\alpha=\frac{3\tan\alpha-\tan^3\alpha}{1-3\tan^2\alpha}$$

これらの導出過程を示しておきます。

$$\begin{aligned}\sin 3\alpha &= \sin(2\alpha+\alpha) = \sin 2\alpha\cos\alpha + \cos 2\alpha\sin\alpha \\ &= 2\sin\alpha\cos^2\alpha + (1-2\sin^2\alpha)\sin\alpha \\ &= 2\sin\alpha(1-\sin^2\alpha) + \sin\alpha - 2\sin^3\alpha \\ &= 2\sin\alpha - 2\sin^3\alpha + \sin\alpha - 2\sin^3\alpha\end{aligned}$$

$\sin\alpha$ にそろえる方向へ

$\therefore \sin 3\alpha = 3\sin\alpha - 4\sin^3\alpha$ （終）

$$\begin{aligned}\cos 3\alpha &= \cos(2\alpha+\alpha) = \cos 2\alpha\cos\alpha - \sin 2\alpha\sin\alpha \\ &= (2\cos^2\alpha - 1)\cos\alpha - 2\sin^2\alpha\cos\alpha \\ &= 2\cos^3\alpha - \cos\alpha - 2(1-\cos^2\alpha)\cos\alpha \\ &= 2\cos^3\alpha - \cos\alpha - 2\cos\alpha + 2\cos^3\alpha\end{aligned}$$

$\cos\alpha$ にそろえる方向へ

$\therefore \cos 3\alpha = 4\cos^3\alpha - 3\cos\alpha$ （終）

$$\begin{aligned}\tan 3\alpha &= \tan(2\alpha+\alpha) = \frac{\tan 2\alpha + \tan\alpha}{1-\tan 2\alpha\tan\alpha} \\ &= \frac{\dfrac{2\tan\alpha}{1-\tan^2\alpha} + \tan\alpha \quad \times(1-\tan^2\alpha)}{1-\dfrac{2\tan\alpha}{1-\tan^2\alpha}\tan\alpha \quad \times(1-\tan^2\alpha)} \\ &= \frac{2\tan\alpha + \tan\alpha(1-\tan^2\alpha)}{1-\tan^2\alpha - 2\tan^2\alpha}\end{aligned}$$

$\therefore \tan 3\alpha = \dfrac{3\tan\alpha - \tan^3\alpha}{1-3\tan^2\alpha}$ （終）

$\tan 3\alpha$ は，例によって $\tan 3\alpha = \dfrac{\sin 3\alpha}{\cos 3\alpha}$ からも導けます。チャレンジしてみてください。（いかにして「tan」だけにするかを考えます。）

また，「"４倍角" はどうなるのかな？」という好奇心はすばらしいですね。

正弦と余弦の３倍角の公式は，３次式を１次式にする使い方があります：

$$4\sin^3\alpha = 3\sin\alpha - \sin 3\alpha \quad , \quad 4\cos^3\alpha = 3\cos\alpha + \cos 3\alpha$$

これは，第８章で学ぶ「積分」という計算において有用だし，また，フーリエ展開の一種と見ることもできます。

●半角の公式

この項では，$\cos 2\alpha$ の公式のうち，つぎの２つが主役です。

$$\cos 2\alpha = 1 - 2\sin^2\alpha \qquad \cdots ①$$

$$\cos 2\alpha = 2\cos^2\alpha - 1 \qquad \cdots ②$$

まず，①を $\sin^2\alpha =$ に変形します：

$$2\sin^2\alpha = 1 - \cos 2\alpha$$

$$\therefore \boldsymbol{\sin^2\alpha = \frac{1-\cos 2\alpha}{2}} \qquad (1)$$

半角：$2\alpha \to \alpha$　２倍角：$\alpha \to 2\alpha$

これは，$\cos 2\alpha$ から2α の半分の角 α の $\sin^2\alpha$ が分かる，ということです。半分の角度の三角関数の値が分かるので**半角の公式**と呼ばれます。「半角」を強調するために，右辺の角 2α を１文字 αで表して，左辺の角はその半分 $\frac{\alpha}{2}$ で表したもの：

$$\boldsymbol{\sin^2\frac{\alpha}{2} = \frac{1-\cos\alpha}{2}}$$

半角：$\alpha \to \frac{\alpha}{2}$　２倍角：$\frac{\alpha}{2} \to \alpha$

を教科書などでは半角の公式としてまとめてあります。いずれにしても

半角　２倍角

$$\sin^2\bigcirc = \frac{1-\cos◎}{2}$$

という関係さえあればよいわけで

$$\sin^2 2\theta = \frac{1-\cos 4\theta}{2}$$

なども成り立つということです。柔軟に使えるようにしましょう。

次に，②より

$$\boldsymbol{\cos^2\alpha = \frac{1+\cos 2\alpha}{2}} \qquad (2)$$

という「cos」の半角の公式が得られます。これも，教科書では

$$\boldsymbol{\cos^2\frac{\alpha}{2} = \frac{1+\cos\alpha}{2}}$$

となっています。

（1）と（2）から

$$\tan^2\alpha=\frac{\sin^2\alpha}{\cos^2\alpha}=\frac{\dfrac{1-\cos 2\alpha}{2}}{\dfrac{1+\cos 2\alpha}{2}}\quad \begin{matrix}\times 2\\ \times 2\end{matrix}$$

$$\therefore \boldsymbol{\tan^2\alpha=\frac{1-\cos 2\alpha}{1+\cos 2\alpha}}$$

が得られます。やはり教科書では

$$\boldsymbol{\tan^2\frac{\alpha}{2}=\frac{1-\cos\alpha}{1+\cos\alpha}}$$

となっています。

本書では，次の形でまとめておきます。

半角の公式

$$\boldsymbol{\sin^2\alpha=\frac{1-\cos 2\alpha}{2}}\qquad \boldsymbol{\cos^2\alpha=\frac{1+\cos 2\alpha}{2}}\qquad \boldsymbol{\tan^2\alpha=\frac{1-\cos 2\alpha}{1+\cos 2\alpha}}$$

例２　$\cos 67.5°$ の値を求める。

$67.5°\times 2=135°$　だから

$$\cos^2 67.5°=\frac{1+\cos 135°}{2}=\frac{1-\dfrac{\sqrt{2}}{2}}{2}=\frac{2-\sqrt{2}}{4}$$

$\cos 67.5°>0$ ゆえ

$$\cos 67.5°=\frac{\sqrt{2-\sqrt{2}}}{2}\quad (答)$$

この２重根号は解消できない。（※）
（２重根号については第４章１節）

※　解消できない２重根号

$\sqrt{2\pm\sqrt{2}}$ の２重根号は解消できません。第４章１節の説明に習って

$$\sqrt{2\pm\sqrt{2}}=\sqrt{\frac{4\pm 2\sqrt{2}}{2}}=\frac{\sqrt{4\pm 2\sqrt{2}}}{\sqrt{2}}$$

と変形しても， $uv=2$, $u+v=4$ を満たす正の有理数 u, v は存在しません。実際，$v=-u+4$ を第１式に代入して， ２次方程式 $u(-u+4)=2$ ，つまり $u^2-4u+2=0$ を解くと， u および v 自体に根号が付いてしまいます。（ $u=2\pm\sqrt{2}$, $v=2\mp\sqrt{2}$ ）

例３　$y=\sin^2\theta$ のグラフをかく。

これを見て半角の公式を連想できるようになるまでは，公式をもっと見慣れておく必要があるでしょう。各矢線の流れを追ってください。

$$y=\sin^2\theta=\frac{1-\cos 2\theta}{2}=-\frac{1}{2}\cos 2\theta+\frac{1}{2}$$

2θ	$0^\circ \sim 360^\circ$
θ	$0^\circ \sim 180^\circ$

だから

振幅 $\frac{1}{2}$，周期 180°，振動の中心 $y=\frac{1}{2}$

こっちから

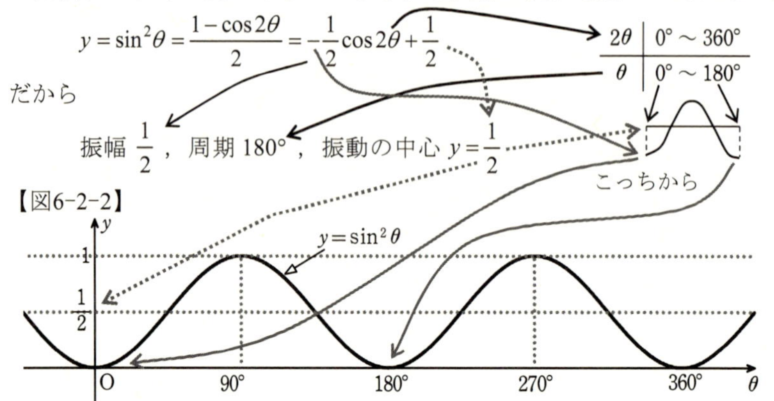

【図6-2-2】

ここでは，２次式が１次式に直せるというところがポイントです。

これも，きれいな正弦曲線です。 $\sin^2\theta \geqq 0$ なので，グラフは $y \geqq 0$ の範囲にあります。

ヒッパルコスの弦

第２章の最後に登場したヒッパルコスは，中心角 θ が 7.5° の整数 (n) 倍の扇形の弦の長さ（右図の c ）

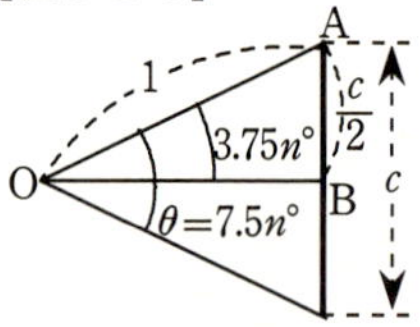

【図6-2-3】

$$c=2\sin(3.75n)^\circ \quad (1 \leqq n \leqq 23) \qquad \cdots ①$$

に相当するものの表をつくりました。

ここで，$n=1$ の場合の $c=2\sin 3.75^\circ$ の値を求めてみましょう。

3.75° は 30° の 8 分の 1 ですから，半角の公式を３回使えば求められます。

①は「sin」ですが，それを計算するための半角の公式では「cos」が必要です。そこで，半角の公式の特徴をうまく利用します：

$$\sin\frac{\alpha}{2}=\sqrt{\frac{1-\cos\alpha}{2}}, \quad \cos\frac{\alpha}{2}=\sqrt{\frac{1+\cos\alpha}{2}}$$

○と◌の符号が違うだけ

まず，$\cos 30^\circ=\frac{\sqrt{3}}{2}$ ですから

$$\sin 15° = \sqrt{\frac{1 - \cos 30°}{2}} = \sqrt{\frac{1 - \frac{\sqrt{3}}{2}}{2}} = \frac{\sqrt{2 - \sqrt{3}}}{2}$$ （$n = 4$ の場合）

$$\cos 15° = \frac{\sqrt{2 + \sqrt{3}}}{2}$$

$$\sin 7.5° = \sqrt{\frac{1 - \cos 15°}{2}} = \sqrt{\frac{1 - \frac{\sqrt{2 + \sqrt{3}}}{2}}{2}} = \frac{\sqrt{2 - \sqrt{2 + \sqrt{3}}}}{2}$$ （$n = 2$ の場合）

$$\cos 7.5° = \frac{\sqrt{2 + \sqrt{2 + \sqrt{3}}}}{2}$$

$$\sin 3.75° = \sqrt{\frac{1 - \cos 7.5°}{2}} = \sqrt{\frac{1 - \frac{\sqrt{2 + \sqrt{2 + \sqrt{3}}}}{2}}{2}} = \frac{\sqrt{2 - \sqrt{2 + \sqrt{2 + \sqrt{3}}}}}{2}$$ （$n = 1$ の場合）

c はこれらの２倍で，n のときの c を c_n とすると

$n = 1$ $(\theta = 7.5°)$ のとき　$c_1 = 2\sin 3.75° = \sqrt{2 - \sqrt{2 + \sqrt{2 + \sqrt{3}}}}$

$n = 2$ $(\theta = 15°)$ のとき　$c_2 = 2\sin 7.5° = \sqrt{2 - \sqrt{2 + \sqrt{3}}}$

$n = 4$ $(\theta = 30°)$ のとき　$c_4 = 2\sin 15° = \sqrt{2 - \sqrt{3}}$

【図6-2-4】

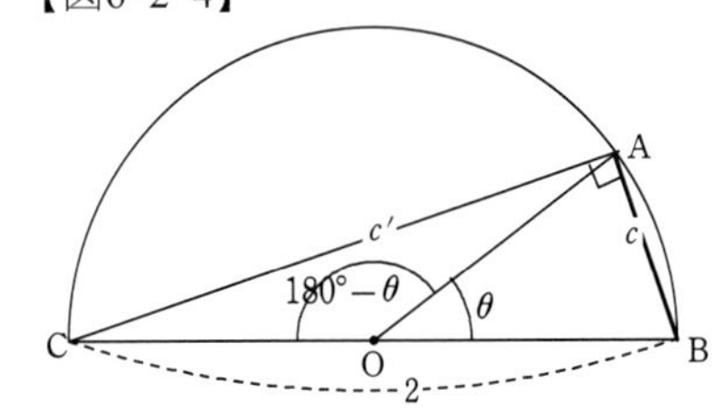

また，中心角 θ に対する弦の長さ c が分かれば，$180° - \theta$ に対する弦 AC の長さ c' は，ピタゴラスの定理により計算できます：

$$c' = \sqrt{4 - c^2}$$

たとえば，中心角 $180° - 7.5° = 172.5°$（$n = 23$）に対する弦の長さは

$$c_{23} = \sqrt{4 - {c_1}^2} = \sqrt{4 - \sqrt{2 - \sqrt{2 + \sqrt{2 + \sqrt{3}}}}^{\,2}} = \sqrt{2 + \sqrt{2 + \sqrt{2 + \sqrt{3}}}}$$

となります。

さて，ヒッパルコス（BC190頃～125頃）の時代には，三角関数の半角の公式というものが確立されていませんでしたが，次の計算式は得ていました。

半径 1 の円において，ある中心角に対する弦 AB の長さを c とする

とき，その半分の中心角に対する弦AB′ の長さ c' を，c を用いて表すことを考えます。

【図6-2-5】

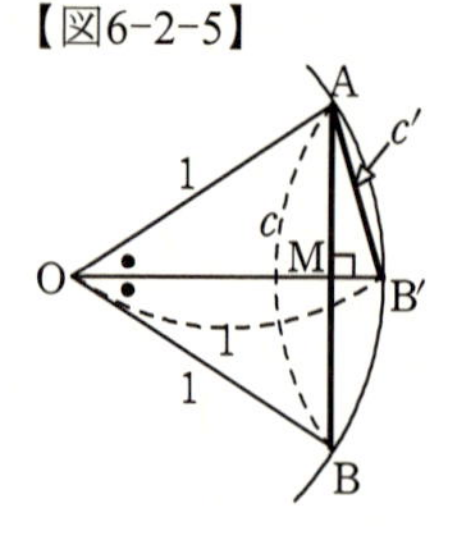

AB⊥OB′ ですから，直角三角形AB′M において，ピタゴラスの定理より

$$c'^2 = \text{AM}^2 + \text{MB}'^2 = (\frac{c}{2})^2 + (1-\text{OM})^2 \quad \cdots ②$$

直角三角形 OAM において，ピタゴラスの定理より

$$\text{OM}^2 = 1^2 - \text{AM}^2 = 1 - (\frac{c}{2})^2 = \frac{4-c^2}{4} \qquad \therefore \text{OM} = \frac{\sqrt{4-c^2}}{2}$$

②に代入して

$$c'^2 = (\frac{c}{2})^2 + (1 - \frac{\sqrt{4-c^2}}{2})^2 = \frac{c^2}{4} + 1 - \sqrt{4-c^2} + \frac{4-c^2}{4}$$

$$\therefore c'^2 = 2 - \sqrt{4-c^2}$$

$c'>0$ ゆえ

$$c' = \sqrt{2-\sqrt{4-c^2}} \qquad \cdots ③$$

ここで，$n=8$ $(\theta=60°)$ に対する弦の長さは $c=1$ ですから

$\theta=30°$ に対する弦の長さ $c' = \sqrt{2-\sqrt{4-1^2}} = \sqrt{2-\sqrt{3}} = c_4$

次に $c=\sqrt{2-\sqrt{3}}$ として

$\theta=15°$ に対する弦の長さ $c' = \sqrt{2-\sqrt{4-(2-\sqrt{3})}} = \sqrt{2-\sqrt{2+\sqrt{3}}} = c_2$

そして $c=\sqrt{2-\sqrt{2+\sqrt{3}}}$ として

$\theta=7.5°$ に対する弦の長さ $c' = \sqrt{2-\sqrt{4-(2-\sqrt{2+\sqrt{3}})}}$

$$= \sqrt{2-\sqrt{2+\sqrt{2+\sqrt{3}}}} = c_1$$

という具合に，前ページで計算した c_4，c_2，c_1 と一致します。

③の関係式は，アルキメデス（BC287頃〜212）が円周の長さ(円周率)を計算するときにすでに使っていたようです。

プトレマイオス（トレミー，83頃〜168頃）は，30分(0.5°)ごとの弦の表を，整数未満を六十進法で２桁まで求めました。

そして彼は，p.58 で見たように，中心角 θ_1，θ_2（$\theta_1<\theta_2$）に対する弦

の長さℓ_1，ℓ_2から，中心角$\theta_2-\theta_1$に対する弦の長さℓを計算する式：

$$\ell=\frac{\ell_2\sqrt{d^2-{\ell_1}^2}-\ell_1\sqrt{d^2-{\ell_2}^2}}{d}$$

【図6-2-6】

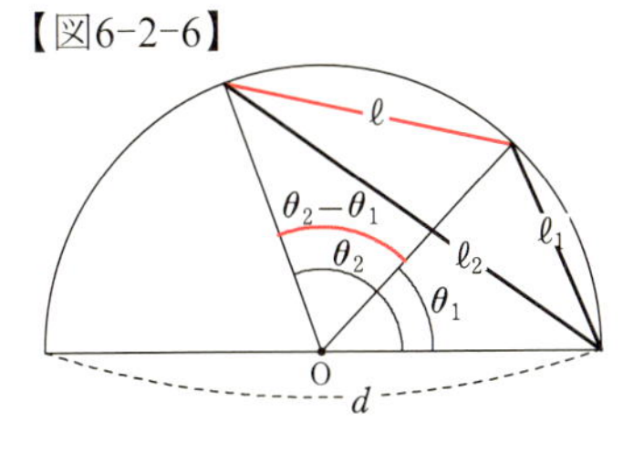

を開発しました。これを用いると，たとえば，上で計算した

$$\theta=7.5^\circ\ ,\quad c_1=\sqrt{2-\sqrt{2+\sqrt{2+\sqrt{3}}}}$$

$$\theta=30^\circ\ ,\quad c_4=\sqrt{2-\sqrt{3}}$$

から，$\theta=30^\circ-7.5^\circ=22.5^\circ$に対する弦$c_3$は（$d=2$，$\ell_1=c_1$，$\ell_2=c_4$）

$$c_3=\frac{c_4\sqrt{2^2-{c_1}^2}-c_1\sqrt{2^2-{c_4}^2}}{2}$$

$$=\frac{\sqrt{2-\sqrt{3}}\sqrt{2+\sqrt{2+\sqrt{2+\sqrt{3}}}}-\sqrt{2-\sqrt{2+\sqrt{2+\sqrt{3}}}}\sqrt{2+\sqrt{3}}}{2}$$

という具合になります。

しかし，当時はこのように根号のまま計算を続けたわけではなく，平方根はそのたびに近似値に直して計算していきました。そのため，すでに計算済みの平方根の値などは，記録してあったものと思われます。いろいろな計算結果をまとめた数表というのは，つい最近(20世紀後半くらい)まで，実用上でも重要だったのです。

3　積←→和差 の公式

●sin・cos → sin＋sin（積→和）

$\alpha+\beta$ の加法定理と $\alpha-\beta$ の加法定理を上下に重ねて書いてみます。

$$\sin(\alpha+\beta)=\sin\alpha\cos\beta+\cos\alpha\sin\beta \qquad (\text{I-1})$$

$$\sin(\alpha-\beta)=\sin\alpha\cos\beta-\cos\alpha\sin\beta \qquad (\text{I-2})$$

（Ⅰ-1）＋（Ⅰ-2）をつくると，右辺の＋の項と－の項は消えて

$$\sin(\alpha+\beta)+\sin(\alpha-\beta)=2\sin\alpha\cos\beta$$

左右入れかえて，両辺を２で割ると

$$\sin\alpha\cos\beta = \frac{1}{2}\{\sin(\alpha+\beta)+\sin(\alpha-\beta)\} \qquad (1)$$

これは「sin」と「cos」の積を「sin」の和に変形する公式です。

２次式を１次式に変形する，という視点でも見ておいてください。

また，（Ⅰ-１）－（Ⅰ-２）をつくると

$$\sin(\alpha+\beta)-\sin(\alpha-\beta) = 2\cos\alpha\sin\beta$$

$$\therefore \cos\alpha\sin\beta = \frac{1}{2}\{\sin(\alpha+\beta)-\sin(\alpha-\beta)\} \qquad (1')$$

これは，（１）式のαとβを入れかえただけのものです。皆さん確認してください。

●cos·cos → cos＋cos　（積→和）

$$\cos(\alpha+\beta) = \cos\alpha\cos\beta - \sin\alpha\sin\beta \qquad (Ⅱ\text{-}1)$$

$$\cos(\alpha-\beta) = \cos\alpha\cos\beta + \sin\alpha\sin\beta \qquad (Ⅱ\text{-}2)$$

で，（Ⅱ-１）＋（Ⅱ-２）をつくり，左右入れかえて両辺を2で割ると

$$\cos\alpha\cos\beta = \frac{1}{2}\{\cos(\alpha+\beta)+\cos(\alpha-\beta)\} \qquad (2)$$

が得られます。「cos」の積を「cos」の和に変形するという公式です。

●sin·sin → cos－cos　（積→差）

あと，（Ⅱ-１）－（Ⅱ-２）とすると

$$\cos(\alpha+\beta)-\cos(\alpha-\beta) = -2\sin\alpha\sin\beta$$

$$\sin\alpha\sin\beta = -\frac{1}{2}\{\cos(\alpha+\beta)-\cos(\alpha-\beta)\} \qquad (3)$$

これだけ右辺に「-」が付きますから気を付けてください。というより，いつでもこうして出せるようにしておけば，「-」は自然に付いてくるというものです。暗記するのでなく，加法定理から導く練習を何度もしてください。（加法定理はしっかり記憶しておくこと。）

さて，この「**積→和差の公式**」の使い道は何でしょうか。

とりあえず計算がありますが，これは公式に慣れるための練習と割り切った方がよいでしょう。

例１　次の各値を求める。

（ア）$\sin 15^\circ \sin 45^\circ$　　　　　（イ）$\sin 82.5^\circ \cos 37.5^\circ$

（ア）角度の和と差が $15^\circ + 45^\circ = 60^\circ$，$15^\circ - 45^\circ = -30^\circ$ ですから，公式（３）が利用できて

$$\sin 45^\circ \sin 15^\circ = -\frac{1}{2}\{\cos 60^\circ - \cos(-30^\circ)\}$$

$$= -\frac{1}{2}(\cos 60^\circ - \cos 30^\circ) \qquad \cos(-30^\circ) = \cos 30^\circ$$

$$= -\frac{1}{2}\left(\frac{1}{2} - \frac{\sqrt{3}}{2}\right) = \frac{-1+\sqrt{3}}{4} = \frac{\sqrt{3}-1}{4} \quad (答)$$

（イ）何か意味ありげな角度ですね。２倍すると 165°，75° ですが，これを加法定理で求めて，そのあと半角の公式．．．　は大変そうです。ここでは，$82.5^\circ + 37.5^\circ = 120^\circ$，$82.5^\circ - 37.5^\circ = 45^\circ$ ということで，公式（１）より

$$\sin 82.5^\circ \cos 37.5^\circ = \frac{1}{2}(\sin 120^\circ + \sin 45^\circ)$$

$$= \frac{1}{2}\left(\frac{\sqrt{3}}{2} + \frac{\sqrt{2}}{2}\right) = \frac{\sqrt{3}+\sqrt{2}}{4} \quad (答)$$

しかし，この公式はやはり，「積→和」ということで

三角関数の２次式が１次式に変換できる

という点にあります。

三角関数の積の「積分」という計算をするとき（第８章），積を和に直すことが必要になりますが，今の段階では，こんな公式があるのだ，ということをしっかり頭に留めておくことで良しとします。

この節末では，この公式と三角関数表を用いて，掛け算を足し算に変換して計算するようすや，本書の最終章では，オイラーの独創的な使い方を見ることができます。

●sin±sin　→　sin･cos　（和差→積）

この和差→積の公式は，実は，本節冒頭で「積→和差の公式」をつくる途中で，すでに現れていました。

再び加法定理の「＋」と「－」の式を上下に重ねて書いてみます。

$$\sin(\alpha+\beta)=\sin\alpha\cos\beta+\cos\alpha\sin\beta \qquad (\text{I-1})$$

$$\sin(\alpha-\beta)=\sin\alpha\cos\beta-\cos\alpha\sin\beta \qquad (\text{I-2})$$

（Ⅰ-１）＋（Ⅰ-２）をつくると

$$\sin(\alpha+\beta)+\sin(\alpha-\beta)=2\sin\alpha\cos\beta$$

と，ここまではまったく同じです。で，この段階ですでに

sin＋sin＝sin・cos

という，和を積に直すパターンになっていたというわけです。ただこれですと，スタートの左辺でいきなり角度が和や差の形になっていて，たとえば

$$\sin\overset{\alpha+\beta}{15^\circ}+\sin\overset{\alpha-\beta}{75^\circ}=2\sin\alpha\cos\beta$$

において，右辺で使う α，β に相当するものが分かりにくいですね。

スタートの左辺の角度はそれぞれ１文字で表しておいて，そこから右辺に必要な α，β に相当する角度を算出できる形の式にしておいた方が実用的です。

そこで，$\alpha+\beta=A$，$\alpha-\beta=B$ とすれば

$$\sin A+\sin B=2\sin\alpha\cos\beta \qquad (\bigstar)$$

となります。

$$\begin{array}{rl} & \alpha+\beta=A \\ +) & \alpha-\beta=B \\ \hline & 2\alpha \quad =A+B \end{array}$$

そうすると，$2\alpha=A+B$，$2\beta=A-B$ ですから

$$\alpha=\frac{A+B}{2},\ \beta=\frac{A-B}{2}$$

$$\begin{array}{rl} & \alpha+\beta=A \\ -) & \alpha-\beta=B \\ \hline & 2\beta=A-B \end{array}$$

です。これを(★)の右辺の α，β のところに書いておけば

$$\mathbf{\sin A+\sin B=2\sin\frac{A+B}{2}\cos\frac{A-B}{2}} \qquad (4)$$

という公式になります。これで

$$\sin15^\circ+\sin75^\circ=2\sin\frac{15^\circ+75^\circ}{2}\cos\frac{15^\circ-75^\circ}{2}=2\sin45^\circ\cos(-30^\circ)$$

という具合に，簡単に右辺も決まります。

加法定理の（Ⅰ-１）－（Ⅰ-２）と $\alpha+\beta=A$，$\alpha-\beta=B$ で

$$\mathbf{\sin A-\sin B=2\cos\frac{A+B}{2}\sin\frac{A-B}{2}} \qquad (5)$$

が得られます。右辺の「sin」と「cos」の順序に気を付けてください。このことは，$\sin(\alpha\pm\beta)=$の右辺が「サイン・コサイン，コサイン・サイン」であることで思い出せます。

●cos±cos → cos·cos　（和差→積）

$$\cos(\alpha+\beta)=\cos\alpha\cos\beta-\sin\alpha\sin\beta \qquad (\text{II-1})$$

$$\cos(\alpha-\beta)=\cos\alpha\cos\beta+\sin\alpha\sin\beta \qquad (\text{II-2})$$

で，（Ⅱ-１）＋（Ⅱ-２）と $\alpha+\beta=A,\ \alpha-\beta=B$ によって

$$\cos A+\cos B=2\cos\frac{A+B}{2}\cos\frac{A-B}{2} \qquad (6)$$

（Ⅱ-１）－（Ⅱ-２）から

$$\cos A-\cos B=-2\sin\frac{A+B}{2}\sin\frac{A-B}{2} \qquad (7)$$

がそれぞれ得られます。

左辺の和や差は，「sin」どうし，「cos」どうしのものだけで，sin＋cos や sin−cos は出てきません。なぜなら，「sin」と「cos」の加法定理を足しても引いても，右辺はぜんぜんまとまらないからです。

sin＋cos や sin−cos は，次節の「合成」の対象になります。

この「**和差→積の公式**」も，次の関数値の計算は実用ではなく，練習です。

例２　$\cos105°-\cos195°$

$\alpha=\dfrac{105°+195°}{2}=150°,\ \beta=\dfrac{105°-195°}{2}=-45°$ だから，公式（７）より

$$\begin{aligned}\cos105°-\cos195°&=-2\sin150°\sin(-45°)\\&=\ 2\sin150°\sin45°\\&=2\cdot\frac{1}{2}\cdot\frac{\sqrt{2}}{2}=\frac{\sqrt{2}}{2}\quad(\text{答})\end{aligned}$$

$\sin(-45°)=-\sin45°$

なお，$105°=60°+45°,\ 195°=150°+45°$ ですから，加法定理でも計算できます。

●三角方程式

和や差を積に直すことのメリットのひとつとして，$=0$ という方程式を解く手がかりになるということを押さえておきましょう。

一般に

$$\mathrm{P}\cdot\mathrm{Q}=0 \iff \mathrm{P}=0 \text{ または } \mathrm{Q}=0$$

で，この理屈は，２次方程式や３次方程式などを因数分解して解くときに使われています。

三角関数を主役とする方程式を**三角方程式**ということがあります。

例３　三角方程式 $\sin\theta-\sin 3\theta=0$　$(0^\circ \leqq \theta < 360^\circ)$　を解く。

$\dfrac{\theta+3\theta}{2}=2\theta$，$\dfrac{\theta-3\theta}{2}=-\theta$　ゆえ，公式(５)より

$$\sin\theta-\sin 3\theta=2\cos 2\theta\sin(-\theta)=-2\cos 2\theta\sin\theta$$

$\sin(-\theta)=-\sin\theta$

よって，問題の方程式は

$$-2\cos 2\theta\sin\theta=0$$

と同値。したがって

$$\cos 2\theta=0 \quad \text{または} \quad \sin\theta=0$$

$0^\circ \leqq \theta < 360^\circ$ ゆえ $0^\circ \leqq 2\theta < 720^\circ$　　←2θ の範囲内で解く。

$\cos 2\theta=0$ より

$2\theta=90^\circ,\ 270^\circ,\ 450^\circ,\ 630^\circ$

$\therefore \theta=45^\circ,\ 135^\circ,\ 225^\circ,\ 315^\circ$　　…　①

$\sin\theta=0$ より（$0^\circ \leqq \theta < 360^\circ$）

$\theta=0^\circ,\ 180^\circ$　　…　②

①または②ゆえ

$\theta=0^\circ,\ 45^\circ,\ 135^\circ,\ 180^\circ,\ 225^\circ,\ 315^\circ$　(答)

【図6-3-1】

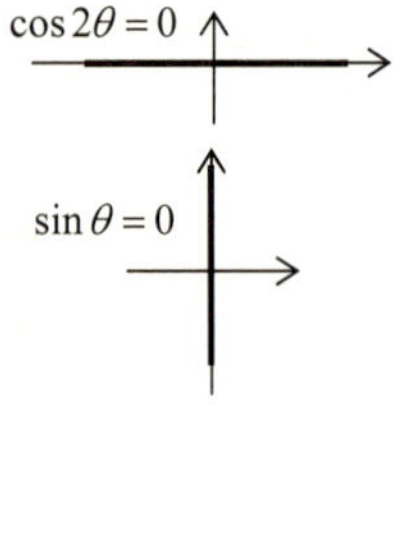

$\cos 2\theta=0$

$\sin\theta=0$

この方程式で，$y=\sin\theta$ と $y=\sin 3\theta$ のグラフの共有点の θ 座標 $(0^\circ \leqq \theta < 360^\circ)$ を求めたことになっています。

【図6-3-2】

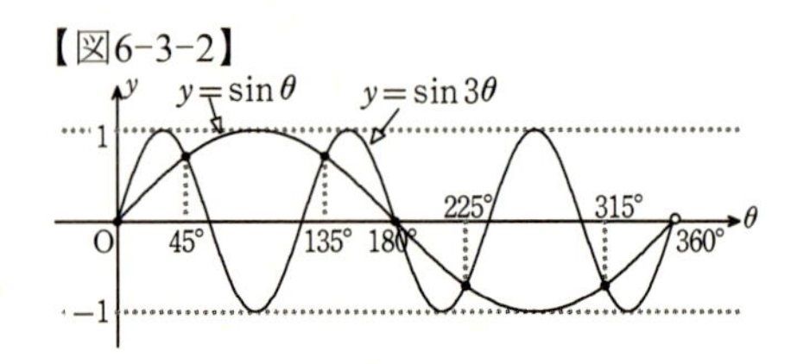

掛け算を足し算に変える

三角関数表と三角関数の各種の公式は，17世紀初め頃までは三角関数そのものの計算だけに使うものではありませんでした。

三角関数の積を和や差に直す公式のうち，「cos」だけでできている

$$\cos\alpha\cos\beta=\frac{1}{2}\{\cos(\alpha+\beta)+\cos(\alpha-\beta)\} \quad \cdots ①$$

に注目して，たとえば，$\alpha=35°$，$\beta=20°$ としてみましょう。

本書の三角関数表を用いて

$$①の左辺 =\cos35°\cos20°=0.81915\,20443\times0.93969\,26208$$

となりますが，これは，算盤を使っても大変です。こうした桁数の多い計算は，球面の測量（第4章1節）や天文，商取引における利息計算などで頻繁に必要だったのです。

さて，$\alpha+\beta=55°$，$\alpha-\beta=15°$ ですから

①の右辺の計算

$$\begin{array}{r} \cos55°=0.57357\,64364 \\ +)\ \cos15°=0.96592\,58263 \\ \hline 2\,)\ 1.53950\,22627 \\ \hline 0.76975\,113135 \end{array}$$

となります。これで

$$0.81915\,20443\times0.93969\,26208=0.76975\,11313\cdots$$

という計算をしたことになっています。

このように，掛け算を足し算に変換して手計算が容易になるというわけです。

実際には，角度から決まるのではなく，たとえば 1.41421 が計算に必要なら，10 で割って，0.141421 に近い三角関数の値に対応する角度を探します。

本書巻末の表では粗すぎますが，すでにプトレマイオス（トレミー，83頃～168頃）は30分（0.5°）刻みの弦の表をつくっていましたし，16世紀半ばには，1分（$\frac{1}{60}$°）刻みで，十進小数でいうと5～7桁程度の表ができていました。すると，7桁の表なら

$$\begin{array}{l} \cos81°52'=0.14147\,72 \\ \qquad 0.14142\,1 \quad 差\ 0.00005\,62 \\ \cos81°53'=0.14118\,92 \end{array} \quad 差\ 0.00028\,80$$

が見つかります。ここで，この角度1分の間を直線的に変化するとみな

して，比例配分します。つまり

$$\alpha = 81°52' + \left(\frac{0.00005\,62}{0.00028\,80}\right)' = 81°52' + 0.195\cdots' \fallingdotseq 81°52' + 0.2' = 81°52.2'$$

とします。

また，3.14159 が計算に必要なら，0.314159 を探すと

$$\begin{array}{l} \cos 71°41' = 0.31426\,86 \\ \cos 71°42' = 0.31399\,25 \end{array} \prec \left\{ \begin{array}{l} 0.31415\,9 \;]\text{差}\ 0.00010\,96 \end{array} \right] \text{差}\ 0.00027\,61$$

となっているので，これも比例配分して

$$\beta = 71°41' + \left(\frac{0.00010\,96}{0.00027\,61}\right)' = 71°41' + 0.396\cdots' \fallingdotseq 71°41' + 0.4' = 71°41.4'$$

とします。

$\alpha + \beta = 153°33.6'$，$\alpha - \beta = 10°10.8'$ですから

$$\cos 153°33.6' = -\cos 26°26.4'$$

$\cos 26°26.4'$ については，$\cos 26°26'$ と $\cos 26°27'$ の間ですから

$$\begin{array}{l} \cos 26°26' = 0.89545\,29 \\ \cos 26°27' = 0.89532\,34 \end{array} \prec \left\{ \cos 26°26.4' = x \right] \text{差}\ 0.00012\,95$$

で，ここも比例配分して（引くことに注意）

$$x = 0.89545\,29 - 0.00012\,95 \times 0.4 = 0.89545\,29 - 0.00005\,180$$

$$\therefore \cos 26°26.4' = 0.89540\,11 \qquad \cdots ②$$

とします。

$\cos(\alpha - \beta) = \cos 10°10.8'$ も比例配分します：

$$\begin{array}{l} \cos 10°10 = 0.98429\,85 \\ \cos 10°11 = 0.98424\,71 \end{array} \prec \left\{ \cos 10°10.8' \right] \text{差}\ 0.00005\,14$$

$$\therefore \cos 10°10.8' = 0.98429\,85 - 0.00005\,14 \times 0.8 = 0.98425\,738 \qquad \cdots ③$$

したがって，だいぶゴチャゴチャしましたが

$$\begin{aligned} \underline{0.141421 \times 0.314159} &\fallingdotseq \cos 81°52.2' \times \cos 71°41.4' \\ &= \frac{1}{2}(\cos 153°33.6' + \cos 10°10.8') \\ &= \frac{1}{2}(-\underset{\downarrow ②}{\cos 26°26.4'} + \underset{\downarrow ③}{\cos 10°10.8'}) \\ &\fallingdotseq \frac{1}{2}(-0.89540\,11 + 0.98425\,738) \\ &= \underline{0.04442814} \end{aligned}$$

となります。そして，もとの桁に戻します。

$$
\begin{aligned}
0.141421\times0.314159 &= 0.141421\times10\times0.314159\times10\\
&= \underline{0.141421\times0.314159}\times100\\
&= \underline{0.04442814}\times100\\
&= 4.442814
\end{aligned}
$$

が求めるものです。実際は

$$1.41421\times3.14159=4.44286799\cdots$$

です。（これだけの手間を掛けている間にもとの掛け算ができそう？）

ここで行ったような，数表の間の値を比例配分して求めることを，**線形補間法**といって，当時も使われていた手法です。

現代の三角関数表は，$r=1$としたときの x，y の値をそれぞれ $\cos\theta$，$\sin\theta$ の値としているので，すべて１以下の値になっています。上の計算ではそのような値を用いています。

しかし，17世紀頃までは１未満の値は六十進法でしたので，表記も計算も大変煩わしいものでした。それでステヴィン（1548～1620）は，インド数字(算用数字)を用いた十進法による小数表記を提唱したのでした。（p.112）

当時でも，整数部分は十進法が定着していたので，六十進法を使わずに三角関数表をつくりました。

どうするかというと，右図において例えば，$r=10^6$ とすれば，$\cos35°=0.81915\,20443$ ということが $x=819152.0443$ で表されることになりますから，この整数部分だけを使えば，６桁の三角関数表が十進法の整数で表記されることになります。

【図6-3-3】

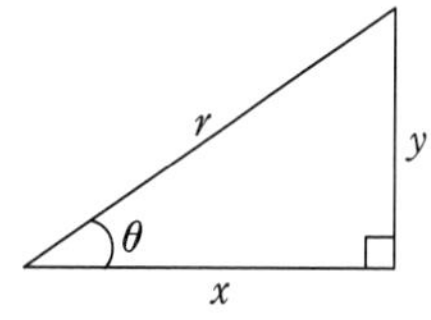

$\theta=35°$ のとき
$r=1\Rightarrow x=0.81915204\cdots$
$r=10^6$
$\Rightarrow x=819152.04\cdots$

巻末の表も，$\sin\theta$ と $\cos\theta$ は 10^{10} を掛けると「0.」が消えて，見かけは 10 桁の整数になり，十進小数を知らない時代のひとたちにも使えるものとなるのです。

4　三角関数の合成

● $a\sin\theta + b\cos\theta = r\sin(\theta+\alpha)$

「和差→積の公式」は，「sin±sin」と「cos±cos」のタイプしかありませんでしたが，今回扱う式は「sin」と「cos」の和・差

$$a\sin\theta \pm b\cos\theta$$

で，係数(振幅)は異なっていても構いませんが，角度(周期)はそろっていなくてはなりません。

このような形の式は，加法定理による展開で出てきます。たとえば

$$\sin(\theta+60°) = \sin\theta\cos60° + \cos\theta\sin60°$$
$$= \sin\theta\cdot\frac{1}{2} + \cos\theta\cdot\frac{\sqrt{3}}{2}$$
$$\therefore \sin(\theta+60°) = \frac{1}{2}\sin\theta + \frac{\sqrt{3}}{2}\cos\theta \qquad a\sin\theta + b\cos\theta \text{の形}$$

左右逆に書けば

$$\frac{1}{2}\sin\theta + \frac{\sqrt{3}}{2}\cos\theta = \sin(\theta+60°)$$

という具合に，「sin」と「cos」の和をひとつの「sin」にまとめた(合成した)ことになっています。

$$a\sin\theta \pm b\cos\theta = r\sin(\theta+\alpha)$$

において，$a=\frac{1}{2}$，$b=\frac{\sqrt{3}}{2}$，$r=1$，$\alpha=60°$　です。

つまり，**三角関数の合成**とは，**加法定理を逆に使ってひとつの正弦関数にすること**なのです。

● r と α の見つけ方

加法定理：$\sin(\theta\pm\alpha) = \sin\theta\cos\alpha \pm \cos\theta\sin\alpha$　を見ると

$\sin\theta$ の係数が $\cos\alpha$　，　$\cos\theta$ の係数が $\sin\alpha$　　（1）

になっており，上の例の場合

$$\sin\theta \text{ の係数 } a=\frac{1}{2}=\cos\alpha \quad , \quad \cos\theta \text{ の係数 } b=\frac{\sqrt{3}}{2}=\sin\alpha$$

という対応になっているので，$\alpha=60°$ を見つけることができます。

しかし，a, b の値にはとくに制限はありませんから，こういつも

$$a=\cos\alpha,\ b=\sin\alpha$$

と直接対応するとは限りません。たとえば，先ほどの例を２倍して

$$\sin\theta+\sqrt{3}\cos\theta$$

とすれば

$$a=1=\cos\alpha,\ b=\sqrt{3}=\sin\alpha$$

は，もう破綻しています。ともかく，$\sin\alpha=\sqrt{3}$ はあり得ません。

$$-1\leqq\sin\alpha\leqq1,\ -1\leqq\cos\alpha\leqq1$$

は重要です。

【図6-4-1】

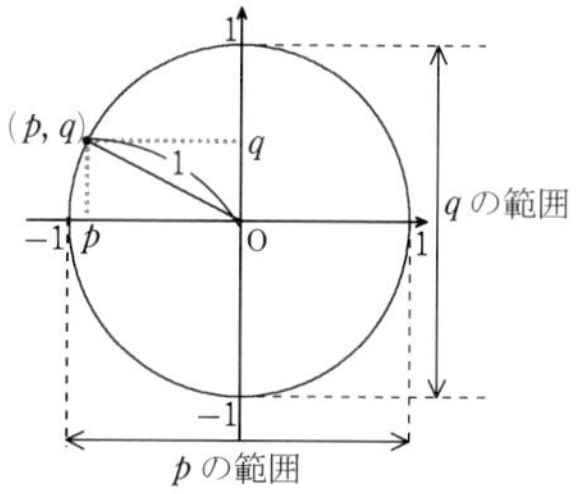

ふたつの数 p, q が $p=\sin\alpha$, $q=\cos\alpha$ に相当するためにはどのような条件を満たさなければならないかというと，何といっても

$$p^2+q^2=1 \qquad (２)$$

です。当然 $\sin^2\alpha+\cos^2\alpha=1$ のことです。

これを満たせば $-1\leqq p\leqq1$, $-1\leqq q\leqq1$ は自動的に満たされます。なぜなら，（２）を満たす (p, q) を座標と思えば，点 (p, q) は座標平面の原点との距離が 1 であるところ，すなわち，単位円の周上にある点だからです。

それでは

$$\sin\theta+\sqrt{3}\cos\theta$$

の係数 $a=1$, $b=\sqrt{3}$ をどう処理していけばよいかを考えます。

２乗の和が 1 になればよいのですが，このままだと

$$1^2+\sqrt{3}^2=1+3=4$$

になってしまいますから，両辺をこの２乗和 4 で割れば

$$\frac{1^2}{4}+\frac{\sqrt{3}^2}{4}=1 \quad \therefore (\frac{1}{2})^2+(\frac{\sqrt{3}}{2})^2=1$$ ← これで ２乗和＝1

よって

$$p=\frac{1}{2}, \quad q=\frac{\sqrt{3}}{2}$$

で，２乗和が１になる２数をつくることができます。

一般に，任意の２数 a, b に対して

$$p=\frac{a}{\sqrt{a^2+b^2}}, \; q=\frac{b}{\sqrt{a^2+b^2}}$$ a，b の$\sqrt{2\text{乗和}}$ で割る

でもって，$p^2+q^2=1$ を満たす２数 p, q がいつでもつくれます。

$\sqrt{2\text{乗和}}$ で割りっぱなしでは元の式と等号＝で結べませんから

$\sqrt{a^2+b^2}$ で割って掛ける：

$$\sin\theta+\sqrt{3}\cos\theta=2\,(\frac{1}{2}\sin\theta+\frac{\sqrt{3}}{2}\cos\theta)$$

とやります。これは，強引に２でくくったという言い方もできます。

これで，$r=\sqrt{a^2+b^2}$ であることが分かりました。

次に，$r\ (=2)$ でくくった後の部分について，ここでの主眼は前々ページの（１）で述べていることで

$$\boxed{\frac{1}{2}}\sin\theta+\boxed{\frac{\sqrt{3}}{2}}\cos\theta$$ $\frac{1}{2}=\frac{a}{r}$，$\frac{\sqrt{3}}{2}=\frac{b}{r}$

↓ ↓

$$\boxed{\cos\alpha}\sin\theta+\boxed{\sin\alpha}\cos\theta$$ $\cos\alpha=\frac{a}{r}$，$\sin\alpha=\frac{b}{r}$

として，積の順序を入れかえれば

$$\sin\theta\boxed{\cos\alpha}+\cos\theta\boxed{\sin\alpha}$$ ← サイン コサイン コサイン サイン

で，まさに加法定理 $\sin(\theta+\alpha)$ の右辺になっているという点です。この話のつながりをよ～く理解しておいてください。

で，$\cos\alpha=\frac{1}{2}$, $\sin\alpha=\frac{\sqrt{3}}{2}$ の関係から $\alpha=60°$ が求まります。

なお，α は通常，$-180°<\alpha\leqq 180°$ か $0°\leqq\alpha<360°$ の範囲で探します。

教科書風にまとめると

$a\sin\theta+b\cos\theta=r\sin(\theta+\alpha)$ と変形できる

ただし，$r=\sqrt{a^2+b^2}$, $\cos\alpha=\frac{a}{r}$, $\sin\alpha=\frac{b}{r}$

となります。この変形を **$a\sin\theta$ と $b\cos\theta$ の合成**といいます。

この結果だけを当てはめるのではなく，上述の手順を理解しておくことが速く身につく近道です。

例１　$3\sin\theta-\sqrt{3}\cos\theta$　をひとつの正弦関数で表す。

$$(r=)\sqrt{3^2+(-\sqrt{3})^2}=\sqrt{12}=2\sqrt{3}$$

$$3\sin\theta-\sqrt{3}\cos\theta=2\sqrt{3}\left(\frac{3}{2\sqrt{3}}\sin\theta-\frac{\sqrt{3}}{2\sqrt{3}}\cos\theta\right)$$

$$=2\sqrt{3}\left(\frac{\sqrt{3}}{2}\sin\theta-\frac{1}{2}\cos\theta\right)$$

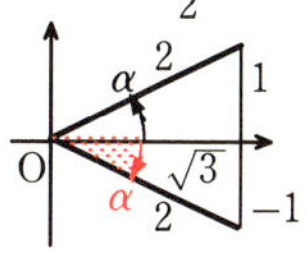

$\cos\alpha=\dfrac{\sqrt{3}}{2}$ より　$\alpha=30°,\ -30°$

このうち $\sin\alpha=-\dfrac{1}{2}$ となるのは　$\alpha=-30°$

$\therefore 3\sin\theta-\sqrt{3}\cos\theta=2\sqrt{3}\sin(\theta-30°)$　（答）

【図6-4-2】

$\cos\alpha=\dfrac{\sqrt{3}}{2}$

例２　$y=\sin\theta+\cos\theta$　のグラフ。

$$(r=)\sqrt{1^2+1^2}=\sqrt{2}$$

$$y=\sin\theta+\cos\theta=\sqrt{2}\left(\frac{1}{\sqrt{2}}\sin\theta+\frac{1}{\sqrt{2}}\cos\theta\right)$$

$\cos\alpha=\dfrac{1}{\sqrt{2}}$，$\sin\alpha=\dfrac{1}{\sqrt{2}}$ より　$\alpha=45°$

$\therefore y=\sin\theta+\cos\theta=\sqrt{2}\sin(\theta+45°)$

$\theta+45°$	$0°\sim360°$
θ	$-45°\sim315°$

周期 $360°$，振幅 $\sqrt{2}$

$\theta=0°$ のとき　$y=\sin0°+\cos0°=0+1=1$　（y 切片）

したがって，グラフは次のようになります。

【図6-4-3】

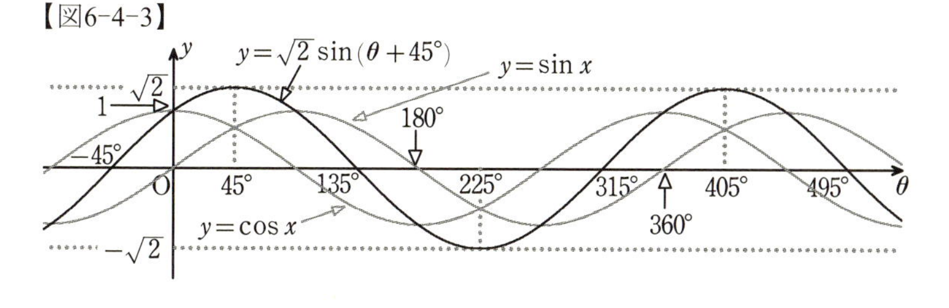

$y=\sin\theta+\cos\theta$　という式を見たときのグラフの印象と違うのではな

いでしょうか。単純な正弦曲線になると想像できましたか？

すべての $y=a\sin\theta+b\cos\theta$ のグラフは，$y=r\sin(\theta+\alpha)$ という正弦曲線になります。（当然，$a=b=0$ の場合を除いて，という話です。）

例 3　$y=4\sin\theta+3\cos\theta$ のグラフ。

$$r=\sqrt{4^2+3^2}=\sqrt{25}=5$$

$$y=4\sin\theta+3\cos\theta=5\left(\frac{4}{5}\sin\theta+\frac{3}{5}\cos\theta\right)$$

$$\therefore y=5\sin(\theta+\alpha)\qquad ただし\quad \cos\alpha=\frac{4}{5},\ \sin\alpha=\frac{3}{5}$$

【図6-4-4】

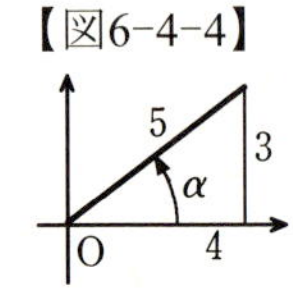

この α は，第 1 章で 36.8698976458…° と紹介しましたが，今ここでその値を知っている必要はありません。このように $\cos\alpha$，$\sin\alpha$ の値を示すことで α の説明を書き添えておきます。α の説明として，上のような図を添えておくのも良いでしょう。

【図6-4-5】

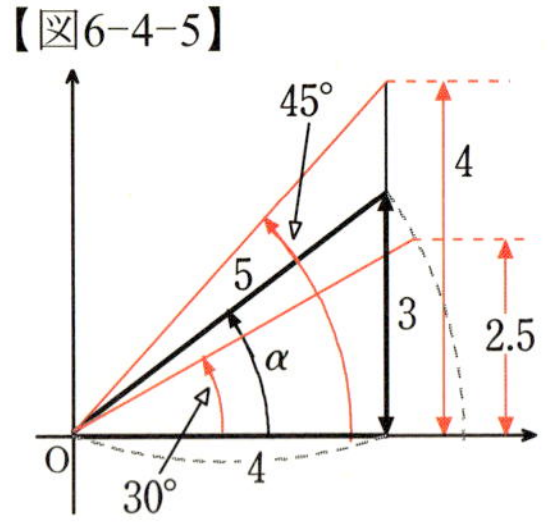

なお，右の図のように

$$\sin 30°=\frac{1}{2}<\sin\alpha=\frac{3}{5}<\sin 45°=\frac{\sqrt{2}}{2}\quad (★)$$

ということから，$30°<\alpha<45°$ であることぐらいは分かります。

あるいは，$y=\sin\theta$ のグラフを考えると，$0°\leqq\theta\leqq 90°$ において右上がりですから，角度 θ の大小関係と $\sin\theta$ の大小が一致します。したがって，（★）の不等式から $30°<\alpha<45°$ となることが分かります。

【図6-4-6】

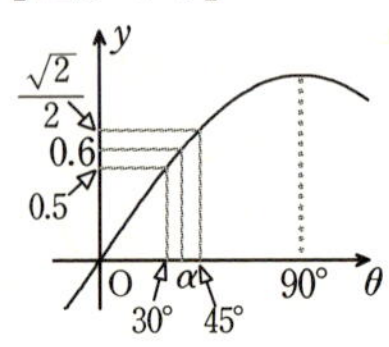

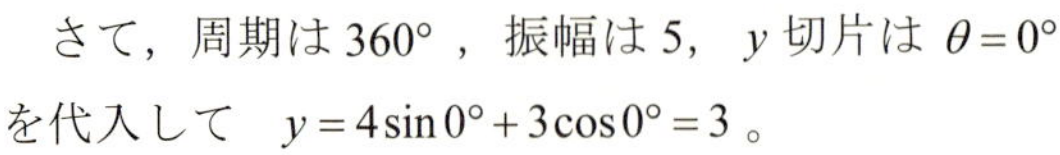

さて，周期は 360°，振幅は 5，y 切片は $\theta=0°$ を代入して　$y=4\sin 0°+3\cos 0°=3$ 。

$y=5\sin\theta$ のグラフを θ 軸方向に $-\alpha$ だけ平行移動したものです。

グラフは次のようになります。

$\theta+\alpha$	$0°\sim 360°$
θ	$-\alpha\sim 360°-\alpha$

【図6-4-7】

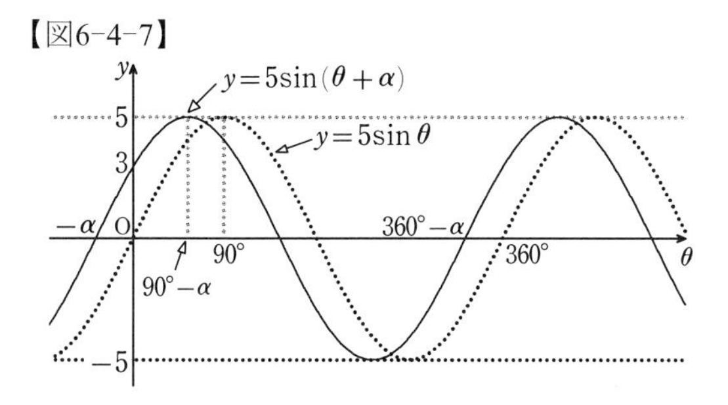

● $a\sin\theta + b\cos\theta = r\cos(\theta - \alpha)$

三角関数の合成が「sin」の加法定理の "逆算" であるのなら，「cos」の加法定理も使えるのではないかと，ということに気付きます。つまり

$$a\sin\theta + b\cos\theta = r\cos(\theta - \alpha)$$ ← 符号に注意

とできるということです。右辺を展開してみると

$$r(\cos\theta\cos\alpha + \sin\theta\sin\alpha) = \underline{r\cos\alpha}\cos\theta + \underline{r\sin\alpha}\sin\theta$$

$$\therefore \underline{a}\sin\theta + \underline{b}\cos\theta = \underline{r\cos\alpha}\cos\theta + \underline{r\sin\alpha}\sin\theta$$

で，左辺と右辺の対応する項の位置が逆になりますから，これも注意が必要です。

$\cos\theta$ の係数　$\underline{b = r\cos\alpha}$　$\therefore \cos\alpha = \dfrac{b}{r}$　　（cos の係数が cos）

$\sin\theta$ の係数　$\underline{a = r\sin\alpha}$　$\therefore \sin\alpha = \dfrac{a}{r}$　　（sin の係数が sin）

で，$r = \sqrt{a^2 + b^2}$ は先ほどと同じです。

例４　$-\sin\theta + \cos\theta$　をひとつの余弦関数「cos」で表す。

$(r =)\sqrt{(-1)^2 + 1^2} = \sqrt{2}$ ゆえ　　$r > 0$ なので「−」ではくくらない。

$$-\sin\theta + \cos\theta = \sqrt{2}\left(-\frac{1}{\sqrt{2}}\sin\theta + \frac{1}{\sqrt{2}}\cos\theta\right) \qquad (★)$$

$$= \sqrt{2}\left(\frac{1}{\sqrt{2}}\cos\theta - \frac{1}{\sqrt{2}}\sin\theta\right)$$ 「cos」の加法定理に合わせて

↓　　↓

$$\cos\alpha = \frac{1}{\sqrt{2}} \quad \sin\alpha = -\frac{1}{\sqrt{2}} \qquad \therefore \alpha = -45°$$

$$\therefore -\sin\theta + \cos\theta = \sqrt{2}\cos(\theta + 45°)$$ （答）　　← 符号に注意

これを正弦関数に合成するなら，(★)より

$$\cos\alpha = -\frac{1}{\sqrt{2}},\ \sin\alpha = \frac{1}{\sqrt{2}} \quad \text{より} \quad \alpha = 135°$$

$$\therefore -\sin\theta + \cos\theta = \sqrt{2}\sin(\theta + 135°)$$

となりますが，$\sqrt{2}\cos(\theta + 45°)$ がこれと等しいことは，加法定理で展開すれば分かりますし

$$\cos\theta = \sin(\theta + 90°)$$

という関係式からも

$$\cos(\underline{\theta + 45°}) = \sin(\underline{\theta + 45°} + 90°) = \sin(\theta + 135°)$$

というように確認できます。

「cos」の加法定理は，左辺と右辺の符号が逆になるため，例4のように $\alpha = -45°$ が見つかったときに，$\theta + 45°$ にしなければならないという，ミスを犯しやすい点があります。そういう理由もあってでしょう，三角関数の合成といえば，$r\sin(\theta + \alpha)$ に合成することを指します。

●「合成」について

ここで「合成」という言葉について注意があります。

普通，ふたつの**関数の合成**というときには，一方の関数をもう一方の関数の変数に "埋め込む" ことをいいます。たとえば

$y = x^2$ に $y = x - 3$ を合成	$y = x - 3$ に $y = x^2$ を合成
$y = x^2$ ← $y = x - 3$	$y = x - 3$ ← $y = x^2$

という感じになり，１本の式にまとめると

$y = (x-3)^2$	$y = x^2 - 3$

という，またひとつの関数ができ上がります。

一般に，関数 $f(x)$ に $g(x)$ を合成するというのは，$f(x)$ の x に $g(x)$ を代入することで

代入することで	$g(x)$ に $f(x)$ を合成する場合は
$y = f(x)$ ← $y = g(x)$	$y = g(x)$ ← $y = f(x)$
$\therefore y = f(g(x))$	$\therefore y = g(f(x))$

という表現になります。この $f(g(x))$ を，$f(x)$ に $g(x)$ を合成してできた**合成関数**といいます。$g(f(x))$ は，$g(x)$ に $f(x)$ を合成した合成関数です。

一般には $f(g(x)) \neq g(f(x))$ となって，いわゆる "交換法則" は成り立ちませんから，合成においては２つの関数の順序は重要です。

教科書や一般の書物では，g に f を合成した $g(f(x))$ を，f と g の合成関数といって語順と記号の順が逆になりますから気をつけてください。これは，関数記号 $\overleftarrow{y=f(x)}$ が，この矢印のように右から左へ値が受け渡される構造になっているためで，「f と g」という言い方は，計算される順を表しているのだと思えば，記号 $g(\overleftarrow{f(x)})$ との折り合いがつくでしょう。

さて，この意味での $\sin\theta$ と $\cos\theta$ の「合成」というならば，$\cos(\sin\theta)$ となるわけですが，$\sin\theta$ の値は角度とは異質のものなので，$\cos\theta$ の θ には代入できません。つまり，$\cos(\sin\theta)$ は無意味な記号ということになるのです。

ただし，もし，三角関数の値と同じ性質の数（$\frac{長さ}{長さ}$）で角度が表現できたとすれば，$\cos(\sin\theta)$ も意味ある式になります。このような角度の計り方が，次節で説明する「弧度法」(ラジアン）なのです。

このようなわけで，本節での $\sin\theta$ と $\cos\theta$ の合成というのは，「sin」ひとつにまとめるということで，グラフでいうと，関数の値（y 座標）を単に「足し合わせる」という意味ですので，注意してください。

ですから，三角関数の合成とはいわずに，物理学で使っている**単振動の合成**という用語を使うべきなのかも知れません。しかしここは，高校の数学教科書に合せておきます。

●グラフの足し合わせ

関数の値は，グラフでは縦軸方向の高さで表現されます。ですから，２つの関数 $y=f(x)$ と $y=g(x)$ の値を足し合わせるということは，同じ x における２つのグラフの高さ（y 座標）を足し合せて $y=f(x)+g(x)$ とするということです。それを具体的に見てみましょう。

例5 $y=\sin\theta$ と $y=\frac{1}{2}\cos 3\theta$ のグラフを足し合わせて，つぎの関数ののグラフの概形をかく。 $y=\sin\theta+\frac{1}{2}\cos 3\theta$

【図6-4-8】

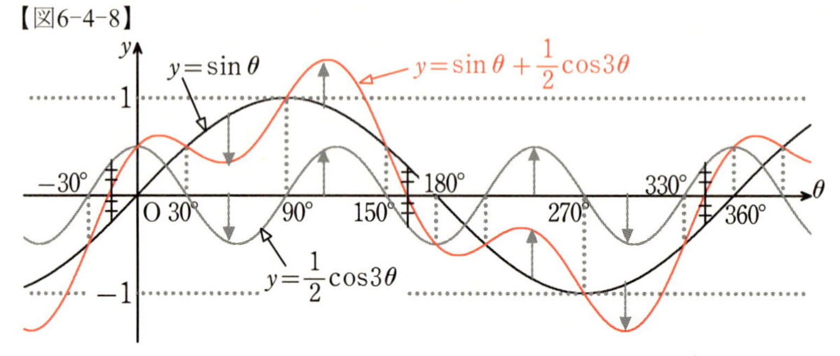

ちょっと見づらいかも知れませんが，$\sin\theta$ のグラフに $\frac{1}{2}\cos 3\theta$ のグラフの高さが足し合わされているようすをよく観察してください。

波の場合は，**波の重ね合わせ**といいます。

グラフの足し合わせは三角関数でなくてもできます。

例6 $y=x^2$ のグラフと $y=-2x$ のグラフを足し合せて $y=x^2-2x$ のグラフの概形をかく。

【図6-4-9】

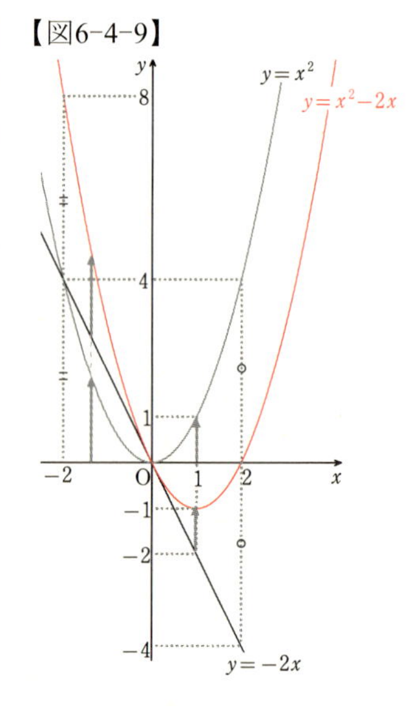

$y=x^2-2x$ のグラフは，直線 $y=-2x$ の上に $y=x^2$ のグラフを乗せたもので，実は，放物線 $y=x^2$ と合同な放物線です。

これは本来，次のような式変形，いわゆる**平方完成**をすることによって頂点の座標が分かり，放物線 $y=x^2$ を x 軸方向に 1，y 軸方向に -1 だけ平行移動したものだということがきちんと確認できます。

$$y=x^2-2x$$

$=x^2-2x\underline{+1-1}=(x-1)^2-1$

xの係数(−2)の半分の２乗を足して引く

∴放物線の頂点の座標 (1, −1)

このようなグラフの合成がイメージできると，xを弧度法として

$y=x+\sin x$

という関数のグラフも，直線 $y=x$ を振動の中心として $y=\sin x$ という波が乗っているというイメージがつかめるでしょう。

参考までに，第８章で学ぶ「微分法」を用いて，関数$y=x+\sin x$の増減表というものをここでお見せしておきます。

$y'=1+\cos x$

$y'=0$　より　$\cos x=-1$

$\therefore x=\pm\pi,\ \pm3\pi,\ \pm5\pi,\cdots$

x	$\cdots$	$-\pi$	$\cdots$	0	$\cdots$	π	$\cdots$	3π	$\cdots$
y'	＋	0	＋	2	＋	0	＋	0	＋
y	↗	$-\pi$	↗	0	↗	π	↗	3π	↗

← $-1\leqq\cos x\leqq1$ゆえ
$0\leqq1+\cos x\leqq2$
$\therefore 0\leqq y'\leqq2$

【図6-4-10】

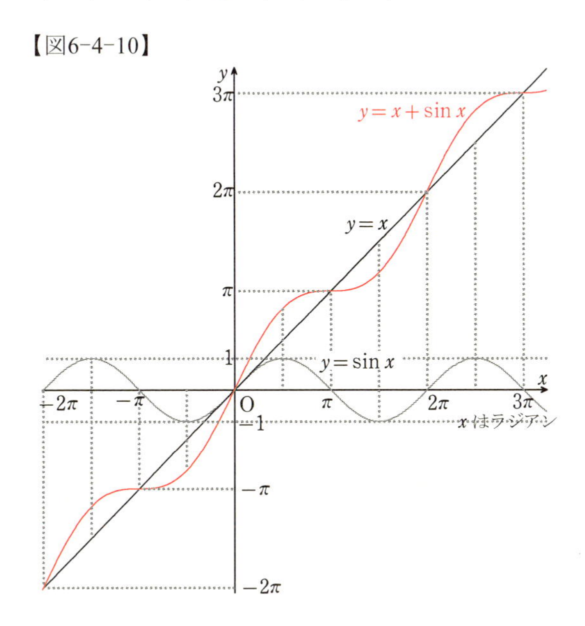

これによれば，$x=\pm\pi$，$\pm3\pi$，$\pm5\pi$，$\cdots$ では瞬間的に傾き(y')が 0（x 軸に平行）になるとか，常に$y'\geqq0$ なので，このグラフは絶対に右下がりにならないとか，原点通過の際の瞬間の傾きが 2 であるということなどが分かります。増減表とグラフの対応を観察してください。

ただし，このようなグラフの足し合わせができるためには，x と $\sin x$ が同じ性質（無名数）の数でなければなりません。やはりここでも弧度法（ラジアン）が必要になるのです。

もし，角度θ が度数法ですと，$\sin\theta$ とは全く性質の異なる数値ですから

$$y=\theta+\sin\theta$$

という式は成立しません：

$$y=60°+\sin 60°=60°+\frac{1}{2}\quad ？？$$

1次変換と行列（matrix）

1次変換$\begin{cases}X=as+bt\\Y=cs+dt\end{cases}$ や連立方程式 $\begin{cases}ax+by=p\\cx+dy=q\end{cases}$ の性質は，s，t や x，y の係数，方程式の場合は右辺の p，q も関連して決まります。そこで，s，t や x，y の係数だけを取り出して

$$\begin{pmatrix}a & b\\c & d\end{pmatrix}$$

と表す，ということをやります。この，数や文字を長方形状に並べたものを数学では**行列**（matrix）といいます。横方向の並びを行，縦方向の並びを列ということから来ています。日常で「行列のできるラーメン屋さん」というようなときの行列（line，queue）とは違います。

なお，一般の行列は，行数と列数が異なるものも含みます。

こうした行列を用いて

$$\begin{cases}X=as+bt\\Y=cs+dt\end{cases}\quad を\quad \begin{pmatrix}X\\Y\end{pmatrix}=\begin{pmatrix}a & b\\c & d\end{pmatrix}\begin{pmatrix}s\\t\end{pmatrix}$$

$$\begin{cases}ax+by=p\\cx+dy=q\end{cases}\quad を\quad \begin{pmatrix}a & b\\c & d\end{pmatrix}\begin{pmatrix}x\\y\end{pmatrix}=\begin{pmatrix}p\\q\end{pmatrix}$$

と表すことにします。係数と，変数や未知数が分離されスッキリします。

そうすると，本章１節で見た回転変換（４）

$$\begin{cases} X = s\cos\theta - t\sin\theta \\ Y = s\sin\theta + t\cos\theta \end{cases}$$

は

$$\begin{pmatrix} X \\ Y \end{pmatrix} = \begin{pmatrix} \cos\theta & -\sin\theta \\ \sin\theta & \cos\theta \end{pmatrix} \begin{pmatrix} s \\ t \end{pmatrix} \qquad (\bigstar)$$

となり

原点を中心に θ だけ回転させる回転変換は行列 $\begin{pmatrix} \cos\theta & -\sin\theta \\ \sin\theta & \cos\theta \end{pmatrix}$

という言い方をします。

いま，点Pに対して２つの回転変換

$$\begin{pmatrix} \cos\theta_1 & -\sin\theta_1 \\ \sin\theta_1 & \cos\theta_1 \end{pmatrix} \text{と} \begin{pmatrix} \cos\theta_2 & -\sin\theta_2 \\ \sin\theta_2 & \cos\theta_2 \end{pmatrix}$$

をたて続けに行うと，当然，原点を中心に $\theta_1 + \theta_2$ だけ回転させる変換：

【図6-1-11】

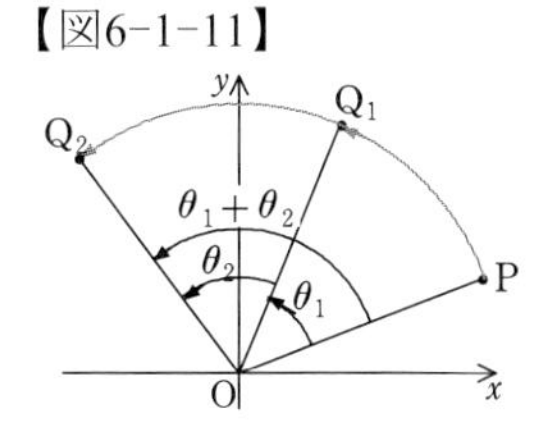

$$\begin{pmatrix} \cos(\theta_1+\theta_2) & -\sin(\theta_1+\theta_2) \\ \sin(\theta_1+\theta_2) & \cos(\theta_1+\theta_2) \end{pmatrix}$$

になります。変換を続けて行うことを**変換の合成**といいます。

この各要素を加法定理で展開すると

$$\begin{pmatrix} \cos\theta_1\cos\theta_2 - \sin\theta_1\sin\theta_2 & -\sin\theta_1\cos\theta_2 - \cos\theta_1\sin\theta_2 \\ \sin\theta_1\cos\theta_2 + \cos\theta_1\sin\theta_2 & \cos\theta_1\cos\theta_2 - \sin\theta_1\sin\theta_2 \end{pmatrix}$$

となります。

変換を（★）の形式で表すと，変換の合成は合成関数と同様の図式で

$$\begin{pmatrix} X \\ Y \end{pmatrix} = \begin{pmatrix} \cos\theta_1 & -\sin\theta_1 \\ \sin\theta_1 & \cos\theta_1 \end{pmatrix} \begin{pmatrix} s \\ t \end{pmatrix}$$

$$\begin{pmatrix} X \\ Y \end{pmatrix} = \begin{pmatrix} \cos\theta_2 & -\sin\theta_2 \\ \sin\theta_2 & \cos\theta_2 \end{pmatrix} \begin{pmatrix} s \\ t \end{pmatrix}$$

$$\therefore \begin{pmatrix} X \\ Y \end{pmatrix} = \underline{\begin{pmatrix} \cos\theta_2 & -\sin\theta_2 \\ \sin\theta_2 & \cos\theta_2 \end{pmatrix} \left\{ \begin{pmatrix} \cos\theta_1 & -\sin\theta_1 \\ \sin\theta_1 & \cos\theta_1 \end{pmatrix}} \begin{pmatrix} s \\ t \end{pmatrix} \right\}$$

$$= \underline{\begin{pmatrix} \cos\theta_1\cos\theta_2 - \sin\theta_1\sin\theta_2 & -\sin\theta_1\cos\theta_2 - \cos\theta_1\sin\theta_2 \\ \sin\theta_1\cos\theta_2 + \cos\theta_1\sin\theta_2 & \cos\theta_1\cos\theta_2 - \sin\theta_1\sin\theta_2 \end{pmatrix}} \begin{pmatrix} s \\ t \end{pmatrix}$$

となります。

この……部分を見ると，次のような仕組みになっています：

$$\begin{pmatrix}\cos\theta_2 & -\sin\theta_2\\ \sin\theta_2 & \cos\theta_2\end{pmatrix}\begin{pmatrix}\cos\theta_1 & -\sin\theta_1\\ \sin\theta_1 & \cos\theta_1\end{pmatrix}$$

$$=\begin{pmatrix}①\ \cos\theta_1\cos\theta_2-\sin\theta_1\sin\theta_2 & ②\ -\sin\theta_1\cos\theta_2-\cos\theta_1\sin\theta_2\\ ③\ \sin\theta_1\cos\theta_2+\cos\theta_1\sin\theta_2 & ④\ \cos\theta_1\cos\theta_2-\sin\theta_1\sin\theta_2\end{pmatrix}$$

これは，２つの行列から新たな行列（**合成変換**）をつくり出す演算を形成していると考えられます。この演算規則を一般的に表せば

$$\begin{pmatrix}a & b\\ c & d\end{pmatrix}\begin{pmatrix}p & q\\ r & s\end{pmatrix}=\begin{pmatrix}ap+br & aq+bs\\ cp+dr & cq+ds\end{pmatrix}$$

となります。この演算を，２つの行列の乗法といいます。

行列の乗法は，逆順にすると

$$\begin{pmatrix}p & q\\ r & s\end{pmatrix}\begin{pmatrix}a & b\\ c & d\end{pmatrix}=\begin{pmatrix}ap+cq & bp+dq\\ ar+cs & br+ds\end{pmatrix}\text{ゆえ}\begin{pmatrix}a & b\\ c & d\end{pmatrix}\begin{pmatrix}p & q\\ r & s\end{pmatrix}\fallingdotseq\begin{pmatrix}p & q\\ r & s\end{pmatrix}\begin{pmatrix}a & b\\ c & d\end{pmatrix}$$

というように交換法則が成り立ちません。交換法則の成り立たない代数的構造をもつものは，高校レベルでは行列と関数の合成くらいでしょう。

さらに行列の加法や減法，実数倍を

$$\begin{pmatrix}a & b\\ c & d\end{pmatrix}\pm\begin{pmatrix}p & q\\ r & s\end{pmatrix}=\begin{pmatrix}a\pm p & b\pm q\\ c\pm r & d\pm s\end{pmatrix}\ ,\quad k\begin{pmatrix}a & b\\ c & d\end{pmatrix}=\begin{pmatrix}kp & kq\\ kr & ks\end{pmatrix}$$

と定義するなどして，行列の集合がどのような代数的性質をもつのか，それが１次変換や連立方程式の性質とどうつながるのか，というようなことを研究する数学の分野を**線形代数学**といいます。

第７章

弧度法(ラジアン)

1　弧度法（ラジアン）

●弧度法（ラジアン）

度数法以外の角度の基準はいろいろあるでしょう。直角を基準として，2 直角，3 直角，$\frac{1}{2}$直角などは使うことがありますし，直角の 100 分の 1 を 1 グラード(grade)とすることがメートル法で定められました。しかし，直角 =100[grade] は普及はしなかったようですが，関数電卓では設定できるようになっています。

さて，ここでは，三角関数の値と同じ性質の数，$\frac{長さ}{長さ}$で角度を表すことを考えます。

角の開き具合と長さの関係がよく分かるのは扇形です。

扇形の中心角の開き具合は，扇形の弧の長さに比例します（右図(a)）：

$$\theta_1 : \theta_2 = \ell_1 : \ell_2$$

しかし，弧の長さそのものは，扇形の半径にも比例して変わってしまいますから，長さそのものは角度に対応させられません。

中心角が同じ扇形は相似なので，右図(b)において，同じ中心角θに対して

$$\ell_1 : r_1 = \ell_2 : r_2 \quad つまり \quad \frac{\ell_1}{r_1} = \frac{\ell_2}{r_2}$$

が成り立ち，これは，扇形の大きさにかかわらず，中心角θだけで定まる値です。したがって，弧の長さが半径の何倍になるまで扇を開くかということで，中心角の開き具合が分かるだろうというわけです。

【図7-1-1】

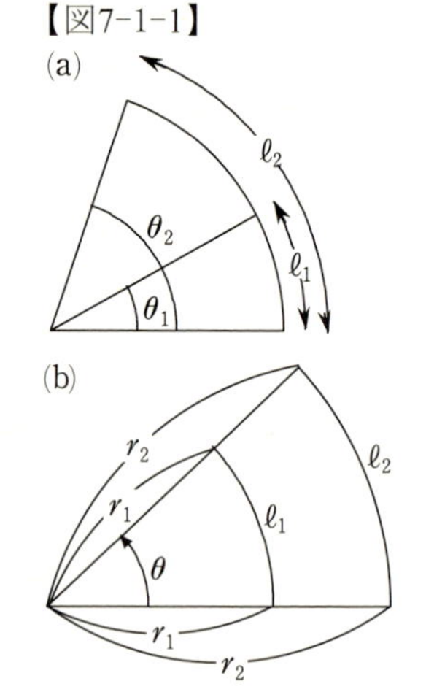

そこで，一般に

$$\boldsymbol{\frac{\ell}{r} = \frac{弧}{半径} = 中心角の開き具合\ \ \theta}$$

と考えることにしたのが**弧度法**(radianmeasure)という角度の計り方で，単位名を「**ラジアン(弧度)**」(radian)といいます。記号は「**rad**」と書きます。

円周率をπで表すと，たとえば，弧の長さℓが半径rの2π倍というと，$\ell=2\pi r$ですから

$$\frac{\ell}{r}=\frac{2\pi r}{r}=2\pi$$

ですが，当然，このℓは１周した円周の長さで，その中心角は360°なので

$$360°=2\pi\,[\mathrm{rad}]\quad(=2\times 3.141592\cdots=6.283185\cdots[\mathrm{rad}])$$

という関係になります。

半円の中心角は180°ですが，弧の長さℓは１周の半分πrですから

$$\frac{\ell}{r}=\frac{\pi r}{r}=\pi\,[\mathrm{rad}]$$

$$\therefore 180°=\pi\,[\mathrm{rad}]\quad(=3.141592\cdots[\mathrm{rad}])$$

となります。このように比例関係にありますから

$$90°=\frac{\pi}{2}[\mathrm{rad}],\ 45°=\frac{\pi}{4}[\mathrm{rad}],\ 30°=\frac{\pi}{6}[\mathrm{rad}],\ 60°=\frac{\pi}{3}[\mathrm{rad}]$$

という調子になります。ふつう，円周率πはそのままにしておきます。

【図7-1-2】

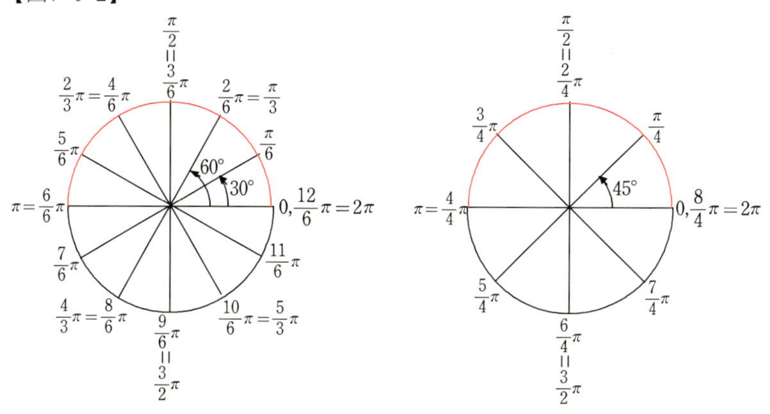

最初はとっつきにくいかも知れませんが

$$\mathbf{180°=\pi\,[rad]}\qquad(☆)$$

を基準に考えると分かりやすいでしょう。すると，30°，60° 関係は半円を 6 等分して，π の係数は 6 を分母とする分数になります。また，45° 関係は半円を 4 等分して，π の係数は 4 を分母とする分数になります。もちろん約分すればその限りではありません。

1° は半周 π [rad]の $\frac{1}{180}$ ですから

$$\mathbf{1°} = \frac{\boldsymbol{\pi}}{\mathbf{180}}[\mathrm{rad}] = \frac{3.14159\cdots}{180} = 0.01745329\cdots[\mathrm{rad}]$$

です。これは，(☆)の両辺を 180 で割れば得られます。

ラジアンには必ず π が付くと思い込んではいけません。

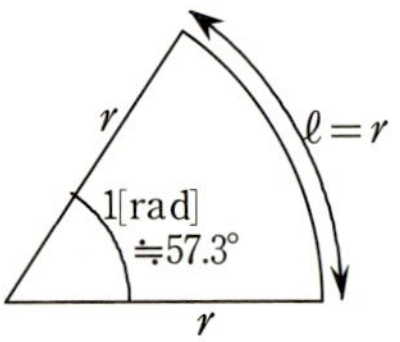

1[rad]は，半径と弧の長さが等しい場合で，正三角形の右側の辺を丸くたるませたような状態ですから，60° より少し小さな角度であることが分かります。

【図7-1-3】

弧の長さ $\ell = r$ は，1 周した円周の $\frac{r}{2\pi r} = \frac{1}{2\pi}$ に相当するので，中心角も 1 周 360° の $\frac{1}{2\pi}$ 倍です。したがって

$$\mathbf{1[rad]} = 360° \times \frac{1}{2\pi} = \frac{\mathbf{180°}}{\boldsymbol{\pi}} = \frac{180°}{3.14159\cdots} = 57.2957795\cdots°$$

となります。これは，(☆)の両辺を π で割っても得られます。

1[rad]，2[rad]，3[rad]，… で円を分けていくと，3[rad]では半円に達せず（$\pi = 3.14159\cdots$ [rad]でちょうど半円)，6[rad]では 1 周できないということになります。（$2\pi = 6.28318\cdots$ [rad] で 1 周。）

【図7-1-4】

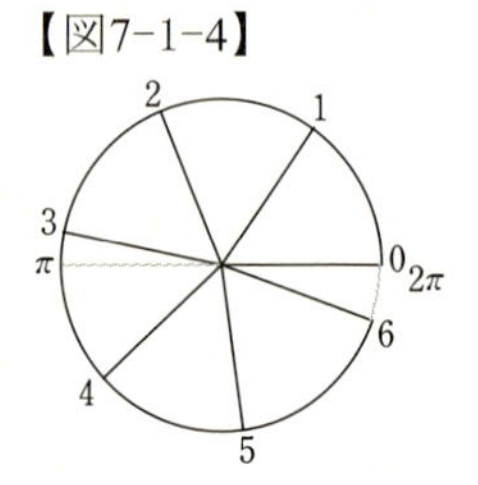

通常，弧度法の場合には単位名は付けませんから，今後，単位名の付いていない角度は「ラジアン」だと思ってください。逆に，弧度法以外の角度には必ず「°」などの単位名(記号)をつけなければいけません。

●弧度法による一般角

第５章２節の話を弧度法で書き直すと次のようになります。

$$\sin\frac{\pi}{6}=\sin\frac{13}{6}\pi=\sin\frac{25}{6}\pi=\sin(-\frac{11}{6}\pi)=\sin(-\frac{23}{6}\pi)=\frac{1}{2}$$

$$\cos\frac{\pi}{6}=\cos\frac{13}{6}\pi=\cos\frac{25}{6}\pi=\cos(-\frac{11}{6}\pi)=\cos(-\frac{23}{6}\pi)=\frac{\sqrt{3}}{2}$$

$$\tan\frac{\pi}{6}=\tan\frac{13}{6}\pi=\tan\frac{25}{6}\pi=\tan(-\frac{11}{6}\pi)=\tan(-\frac{23}{6}\pi)=\frac{1}{\sqrt{3}}$$

【図7-1-5】

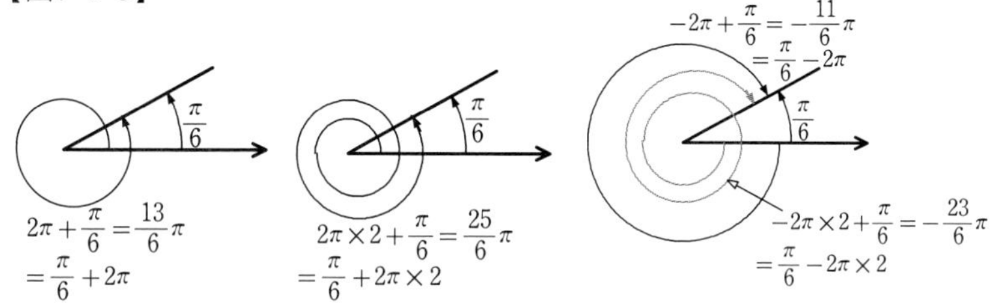

$\frac{\pi}{6}$ を α とし，$2\pi\times n$ は $2n\pi$ と書いて，これらの角はまとめて

$$\boldsymbol{\alpha+2n\pi\quad(n=0,\ \pm1,\ \pm2,\ \pm3,\cdots)}$$

と表すことができます。これが弧度法による**一般角**の表現です。

弧度法の角度の変数は主に x で表すことにして，一般角に対して

$$\mathbf{\sin(x+2n\pi)=\sin x}$$

$$\mathbf{\cos(x+2n\pi)=\cos x}$$

$$\mathbf{\tan(x+2n\pi)=\tan x}$$

という関係が成り立ちます。この x は，動径の図の x 座標とは別物です。

三角関数の値を考えるときは，動径の位置さえ分かってしまえば，角度が弧度法か度数法かということは忘れて構いません。あとは，その位置の動径に対して，三角関数の定義に従って考えればよいのです。

●弧度法による角の変換公式

90° や 180° がらみの角の変換公式を，弧度法を使って書いておきます。見た目が度数法と違いますから，見慣れておく必要があります。

$$\sin(\frac{\pi}{2}-x)=\cos x \qquad \cos(\frac{\pi}{2}-x)=\sin x \qquad \tan(\frac{\pi}{2}-x)=\frac{1}{\tan x}$$

$$\sin(x+\frac{\pi}{2})=\cos x \qquad \cos(x+\frac{\pi}{2})=-\sin x \qquad \tan(x+\frac{\pi}{2})=-\frac{1}{\tan x}$$

$$\sin(x-\frac{\pi}{2})=-\cos x \qquad \cos(x-\frac{\pi}{2})=\sin x \qquad \tan(x-\frac{\pi}{2})=-\frac{1}{\tan x}$$

$$\sin(\pi-x)=\sin x \qquad \cos(\pi-x)=-\cos x \qquad \tan(\pi-x)=-\tan x$$

$$\sin(x\pm\pi)=-\sin x \qquad \cos(x\pm\pi)=-\cos x \qquad \tan(x\pm\pi)=\tan x$$

●三角関数とラジアンは同種の数

【図7-1-6】

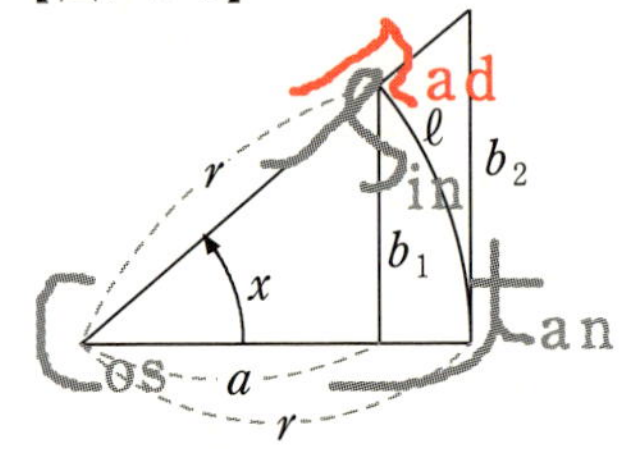

このようにして決めたラジアンという角度が，三角関数とまったく同じ種類の量であることは右の図で一層際立つと思います。

ラジアンと三角関数は，すべて r を分母にして表すことができます：

$$\sin x=\frac{b_1}{r}\ ,\quad x=\frac{\ell}{r}[\mathrm{rad}]\ ,\quad \tan x=\frac{b_2}{r}\ ,\quad \cos x=\frac{a}{r}$$

たまたま弧度法の角度 x にだけ「ラジアン」という単位名が付いているのであり，基本的にはすべて無名数です。

● $y=\sin x$ のグラフ

【図7-1-7】

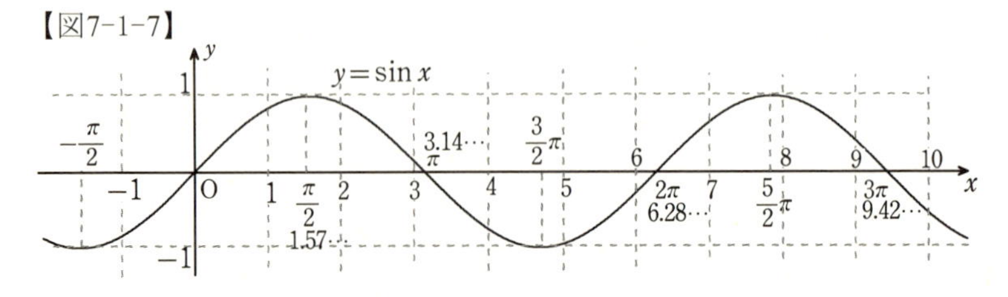

このグラフは，横軸が弧度法で，y 軸と目盛り幅を同じにしてあります。このように，x をラジアンにしてグラフをかくとき，x と y の目盛の幅を同じにすることができます。それは，x と三角関数の値 y が同種の数（一般には無名数）だからです。

そうすると，この同じ座標平面上に，他の関数，たとえば $y=x$ や $y=x^2-1$ などをかき込むことができます。つまり，x を弧度法にすることで，三角関数がようやく他の関数の仲間にはいれるというわけです。

【図7-1-8】

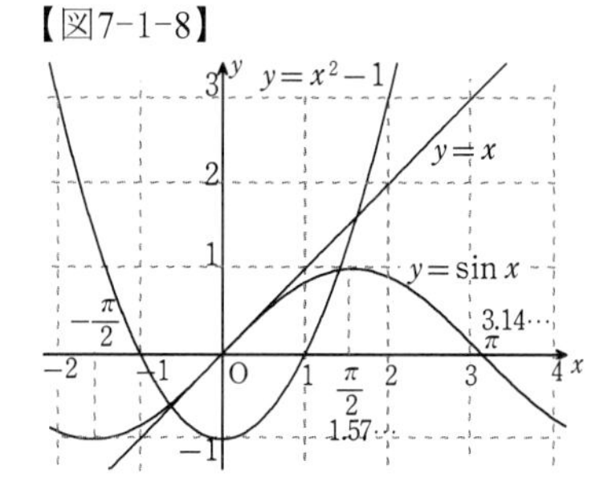

そして，原点を通過する瞬間の傾きは 1 だとか，$\sin x > x^2-1$ を満たす x の範囲，などということの意味が出てきます。

変数の角度が度数法ですと，三角関数は他の関数と同じ "土俵" には上がれないのです。

これまでの本書の三角関数のグラフは，実は，横軸をだいたいラジアンの値に合わせてかいてありました。つまり，π に相当するところに「180°」という目盛りを入れてあったのです。

●扇形の弧の長さと面積

例1　半径 r，中心角 θ の扇形の弧の長さ ℓ と面積 S を，θ が度数法の場合と弧度法の場合でそれぞれ求める。

計算式の中の「°」は省略します。

【図7-1-9】

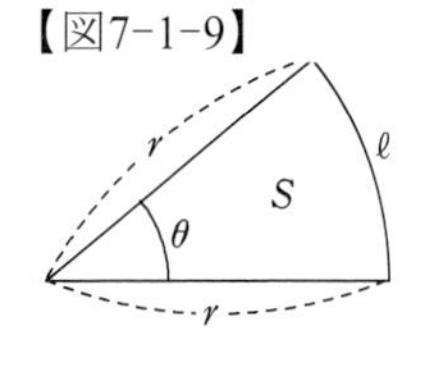

弧の長さ ℓ

$$\left.\begin{aligned}&\theta\ \text{度数法}\quad \ell=2\pi r\times\frac{\theta}{360}=\frac{\pi}{180}r\theta \quad\cdots ①\\ &\theta\ \text{弧度法}\quad \ell=2\pi r\times\frac{\theta}{2\pi}=r\theta \quad\cdots ②\end{aligned}\right\}\text{(答)}$$

面積 S

$$\left.\begin{aligned}&\theta\ \text{度数法}\quad S=\pi r^2\times\frac{\theta}{360}=\frac{\pi}{360}r^2\theta \quad\cdots ③\\ &\theta\ \text{弧度法}\quad S=\pi r^2\times\frac{\theta}{2\pi}=\frac{1}{2}r^2\theta \quad\cdots ④\end{aligned}\right\}\text{(答)}$$

弧度法の方がシンプルです。弧度法は，その定義からして円と非常に相性の良いことが分かります。とくに $r=1$ のとき，θ が弧度法の場

合

$$\boldsymbol{\ell}=\boldsymbol{\theta} \qquad (\theta は弧度法) \qquad (1)$$

と，長さと角度が式の上で同一視できる，というところにも注目しておきましょう。

あと，ℓ と S の間には，①と③，②と④より，それぞれ

$$S=\frac{\pi}{360}r^2\theta=\frac{1}{2}r\cdot\underline{\frac{\pi}{180}r\theta}=\frac{1}{2}r\underline{\ell},\quad S=\frac{1}{2}r^2\theta=\frac{1}{2}r\cdot r\theta=\frac{1}{2}r\ell$$

となり，θ は使われませんから θ の単位には関係なく，扇形の面積は

$$S=\frac{1}{2}r\ell$$

と表されます。半径 r を底辺，弧の長さ ℓ を高さとする三角形の面積と同じです。

●球面三角法における三角形の辺の長さ

前項の扇形の弧の長さは，球面上の線分の長さに相当します。球面上の線分とは，大円の一部の弧のことでしたね。（第４章）

【図7-1-10】

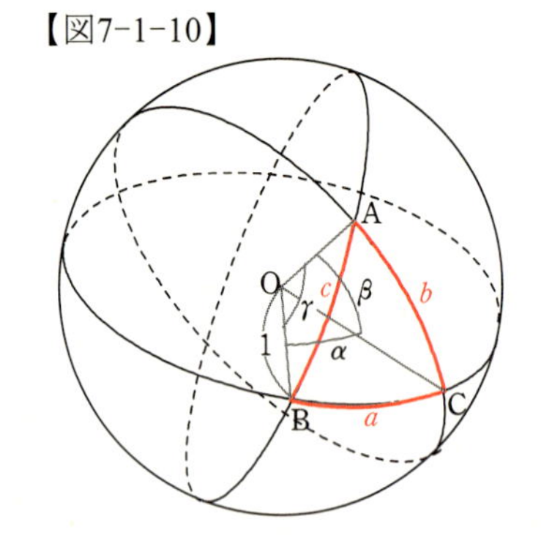

とくに，角度は弧度法で，半径を１にすると（１）ですから，右図において

$$a=\alpha,\ b=\beta,\ c=\gamma$$

となります。またこれは，たとえば

$$\sin\alpha=\sin a,\ \cos\beta=\cos b,\ \tan\gamma=\tan c$$

などと表されます。弧の長さと中心角が同一視されるのです。

したがって球面三角法では，中心角 α,β,γ は使わず，三角比も a,b,c で表すことになっています。このことは，球の内部は見えないものなので，球の外側にあって見えるもので表す，と考えれば受け入れやすいでしょう。オイラーは，通常の三角関数自体を，「弧から生じる値」として，角ではなく弧を用いています。（第 12 章１節末）

●球面三角法における余弦定理

半径 1 の球面に三角形 ABC があるとき，点 A における弧 AB の接線と OB の延長との交点を B'，弧 AC の接線と OC の延長との交点を C'とします。

まだ角度として a, b, c を使うことに不慣れだと思いますので，いつもどおり，中心角 α, β, γ で計算し，最後に a, b, c に置き換えることにします。

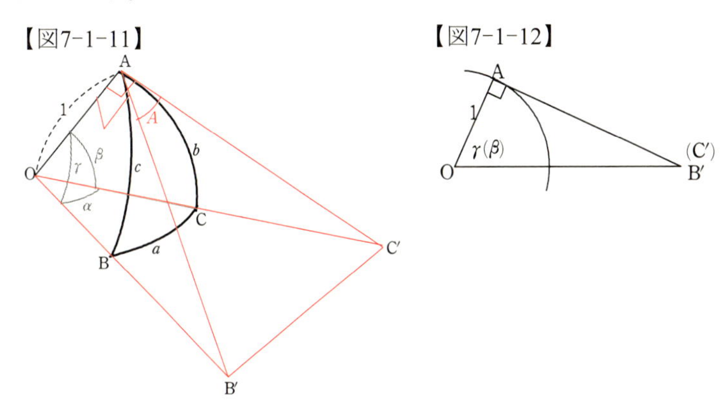

【図7-1-11】　【図7-1-12】

まず，△OB'C'に余弦定理を適用します。

$$\mathrm{B'C'^2 = OB'^2 + OC'^2 - 2OB'\cdot OC'}\cos\alpha \qquad \cdots ①$$

また，△AB'C'においても

$$\mathrm{B'C'^2 = AB'^2 + AC'^2 - 2AB'\cdot AC'}\cos A \qquad \cdots ②$$

①－②より（左辺と右辺を入れかえて）

$$\underline{\mathrm{(OB'^2 - AB'^2)}} + \underline{\mathrm{(OC'^2 - AC'^2)}} - 2(\mathrm{OB'\cdot OC'}\cos\alpha - \mathrm{AB'\cdot AC'}\cos A) = 0 \qquad \cdots ③$$

ここで，半径と接線の関係は

$$\mathrm{OA \perp AB',\ OA \perp AC'}$$

なので（図 7-1-12），直角三角形 OAB′とOAC′において，ピタゴラスの定理により

$$\underline{\mathrm{OB'^2 - AB'^2}} = \mathrm{OA}^2 = 1$$

$$\underline{\mathrm{OC'^2 - AC'^2}} = \mathrm{OA}^2 = 1$$

また，$\dfrac{1}{\mathrm{OB'}} = \cos\gamma$，$\dfrac{1}{\mathrm{OC'}} = \cos\beta$　ゆえ

$$\mathrm{OB}'=\frac{1}{\cos\gamma},\ \mathrm{OC}'=\frac{1}{\cos\beta},\ \mathrm{AB}'=\tan\gamma=\frac{\sin\gamma}{\cos\gamma},\ \mathrm{AC}'=\tan\beta=\frac{\sin\beta}{\cos\beta}$$

これらを③に代入して

$$1+1-2\left(\frac{1}{\cos\gamma}\cdot\frac{1}{\cos\beta}\cos\alpha-\frac{\sin\gamma}{\cos\gamma}\cdot\frac{\sin\beta}{\cos\beta}\cos A\right)=0$$

両辺を 2 で割って，$\cos\beta\cos\gamma$ を掛けると

$$\cos\beta\cos\gamma-\cos\alpha+\sin\beta\sin\gamma\cos A=0$$

$$\therefore \cos\alpha=\cos\beta\cos\gamma+\sin\beta\sin\gamma\cos A$$

ここまでは，度数法のままでも成り立ちます。

弧度法とすると，$r=1$ なので α，β，γ は a，b，c に置き換えられて

$$\boldsymbol{\cos a=\cos b\cos c+\sin b\sin c\cos A}$$

この等式を，**球面三角法における余弦定理**といいます。2辺 b，c とその間の角 A からその対辺 a を求めるような格好になっています。

点 B における弧 BA と BC の各接線を用いて，また，点 C における弧 CB と CA の各接線を用いて，上と同じように計算すると

$$\boldsymbol{\cos b=\cos c\cos a+\sin c\sin a\cos B}$$

$$\boldsymbol{\cos c=\cos a\cos b+\sin a\sin b\cos C}$$

がそれぞれ得られます。

●球面三角法における正弦定理

右図において，点Bにおける弧 AB の接線と弧 BC の接線のなす角を B，点 C における弧 AC の接線と弧 BC の接線のなす角を C とします。

【図7-1-13】

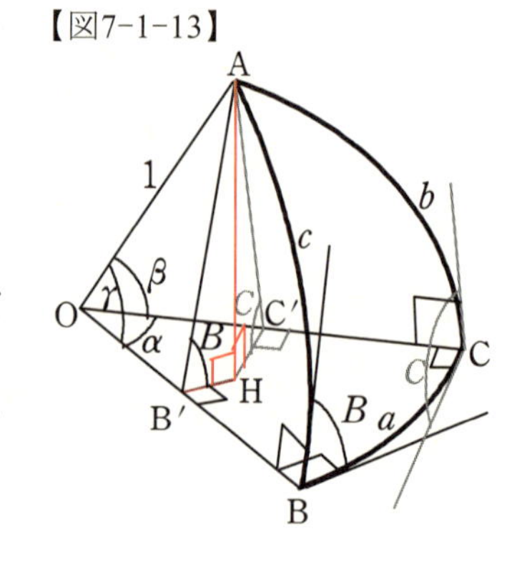

点 A から平面 OBC に垂線 AH を下ろし，H から直線 OB，OC へそれぞれ垂線 HB'，HC'を下ろします。すると，△AHB'の面は直線 OB と垂直になりますから，AB'⊥OB です。

同様に，AC'⊥OC なので

$$\angle\mathrm{AB'H}=B\quad,\quad\angle\mathrm{AC'H}=C$$

となります。

参考までに，上の記述の＿＿部分の事実を**三垂線の定理**といいます。

さて，２つの直角三角形 AB'H と AC'H において

$\mathrm{AH}=\mathrm{AB}'\sin B$, $\mathrm{AH}=\mathrm{AC}'\sin C$　ゆえ

$\mathrm{AC}'\sin C=\mathrm{AB}'\sin B$　　　　（☆）

また，直角三角形 AB'O と AC'O において，$\mathrm{OA}=1$　ゆえ

$\mathrm{AB}'=\sin\gamma$, $\mathrm{AC}'=\sin\beta$

（☆）に代入して

$$\sin\beta\sin C=\sin\gamma\sin B \qquad \therefore\frac{\sin\beta}{\sin B}=\frac{\sin\gamma}{\sin C}$$

点 B から平面 OCA へ垂線を下ろして，上と同様の計算をすると

$\dfrac{\sin\gamma}{\sin C}=\dfrac{\sin\alpha}{\sin A}$ も得られます。したがって

$$\frac{\sin\alpha}{\sin A}=\frac{\sin\beta}{\sin B}=\frac{\sin\gamma}{\sin C}.$$

これは，度数法でも成り立ちます。

α, β, γ が弧度法の場合は，a, b, c に置き換えることができて

$$\boldsymbol{\frac{\sin a}{\sin A}=\frac{\sin b}{\sin B}=\frac{\sin c}{\sin C}}$$

この等式を，**球面三角法における正弦定理**といいます。

「sine 正弦」「cosine 余弦」「tangent 正接」の意味

ヒッパルコスの弦の表が天文学とともにインドに伝わり，インドではその弦を半分にして用い，「半分の弦」を意味するインドの言葉がアラビアに伝わったときに，よく似た発音の「胸，谷間，入り江」を意味する言葉と聞き間違えられ，それがヨーロッパでラテン語 sinus に訳されたそうです。これが sine の語源というわけです。

インターネット上には，正弦曲線（sinusoidal wave）から sin になったという記述が見られますが，関数のグラフの概念のない頃からある言葉だし，sinus の語源は不問になっているので，私はこの説には賛同できません。順序が逆で，循環論法になってしまいます。

cosine は co-sine で，現在の英単語に対応させて解釈すると

complementary angle（余角の） sine という感じではないかと私は考えます。余角とは，和が 90° になる２つの角の関係のことです。

tangent は「接線」という意味なのですが，動径 OP を用いた定義

$$\tan\theta = \frac{y}{x}$$

からは接線がちょっと見えません。しかし，ちょっと前に， $\tan\theta$ を円の接線を用いて表しました。それは，図 7-1-6 です。

これら三角関数の概念が1630年頃に中国(明(みん))へ伝わったときに，中国は，実際の意味に合わせて「正弦」「余弦」「正切」と訳しました。日本語ではないのです。当時は「正切」と書いていました。「切」は「切る」という意味ではなく「せまる」(切迫の「切」）という意味でした。

上海の高官・徐光啓(じょこうけい)（1562～1633。イタリア人のマテオ・リッチ（1552～1610）から口授されたユークリッドの『原論』を中国語に翻訳したひと）が1631年に編集した『測量全義』の中に「割円八線」の値の数表が載っているのですが，それは，右図にあるような各線分のことです。

【図7-1-14】

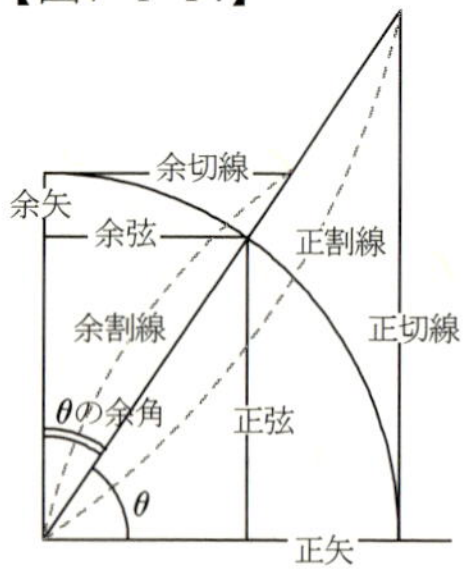

余切線
余矢
余弦
正割線
余割線
正切線
θの余角
正弦
θ
正矢

「正弦」は「(注目角の)正面の弦」，「余弦」は「余角に対する正弦」，正切線(正接)は「正面の切線」と考えられます。

また，正割線(かっせん)は正弦の逆数(secant)，余割線は余弦の逆数(cosecant)，余切線は正切線(正接)の逆数(cotangent)です。 (p.54)

「正矢」「余矢」の「矢」は，中国は以前から，この部分を「矢」と呼んでいたことから付けられた名前です。

西洋では，「正面の」接線という意味は込めていないと思われるので，tangent を接線とする図として，図 7-1-15 も考えられます。半径と垂直関係にある接線ということで，さほど不自然ではありません。

中国もそうですが，数値を線分の長さで表すという，デカルトより前の認識では，三角比の値を線分に対応させて理解していたとも考えられます。そうすると，このような図が，とくにデカルト以前の西洋における三角比のイメージだったかも知れません。

$\sin\alpha$, $\cos\alpha$, $\tan\alpha$ とそれらの逆数もすべて線分で表されています。

【図7-1-15】

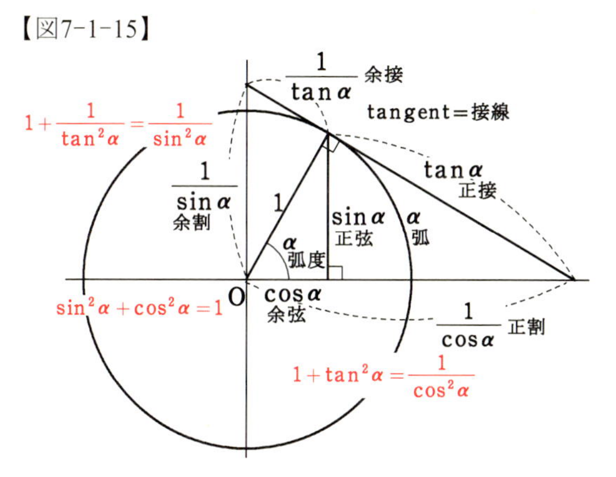

そして，それらを辺とする直角三角形にピタゴラスの定理を適用すると，三角比の相互関係がそのまま出てきます。

相似な直角三角形の関係から $\tan\alpha=\dfrac{\sin\alpha}{\cos\alpha}$ も表されています。

ついでに，角 α を弧度法にして円の半径を 1 とすると，"角度" α までもが弧の長さで表すことができます。このことは，球面三角法における余弦定理や正弦定理で利用しました。

オイラーは，半径は 1 という前提で，「中心角に対する」ではなく，弧 α の正弦 $\sin\alpha$ とか余弦という言い方をしています。つまり，$\sin\alpha$ の α は，角度ではなく，弧の長さのイメージで三角関数を扱っていたわけです。それで，三角関数のことをオイラーは，円から生じる関数ということで**円関数**と呼んでいました。

【図7-1-16】

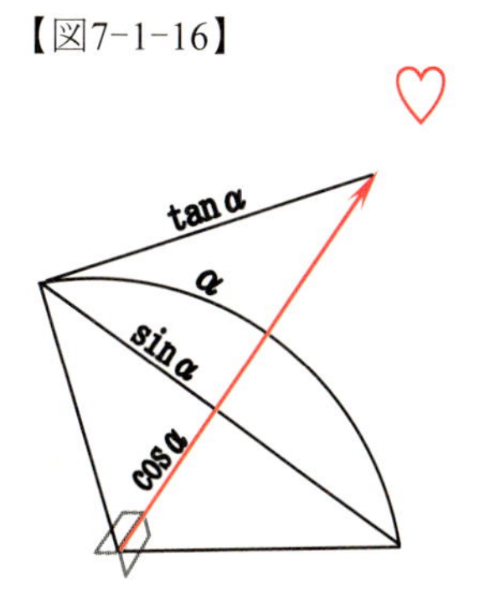

2　重要な大小関係

●重要な大小関係

右図において，角度 x が鋭角のとき

$$b_1 < \ell < b_2$$

という大小関係になっています。

$b_1 < \ell$ は明らかですが，$\ell < b_2$ は必ずしも明らかではありません。b_1 も含めきちんと証明しましょう。

【図7-2-1】

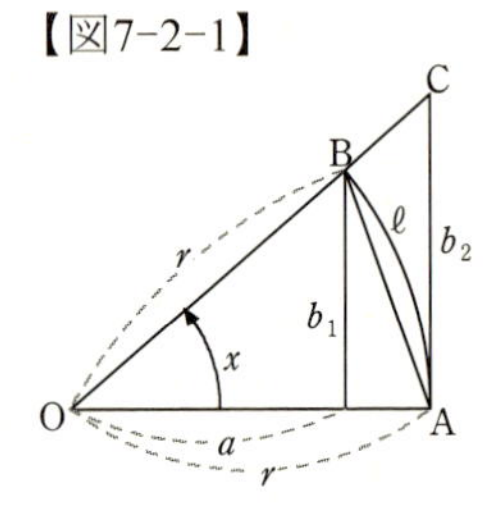

面積について

$$\triangle\mathrm{OAB} < 扇形\ \mathrm{OAB} < \triangle\mathrm{OAC}$$

は明らかです。

$$\triangle\mathrm{OAB} = \frac{1}{2} r b_1$$

$$扇形\ \mathrm{OAB} = 円の面積 \times \frac{\ell}{円周} = \pi r^2 \cdot \frac{\ell}{2\pi r} = \frac{1}{2} r \ell$$

$$\triangle\mathrm{OAC} = \frac{1}{2} r b_2$$

ですから

$$\frac{1}{2} r b_1 < \frac{1}{2} r \ell < \frac{1}{2} r b_2 \qquad \therefore b_1 < \ell < b_2 \quad (終)$$

次に，この不等式の各辺を $r\ (>0)$ で割れば，中心角 x は弧度法ですから

$$\begin{array}{ccccc} \dfrac{b_1}{r} & < & \dfrac{\ell}{r} & < & \dfrac{b_2}{r} \\ \| & & \| & & \| \\ \sin x & < & x & < & \tan x \end{array} \qquad (1)$$

という関係であることも分かります。$(0 < x < \frac{\pi}{2})$

さらに，角度 x が非常に小さいときには，$b_1 \fallingdotseq \ell \fallingdotseq b_2$ となることが直感的に理解できるでしょう。

【図7-2-2】

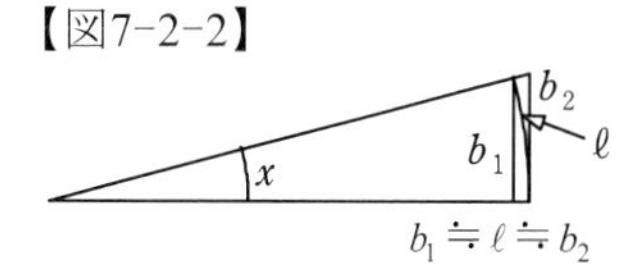

これは

$$\boldsymbol{x}\,[\textbf{rad}]\text{が十分に }\mathbf{0}\text{ に近いとき}\quad \mathbf{\sin \boldsymbol{x} \fallingdotseq \boldsymbol{x} \fallingdotseq \tan \boldsymbol{x}} \qquad (2)$$

が成り立つということです。つまり，0 に近い角度のときには，$\sin x$ や $\tan x$ の代わりに角度 x [rad]そのもので近似できるということです。

たとえば，巻末の三角関数表で

$$\sin 1° = 0.\underline{0174}524\cdots,\ \tan 1° = 0.\underline{0174}550$$

ですが

$$1° = \frac{\pi}{180}[\text{rad}] = 0.\underline{0174}532\cdots[\text{rad}]$$

ですから，３つとも小数第５位まで一致します。

また，（２）は

$$\sin x \fallingdotseq x \text{ は } \frac{\sin x}{x} \fallingdotseq 1 \quad , \quad x \fallingdotseq \tan x \text{ は } \frac{\tan x}{x} \fallingdotseq 1$$

とも表現できます。この関係式は，「微分」で重要になってきます。

このように角度と三角関数の値を同列に並べて比較できるのも弧度法だからこそで，弧度法を使用する最大の理由なのです。

●近さの程度

「十分に 0 に近い」とか「≒」という記号とか，数学としては曖昧なものがやたらと出てきましたが，「十分近い」や「≒」というのは，どれくらい近いことをいうのか，というツッコミの余地があります。この点をもう少し詳しく見ておきます。

「≒」がどの程度の近さを表しているかは，実務の現場では，どの程度近ければよしとするかという，精度，有効桁の問題になります。

$\sin x$ と x の誤差 $f(x) = x - \sin x$ は，$x > 0$ の範囲で x が 0 に近いほど $f(x)$ の値も 0 に近いという前提で，たとえば，$f(x)$ の値を 0.0001 未満：

$$x - \sin x < 0.0001 \qquad (x > \sin x \text{ なので絶対値記号なしで OK})$$

にしたいなら， $x < 0.08\,[\text{rad}]$ とすればよい：

$$0.08 - \sin 0.08 = 0.08 - 0.0799\,1469\cdots = 0.0000853\cdots < 0.0001$$

という具合に，指定した誤差の範囲内で $\sin x$ の代わりに使える x の範囲が求められます。

この考え方は，誤差 $f(x)$ が 0.0001 未満にできればよいのであって，もしかすると 0.00001 以下にはできない可能性があっても構わない，実用上問題はない，ということです。

しかし，数学においては，$f(x)$ は，0.00001 以下どころか，もっともっと本当に限りなく 0 に近づくこと，すなわち，$\sin x$ と x が限りなく近い値になるかどうかを考えるのです。

２ページ前の（１）から続けます。

$$\sin x < x < \tan x = \frac{\sin x}{\cos x} \qquad (3)$$

各辺を $\sin x$ で割ります。ここで，（$0 < x < \frac{\pi}{2}$ なので）$\sin x > 0$ ですから

$$1 < \frac{x}{\sin x} < \frac{1}{\cos x} \qquad (4)$$

不等式の両辺に対して何かで割ったり何かを掛けたりするときは，それが正か負かを必ずチェックすることを忘れないようにしてください。負の数で割ったり掛けたりすると不等号の向き（両辺の大小関係）が逆転します。

さて，x を限りなく 0 に近づけると，$\cos x$ はいくらでも $\cos 0 = 1$ に近づきます。

「0 に限りなく近づける」というのは，ちょうど 0 にするということとは違うのですが，$\cos 0 = 1$ なのですから，x を 0 に近づければ $\cos x$ は $\cos 0$，すなわち，1 に近づくと考えるのは自然でしょう。

このとき，$\frac{1}{\cos x}$ もいくらでも 1 に近づきますから，（4）は，x を限りなく 0 に近づけると

$$1 < \frac{x}{\sin x} < \frac{1}{\cos x} \to 1 \quad (\text{「}\to 1\text{」は「限りなく 1 に近づく」の意味})$$

となり，間に挟まれている $\dfrac{x}{\sin x}$ の行き場は限りなく狭められて，1 に近づいていくしかないですね。当然，逆数 $\dfrac{\sin x}{x}$ も 1 に近づきます。

また，(３)の各辺を $\tan x$ で割る，つまり，$\dfrac{\cos x}{\sin x}$ を掛けると，$\tan x > 0$ ですから

$$\cos x < \frac{x}{\tan x} < 1$$

ここで x を限りなく 0 に近づければ，左辺の $\cos x$ はいくらでも 1 に近づきますから，間に挟まれた $\dfrac{x}{\tan x}$ も 1 に近づかざるを得ません。

もちろん，逆数 $\dfrac{\tan x}{x}$ もいくらでも 1 に近くなります。

分数がいくらでも 1 に近づくということは，分子と分母がいくらでも近い値になるということですから

x が 0 に近いほど，$\sin x$ と x，$\tan x$ と x はより近い値になる

ということになります。この「 $\sin x$ と x がいくらでも近い値になる」ことを(２)のように $\sin x \fallingdotseq x$ と表現したわけです。$\tan x \fallingdotseq x$ も同様です。

一般に，$x=a$ のいくらでも近くで定義されている関数 $f(x)$ について，x を a に限りなく近づけると，$f(x)$ の値がある一定の値 c に限りなく近づくとき，$f(x)$ は c に**収束する**といい，c を，x を a に限りなく近づけたときの $f(x)$ の**極限値**といいます。

この極限の定義は，前の，一定の誤差未満にする例に照らしてみると

$f(x)$ と c との差（>0）をどんなに小さく選んでも
そうなるような x が（a の近くに）存在する

ということもできて，「限りなく」という曖昧な言葉を使わずに，いくらか客観的な表現になります。（節末「ε-δ 論法について」参照）

●挟みうちの原理

さて，先ほど

$$1<\frac{x}{\sin x}<\frac{1}{\cos x}\to 1$$

という，"挟みうち" の場面が何気なく登場しましたが，実はこの挟みうちは大変重要な手法なのです。

もし左辺の「1＜」がなかったら，$\frac{x}{\sin x}<\frac{1}{\cos x}\to 1$ だからといって，$\frac{x}{\sin x}\to 1$ となる保証はありません。

このように，上下（値の大きい方と小さい方）の極限値が同じ値になるとき，その間に挟まれているものも同じ極限値に収束するという考えを，**挟みうちの原理**といいます。

極限ではないですが，アルキメデス（BC287 頃～212）は，円周率 π を算出するのに，直径 1 の円に内接する正 96 角形の周の長さ ℓ の近似値と円に外接する正96角形の周の長さの近似値を計算して

$$3+\frac{10}{71}<\ell<\pi<L<3+\frac{10}{70}$$

というように上下から挟んで

$$3.140<\pi<3.142$$

を得ています。精度は決してよくはないですが，3.14 までを確定させることができる点で，この挟みうちが大変重要な手法であることが分かります。

【図7-2-3】

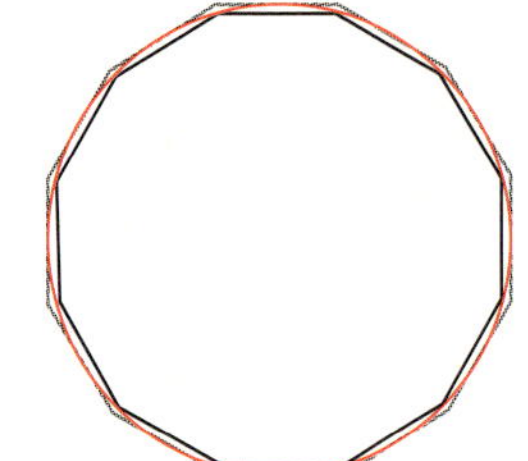

正12角形の場合の円に内接と外接のイメージ

$\ell<\pi<L$

日本でも関孝和（たかかず）（1640 ないし 1642～1708）たちが円周率を求めようとしており，アルキメデスより遥かに辺数の多い，円に内接する正 2^{15}, 2^{16}, 2^{17} 角形の周の長さを用いて

$$\pi \fallingdotseq \underline{3.14159\ 26535}\ 9 \text{微弱}$$

を算出しています。

今から見れば，$\pi=\underline{3.14159\ 26535}\ 8979\cdots$ なので小数 10 位まで正しいのですが，辺数を増やせば周の長さは増加し続けることは明らかなわけで，その増加分の影響がどの桁まで及ぶかが判断できず，結局，関は「$\pi\fallingdotseq 3.14$ とする」としか言えなかったのです。

極限でなくても，上下から挟むという手法がいかに重要であるかが

理解できると思います。

ほとんど0に近い角度

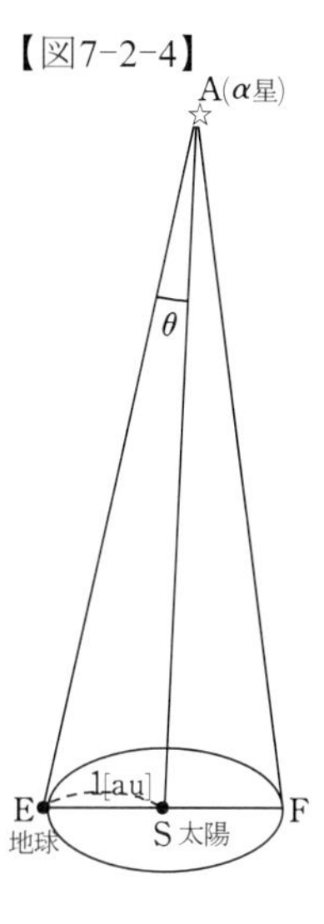

太陽以外で地球に最も近い恒星はケンタウルス座のα星ですが（α星は，実際は３つの星の３重連星だが，肉眼では１つの恒星に見える），この距離の測定に初めて成功したのは1832〜1833年にかけてで，トーマス・ヘンダーソン（1798〜1844，スコットランドの天文学者）によってです。

実際は，距離を直接測ったわけではなく，地球の公転軌道の直径の両端から星を見たときの角度を測り，図 7-2-4 の∠EAF を求めたのです。

その角度が非常に小さいければ，△EAF は AE＝AF の二等辺三角形とみなせるので，∠EAS（図のθ）は∠EAF の半分とみなせます。このθを年周視差といい，α星の場合

$$\theta = 0.76''\ [\text{秒}]$$

となっているようです。1" は $\dfrac{1}{3600}°$ です。したがって

$$0.76'' = \frac{0.76}{3600}° = \frac{\pi}{180}\cdot\frac{0.76}{3600}\,[\text{rad}] \qquad (★)$$

$$\begin{matrix} \| & & \| \\ 0.00021° & & 0.00000368458\,[\text{rad}] \end{matrix}$$

△EAF が AE＝AF の二等辺三角形とみなせれば，△AES や△AFS は，AE あるいは AS を斜辺とする直角三角形とみて

$$\frac{ES}{AE} \fallingdotseq \sin\theta \quad \text{あるいは} \quad \frac{ES}{AS} \fallingdotseq \sin\theta$$

と考えてよいでしょう。そして，θをラジアンとすれば

$$\sin\theta \fallingdotseq \theta$$

ですから

$$\frac{ES}{AE} \fallingdotseq \theta \quad \text{あるいは} \quad \frac{ES}{AS} \fallingdotseq \theta$$

$$ES \fallingdotseq AE\cdot\theta \fallingdotseq AS\cdot\theta$$

$$\therefore \mathrm{AE} \fallingdotseq \mathrm{AS} \fallingdotseq \frac{\mathrm{ES}}{\theta}$$

となります。

ここで，地球と太陽との距離 ES を 1[au]と表すことにします。

au とは，astronomical unit(天文単位)のことで，天文学で用いられる距離の単位です。$1[\mathrm{au}]=1.49597870700\times10^{11}$ [m]と定められています。

さて，恒星どうしの距離ということで AS の方で表すことにして，θは(★)の右辺の形を用いて

$$\mathrm{AS} \fallingdotseq \frac{1[\mathrm{au}]}{\theta[\mathrm{rad}]} = \frac{180\cdot3600}{0.76\pi} \fallingdotseq 271401[\mathrm{au}]$$

となります。つまり，地球・太陽間（1[au]）の約 271401 倍の距離にあるということです。

$1[\mathrm{au}] \fallingdotseq 1.5\times10^{8}$ (1 億 5000 万) [km] として計算すると

$$\mathrm{AS}=1.5\times10^{8}\times271401=4.071015\times10^{13} \fallingdotseq 4.07\times10^{13}\ [\mathrm{km}]$$

どうもピンと来ませんが，光の速さは約 30 万$=3\times10^{5}$ [km／秒]（1 秒で地球を 7 回り半。この「秒」は時間の「秒」）ですから

$$\mathrm{AS}=\frac{4.07\times10^{\cancel{13}\ 8}}{3\times\cancel{10^{5}}}\underset{[秒]}{\div 60}\underset{[分]}{\div 60}\underset{[時]}{\div 24}\underset{[日]}{\div 365} \fallingdotseq 4.30\ [光年]$$

となります。光でも 4 年 4 ヶ月ほどかかるということです。しかしこれが，地球から最も近い恒星なのです。

「光年」は距離の単位です。時間の単位ではないので間違えないようにしてください。

度数法の場合の大小関係

「重要な大小関係」の項で

$$\begin{matrix} \dfrac{b_1}{r} & < & \dfrac{\ell}{r} & < & \dfrac{b_2}{r} \\ \| & & \| & & \| \\ \sin x & < & x & < & \tan x \end{matrix} \qquad (1)\ 再掲$$

としました。これは，この中辺どうしの関係

$$\frac{\ell}{r}=x$$

が成り立つ，つまり，中心角 x が弧度法であることが前提でした。

そこで今度は，中心角が度数法の場合について考えます。中心角の文字も x から θ に変えておきます。

【図7-2-5】

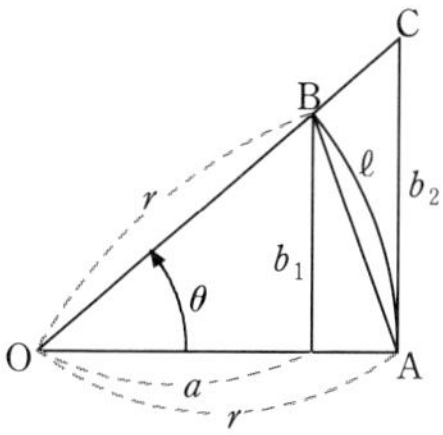

△OAB と△OAC の面積に変更はありません。式が変わるのは，弧 ℓ の長さです。

$$\ell = 2\pi r \times \frac{\theta}{360°} = \frac{\pi}{180} r\theta \quad ゆえ \quad \frac{\ell}{r} = \frac{\pi}{180}\theta$$

ですから，（１）の不等式は

$$\sin\theta < \frac{\pi}{180}\theta < \tan\theta = \frac{\sin\theta}{\cos\theta} \qquad (☆)$$

となります。この辺々を $\sin\theta$ で割って（ $\sin\theta > 0$ ）

$$1 < \frac{\pi}{180} \cdot \frac{\theta}{\sin\theta} < \frac{1}{\cos\theta}$$

そして， θ を限りなく 0° に近づけると，挟みうちの原理により

$$\frac{\pi}{180} \cdot \frac{\theta}{\sin\theta} \to 1 \quad ゆえ \quad \frac{180}{\pi} \cdot \frac{\sin\theta}{\theta} \to 1$$

したがって， θ を限りなく 0° に近づけけたとき

$$\frac{\sin\theta}{\theta} \to \frac{\pi}{180} = 0.01745329\cdots$$

となります。

（☆）の辺々を $\tan\theta$ で割る（ $\frac{\cos\theta}{\sin\theta}$ を掛ける）と（ $\tan\theta = \frac{\cos\theta}{\sin\theta} > 0$ ）

$$\cos\theta < \frac{\pi}{180} \cdot \frac{\theta}{\tan\theta} < 1$$

これも， θ を限りなく 0° に近づけると，挟みうちの原理により

$$\frac{\pi}{180} \cdot \frac{\theta}{\tan\theta} \to 1 \quad よって \quad \frac{180}{\pi} \cdot \frac{\tan\theta}{\theta} \to 1$$

したがって， θ を限りなく 0° に近づけたとき

$$\frac{\tan\theta}{\theta} \to \frac{\pi}{180} = 0.01745329\cdots$$

となります。

弧度法だと単純に 1 になるところが，度数法だと $\frac{\pi}{180}$ になるわけです。

三角関数を解析学で扱うとき，度数法だと，この係数がいちいち出

てきて大変うっとうしいことになるということが，次章以降で明らかになります。

ε-δ 論法について

εは「イプシロン」，δは「デルタ」と読むギリシャ文字です。どちらも，小さな値を表すときに使われます。イプシロンという名前の日本の小さな，しかし，大きな役割を担うロケットもあります。

さて，$x=a$ のいくらでも近くで定義された関数 $f(x)$ について

（ア） x が a に限りなく近づくとき，$f(x)$ の値が c に限りなく近づく。

このことが成り立つとき

c を，x が a に限りなく近づくときの $f(x)$ の極限値という。

ということは，本文で述べました。

「$x=a$ のいくらでも近くで定義された」というのは，もし，x が一定の距離以下に a に近づくと $f(x)$ の値がなくなってしまうなら，「x を限りなく a に近づける」ことが無意味になってしまうということを言っているのです。

そして

（イ） $f(x)$ と c の差（>0）をどんなに小さく設定しても

そうなるような x が（a の近くに）存在する。

というのが「$f(x)$ が c に限りなく近づく」ことの客観的な表現だと，p.219 で述べましたが，もっと明確に定量的に表現する方法が，いわゆる **ε-δ 論法**といわれる次の表現です。

（ウ） 任意の正の数 ε に対して

次のことが成り立つ正の数 δ が存在する：

$a-\delta<x<a+\delta$ ならば $c-\varepsilon<f(x)<c+\varepsilon$

【図7-2-6】

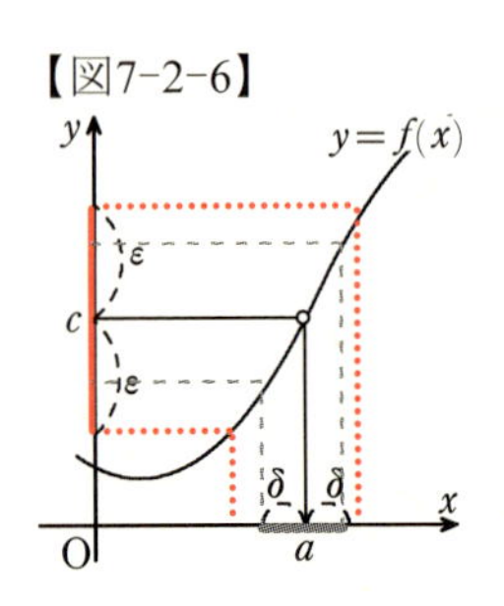

εについては，「どんなに小さな」というところにその本意があるのですが，この言葉は入れない方が表現がより客観的になります。また，

「$a-\delta<x<a+\delta$ ならば」というのは，この範囲の（$x=a$ 以外の）すべての x について，という意味です。

高校時代に(ア)の表現で極限の意味を学んだあと，大学で(ウ)の ε-δ 論法に出会ったとき，私は何か違和感を覚え，シックリ来ませんでした。

それは，(ア)と(ウ)とで "先に" 決めるもの（グレーの下線）と，"それに応じて" 決まるもの（赤い下線）の順序が逆になっていることが原因だと気づいたのです。

(ア)の言い方からすると，"先に" 決める ε は x の範囲を表すのではないかと，十代の頃の私は思ったわけです。つまり

(エ) 任意に決めた正の数 ε に対して
次のことが成り立つ正の数 δ が存在する：
$a-\varepsilon<x<a+\varepsilon$ *ならば* $c-\delta<f(x)<c+\delta$
x が a に限りなく近づく

この記述は実際には誤りなので斜体文字にしてある。

ではないかということです。

しかしこれだと，$f(x)$ が一定の値 c に収束しなくても，$c-\delta<f(x)<c+\delta$ を満たす正の数 δ が存在する状態は容易につくれてしまうし（右図），$c-\delta<f(x)<c+\delta$ の δ が 0 に近くなくても存在さえすればよいというのでは，$f(x)$ が c に限りなく近づくという(ア)の主旨にも合いません。

【図7-2-7】

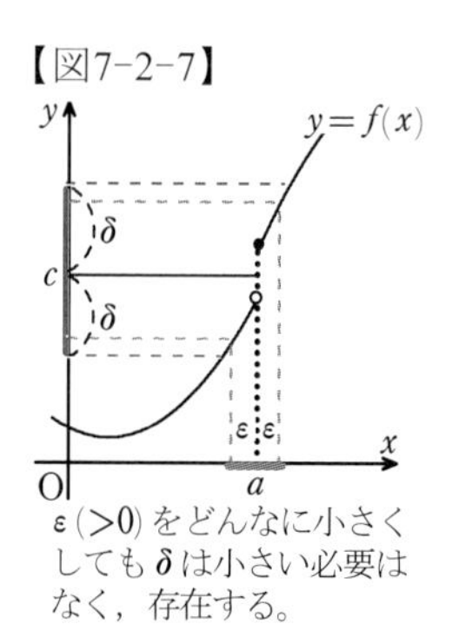

ε (>0) をどんなに小さくしても δ は小さい必要はなく，存在する。

$|f(x)-c|$ がいくらでも 0 に近い状態にできる，すなわち，$c-\delta<f(x)<c+\delta$ の δ がいくらでも 0 に近い値がとれるようになっていなければならない，つまり，上図に示したような縦のギャップがないということが前提で，だから，$f(x)$ と c をどんなに近くしても，というところを「任意の ε」で "先に" 表すのだ，ということに気づいて，私なりの腑に "落とす" ことができたのでした。

多くの場合

【図7-2-8】

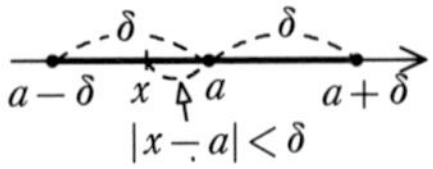

δ δ

$a-\delta$ x a $a+\delta$

$|x-a|<\delta$

$$a-\delta < x < a+\delta \quad \text{は} \quad |x-a|<\delta$$

$$c-\varepsilon < f(x) < c+\varepsilon \quad \text{は} \quad |f(x)-c|<\varepsilon$$

と表します。差の絶対値は，その２者の間の距離を表します。

ここで，(ウ)を記号化した表現（世界共通）の一例を見ておきましょう。

(ウ)' $^{\forall}\varepsilon>0$，$^{\exists}\delta>0$；$|x-a|<\delta \Rightarrow |f(x)-c|<\varepsilon$

これで「任意の正の数 ε に対して正の数 δ が存在して，$|x-a|<\delta$ ならば $|f(x)-c|<\varepsilon$」と読みます。(ウ)とともに，「限りなく」とか「近い」という主観的な言葉は完全に排除されています。

「∀」は「すべての」(all，any)，「∃」は「存在する」(exist) を表す記号です。A や E を逆さにしたものです。

「；～」は，「～のような」「～を満たす」という，英語の関係代名詞 that の役割の記号と解釈すればよいでしょう。

極限について本書では，ε-δ 論法は用いずに，(ア)の表現で通します。

読む授業
～ピタゴラスからオイラーまで～

第8章

三角関数の微分・積分

1　微分

●究極の折れ線グラフ

微分(法)は，関数(のグラフ)を微小部分に分けて "瞬間" の増減のようすを調べる方法です。

グラフを折れ線グラフで近似するとき，できるだけ細かく分けた方が，より滑らかに見えます。つまり，非常に細かい折れ線グラフの１本の線分は，本来のグラフ(曲線)とほぼ同一視できると考えてよさそうだということです。

そこで，曲線の微小部分を折れ線のうちの１本，すなわち直線に置き換えて，その増加・減少を調べようというアイデアが微分(法)です。

【図 8-1-1】

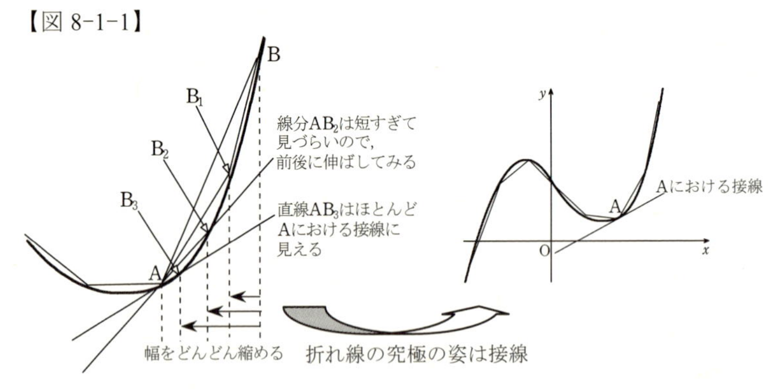

点 A を固定して，B，B_1，B_2，B_3 という具合に，A との幅をドンドン縮めていきます。すると A から伸びる折れ線もドンドン短くなっていき見づらくなりますから，前後に伸ばしてみます。すると，A との幅が相当に小さければその２点はほとんど１点に見えて，その直線はグラフ上の点 A における接線に見えます。つまり，**限りなく細かくした折れ線の１本の究極の姿は接線**で，接線の傾きが，その接点におけるグラフの "瞬間の" 傾きとみなせるだろうと考えるのです。

●直線の傾き

一般に，直線上の２点を $A(x_1,\ y_1)$，$B(x_2,\ y_2)$ として，その２点間における x の変化を Δx， y の変化を Δy と表すと（Δ は「デルタ」と読むギリシャ文字），その直線の**傾き**とは

【図 8-1-2】

$$\textbf{傾き} = \frac{\Delta y}{\Delta x} = \frac{y_2 - y_1}{x_2 - x_1} \qquad (1)$$

で表されるもののことです。ただしこれは，$\Delta x \neq 0$ ，つまり，$x_1 \neq x_2$ である場合です。

$x_1 = x_2$ の場合は，その直線は y 軸に平行で，このような直線に対しては，傾きという概念は適用できません。

$B(x_2,\ y_2)$
$x_1 = x_2$
$A(x_1,\ y_1)$

Δ は，difference（差）の d に相当します。Δx で１文字の扱いです。

分子，分母の引く順序は重要です。引き算は変化を表す計算で，変化の後から前を引くことになっています。いまは A から B までの変化ですから，x，y 座標ともに，B（２番）から A（１番）を引きます。

さて，直線の傾きについて，次の関係は非常に重要です。

傾き＋ ⇔ グラフは**右上がり** ⇔ 関数値は**増加**

傾き－ ⇔ グラフは**右下がり** ⇔ 関数値は**減少**

傾き 0 ⇔ グラフは**水平**（x 軸と平行）⇔ **増加でも減少でもない**

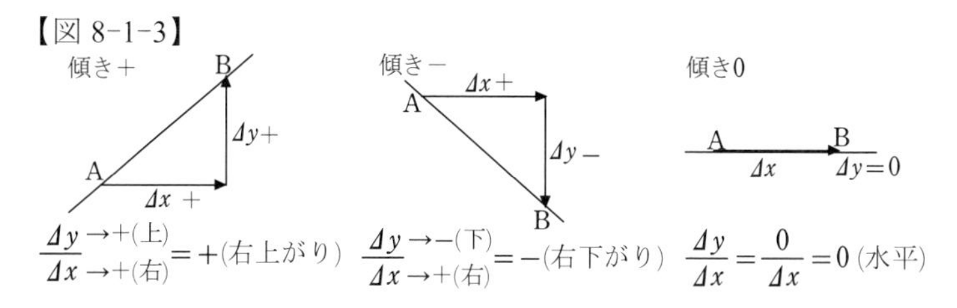

接線の傾きが分かれば，グラフも接点の付近では接線の傾きに非常に近いと言えるので，瞬間瞬間のグラフの上がり，下がりが分かるというわけです。

●接線の傾き

直線の傾きの算出には，（1）式でも分かるように，直線上の異なる2点の座標が必要ですが，接線の状態では接点1点だけしか分かりませんから，そのままでは傾きは求められません。

そこで，いきなり接線を考えるのではなく，図 8-1-1 で見たように，接点 A とは別にグラフ上にもう1点 B をとって，その2点を結ぶ直線を考えます。

そして，点 B を接点 A に限りなく近づけていきます。限りなく近づけていけば，直線 AB は点 A における接線に限りなく近づきます。

例1　2次関数 $y=x^2$ のグラフの $x=1$ における接線の傾きを求める。

$x=1$ のとき $y=1$ ですから，接点は A(1, 1) です。

【図 8-1-4】

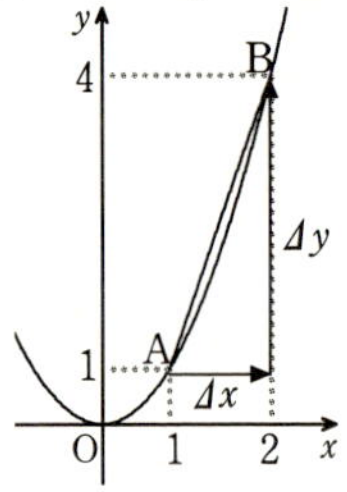

しかし，これだけでは，その点がグラフの右上がりの途中の点なのか右下がりの途中の点なのかということは全く分かりません（いまは，このグラフが放物線であるということも知らないつもり）。

そこでもう1点，たとえば B(2, 4) をとり，この2点 A，B を結ぶ直線の傾きを求めます：

$$\frac{\Delta y}{\Delta x}=\frac{4-1}{2-1}=3$$

【図 8-1-5】

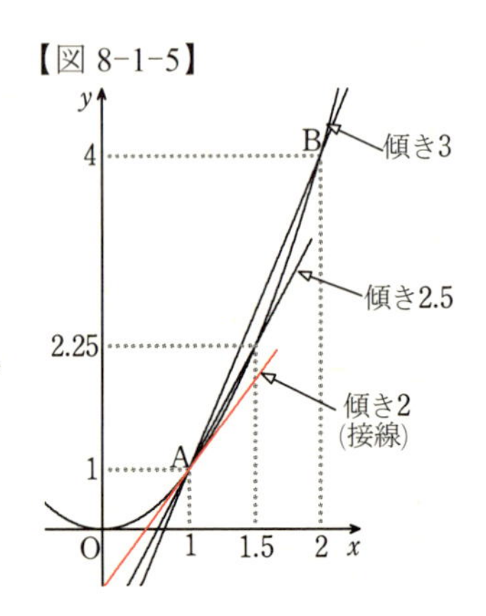

このように A と B の2点間を結ぶ直線の傾きを，A，B 間の**平均変化率**といいます。2点間を直線(平ら)に均(なら)したときの x と y の変化の率という意味です。あるいは，**ニュートン商**という場合があります。もちろん，あのニュートンです。

さて，B をもう少し A の近くにします。たとえば，$x=1.5$ とすれば $y=1.5^2=2.25$ ですから，B(1.5, 2.25) です。

これで直線 AB の傾きを求めると

$$\frac{\Delta y}{\Delta x}=\frac{2.25-1}{1.5-1}=\frac{1.25}{0.5}=2.5$$

もっと A に近づけて，$x=1.1$ なら $y=1.1^2=1.21$ ですから

$$\frac{\Delta y}{\Delta x}=\frac{1.21-1}{1.1-1}=\frac{0.21}{0.1}=2.1$$

こうして点 B を限りなく接点 A に近づけていくと，直線 AB は $x=1$ における接線に近づいていくであろうと思われます。

ということは，B を限りなく A に近づけていったとき，$\frac{\Delta y}{\Delta x}$ がある一定の値に近づくなら，その一定の値が点 A における接線の傾きだと考えられます。

そこで，A，B 間の x の差 Δx をこの記号のままにして B の座標を表すと $x=1+\Delta x$，$y=(1+\Delta x)^2$ となりますから

【図 8-1-6】

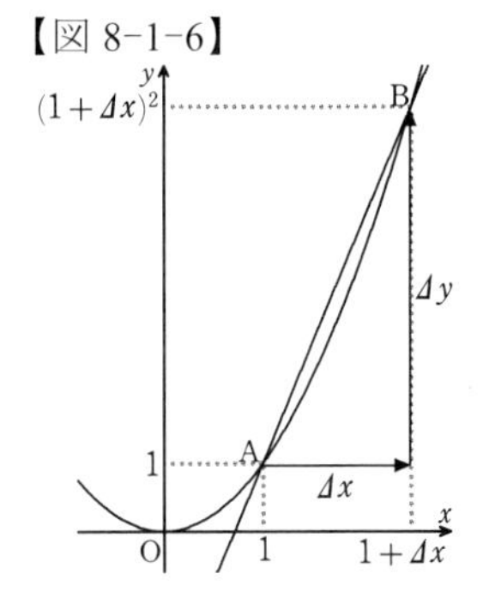

$$\frac{\Delta y}{\Delta x}=\frac{(1+\Delta x)^2-1}{\Delta x}=\frac{1+2\cdot\Delta x+\Delta x^2-1}{\Delta x}$$

$$=2+\Delta x$$

ここで，Δx を限りなく 0 に近づけます。すると

$$\frac{\Delta y}{\Delta x}=2+\Delta x \quad \text{は限りなく 2 に近づく}$$

ということが理解できるでしょう。

したがって，$x=1$ における接線の傾きは　2　（答）

これは，点 A(1, 1) においてグラフが右上がりの途中であるということです。

「Δx を限りなく 0 に近づける」を「$\boldsymbol{\Delta x\to 0}$」

と書くことにします。

「$2+\Delta x$ が限りなく 2 に近づく」は「$2+\Delta x\to 2$」

と書き，「$2+\Delta x$ は 2 に**収束する**」といいます。そして，収束する値 2 を，$\Delta x\to 0$ のときの $2+\Delta x$ の**極限値**といいます。

極限が一定の値に収束しないとき，**発散する**といいます。

●**導関数**

さて，接点の x 座標も，1 だったところを x のままで上の手順の計算をすると，グラフ上の全ての点における接線の傾きが分かる式がつくれそうなので，やってみます。このとき，A(x, x^2)，B$(x+\Delta x, (x+\Delta x)^2)$ なので

$$\begin{aligned}\frac{\Delta y}{\Delta x} &= \frac{(x+\Delta x)^2 - x^2}{\Delta x} \\ &= \frac{\cancel{x^2} + 2x\cdot\cancel{\Delta x} + \Delta x^{\cancel{2}} - \cancel{x^2}}{\cancel{\Delta x}} \\ &= 2x + \Delta x\end{aligned} \qquad (2)$$

$\Delta x \to 0$ とすると　$\dfrac{\Delta y}{\Delta x} = 2x + \Delta x \quad \to 2x$

となります。$x=1$ とすれば，例 1 の結果と一致します。

このような手順で導かれた新たな関数 $2x$ を，$y=x^2$ の**導関数**(derivative)あるいは**微分**(differential)といい，導関数を求めることを**微分する**といいます。

導関数の記号は

$y=x^2$ の導関数は $y'=2x$，　$f(x)=x^2$ の導関数は $f'(x)=2x$

というように ′ を付けて表します。あるいは

$(x^2)'=2x$

という書き方もします。

日本語では「y ダッシュ」と読みますが，英語では「y prime(プライム)」と読みます。dash は，言葉を挿入するときの「–」を指します。

この y' という記号と「導関数」という名前は，ラグランジュ（1736〜1813）がつくったものです。

これに先立ち，微分の発見者のひとり，ドイツの数学者ライプニッツ（1646〜1716）は

$\Delta x \to 0$ としたときの $\dfrac{\Delta y}{\Delta x}$ の極限値を $\dfrac{dy}{dx}$

という記号で表し（1675年），現在でも使われています。これは「$dydx$」というように上から棒読みするのだとよく言われます。これでひとつの記号だと考えてのことです。

ニュートン（1642〜1727）は，$\dot{y}$（「y ドット」と読む）と表しました。これは，現在では主に物理学で，時刻 t が変数のときに使われています。

数学では，derivative を「独創性のない」とは訳さないように注意しましょう。

●極限記号 lim

「$\Delta x \to 0$ としたときの $\dfrac{\Delta y}{\Delta x}$ の極限」ということを

$$\lim_{\Delta x \to 0} \frac{\Delta y}{\Delta x}$$

と表します。lim は limit です。そして，この極限が収束するとき

$$\lim_{\Delta x \to 0} \frac{\Delta y}{\Delta x} = y' \qquad \lim_{\Delta x \to 0} \frac{\Delta y}{\Delta x} = \frac{dy}{dx}$$

などと書くことは先ほど述べた通りです。

極限記号を用いて $y = x^2$ の導関数を求める手順を表すと

$$(x^2)' = \lim_{\Delta x \to 0} \frac{(x + \Delta x)^2 - x^2}{\Delta x} = \lim_{\Delta x \to 0} (2x + \Delta x) = 2x$$

となります。途中で「ここで $\Delta x \to 0$ とすると」というような式変形作業の中断をしなくてすみます。

導関数を求める手順（定義）を一般の関数記号 $f(x)$ で書いておきます。

導関数 $f'(x)$ の定義

$$f'(x) = \lim_{\Delta x \to 0} \frac{\Delta y}{\Delta x} = \lim_{\Delta x \to 0} \frac{f(x + \Delta x) - f(x)}{\Delta x} \qquad (3)$$

次の節で，関数記号 f を三角関数の記号 sin や cos にしたものを学習します。

● $y = x^n$ の導関数

さて，前ページの（２）式の「２乗」を「n 乗」にして計算すると，$y = x^n$ の導関数も求めることができます。

$$(x + \Delta x)^n = x^n + nx^{n-1} \cdot \Delta x + (\Delta x \text{ の２次以上の項の和})$$

ですから（次項の「二項定理」）

$$\frac{\Delta y}{\Delta x}=\frac{(x+\Delta x)^n-x^n}{\Delta x}=\frac{\cancel{x^n}+nx^{n-1}\cdot\cancel{\Delta x}+(\Delta x\text{の}\overset{1}{\cancel{2}}\text{次以上の項の和})-\cancel{x^n}}{\cancel{\Delta x}}$$

$$=nx^{n-1}+(\Delta x\text{の1次以上の項の和})$$

で，$\Delta x \to 0$ とすると (Δxの１次以上の項の和)$\to 0$ となって nx^{n-1} だけが残ります。したがって，n を自然数(正の整数)とするとき

$$\boxed{(x^n)'=nx^{n-1}}$$
（指数を掛けて指数から１引く）

● $(x+\Delta x)^n$ の展開について（二項定理）

$$(x+\Delta x)^n=\underbrace{(x+\Delta x)(x+\Delta x)(x+\Delta x)\cdots(x+\Delta x)}_{n\text{個の(　)}}$$

右辺の展開において，n 個すべての(　)から x を選んで掛け合わせると x^n の項が１個だけできます。

n 個の(　)のうちの１個からΔx を選び，他の $n-1$ 個の(　)からは x を選ぶと $x^{n-1}\cdot\Delta x$ という項ができます。そして，n 個の(　)のうち１個の選び方は n 通りありますから，$x^{n-1}\cdot\Delta x$ という同類項は n 個できます。よって，$nx^{n-1}\cdot\Delta x$ 。

n 個の(　)のうちの２個からΔx を選び，他の $n-2$ 個の(　)からは x をとると $x^{n-2}\cdot\Delta x^2$ という項ができます。そして，n 個の(　)のうち２個の選びかたは ${}_n\mathrm{C}_2=\dfrac{n(n-1)}{2}$ 通りですから，${}_n\mathrm{C}_2\cdot n^{n-2}\cdot\Delta x^2$。

このように考えて

$$(x+\Delta x)^n=\underset{\uparrow\atop 1={}_n\mathrm{C}_0}{x^n}+\underset{\nwarrow\atop {}_n\mathrm{C}_1}{n}x^{n-1}\cdot\Delta x+\underbrace{{}_n\mathrm{C}_2\cdot x^{n-2}\cdot\Delta x^2+{}_n\mathrm{C}_3\cdot x^{n-3}\cdot\Delta x^3+\cdots+\Delta x^n}_{\Delta x\text{の２次以上の項の和}}$$

（Δx^n の係数：$1={}_n\mathrm{C}_n$）

が得られます。

一般に

$$\boldsymbol{(a+b)^n={}_n\mathrm{C}_0a^n+{}_n\mathrm{C}_1a^{n-1}b+{}_n\mathrm{C}_2a^{n-2}b^2+\cdots+{}_n\mathrm{C}_{n-1}ab^{n-1}+{}_n\mathrm{C}_nb^n}$$

を**二項定理**といいます。そして，右辺の各項の係数

$${}_n\mathbf{C}_r\quad(r=0,\ 1,\ 2,\ 3,\cdots,n)$$

を**二項係数**といいます。ただし，${}_n\mathbf{C}_0=\mathbf{1}$ と定義しておきます。

右辺の各項は

$${}_n\mathrm{C}_ra^{n-r}b^r\quad(r=0,\ 1,\ 2,\ 3,\cdots,n)$$

の形で表せます。これを，二項展開したときの**一般項**といいます。ただし，$a^0=1$，$b^0=1$ とします。

$_nC_r$ は「n 個の異なるもののうちの異なる r 個の組合せの数」を表す記号，combination のＣで

$$_nC_r=\frac{n(n-1)\cdots(n-r+1)}{r(r-1)\cdots2\cdot1}\qquad\text{例：}\ _7C_3=\frac{7\cdot6\cdot5}{3\cdot2\cdot1}=35$$

という計算のものです。

●（定数）$'=0$

$y=c$（定数）において $\varDelta y$ は常に 0 ですから，微分すると 0 です。これは，$y=c$（定数）のグラフが傾き 0 の（x 軸に平行な）直線なので，その "接線" の傾きも自分自身と同じ 0 であることを意味します。

●微分の基本的な性質

$$\{kf(x)\}'=kf'(x)\qquad(k\text{ は定数})$$

$$\{f(x)\pm g(x)\}'=f'(x)\pm g'(x)\qquad\text{（項別微分）}$$

これは，たとえば

$$(5x^3)'=5(x^3)'=5\cdot3x^2=15x^2$$

というように，係数は微分の際にそのまま持ち越し，また

$$(x^4-3x^2+5)'=(x^4)'-(3x^2)'+(5)'=4x^3-6x$$ ←定数項 5 は 0 になる

というように，項別に微分すればよいということです。

導関数の定義（３）に従って確認してみましょう。

$$\{kf(x)\}'=\lim_{\varDelta x\to0}\frac{kf(x+\varDelta x)-kf(x)}{\varDelta x}$$
$$=\lim_{\varDelta x\to0}k\cdot\frac{f(x+\varDelta x)-f(x)}{\varDelta x}=kf'(x)$$

$$\therefore\{kf(x)\}'=kf'(x)\qquad\text{（終）}$$

$$\{f(x)\pm g(x)\}'=\lim_{\varDelta x\to0}\frac{\{f(x+\varDelta x)\pm g(x+\varDelta x)\}-\{f(x)\pm g(x)\}}{\varDelta x}$$
$$=\lim_{\varDelta x\to0}\left(\frac{f(x+\varDelta x)-f(x)}{\varDelta x}\pm\frac{g(x+\varDelta x)-g(x)}{\varDelta x}\right)$$
$$=f'(x)\pm g'(x)$$

$$\therefore\{f(x)\pm g(x)\}'=f'(x)\pm g'(x)\qquad\text{（終）}$$

●導関数を利用した関数の増減の調査

さて，導関数をつくってしまえば，先ほどの $y=x^2$ のグラフの $x=1$ における接線の傾きは，導関数 $y'=2x$ に $x=1$ を代入すればよいわけで，$y'=2$ が得られます。

$x=2$ における傾きは $y'=4>0$ ですから，グラフは右上がりです。

$x=-2$ における傾きは $y'=-4<0$ ですから，グラフは右下がりです。

$x=0$ では $y'=0$ ですから，その瞬間，グラフは水平（ x 軸と平行）であることが分かります。従って， $y=x^2$ のグラフは $x=0$ においてとんがらないのです。

このように，導関数の x にある値 a を代入して得られる値を，$x=a$ における**微分係数**，あるいは**微係数**といいます：

$f(x)$ の $x=a$ における微分係数は $f'(a)$

「接線の傾き」と「微分係数」は同じものを指しています。「接線の傾き」はグラフを前提にして，接線という図形的な要素に頼った用語，「微分係数」はグラフなどの図形的な要素には頼らず，関数(式)だけに対して使う用語で，私は前者を "グラフ用語"，後者を "関数用語" と言っています。

さて，先ほどのように思いつくままに傾きを見ていても効率が悪いですから，もっとダイレクトに要所を押さえて，全体像がつかめるような**増減表**というものをつくってみます。３次関数を例に説明します。

例２　$y=2x^3+3x^2-12x-4$ の増減表とグラフ。

関数が増加（グラフが右上がり，$y'>0$ ）になるところと，減少（右下がり，$y'<0$ ）になるところの変わり目に注目します。

【図 8-1-7】

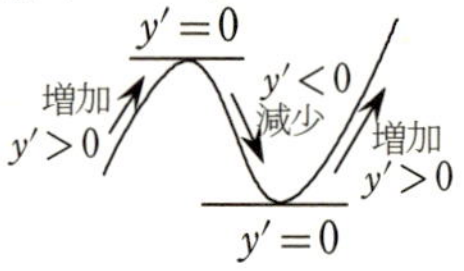

$y'=0$
増加 $y'>0$
$y'<0$ 減少
増加 $y'>0$
$y'=0$

増加と減少の変わり目の候補となるところは，接線が水平(x 軸に平行)，つまり接線の傾きが 0($y'=0$)になるところです。そこで

$$y'=6x^2+6x-12=6(x^2+x-2)=6(x+2)(x-1)$$

と導関数を求めたなら（因数分解できるときはここでしておくと後で便利），直ちに $y'=0$ を満たす x を求めます。

$y'=0$ とおくと　$6(x+2)(x-1)=0$　$\therefore x=-2, 1$

そして，$x=-2, 1$ を要（かなめ）に次のような３段構えの表の枠をつくります。

x	…	-2	…	1	…
y'	②	0	③	0	④
y	⑤	①	⑥	①	⑦

（○番号は説明のためのもの。
実際は空欄にしておく）

あとは番号順に空欄を埋めていきます。

① $x=-2$ のとき $y=16$，$x=1$ のとき $y=-11$ 。

② ここは $x<-2$ の範囲なので $y'>0$ 。よって「＋」と記入。

③ ここは $-2<x<1$ の範囲なので $y'<0$ 。よって「－」と記入。

④ ここは $x>1$ の範囲なので $y'>0$ 。よって「＋」と記入。

⑤ y' が「＋」なので y は増加。そこで，「↗」と記入。

⑥ y' が「－」なので y は減少。そこで，「↘」と記入。

⑦ y' が「＋」なので y は増加。そこで，「↗」と記入。

こうして次のような増減表ができます。

x	…	-2	…	1	…
y'	＋	0	－	0	＋
y	↗	16	↘	-11	↗

【図 8-1-8】

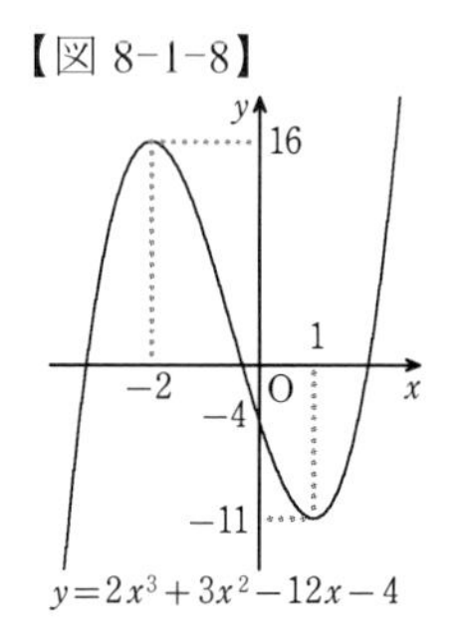

そして，これをもとに滑らかに曲線を描いたものが右の図です。

$x=-2, 1$ で，角張らずに一瞬水平に描いてください。その根拠が $y'=0$ なのです。

増加から減少に転じる瞬間の，グラフでいうと "山の頂上" の y 座標（この例の場合 16）を**極大値**，減少から増加に転じる瞬間の，グラフが "谷底" になっているところの y 座標（同じく -11）を**極小値**といいます。極大値と極小値をまとめて**極値**といいます。

●微分可能・微分不能

$f(x)$ の導関数の定義

$$f'(x)=\lim_{\Delta x\to 0}\frac{\Delta y}{\Delta x}=\lim_{\Delta x\to 0}\frac{f(x+\Delta x)-f(x)}{\Delta x} \tag{3}$$
再掲

をもう少し詳しく見ておきます。

この分数のまますぐに $\Delta x\to 0$ とすると $\frac{0}{0}$ になってしまいます。ですから，$\Delta x\to 0$ とする前に必ず約分やその他の方法で，分母が 0 にならない工夫や何らかの手立てを施さなければ導関数は求められません。

この $\frac{0}{0}$ は，分子・分母ともピッタリ 0 にしてしまうということではないので，これで値がなくなると確定したわけではありません。その意味で，極限操作をしたときの $\frac{0}{0}$ を**不定形**といいます。

(3)の極限が収束するとき，$f(x)$ は**微分可能**であるといいます。

分母は $\Delta x\to 0$ となるのに分子が $\Delta y\to 0$ とならない場合は，この極限は一定の値に収束しないので，$f(x)$ は**微分不能**ということになります。

ですから，$f(x)$ が微分可能である（(3)の極限が収束する）ためには，$\Delta x\to 0$ のとき $\Delta y\to 0$ となって $\frac{0}{0}$ の不定形になる必要があります。

数学で「必要」と言ったときは，文字通りその条件が必要なのであって，その条件で「十分」とは言っていないことに注意してください。つまり，$\frac{0}{0}$ の不定形になっても極限値が存在するとは限らないということです。このことについては，次の次の項で説明します。

●関数の連続

(3)において，$\Delta y\to 0$ は

$$\Delta y=f(x+\Delta x)-f(x)\to 0 \text{ ゆえ } \quad f(x+\Delta x)\to f(x)$$

ということです。従って，「$\Delta x\to 0$ のとき $\Delta y\to 0$」というのは

$$\Delta x\to 0 \text{ のとき } f(x+\Delta x)\to f(x)$$

で，極限記号 lim を使うと

$$\lim_{\Delta x\to 0} f(x+\Delta x)=f(x) \tag{4}$$

となります。

文字 x を a にすると，(4)は

$$\lim_{\Delta x\to 0} f(a+\Delta x)=f(a) \tag{5}$$

となります。こうすると，「ある点 $x=a$ において」というニュアンスが

出てきます。そして，（５）が意味するところは，次の２点です：

① $f(x)$ は $x=a$ で定義されている。（ $f(a)$ が有限値である。）

② x の値を a に限りなく近付けると，関数値は $f(a)$ に収束する。

このとき

関数 $f(x)$ は $x=a$ において**連続**である

といいます。

記号 $f(a)$ は，$f(x)$ が $x=a$ で定義されていることが前提で使われます。

グラフではなく，関数が連続というところに留意してください。グラフに頼らない "関数用語" です。①②にはグラフに関連する用語は使われていません。

しかし当然，連続な関数のグラフはつながっています。①②を満たすとき，$x=a$ でグラフはつながっています。（下図(a)）

ある区間のすべての x で連続のとき，その**区間で連続**といいます。

さて，もし下図(b)のように，$x=a$ でグラフに段差があると（条件①は満たしている)，右から a に近づけたときの極限値 $f(a)$ と，左から a に近づけたときの極限値(c)が異なってしまいます。（ $f(a)\neq c$ ）

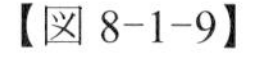
【図 8-1-9】

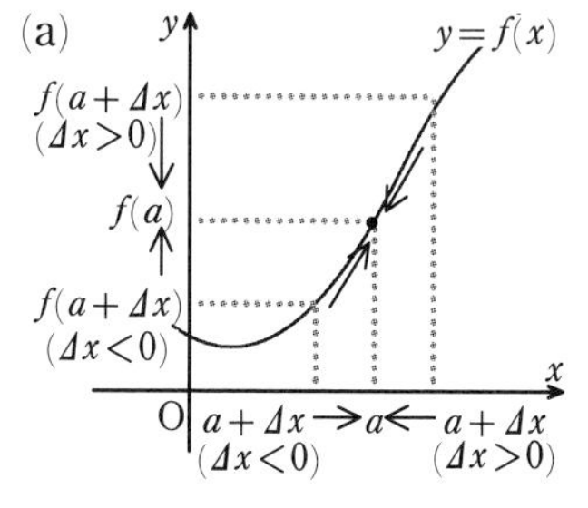

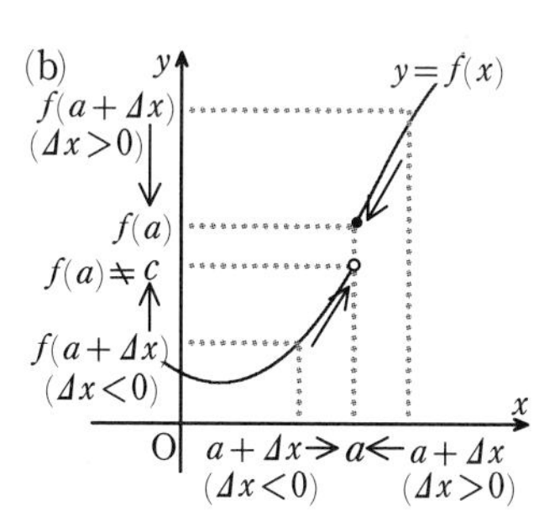

上図(b)のような場合は，$\Delta x\to 0$ のときの**極限値は存在しない**というのです。

$\lim_{\Delta x\to 0} f(a+\Delta x)$ というのは，a より大きい方からと小さい方からの，２つの方向から a に近づけることを意味しているのです。

つまり，Δx の符号を指定せずに使っている場合は，$\Delta x>0$ の範囲で 0 に近づけるのと，$\Delta x<0$ の範囲で 0 に近づけるのと，両方を表すのです。

●連続だが微分不能

$x=a$ でグラフが角張っていて，そこで接線を求めようとすると，$\Delta x>0$ として右側 $a+\Delta x$ から $\Delta x \to 0$ とした場合と，左側 $a-\Delta x$ から $\Delta x \to 0$ とした場合では，その極限値（接線の傾き）が異なるであろうということは，右図でも理解できるでしょう。

【図 8-1-10】

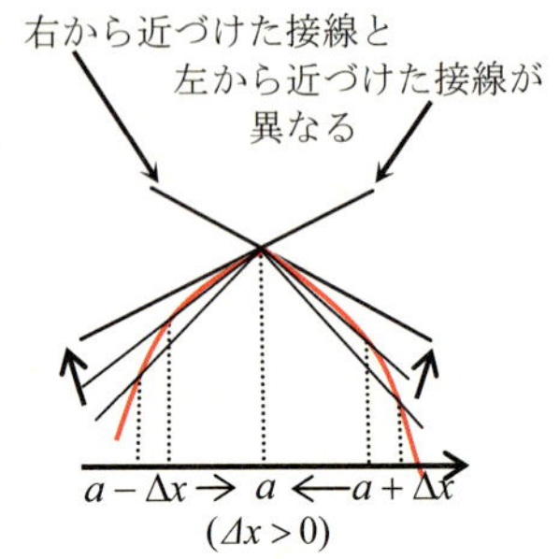

このようなグラフをもつ関数 $y=f(x)$ は，$x=a$ へ右から近づけても左から近づけても

$$f(a+\Delta x) \to f(a) \qquad (\Delta x>0)$$

$$f(a-\Delta x) \to f(a) \qquad (\Delta x>0)$$

となるので，関数 $f(x)$ は $x=a$ で連続です。

しかし，導関数の定義：$\displaystyle\lim_{\Delta x \to 0} \frac{\Delta y}{\Delta x}$ の右からの極限と左からの極限が異なってしまうので，$f(x)$ は $x=a$ で**微分不能**ということになるのです。これが

連続でも微分可能とは限らない

ことの例です。

【図 8-1-11】

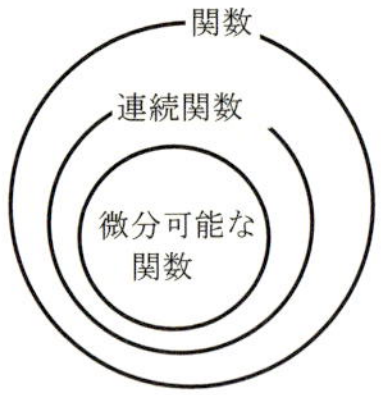

関数
連続関数
微分可能な関数

微分の可能性と関数の連続性の関係は，右図のような包含関係になっています。

ですから，導関数を求めるときは，本当は，x より左側 $x-\Delta x$ の点をとって，左側から x に近づけることもやらねばならなかったのです。

【図 8-1-12】

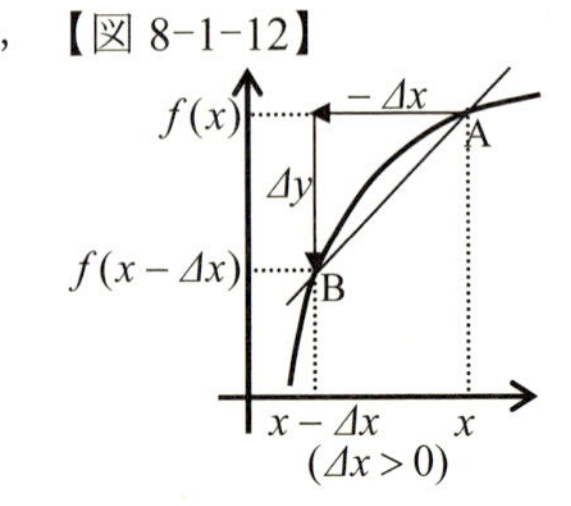

左から近づけるときのニュートン商は，符号に気をつけてください。つまり，右図においては $\Delta x>0$ ですから，A から B への x の変化は $-\Delta x$ としなければなりません。図の中の矢印は重要です。

$$\lim_{\substack{\Delta x \to 0 \\ \Delta x>0}} \frac{f(x-\Delta x)-f(x)}{-\Delta x}$$

lim の下に $\varDelta x > 0$ という条件も付記してありますが，これを

$$\lim_{\varDelta x \to +0} \frac{f(x-\varDelta x)-f(x)}{-\varDelta x}$$

というように，$\varDelta x \to +0$ と表すことは高校の教科書でも使われています。

また，上の説明から，微分可能な関数のグラフは滑らかな(角張っていない)曲線になるということが分かります。

例３　２次関数 $f(x)=x^2$ の導関数について，左からの極限が p.232 の結果と一致することを確認する。

$$\begin{aligned}\lim_{\varDelta x \to +0} \frac{f(x-\varDelta x)-f(x)}{-\varDelta x} &= \lim_{\varDelta x \to +0} \frac{(x-\varDelta x)^2-x^2}{-\varDelta x}\\ &= \lim_{\varDelta x \to +0} \frac{\cancel{x^2}-2x\cdot\varDelta x+\varDelta x^2-\cancel{x^2}}{-\varDelta x}\\ &= \lim_{\varDelta x \to +0} \frac{-\cancel{\varDelta x}(2x-\varDelta x)}{-\cancel{\varDelta x}}\\ &= \lim_{\varDelta x \to +0}(2x-\varDelta x)\\ &= 2x\end{aligned}$$

よって，p.232 の結果と一致します。(終)

左からの極限は，$\varDelta x$ 自体を負($\varDelta x < 0$)として

$$\lim_{\substack{\varDelta x \to 0\\ \varDelta x<0}} \frac{f(x+\varDelta x)-f(x)}{\varDelta x}$$

とすることもできますが，これはふつう

$$\lim_{\varDelta x \to -0} \frac{f(x+\varDelta x)-f(x)}{\varDelta x}$$

と書きます。このように，$\varDelta x$ に符号も含ませると，$\dfrac{f(x+\varDelta x)-f(x)}{\varDelta x}$ に統一できますので

$$\lim_{\varDelta x \to +0}(2x+\varDelta x) = \lim_{\varDelta x \to -0}(2x+\varDelta x)$$

のように，$\varDelta x \to +0$ と $\varDelta x \to -0$ の結果が等しくなる場合には，別々に調べずに，両方を兼ねて $\varDelta x \to 0$ だけで済ませてしまいます。

しかし，$\varDelta x \to 0$ は，$\varDelta x \to +0$ と $\varDelta x \to -0$ の両方の意味を兼ねているのだということは，忘れないでください。

2　三角関数の微分

● sin*x*, cos*x* の導関数

話を三角関数に戻して，前節と同じことを$y=\sin x$にも適用してみます。

【図 8-2-1】

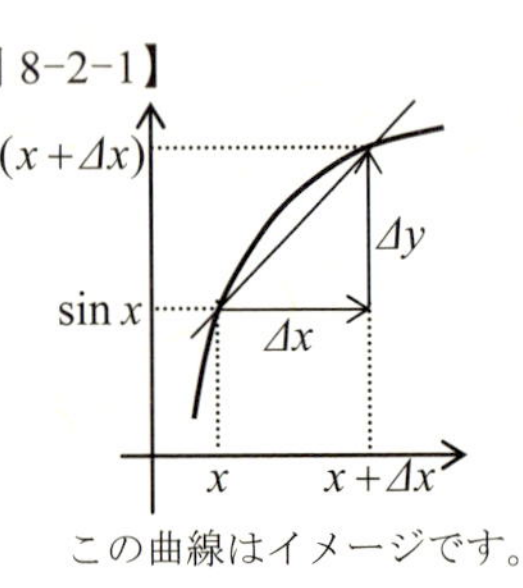

この曲線はイメージです。

先にΔyを計算しておきましょう。

$$\begin{aligned}\Delta y &= f(x+\Delta x)-f(x)\\ &= \sin(x+\Delta x)-\sin x \qquad (1)\\ &= \underline{\sin x}\cos\Delta x+\cos x\sin\Delta x-\underline{\sin x}\\ &= \underline{\sin x}(\cos\Delta x-1)+\cos x\sin\Delta x\end{aligned}$$

ですから

$$\begin{aligned}\frac{\Delta y}{\Delta x} &= \frac{\sin x(\cos\Delta x-1)+\cos x\sin\Delta x}{\Delta x}\\ &= \sin x\frac{\cos\Delta x-1}{\Delta x}+\cos x\frac{\sin\Delta x}{\Delta x}\end{aligned}$$

← Δxにかかわるもので分数にする

ここで$\Delta x\to 0$とすると，$\cos\Delta x\to\cos 0=1$ですから

$$\frac{\cos\Delta x-1}{\Delta x}\to\frac{0}{0}$$

となります。これは不定形です。

$\dfrac{\sin\Delta x}{\Delta x}\to\dfrac{0}{0}$ も不定形です。どちらも約分はできません。

ではどのようにするかというと，最初に$\dfrac{\sin\Delta x}{\Delta x}$から見てください。

Δxがラジアンならば，前章で見た

xを限りなく0に近づけると$\dfrac{\sin x}{x}$は限りなく1に近づく

が生きてきます。ですから，**ここからの角度は，とくに断りがないときはすべてラジアンとします。**

さて，このxをΔxと書いても同じですから

$$\lim_{\Delta x\to 0}\frac{\sin\Delta x}{\Delta x}=1 \qquad (2)$$

となります。

次は $\dfrac{\cos\Delta x-1}{\Delta x}$ です。ここは，ちょっと天下り的ではありますが，こんな処理方法もあるのだということで，知っておいてください。

$$\frac{\cos\Delta x-1}{\Delta x}\cdot\frac{\cos\Delta x+1}{\cos\Delta x+1}=\frac{\cos^2\Delta x-1}{\Delta x(\cos\Delta x+1)}$$

$\sin^2\alpha+\cos^2\alpha=1$ より $\cos^2\alpha-1=-\sin^2\alpha$

$$=\frac{-\sin^2\Delta x}{\Delta x(\cos\Delta x+1)}$$

$$=\underbrace{-\sin\Delta x}_{\to 0}\cdot\underbrace{\frac{\sin\Delta x}{\Delta x}}_{\to 1}\cdot\underbrace{\frac{1}{\cos\Delta x+1}}_{\to \frac{1}{2}}$$

$\Delta x\to 0$ のとき　0　1　$\frac{1}{2}$

で，結局０が掛かる状態ですから

$$\lim_{\Delta x\to 0}\frac{\cos\Delta x-1}{\Delta x}=0 \qquad (３)$$

となります。

以上により

$$\frac{\Delta y}{\Delta x}=\sin x\underbrace{\frac{\cos\Delta x-1}{\Delta x}}_{\to 0}+\cos x\underbrace{\frac{\sin\Delta x}{\Delta x}}_{\to 1}\to\cos x \qquad (\Delta x\to 0)$$

すなわち

$y=\sin x$ に対して　$y'=\cos x$　つまり　$(\sin x)'=\cos x$

という結果が得られました。同様にして

$y=\cos x$ に対して　$y'=-\sin x$　つまり　$(\cos x)'=-\sin x$

が得られます。「-」が付きます。是非やってみてください。

この２つを並べておきます。$\sin x$ と $\cos x$ のこの関係は，とても印象的です。

$$\boldsymbol{(\sin x)'=\cos x}$$

$$\boldsymbol{(\cos x)'=-\sin x}$$

なお，加法定理を用いた（１）のところで，和差→積の公式

$$\sin A-\sin B=2\cos\frac{A+B}{2}\sin\frac{A-B}{2}$$

を使う方法もありますが，本書では皆さんの練習問題としておきます（p.247 で扱っている極限操作の工夫が必要になります）。

●左から近づけてみる

前節で述べたように，本当は左からも近づけてみなければなりません。

【図 8-2-2】

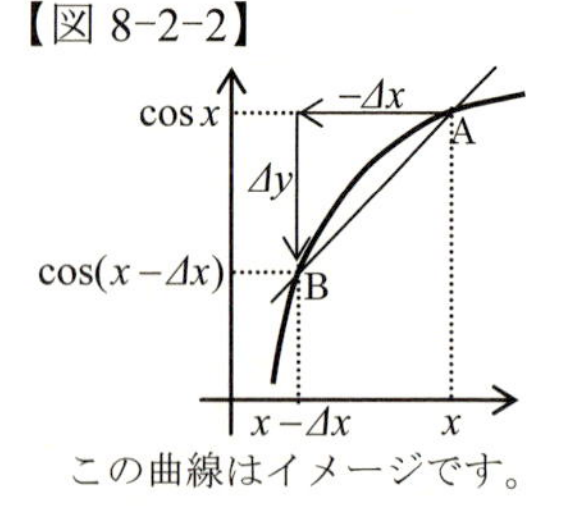

この曲線はイメージです。

ここでは，$\cos x$ について確認します。

$\Delta x>0$ として

$$\Delta y=\cos(x-\Delta x)-\cos x$$
$$=\cos x\cos\Delta x+\sin x\sin\Delta x-\cos x$$
$$=\cos x(\cos\Delta x-1)+\sin x\sin\Delta x$$

ですから

$$\frac{\Delta y}{-\Delta x}=\frac{\cos x(\cos\Delta x-1)+\sin x\sin\Delta x}{-\Delta x}=-\cos x\underbrace{\frac{\cos\Delta x-1}{\Delta x}}_{(3)\text{より}\,0}-\sin x\underbrace{\frac{\sin\Delta x}{\Delta x}}_{(2)\text{より}\,1}$$

$$\therefore \lim_{\Delta x\to+0}\frac{\Delta y}{-\Delta x}=-\sin x \quad \text{（終）}$$

● tan*x* の導関数（商の微分法）

$y=\tan x$ は，$\tan x=\dfrac{\sin x}{\cos x}$ として，**商（分数関数）の微分法：**

$$\left(\frac{f(x)}{g(x)}\right)'=\frac{f'(x)g(x)-f(x)g'(x)}{\{g(x)\}^2}$$

微分 そのまま － そのまま 微分
分母２乗分の

を鵜飲みにして忠実に当てはめると

$f'(x)=(\sin x)'=\cos x$ ，$g'(x)=(\cos x)'=-\sin x$ として

$$(\tan x)'=\left(\frac{\sin x}{\cos x}\right)'$$
$$=\frac{\cos x\cos x-\sin x(-\sin x)}{\cos^2 x}=\frac{\cos^2 x+\sin^2 x}{\cos^2 x}=\frac{1}{\cos^2 x}$$

よって

$$\boxed{(\tan x)'=\frac{1}{\cos^2 x}\quad(=1+\tan^2 x)}$$

このように，与えられた公式が成り立つ理由は分からなくても，とにかく忠実に当てはめることができるというのも，重要な "学力" です。実務の世界では必須の技能です。証明は「補足」をご覧ください。

なお，「tan」の加法定理を用いて，導関数の定義から直接導くことも

できますからやってみてください。

●正弦曲線の滑らかさ

例1　$y=\sin x$ の増減表を $-2\pi \leqq x \leqq 2\pi$ の範囲でつくり，グラフをかく。

$$y'=\cos x=0 \text{ より } \quad x=\pm\frac{\pi}{2},\ \pm\frac{3}{2}\pi$$

これは，$x=\pm\frac{\pi}{2},\ \pm\frac{3}{2}\pi$ で正弦曲線は瞬間的に水平（x 軸と平行）になるのであって，決してとんがっていないということを表しています。

増減表の x の欄は，調べる区間の端 -2π, 2π と $y'=0$ となる $\pm\frac{\pi}{2}$，$\pm\frac{3}{2}\pi$，それに，ここでは特別に 0（y 軸との交点）を入れておきます。

x	-2π	$\cdots$	$-\frac{3}{2}\pi$	$\cdots$	$-\frac{\pi}{2}\pi$	$\cdots$	0	$\cdots$	$\frac{\pi}{2}$	$\cdots$	$\frac{3}{2}\pi$	$\cdots$	2π
y'	1	+	0	−	0	+	1	+	0	−	0	+	1
y	0	↗	1	↘	−1	↗	0	↗	1	↘	−1	↗	0

$x=0$ で $y'=\cos 0=1$ ゆえ，正弦曲線は傾き 1 で y 軸と交わります。

グラフは次のようになります。極大，極小の点では，角張らせずに滑らかな曲線にしてください。

【図 8-2-3】

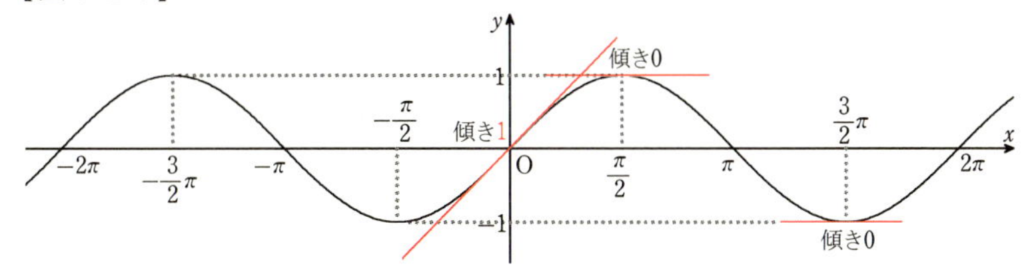

なお，第6章の最後に，関数 $y=x+\sin x$ の増減表とグラフを掲載してありますが，皆さん自ら増減表をつくってみてください。

● $y=\tan x$ のグラフの原点の通過のしかた

$(\tan x)'=\dfrac{1}{\cos^2 x}>0$，つまり，常に $y'>0$ ですから，$y=\tan x$ のグラフは常に右上がり（増加）であることが分かります。

このように，定義域で常に $y'>0$ が成り立つ関数を（**狭義の**）**単調増加関数**といいます。一方，$y'<0$ の場合は（**狭義の**）**単調減少関数**といいます。

$x=0$ のとき $y'=\dfrac{1}{\cos^2 0}=1$ ですから，$y=\tan x$ のグラフは，傾き 1 で原点を通過します。

【図 8-2-4】

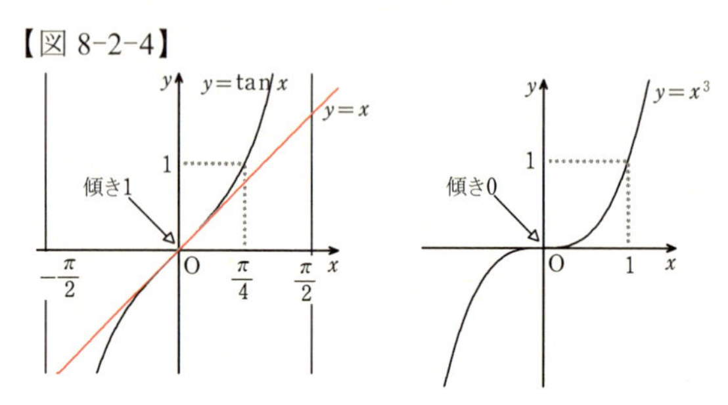

これに対して $y=x^3$ のグラフは，$y'=3x^2$ なので，$x=0$ で傾きが 0 になりますから，原点を水平に（傾き 0 で）通過することになります。

第５章３節でも触れたように，この２つのグラフは似ているのですが，漸近線の有無だけでなく，こうした傾きの違いにも注目しておいてください。

$y=x^3$ は $y'=3x^2 \geqq 0$ ，$y=x+\sin x$ は $y'=1+\cos x \geqq 0$ で，$y' \geqq 0$ というように等号が付きますが，$y'=0$ が成り立つ x の範囲の長さの合計が 0 の場合は（**広義の**）**単調増加**といいます。単調減少も同様です。

● $y=x$，$y=\sin x$，$y=\tan x$ の比較

$y=x$ と $y=\sin x$ と $y=\tan x$ の各グラフは，原点通過の瞬間の傾きがすべて 1 なので，原点付近でお互いに非常に近い状態になっています。つまり，$x=0$ の近くで

$$\sin x \fallingdotseq x \fallingdotseq \tan x$$

という前章で見た関係が，グラフでも納得でしょう。

【図 8-2-5】

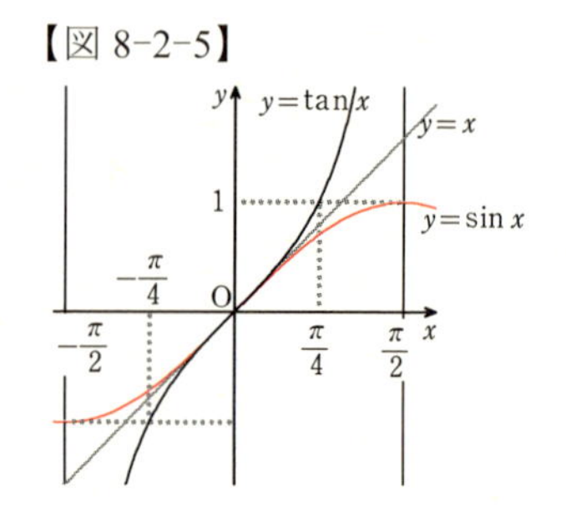

具体的な数値でみると，たとえば

$$\sin 0.1 = 0.0998\,33416$$

$$x = 0.1\ [\text{rad}]$$

$$\tan 0.1 = 0.1003\,34672$$

で，互いにとても近い値であることが分かります。

● $\sin ax$ の導関数

$f(x) = \sin ax$ の導関数を調べておきましょう。a は定数です。

$f(x+\Delta x) = \sin a(x+\Delta x)$　であることに注意して

$$\Delta y = \sin a(x+\Delta x) - \sin ax \qquad \leftarrow \sin(ax+\Delta x) \text{ではないことに注意！}$$

$$= \sin(ax + a\Delta x) - \sin ax$$

$$= \underline{\sin ax}\cos a\Delta x + \cos ax \sin a\Delta x - \underline{\sin ax}$$

$$= \underline{\sin ax}(\cos a\Delta x - 1) + \cos ax \sin a\Delta x$$

$$\frac{\Delta y}{\Delta x} = \sin ax \cdot \frac{\cos a\Delta x - 1}{\Delta x} + \cos ax \cdot \frac{\sin a\Delta x}{\Delta x} \qquad (☆)$$

で，$\dfrac{\sin a\Delta x}{\Delta x}$ は，分子と分母の角度が違いますから，$\dfrac{\sin a\Delta x}{\Delta x} \to 1$ にはなりません。あくまでも，同じ角度で $\dfrac{\sin ●}{●} \to 1$（●は弧度法）なのです。

そこで，強引に分母も $a\Delta x$ にすればよいのですが，分子にも a を掛けておかなければ，等号で結べません：

$$\frac{\sin a\Delta x}{\Delta x} = \frac{a \cdot \sin a\Delta x}{a \cdot \Delta x} = a \cdot \frac{\sin a\Delta x}{a\Delta x}$$

$$\therefore \lim_{\Delta x \to 0} \frac{\sin a\Delta x}{\Delta x} = a \lim_{\Delta x \to 0} \frac{\sin a\Delta x}{a\Delta x} = a$$

$\Delta x \to 0$ ならば $a\Delta x \to 0$ であることに注意してください。

一方，$\dfrac{\cos a\Delta x - 1}{\Delta x}$ は，p.243 と同じように $\dfrac{\cos a\Delta x + 1}{\cos a\Delta x + 1}$ を掛けると

$$\frac{\cos a\Delta x - 1}{\Delta x} = \frac{-\sin^2 a\Delta x}{\Delta x(\cos a\Delta x + 1)}$$

$$= -\sin a\Delta x \cdot \frac{a \sin a\Delta x}{a\Delta x} \cdot \frac{1}{\cos a\Delta x + 1} \to 0$$

$\Delta x \to 0$ のとき　0　a　$\frac{1}{2}$

となりますから，結局，(☆)のつづきは

$$\frac{\Delta y}{\Delta x}=\sin ax\cdot\underbrace{\frac{\cos a\Delta x-1}{\Delta x}}_{\to 0}+\cos ax\cdot\underbrace{\frac{\sin a\Delta x}{\Delta x}}_{\to a}\to a\cos ax$$

$$\therefore (\sin ax)'=a\cos ax \qquad (4)$$

という結果になります。ax の a が手前に出てくるかっこうです。同様に

$$(\cos ax)'=-a\sin ax \ , \quad (\tan ax)'=\frac{a}{\cos^2 x}$$

となります。

●積の微分法

ここで，関数の積の形のまま微分する方法を紹介しておきます。

積の微分法　$\{f(x)g(x)\}'=f'(x)g(x)+f(x)g'(x)$
微分 そのまま＋そのまま 微分

商の微分法と同様，とにかく使ってみましょう。証明は「補足」を見てください。

例２　$\sin 2x=2\sin x\cos x$ の左辺と右辺を別々に微分してみる。

これは２倍角の公式ですね。

左辺の微分は，さっそく(４)を用いて

$(\sin 2x)'=2\cos 2x$　(答)

右辺の微分は，本来は左辺に変形してから微分するのですが，ここでは，この積の形のまま微分しようというわけです。

上に書いた公式を使います。

微分 そのまま＋そのまま 微分

$$\begin{aligned}(2\sin x\cos x)'&=2\{(\sin x)'\cos x+\sin x(\cos x)'\}\\&=2\{\cos x\cos x+\sin x(-\sin x)\}\\&=2(\cos^2 x-\sin^2 x)\\&=2\cos 2x \quad (答)\end{aligned}$$

２倍角の公式

当然，両者とも結果は一致します。

●合成関数の微分法

関数 $\sin ax$ は，三角関数 $f(u)=\sin u$ に１次関数 $u=ax$ を埋め込んだもの：

$$f(u)=\sin u \quad \swarrow u=ax$$

つまり，**合成関数** $f(u(x))=\sin ax$ と見ることができます。

「合成関数」の意味は，第６章で説明しています。

さて，ここでは，一般の合成関数 $f(u(x))$ の導関数

$$\{f(u(x))\}'=\frac{d}{dx}f(u(x))$$

を求めておきます。そのために，u を変数扱いにして

$$y=f(u) \quad \swarrow u(x)$$

とし，$f(u)$, $u(x)$ とも微分可能とします。

このとき

$$\frac{dy}{dx}=\lim_{\Delta x\to 0}\frac{\Delta y}{\Delta x}=\lim_{\Delta x\to 0}\frac{\Delta y}{\Delta u}\cdot\frac{\Delta u}{\Delta x}$$

が成り立ちます。

【図 8-2-6】

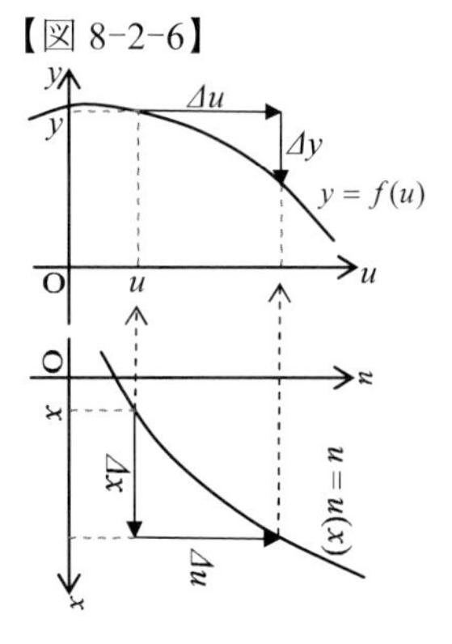

$u=u(x)$ は微分可能なので

$\Delta x\to 0$　のとき　$\Delta u\to 0$　　（p.238）

となります。$y=f(u)$ も u に関して微分可能ですから

$$\frac{dy}{dx}=\lim_{\Delta x\to 0}\frac{\Delta y}{\Delta u}\cdot\frac{\Delta u}{\Delta x}=\lim_{\Delta u\to 0}\frac{\Delta y}{\Delta u}\cdot\lim_{\Delta x\to 0}\frac{\Delta u}{\Delta x}$$

$$\therefore \boldsymbol{\frac{dy}{dx}=\frac{dy}{du}\cdot\frac{du}{dx}=f'(u)\cdot u'(x)} \qquad (5)$$

これが，$y=f(u)$ に $u=u(x)$ を合成した合成関数 $y=f(u(x))$ の導関数の表現になります。ただし，「$'$」は，そこに現されている(　)内の変数についての導関数と解釈します。

これによると，$\sin ax$ は，$\sin u$ に $u=ax$ を合成したものですから

$$(\sin ax)'=(\sin u)'\cdot u'$$
$$=\cos u\cdot a$$
$$=\cos ax\cdot a\ =a\cos ax$$

となります。

ただし，$\Delta x \to 0$ の過程で $\Delta u = 0$ とはならないことが，上の説明の前提です。右図のように $\Delta x \to 0$ とする途中で $\Delta u = 0$ となる場合がある関数については，Δu を分母において話をするわけにはいきません。

【図 8-2-7】

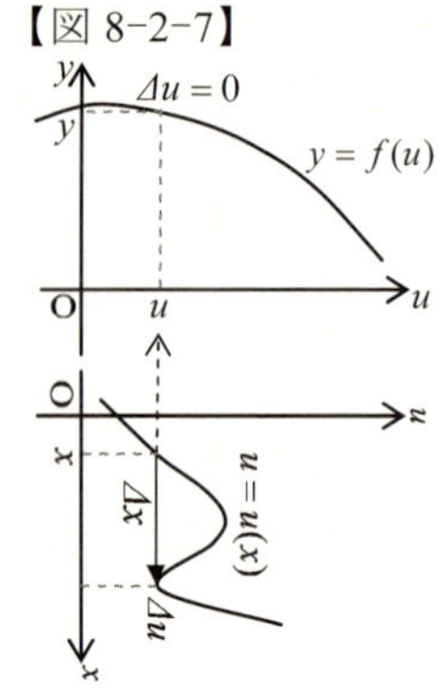

実は，コーシー（1789～1857）もその著書『微分積分学要論』（コーシー著，小堀憲(あきら)訳）において，$\Delta u = 0$ となる場合について見落としています。

Δu を分母におかずに説明する方法については，他の専門書を見てもらうことにして，結果は変わりなく（5）が成り立つということだけお知らせしておきます。

例3　（ア）$(3x-4)^5$　　（イ）$\sin^4 x$　　の導関数を求める。

（ア）　$f(u) = u^5$ に $u = 3x - 4$ を合成した合成関数だから

$$\begin{aligned}\{(3x-4)^5\}' &= 5u^4 \cdot (3x-4)' \\ &= 5(3x-4)^4 \cdot 3 \\ &= 15(3x-4)^4 \quad \text{（答）}\end{aligned}$$

（イ）　$\sin^4 x = (\sin x)^4$ ゆえ，$f(u) = u^4$ に $u = \sin x$ を合成した合成関数だから

$$\begin{aligned}(\sin^4 x)' &= 4u^3 \cdot (\sin x)' \\ &= 4\sin^3 x \cos x \quad \text{（答）}\end{aligned}$$

3　テイラー級数展開

● $\sin x$ のグラフと３次関数のグラフ

$y = \sin x$ のグラフを改めて見てみます。

【図 8-3-1】

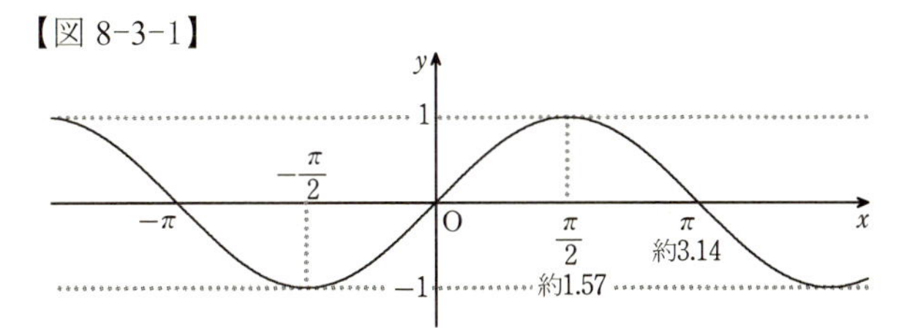

次に，突然ですが３次関数 $y=x-\frac{1}{6}x^3$ のグラフを見てください。

【図 8-3-2】

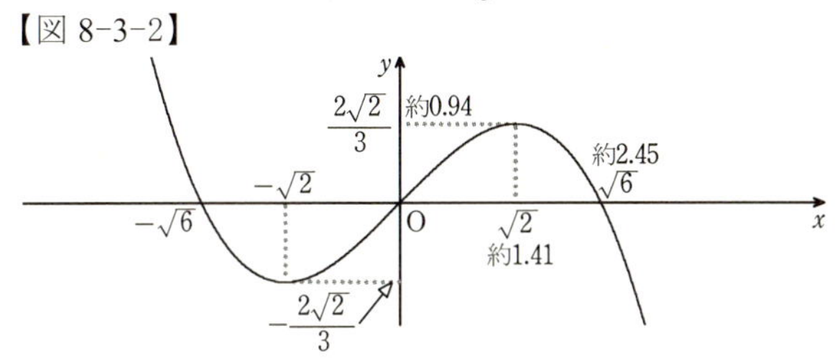

この２つのグラフ，似てますね。これらを重ねるとこうなります。

【図 8-3-3】

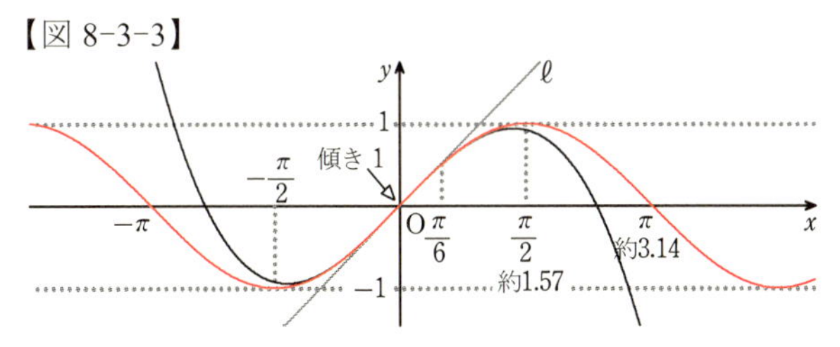

まず，$x=0$ における接線 ℓ の傾きはともに１です。

この直線 ℓ は，曲線の下側の領域から上側の領域へ曲線を通り抜けるようになっていますが，このような直線も接線といいます。

次に，たとえば $x=\frac{\pi}{6}\fallingdotseq 0.5236$ のとき

$$\sin\frac{\pi}{6}=\frac{1}{2}=0.5,\quad x-\frac{1}{6}x^3=\frac{\pi}{6}-\frac{1}{6}\left(\frac{\pi}{6}\right)^3=0.499674\cdots$$

で，y 座標は非常に近いですね。つまり，$y=\sin x$ は，$x=0$ の付近では $y=x-\frac{1}{6}x^3$ という３次関数で近似できるのではないか，ということになるわけです。

前節で $y=\sin x$ のグラフと１次関数 $y=x$ のグラフ（接線 ℓ）が原点付近で非常に近いことを見ましたが，３次関数 $x-\frac{1}{6}x^3$ の方がより $\sin x$ に

近いことが分かります。

$y=x$ を $y=\sin x$ により近づけるための "補正項" が $-\frac{1}{6}x^3$ である，といえます。

すると，もっと補正項を付加すれば精度が上がるのではないかということで，三角関数を n 次関数(整関数)で近似しようというアイデアが浮かんできます。

x^n の和や差で表される関数を**整関数**とか，x^n のことを x のべき乗ともいうので**べき関数**といいます。「べき」は「冪」とか略字で「巾」と書きます。

整関数なら，実際の関数値の計算が四則計算だけで済みます。

● $\sin x$ のべき級数展開

$\sin x$ が x の何乗まで必要になるかは分かりませんから，次数の低い方から順に並べた

$$a_0+a_1x+a_2x^2+a_3x^3+\cdots+a_nx^n+\cdots \tag{1}$$

という形（**昇べきの順**）の式を想定しておきます。逆に，次数の高い順は**降べきの順**といいます。

(1)は，式の最後が $+\cdots$ となっていますから，無限に足し続けることを表しています。このように，無限項の和の形をした式のことを**級数**といいます。とくに(1)の級数を**整級数**あるいは**べき級数**といいます。

さて，もし

$$\sin x=a_0+a_1x+a_2x^2+a_3x^3+\cdots+a_nx^n+\cdots \tag{2}$$

と，べき級数に展開できるとしたら，係数 a_k $(k=0,1,2,\cdots,n,\cdots)$ はどのように求められるかを考えます。

まず気付くのは，$x=0$ とすると

$$\sin 0=a_0+a_1\cdot 0+a_2\cdot 0^2+\cdots+a_n\cdot 0^n+\cdots=a_0$$

そして，$\sin 0=0$ なので

$$a_0=0$$

となります。

次に，（２）の両辺を x で微分すると，$(\sin x)' = \cos x$ ですから

$$\cos x = a_1 + 2a_2x + 3a_3x^2 + 4a_4x^3 + 5a_5x^4 + \cdots + na_nx^{n-1} + \cdots \qquad (3)$$

となります。ここでまた $x=0$ とすれば

$$\cos 0 = a_1$$

そして，$\cos 0 = 1$ ゆえ

$$a_1 = 1$$

となります。

（３）の両辺をもう一度 x で微分します。

$$(\cos x)' = -\sin x$$

$$= 2a_2 + 3\cdot 2a_3x + 4\cdot 3a_4x^2 + 5\cdot 4a_5x^3 + \cdots + n(n-1)a_nx^{n-2} + \cdots \qquad (4)$$

で，$x=0$ とすれば

$$-\sin 0 = 2a_2 \qquad \therefore a_2 = 0$$

なるほど！　微分するたびに，右辺の第１項に次々と未定の係数が単独で（x が掛からない形で）出てくるというわけです。そして第２項以降にはすべて x が掛かっていますから，$x=0$ を代入すれば第１項だけが"生き残る"という仕組みです。次々に微分していったときの係数の変化にも注目してください。

それではこの調子で進めます。（４）をさらに微分します。

$$(-\sin x)' = -\cos x$$

$$= 3\cdot 2a_3 + 4\cdot 3\cdot 2a_4x + 5\cdot 4\cdot 3a_5x^2 + \cdots + n(n-1)(n-2)a_nx^{n-3} + \cdots \qquad (5)$$

で，$x=0$ とすると $-\cos 0 = -1$ ですから

$$3\cdot 2a_3 = -1 \qquad \therefore a_3 = -\frac{1}{3\cdot 2}$$

となります。いまは，3･2 は 6 にしないであえてこのままの形にしておきます。この形の掛け算になる理由は，もうお気付きですか？

続けます。（５）の両辺を x で微分すると

$$(-\cos x)' = \sin x$$

$$= 4\cdot 3\cdot 2a_4 + 5\cdot 4\cdot 3\cdot 2a_5x + \cdots + n(n-1)(n-2)(n-3)a_nx^{n-4} + \cdots \qquad (6)$$

ですから，$x=0$ として

$$4\cdot 3\cdot 2a_4 = 0 \ (=\sin 0) \qquad \therefore a_4 = 0$$

これで左辺はもとの $\sin x$ に戻りましたから，このあと左辺は繰り返しになります。念のため，（6）をもう一度微分してみます。

$$\cos x = 5\cdot4\cdot3\cdot2a_5 + \cdots + n(n-1)(n-2)(n-3)(n-4)a_n x^{n-5} + \cdots$$

ですから，$x=0$ で

$$5\cdot4\cdot3\cdot2a_5 = 1\ (=\cos 0) \quad \therefore a_5 = \frac{1}{5\cdot4\cdot3\cdot2}$$

となります。

ここまでのようすをよく観察すると

a_k の添字 k が偶数のときはいつも $\sin 0\,(=0)$ と結び付いて 0

k が奇数のときは，$\cos 0\,(=1)$ や $-\cos 0\,(=-1)$ と結び付いて

$$a_1 = 1,\ a_3 = -\frac{1}{3\cdot2},\ a_5 = \frac{1}{5\cdot4\cdot3\cdot2}, \cdots$$

です。符号が交互に変わります。

以上のことから，添字 k が奇数の項だけが残って，次のようになることが推測できます。

$$\begin{aligned}\sin x &= a_1x + a_3x^3 + a_5x^5 + a_7x^7 + a_9x^9 + a_{11}x^{11} + \cdots \\ &= 1x - \frac{1}{3\cdot2}x^3 + \frac{1}{5\cdot4\cdot3\cdot2}x^5 - \frac{1}{7\cdot6\cdot5\cdot4\cdot3\cdot2}x^7 \\ &\quad + \frac{1}{9\cdot8\cdot7\cdot6\cdot5\cdot4\cdot3\cdot2}x^9 - \frac{1}{11\cdot10\cdot9\cdot8\cdot7\cdot6\cdot5\cdot4\cdot3\cdot2}x^{11} + \cdots\end{aligned}$$

この分母に出てくる特徴的な積は，最後を「・1」まで書いて**階乗**といって

3・2 は 3・2・1 として「３の階乗」といい，3! と略記する

9・8・7…3・2・1＝ 9! で「９の階乗」

$n(n-1)(n-2)\cdots2\cdot1 = n!$ で「ｎの階乗」

$1 = 1!$

というように，"びっくりマーク" で表します。

この階乗の記号を使うと

$$\sin x = \frac{1}{1!}x - \frac{1}{3!}x^3 + \frac{1}{5!}x^5 - \frac{1}{7!}x^7 + \frac{1}{9!}x^9 - \frac{1}{11!}x^{11} + \cdots$$

という具合に，グンと見通しのきいた表現になります。記号化の効果です。

こうして，$\sin x$ のべき級数展開：

$$\sin x = x - \frac{x^3}{3!} + \frac{x^5}{5!} - \frac{x^7}{7!} + \frac{x^9}{9!} - \frac{x^{11}}{11!} + \cdots \qquad (7)$$

が得られました。

そして，本節の最初にあげた３次関数 $y = x - \frac{1}{6}x^3$ は，（７）の右辺を第２項で打ち切ったものだったわけです。

$\sin x$ は奇関数（$f(-x) = -f(x)$ が成り立つ関数）ですが，このべき級数展開を見ると，x の奇数乗，つまり奇関数ばかりの和になっています。

これらが $\sin x$ にどれほど似ているかをグラフで見てみましょう。

【図 8-3-4】

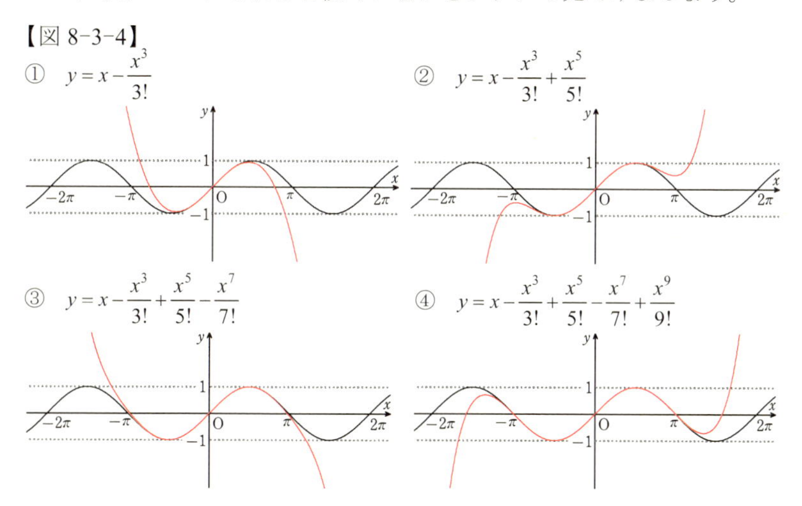

これらのグラフを見てわかるように，べき級数（７）は，途中で打ち切ってしまうと，$x=0$ を中心としたある範囲内の近似値を表すものとなります。

関数をこのようなべき級数で表すことを，その関数の**級数展開**とか**テイラー級数展開**といいます。テイラー（1685〜1731）はイギリスの数学者です。

とくに（７）は，$x=0$ に近いほど精度のよい展開なので，**$x=0$ を中心とするテイラー級数展開，**あるいは**マクローリン展開**といいます。マクローリン（1698〜1746）もイギリスの数学者です。

●関数値（三角関数表の値）の計算

図 8-3-4 のグラフを見ると，②で $-\frac{\pi}{2} \leqq x \leqq \frac{\pi}{2}$ の範囲はほぼカバーできているように見えます。関数電卓で計算すると

$$\sin\frac{\pi}{2} \fallingdotseq \frac{\pi}{2} - \frac{(\frac{\pi}{2})^3}{3!} + \frac{(\frac{\pi}{2})^5}{5!} = \frac{\pi}{2} - \frac{\pi^3}{2^3 \cdot 6} + \frac{\pi^5}{2^5 \cdot 120} = 1.00452\,485\cdots$$

$$\longrightarrow = 1$$

$$\sin\frac{\pi}{3} \fallingdotseq \frac{\pi}{3} - \frac{(\frac{\pi}{3})^3}{3!} + \frac{(\frac{\pi}{3})^5}{5!} = \frac{\pi}{3} - \frac{\pi^3}{3^3 \cdot 6} + \frac{\pi^5}{3^5 \cdot 120} = 0.86629\,528\cdots$$

$$\longrightarrow = \frac{\sqrt{3}}{2} = 0.86602\,5403\cdots$$

となります。たった３項でこれだけの精度が得られます。

図 8-3-4 ④の第５項までの式なら

$$f(\frac{\pi}{3}) = \frac{\pi}{3} - \frac{\pi^3}{3^3 \cdot 6} + \frac{\pi^5}{3^5 \cdot 120} - \frac{\pi^7}{3^7 \cdot 5040} + \frac{\pi^9}{3^9 \cdot 362880} = 0.86602\,544\cdots$$

で，高校の教科書の三角関数表（４桁）を上回る精度になります。

第５章で $y = \sin\theta$ のグラフをかこうとしたとき，$\sin\theta$ は「計算する数式ではない」といいましたが，ここへ来て，弧度法の x を用いて $\sin x$ も計算できるものになったわけです。しかし高校の授業は，三角関数表がどのように計算されたのかは，ナゾのまま終わるのです。

関数の級数展開が発見されるまでは，「ヒッパルコスの弦」(第６章）の計算のように，平方根を中心とした計算を繰り返して，何十年という年月をかけて表をつくったわけですが，級数を使うと，圧倒的に計算量が減ることが分かります。といっても，現代の私たちから見ると，やはり気の遠くなるような手計算であることには変わりありません。

● $\cos x$ のべき級数展開

$\sin x$ と同様に，もし

$$\cos x = a_0 + a_1 x + a_2 x^2 + a_3 x^3 + \cdots + a_n x^n + \cdots \qquad (8)$$

とべき級数に展開できるとしたら，ということは，限られたページの中では繰り返しません。それは，皆さんの練習問題としましょう。

ここでは，$\cos x = (\sin x)'$ という関係から導くことにします。

$$\sin x = x - \frac{x^3}{3!} + \frac{x^5}{5!} - \frac{x^7}{7!} + \frac{x^9}{9!} - \frac{x^{11}}{11!} + \cdots \quad (7)\text{再掲}$$

の両辺を x で微分すると

$$\cos x = 1 - \frac{3x^2}{3!} + \frac{5x^4}{5!} - \frac{7x^6}{7!} + \frac{9x^8}{9!} - \frac{11x^{10}}{11!} + \cdots$$

そして

$$\frac{3}{3!} = \frac{\cancel{3}}{\cancel{3}\cdot 2\cdot 1} = \frac{1}{2!},\ \frac{5}{5!} = \frac{\cancel{5}}{\cancel{5}\cdot 4\cdot 3\cdot 2\cdot 1} = \frac{1}{4!},\ \frac{7}{7!} = \frac{\cancel{7}}{\cancel{7}\cdot 6\cdot 5\cdot 4\cdot 3\cdot 2\cdot 1} = \frac{1}{6!}, \cdots$$

という具合になるので

$$\boldsymbol{\cos x = 1 - \frac{x^2}{2!} + \frac{x^4}{4!} - \frac{x^6}{6!} + \frac{x^8}{8!} - \frac{x^{10}}{10!} + \cdots} \quad (9)$$

$0! = 1$, $x^0 = 1$ と定義しておくと

$$\cos x = \frac{x^0}{0!} - \frac{x^2}{2!} + \frac{x^4}{4!} - \frac{x^6}{6!} + \frac{x^8}{8!} - \frac{x^{10}}{10!} + \cdots$$

というように，第１項も含めて統一的な表現が可能になります。

$\cos x$ は偶関数（$f(-x) = f(x)$ が成り立つ関数）です。（９）の右辺は，x の偶数乗，つまり偶関数だけの和になっています。

【図 8-3-5】

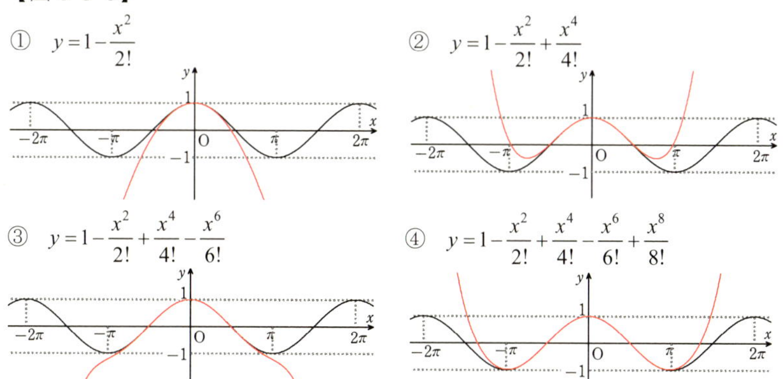

なお，（７）（９）の無限級数展開は，スコットランドの数学者・グレゴリー（1638～ 1675）が1667年に発見しているのですが，当然その方法は，ここで述べた微分などを効率よく使った方法ではないはずです。しかし，彼がどのようにして導いたかはよく分かっていません。

●和を表す記号 Σ

Σは「シグマ」と読むギリシャ文字です。和＝sum のＳに相当する文字です。

$$a_0+a_1x+a_2x^2+a_3x^3+\cdots+a_nx^n$$

のような，添字や指数など，各項のある部分を１ずつ増やしながらの足し算を

$$\sum_{k=0}^{n}a_kx^k$$

と表します（$x^0=1$）。これは，「k を 0 から順に 1 ずつ増やしながら $k=n$ まで足せ」と翻訳できます。

$$\begin{array}{cccccc} a_0 & +a_1x & +a_2x^2 & +a_3x^3 & +\cdots & +a_nx^n \\ \uparrow & \uparrow & \uparrow & \uparrow & & \uparrow \\ k=0 & 1 & 2 & 3 & \cdots & n \end{array}$$

具体的に $k=10$ まで足すのなら

$$\sum_{k=0}^{10}a_kx^k=a_0+a_1x+a_2x^2+a_3x^3+\cdots+a_{10}x^{10}$$

$k=5$ から $k=n$ ($\geqq 5$) までなら

$$\sum_{k=5}^{n}a_kx^k=a_5x^5+a_6x^6+\cdots+a_nx^n$$

という具合です。

最後の番号として文字 n を使っていますので，足していく過程で順に変化させるところは k にしてあります。k のほかに m や i，j もよく使われます。

また，偶数番だけなら

$$\sum_{k=0}^{n}a_{2k}x^{2k}=\begin{array}{ccccc} a_0 & +a_2x^2 & +a_4x^4 & +\cdots & +a_{2n}x^{2n} \\ \uparrow & \uparrow & \uparrow & & \uparrow \\ k=0 & 1 & 2 & & n \end{array}$$

奇数番だけなら

$$\sum_{k=0}^{n}a_{2k+1}x^{2k+1}=\begin{array}{ccccc} a_1x & +a_3x^3 & +a_5x^5 & +\cdots & +a_{2n+1}x^{2n+1} \\ \uparrow & \uparrow & \uparrow & & \uparrow \\ k=0 & 1 & 2 & & n \end{array}$$

というように，添字や式の部分をうまく工夫します。Σの働きは，あくまでも k の値を1ずつ増加させて足すだけです。

級数は，無限に足しますから，Σの上に無限大の記号∞を書いて

$$\sum_{k=0}^{\infty} a_k x^k$$

と表します。これは

$$\lim_{n\to\infty}\sum_{k=0}^{n} a_k x^k$$

とするのが "正統な" 書き方です。

Σを用いると，(7)や(9)は

$$\sin x = x - \frac{x^3}{3!} + \frac{x^5}{5!} - \frac{x^7}{7!} + \frac{x^9}{9!} - \frac{x^{11}}{11!} + \cdots = \sum_{k=0}^{\infty}\frac{(-1)^k}{(2k+1)!}x^{2k+1}$$

$$\cos x = \frac{x^0}{0!} - \frac{x^2}{2!} + \frac{x^4}{4!} - \frac{x^6}{6!} + \frac{x^8}{8!} - \frac{x^{10}}{10!} + \cdots = \sum_{k=0}^{\infty}\frac{(-1)^k}{(2k)!}x^{2k}$$

と表現できます。符号が交互に変わるところは，$(-1)^k$ を掛けておくと実現できます。ただし，$(-1)^0=1$ とします。

● $f(x)$ のテイラー級数展開

$f(x)$ が何回でも微分できる関数で

$$f(x) = a_0 + a_1 x + a_2 x^2 + a_3 x^3 + \cdots \tag{10}$$

と級数展開できるとき，$\sin x$ と同様の手順で

$$a_n = \frac{f^{(n)}(0)}{n!} \quad (n=0,\ 1,\ 2,\ 3,\cdots) \tag{11}$$

が導けます。ただし，$f(x)$ を n 回微分した導関数を $\boldsymbol{f^{(n)}(x)}$ と表し，$f^{(n)}(0)$ は $f^{(n)}(x)$ に $x=0$ を代入することを表します。

とくに，$f^{(0)}(x)=f(x)$，$f^{(1)}(x)=f'(x)$ を意味します。また，$n=3$ くらいまでなら，$f^{(2)}(x)$ は $f''(x)$，$f^{(3)}(x)$ は $f'''(x)$ と書く場合が多いです。

$f^{(n)}(x)$ を $f(x)$ の**第 n 次導関数**とか**第 n 階導関数**といいます。「回」ではなく，建物のように「階」を使います。

● $x=c$ を中心とするテイラー級数展開

$x=0$ を代入することで右辺の第2項以降が 0 になって第1項の定数が求められるという(10)式の仕組を応用すると，$x=c$ を代入して第2項以降が 0 になるように展開式を設定することもできます：

$$f(x) = b_0 + b_1(x-c) + b_2(x-c)^2 + b_3(x-c)^3 + \cdots + b_n(x-c)^n + \cdots \quad (12)$$

このときは

$$b_n = \frac{f^{(n)}(c)}{n!} \quad (n = 0, 1, 2, 3, \cdots) \quad (13)$$

となります。皆さんで確認してください。その際

$$\{(x-c)^n\}' = n(x-c)^{n-1}$$

は，合成関数の微分法（p.249）によって求められます。(u^n, $u = x - c$)

(12)と(13)をあわせて和の記号Σを用いると

$$f(x) = \sum_{k=0}^{\infty} \frac{f^{(k)}(c)}{k!}(x-c)^k \quad (14)$$

という表現になります。

(14)を，**$x = c$ を中心とする** $f(x)$ の**テイラー級数展開**といい，$x = c$ に近いほど精度のよい近似となる展開です。

●近似式（テイラー級数を第２項，第３項で打ち切る）

$x = 0$ を中心とするテイラー級数展開(10)(11)をまとめてΣで表すと

$$f(x) = \sum_{k=0}^{\infty} \frac{f^{(k)}(0)}{k!} x^k \quad (15)$$

となりますが，右辺を $k = 1$（第２項）で打ち切ると

$$f(x) \fallingdotseq f(0) + f'(0)x \quad (16)$$

となります。

(16)は，0 に近い x に対する関数の値の近似値を簡単に計算できる**近似式**として，高校数学でも扱われています。しかし，そのアプローチはテイラー級数展開ではなく，導関数の定義式からです。

$$\lim_{\Delta x \to 0} \frac{f(x+\Delta x) - f(x)}{\Delta x} = f'(x)$$

ですから，極限までいかなくても，Δx が 0 に十分に近ければ

$$\frac{f(x+\Delta x) - f(x)}{\Delta x} \fallingdotseq f'(x)$$

という関係が成り立ちます。両辺に Δx を掛けて

$$f(x+\Delta x) - f(x) \fallingdotseq f'(x) \cdot \Delta x$$

$$\therefore f(x+\Delta x) \fallingdotseq f(x) + f'(x) \cdot \Delta x \quad (17)$$

となります。ここで $x=0$ とすると

$$f(\Delta x)\fallingdotseq f(0)+f'(0)\cdot\Delta x$$

そして，Δx を通常の変数 x に変えれば

$$f(x)\fallingdotseq f(0)+f'(0)\cdot x$$

と，先ほどテイラー級数を $k=1$ で打ち切った式(16)が得られます。

また，(17)において，x を a，Δx を x にすると

$$\underline{f(a+x)}\fallingdotseq \underline{f(a)+f'(a)\cdot x} \qquad (18)$$

となりますが，これは，$f(a)$ の値をもとにして，a から少し離れた $a+x$ における関数の値 $f(a+x)$ の近似値が計算できる式と見ることができます。

関数の文字を変えるだけで，見え方が変わってきます。

【図 8-3-6】

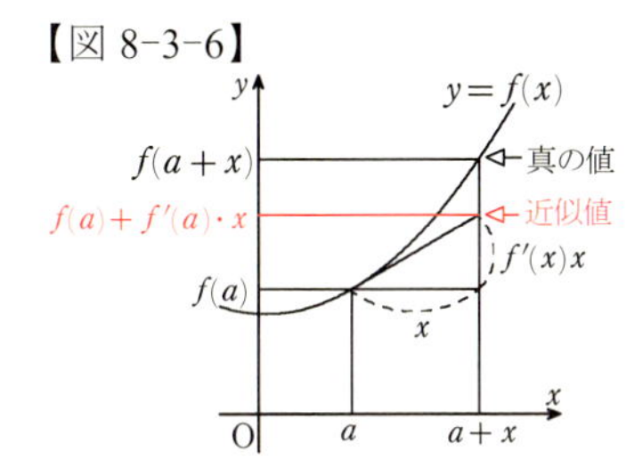

例１　$\sqrt{x}$ の導関数と近似式をつくり，次の近似値を計算する。
$\sqrt{1.1}$，$\sqrt{4.3}$，$\sqrt{10}$，$\sqrt{0.9}$

ピタゴラスの定理を主として，ヒッパルコスの弦の計算などでは平方根の計算がひっきりなしに出てきます。そこで，$\sqrt{x}$ の近似式を求めてみます。

まず，$y=\sqrt{x}$ の導関数を求めます。$x>0$ において

$$\frac{\Delta y}{\Delta x}=\frac{\sqrt{x+\Delta x}-\sqrt{x}}{\Delta x}=\frac{\sqrt{x+\Delta x}-\sqrt{x}}{\Delta x}\cdot\frac{\sqrt{x+\Delta x}+\sqrt{x}}{\sqrt{x+\Delta x}+\sqrt{x}} \qquad \text{分子を有理化}$$

$$=\frac{x+\Delta x-x}{\Delta x(\sqrt{x+\Delta x}+\sqrt{x})}=\frac{1}{\sqrt{x+\Delta x}+\sqrt{x}}\ \to \frac{1}{2\sqrt{x}}\quad(\Delta x\to 0) \qquad (☆)$$

$$\therefore (\sqrt{x})'=\frac{1}{2\sqrt{x}} \quad (\text{答}) \qquad (19)$$

関数 $\sqrt{x}$ は，$x=0$ において定義はされていますが，導関数は存在しません。（分母 0 はダメ）

そもそも，(☆)の $\Delta x\to 0$ は，$x=0$ に対しては左から近づけることができないので，導関数は $x>0$ の範囲でしか求められない，ということなのです。

【図 8-3-7】

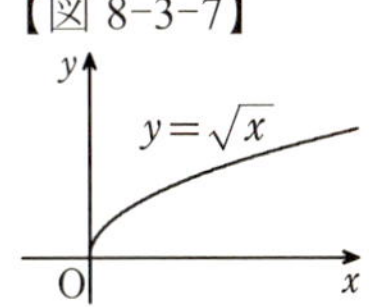

$x=0$ における接線の傾きは，(19)において $x \to +0$ としたときの極限∞と考えます。傾きが∞というのは y 軸に平行ということで，今の場合は直線 $x=0$（y 軸）になります。

さて，$f(x)=\sqrt{x}$ に対して(18)に相当する式をつくると

$$\sqrt{a+x} \fallingdotseq \sqrt{a} + \frac{1}{2\sqrt{a}}x \quad (答) \tag{20}$$

ここで，$\sqrt{1.1}=\sqrt{1+0.1}$ は，$a=1$，$x=0.1$ の場合なので

$$\sqrt{1.1} \fallingdotseq 1+\frac{1}{2}\cdot 0.1 = 1.05 \quad (答)$$

[1.04880⋯] ←[実際の値]

同様に考えて

$$\sqrt{4.3}=\sqrt{4+0.3} \fallingdotseq \sqrt{4}+\frac{1}{2\sqrt{4}}\cdot 0.3 = 2+\frac{1}{4}\cdot 0.3 = 2.075 \quad (答)$$

[2.07364⋯]

$$\sqrt{10}=\sqrt{9+1} \fallingdotseq \sqrt{9}+\frac{1}{2\sqrt{9}}\cdot 1 = 3+\frac{1}{6} = 3.1666\cdots \quad (答)$$

[3.16227⋯]

$$\sqrt{0.9}=\sqrt{1-0.1} \fallingdotseq 1+\frac{1}{2}\cdot(-0.1) = 0.95 \quad (答)$$

[0.94868⋯]

もっと精度を上げたければ，項数を増やせばよいのです。

$x=c$ を中心とするテイラー級数：

$$f(x)=b_0+b_1(x-c)+b_2(x-c)^2+b_3(x-c)^3+\cdots+b_n(x-c)^n+\cdots \tag{12}$$

再掲

$$b_n=\frac{f^{(n)}(c)}{n!} \quad (n=0,\ 1,\ 2,\ 3,\cdots) \tag{13}$$

再掲

において，$x-c=t$ とおくと $x=c+t$ なので

$$f(c+t)=b_0+b_1t+b_2t^2+b_3t^3+\cdots+b_nt^n+\cdots \quad , \quad b_n=\frac{f^{(n)}(c)}{n!}$$

となりますから，c を a に，t を x に変えれば，(18)の右辺の項数を増やした形の式がつくれます：

$$f(a+x)=b_0+b_1x+b_2x^2+b_3x^3+\cdots+b_nx^n+\cdots \quad , \quad b_n=\frac{f^{(n)}(a)}{n!}$$

$\sqrt{x}$ の第２次導関数は，商の微分法（p.244）を用いて

$$(\sqrt{x})''=(\frac{1}{2\sqrt{x}})'=\frac{1}{2}\cdot\frac{-(\sqrt{x})'}{x}=-\frac{1}{4x\sqrt{x}} \qquad (\frac{f(x)}{g(x)})'=\frac{f'(x)g(x)-f(x)g'(x)}{\{g(x)\}^2}$$

ですから，$b_n=\dfrac{f^{(n)}(a)}{n!}$ より（$0!=1$）

$$b_0=\sqrt{a}\ ,\ \ b_1=\frac{1}{2\sqrt{a}}\ ,\ \ b_2=-\frac{1}{2!}\cdot\frac{1}{4a\sqrt{a}}=-\frac{1}{8a\sqrt{a}}$$

したがって，$\sqrt{a+x}$ の第２次導関数(第３項)までの近似式は

$$\sqrt{a+x}=\sqrt{a}+\frac{1}{2\sqrt{a}}x-\frac{1}{8a\sqrt{a}}x^2$$

となります。

これによれば，$a=1$，$x=0.1$ とすると

$$\sqrt{1.1}\fallingdotseq 1+\frac{1}{2}\cdot 0.1-\frac{1}{8}\cdot 0.01=1+0.05-0.00125=1.04875$$

で，例１の結果より格段に真の値に近くなります。(実際は1.04880…)

こうした近似式は，実務の現場では "基礎的な公式" となっています。

●テイラーの定理と平均値の定理

無限に足す形の級数展開は，現実には無限に足すことはできません。すると，有限で打ち切ったときに，その先の部分がどの程度のものかが重要な関心事となります。

テイラーの定理

$f(x)$，$f'(x),\cdots$，$f^{(n)}(x)$ が閉区間 $a\leqq x\leqq b$ で連続，開区間 $a<x<b$ で $f^{(n+1)}(x)$ が存在して

$$f(b)=f(a)+f'(a)(b-a)+\frac{f''(a)}{2!}(b-a)^2+\cdots+\frac{f^{(n)}(a)}{n!}(b-a)^n+R_{n+1} \qquad (21)$$

とすると

$$R_{n+1}=\frac{f^{(n+1)}(c)}{(n+1)!}(b-a)^{n+1}\quad (a<c<b) \qquad (22)$$

をみたす c が存在する。

(21)は，$f(x)$ の**テイラー展開**といい(級数ではない)，R_{n+1} を**剰余項**といいます。

(21)は，(12)の x を b に，c を a にしたものです。

さて，剰余項 R_{n+1} は，級数を有限項で打ち切ったその先の部分をまとめたものですから

$$\lim_{n\to\infty}R_{n+1}=0$$

となるならば，(21)の右辺は，n を限りなく大きくして無限級数にすることができて

$$f(b) = f(a) + f'(a)(b-a) + \frac{f''(a)}{2!}(b-a)^2 + \cdots \tag{23}$$

が成り立つことになります。

ですから，テイラー級数展開を考えるときには，$\lim_{n\to\infty} R_{n+1}$ が 0 に収束するかどうかを検証する必要があるのです。

それで，無限数列 R_1，R_2，R_3，…，R_n，R_{n+1}，… が収束するかしないかの判定方法についてを，解析学の初歩で学ぶようになっています。

$\sin x$，$\cos x$ のテイラー展開の剰余項の検討は，他の "真面目な" 専門書に委ねます。

高校数学では，(21) の $n=0$ の状態を扱っています。このとき，剰余項(22) は $R_1 = f'(c)(b-a)$ $(a<c<b)$ ですから，(21) は

$$f(b) = f(a) + f'(c)(b-a) \quad (a<c<b)$$

となり

$$f(b) - f(a) = f'(c)(b-a)$$

$$\therefore \frac{f(b)-f(a)}{b-a} = f'(c) \quad (a<c<b) \tag{24}$$

そして，この状況について，次のような表現がとられます：

$f(x)$ が閉区間 $[a, b]$ で連続，開区間 (a, b) で微分可能ならば
(24) を満たす c が開区間 (a, b) 内に存在する。

これを**平均値の定理**といいます。

(24) の左辺は，$y=f(x)$ のグラフ上の２点 $(a, f(a))$, $(b, f(b))$ を通る直線の傾き（平均変化率，ニュートン商）で，右辺は曲線 $y=f(x)$ の $x=c$ における接線の傾き（微分係数）です。

それらが等しくできるということですから，平均値の定理は，２点間を結ぶ直線と平行で，区間 (a, b) 内に接点をもつ接線が存在する，と言っているわけで，直感的には右図で理解できると思います。接線（接点 $x=c$ ）は複数存在しても構いません。

【図 8-3-8】

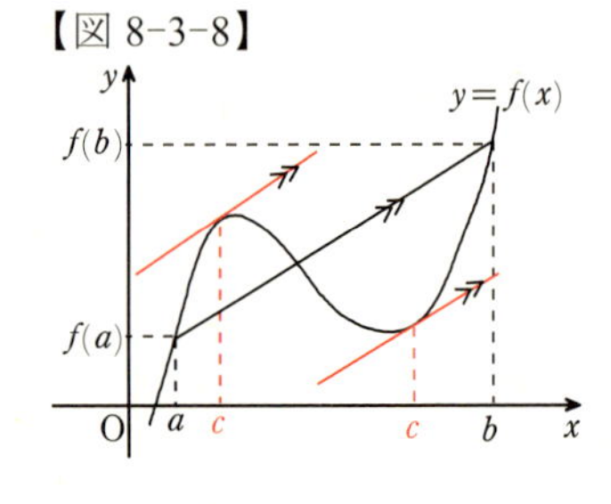

このような接線が必ず引けるためには，$f(x)$ がこの区間で微分可能，つまり，グラフに角(かど)がないことが必要となるわけです。

右図において，曲線は点 P で角張っているのですが（点 P で微分可能でない），P の左右の曲線には，図の赤い直線に平行な接線は引けないことが分かります。

【図 8-3-9】

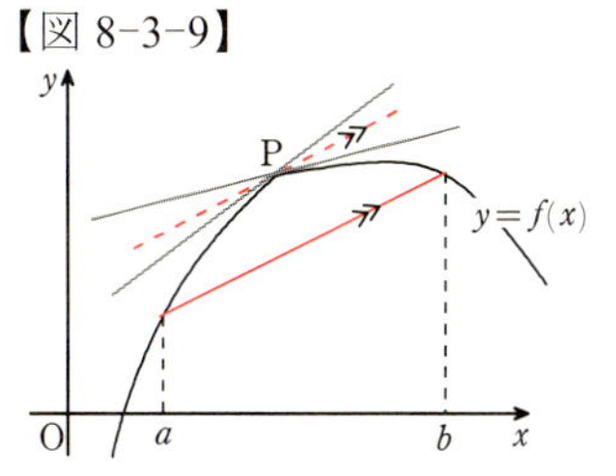

平均値の定理はテイラー展開の特別な場合，逆に，テイラー展開は平均値の定理の拡張となっているということを述べて，この項は終わりにします。

● $\frac{\pi^2}{6}$ のべき級数表現

唐突な見出しですが，$\sin x$ の級数展開を利用して，オイラーは $\frac{\pi^2}{6}$ のべき級数表現を導き出しました（1735年）。

方程式 $\sin x=0$ の解は

$$x=0,\ \pm\pi,\ \pm 2\pi,\ \pm 3\pi,\ \pm 4\pi,\cdots \qquad \cdots ①$$

ですが，これは

$$\sin x = x-\frac{1}{3!}x^3+\frac{1}{5!}x^5-\frac{1}{7!}x^7+\frac{1}{9!}x^9-\frac{1}{11!}x^{11}+\cdots \qquad \cdots ②$$

の右辺からも出てくるとすれば，この右辺は，Kを定数として

$$Kx(x^2-\pi^2)(x^2-4\pi^2)(x^2-9\pi^2)(x^2-16\pi^2)\cdots \qquad \cdots ③$$

と "因数分解" できるはずです。確かに，③=0 から①が出てきますね。

このような変形について高校では，x の整式 $P(x)$ に対して，次の**因数定理**という形で学びます：

因数定理：$P(\alpha)=0 \iff P(x)$ は $(x-\alpha)$ を因数にもつ

因数とは，積を形成するもののことで，「$(x-\alpha)$ を因数にもつ」というのは，「$(x-\alpha)$ を用いて因数分解できる」ということです。

$360=2^3\cdot 3^2\cdot 5$ は，360 を素数の因数=素因数に分解していますから，整数のこのような表し方を**素因数分解**といいます。

オイラーは，因数定理を無限積の形で用いたことになっています。

さて，③＝0 という方程式において，両辺を定数で割っても解は変わりませんから，各因数をその中にある定数項 $-\pi^2, -4\pi^2, \cdots, -k^2\pi^2, \cdots$（$k$は自然数）で次々に割っていきます。ただし，②の右辺との整合性を保つために，割ると同時にそれを掛けるということをやっていきます：

$$K\{(\underline{-\pi^2})(\underline{-4\pi^2})(\underline{-9\pi^2})\cdots\}\cdot x(1-\frac{x^2}{\pi^2})(1-\frac{x^2}{4\pi^2})(1-\frac{x^2}{9\pi^2})\cdots \quad \cdots ④$$

で，④を展開したとき，x の係数は $K\{(-\pi^2)(-4\pi^2)(-9\pi^2)\cdots\}$ ですが，これは，②の右辺の x の係数と一致するはずですから

$$K\{(-\pi^2)(-4\pi^2)(-9\pi^2)\cdots\}=1$$

となります。そうすると

$$x-\frac{1}{3!}x^3+\frac{1}{5!}x^5-\frac{1}{7!}x^7+\cdots=x(1-\frac{x^2}{\pi^2})(1-\frac{x^2}{4\pi^2})(1-\frac{x^2}{9\pi^2})\cdots$$

となります。そしてオイラーは，右辺を展開したときの両辺の x^3 の項に注目しました。

右辺の展開で x^3 の項は，展開の仕組みを考えれば分かるとおり，先頭の x とどれかひとつだけの(　)の項の x^2 と掛けて，残りすべての(　)からは 1 を組み合わせればよいので

x^3 の係数：左辺は $-\frac{1}{3!}$　　右辺は $-\frac{1}{\pi^2}-\frac{1}{4\pi^2}-\frac{1}{9\pi^2}-\frac{1}{16\pi^2}-\cdots$

つまり

$$-\frac{1}{3!}=-\frac{1}{\pi^2}-\frac{1}{4\pi^2}-\frac{1}{9\pi^2}-\frac{1}{16\pi^2}-\cdots$$

そして，両辺に $-\pi^2$ を掛けて

$$\frac{\pi^2}{6}=1+\frac{1}{4}+\frac{1}{9}+\frac{1}{16}+\cdots=\sum_{n=1}^{\infty}\frac{1}{n^2}\ (=1.64493406\cdots)\quad (\pi=\sqrt{6\sum_{n=1}^{\infty}\frac{1}{n^2}})$$

となるわけです。

関数電卓で計算してみると

$$\sqrt{6\sum_{n=1}^{1000}\frac{1}{n^2}}=3.140638\cdots\qquad \sqrt{6\sum_{n=1}^{10000}\frac{1}{n^2}}=3.141497\cdots$$

となります。

オイラーは，同様に x^5, x^7, x^9, $\cdots$, x^{27} の係数を計算して

$$\sum_{n=1}^{\infty}\frac{1}{n^4}=\frac{\pi^4}{90}\ ,\ \sum_{n=1}^{\infty}\frac{1}{n^6}=\frac{\pi^6}{945}\ ,\ \sum_{n=1}^{\infty}\frac{1}{n^8}=\frac{\pi^8}{9450}\ ,\ \cdots,$$

$$\sum_{n=1}^{\infty}\frac{1}{n^{26}}=\frac{2^{24}\cdot 76977927}{27!}\pi^{26}$$

も求めています。

●ゼータ級数 $\varsigma(s)$，調和級数

ここに出てきた級数：

$$\sum_{n=1}^{\infty}\frac{1}{n^2},\ \sum_{n=1}^{\infty}\frac{1}{n^4},\ \sum_{n=1}^{\infty}\frac{1}{n^6},\ \sum_{n-1}^{\infty}\frac{1}{n^8},\ \cdots$$

は，一般に

$$\varsigma(s)=\frac{1}{1^s}+\frac{1}{2^s}+\frac{1}{3^s}+\frac{1}{4^s}+\cdots=\sum_{n=1}^{\infty}\frac{1}{n^s}$$

において $s=2,\ 4,\ 6,\ 8,\cdots$ としたもの，$\varsigma(2),\ \varsigma(4),\ \varsigma(6),\ \varsigma(8),\cdots$ です。

$\varsigma(s)$ は**ゼータ級数**と呼ばれていて（ς はゼータと読むギリシャ文字），$s>1$ のときに収束することが分かっています。

$s=1$ のときは，単純な自然数の逆数の級数(**調和級数**)

$$\varsigma(1)=1+\frac{1}{2}+\frac{1}{3}+\frac{1}{4}+\cdots=\sum_{n=1}^{\infty}\frac{1}{n}$$

で，これは発散します。（第 11 章１節末）

なお，調和級数は一般には，等差数列の逆数の和のことで，$\varsigma(1)$ も含めて，第 n 項までの部分和を n の式で表すことができないのです。

ここからちょっと見える景色ということで，いまはここまでとしておきます。

無限に足すということ

級数展開については，無限に足していって本当に確定した関数に収束するのか，そのためにどのような条件を満たしていなければならないか，ということを理論的に考察することは，解析学の基礎として重要です。

また，本書では $\sin x$ の級数展開を，無限級数の形を想定して，それを項別に微分しながら係数を決めました。また，$\sin x$ の級数展開を項別に微分して $\cos x$ の級数展開を求めましたが，一般に，無限級数について

$$f(x)=a_0+a_1x+a_2x^2+a_3x^3+\cdots$$

を

$$f'(x)=a_1+2a_2x+3a_3x^2+\cdots$$

というように項別に微分してよい条件は何か，という問題があります。

テイラー（1685～1731）も，その時代ではやむを得ないことですが，級数の収束についてはまったく関知していませんでした。テイラーの定理の厳密な証明は，100年後，コーシー（1789～1857）によってなされました。

「テイラー級数」という名前はオイラーが名付けたものです。オイラーの研究により，テイラー級数の重要性が認識されるようになったのです。

無限に足すことについて，こんなパラドックス（逆説）があります。

$$1-1+1-1+\cdots=(1-1)+(1-1)+\cdots=0+0+\cdots=0$$

$$1-1+1-1+\cdots=1+(-1+1)+(-1+1)+\cdots=1+0+0+\cdots=1$$

$\therefore 0=1$　！？　　　　　　… ①

さらに

$x=1-1+1-1+1-1+\cdots$ とおくと

$x=1-(1-1+1-1+\cdots)=1-x$ ゆえ

$2x=1 \quad \therefore x=\dfrac{1}{2}$　　　　　… ②

ということもできそうです。いったいどれが正しいのでしょうか。無限に足すことが，いかに日常の感覚と異なるかということを表した例です。

①は，チェコの数学者・哲学者ボルツァノ（1781～1848）が著書『無限の逆説』の中で挙げているものです。まだ，たったの200年ほど前の話です。

②は，0 と 1 のちょうど真ん中というところはでき過ぎのような気もしますが，$\dfrac{1}{1-x}$ を割り算すると

$$\begin{array}{r|l} & 1+x+x^2+x^3+\cdots \\ 1-x & 1 \\ & 1-x \\ \hline & x \\ & x-x^2 \\ \hline & x^2 \\ & x^2-x^3 \\ \hline & x^3 \\ & \cdots \end{array}$$

$$\frac{1}{1-x}=1+x+x^2+x^3+x^4+\cdots \qquad \cdots ③$$

となりますから，$x=-1$ を代入して

$$\frac{1}{2}=1-1+1-1+1-\cdots$$

となります。これは，オイラーが示しています。

しかしオイラーも，級数を「無限に続く式」と何気なく表現しているだけで，その本質の追及はしていません。このころまでは，無限大にならない限りは和があると信じられていました。

こうした問題がきちんと考察されるようになったのは，ボルツァノの少し年下のコーシーからです。コーシーは，無限に足す場合には

足す順序を変えてはいけないこと

和が存在しないこともある

ということに気付いたのです。収束する級数でも，項の順番を変えてはいけない場合もあります。

コーシーは，級数 $S=a_1+a_2+a_3+\cdots$ に対して，第 n 項までの和

$$S_n=a_1+a_2+a_3+\cdots+a_n$$

を考え（**第 *n* 部分和**），数列 S_1，S_2，S_3，$\cdots$ の極限 $\lim_{n\to\infty}S_n$ が収束するときに，その極限値をもって級数の和の値 S を定義したのです。つまり

$$\sum_{k=1}^{\infty}a_k=\lim_{n\to\infty}\sum_{k=1}^{n}a_k$$

ということです。この表現は，現在の高校数学でも使われています。

$$S_n=1+x+x^2+x^3+\cdots+x^n$$

について考えてみます。

$x=1$ のとき　$S_n=1+1+1+\cdots+1=n$

ですから，$\lim_{n\to\infty}S_n=\lim_{n\to\infty}n=\infty$ となり，発散します。

$x\neq1$ のときは，初項が 1，公比が x の**等比数列**の和で，これは次のようにして求めることができます。

$$\begin{array}{rl} S_n = & 1+x+x^2+x^3+\qquad\cdots+x^n \\ & \times x \searrow\searrow\searrow\searrow\qquad\searrow\searrow \\ -)\quad xS_n = & \qquad x+x^2+x^3+x^4+\cdots+x^n+x^{n+1} \\ \hline (1-x)S_n = & 1 \qquad\qquad\qquad\qquad\qquad -x^{n+1} \end{array}$$

$x\neq1$ ゆえ　$S_n=\dfrac{1-x^{n+1}}{1-x}$　$\cdots$ ④

ここで $n\to\infty$ としたときに x^{n+1} がどうなるかを考えます。

$x>1$ のとき，$x^{n+1} \to \infty$

$x<-1$ のとき，x^{n+1} は符号が正負交互に変わりながら絶対値が いくらでも大きくなる

いずれも，S_n が一定の値に収束することはありません。

$-1<x<1$ のときは，$x^{n+1} \to 0$ となりますから（$(\pm 0.\cdots)^{n+1} \to 0$）

$$\lim_{n\to\infty} S_n = S = \frac{1}{1-x} \quad (-1<x<1)$$

となります。等比数列の無限項の和の形の式を（**無限**）**等比級数**といいます。

そして，$x=-1$ の場合が，ボルツァノのパラドックスに出てきた

$$1+x+x^2+x^3+\cdots = 1-1+1-1+\cdots$$

ですが，④において，$x^{n+1}=(-1)^{n+1}$ は交互に 1 と -1 になって（振動するという），S_n は一定の値に収束しないことが説明できます。

以上の考察により，オイラーの示した等式③が成り立つのは $-1<x<1$ のときに限る，$x=-1$ のときは発散するということになるわけです。

現代の解析学は，オイラーや次章で見るフーリエたちの大胆な提言に対して，その後，コーシーたちによって無限に関する厳密な基礎付けがなされて完成されてきたものです。

$\sin x$，$\cos x$ の級数の収束について

$$\sin x = x - \frac{x^3}{3!} + \frac{x^5}{5!} - \frac{x^7}{7!} + \cdots ,\quad \cos x = 1 - \frac{x^2}{2!} + \frac{x^4}{4!} - \frac{x^6}{6!} + \cdots \quad \cdots ①$$

これらに共通しているのは，どちらも項の符号が交互に変わるという点です。$x<0$ においてもそうなることは，とくに $\sin x$ について注意してください。

一般に

$$a_0 - a_1 + a_2 - a_3 + \cdots \qquad (a_n>0,\ n=0,\ 1,\ 2,\ 3,\cdots)$$

と表せる級数を**交項級数**とか**交代級数**と呼び，次の条件②かつ③を満たすときに収束することが分かっています。証明は他の専門書を見てください。

$$a_n \geqq a_{n+1} \quad \cdots ② \qquad \lim_{n\to\infty} a_n = 0 \quad \cdots ③$$

ただし，②は $n=1$ からである必要はなく，ある値から先の n で成り立てば良いです。

まず，$x=0$ の場合は，明らかに①は成り立ちます。

$x \neq 0$ として，①の右辺の各項の絶対値を交互に入れて並べた数列：

$$1,\ \frac{|x|}{1!},\ \frac{|x|^2}{2!},\ \frac{|x|^3}{3!},\ \cdots,\ \frac{|x|^n}{n!},\ \cdots \qquad \cdots ④$$

$|x^n| = |x|^n$

は 0 に収束します。それは，次のようにして示せます。

任意の実数 x を固定すると，$k \leqq |x| < k+1$ となる整数 k が存在して，$(0 \leqq)\dfrac{|x|}{k+1} < 1$ となります。そして，④の一般項を $a_n = \dfrac{|x|^n}{n!}$ とすると，k より大きい n に対して（$n \to \infty$ を考える際には，ある値より大きな n について考えればよい）

$$0 \leqq a_n = \frac{|x|^n}{n!} = \overbrace{\frac{|x|\cdot|x|\cdots|x|}{1\cdot 2\cdots k}}^{k\text{ 個}} \cdot \overbrace{\frac{|x| \ \cdots \ |x|}{(k+1)\cdots n}}^{n-k\text{ 個}} < |x|^k \cdot \left(\frac{|x|}{k+1}\right)^{n-k} \to 0 \quad (n \to \infty)$$

となります。（$|x|^k$ は定数）　これは，$k=0$，つまり $0 \leqq |x| < 1$ の場合も成り立ちます。

挟みうちの原理により，数列④は 0 に収束しますから，その一部分だけを取り出した部分列も 0 に収束します。すなわち，①の各級数は条件③を満たします。

また，$|x| < n$ なる整数 n に対して $\dfrac{|x|}{n} < 1$ ですから

$$\frac{a_{n+1}}{a_n} = \frac{|x|^{n+1}}{(n+1)!} \cdot \frac{n!}{|x|^n} = \frac{|x|}{n+1} < \frac{|x|}{n} < 1 \qquad \therefore a_n > a_{n+1}$$

となります。これで②が（はじめの有限個を除いて）成り立ちますから，その部分列も同様です。

以上より，④の偶数番の項だけの交項級数 $\sin x$，奇数番だけの交項級数 $\cos x$ はともに②と③を満たすので，①はそれぞれ収束します。（終）

度数法の場合の三角関数の導関数

$y = \sin\theta$ の θ が度数法の場合の導関数 $\dfrac{dy}{d\theta}$ を求めてみます。その際，前章の最後に導いた（そこでは極限記号は使わなかったが）

$$\lim_{\theta \to 0^\circ} \frac{\sin\theta}{\theta} = \frac{\pi}{180} = 0.01745329\cdots \qquad (☆)$$

となることがどう影響するかに注目してください。

$$\frac{\Delta y}{\Delta\theta} = \frac{\sin(\theta + \Delta\theta) - \sin\theta}{\Delta\theta} = \frac{\sin\theta\cos\Delta\theta + \cos\theta\sin\Delta\theta - \sin\theta}{\Delta\theta}$$

$$= \sin\theta \cdot \frac{\cos\Delta\theta - 1}{\Delta\theta} + \cos\theta \cdot \frac{\sin\Delta\theta}{\Delta\theta}$$

$$\therefore \frac{dy}{d\theta} = \lim_{\Delta\theta \to 0^\circ} \frac{\Delta y}{\Delta\theta} = \lim_{\Delta\theta \to 0^\circ} \sin\theta \frac{\cos\Delta\theta - 1}{\Delta\theta} + \lim_{\Delta\theta \to 0^\circ} \cos\theta \frac{\sin\Delta\theta}{\Delta\theta}$$

ここで，p.243（3）で見たとおり，度数法でも

$$\lim_{\Delta\theta \to 0^\circ} \frac{\cos\Delta\theta - 1}{\Delta\theta} = 0$$

ですから，結局，(☆)により

$$y = \sin\theta \text{ のとき } \quad \frac{dy}{d\theta} = \frac{\pi}{180}\cos\theta$$

θで微分することを「$'$」で表すと

$$(\sin\theta)' = \frac{\pi}{180}\cos\theta$$

同様にして

$$(\cos\theta)' = -\frac{\pi}{180}\sin\theta \quad , \quad (\tan\theta)' = \frac{\pi}{180} \cdot \frac{1}{\cos^2}$$

が導かれます。

係数 $\frac{\pi}{180}$ は，$\sin\theta$ や $\cos\theta$ をくり返し微分するたびに出てきます。

$$(\sin\theta)' = \frac{\pi}{180}\cos\theta$$

$$(\sin\theta)'' = (\frac{\pi}{180}\cos\theta)' = \frac{\pi}{180}(-\frac{\pi}{180}\sin\theta) = -\frac{\pi^2}{180^2}\sin\theta$$

$$(\sin\theta)''' = (-\frac{\pi^2}{180^2}\sin\theta)' = -\frac{\pi^2}{180^2}(\frac{\pi}{180}\cos\theta) = -\frac{\pi^3}{180^3}\cos\theta$$

という具合なので，これをテイラー級数展開に当てはめると

$$\sin\theta = \frac{\pi}{180}\theta - \frac{\pi^3}{180^3} \cdot \frac{\theta^3}{3!} + \frac{\pi^5}{180^5} \cdot \frac{\theta^5}{5!} - \frac{\pi^7}{180^7} \cdot \frac{\theta^7}{7!} + \cdots$$

$$= \sum_{k=0}^{\infty} (\frac{\pi}{180})^k \frac{(-1)^k}{(2k+1)!} \theta^{2k+1} \qquad (\theta \text{ は度数法})$$

となり，計算の手間どころか，見た目だけでも大変うっとうしいですね。

4　積分

●不定積分

積分(法)は，微分の逆演算です。

【図 8-4-1】

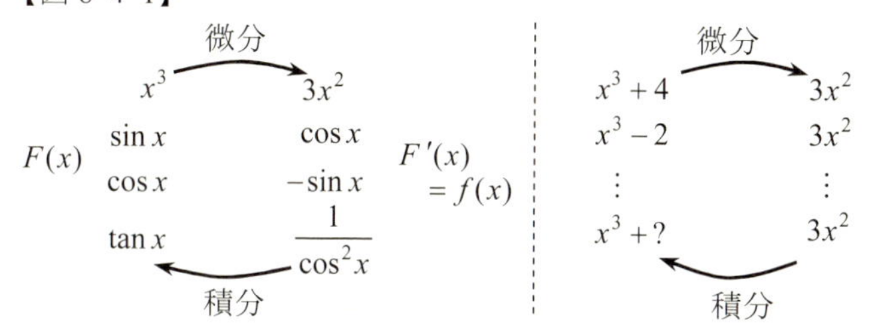

定数項は微分すると 0 になってしまうため，上図右側にある例のように，微分の逆演算の積分では，無条件では定数項を復元できません。

微分して $3x^2$ になるもとの関数 — これを $3x^2$ の**原始関数**あるいは**積分**というのですが — それは x^3 だけでなく，x^3+4，x^3-2 など無数にあります。

そこで，とりあえずこれら定数をひっくるめて，x^3+C と記述しておくことにします。この定数（ $+C$ ）を**積分定数**といい，積分定数を文字のまま含んだ積分を**不定積分**といいます。C は，大文字を使う習慣になっています。

不定積分を求めることを**積分する**といいます。

ある関数 $f(x)$ の積分はまた x の式になりますが，それを $F(x)$ で表すことにすると，上図の左側の図式にあるように

$$F'(x) = f(x) \tag{1}$$

という関係になります。このとき，$F(x)$ を "主語" にして「$F(x)$ は $f(x)$ を積分したもの」という意味の記号は

$$\boldsymbol{F(x) = \int f(x)\,dx} \tag{2}$$

と書きます。これは不定積分を表していますから，$F(x)$ の中には積分定数が含まれていると考えます。

$\int$ は**積分記号**といって「**インテグラル**(integral)」と読みます。

dx は微分で使っていたものですが，なぜこんなところにまた使うかはここでは割愛させていただき，ともかく積分する関数(**被積分関数**)を $\int$ と dx で挟んで表すのだ，ということで了解してください。

これまでに導関数の分かっている関数について，積分記号を用いて表すと

$$\int 3x^2 dx = x^3 + C \qquad \int \cos x \, dx = \sin x + C \qquad \int \frac{1}{\cos^2 x} dx = \tan x + C$$

などとなります。これらの右辺を微分すると左辺の被積分関数になることを確認してください。簡単な不定積分の答え合わせは，結果を微分して被積分関数になればよいので，各自でできます。

このことは，(2)の被積分関数 $f(x)$ が(1)により $F'(x)$ になって

$$\boldsymbol{F(x) = \int F'(x) dx}$$

と表すことができることからも理解できるでしょう。この表現では，まさに微分（$'$）と積分（$\int$）が打ち消しあって "無印の" $F(x)$ になるということで，微分と積分は互いに逆演算という関係が端的に表されています。

この積分記号は，微分の記号 $\dfrac{dx}{dy}$ をつくったライプニッツによるものです（1675年）。$\int$ はラテン語の Summa のSの古い字体なのだそうです。英語の sum は「和」を意味します。sekibun の s ではありません。

●三角関数の不定積分

すでに上で一部示しましたが，三角関数の導関数の公式：

$$(\sin x)' = \cos x \ , \quad (-\cos x)' = \sin x \ , \quad (\tan x)' = \frac{1}{\cos^2 x} = 1 + \tan^2 x$$

は，すぐに不定積分の公式に書きかえることができます。

次ページにまとめてありますが，$\tan x$ の不定積分は，今は紹介だけです。証明は，第11章2節(p.390)までお待ちください。

$$\int \cos x\,dx = \sin x + C\ ,\qquad \int \sin x\,dx = -\cos x + C$$

$$\int \frac{1}{\cos^2 x}dx = \int (1+\tan^2 x)dx = \tan x + C$$

$$\int \tan x\,dx = -\log|\cos x| + C$$

● x^n の不定積分

まず微分を振り返ります。

①指数 n を掛けて　②指数から 1 引く

$$(x^n)' \longrightarrow nx^{n-1}$$

積分は微分の逆ですから，②の逆，①の逆，という順に操作をすればよいことになります。

②の逆：指数に 1 加える

①の逆：その指数で割る

指数に 1 加えて x^{n+1} ，その指数で割る

$$\int x^n dx \longrightarrow \frac{1}{n+1}x^{n+1} + C$$

$$\therefore \int x^n dx = \frac{1}{n+1}x^{n+1} + C \qquad (n\text{は自然数})$$

●不定積分の基本的な性質

もし変数が t ならば dx も dt に，変数が y なら dy にして

$$\int t^3 dt = \frac{1}{4}t^4 + C \qquad \int \frac{1}{\cos^2 y}dy = \tan y + C$$

というように書くのだと覚えておいてください。dx や dt は，どの文字を変数として積分の操作をするかという目印になっているわけです。

微分の基本的な性質（p.235）は，直ちに不定積分の基本性質として書き直すことができます：

$$\int k\,f(x)dx = k\int f(x)dx$$

$$\int \{f(x) \pm g(x)\}dx = \int f(x)dx \pm \int g(x)dx \qquad (\text{項別積分})$$

項別に積分したときの積分定数は，ひとつにまとめておきます：

例　$\int(4x^2-\cos x+3)dx=\dfrac{4}{3}x^3-\sin x+3x+C$

●積分と面積

$y=f(x)$ のグラフが x 軸より上にあるとして，そのグラフと x 軸の間で，$x=x_0$ から $x=x$ までの部分の面積は x の関数になりますから，それを $F(x)$ と表すと，実は

$$F(x)=\int f(x)dx \quad \text{すなわち} \quad F'(x)=f(x)$$

となっているのです。ただし，積分定数 C は，$F(x_0)=0$ という条件によって定められます。

【図 8-4-2】

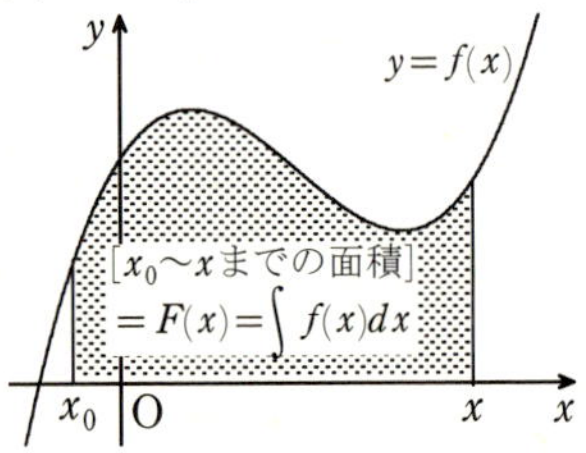

また，$x=x_0$ から $x=x$ の間で関数 $y=f(x)$ は連続（グラフがつながっている）とします。

それでは，$F'(x)=f(x)$ という関係を確かめてみましょう。といって，関数式も分からないまま微分できるのでしょうか？

$F=F(x)$ として，まず，機械的にニュートン商をつくります：

$$\frac{\varDelta F}{\varDelta x}=\frac{F(x+\varDelta x)-F(x)}{\varDelta x}$$

この分子は

【図 8-4-3】

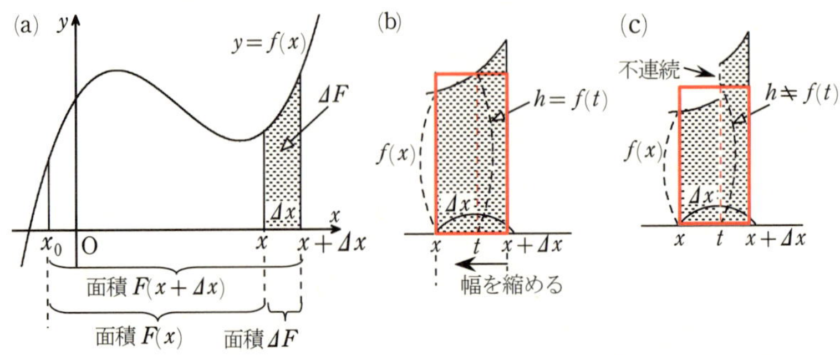

$$\varDelta F = F(x+\varDelta x) - F(x)$$
$$= [x_0 \sim (x+\varDelta x)\ までの面積] - [x_0 \sim x\ までの面積]$$
$$= [x \sim (x+\varDelta x)\ までの面積]$$

です（上図(a)の影の部分)。そして，この影の部分の面積 $\varDelta F$ と同じ面積の長方形が存在します。（上図(b)）

ですから，面積 $\varDelta F$ を横幅 $\varDelta x$ で割ると，その長方形の高さ h が出てきます。このとき，グラフはつながっていますから，$h = f(t)$ となる t が，x と $x+\varDelta x$ の間に存在します。

もし，$y = f(x)$ に連続でないところがあると，長方形の高さ h に相当するところにグラフがないかも知れないわけですから，h が必ずしも $f(t)$ で表せるとは限りません。(上図(c))　このようなときは，始めから $\varDelta x$ を，x と $x+\varDelta x$ の間に不連続な部分を含まないように設定してやればよいのです。つまり，そうすることのできる関数が，この話の対象になるということです。

そのような関数において

$$\varDelta F = F(x+\varDelta x) - F(x) = \varDelta x \cdot \underset{\cdots}{h} = \varDelta x \cdot \underset{\cdots}{f(t)} \quad (x \leqq t \leqq x+\varDelta x)$$

これを，$\varDelta x$ で割ると

$$\frac{\varDelta F}{\varDelta x} = \frac{\cancel{\varDelta x} \cdot f(t)}{\cancel{\varDelta x}} = f(t) \qquad (x \leqq t \leqq x+\varDelta x)$$

ここで $\varDelta x \to 0$ とやると，x と $x+\varDelta x$ の間に挟まれている t は，「挟みうちの原理」によって $t \to x$ となり，従って，$f(t) \to f(x)$ となります。そして，このニュートン商の極限が $F'(x)$ なのですから

$$F'(x) = f(x) \quad したがって \quad F(x) = \int f(x)dx$$

微分
$F(x)$ ⇄ $f(x)$
積分

となります。

●**定積分**

$x = x_1$ から $x = x_2$ の間の面積は

$$[x_1 \sim x_2\ の間の面積] = [x_0 \sim x_2\ 間の面積] - [x_0 \sim x_1\ の間の面積]$$
$$= F(x_2) - F(x_1)$$

です。（次の図右）

【図 8-4-4】

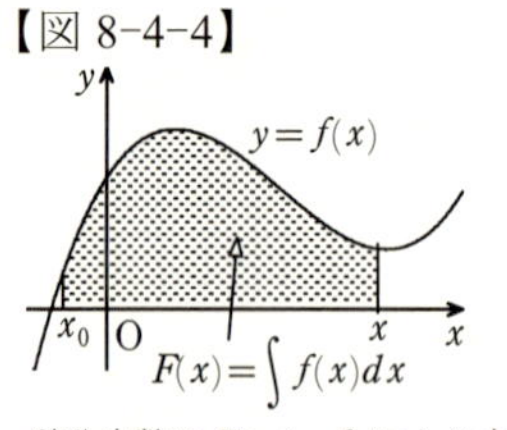

積分定数は $F(x_0)=0$ により定める

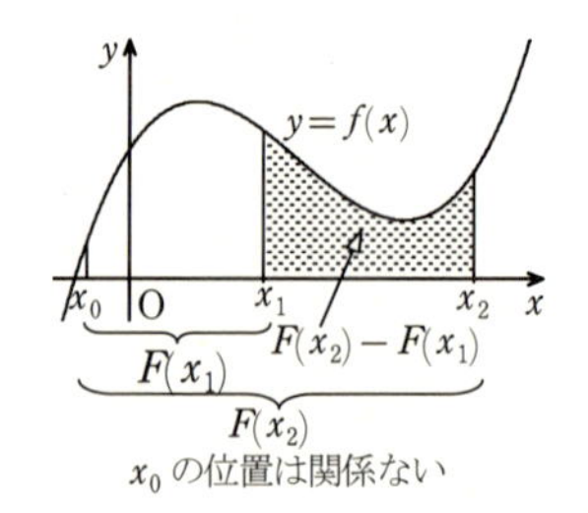

x_0 の位置は関係ない

面積の測り始めの x_0 によって決定した積分定数は，この引き算の中で引かれて消えてしまっています。

ここで，新しい記号を導入します。

$$F(x)=\int f(x)dx$$

に対して「$F(x_2)-F(x_1)$ という計算をせよ」という意味の記号は

$$\int_{x_1}^{x_2} f(x)\,dx$$

と書き，$f(x)$ の $x=x_1$ から x_2 までの**定積分**といいます。そして，「$x=x_1$ から x_2 まで」を**積分区間**といい，積分記号の下側にある x_1 を積分区間の**下端**（かたん），積分記号の上側にある x_2 を**上端**（じょうたん）といいます。

この定積分の記号 $\int_a^b$ は，フーリエが『熱の解析的理論』で 1812 年に使ったのが最初です。

積分区間に限らず，一般に x の範囲を**区間**といいますが

$a \leqq x \leqq b$ の範囲を $[a,\ b]$ と表し，**閉区間**

$a<x<b$ は $(a,\ b)$ や $]a,\ b[$ と表し，**開区間**

$a \leqq x<b$ は $[a,\ b)$ や $[a,\ b[$
$a<x \leqq b$ は $(a,\ b]$ や $]a,\ b]$ } と表し，**半開区間** または半閉区間

とそれぞれいいます。

さて，積分区間は通常は $x_1 \leqq x_2$ ですが，$x_1>x_2$ でも計算上の支障はありません。大小にかかわらず，上に書いてある上端を必ず先に $F(x)$ に代入してから，下端を $F(x)$ に代入したものを引く，ということに定式化しておきます。

$$\int_{x_1}^{x_2} f(x)dx \quad = F(x_2) - F(x_1)$$

上が先　下を引く　　x_1，x_2 の大小に関係ない

次の例で，定積分の独特の計算の記述の仕方も見てください。

例１　右図の斜線部分の面積 S を求める。

【図 8-4-5】

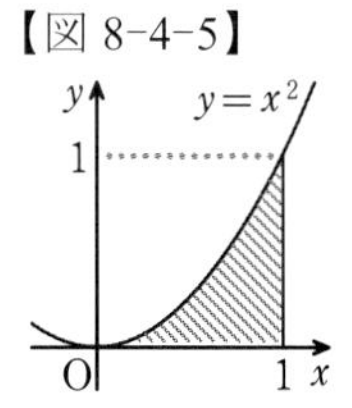

$$S = \int_0^1 x^2 dx = \left[\frac{1}{3}x^3\right]_0^1 = \frac{1}{3}\cdot 1^2 - \frac{1}{3}\cdot 0^3 = \frac{1}{3}$$

$$\therefore S = \frac{1}{3} \qquad \text{（答）}$$

計算の途中に出てきた［　］は定積分独特の記法で，不定積分（積分定数は不要。次の引き算で消えてしまう）を［　］の中に一旦書いておいて，積分区間も写しておきます。こうすると，次の代入操作が楽にできます。

【図 8-4-6】

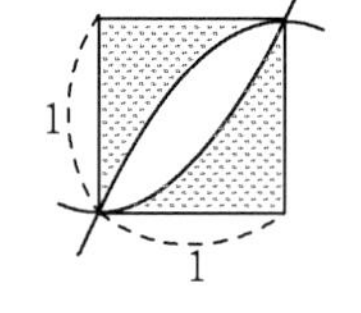

ところで，S は，１辺１の正方形の面積のちょうど $\frac{1}{3}$ ですから，この放物線で正方形が３等分できるということになります。

話のついでに，図 8-4-7 において，放物線 $y=x^2$ と直線 $y=-x+1$ の交点を求めると

【図 8-4-7】

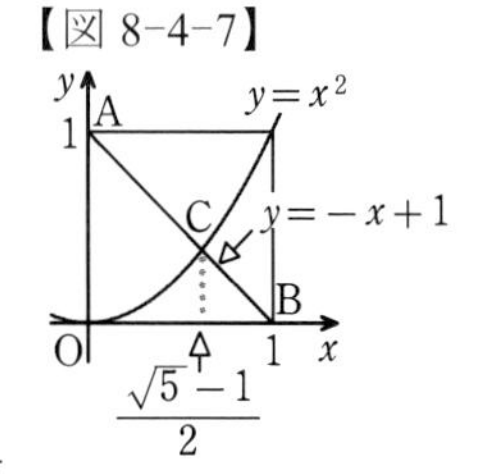

$$x^2 = -x+1 \quad \text{より} \quad x^2 + x - 1 = 0$$

$$\therefore x = \frac{-1\pm\sqrt{5}}{2} \quad \text{よって C は} \quad x = \frac{\sqrt{5}-1}{2}$$

ですから，対角線 AB は放物線 $y=x^2$ によって

$$\text{AC：CB} = \frac{\sqrt{5}-1}{2} : \left(1-\frac{\sqrt{5}-1}{2}\right) = \frac{\sqrt{5}-1}{2} : \frac{3-\sqrt{5}}{2}$$

$$= \frac{\sqrt{5}-1}{3-\sqrt{5}} : 1 = \frac{1+\sqrt{5}}{2} : 1$$

$$\frac{(\sqrt{5}-1)(3+\sqrt{5})}{(3-\sqrt{5})(3+\sqrt{5})} = \frac{2+2\sqrt{5}}{4} = \frac{1+\sqrt{5}}{2}$$

という比に分けられています。これは黄金比ですね。（第１章）

●定積分の性質

定積分の計算上の基本的な性質を押さえておきましょう。右側に，理由をメモ程度に書いておきます。（$F'(x)=f(x)$，$G'(x)=g(x)$）

Ⅰ　$\displaystyle\int_a^a f(x)\,dx = 0$　　$F(a)-F(a)=0$

Ⅱ　$\displaystyle\int_a^b f(x)\,dx = -\int_b^a f(x)\,dx$　　$F(b)-F(a)=-\{F(a)-F(b)\}$

Ⅲ　$\displaystyle\int_a^b k\,f(x)\,dx = k\int_a^b f(x)\,dx$　　$kF(b)-kF(a)=k\{F(b)-F(a)\}$

Ⅳ　$\displaystyle\int_a^b \{f(x)\pm g(x)\}\,dx = \int_a^b f(x)\,dx \pm \int_a^b g(x)\,dx$　（項別積分）

$$\begin{aligned}\{F(b)\pm G(b)\}-\{F(a)\pm G(a)\} &= F(b)\pm G(b)-F(a)\mp G(a)\\ &=\{F(b)-F(a)\}\pm\{G(b)-G(a)\}\end{aligned}$$

Ⅴ　$\displaystyle\int_a^b f(x)\,dx + \int_b^c f(x)\,dx = \int_a^c f(x)\,dx$

$$\begin{aligned}\{F(b)-F(a)\}+\{F(c)-F(b)\} &= \cancel{F(b)}-F(a)+F(c)-\cancel{F(b)}\\ &=F(c)-F(a)\end{aligned}$$

最後のものは，積分区間が b でつながっているところに注目です。面積のイメージとあわせると理解も深まるでしょう。

5　三角関数の積分

●正弦曲線の "ひと山" の面積

例1　右図の斜線部分の面積を求める。

【図 8-5-1】

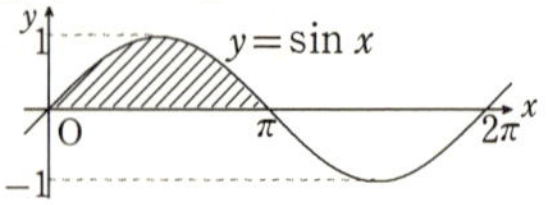

積分区間は $[0,\ \pi]$ ですから

$$\int_0^\pi \sin x dx = \Big[-\cos x\Big]_0^\pi$$

$$= -\cos\pi-(-\cos 0)$$

$$= -(-1)-(-1)\quad = 1+1\ = 2 \qquad (答) \qquad (1)$$

整数になるなんて，意外だったでしょう。

● x 軸より下側の面積

グラフが x 軸より下にある区間 $[\pi,\ 2\pi]$ の定積分を計算してみます。

$$\int_{\pi}^{2\pi} \sin x dx = \left[-\cos x\right]_{\pi}^{2\pi}$$

$$= -\cos 2\pi - (-\cos \pi)$$

$$= -1 - (-(-1)) \quad = -1 - 1 = -2 \qquad (2)$$

という具合に，負の値になって出てきました。正弦曲線の性質により，例１で求めた区間 $[0, \pi]$ の面積と等しいはずですから，面積としてはプラスに直して２と答えればよいでしょう。

定積分はグラフと x 軸の間の面積だといいましたが，このようにグラフが x 軸より下にある部分においては，積分区間が x_1(下端) $< x_2$(上端) のときの定積分は負の値になります。

また，グラフは x 軸より上にあっても x_1(下端) $> x_2$(上端) で計算すれば，やはり負になります。（定積分の性質Ⅱ）

面積と定積分の関係は，次のように考えればよいでしょう。

まず，面積の基本は（縦）×（横）です。

そして，定積分における「縦」の長さに相当するのは関数の値，すなわちグラフの y 座標です。ですから，グラフが x 軸より下にある部分は，「縦」をマイナスで計っていることになります。

【図 8-5-2】

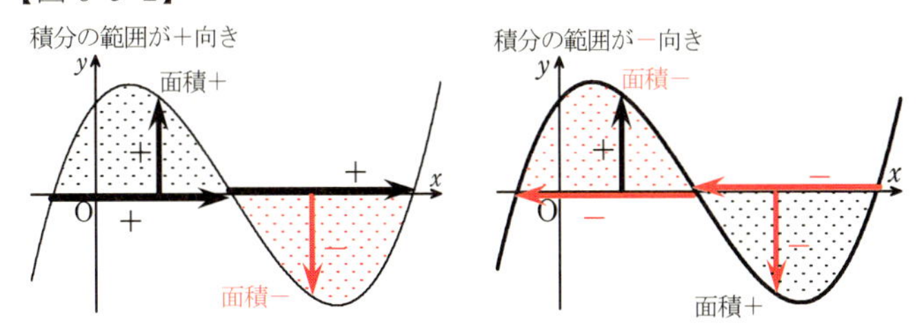

「横」は積分区間で，x_1(下端) $< x_2$(上端) なら「x_1 から x_2 まで」という正の向きになりますが，x_1(下端) $> x_2$(上端) なら「大きい方の x_1 から小さい方の x_2 まで」という，今度は「横」の長さをマイナスで計っていると考えるのです。

それでは，区間 $[0, 2\pi]$ で一気に積分するとどうなるでしょうか。

$$\int_{0}^{2\pi} \sin x dx = \left[-\cos x\right]_{0}^{2\pi} = -\cos 2\pi - (-\cos 0)$$

$$= -1 \qquad - (-1) \qquad = -1 + 1 = 0$$

（1）と（2）を足したものと一致しますが，これは，定積分の性質Ⅴを適用していることになっています：

$$\int_0^{\pi} \sin x dx + \int_{\pi}^{2\pi} \sin x dx = \int_0^{2\pi} \sin x dx$$
$$2 \quad + \quad (-2) \quad = \quad 0$$

このように，グラフが x 軸の上下にある区間でまとめて積分すると，x 軸より下にある部分の面積がマイナスのまま足されてしまいます。

したがって，本当の面積の総和を求めたいときは，グラフが x 軸より上にある区間と，下にある区間に分けて積分して，すべてプラスにして足さなければなりません。しかし，面積と関係なく，単なる定積分の計算としてはその必要はありません。この区別をきちんとしてください。

● $\sin x \cos x$ の積分

$y=\sin x \cos x$ のグラフは，角度は度数法で第６章２節で書きました。それを，ラジアンの目盛りにしたのが次の図です。

【図 8-5-3】

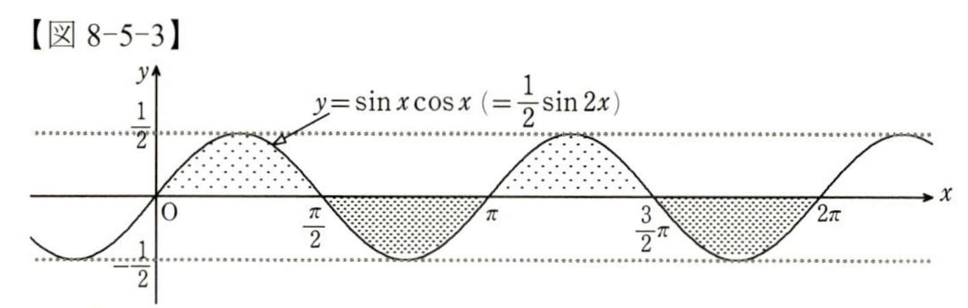

これを見ると

$$\int_0^{\pi} \sin x \cos x\, dx = 0 \quad \text{あるいは} \quad \int_0^{2\pi} \sin x \cos x\, dx = 0$$

となることが分かります（山と谷の相殺）。これをちゃんと計算してみます。グラフをかいたときと同様に，２倍角の公式：

$$\sin 2\alpha = 2\sin\alpha\cos\alpha \quad \text{より} \quad \sin\alpha\cos\alpha = \frac{1}{2}\sin 2\alpha$$

を用いて，不定積分は次のようになります。

$$\int \sin x \cos x\, dx = \int \frac{1}{2}\sin 2x\, dx = \frac{1}{2}\int \sin 2x\, dx \qquad \text{（定積分の性質Ⅲ）}$$

微分して $\sin 2x$ になる関数（原始関数）を探します。

微分して「sin」になるのは「$-\cos$」ですが（「-」が付くことに注意）

$$(-\cos 2x)' = 2\sin 2x$$

とやってみると，係数 2 が出てきてしまいます。これを $\sin 2x$ だけになるようにするには，微分して出てくる係数 2 が約せるよう

$$(-\frac{1}{2}\cos 2x)' = \frac{1}{2}\cdot 2\sin 2x = \sin 2x$$

という具合に，はじめから $\frac{1}{2}$ を掛けておけばよいことが分かります。

一般には，$a \neq 0$ として

$$\int \sin ax\,dx = -\frac{1}{a}\cos ax + C \qquad \int \cos ax\,dx = \frac{1}{a}\sin ax + C$$

となります。右辺を微分してみてください。

それでは区間 $[0, \pi]$ における定積分を計算します。

$$\begin{aligned}\int_0^{\pi}\sin x\cos x\,dx &= \frac{1}{2}\int_0^{\pi}\sin 2x\,dx = \frac{1}{2}\left[-\frac{1}{2}\cos 2x\right]_0^{\pi}\\ &= \frac{1}{2}\{-\frac{1}{2}\cos 2\pi - (-\frac{1}{2}\cos 0)\}\\ &= \frac{1}{2}(-\frac{1}{2}+\frac{1}{2}) = 0\end{aligned}$$

$\cos 2\pi = \cos 0 = 1$

で，先ほどグラフを見て得た結論と一致します。区間 $[0, 2\pi]$ でも同様です。

● $\sin mx\cos nx$ の積分（「積→和差の公式」の活用）

$\sin x\cos x$ を一般化して，積 $\sin mx\cos nx$ の積分を計算してみましょう。ここで，m，n は正の整数(自然数)とします。

積のままの積分は大変ですが，項別積分ができますから「積→和の公式」：

$$\sin\alpha\cos\beta = \frac{1}{2}\{\sin(\alpha+\beta)+\sin(\alpha-\beta)\}$$

（第６章３節）

を用いて和に直します：

$$\sin mx\cos nx = \frac{1}{2}\{\sin(m+n)x + \sin(m-n)x\}$$

さて，k を 0 でない整数とすると，$\sin kx$ の基本周期は $\frac{2\pi}{|k|}$ ですから，0 以外のすべての整数 k に対して $\sin kx$ の共通な周期は 2π になります。

ここで，$m+n$ と $m-n$ は整数ですから，$m+n\neq 0$，$m-n\neq 0$ とすると，$\sin(m+n)x$，$\sin(m-n)x$ の共通な周期は 2π となるので，積分区間を

$[0, 2\pi]$ とします。

いまはとくに，m, n を正の整数としていますから常に $m+n \neq 0$ です。

さらに，$m-n \neq 0$，つまり，$m \neq n$ とすると

$$\int_0^{2\pi} \sin mx \cos nx\, dx = \frac{1}{2}\int_0^{2\pi} \{\sin(m+n)x + \sin(m-n)x\} dx \qquad (3)$$

$$= \frac{1}{2}\left[-\frac{1}{m+n}\cos(m+n)x - \frac{1}{m-n}\cos(m-n)x \right]_0^{2\pi}$$

$$= \frac{1}{2}\left\{ -\frac{1}{m+n}\underbrace{\cos(m+n)2\pi}_{1} - \frac{1}{m-n}\underbrace{\cos(m-n)2\pi}_{1} - \left(-\frac{1}{m+n}\underbrace{\cos(m+n)0}_{1} - \frac{1}{m-n}\underbrace{\cos(m-n)0}_{1} \right) \right\} = 0 \quad \cdots ①$$

$\cos(k \cdot 2\pi) = \cos 0 = 1$

となります。これは，$m \neq n$ の場合の結果です。

$m = n\ (\neq 0)$ のときは，（3）において

$$\sin(m+n)x = \sin 2mx,\ \sin(m-n)x = \sin 0 = 0$$

ですから

$$(3) = \frac{1}{2}\int_0^{2\pi} \sin 2mx\, dx = \frac{1}{2}\left[-\frac{1}{2m}\cos 2mx \right]_0^{2\pi}$$

$$= \frac{1}{2}\left\{ -\frac{1}{2m}\underbrace{\cos 4m\pi}_{1} - \left(-\frac{1}{2m}\underbrace{\cos 0}_{1}\right) \right\} = 0 \qquad \cdots ②$$

①，②より

$$\boldsymbol{\int_0^{2\pi} \sin mx \cos nx\, dx = 0} \qquad \textbf{(}\boldsymbol{m, n}\textbf{は正の整数)}$$

ということになりました。

● $\sin mx \sin nx$ の積分

「積→和の公式」：

$$\sin\alpha\sin\beta = -\frac{1}{2}\{\cos(\alpha+\beta) - \cos(\alpha-\beta)\} \qquad \text{（第６章３節）}$$

を使うと

$$\int_0^{2\pi} \sin mx \sin nx\, dx = -\frac{1}{2}\int_0^{2\pi} \{\cos(m+n)x - \cos(m-n)x\} dx \qquad (4)$$

$m \neq n$ の場合

$$(4) = -\frac{1}{2}\left[\frac{1}{m+n}\sin(m+n)x - \frac{1}{m-n}\sin(m-n)x \right]_0^{2\pi}$$

で，$\sin(m \pm n)2\pi = 0$，$\sin(m \pm n)0 = 0$ ですから

$$\int_0^{2\pi} \sin mx \sin nx\, dx = 0 \quad (m \neq n) \qquad \cdots ①$$

$m = n\ (\neq 0)$ の場合は，（４）において

$$\cos(m+n)x = \cos 2mx, \ \cos(m-n)x = \cos 0 = 1$$

ですから

$$（４）= -\frac{1}{2}\int_0^{2\pi} (\cos 2mx - 1)dx = -\frac{1}{2}\left[\frac{1}{2m}\sin 2mx - x\right]_0^{2\pi}$$

$$= -\frac{1}{2}\Big(\frac{1}{2m}\underbrace{\sin 4m\pi}_{0} - 2\pi - 0\Big) = \pi$$

したがって

$$\int_0^{2\pi} \sin mx \sin nx\, dx = \pi \quad (m = n \neq 0) \qquad \cdots ②$$

①，②より，m，n を正の整数とすると

$$\boldsymbol{\int_0^{2\pi} \sin mx \sin nx\, dx = \begin{cases} 0 & (m \neq n) \\ \pi & (m = n) \end{cases}}$$

となります。

● $\cos mx \cos nx$ の積分

「積→和の公式」:

$$\cos\alpha\cos\beta = \frac{1}{2}\{\cos(\alpha+\beta) + \cos(\alpha-\beta)\} \qquad （第６章３節）$$

を使うと

$$\int_0^{2\pi} \cos mx \cos nx\, dx = \frac{1}{2}\int_0^{2\pi} \{\cos(m+n)x + \cos(m-n)x\}dx \qquad （５）$$

$m \neq n$ の場合

$$（５）= -\frac{1}{2}\left[\frac{1}{m+n}\sin(m+n)x - \frac{1}{m-n}\sin(m-n)x\right]_0^{2\pi}$$

で，ここでもやはり $\sin(m \pm n)2\pi = 0$，$\sin(m \pm n)0 = 0$ ですから

$$\int_0^{2\pi} \cos mx \cos nx\, dx = 0 \quad (m \neq n) \qquad \cdots ①$$

となります。

$m = n\ (\neq 0)$ の場合は，（５）において

$$\cos(m+n)x = \cos 2mx\text{，}\ \cos(m-n)x = \cos 0 = 1$$

ですから

$$(5) = \frac{1}{2}\int_0^{2\pi}(\cos 2mx + 1)dx = \frac{1}{2}\left[\frac{1}{2m}\sin 2mx + x\right]_0^{2\pi}$$

$$= \frac{1}{2}(\frac{1}{2m}\underbrace{\sin 4m\pi}_{0} + 2\pi - 0) \quad = \pi$$

したがって

$$\int_0^{2\pi}\cos mx \cos nx\, dx = \pi \quad (m = n \neq 0) \qquad \cdots ②$$

①，②より，m, n を正の整数とすると

$$\int_0^{2\pi}\cos mx \cos nx\, dx = \begin{cases} 0 & (m \neq n) \\ \pi & (m = n) \end{cases}$$

となります。

まとめると

$[0,\ 2\pi]$ の定積分は，m, n を正の整数とすると

$\sin mx \cos nx$ は常に 0

$\left.\begin{array}{l}\sin mx \sin nx \\ \cos mx \cos nx\end{array}\right\}$ は，$m \neq n$ のとき 0，$m = n$ のとき π

周期が異なる　　周期が等しい

（6）

となります。

$\sin mx \sin nx$, $\cos mx \cos nx$ は，$m = n$ のときはそれぞれ $\sin^2 mx$, $\cos^2 mx$ という２乗になるのですから，その積分は 0 にはなりません（グラフが $y \geqq 0$ の範囲）。

それ以外の場合の積分は全て 0 になってしまうという結果です。

なお，$\sin mx \sin nx$，$\cos mx \cos nx$ で $m = n$ の場合，上のような積→和差の公式でなく，半角の公式：

$$\sin^2 mx = \frac{1}{2}(1 - \cos 2mx) \qquad \sin^2\alpha = \frac{1}{2}(1 - \cos 2\alpha)$$

$$\cos^2 mx = \frac{1}{2}(1 + \cos 2mx) \qquad \cos^2\alpha = \frac{1}{2}(1 + \cos 2\alpha)$$

を用いて変形しても，結局，先ほどと同じになります。

さてここで

$m=n$ のとき 1, $m\neq n$ のとき 0

という関数を導入して，それを δ_{mn} と表すと（δ は「デルタ」と読むギリシャ文字）

$$\delta_{mn}=\begin{cases}1 & (m=n)\\ 0 & (m\neq n)\end{cases}$$

で，これを使うと，$\sin mx\sin nx$，$\cos mx\cos nx$ の定積分は

$$\left.\begin{aligned}&\int_0^{2\pi}\sin mx\sin nx\,dx\\ &\int_0^{2\pi}\cos mx\cos nx\,dx\end{aligned}\right\}=\delta_{mn}\pi$$

というように簡潔に表せます。

この δ_{mn} を**クロネッカーのデルタ**といいます。

クロネッカー（1823〜1891）は，代数的整数論をつくったひとのひとりです。彼は，すべての数の基本は神の創り給うた自然数であるという考えの持ち主ゆえ，彼にとって連続的な実数は "存在しないもの" ということになるのですが，論文では連続的な実数の上に成り立っている積分をちゃっかり多用しているそうです。

●積分区間 $[\alpha,\ \alpha+2\pi]$

これらの積分は，積分区間 $[0,\ 2\pi]$ を定数 α だけずらして $[\alpha,\ \alpha+2\pi]$ としてもまったく同じ結果になります。なぜなら

$y=\sin mx\cos nx$ ，$y=\sin mx\sin nx$ ，$y=\cos mx\cos nx$

は，区間 $[0,\ 2\pi]$ のグラフが繰り返される周期関数だからです。

【図 8-5-4】

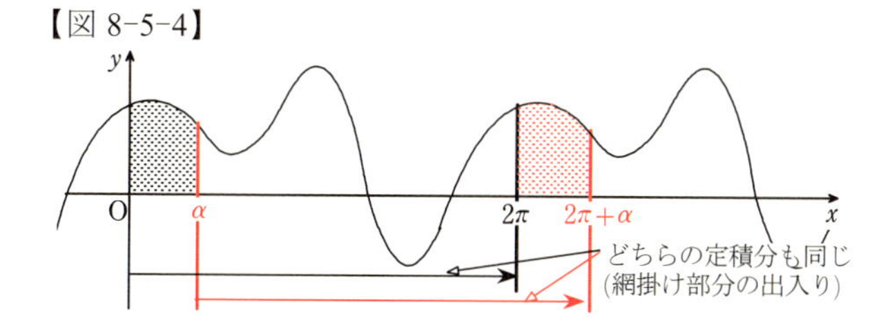

●三角関数を利用した積分（置換積分法）

例1 定積分 $\int_0^a \sqrt{a^2 - x^2}\,dx \quad (a > 0)$

［その１］

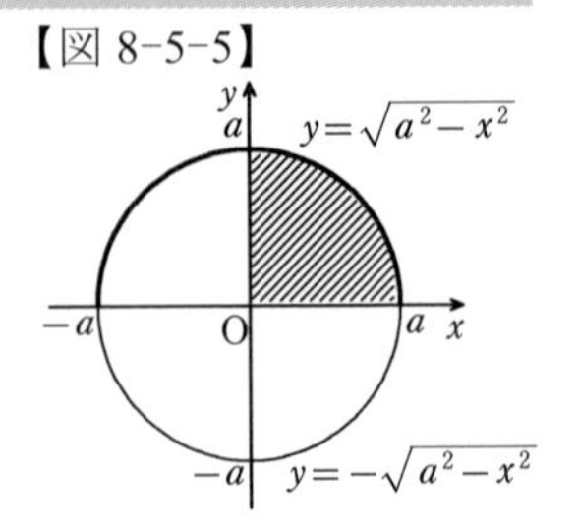

【図 8-5-5】

被積分関数 $y = \sqrt{a^2 - x^2}$ は，両辺を２乗すると

$$y^2 = a^2 - x^2 \quad \therefore x^2 + y^2 = a^2$$

となり，これは，原点を中心とする半径 a の円を表します。そして

$y \geqq 0$ の部分が　$y = \sqrt{a^2 - x^2}$

$y \leqq 0$ の部分が　$y = -\sqrt{a^2 - x^2}$

です。

したがって，問題の定積分は，円 $x^2 + y^2 = a^2$ の上半分のうちの，更に $0 \leqq x \leqq a$ の範囲，すなわち，半径 a の円の４分の１の面積に相当しますから，積分の計算をすることなく

$$\int_0^a \sqrt{a^2 - x^2}\,dx = \frac{1}{4}\pi a^2 \quad \text{（答）}$$

［その２＝**置換積分法**］

$f(x) = \sqrt{a^2 - x^2}$ の原始関数（微分すると $f(x)$ になる関数）がなかなか見つかりません。ここは，高校の教科書にも載っているテクニックを使うことにします。それは，唐突ですが

$$x = a\sin\theta$$

というように，変数を x から θ に置換するのです。するとまず，積分区間 $0 \leqq x \leqq a$ は

$x = 0$ のとき $\sin\theta = 0$ 　　$\therefore \theta = 0$

$x = a$ のとき $\sin\theta = 1$ 　　$\therefore \theta = \dfrac{\pi}{2}$

x	$0 \sim a$
θ	$0 \sim \frac{\pi}{2}$

$\sin\theta$ は周期関数なので，無数に θ が存在しますが，このようなときは $-\frac{\pi}{2} \leqq \theta \leqq \frac{\pi}{2}$ の範囲で考えます。

また，被積分関数は，$a > 0$ なので

$$\sqrt{a^2 - x^2} = \sqrt{a^2 - a^2\sin^2\theta} = a\sqrt{1 - \sin^2\theta} = a\sqrt{\cos^2\theta}$$

となりますが，$0 \leqq \theta \leqq \frac{\pi}{2}$ なので $\cos\theta \geqq 0$。したがって

$$\sqrt{a^2-x^2}=a\sqrt{\cos^2\theta}=a\cos\theta$$

$$\sqrt{X^2}=|X|=\begin{cases}X & (X \geqq 0)\\ -X & (X<0)\end{cases}$$

また，記号 dx も $d\theta$ に変換しなければなりませんが，その方法は，ここでは形だけをなぞっておくことにします。（詳細は「補足」）

$x=a\sin\theta$ の両辺を θ で微分すると $\frac{dx}{d\theta}=a\cos\theta \quad \therefore \underline{dx=a\cos\theta d\theta}$

したがって

$$\begin{aligned}\int_0^a \sqrt{a^2-x^2}\,dx &= \int_0^{\frac{\pi}{2}} a\cos\theta\cdot\underline{a\cos\theta d\theta}\\ &= a^2\int_0^{\frac{\pi}{2}}\cos^2\theta d\theta\\ &= a^2\int_0^{\frac{\pi}{2}}\frac{1}{2}(1+\cos 2\theta)d\theta\\ &= \frac{1}{2}a^2\left[\theta+\frac{1}{2}\sin 2\theta\right]_0^{\frac{\pi}{2}}\\ &= \frac{1}{2}a^2\cdot\frac{\pi}{2} \quad =\frac{1}{4}\pi a^2 \quad \text{（答）}\end{aligned}$$

半角の公式：
$\cos^2\theta=\frac{1}{2}(1+\cos 2\theta)$

［その２］のように，ほかの変数に置き換えて積分する方法を**置換積分法**といいます。

例２　定積分 $\int_0^a \frac{dx}{a^2+x^2}$ $(a>0)$ 　（$\int_0^a \frac{dx}{a^2+x^2}$ は $\int_0^a \frac{1}{a^2+x^2}dx$ の意味）

これも，原始関数がなかなか見つからないので，置換積分法で積分します。今度は

$$x=a\tan\theta$$

とおきます。$\tan\theta$ の場合は $-\frac{\pi}{2}<\theta<\frac{\pi}{2}$ の範囲で考えればよいので

$x=0$ 　のとき　$\tan\theta=0$ 　$\therefore \theta=0$

$x=a$ 　のとき　$\tan\theta=1$ 　$\therefore \theta=\frac{\pi}{4}$

x	$0 \sim a$
θ	$0 \sim \frac{\pi}{4}$

ですから，積分区間は $0 \leqq \theta \leqq \frac{\pi}{4}$ になります。

被積分関数は

$$\frac{1}{a^2+x^2}=\frac{1}{a^2+a^2\tan^2\theta}=\frac{1}{a^2(1+\tan^2\theta)}=\frac{\cos^2\theta}{a^2}$$

$1+\tan^2\theta=\frac{1}{\cos^2\theta}$

$x=a\tan\theta$ の両辺を θ で微分して

$$\frac{dx}{d\theta}=a\cdot\frac{1}{\cos^2\theta} \quad \therefore dx=\frac{a}{\cos^2\theta}d\theta$$

よって

$$\int_0^a \frac{dx}{a^2+x^2}=\int_0^{\frac{\pi}{4}} \frac{\cos^2\theta}{a^2}\cdot\frac{a}{\cos^2\theta}d\theta$$

$$=\frac{1}{a}\int_0^{\frac{\pi}{4}} 1d\theta \ =\frac{1}{a}\Big[\ \theta\ \Big]_0^{\frac{\pi}{4}} \ =\frac{\pi}{4a} \quad （答）$$

被積分関数 $y=\dfrac{1}{a^2+x^2}$ のグラフの形は，見当が付きましたか？

【図 8-5-6】

$a=1$ の場合のグラフ

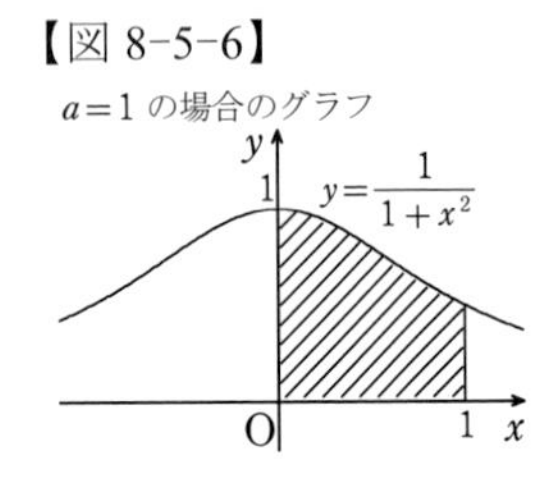

定義域は実数全体で，偶関数ですから，y 軸に関して左右対称です。また，y 切片（y 軸との交点の y 座標。$x=0$ ）は $\dfrac{1}{a^2}$，x を大きくすればするほど y の値は 0 に近づきます。こうしたところを冷静に見れば，上の図のような，x 軸を漸近線とするグラフが見えてくるでしょう。

そして，例２の結果によれば，$a=1$ の場合の図の斜線部分の面積が $\dfrac{\pi}{4}$ ということです。円周率が出てくるようなグラフには見えませんね。

●三角関数の２乗，３乗の不定積分

［１］　$\int \sin^2 x\,dx$，$\int \cos^2 x\,dx$

これはすでに見たとおり，半角の公式で１次式に直してから積分します：

$$\int \sin^2 x\,dx=\frac{1}{2}\int(1-\cos 2x)dx=\frac{1}{2}(x-\frac{1}{2}\sin 2x)+C$$

$$\therefore \int \sin^2 x\,dx=\frac{1}{2}x-\frac{1}{4}\sin 2x+C$$

$$\int \cos^2 x\,dx=\frac{1}{2}\int(1+\cos 2x)dx=\frac{1}{2}(x+\frac{1}{2}\sin 2x)+C$$

$$\therefore \int \cos^2 x\,dx=\frac{1}{2}x+\frac{1}{4}\sin 2x+C$$

［２］ $\int \tan^2 x\,dx$

p.275 で見た

$$\int \frac{1}{\cos^2 x}dx = \int (1+\tan^2 x)dx = \tan x + C$$

で，第２辺を項別積分すると

$$\int (1+\tan^2 x)dx = \int 1dx + \int \tan^2 x dx$$

$$= \underline{x + \int \tan^2 x dx = \tan x + C}$$

……部分の等号の関係より

$$\boldsymbol{\int \tan^2 x\,dx = \tan x - x + C}$$

［３］ $\int \sin^3 x\,dx$, $\int \cos^3 x\,dx$

これは，３倍角の公式（第６章）：

$$\sin 3\alpha = 3\sin\alpha - 4\sin^3\alpha \ , \quad \cos 3\alpha = 4\cos^3\alpha - 3\cos\alpha$$

より，それぞれ

$$\sin^3\alpha = \frac{1}{4}(3\sin\alpha - \sin 3\alpha)\ , \quad \cos^3\alpha = \frac{1}{4}(3\cos\alpha + \cos 3\alpha)$$

として積分します。

$$\int \sin^3 x\,dx = \frac{1}{4}\int (3\sin x - \sin 3x)dx = \frac{1}{4}(-3\cos x + \frac{1}{3}\underline{\cos 3x}) + C$$

$$= -\frac{3}{4}\cos x + \frac{1}{12}\underline{(4\cos^3 x - 3\cos x)} + C$$

$$= -\frac{3}{4}\cos x + \frac{1}{3}\cos^3 x - \frac{1}{4}\cos x + C$$

$$\therefore \boldsymbol{\int \sin^3 x\,dx = \frac{1}{3}\cos^3 x - \cos x + C}$$

$$\int \cos^3 x\,dx = \frac{1}{4}\int (3\cos x + \cos 3x)dx = \frac{1}{4}(3\sin x + \frac{1}{3}\underline{\sin 3x}) + C$$

$$= \frac{3}{4}\sin x + \frac{1}{12}\underline{(3\sin x - 4\sin^3 x)} + C$$

$$= \frac{3}{4}\sin x + \frac{1}{4}\sin x - \frac{1}{3}\sin^3 x + C$$

$$\therefore \boldsymbol{\int \cos^3 x\,dx = -\frac{1}{3}\sin^3 x + \sin x + C}$$

高校数学の教科書では３倍角の公式を前提にすることは許されていないので，とても "技巧的" な置換積分法での解答が標準になっています。不定積分の置換積分は，積分区間の変換作業がないだけです。

$$\int \sin^3 x\,dx = \int \sin^2 x \cdot \sin x\,dx = \int (1-\cos^2 x)\sin x\,dx \ = I$$

$\cos x = t$ として，この両辺を x で微分すると

$$-\sin x = \frac{dt}{dx} \text{ ゆえ } \quad dx = -\frac{dt}{\sin x}$$

$$\therefore I = \int (1-t^2)\cancel{\sin x}(-\frac{dt}{\cancel{\sin x}}) = \int (t^2-1)dt = \frac{1}{3}t^3 - t + C$$

$$= \frac{1}{3}\cos^3 x - \cos x + C$$

$\cos^3 x$ も同様です。（ $\sin x = t$ とおきます。）

［４］ $\int \tan^3 x\,dx$

$\tan x$ の３倍角の公式ではうまく行きませんから，ここは "技巧的" な変形をして置換積分を用います：

$$\int \tan^3 x\,dx = \int \tan x \cdot \tan^2 x dx$$

$$= \int \tan x(\frac{1}{\cos^2 x} - 1)dx$$

$$= \underline{\int \tan x \cdot \frac{1}{\cos^2 x}dx} - \underline{\int \tan x dx}$$

$1 + \tan^2 x = \frac{1}{\cos^2 x}$ より

$\tan^2 x = \frac{1}{\cos^2 x} - 1$

として，第１項を置換積分します。

$\tan x = t$ とおいて両辺を x で微分すると

$$\frac{1}{\cos^2 x} = \frac{dt}{dx} \qquad \therefore dx = \cos^2 x dt$$

よって

$$\int \tan x \cdot \frac{1}{\cos^2 x}dx = \int t \cdot \frac{1}{\cancel{\cos^2 x}} \cdot \cancel{\cos^2 x}\,dt = \frac{1}{2}t^2 + C = \frac{1}{2}\tan^2 x + C_1$$

第２項は，p.275 で紹介だけした（ここは「−」が付いていますが）

$$-\int \tan x dx = \log|\cos x| + C_2$$

をそのまま使うことにして，積分定数をまとめて C として $(C = C_1 + C_2)$

$$\boldsymbol{\int \tan^3 x dx = \frac{1}{2}\tan^2 x + \log|\cos x| + C}$$

微分と積分の歴史

本書では，積分は微分の逆演算として導入しましたが（高校数学ではそうなっている），歴史的には，17世紀半ばまで，微分と積分は別々の道を歩んできました。

微分は，曲線への接線を求めようとすることで形成されてくる一方，積分は，曲線で囲まれた部分の面積や立体の体積を求める**区分求積法**が起源です。（後述）

そして，「面積を求める求積法は，接線の傾きを求める微分法の逆演算である」ということを初めて認識したのはニュートン（1642～1727）です。彼は，本書 p.276～277 で見たように，曲線と x 軸の間の面積について，横に少し（Δx だけ）広げてみると… と考えて

$$\boldsymbol{F(x)=\int f(x)dx}\ \text{ のとき } \boldsymbol{F'(x)=f(x)}$$

$$\text{あるいは}\quad \boldsymbol{F(x)=\int F'(x)dx}$$

という関係を見出したのです。この関係は，現在では**微分積分法の基本定理**といわれています。高校の数学でも

$$\boldsymbol{\frac{d}{dx}\int_a^x f(t)\,dt=f(x)} \qquad \text{（次ページ※）}$$

という定積分の形で扱われ，積分記号の中にある被積分関数を求めさせるなどの問題として，大学入試問題でもよくネタとして使われています。

これは，$f(x)$ の原始関数を $F(x)$ とすると（つまり，$F'(x)=f(x)$ ）

$$\int_a^x f(t)dt=\left[F(t)\right]_a^x=F(x)-F(a) \quad \leftarrow \text{ 変数 } t \text{ が } x \text{ に変わるところも注目}$$

ゆえ，積分した後は，変数 x で微分して

$$\frac{d}{dx}\int_a^x f(t)dt=\left\{F(x)-F(a)\right\}'=F'(x)=f(x) \qquad F(a)\text{ は定数ゆえ }\{F(a)\}'=0$$

というわけです。

ニュートンより少し年下のライプニッツ（1646～1716）も，ニュートンとは別に導関数の計算法を開発しています。ニュートンとライプニッツの違いは，ニュートンは，あくまでも物理学的観点から物体の運動を数学的に解析する手段として微積分を開発したのに対して（幾何学的な要素を用いた説明になっている），ライプニッツは，純粋に数学の

関数の研究として微積分を開発しました。さらにライプニッツは，論理を記号化することを目指し，数学も記号化に力を入れました。$\dfrac{dy}{dx}$ はライプニッツがつくった記号です。

その記号化のおかげでその後の解析学は急速に発展し，微分積分法は数学の一分科として確立することになったのです。

記号化というのは，言葉で言い表したものより圧倒的に見通しがよくなり，また，世界共通に理解可能となり（数式は "世界共通言語"），数学のみならず，科学全般においてその発展を加速させるものです。

置換積分法で $\dfrac{dx}{d\theta}$ を dx と $d\theta$ に分離して扱うところなどは，この記号化の効果の一例でしょう。

18世紀あたりから，原始関数の求められない関数の積分も考えるようになり，オイラー（1707～1783）やコーシー（1789～1857），リーマン（1826～1866）やルベーグ（1875～1941）たちによって積分の理論はつくられていくのです。

ニュートンとほぼ同年齢の日本の和算家 関孝和（たかかず）（1640 ないし 1642～1708）も微分積分の考えに達していたといわれていますが，日本の「和算」は，理論ではなく個別の問題に対する数値計算の術にとどまっており，そのようなことが，日本の「数学」とはいわない所以（ゆえん）です。

それにしても，ニュートンやライプニッツの研究成果を関が聞いたとは思えませんが，同じ時代に同じようなことを考えるひとが遠く離れたヨーロッパと日本にいたというのは，不思議な感じがします。

※ $\boldsymbol{\dfrac{d}{dx}\int_a^x f(t)dt}$（☆）　これは，$\dfrac{dy}{dx}$ の y に相当する部分が $\int_a^x f(t)\,dt$ である場合の記法です。$\dfrac{d\int_a^x f(t)\,dt}{dx}$ ではバランスが悪く見づらいので，y に相等する部分が式などで，分子に乗せると頭でっかちになりすぎるときには(☆)のように書きます。そこから，$\dfrac{d}{dx}$ が微分を表す記号として "独立" することになり，関数式の前につけることで「その関数を微分せよ」という意味を表すことになります。

オイラーやコーシーは，$D_x y$ や $D_x f(x)$，変数が明らかな場合は $D\,f(x)$

などと表しました。

このように，関数の前に付ける形で微分を表す記号 $\frac{d}{dx}$ や D_x を**微分演算子**（えんざんし）と呼んだりします。

ここで，区分求積の実例をみておきましょう。

関数 $y=x^2$ のグラフに対して，区間 $[a, b]$ における x 軸との間の面積 S を区分求積法で求めてみます。

【図 8-5-7】

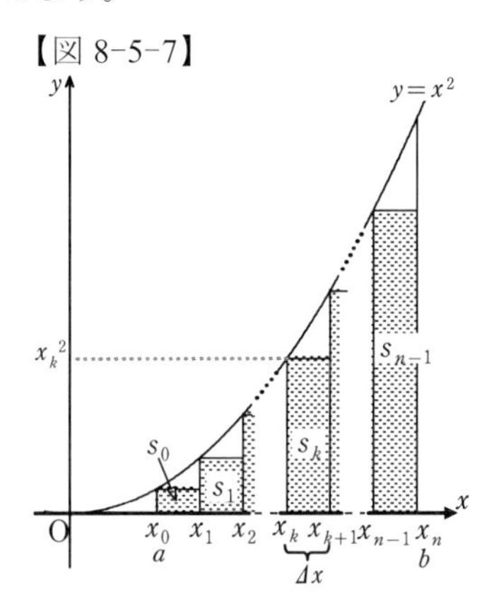

そのために，区間 $[a, b]$ を n 等分して図のように n 個の長方形をつくります。そしてまず，小区間 $[x_k, x_{k+1}]$ を底辺とする長方形の面積 s_k を a, b, k, n を用いて表します。

横の長さ，つまり $[x_k, x_{k+1}]$ の長さを Δx とすると

$$\Delta x = \frac{1}{n}(b-a)$$

また，この長方形の縦の長さは $y_k = {x_k}^2$ ですが

$$x_k = a + k\,\Delta x = a + \frac{k}{n}(b-a) \quad \text{ゆえ}$$

$$s_k = y_k\,\Delta x = {x_k}^2\Delta x = \{a+\frac{k}{n}(b-a)\}^2 \cdot \frac{1}{n}(b-a)$$

$$= \frac{1}{n^3}(b-a)\{na+k(b-a)\}^2$$

$$\{a+\frac{k}{n}(b-a)\}^2 = [\frac{1}{n}\{na+k(b-a)\}]^2 = \frac{1}{n^2}\{na+k(b-a)\}^2$$

$$= \frac{1}{n^3}(b-a)\{n^2a^2+2nak(b-a)+k^2(b-a)^2\}$$

そして，これらの n 個の長方形の面積の和を S_n とすると

$$S_n = \sum_{k=0}^{n-1} s_k = \frac{1}{n^3}(b-a)\left\{\sum_{k=0}^{n-1} n^2a^2 + 2na(b-a)\sum_{k=0}^{n-1} k + (b-a)^2\sum_{k=0}^{n-1} k^2\right\}$$

ここで，数列の和の公式：（「補足」参照）

$$\sum_{k=1}^{n} c = nc \;,\quad \sum_{k=1}^{n} k = \frac{1}{2}n(n+1) \;,\quad \sum_{k=1}^{n} k^2 = \frac{1}{6}n(n+1)(2n+1)$$

の k の範囲をずらして使います。

$$\sum_{k=0}^{n-1} c = nc \;,\quad \sum_{k=0}^{n-1} k = \frac{1}{2}(n-1)n \;,\quad \sum_{k=0}^{n-1} k^2 = \frac{1}{6}(n-1)n(2n-1) \quad \text{ゆえ}$$

$$S_n = \frac{1}{n^3}(b-a)\{n^3a^2 + 2na(b-a)\cdot\frac{1}{2}(n-1)n + (b-a)^2\cdot\frac{1}{6}(n-1)n(2n-1)\}$$
$$= (b-a)\{a^2 + a(b-a)(1-\frac{1}{n}) + \frac{1}{6}(b-a)^2(1-\frac{1}{n})(2-\frac{1}{n})\}$$

分割数 n を限りなく大きくすれば，S_n は，限りなく S に近づくと考えられますから

$$S = \lim_{n\to\infty}\left((b-a)\{a^2 + a(b-a)(1-\frac{1}{n}) + \frac{1}{6}(b-a)^2(1-\frac{1}{n})(2-\frac{1}{n})\}\right)$$
$$= (b-a)\{a^2 + a(b-a)\cdot 1 + \frac{1}{6}(b-a)^2\cdot 1\cdot 2\}$$
$$= \frac{1}{3}(b-a)(3a^2 + 3ab - 3a^2 + b^2 - 2ab + a^2)$$
$$\therefore S = \frac{1}{3}(b-a)(b^2+ab+a^2) = \frac{1}{3}(b^3-a^3)$$

これは，定積分による結果：

$$\int_a^b x^2dx = \left[\frac{1}{3}x^3\right]_a^b = \frac{1}{3}b^3 - \frac{1}{3}a^3 = \frac{1}{3}(b^3-a^3)$$

と一致します。

この区分求積を一般の関数 $y = f(x)$ で表すと

$$S = \lim_{n\to\infty}\sum_{k=0}^{n-1} f(x_k)\cdot\varDelta x = \int_a^b f(x)dx \quad (\varDelta x = \frac{1}{n}(b-a))$$

となり，これが**リーマン積分**の基本的な考え方です。

$\lim\limits_{n\to\infty}\sum\limits_{k=0}^{n-1}$ が $\int$，$\varDelta x$ が dx

に，それぞれ対応しています。積分の記号の末尾に付ける dx の由来も分かりましたね。

リーマン積分は，各小区間 $[x_k\,,\ x_{k+1}]$ の長さ $x_{k+1} - x_k = \varDelta x_k$ は一定でなくてもよく，また，上の計算では，各小区間における最小値を長方形の縦にしましたが，各小区間の最大値を長方形の縦にした場合の面積の和の極限値が前者のそれと一致する場合に，その極限値を区間 $[a,\ b]$ における**(リーマン)定積分**といい，$f(x)$ は**(リーマン)可積分**といいます。

さらに，関数 $f(x)$ は，区間全体で定義されていて関数の値が有限であれば，不連続点が有限個あっても可積分であることが分かっています。

第９章

三角関数の応用

1　三角関数と曲線，図形

●楕円

楕円は，円を一定方向に拡大・縮小したものです。

【図9-1-1】

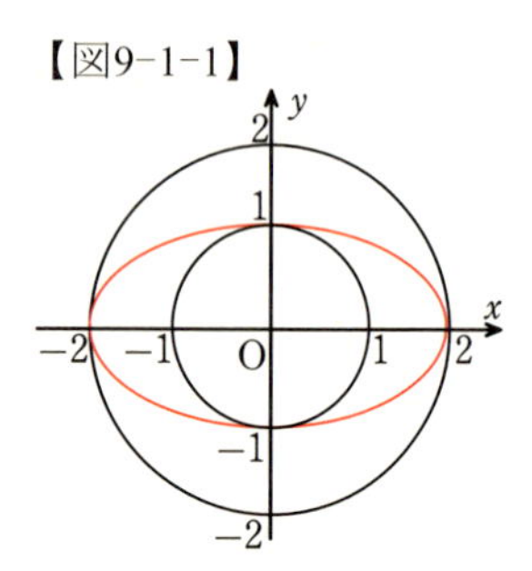

右図において，赤い曲線が楕円です。半径 2 の円を x 軸を中心に y 軸方向に半分に縮小したもの，あるいは，半径 1 の円を y 軸を中心に x 軸方向に 2 倍に拡大したものです。

第５章２節では，原点を中心とする半径 a の円の，三角関数を用いた媒介変数表示を学びました：

$$\begin{cases} x = a\cos\theta \\ y = a\sin\theta \end{cases} \tag{1}$$

例 1　円（1）を，x 軸を中心に y 軸方向に $\dfrac{b}{a}$ 倍してできる楕円の媒介変数表示および，方程式を求める。

円（1）上の点 P$(s,\ t)$ に対応する楕円上の点を Q$(x,\ y)$ とすると

【図9-1-2】

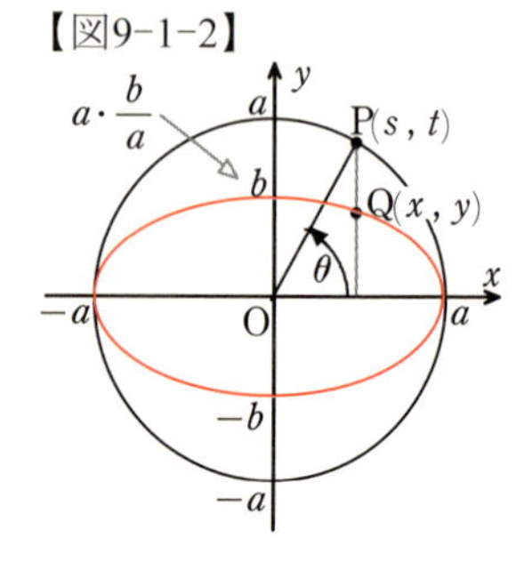

$$\begin{cases} x = s \\ y = \dfrac{b}{a}t \end{cases} \qquad \begin{cases} s = a\cos\theta \\ t = a\sin\theta \end{cases}$$

ですから，媒介変数表示は

$$\begin{cases} x = a\cos\theta \\ y = b\sin\theta \end{cases} \quad \text{(答)} \tag{2}$$

$\cos\theta = \dfrac{x}{a}$，$\sin\theta = \dfrac{y}{b}$ で，$\cos^2\theta + \sin^2\theta = 1$ ですから，楕円の方程式は

$$\frac{x^2}{a^2} + \frac{y^2}{b^2} = 1 \quad \text{(答)} \tag{3}$$

（３）を楕円の方程式の標準形といいます。

$a=b$ の場合は，半径 a の円になります。

$a>b$ の場合は横長の楕円で，$a<b$ ならば縦長になります。

（２）は，x 軸方向の振幅と y 軸方向の振幅が異なるという見方をすると，式から楕円のイメージが目に浮かんできます。

【図9-1-3】

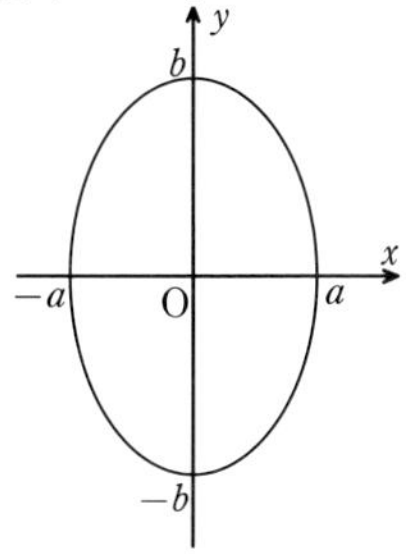

なお，（２）の媒介変数 θ は，もとの円周上の点 P に対する角度であって，楕円上の点 Q に対するものではないので気をつけてください。

また，微分や積分をしないのであれば，θ は度数法でも構いません。

●リサージュ曲線

楕円の媒介変数表示で，x と y の三角関数の周期を異なるものにすると

$$\begin{cases} x = a\cos\omega_1\theta \\ y = b\sin\omega_2\theta \end{cases} \qquad (4)$$

という式になりますが，この点 $P(x, y)$ はどのような図形を描くでしょうか。

θ の係数は，θ の変化を ω_1 倍，ω_2 倍するのですから，振動の速さ（「角速度」とはビミョーに異なる）を表します。その速さの比は $\omega_1 : \omega_2$ です。

これも，微分や積分をしないのであれば，θ は度数法でも問題ありません。

例２　次の曲線を手作業でかく。

（ア）$x=\cos\theta$，$y=\sin 2\theta$　　　（イ）$x=\cos 2\theta$，$y=\sin 3\theta$

（ア）x と y の振動の速さの比が $1:2$ ですから，x が左右に１往復する間に y は上下に２往復する動きになります。

ここでは，θ を $\theta=0, \frac{\pi}{6}, \frac{\pi}{4}, \frac{\pi}{3}, \frac{\pi}{2}, \cdots, 2\pi$ と変化させて，x，y の

対応表をつくってから，点 (x, y) を座標平面上に並べる方法で描いてみます。点に番号をつけてあります。13 番は 1 番と同じ位置で，その後は 2 番以降の同じ経路を辿ります。

θ	0	$\frac{\pi}{6}$	$\frac{\pi}{4}$	$\frac{\pi}{3}$	$\frac{\pi}{2}$	$\frac{2\pi}{3}$	$\frac{3\pi}{4}$	$\frac{5\pi}{6}$	π	$\frac{5\pi}{4}$	$\frac{3\pi}{2}$	$\frac{7\pi}{4}$	2π
$x=\cos\theta$	1	$\frac{\sqrt{3}}{2}$	$\frac{\sqrt{2}}{2}$	$\frac{1}{2}$	0	$-\frac{1}{2}$	$-\frac{\sqrt{2}}{2}$	$-\frac{\sqrt{3}}{2}$	-1	$-\frac{\sqrt{2}}{2}$	0	$\frac{\sqrt{2}}{2}$	1
$y=\sin 2\theta$	0	$\frac{\sqrt{3}}{2}$	1	$\frac{\sqrt{3}}{2}$	0	$-\frac{\sqrt{3}}{2}$	-1	$-\frac{\sqrt{3}}{2}$	0	1	0	-1	0
番号	1	2	3	4	5	6	7	8	9	10	11	12	13

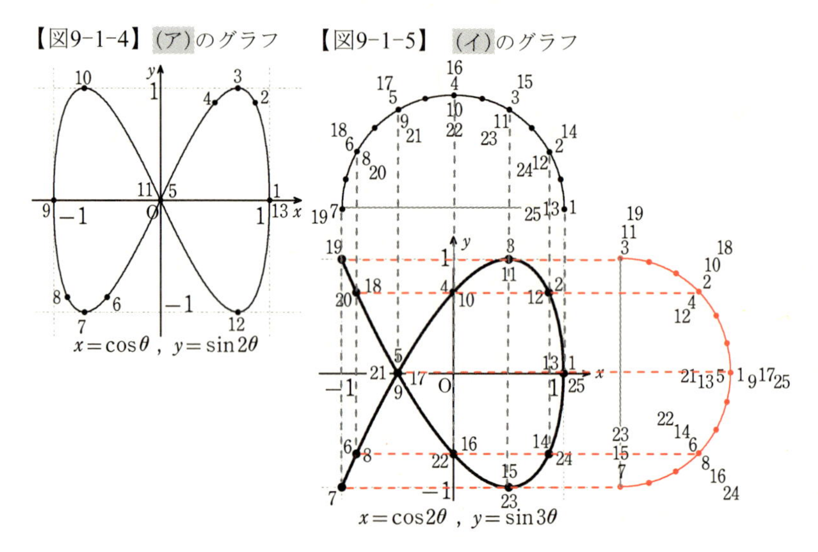

(イ) x が 2 往復する間に y は 3 往復します。

今度は，図形的に点の位置を求めて並べてみます。初めて三角関数のグラフを描いたときの作業に似ています。

まず，座標平面の上と右に半円をかいて，弧を 12 等分します。

上の半円においては，1 つおきに 1 から 25 まで，弧上を 2 往復，番号をつけます。右の半円では，分点を 2 つおきに，1 から 25 まで，3 往復，番号をつけます。

上の半円の番号を付けた分点からそれぞれ x 軸に対して垂直に直線を引き，右の番号付きの分点から y 軸に対して垂直に直線を引き，同じ番号どうしのものの交点を点Ｐとして並べます。

25番で１番の位置に戻り，その後は２番以降を繰り返します。

求める曲線は図9-1-5の太線です。

(ア)において，$\sin 2\theta = \cos(2\theta - \frac{\pi}{2})$ですから

$$(ア)\begin{cases} x = \cos\theta \\ y = \cos(2\theta - 90°) \end{cases}$$

とも表せます。同様に

$$(イ)\begin{cases} x = \cos 2\theta \\ y = \cos(3\theta - 90°) \end{cases}$$

となります。

x，yとも「cos」(または「sin」)に揃えることで，x，yそれぞれの往復運動(単振動)の，とくに周期が同じ場合は位相差になります。(「位相」については第５章参照)

そうすると，円は

$$円\begin{cases} x = \cos\theta \\ y = \cos(\theta - 90°) \end{cases}$$

で，xとyの振動の位相の差が90°ということが明確になります。位相差を0にすると

$$\begin{cases} x = \cos\theta \\ y = \cos\theta \end{cases}$$

で，線分$y = x$ $(-1 \leqq x \leqq 1)$上の往復運動になり，位相差を45°にすると

$$\begin{cases} x = \cos\theta \\ y = \cos(\theta - 45°) \end{cases}$$

で，これは斜めの楕円です。

【図9-1-6】

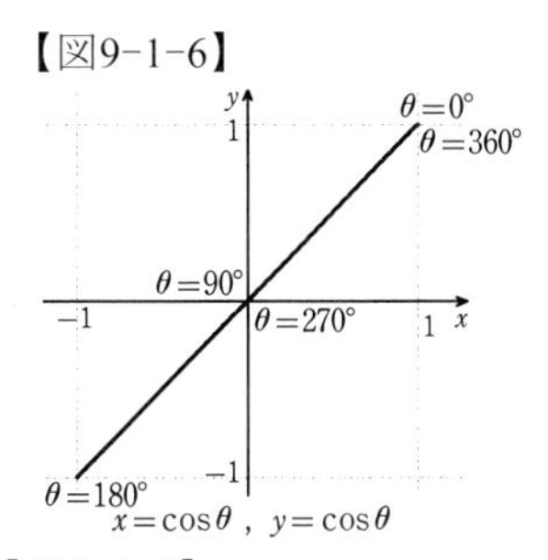

$x=\cos\theta$，$y=\cos\theta$

【図9-1-7】

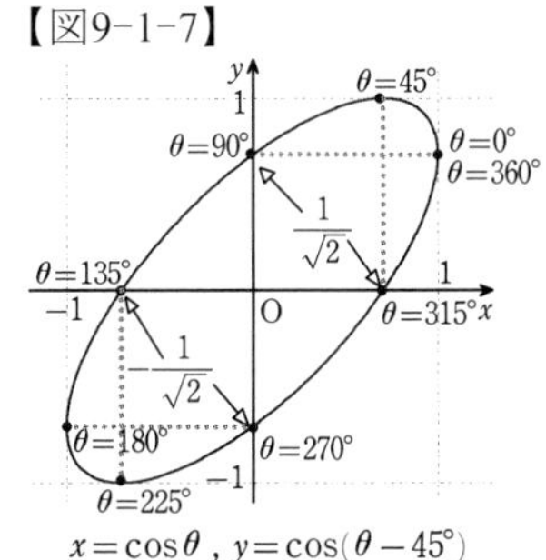

$x=\cos\theta$，$y=\cos(\theta-45°)$

これらは，一般に

$$\begin{cases} x = a_1 \cos(\omega_1 \theta + \alpha_1) \\ y = a_2 \cos(\omega_2 \theta + \alpha_2) \end{cases}$$
$$(a_1 > 0,\ a_2 > 0,\ \omega_1 \neq 0,\ \omega_2 \neq 0)$$

と表される，**リサージュ曲線**の仲間です。電気工学などの学術用語としてはリサジューというようです。

リサージュ曲線の本質は，x 方向の単振動と y 方向の単振動が同時におこなわれているときの点 (x, y) の描く図形ということです。

２方向の単振動というのは，１方向に往復運動をしている振り子を，往復運動と垂直方向にちょっと押してやることで実現できます。

a_1, a_2（振幅）や ω_1, ω_2（振動の速さ），α_1, α_2（振動の開始位置）によって，様々な曲線ができます。

そのようなことに気付いて，フランスの科学者・リサージュ（1822～1880）が1855年に発表したので，この名で呼ばれるのです。

リサージュ曲線は，横の長さが$2a_1$，縦の長さが $2a_2$ の長方形の中に描かれます。そして，振動の速さの比$\dfrac{\omega_1}{\omega_2}$が有理数の場合は，点 (x, y) は一定の曲線上を繰り返し通りますが，この比が無理数だと，点(x, y) の軌跡で長方形の中が埋め尽くされるということが分かっています。

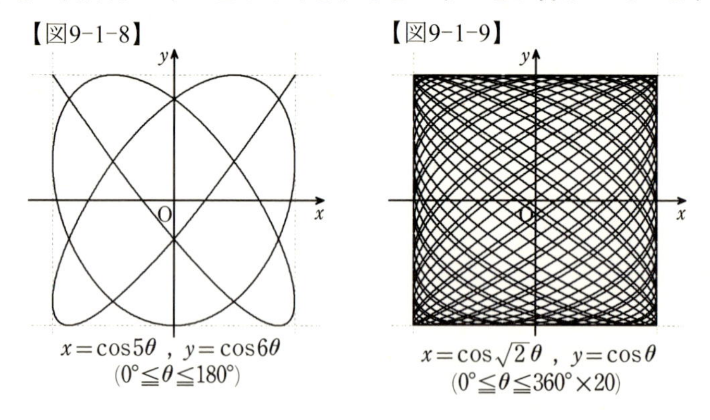

【図9-1-8】 $x=\cos 5\theta$, $y=\cos 6\theta$ $(0° \leqq \theta \leqq 180°)$

【図9-1-9】 $x=\cos\sqrt{2}\,\theta$, $y=\cos\theta$ $(0° \leqq \theta \leqq 360° \times 20)$

図 9-1-8 は，私の母校の校章に使われていました。そして，大学生協の喫茶室が「リサ」だったことを懐かしく思い出しています。

●サイクロイド

半径 a の円が，x 軸に接しながら滑ることなく転がるとき，円周上の１点 P が描く曲線を考えます。

点 P が最初，原点にある場合，P の描く図形は次の図のような曲線になります。図中の θ は，円の回転角です。ここでは，<u>θ は弧度法</u>とします。

【図9-1-10】

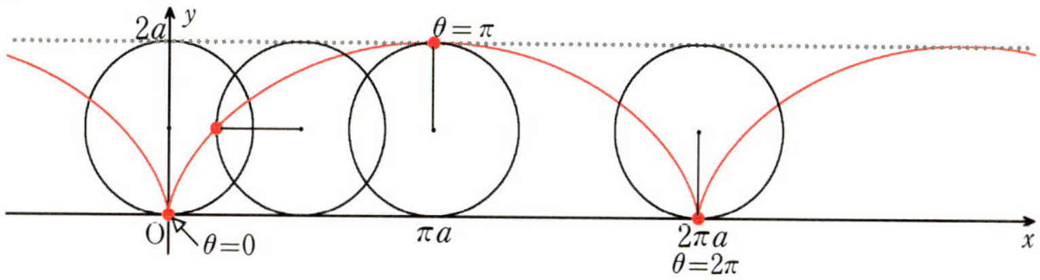

この曲線を**サイクロイド**といいます。

例3　半径 a の円によってできるサイクロイドの媒介変数表示。

追跡する円周上の点 P の座標を (x, y) とします。また，円の回転角 θ は右図のようなところに現れます。この θ が媒介変数です。

【図9-1-11】

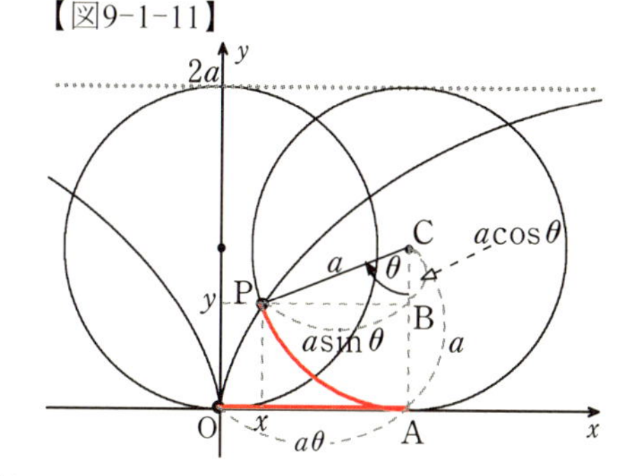

点 A は，円と x 軸の接点で，OA は，図の赤い弧 PA の長さに等しいので

$$\mathrm{OA} = a\theta \qquad (\theta は弧度法)$$

となります。したがって，P の x 座標は

$$x = \mathrm{OA} - \mathrm{PB}$$
$$= a\theta - a\sin\theta = a(\theta - \sin\theta)$$

一方，P の y 座標は AB の長さと等しいので

$$y = \mathrm{AC} - \mathrm{BC} = a - a\cos\theta = a(1 - \cos\theta)$$

したがって，半径 a の円によってできるサイクロイドの媒介変数表示は

$$\begin{cases} \boldsymbol{x = a(\theta - \sin\theta)} \\ \boldsymbol{y = a(1 - \cos\theta)} \end{cases} \quad (答) \qquad (5)$$

これは，θ を消去して x，y だけの方程式をつくることができません。

ちなみに

$$y = \frac{dx}{d\theta} \qquad (a(1-\cos\theta) = \{a(\theta - \sin\theta)\}')$$

という関係になっています。

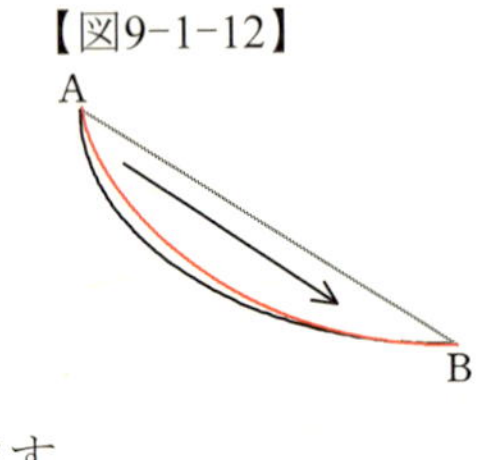

【図9-1-12】

サイクロイドは，**最速降下線**とも呼ばれます。それは，A 地点から B 地点まで，重力だけで降りようとするとき，最も早く降りることのできる軌道がサイクロイドだからです。右図において，赤がサイクロイド，黒の曲線は楕円です。サイクロイドと楕円はよく似ています。

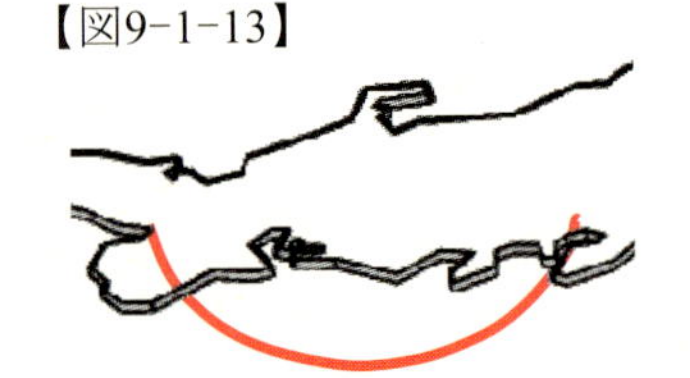
【図9-1-13】

もし，東京と大阪の間を，全く摩擦のないサイクロイドの軌道のトンネルで結んで，東京から重力に任せてトンネルを降下すると，約10分で大阪に到着できるそうです。

●サイクロイド "ひと山" の面積（媒介変数表示と定積分）

$y = f(x)$ で表される曲線（グラフ）と x 軸の間の面積は定積分で計算できますが，曲線が（5）のように媒介変数表示されているときは，どのような計算になるのでしょうか。

（5）から媒介変数 θ が消去できて $y = f(x)$ と表せれば，曲線が x 軸より上にある区間 $a \leqq x \leqq b$ における x 軸との間の面積 S は

$$S = \int_a^b f(x)dx$$

で計算できます。この式は

$$S = \int_a^b y\,dx$$

と書いても同じことです。（ちょっと見慣れませんが）

例４　半径 a の円によってできるサイクロイド "ひと山" の面積。

サイクロイド：

$$\begin{cases} x = a(\theta - \sin\theta) & \cdots ① \\ y = a(1-\cos\theta) & \cdots ② \end{cases}$$

【図9-1-14】

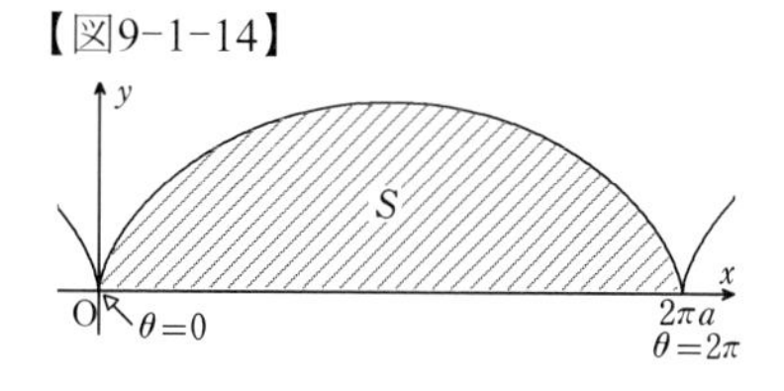

も $y=f(x)$ と表されたとすれば，"ひと山" の区間は $0 \leqq x \leqq 2\pi a$ ですから

$$S = \int_0^{2\pi a} f(x)dx = \int_0^{2\pi a} y\,dx$$

となります。

しかし，サイクロイドは $y=f(x)$ の形にはなりません。

で，y が②により θ の式になっているので，それを明示すると

$$S = \int_0^{2\pi a} y(\theta)\,dx$$

となります。そうすると，あとは dx を $d\theta$ に置換できれば置換積分が使えますが，それは，①によって変数 x を θ に置換する方法が示されているわけです。

ということで，y は②の右辺をそのまま使い，①の両辺を θ で微分することによって（θ は弧度法），dx を $d\theta$ に置換します：

$$\frac{dx}{d\theta} = a(1-\cos\theta) \quad \therefore dx = a(1-\cos\theta)d\theta \quad (= y\,d\theta)$$

積分区間の x と θ の関係は，①で計算しなくても，図 9-1-10 にある通り，x が半径 a の円周１回転分 $0 \leqq x \leqq 2\pi a$ に対し，円の回転角 θ は $0 \leqq \theta \leqq 2\pi$ になります。したがって

$$S = \int_0^{2\pi a} y\,dx$$

$$= a\int_0^{2\pi a} (1-\cos\theta)dx \quad \left(= \int_0^{2\pi} y^2\,d\theta\right)$$

$$= a^2\int_0^{2\pi} (1-\cos\theta)^2\,d\theta$$

$$= a^2\int_0^{2\pi} (1-2\cos\theta+\cos^2\theta)d\theta$$

$$= a^2\int_0^{2\pi} \left\{1-2\cos\theta+\frac{1}{2}(1+\cos 2\theta)\right\}d\theta$$

x	$0 \sim 2\pi a$
θ	$0 \sim 2\pi$

$$=a^2\int_0^{2\pi}\left(\frac{3}{2}-2\cos\theta+\frac{1}{2}\cos 2\theta\right)d\theta$$

$$=a^2\left[\frac{3}{2}\theta-2\sin\theta+\frac{1}{4}\sin 2\theta)\right]_0^{2\pi}$$

$$=a^2\left(\frac{3}{\cancel{2}}\cdot\cancel{2}\pi\right)\quad=3\pi a^2\qquad（答）$$

半径 a の円の面積のちょうど３倍，長方形 OABC の４分の３です。

さらに，曲線の長さの計算は積分の重要な応用のひとつで，高校の数学でも必ず扱いますが，その理屈は本書では割愛して，半径 a の円によってできるサイクロイドの "ひと山" 分の曲線の長さは $8a$，という結果のみをお知らせするにとどめます。（π が付かない！　横の長さ，つまり，円周 $2\pi a$ の $\dfrac{8a}{2\pi a}=\dfrac{4}{\pi}$ 倍，高さ $2a$ の $\dfrac{8a}{2a}=4$ 倍）

【図9-1-15】

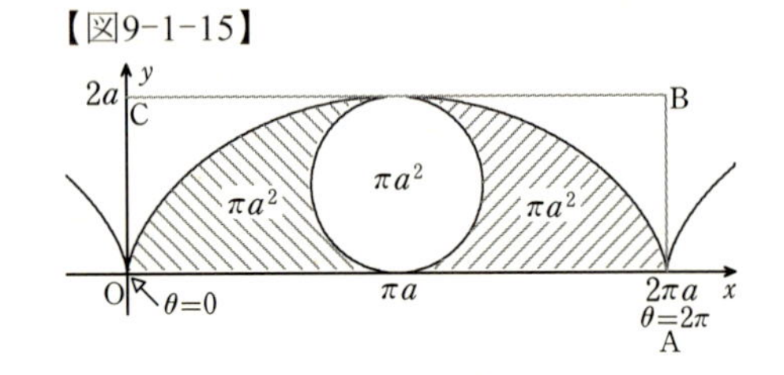

東京・大阪間の直線距離は約400km なので，サイクロイドのトンネルの長さは，$400\times\dfrac{4}{\pi}\fallingdotseq 510$ [km]，最大深度は地下約130km になります。そこを約10分で行くのですから，平均時速は約3000km／時，音速の約2.5倍です。

●図形の問題

例５　右図のように，単位円の第１象限にある弧の上に点 P があり，$\angle\mathrm{OAP}=\theta$ $\left(0<\theta<\dfrac{\pi}{4}\right)$ として，$\angle\mathrm{APQ}=2\theta$ となるように x 軸上に点 Q をとる。点 P が弧の上を動いて限りなく点 B に近づくとき，点 Q の x 座標の極限を求める。

【図9-1-16】

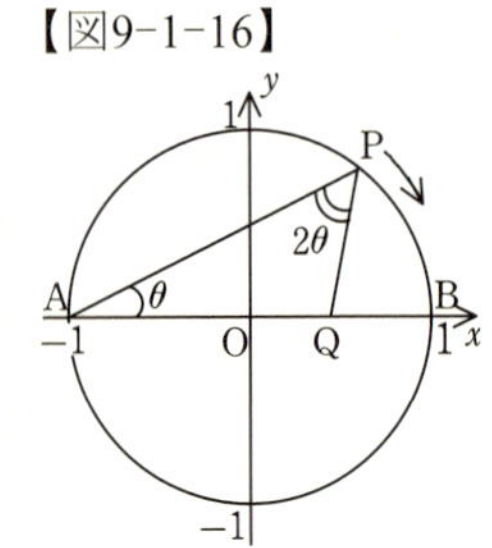

P を限りなく B へ近づけると，Q は限りなく原点に近づきそうにも思えますが，皆さんはどうでしょう。

点 Q の x 座標は，$x=\mathrm{OQ}$ として構いません。

まず，原点Ｏと点Ｐを結びます。すると，$\triangle \mathrm{OAP}$ は常に $\mathrm{OA}=\mathrm{OP}=1$ の二等辺三角形ですから

$$\angle \mathrm{OPA}=\angle \mathrm{OAP}=\theta \qquad \therefore \angle \mathrm{OPQ}=2\theta-\theta=\theta$$

また　$\angle \mathrm{AQP}=\pi-3\theta$

【図9-1-17】

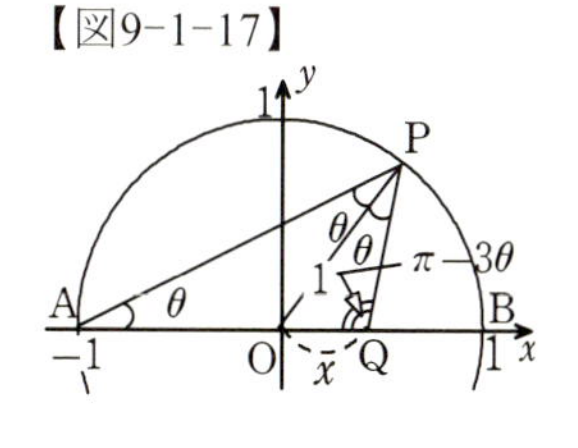

$\triangle \mathrm{OPQ}$ に正弦定理を適用して

$$\frac{\mathrm{OQ}}{\sin\theta}=\frac{\mathrm{OP}}{\sin(\pi-3\theta)}$$

$\mathrm{OQ}=x$，$\mathrm{OP}=1$，$\sin(\pi-3\theta)=\sin 3\theta$ ですから

$$x=\frac{\sin\theta}{\sin 3\theta}$$

点Ｐを限りなく点Ｂに近づけることは，$\angle \mathrm{OAP}=\theta$ を正の範囲から限りなく０に近づけることと同じですから

$$\lim_{\bullet\to 0}\frac{\sin\bullet}{\bullet}=1$$

$$\lim_{\theta\to+0} x=\lim_{\theta\to+0}\frac{\sin\theta}{\sin 3\theta}=\lim_{\theta\to+0}\frac{\dfrac{\sin\theta}{\theta}}{\dfrac{\sin 3\theta}{3\theta}\cdot 3}=\frac{1}{3} \quad \text{(答)}$$

原点ではありませんでした。ちょっと意外な感じです。

２　交流電気

●交流電気は正弦波

日本の一般家庭に引かれている電気は通常 100 ボルトの交流電気です。そして，太平洋側でいうと，富士川より東側が 50 ヘルツ[Hz]，西側が 60 ヘルツ[Hz]になっています。

なぜ東西で周波数が違ってしまったかというと，明治時代に発電機を輸入するとき，東京の電力会社がドイツのＡＥＧ社から 50 ヘルツの発電機を，大阪の会社がアメリカのＧＥ社から 60 ヘルツの発電機を輸入してしまったためで，太平洋戦争後，60 ヘルツに統一しようという話があったのですが，費用も膨大になることなどで，実現できずに今日に至っています。

さて，次の図は，100 ボルト 50 ヘルツの家庭用電燈線の電気の１秒間のようすです（途中省略）。

【図9−2−1】

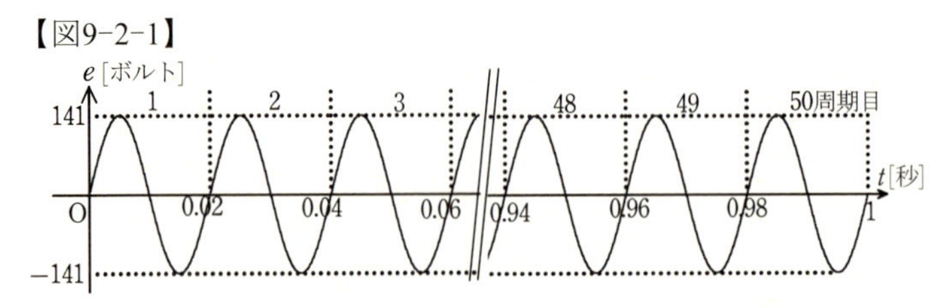

皆さん「オヤッ」と思われたのではないでしょうか。振幅が 141 ボルトになっています。しかしふつう，家庭用の電気は 100 ボルトといわれています。この理由はあとで説明します。

まず，この交流電気は，振幅 141 をE_m，１秒間に 50 回転しますから，１秒当たりの回転角（角速度）$2\pi\times50=100\pi$［rad／秒］をωで表すと，電圧eは

$$e=E_m\sin\omega t \quad (1)$$

という式で表現できます。

交流電気がなぜこの式で表されるか（なぜ正弦波になるか）というと，導線を巻いたコイルを磁力線の中で回転させることで生じる電磁誘導による起電力（電圧）eは，導線が磁力線を垂直に横切る速さvに比例するからです。つまり，比例定数をkとすると

$$e=kv$$

です。kは，磁力線の強さやコイルの巻き数，磁力線を横切る部分の導線の長さや抵抗値等によって決まります。

【図9−2−2】　【図9−2−3】

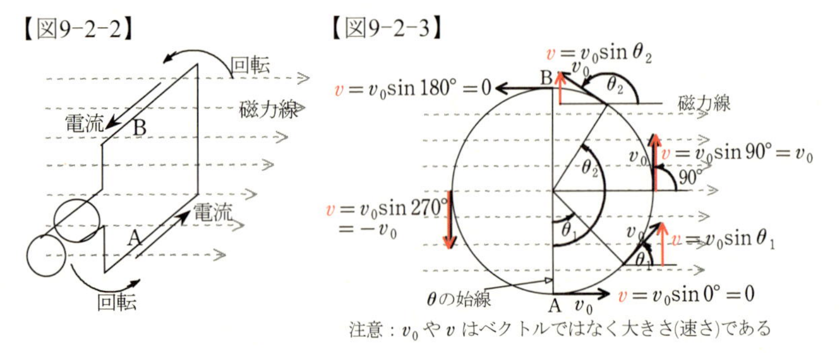

いま，図 9-2-2 の導線Aの部分に注目して，導線の回転軌道の円周の接線方向の速さを $v_0\ (>0)$ とすると，導線が磁力線を垂直に横切る速さ v は回転角 θ に応じて

$$v = v_0 \sin\theta$$

となるので（θ の始線は図の位置），導線Aの部分で発生する電圧は

$$e_{\mathrm{A}} = kv = kv_0 \sin\theta$$

となります。

導線Aが図のように真下の位置から右方向へ 180° 回転して，真上の位置までの間は，図の向こう向きに電流が流れます。

導線Aが真上の位置から更に回って，左側を下方向へ動いている間，角度でいうと 180°～360° の範囲では，始めの半回転のときと磁力線に対して逆向きに動きますから，電流は，図のこちら向きに流れます。

ですから，この仕組みの発電機でできる電気は，角度にして180° ごとに電流の向きが反転する交流になるのです。

さて，導線Bの部分は，磁力線に対してA部分とは常に逆向きに動いて，Aと同じ強さの電流が図の手前に向かって流れますが，導線が折り返してAとつながっていますから，結局Aの部分に発生する電圧とBの部分の電圧は順方向に足し合わされます。したがって，AとB合わせて e_{A} の２倍：

$$e = 2kv_0 \sin\theta$$

がこの発電機の電圧になります。つまり，最大電圧 E_m は $\sin\theta$ の係数で

$$E_m = 2kv_0$$

$\theta = 0$ のときの時刻を $t = 0$ ，角速度を ω とすれば，$\theta = \omega t$ ですから

$$e = E_m \sin\omega t$$

となり，（1）式が得られました。

なお，実際の発電機では，コイルを回すのではなく，固定されたコイルのまわりの磁石を回転，つまり磁力線を回転させています。しかし，どちらが回っているかは相対的な関係ですから，先ほどの説明で問題はありません。

●100 ボルトの交流電気の振幅は 141 ボルト

電気は，電燈を灯したりモーターを回したり，電熱線で熱を発生させることでその力が発揮されるわけで，その力の強さを電力といって（一般には仕事率といわれる物理量)，それはその電燈やモーター，電熱線に掛かっている電圧とそこを流れる電流(電気の流れの量)の積で表されます。

よく，電圧は滝の高さに，電流は水量にたとえられます。

電力 P の単位はワット[W]，電圧 E の単位はボルト[V]，電流 I の単位はアンペア[A]で

$$P = EI$$

となっています。

そして，たとえば 500 ワットの電熱器を 1 時間点けたときに消費する電力量は，**電力×時間** $=500\times1=500$ ワット時[Wh]という計算をします。 2 時間なら $500\times2=1000$ ワット時＝1 キロワット時[kWh]です。私たちはこの消費した電力量に応じた電気料金を支払っています。

ところが，交流電気は電圧が刻々と変化して，ある瞬間には 0 にもなるわけで，それに応じて電流も刻々と変化します。

500 ワットの電熱器といっても，交流電気では常時 100 ボルト×5 アンペア で一定に消費しているわけではありません。

そこで，常時 100 ボルト×5 アンペア で消費する直流電気の電力量と同じだけの電力量になるように交流電気の E_m を決定してやればよいということになるのです。

$E_m=100$ ボルトでは，100 ボルトの直流電気より電力量が少なくなるのは明らかです。なぜなら，一瞬 100 ボルトになるだけで，その他の時間は 100 ボルトに満たないのですから。

電力量は（電力)×(時間）ですから，時間を一定にそろえて，直流と交流を比較すればよいでしょう。

【図9-2-4】

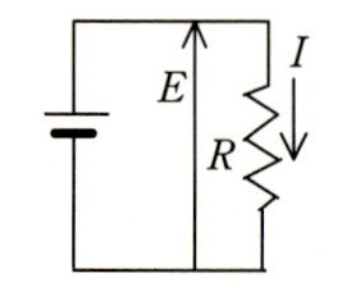

電力は（電圧)×(電流）ですが，電流 I は電圧に比例し，電熱線や電球のフィラメント，モーターのコイル等の電気抵抗 R に反比例して

$$I=\frac{E}{R}$$

という関係（オームの法則）にありますから

$$P=EI=E\frac{E}{R}=\frac{E^2}{R} \qquad (2)$$

です。 R は電気器具等の抵抗値ですから定数と考えます。ここでは，温度変化等による抵抗値の変化は無視します。抵抗値の単位はΩ(オーム)です。

（２)は， E が一定と考えれば直流の電力を表しています。

E のところを交流である $E_m\sin\omega t$ にすると

$$P=\frac{{E_m}^2\sin^2\omega t}{R}=\frac{{E_m}^2}{R}\sin^2\omega t \qquad (3)$$

となり，これが交流の電力です。

それでは，直流の電力(２)の電力量と，交流の電力(３)の電力量が等しくなるような E と E_m の関係を導き出してみましょう。

横軸を時刻 t ，縦軸を電力 P として，まず，(２)をグラフにすると， t に無関係な定数関数ですから， t 軸に平行な直線で表されます。

一方(３)のグラフをかくには，半角の公式を利用して

$$P=\frac{{E_m}^2}{R}\sin^2\omega t=\frac{{E_m}^2}{R}\cdot\frac{1-\cos 2\omega t}{2}=-\frac{{E_m}^2}{2R}\cos 2\omega t+\frac{{E_m}^2}{2R}$$

として，見づらいので $\frac{{E_m}^2}{2R}=a$ とおきます。

また，周波数を 50 ヘルツとすると，角速度は $\omega=100\pi$ ですから

$$P=-a\cos 2\omega t+a=-a\cos 200\pi t+a$$

$a>0$ に留意して，このグラフは図 9-2-5 下のようになります。

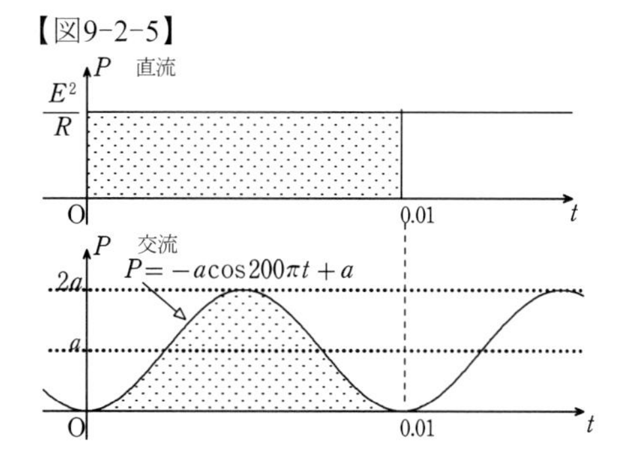

$200\pi t$	$0\sim 2\pi$
t	$0\sim 0.01$

周期0.01［秒］
振幅 a
振動の中心 $P=a$

電力量を計算する時間は，（3）の1周期分の時間とします。

電力の変化は，1秒間に100往復振動しますから，1往復(2π)に要する時間(周期)はその100分の1，0.01秒です。これが電力量を比較するための時間です（グラフの網かけ部分）。

直流（2）の場合，0.01秒間の電力量は

$$P \times 0.01 = \frac{E^2}{R} \times 0.01 = \frac{E^2}{100R} \text{ [ワット秒／100]} \qquad (4)$$

です。これは，グラフの網かけ部分の長方形の面積になっています。

このように電力量が電力のグラフの下の面積のなるということは，グラフが曲線になっても同じで，交流の場合は図 9-2-5 の網かけ部分が0.01秒間の電力量になります。これは，積分で計算できます。

$$\int_0^{0.01} (-a\cos 200\pi t + a)dt = \left[-\frac{a}{200\pi}\sin 200\pi t + at \right]_0^{0.01}$$

$$= -\frac{a}{200\pi}\sin 2\pi + 0.01a - (-\frac{a}{200\pi}\sin 0 + a \cdot 0)$$

$$= 0.01a = \frac{a}{100} = \frac{{E_m}^2}{200R} \qquad (a = \frac{{E_m}^2}{2R})$$

で，これが直流の電力量（4）と等しいとおけばよいので

$$\frac{{E_m}^2}{200R} = \frac{E^2}{100R} \qquad \text{両辺に } 200R \text{ を掛けて} \quad {E_m}^2 = 2E^2$$

$E_m > 0$，$E > 0$ なので

$$E_m = \sqrt{2}E$$

となります。すなわち，$E = 100$ ボルトの直流と同じ電力量を交流で確保するには，交流の最大電圧 E_m を

$$E_m = \sqrt{2}E \fallingdotseq 1.41 \times 100 = 141 \text{ [ボルト]}$$

にしなければならないということになるのです。

それで，逆に交流の電圧をいうときには，最大電圧で表すのでなく，直流に換算したときの電圧 E，つまり

$$E = \frac{E_m}{\sqrt{2}} \fallingdotseq 0.707E_m$$

でいい表します。この，最大電圧 E_m の $\frac{1}{\sqrt{2}}$ 倍の電圧を，交流の**実効電圧**といいます。

これで，図 9-2-1 の「100 ボルトの交流電気」の振幅が 141 ボルト

で描かれていた理由の説明が終りました。

ただし，現実の発電機は 141 ボルトの電圧で発電しているわけではなく，長い送電線の電気抵抗によるロスを減らすためにもっと高電圧になっています。それをトランス(変圧器)によって電圧を下げて私たちが使っているのです。

なお，ヘルツ（1857～1894，ドイツ，電磁波の存在を実証）ばかりでなく，ワット（1736～1819，スコットランド，蒸気機関の改良），ボルト（ボルタ，1745～1827，イタリア，ボルタの電池），アンペア（アンペール，1775～1836，フランス，電流が磁場をつくることを実証），オーム（1789～1854，ドイツ）は，それらの研究に功績のあったひとの名前です。

また，単位名としては登場しませんでしたが，この節のネタに使わせてもらった交流発電機の原理となっている電磁誘導の現象を1831年に発見したひと，ファラデー（1791～1867，英）も，ここで名を挙げておかねばならないでしょう。彼は，アンペールが発見した「電流が磁場をつくる」ということから，逆に，磁場が電流を発生させることができるのではないか，と考えたそうです。

彼は，自分が発見したことなどを貴族や若い研究者たちの前で実験して見せる講義を行っていました。そして，王立研究所でのある講義の中で，磁石の間を銅線が通過するときに検流計の針が振れる実験をして見せたとき，それを見ていた熱心なご婦人が「ほんの一瞬電気を流しただけで何の役に立つのですか」と尋ねたのに対して，彼は「生まれたばかりの赤ん坊が将来何の役に立つか誰にも分からないでしょう」と答えたそうです。また，同じような質問をした役人には「20年もすれば，あなた方は電気に税金をかけるようになるでしょう」といったという話もあります。

ファラデーは，電磁誘導を発見した年に，銅の円板の中心に軸を通して，円板を軸を中心に独楽(こま)のように回し，円板の縁が強力な磁石の間を通るようにしたとき，軸と円板の縁の間に連続的に電気が流れる装置，つまり，力（水力や風力，蒸気圧等）を電気に変える現在の発電機の原型となるものをつくっています。

こうして，ボルタの電池とは比較にならないくらい強い電気を長時間流し続けることができるようになったのです。

今では，手回しの小さな発電機は，非常時の照明やラジオ，携帯電話等の電源として重要なものとなっています。

オームの法則とフーリエの熱伝導理論

オームは，フーリエ（次節に登場）が1822年に発表した熱伝導理論をヒントにオームの法則を発見したといわれています。

論文にあったフーリエの法則「2点間を流れる熱の流れは，その2点間の温度差と熱の伝導率に比例する」を見たオームは，電気の流れ(電流)も同じではないかと思ったのです。つまり，「2点間を流れる電流は，その2点間の電位差(電圧)と電気の伝導率に比例する」ということです。

電気の伝導率の逆数が電気の通りにくさ，すなわち電気抵抗で，「電流は電圧に比例し抵抗に反比例する」ということになります。このことを彼は，1826年に実験的に証明し，翌年，発表しました。

実は，この法則は，イギリスのヘンリー・キャベンディッシュ（1731～1810）がオームより半世紀も前(1781年)に発見していたのですが，彼はそれを発表しなかったため，「オームの法則」と呼ばれるようになったのです。

ついでの話として，キャベンディッシュとオームとでは，生没年は半世紀ほどの差ですが，電気に関する環境はまったく違います。

イタリアのボルタが電池を発明したのが1799年です。それまでは，連続的に電気を流し続ける術(すべ)がなかったのです。では，キャベンディッシュはどうやって "オームの法則" を発見したのか？

それまでの電気は，摩擦によって起こる静電気だけで，せいぜいそれをライデンびんに貯めて使う程度で，いずれにしても，一瞬しか電気は流せなかったのですが，彼は，抵抗体としてガラス管に入れた食塩水を用い，検流計として自分の体を使ったのです。食塩水の高さ(深さ)を変えることで抵抗値を変化させ，導線を両手に持ち，片方をライデンびんの電極，もう一方を食塩水に触れさせ，静電気が自分の体を流れるときの感電ショックの度合いで流れる電流の量を感じ取り，電流が抵抗に反比例するという法則を知ったというのですから，まったく驚きです。

これまたついでの話として，ライデンは「雷電」ではありません。オランダの都市の名前で，ライデン大学の物理学者ミュッセンブルーク（1692～1761）が放電実験で用いた器具で，ガラス瓶の内外壁に錫箔を貼り付けた，コンデンサー(蓄電器)の一種です。日本では，平賀源内（1728～1780）が，エレキテルでライデンびんを使っています。

さらについでの話で，ライデンは日本と関係の深い町でもあります。それは，あのシーボルト（1796～1866）が日本から帰国した後にライデンに住み，その住居に，日本で集めた日本の動植物の標本，日本の地理や日本人の生活のようすを描いた絵図などを展示して，日本博物館を開館したのです。

シーボルトのコレクションは，オランダの国立民族学博物館などに分納されていますが，現在でも，このシーボルトの旧宅(シーボルトハウス)に多数の展示物があり，一般に公開されています。2005年には，当時の小泉首相（1942～，在職 2001～2006）とオランダのヤン・ペーターバルケネンデ首相（1956～，在職 2002～2010）が，このシーボルトハウスで首脳会談を行いました。

シーボルトはドイツの医師ですが，オランダのハーグでオランダ領東インド陸軍病院で外科医として働いていて，オランダの船で1823年に来日しました。そのとき，オランダ語がおかしいので幕府から怪しまれたのですが，オランダの山間部の訛りだといってうまくごまかして（オランダには山間部はない)，長崎の出島にあるオランダ商館の医者として働き，また，日本人に西洋医学の手ほどきをしました。それで，日本の医師や一般人からも感謝され，尊敬されていました。在日中に日本人女性・楠本瀧（1807～1869）と結婚し，娘・イネ（1827～1903）をもうけています。

また，日本の動植物や地理，民族を熱心に研究し，標本などをオランダに送っていました。その中に，幕府禁制の日本地図があったことが発覚して国外追放となり（シーボルト事件，1828年），そのときにライデンに移り住んだのです。1858年の日蘭修好通商条約締結後，再来日しています。

彼は，長崎の青いアジサイの学名の一部に「オタクサ（otaksa）」と付けたのですが，それが「お瀧さん」を表しているという説もあるようです。しかし，真相は分かりません。

3　フーリエ級数

●フーリエ級数

フーリエ級数とは

$$
\begin{aligned}
f(x) &= a_0 + a_1 \cos x + b_1 \sin x \\
&\quad + a_2 \cos 2x + b_2 \sin 2x \\
&\quad + a_3 \cos 3x + b_3 \sin 3x \\
&\quad + \cdots \\
&= a_0 + \sum_{k=1}^{\infty} (a_k \cos kx + b_k \sin kx) \qquad (1)
\end{aligned}
$$

という，周期の異なる三角関数（「sin」と「cos」）を無限個足し合わせる形の式（三角級数）のことをいいます。

フーリエ（1768～1830）は，「三角関数で表現できない関数はない」と主張しました。つまり，あらゆる関数が（1）の左辺の関数 $f(x)$ として当てはめられるというのです。

あらゆる関数が波の重ね合わせで表せる．．．　そんなこと信じられない感じがしますが，彼を尊敬し，パリで彼の教えを受けたドイツの数学者ディリクレ（1805～1859）が，級数に展開できる関数の条件を理論的に与え（本節末参照），理工学で扱う関数のほとんどがディリクレが与えたその条件を満たしてしまうので，フーリエ級数が広く応用されるようになったわけです。

●フーリエ級数の部分和のグラフ

$\sin A \pm \sin B$ や $\cos A \pm \cos B$，$a\sin\theta + b\cos\theta$，さらに，半角の公式や３倍角の公式もフーリエ級数を途中で打ち切った形をしています：

$$\sin^2 x = \frac{1-\cos 2x}{2} = \frac{1}{2} - \frac{1}{2}\cos 2x$$

３倍角の公式：$\sin 3x = 3\sin x - 4\sin^3 x$　より

$$\sin^3 x = \frac{3}{4}\sin x - \frac{1}{4}\sin 3x$$

それではまず，三角関数をドンドン足していくとどのようなグラフになるのかを見てみましょう。

例１　$y = \sin x + \frac{1}{3}\sin 3x + \frac{1}{5}\sin 5x + \frac{1}{7}\sin 7x + \cdots$

（$\sin x$ の後ろで①，$\frac{1}{3}\sin 3x$ の後ろで②，$\frac{1}{5}\sin 5x$ の後ろで③，$\frac{1}{7}\sin 7x$ の後ろで④）

①～④でそれぞれ打ち切ったときのグラフ。

【図9-3-1】

①　$y = \sin x$

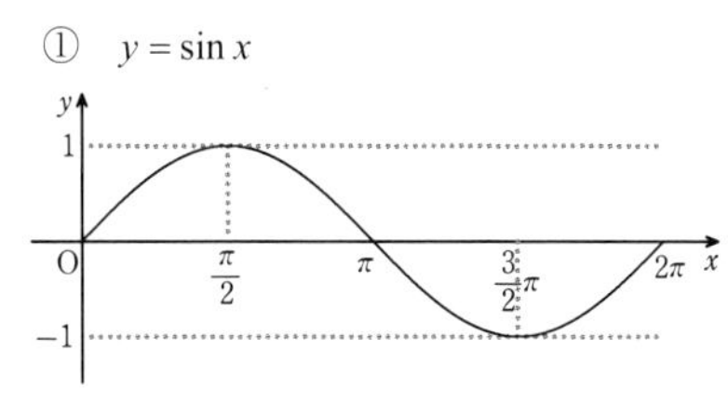

②　$y = \sin x + \frac{1}{3}\sin 3x$

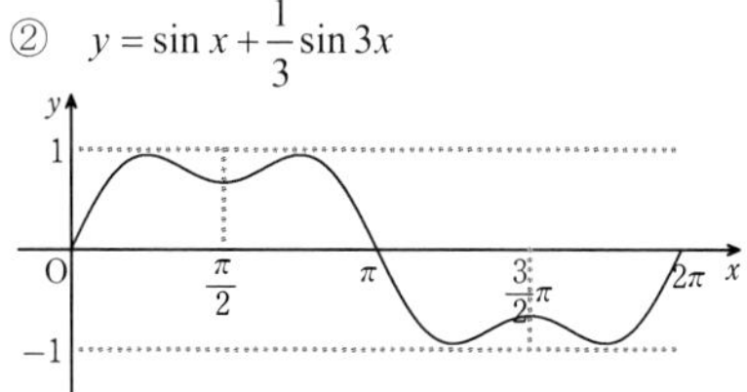

③　$y = \sin x + \frac{1}{3}\sin 3x + \frac{1}{5}\sin 5x$

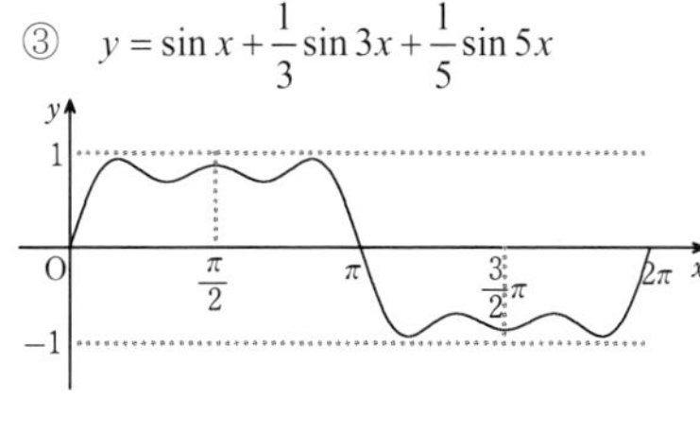

④　$y = \sin x + \frac{1}{3}\sin 3x + \frac{1}{5}\sin 5x + \frac{1}{7}\sin 7x$

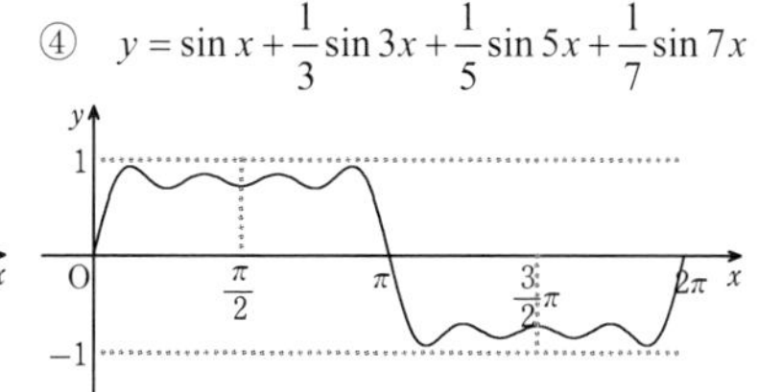

さらに

$$y = \sin x + \frac{1}{3}\sin 3x + \frac{1}{5}\sin 5x + \cdots + \frac{1}{63}\sin 63x$$

ですと，図 9-3-2 ようになります。

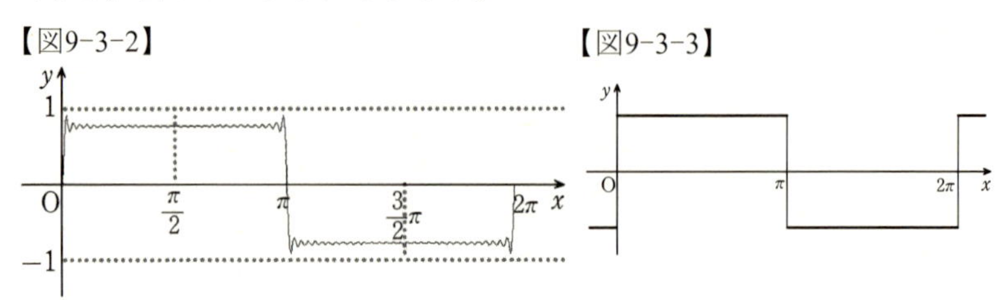

【図9-3-2】 【図9-3-3】

これらは，徐々に図 9-3-3 のような方形波(矩形波)に近付くことが見て取れます。方形波は，デジタル信号として見ることができます。

このような方形波をグラフにもつような関数を，私たちが学校で習う通常の関数で表そうとすると，次のように x の区間によって場合分けして表現するしかないでしょう：

$$f(x) = \begin{cases} 1 & (\ 2n\pi \leqq x < (2n+1)\pi\ ) \\ -1 & (\ (2n+1)\pi \leqq x < 2(n+1)\pi\ ) \end{cases} \quad (n\text{は整数})$$

このように通常のひとつの関数式で書けないものもフーリエ級数で書ける，フーリエ級数で書けるなら微分や積分ができる（各項は何度でも微分・積分できる関数)，という点がフーリエ級数の価値のひとつです。

①〜④などこれらは，奇関数（グラフが原点に関して点対称になる関数）ばかりの和で，やはり奇関数です。

●周期関数でない関数のフーリエ級数

例 2 $y = \frac{\pi^2}{3} - \frac{4}{1^2}\cos x + \frac{4}{2^2}\cos 2x - \frac{4}{3^2}\cos 3x + \frac{4}{4^2}\cos 4x - \cdots$

（第2項までを①，第3項までを②，第4項までを③，第5項までを④）

①〜④までの有限和の各グラフ。

偶関数（グラフが y 軸に関して左右対称になる関数）ばかりの和ですから，グラフは y 軸に関して線対称になっています。

【図9-3-4】

① $y=\dfrac{\pi^2}{3}-\dfrac{4}{1^2}\cos x$

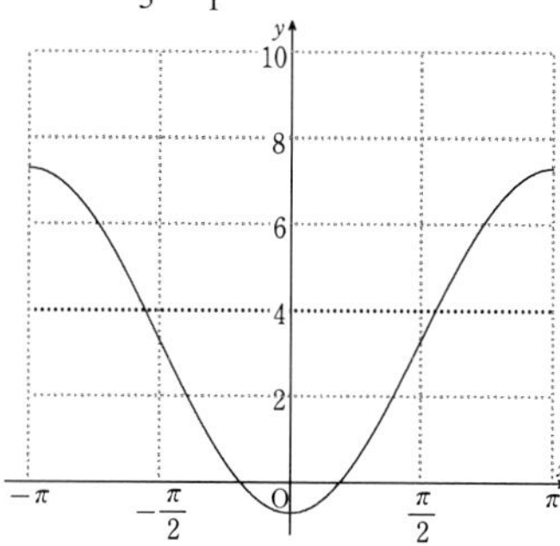

② $y=\dfrac{\pi^2}{3}-\dfrac{4}{1^2}\cos x+\dfrac{4}{2^2}\cos 2x$

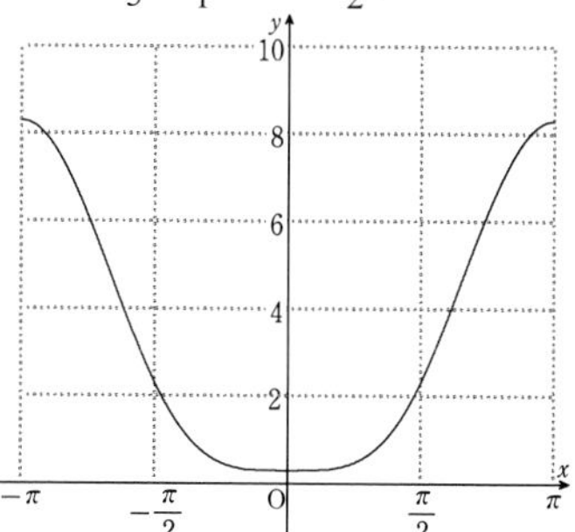

③ $y=\dfrac{\pi^2}{3}-\dfrac{4}{1^2}\cos x+\dfrac{4}{2^2}\cos 2x-\dfrac{4}{3^2}\cos 3x$

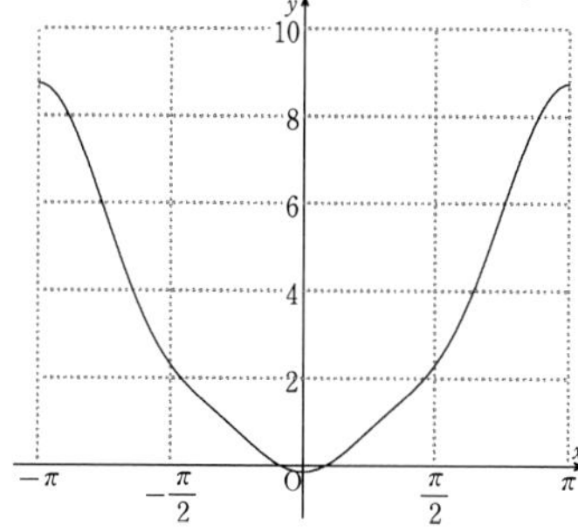

④ $y=\dfrac{\pi^2}{3}-\dfrac{4}{1^2}\cos x+\cdots+\dfrac{4}{4^2}\cos 4x$

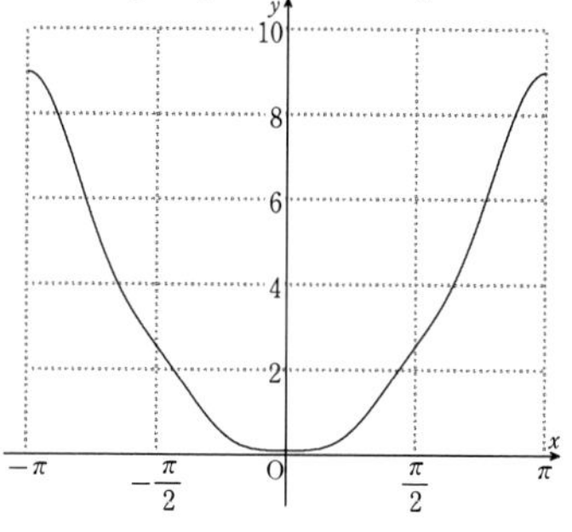

さらに

$$y=\frac{\pi^2}{3}-\frac{4}{1^2}\cos x+\frac{4}{2^2}\cos 2x-\frac{4}{3^2}\cos 3x+\cdots+\frac{4}{10^2}\cos 10x$$

ですと，図 9-3-5 のようになります。

【図9-3-5】

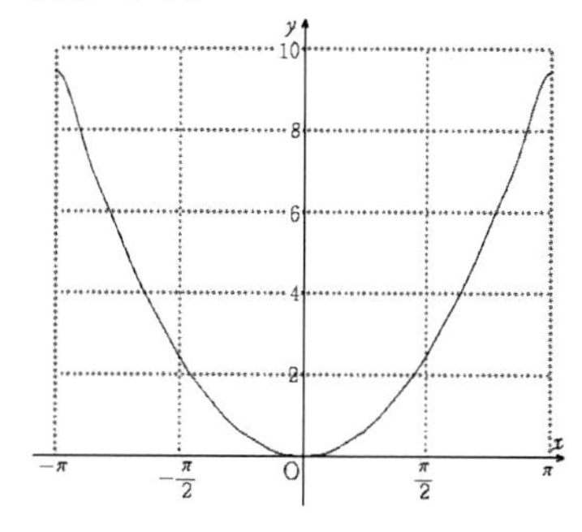

【図9-3-6】

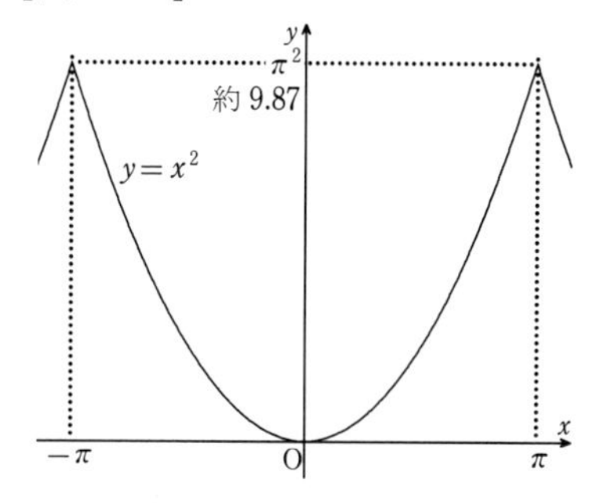

これらは，徐々に図 9-3-6 のような放物線（$y=x^2$）に近付くことが見て取れます。ただし，この場合，$-\pi \leqq x \leqq \pi$ の間だけで，これが左右に繰り返される周期関数になります。

この展開式のつくり方は，例３(p.323)で示します。

●フーリエ係数 a_0

フーリエ級数：

$$f(x)=a_0+a_1\cos x+b_1\sin x+a_2\cos 2x+b_2\sin 2x+\cdots$$
$$=a_0+\sum_{k=1}^{\infty}(a_k\cos kx+b_k\sin kx) \qquad (1) \text{ 再掲}$$

の a_0, a_1, a_2, $\cdots$ と b_1, b_2, $\cdots$ を**フーリエ係数**といいます。

それでは，フーリエ係数を求める仕組みを説明します。

第２項以降が 0 になって，a_0 だけが残るような計算を考えます。テイラー級数のような代入計算だけではうまくいきません。

第２項以降には $\sin kx$, $\cos kx$ $(k=1, 2, 3, \cdots)$ が掛かっていて，それらを同時に 0 にできる計算として

$$\int_0^{2\pi}\sin kx\,dx=0\ ,\quad \int_0^{2\pi}\cos kx\,dx=0 \quad (k=1,\ 2,\ 3,\cdots)$$

を利用します。つまり，$f(x)$ を区間 $[0,\ 2\pi]$（一般には $[\alpha,\ \alpha+2\pi]$）で積分すればよいのです。積分区間を $[\alpha,\ \alpha+2\pi]$ として示します。

次の式の中の……部分はすべて 0 になりますから

$$\int_\alpha^{\alpha+2\pi} f(x)dx=\int_\alpha^{\alpha+2\pi} a_0dx+\underline{\int_\alpha^{\alpha+2\pi} a_1\cos x\,dx+\int_\alpha^{\alpha+2\pi} b_1\sin x\,dx}$$
$$\underline{+\int_\alpha^{\alpha+2\pi} a_2\cos 2x\,dx+\int_\alpha^{\alpha+2\pi} b_2\sin 2x\,dx}$$
$$\underline{+\int_\alpha^{\alpha+2\pi} a_3\cos 3x\,dx+\int_\alpha^{\alpha+2\pi} b_3\sin 3x\,dx}$$
$$\underline{+\cdots}$$

……はすべて0

$$\therefore\ \int_\alpha^{\alpha+2\pi} f(x)\,dx=\int_\alpha^{\alpha+2\pi} a_0dx=\left[a_0x\right]_\alpha^{\alpha+2\pi}=a_0(\alpha+2\pi)-a_0\alpha=2\pi\,a_0$$

したがって

$$\boldsymbol{a_0=\frac{1}{2\pi}\int_\alpha^{\alpha+2\pi} f(x)\,dx} \qquad (\alpha\text{は任意の実数}) \qquad (2)$$

実際の音の波形などのように $f(x)$ の原始関数が分からなければ，実験や測定で得られたデータを元に１周期分のグラフを方眼紙等に描き，方眼のます目を数えるなどして面積を出すことで，大雑把ながら近似値を得ることができます。

●フーリエ係数 a_1

（１）の $a_1\cos x$ の項だけが残って，他の項が全て 0 になる計算は，前章(p.283〜286)で確認した

$$\left.\begin{array}{l} ①\quad \displaystyle\int_0^{2\pi}\sin mx\cos nx\,dx=0 \\ ②\quad \displaystyle\int_0^{2\pi}\sin mx\sin nx\,dx,\ \int_0^{2\pi}\cos mx\cos nx\,dx \text{ は} \\ \qquad m\neq n \text{ のとき } 0 \\ \qquad m=n \text{ のとき } \pi \quad \text{これだけ残る（}\sin^2 mx,\ \cos^2 mx \text{ の積分）} \end{array}\right\}（３）$$

が利用できます。（積分区間が $[\alpha,\ \alpha+2\pi]$ でも同じ。）

つまり，残したい項 $a_1\cos x$ のみ２乗となるように，$f(x)$ 全体に $\cos x$ を掛けて積分します。$[\alpha,\ \alpha+2\pi]$ で示します。

$$\begin{aligned}\int_\alpha^{\alpha+2\pi} f(x)\cos x\,dx &= \int_\alpha^{\alpha+2\pi} a_0\cos x\,dx \\ &\quad+\int_\alpha^{\alpha+2\pi} a_1\cos^2 x\,dx+\underline{\int_\alpha^{\alpha+2\pi} b_1\sin x\cos x\,dx} \\ &\quad+\underline{\int_\alpha^{\alpha+2\pi} a_2\cos 2x\cos x\,dx}+\underline{\int_\alpha^{\alpha+2\pi} b_2\sin 2x\cos x\,dx} \\ &\quad+\cdots\end{aligned}$$

（注目項だけ２乗になる）

において

右辺第１項は　$\displaystyle\int_\alpha^{\alpha+2\pi} a_0\cos x\,dx=0$

……部分は　①　$\displaystyle\int_\alpha^{\alpha+2\pi}\sin mx\cos nxdx=0$

－－部分は　②　$\displaystyle\int_\alpha^{\alpha+2\pi}\cos mx\cos nxdx=0\ (m\neq n)$

で，「＋…」以降も①，②の形ですべて 0 になります。

$a_1\cos^2 x$ は，半角の公式：$\cos^2 x=\dfrac{1+\cos 2x}{2}=\dfrac{1}{2}(\cos 2x+1)$ を用いて

$$\int_\alpha^{\alpha+2\pi} a_1\cos^2 x\,dx=\frac{1}{2}a_1\int_\alpha^{\alpha+2\pi}(\cos 2x+1)dx$$

$$=\frac{1}{2}a_1\left[\frac{1}{2}\sin 2x+x\right]_{\alpha}^{\alpha+2\pi}$$

$$=\frac{1}{2}a_1\left(\frac{1}{2}\sin(2\alpha+4\pi)+(\alpha+2\pi)-\frac{1}{2}\sin 2\alpha-\alpha\right)$$

$$=a_1\pi \qquad \sin(2\alpha+4\pi)=\sin 2\alpha$$

$$\therefore \int_{\alpha}^{\alpha+2\pi} f(x)\cos x\,dx=a_1\pi$$

したがって

$$\boldsymbol{a_1=\frac{1}{\pi}\int_{\alpha}^{\alpha+2\pi} f(x)\cos x\,dx} \qquad （\alpha は任意の実数） \qquad （４）$$

となります。

●部分積分法

$f(x)\cos x$ の積分は，積に関する積分公式（**部分積分法**）：

$$\boldsymbol{\int_a^b f(x)g(x)\,dx=\underset{積分\quad そのまま}{\left[F(x)g(x)\right]_a^b}-\int_a^b \underset{積分\quad 微分}{F(x)g'(x)}\,dx} \qquad （５）$$

で求められればそれでよいし（$F(x)$ は $f(x)$ の原始関数），先ほど言ったように，$y=f(x)\cos x$ のグラフを方眼紙上にかいて，面積で近似することも可能でしょう。積のグラフを手書きする方法については，第６章２節の例１，$y=\sin\theta\cos\theta$ のグラフで少し触れました。参考にしてください。

なお，（５）の証明は「補足」にあります。

●フーリエ係数 b_1，a_2，b_2，…

同様に

$b_1\sin x$ の b_1 を求めるときは全体に $\sin x$ を掛けて積分する

$a_2\cos 2x$ の a_2 を求めるときは全体に $\cos 2x$ を掛けて積分する

$b_2\sin 2x$ の b_2 を求めるときは全体に $\sin 2x$ を掛けて積分する

という調子で，（１）において $k=n$ のときの各係数は

$$\left.\begin{array}{l}\boldsymbol{a_n}\ \text{については}\ \boldsymbol{\cos nx}\\ \boldsymbol{b_n}\ \text{については}\ \boldsymbol{\sin nx}\end{array}\right\}\text{を掛けて積分する}$$

ということになります。

（3）により，$n=1, 2, 3, \cdots$ のとき

$$\int_{\alpha}^{\alpha+2\pi} f(x)\cos nx\,dx = \int_{\alpha}^{\alpha+2\pi} a_n \cos^2 nx\,dx = a_n\pi$$

$$\int_{\alpha}^{\alpha+2\pi} f(x)\sin nx\,dx = \int_{\alpha}^{\alpha+2\pi} b_n \sin^2 nx\,dx = b_n\pi$$

ですから，公式のように書くと

$$\boldsymbol{a_n = \frac{1}{\pi}\int_{\alpha}^{\alpha+2\pi} f(x)\cos nx\,dx \quad (n=1,\ 2,\ 3, \cdots\quad)} \qquad (6)$$

$$\boldsymbol{b_n = \frac{1}{\pi}\int_{\alpha}^{\alpha+2\pi} f(x)\sin nx\,dx \quad (n=1,\ 2,\ 3, \cdots\quad)} \qquad (7)$$

となります。そして，最初の $\boldsymbol{a_0}$ は

$$\boldsymbol{a_0 = \frac{1}{2\pi}\int_{\alpha}^{\alpha+2\pi} f(x)\,dx} \qquad (2)$$

再掲

です。いずれも，α は任意の実数です。

●積分区間 $[\alpha, \alpha+2\pi]$ について

フーリエ展開された関数は，展開するときの積分区間の部分が繰り返される周期関数です。したがって，周期の分からない（周期のない）関数も，区間を区切り，変数の値をラジアンに変換して，区間 $[\alpha, \alpha+2\pi]$ を積分区間として積分すると，それ以外の区間では積分区間と同じ関数になります。

例3　$f(x)=x^2$ のフーリエ級数展開を求める。

【図9-3-7】

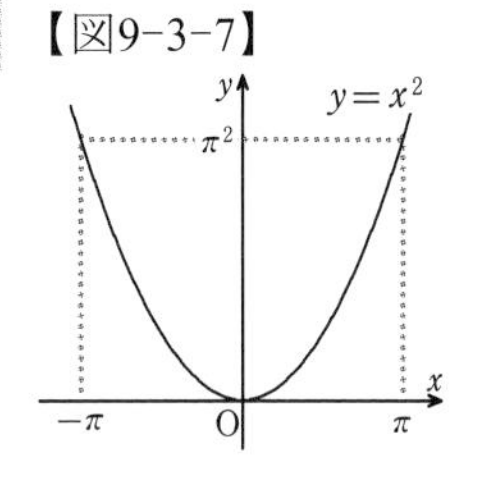

$y=x^2$ は偶関数です。偶関数をフーリエ級数に展開するときには，最初の定数 a_0 と $\cos nx$ の項だけで十分です。

また，放物線のどの範囲を展開するかによって積分区間を決めます。

今は放物線の最も特徴を表している頂点前後の範囲を選びます。そこで，積分区間 $[\alpha, \alpha+2\pi]$ は，$\alpha=-\pi$ として $[-\pi, \pi]$ とします。

$$f(x)=x^2 = a_0 + a_1\cos x + a_2\cos 2x + \cdots + a_n\cos nx + \cdots \qquad (8)$$

とすると，（2）より

$$a_0 = \frac{1}{2\pi}\int_{-\pi}^{\pi} x^2 dx = \frac{1}{2\pi}\left[\frac{1}{3}x^3\right]_{-\pi}^{\pi} = \frac{1}{2\pi}\left(\frac{1}{3}(\pi^3 - (-\pi)^3)\right) = \frac{1}{2\pi}\cdot\frac{1}{3}\cdot 2\pi^3$$

$$\therefore a_0 = \frac{\pi^2}{3}$$

また

$$a_n = \frac{1}{\pi}\int_{-\pi}^{\pi} x^2 \cos nx\, dx$$

については，先ほど紹介した部分積分法（5）を用います。

（5）の右辺の第１項で積分する方の関数 $f(x)$ を $\cos nx$ とすると，$F(x) = \frac{1}{n}\sin nx$，第２項で微分する方の関数 $g(x)$ を x^2 とすると，$g'(x) = 2x$ となりますから

$$\int_{-\pi}^{\pi} x^2 \cos nx\, dx = \left[\frac{1}{n}x^2 \sin nx\right]_{-\pi}^{\pi} - \int_{-\pi}^{\pi}\frac{2}{n}x\sin nx\, dx$$

再度，部分積分

$$= 0 - \left\{\left[-\frac{2}{n^2}x\cos nx\right]_{-\pi}^{\pi} - \int_{-\pi}^{\pi}\left(-\frac{2}{n^2}\cos nx\right)dx\right\}$$

$= 0$　　$\sin n\pi = 0$

$$= -\left\{-\frac{2}{n^2}\pi\cos n\pi - \{-\frac{2}{n^2}(-\pi)\cos(-n\pi)\}\right\}$$

$\cos(-\theta) = \cos\theta$ ゆえ
$\cos(-n\pi) = \cos n\pi$

$$= -\left\{-\frac{2}{n^2}\pi\cos n\pi - \frac{2}{n^2}\pi\cos n\pi\right\}$$

$$= \frac{4}{n^2}\pi\cos n\pi$$

ここで

n が奇数のとき　$\cos n\pi = -1$

n が偶数のとき　$\cos n\pi = 1$

となりますが，これはまとめて $(-1)^n$ と表せるので

$$\int_{-\pi}^{\pi} x^2 \cos nx\, dx = (-1)^n \frac{4}{n^2}\pi$$

したがって

$$a_n = \frac{1}{\pi}\int_{-\pi}^{\pi} x^2 \cos nx\, dx = \frac{1}{\pi}\cdot(-1)^n \frac{4}{n^2}\pi$$

$$\therefore a_n = (-1)^n \frac{4}{n^2}$$

この結果を n=1, 2, 3,… として（8）にあてはめると，例２(p.318)の式：

$$x^2 = \frac{\pi^2}{3} - \frac{4}{1^2}\cos x + \frac{4}{2^2}\cos 2x - \frac{4}{3^2}\cos 3x + \frac{4}{4^2}\cos 4x - \cdots \quad (-\pi \leqq x \leqq \pi)$$

が得られます。この右辺のグラフは例２で見た通りです。

●三角関数の積の定積分を部分積分法で計算する

三角関数の積の定積分を，第８章４節では「積→和差の公式」で和や差に直して計算しましたが，ここでは，ためしに積の形のまま，部分積分法を用いて計算してみます。ちょっと面倒なことが起こります。

次の［１］～［３］において，いずれも m，n は自然数とします。

［１］ $\int_0^{2\pi} \sin mx \cos nx\, dx = I$

$\cos nx$ を「積分」，$\sin mx$ を「そのまま，微分」の役割にします。

$$I = \left[\frac{1}{n}\sin mx \sin nx\right]_0^{2\pi} - \int_0^{2\pi} \frac{m}{n}\cos mx \sin nx\, dx$$

（$\left[\ \right]_0^{2\pi} = 0$，$\sin 2m\pi = 0$，$\sin 2n\pi = 0$）

$$= -\frac{m}{n}\int_0^{2\pi} \cos mx \sin nx\, dx \qquad \cdots ①$$

ここで，$m = n$ のときは $\cos mx \sin nx = \sin mx \cos nx$ ゆえ

$$I = -I \qquad \therefore I = 0$$

$m \neq n$ のときは，①にもう一度，部分積分法を用いて

$$I = \left[\frac{m}{n^2}\cos mx \cos nx\right]_0^{2\pi} + \frac{m}{n}\int_0^{2\pi} \frac{m}{n}(-\sin mx)(-\cos nx)dx$$

（$\left[\ \right]_0^{2\pi} = 0$，$\cos 2m\pi = 1$，$\cos 2n\pi = 1$）

$$= \frac{m^2}{n^2}\int_0^{2\pi} \sin mx \cos nx\, dx = \frac{m^2}{n^2} I \qquad \therefore \left(1 - \frac{m^2}{n^2}\right)I = 0$$

$1 - \frac{m^2}{n^2} \neq 0$ ゆえ　$I = 0$

以上より

$$\int_0^{2\pi} \sin mx \cos nx\, dx = 0 \quad （答）$$

［２］ $\int_0^{2\pi} \sin mx \sin nx\, dx = I$

$\sin mx$ を「積分」，$\sin nx$ を「そのまま，微分」とします。

$$I = \left[-\frac{1}{m}\cos mx \sin nx\right]_0^{2\pi} - \int_0^{2\pi} \frac{n}{m}(-\cos mx)\cos nx\, dx$$

（$\left[\ \right]_0^{2\pi} = 0$）

$$= \frac{n}{m}\int_0^{2\pi}\cos mx\cos nx\,dx \qquad \cdots ②$$

$$= \frac{n}{m}\Bigl[\underbrace{\frac{1}{m}\sin mx\cos nx}_{=0}\Bigr]_0^{2\pi} - \frac{n}{m}\int_0^{2\pi}\frac{n}{m}\sin mx(-\sin nx)dx$$

$$= \frac{n^2}{m^2}\int_0^{2\pi}\sin mx\sin nx\,dx = \frac{m^2}{n^2}I \qquad \therefore (1-\frac{m^2}{n^2})I = 0$$

$m \neq n$ のときは $1-\dfrac{m^2}{n^2} \neq 0$ なので

$I = 0$ 　（ $m \neq n$ ）　（答）

$m = n$ のときは $0 \cdot I = 0$ となって，I が定まりません。このときは，②において次の［３］の積分 J を用いて

$I = J$ 　（ $m = n$ ）

という関係は出てきます。ここは［１］と状況が異なります。

［３］ $\displaystyle\int_0^{2\pi}\cos mx\cos nx\,dx = J$

$\cos mx$ を「積分」，$\cos nx$ を「そのまま，微分」とします。

$$J = \Bigl[\underbrace{\frac{1}{m}\sin mx\cos nx}_{=0}\Bigr]_0^{2\pi} - \int_0^{2\pi}\frac{n}{m}\sin mx(-\sin nx)dx$$

$$= \frac{n}{m}\int_0^{2\pi}\sin mx\sin nx\,dx \qquad \cdots ③$$

$m = n$ のときは $\dfrac{n}{m}=1$ ゆえ，［２］の I と等しくなるので

$J = I$ 　（ $m = n$ ）

$m \neq n$ のときは，③を更に積分して

$$J = \frac{n}{m}\Bigl[\underbrace{-\frac{1}{m}\cos mx\sin nx}_{=0}\Bigr]_0^{2\pi} - \frac{n}{m}\int_0^{2\pi}\frac{n}{m}(-\cos mx)\cos nx\,dx$$

$$= \frac{n^2}{m^2}\int_0^{2\pi}\cos mx\cos nx\,dx = \frac{m^2}{n^2}J \qquad \therefore (1-\frac{m^2}{n^2})J = 0$$

ここは $m \neq n$ の条件下ですから $1-\dfrac{m^2}{n^2} \neq 0$ ゆえ　$J = 0$ 　（答）

［２］［３］とも $m = n$ の場合は，部分積分法だと，積分するたびに $\sin mx$ と $\cos mx$ が入れかわるだけで堂々巡りになってしまうのです。

$m = n$ の場合は，素直に

$$\int_0^{2\pi}\sin^2 mx\,dx \ , \quad \int_0^{2\pi}\cos^2 mx\,dx$$

として，半角の公式を用いて積分するか，第８章のように和や差に直して積分するしかありません。

ディリクレの条件

ディリクレは，関数 $f(x)$ がフーリエ級数に展開できる条件として，展開しようとしている区間において，$f(x)$ が

① 積分することができる
② 極大と極小の個数が有限個である
③ 不連続の点における $f(x)$ の値が，その点の左からの極限値と右からの極限値の平均値に等しい

の３つであることを見出しました。

①は，必ずしも関数式として計算できなくてもよいことはすでに述べました。（図形的に面積を求めるなどしてもよい）。

②は，積分区間において，グラフが上下に振動するにしても無限回振動するようなのは困るということです。

③は，右図のような意味です。

【図9−3−8】

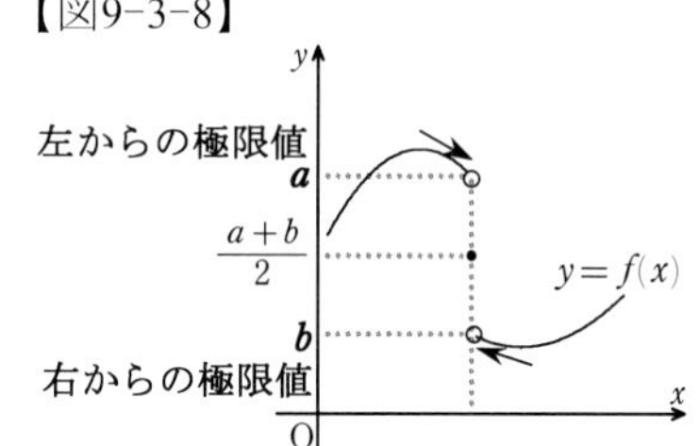

その後，リーマン（1826～1866）は，この条件について検討しているうちに，①の「積分できること」とはどういう意味なのかが大変気になり，これを数学的に明確に表現する方法を考えた結果，いわゆるリーマン積分の理論を打ち立てたのです。

フーリエのころ

フーリエ（1768～1830）はまったく白紙の状態からフーリエ級数を創出したのではありません。最初は，テイラー（1685～1731）が，振動する弦の形を三角級数で表せるのではないかと考えたのです。しかし，当時はまだ，弦の振動を表す微分方程式（未知の関数の導関数を含む方程式）が解けなかったので，発想だけで終わってしまいました。

その後，1747年，ダランベール（1717～1783）がその微分方程式の一般解を求め，D.ベルヌーイ（1700～1782）は，両端を固定した長さ ℓ の弦について，具体的な解の関数式を，弦の位置を x，時刻を t として

$$u(x,\ t)=\sum_{n=1}^{\infty}a_n\sin\frac{n\pi}{\ell}x\cos\frac{n\pi}{\ell}t$$

という無限級数で示しました。オイラーも同様の考えでした。

$t=0$ とすると，弦の中央を指でつまみあげた状態を表しているはずです。

$$u(x,\ 0)=\sum_{n=1}^{\infty}a_n\sin\frac{n\pi}{\ell}x \qquad (\ \cos 0=1\ )$$

しかし，グラフが滑らかな（微分可能な）三角関数を無限に加えた結果について，それが右図のような三角波や，

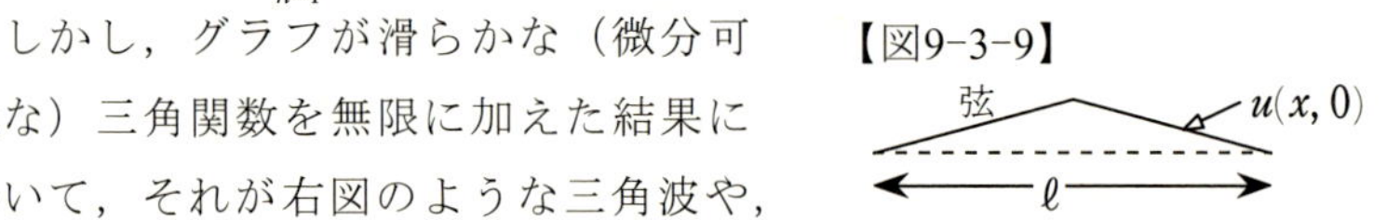

すでに見た方形波などのような角張ったグラフの関数（微分不能）になるなどとは，当時は考えもしなかったために，これ以上研究が進められなかったのです。

オイラーは，初めて関数の定義を試みたひとですが，それは

　　関数とは，変数 x と定数の解析的式で表されるもの

というものでした。「解析的式」の意味も曖昧ですが，私たちが高等学校までに学ぶ関数は，オイラーの意味での関数に属すと考えてよいでしょう。

その後，コーシー（1789～1857）によって

　　関数とは，数に数を対応させるもの

と定義され，現代数学ではこれを基礎においています。つまり，式で表される必要はないのです。たとえば

$$f(x)=\begin{cases}1 & (x\text{は有理数})\\ 0 & (x\text{は無理数})\end{cases}$$

というようなものもコーシー以降は関数として扱われます。

オイラーとコーシーの間のフーリエは，熱伝導の数学的理論の研究で，熱も波のように伝わるのではないかという発想で熱伝導の微分方

程式を発見し，その解を三角級数の形で求めたのです。そして彼は，不連続や微分不能な関数もかまわず受け入れて研究を進めたのです。

熱伝導の問題は，蒸気機関のエネルギー効率をアップさせるという，当時の実用面での要求があって提起された問題です。

蒸気機関は，イギリスの産業革命の原動力になった重要な発明です。1710年にニューコメン（1664～1729）が試作し，1769年にワット（1736～1819，電力の単位名になったひと）が改良して実用化が可能となりました。1785年にカートライト（1743～1823）は自動織機の動力に蒸気機関を使い，1807年にはアメリカのフルトン（1765～1815）がニューヨークのハドソン川で蒸気船の試運転に成功，その後の海上交通の時間短縮がなされました。また，1825年にはスティーブンソン（1781～1848）が蒸気機関車（ＳＬ= steam locomotive）を実用化させ，リバプール・マンチェスター間に鉄道が敷かれました。

1853年には，蒸気船は太平洋を横断して日本の浦賀沖まで来て，翌年，日米和親条約が締結され，日本の近代化への歯車が本格的に動き出します。そして，蒸気船（上喜撰）で夜も眠れなくなってから20年もたたない1872（明治５）年には新橋・横浜間に鉄道が開通し，日本にも陸蒸気が走り出しました。

したがって，蒸気機関の発明はイギリスの産業革命だけでなく，日本の近代化のキッカケにもなったといえます。そしてそこには，フーリエもかかわっていたわけです。

このころのフランスではフランス革命が始まり（1789年），第一共和政時代（1792～1804）の恐怖政治（1793～1794）で，王政時代に要職にあった多くの人たちをその職から追放あるいは処刑してしまいましたが，そうした人たちの中にはラボアジェ（1743～1794）のような偉大な化学者も含まれていました。

彼は，燃焼現象において精密な質量測定を繰り返すことで空気中の酸素を発見し（「酸素」という名前も彼の命名），他に窒素や水素，硫黄や炭素など，33 の元素の存在を明らかにし，元素のリストをつくったひとです。しかし，そうした実績による助命嘆願も「共和国に科学はいらない」として受け入れられず，ギロチンにかけられてしまいました。彼が王政のもとで徴税請負人をしていたことが原因です。

1799年に革命政府はメートル法を制定しましたが，メートル法の確立者がラボアジェで，その当時の「度量衡制度改革委員会」の委員長が，「導関数」ということばとその記号 $f'(x)$ をつくったひととして先に紹介したラグランジュでした。ラグランジュは，ルイ16世（1754～1793）にルーブル宮殿へ招かれ貴族のような生活をしているときにフランス革命が起こり，1793年にはルイ16世が処刑され，恐怖に脅える毎日を送っていましたが，幸いなことに「追放者リスト」には載らずに済んだのです。

彼は，「ラボアジェの首を切るのは一瞬だが，彼ほどの頭脳は100年たっても現れないだろう」といって嘆いたといいます。

その後，ナポレオン１世（1769～1821）による第１帝政時代（1804～1815）には，イギリスに遅れを取った科学が奨励され，蒸気機関の理論的研究も1811年にパリの科学アカデミーが懸賞論文の課題として発表したもので，それにフーリエが見事に応えたというわけです。

同じ時期にやはりフランスで「理想的な熱機関」の研究をしていた人に，カルノー（1796～1832）がいます。「カルノー・サイクル」の名でご存知の方も多いでしょう。

ところでナポレオンは，科学や文化に理解があり，皇帝になる前の共和政時代にインドとイギリスの連絡を遮断するためにエジプトに派遣されたときには，学者や画家など各分野の専門家を百数十人同行させており，その中にフーリエもいました。

ナオポレオンは，ナイル川河口近くのロゼッタに要塞を建設中にいわゆるロゼッタ・ストーンを発見し，その後のエジプトの研究に大きく貢献しています。もし彼が，ひたすら戦争のみを遂行しようという軍人ならば，そんな石板など気にも留めずに捨ててしまっていたことでしょう。

第10章

複素数

1　複素数

●負の数の平方根

本書がこれまで扱ってきた数は**実数**(real number)といわれる範囲の数で，長さや重さ，時間などを表すのに普通に使われているものです。

実数の範囲では加法・減法・乗法・除法(四則計算)を駆使して１次方程式は解けるのですが，２次方程式になると平方根が必要になり，そのうえ

$$x^2=-3$$

というようなものまで出てきます。

しかし，実数には２乗してマイナスになる数はありませんから，これは「解けない」ということになります。もっとやっかいなのは，一見何の変てつもない２次方程式

$$x^2+x+1=0$$

を，**解の公式**：

$$ax^2+bx+c=0 \text{のとき}\quad x=\frac{-b\pm\sqrt{b^2-4ac}}{2a}$$

で求めようとすると，$a=1$，$b=1$，$c=1$ ですから

$$x=\frac{-1\pm\sqrt{1^2-4\cdot1\cdot1}}{2\cdot1}=\frac{-1\pm\sqrt{-3}}{2}=-\frac{1}{2}\pm\frac{1}{2}\sqrt{-3}$$

と計算が進むのに，$\sqrt{-3}$ というものが出てきてしまいます。これは，形式的に解釈すれば，-3 の平方根（の正のもの)，すなわち

$$\sqrt{-3}^2=-3$$

を満たすもの，ということになります。

この２次方程式は，たとえば，$0x=3$ は $x=$ にすること自体が不可能であるというのとはまた質の違う状況です。２次方程式の場合は，$x=$ の形に計算ができるのに無意味なものとなってしまうわけです。

実際，16世紀まではこの解は無意味なものとして捨て去っていて，そ

れで何の不都合もありませんでした。

ところが，３次方程式の解法を研究しているうちに，根号の中が負になっても，それを負の数の平方根とみなして計算を進めなければ実数解すら求められないという事態が生じたのです。(p.341～343参照)

負の数の平方根を初めて話題にしたのは，３次方程式の一般的な解き方を発表した，イタリア・パヴィア生まれの医師・占星術士・数学教師のカルダノ（1501～1576）だといわれています。

彼は『すばらしい技術すなわち代数学の規則について』（1545年）という著書の中で３次方程式の解法（現在「カルダノの公式」といわれている公式）を発表していますが，そこで「10を積が40になるような２つの数に分ける」という問題を提起しています。つまり，足して10，掛けて40になる２数です。

そして彼は，その２数は

$$5+\sqrt{-15} \quad と \quad 5-\sqrt{-15}$$

であるとして，「精神的苦痛は傍らに置き」

２乗が負になる

$$(5+\sqrt{-15})(5-\sqrt{15}) = 5^2 - \sqrt{-15}^2 = 25-(-15) = 25+15 = 40$$

であることを示し，自ら「これは本当に詭弁的である」といっています。

彼は，ただ単に形式的に表現してみただけだと思われます。彼に限らず，この時代のすべてのひとたちは，このような数の価値は認識していなかったはずです。

それでは，精神的苦痛を我慢して，たとえ詭弁的でも認めざるを得ない負の数の平方根というものは，いったいどのように扱えばよいのでしょうか。

$\sqrt{-3}$ を例に考えると

$$\sqrt{-3}^2 = -3 \qquad （２乗すると－3 になる） \qquad （１）$$

であるはずです。ところが，$\sqrt{\ }$ の計算の性質：

$$\sqrt{a}\sqrt{b} = \sqrt{ab} \quad (a \geqq 0,\ b \geqq 0)$$

を，$a \geqq 0$，$b \geqq 0$ という条件を無視して(忘れて)適用すると

$$\sqrt{-3}^2 = \sqrt{-3}\sqrt{-3} = \sqrt{(-3)(-3)} = \sqrt{9} = 3 \qquad （２）$$

となって，"正しいはず" の(１)と矛盾します。

しかし，負の数の平方根 $\sqrt{-p}$ と正の数の平方根 $\sqrt{q}$ $(p, q>0)$ との積なら，$\sqrt{-p}\sqrt{q}$ と $\sqrt{-pq}$ を両方とも２乗して比べると

$$(\sqrt{-p}\sqrt{q})^2=\sqrt{-p}^2\cdot\sqrt{q}^2=-pq \quad , \quad \sqrt{-pq}^2=-pq$$

となり，$\sqrt{-p}\sqrt{q}=\sqrt{-pq}$ が形式的に成り立ちそうです。

そこで，負の数 $-p$ $(p>0)$ については

$$\sqrt{-p}=\sqrt{p(-1)}=\sqrt{p}\sqrt{-1}$$

という具合に，$\sqrt{-1}$ の実数倍という形で表されるものと考えてよさそうです。たとえば

$$\sqrt{-3}=\sqrt{3}\sqrt{-1}, \ \sqrt{-4}=\sqrt{4}\sqrt{-1}=2\sqrt{-1}$$ など．．．

そこで，負の数の平方根の "象徴" として $\sqrt{-1}$ を

$$\boldsymbol{\sqrt{-1}=i}$$

という１文字 i で表すことにすると

$$\sqrt{-3}=\sqrt{3}\,i, \ \sqrt{-4}=\sqrt{4}\,i=2i$$

という具合に，とてもすっきり，見やすくなります。

i は，imaginary（想像上の）number の i です。

i の付く数を**虚数**といいます。real number を「実数」としたのに対応させて「虚数」と訳したのでしょうが，これは「仮想数」とでも訳すべきだったと指摘するひとが多くいます。

その指摘は手遅れとして，i を**虚数単位**といいます。定義により

$$\boldsymbol{i^2=-1 \ , \ (-i)^2=(-1)^2 i^2=i^2=-1}$$

ですから

-1 の平方根は $\pm\sqrt{-1}=\pm i$

です。

一般に，負の数の平方根については

根号の中が負になったら即座に $\sqrt{-1}$ を分離して i に書きかえる

ということにすれば，（２）のような間違いを犯す余地はなくなります：

$$\sqrt{-3}\sqrt{-3}=\sqrt{3}\,i\cdot\sqrt{3}\,i=\sqrt{3}^2\,i^2=3(-1)=-3$$

●複素数

そうすると，先ほどの２次方程式の解は

$$x=\frac{-1\pm\sqrt{-3}}{2}=\frac{-1\pm\sqrt{3}\,i}{2}=-\frac{1}{2}\pm\frac{\sqrt{3}}{2}i \qquad (3)$$

となります。i を含みますから**虚数解**です。

このように，i を含む数というのは，一般には

$\boldsymbol{a+bi}$　　(a, bは実数)

という形になりそうです。この形で表せる数を**複素数**(complex number)といいます。(直訳すると「複合数」でしょうか？)

実数 a は $b=0$ の場合なのですから，実数は複素数の仲間です。

$$\text{複素数 } a+bi \begin{cases} \text{実数 } (b=0) & \cdots i\text{が付かない} \\ \text{虚数 } (b\neq 0) & \cdots i\text{が付く} \end{cases}$$

aを**実部**(実数部分)，i の係数 b を**虚部**(虚数部分)といいます。

「複素数」は，実数の素(もと) 1 と虚数の素 i という，複数の数の素からなる数という意味であって，素数とは関係ありません。

実数係数の２次方程式の虚数解は，解の公式や(３)を見てわかるとおり，虚部の符号違いのものがペアになっています。虚部の符号違いの複素数を互いに**共役な**複素数といいます。

$a+bi$ ←**共役**→ $a-bi$

●複素数の幾何学的表示

実数は，１本の数直線上の点で表すことができますが，複素数は幾何学的にはどのように表すことができるのでしょうか。

【図 10-1-1】

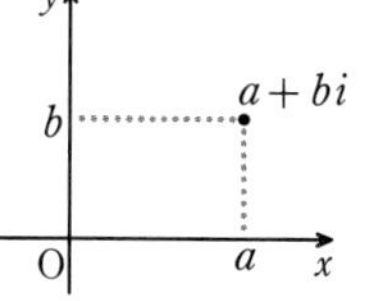

複素数 $a+bi$ は，２つの実数 a, b をひと組として表されます。これはちょうど，xy 座標平面上の点 (a, b) と同じ事情ですから，複素数 $a+bi$ を xy 座標平面上の点 (a, b) で表すと考えれば，複素数と平面上の点とをちょうど１対１に対応させることができます：

$a+bi$　⇔　点 (a, b)

それで，複素数を表すための xy 座標平面を**複素数平面**，あるいは**ガウス平面**といい，横軸を**実軸**，縦軸を**虚軸**といいます。

ガウス（1777～1855）はドイツの数学者ですが，ガウスが複素数平面を考案する（1811年）より前，1799年にデンマークのウェッセル（1754～1818）が発表しており，スイスのアルガン（1768～1822）も1806年に公表しているのですが，学会では知られなかったそうです。

図 10-1-1 のように直交座標を用いて複素数を表したものを**アルガン図**，$a+bi$ という表現も含めて**アルガン表示**という場合があります。

ウェッセルはどうしたのでしょう？

●複素数の相等

２つの複素数 $\alpha=a+bi$ と $\beta=c+di$ が**等しい**（$\alpha=\beta$ ）というのは

$a=c$ かつ $b=d$ が成り立つ場合に限る

とします。これは，$a+bi$ を点(a, b)，$c+di$ を点(c, d)と考えれば，２点が一致する条件と同じですから，ごく自然な考え方です。

●複素数の加法・減法（点の平行移動）とベクトル

複素数の加法・減法は，実部どうし，虚部どうしの加減で，$\alpha=a+bi$，$\beta=c+di$ とすると

$$\alpha+\beta=(a+bi)+(c+di)=(a+c)+(b+d)i$$

$$\alpha-\beta=(a+bi)-(c+di)=(a-c)+(b-d)i$$

【図 10-1-2】

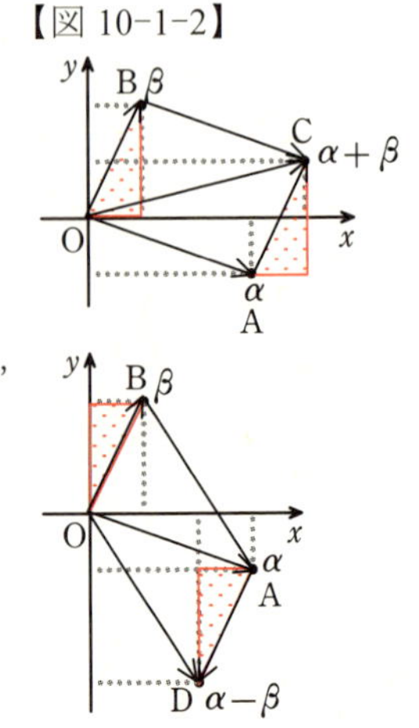

とします（定義）。したがって，加法においては交換法則や結合法則が成り立つことが分かります。

これをガウス平面上で見ると，和，差ともに，α，β，原点 O を頂点とする平行四辺形の第４の頂点に相当しています。

このことは，ベクトルを知っているひとは理解しやすいでしょう。つまり，複素数 α に相当する点を A，β に相当する点を B，$\alpha+\beta$ に相

当する点をC，そして，$\alpha-\beta$ に相当する点をDとそれぞれ表すと

$\alpha+\beta$ は　$\overrightarrow{OA}+\overrightarrow{OB}=\overrightarrow{OC}$

$\alpha-\beta$ は　$\overrightarrow{OA}-\overrightarrow{OB}=\overrightarrow{BA}=\overrightarrow{OD}$

というように，ベクトルの加法，減法に対応しています。

また，実部，虚部の計算は，ベクトルの加法・減法の成分計算に対応します。

ただ，減法についてはひとつ注意があります。ベクトルの減法は

$\overrightarrow{OA}-\overrightarrow{OB}=\overrightarrow{BA}$

とするのが普通ですが，複素数をベクトルに対応させるときは，必ず原点 O を始点としたベクトル（O に関する位置ベクトル）でなければなりません。$\overrightarrow{BA}$ のままでは，複素数（点）に対応するベクトルにはなりません。平行移動して，始点を原点 O にしたときの終点 D が，複素数 $\alpha-\beta$ に相当する点になります。

複素数の加法，減法について，また別の図形的な見方をすると

$\alpha+\beta$（α に β を加える）は，点 α を

原点から点 β に向かうのと同じ向き，同じ距離だけ平行移動

$\alpha-\beta$（α から β を引く）は，点 α を

原点から点 β に向かうのと反対向きに同じ距離だけ平行移動

という言い方もできます。

●複素数の乗法・除法

乗法は，i を通常の文字と思って展開し，i^2 は -1 に直して整理します。$\alpha=a+bi$，$\beta=c+di$ とすると

$$\begin{aligned}\alpha\beta=(a+bi)(c+di)&=ac+(ad+bc)i+bd\,i^2\\&=ac+(ad+bc)i+bd(-1)\\&=(ac-bd)+(ad+bc)i\end{aligned}$$

乗法において交換法則と結合法則が成り立ちます。確認してください。

除法は，分数の形にして分母に i の付かない形，すなわち分母を実数化します。$i=\sqrt{-1}$ なので，分母の実数化は分母の有理化と本質的に同

じ方法でできます。つまり，分母と共役な複素数を分母と分子に掛ければよいのです。

$$\frac{\alpha}{\beta}=\frac{a+bi}{c+di}=\frac{(a+bi)(c-di)}{(c+di)(c-di)}=\frac{ac-adi+bci-bdi^2}{c^2-di^2}$$
$$=\frac{(ac+bd)+(bc-ad)i}{c^2+d^2}$$

これで，実部が $\frac{ac+bd}{c^2+d^2}$，虚部が $\frac{bc-ad}{c^2+d^2}$ であることが見えます。

複素数どうしの四則計算の結果は，必ずまた $A+Bi$ の形にできます。

積や商が，複素数平面上のどのような点に対応するかは，この計算結果ではよく分かりません。積や商については，次節でまた取り上げます。

例1　i の平方根を求める。

方程式 $x^2=i$ を解けということです。しかし，$\pm\sqrt{i}$ は正解ではありません。複素数の計算は，実部と虚部の見える形にするということです。

そこで，求める複素数を $a+bi$ とおいてやります。

$$(a+bi)^2=a^2+2abi+b^2i^2=a^2-b^2+2abi$$

で，これが $i=0+1i$ と等しくなればよいので，実部，虚部を比べて

実部：$a^2-b^2=0$　… ①　　虚部：$2ab=1$　… ②

①より　$(a+b)(a-b)=0$　$\therefore a=\pm b$

②より　積が正なので a, b は同符号ゆえ $a=b$

②に代入して　$2a^2=1$　　$a^2=\frac{1}{2}$

$$\therefore a=\pm\frac{1}{\sqrt{2}}, \quad b=\pm\frac{1}{\sqrt{2}}$$

したがって，i の平方根は

$$\frac{1}{\sqrt{2}}+\frac{1}{\sqrt{2}}i, \quad -\frac{1}{\sqrt{2}}-\frac{1}{\sqrt{2}}i \qquad (答)$$

【図 10-1-3】

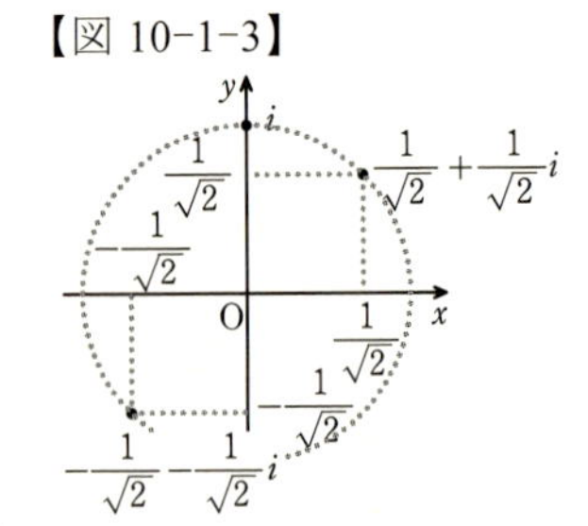

参考として，ガウス平面に図示しておきます。

●複素数には大小関係はない（i は正の数？　負の数？）

虚数単位 i と 0 との大小関係が定められないことを証明してみます。

i と 0 の間に実数のような大小関係があるとすれば

$$i<0,\ i=0,\ i>0$$

のいずれかひとつだけが成り立つはずです。

まず，$i=0$ でないことは明らかです。そこで

$$i>0 \qquad \cdots ①$$

と仮定してみます。①の両辺に "正の数" i をかけても不等号の向きは変わりませんから（実数と同様の大小関係，不等式の性質が成り立つと考える）

$$i^2>0 \qquad \therefore -1>0$$

これは，明らかに矛盾です。したがって，仮定①は棄却されます。

すると

$$i<0 \qquad \cdots ②$$

ということになるはずです。②の両辺に "負の数" i をかけると不等号の向きは逆転しますから

$$i^2>0 \qquad \therefore -1>0$$

と，またも矛盾した結果になりました。よって，②も棄却せねばなりません。

以上により，$i<0,\ i=0,\ i>0$ のいずれも成り立ちません。（終）

この論法は，**背理法**です。

i と 0 との大小関係が定められないのですから，i のある虚数を含む複素数全体の中で大小関係を定めることはできないということになります。したがって，虚数を含む複素数に対して不等号は使えません。

カルダノの公式

15世紀から16世紀にかけて，ヨーロッパでは数学の試合が盛んに行われていました。それは，ある難問を解いたひとが，その問題を試合に出題して挑戦者が解けるかどうかで勝負するというものです。ですから，

いろいろ数学上の発見をしてもなかなか公表しないという風潮がありました。というより，このころは研究成果を発表し，発見の優先権を認定するような機関もなかったので，数学の試合に出題することで発見の優先権を主張していたのです。

カルダノは，３次方程式の一般的解法を『すばらしい技術すなわち代数の規則について』という著書で発表したのですが（1545年），その中で「ボローニャのスキピオ・デル・フェロルは約30年前にこの３次方程式の解法を発見して，これをベニスのアントニオ・マリア・フロリドに教えた。このひとはかつて，ブレスキヤのニコロ・タルタリアと論争したとき，ニコロも自力で同じような解法を発見していたということを明言している。私はタルタリアにその解法を教えてほしいと乞うたところ，彼は証明なしで教えてくれた。これを手がかりにして，私は証明を探求し，極めて難しかったが，それを見出すことができた」と書いているので，「カルダノの公式」はカルダノの作ではないけれど，カルダノは相当の力の持ち主であったことは確かでしょう。

３次方程式の解の公式の最初の作者としては，スキピオ・デル・フェルロ（1465～1526）ということになるのでしょうか？

タルタリアとは吃音（きつおん）という意味で，本名はニコロ・フォンタナ（1500頃～1557）で，イタリアのブレシアで貧しい家に生まれ，独学で数学の勉強をし，ベネチア大学の数学教授にまでなったひとです。

彼の生きた頃のイタリアはルネッサンスの最盛期で，いわゆる３巨匠，レオナルド・ダ・ヴィンチ（1452～1519），ミケランジェロ（1475～1564），ラファエロ（1483～1520）などが活躍し，イタリアで学んだポーランド生れのコペルニクスが地動説を発表したのが1543年です。しかし同時に，ヨーロッパ中が覇権争いを繰り広げ，フランス軍のイタリア侵略で始まったイタリア戦争（1494～1559）の真っ最中で，しかも，教会が宗教改革に対抗して文芸活動の抑圧を強めたため，イタリア・ルネッサンスの活力が急速に衰退し始めた頃でもありました。

1512年にフランス軍がブレシアを占領したとき，フランス軍は教会へ避難していた人々までも虐殺し，まだ子供だったフォンタナも兵士に斬りつけられ，一命はとりとめたものの，舌を負傷したためにそれ以来話すことが不自由になり，「タルタリア」と呼ばれるようになったのです。

このような通称の方が有名になり，歴史に残されるということは，現在の人権意識では考えられないことです。といって，彼のことをそう呼んでいた当時のひとたちを非難する資格は私たちにはありません。

この時期の日本も戦国時代，室町幕府の末期で，ポルトガル人が種子島に漂着して日本に鉄砲がもたらされたのが1543年，フランシスコ・ザビエル（1504頃～1552）が鹿児島に上陸してキリスト教(カトリック)の布教を始めたのが1549年，上杉謙信（1530～1578）と武田信玄（1521～1573）による川中島の合戦が1553年，1560年に織田信長（1534～1582）が桶狭間で今川義元（1519～1560）を破り，1573年に室町幕府が滅んでいます。

さて，秘密の厳守を約束してフォンタナから教えてもらったのに，カルダノは無断で発表してしまったものですから，フォンタナは激怒し，数学の試合でカルダノに挑戦を繰り返しました。しかし，カルダノは弟子のフェラーリ（1522～1565）を代理に立てて逃げ回り，フォンタナはとうとうフェラーリに負けを喫してしまいました。フェラーリは，４次方程式の解法で知られています。

カルダノの公式(解法)の概要と，虚数を用いて実数解が導かれる例を紹介します。手順の概要は次の３段階です。

（１）　３次方程式

$$ax^3+bx^2+cx+d=0 \quad (a\neq 0) \qquad \cdots ①$$

の両辺を a で割り，$x=y-\dfrac{b}{3a}$ とおくと，①は

$$y^3+3py+q=0 \qquad \cdots ②$$

の形に変形される。ただし，$p=\dfrac{c}{3a}-\dfrac{b^2}{9a^2}$，$q=\dfrac{2b^3}{27a^3}-\dfrac{bc}{3a^2}+\dfrac{d}{a}$ である。

（２）　②に対して，$y=u+v$ とおくと

$$(u+v)^3+3p(u+v)+q=0$$

$$u^3+v^3+\underset{\cdots}{3}uv\underset{\cdots\cdots}{(u+v)}+\underset{\cdots}{3}p\underset{\cdots\cdots}{(u+v)}+q=0$$

$$u^3+v^3+q+\underset{\cdots}{3}(uv+p)\underset{\cdots\cdots}{(u+v)}=0 \qquad \cdots ③$$

（3）　$u^3+v^3=-q$ ，$uv=-p$　　　　　　　　　　　　… ④

を満たす u, v は③を満たし，したがって②を満たす。

$u^3v^3=-p^3$ であることに留意して，$u^3+v^3=-q$ より $v^3=-u^3-q$ で，これを $u^3v^3=-p^3$ に代入して $u^3=t$ としても，あるいは $u^3=-v^3-q$ を代入して $v^3=t$ としても

$$t^2+qt-p^3=0 \qquad \cdots ⑤$$

になるので，⑤の解のひとつが u^3 で，もう一方が v^3 である。

　u^3, v^3 より u, v（３乗のもとの数＝３乗根）を求めれば，y ，そして x を得ることができる。

それでは，②の形から始めて（文字は y ではなく x にして）

$$x^3-3x=0 \qquad \cdots ⑥$$

を例に，虚数を用いて実数解が導かれるようすを見てみましょう。

その前に，これはカルダノの公式を用いなくても

$x(x^2-3)=0$　として　$x=0,\ \pm\sqrt{3}$

というように解けます。しかし，これもカルダノの公式で解けなければ試合には勝てませんから，やはりカルダノの公式で求められるはずです。結果が分かっているので，カルダノの公式による計算が正しいことの確認にもなります。

それでは，⑥は，②において $p=-1$, $q=0$ に相当するので，⑤は

$t^2+1=0$　より　$t^2=-1$

ここで "精神的苦痛" があろうが "詭弁的" であろうが，このまま続けます。

$t=\pm\sqrt{-1}=\pm i$　　ゆえ　$u^3=i$ ，$v^3=-i$

とします。

$u^3=i$ より $u^3-i=0$ で，$-i=(-1)i=i^2i=i^3$ ですから

$u^3+i^3=0$

$(u+i)(u^2-iu+i^2)=0$　つまり　$(u+i)(u^2-iu-1)=0$

$u+i=0$　より　$u=-i$

$u^2-iu-1=0$　より　$u=\dfrac{i\pm\sqrt{(-i)^2-4\cdot1\cdot(-1)}}{2}=\dfrac{i\pm\sqrt{-1+4}}{2}=\dfrac{i\pm\sqrt{3}}{2}$

したがって $u=-i$ ，$\dfrac{\sqrt{3}}{2}+\dfrac{1}{2}i$ ，$-\dfrac{\sqrt{3}}{2}+\dfrac{1}{2}i$　　（i の３乗根）

$v^3=-i$ も同様に $v^3+i=0$ ，$i=-i^3$ ですから

$v^3-i^3=0$　より　$(v-i)(v^2+iv+i^2)=0$　つまり　$(v-i)(v^2+iv-1)=0$

$\therefore v=i$ ，$\dfrac{\sqrt{3}}{2}-\dfrac{1}{2}i$ ，$-\dfrac{\sqrt{3}}{2}-\dfrac{1}{2}i$　　（$-i$ の３乗根）

そして，④の $uv=-p=1$ を満たす u, v の組合せは

ア $\begin{cases}u=-i\\ v=i\end{cases}$　　イ $\begin{cases}u=\dfrac{\sqrt{3}}{2}+\dfrac{1}{2}i\\ v=\dfrac{\sqrt{3}}{2}-\dfrac{1}{2}i\end{cases}$　　ウ $\begin{cases}u=-\dfrac{\sqrt{3}}{2}+\dfrac{1}{2}i\\ v=-\dfrac{\sqrt{3}}{2}-\dfrac{1}{2}i\end{cases}$

したがって，$x=u+v$ より

ア $x=0$ ，イ $x=\sqrt{3}$ ，ウ $x=-\sqrt{3}$　（答）

いまは，u^3, v^3 が簡単なものにしましたが，$u^3=a+bi$ という一般的な複素数の３乗根 u の求め方については，次節で学習します。

数学の王様 ガウス

ガウスは，1777年，ドイツのブラウンシュワイクで石切り職人の子として生れました。

幼小の頃から計算能力に長(た)け，10歳のとき，小学校の先生が（ひと休みしたいために）「１から 100 まで書いて全部足しなさい」といったとき，先生が一息つく間もなく答えたという話は有名です。暗算で全部足したのではなく，次のようにして $101\times100\div2=5050$ とやったというのです。（諸説あるようです）

$$\begin{array}{r} 1+\ 2+\ 3+\ \cdots\ +\ 99+100 \\ +\quad 100+\ 99+\ 98+\ \cdots\ +\ 2+\ 1 \\ \hline 101+101+101+\ \cdots\ +101+101 \end{array}$$

この方法は，今では，等差数列の和を求める方法として高校で教わります。（「補足」参照）

彼は高校生のとき，たまたま手に入った対数表と 100 万までの素数の表を見ていてひらめくものがあって，整数 n より小さい素数の個数は $\frac{n}{\log n}$ に近いと予測しました。（log については次章参照。）

この予想は，数十年後にリーマン（1826～1866）によって正しいことが証明されます。

1795年に，ゲッチンゲン大学に入学，翌年，正17角形の作図法を発見しました。（作図とは，直線を引く定木と円をかくコンパスだけで図をかくこと）

彼は，正 n 角形の頂点は，座標平面において (1, 0) をひとつの頂点として単位円周上に等間隔に並ぶというイメージを持っていたようです。それで，この問題は**円周等分の問題**と言われます。そして，それらの点は，n 次方程式 $x^n-1=0$ の解に相当して，そのうち作図ができるものは，この方程式が四則計算と平方根だけで解ける場合であるとして，彼は，$x^{17}-1=0$ が四則計算と平方根だけの組合せで解けることを示したのです。

そして，正17角形に限定せず，n が奇数の場合，正 n 角形が作図できる条件：

$p_k=2^{2^k}+1$ （k は非負の整数）として，n が，ひとつ，または，いくつか異なる k $(=k_1, k_2, \cdots, k_j)$ に対する p_k の積 $p_{k_1}p_{k_2}\cdots p_{k_j}$ で表される場合に限る

を発見したのです。

なお，正方形(正四角形)や，この奇数 n を 2^m 倍（m は自然数）したものも作図可能です。

$n=p_0=3$（正三角形），$n=p_1=5$（正五角形），$n=p_0p_1=15$（正15角形)および，正方形とこれらの角数を偶数倍したものの作図はユークリッドの時代から分かっていました。また，角数が 7，9，11，13 の正多角形は作図が不可能です。しかし，$n=p_2=17$ の場合が正17角形で，作図が可能であることをガウスは示したのです。作図できる新しい正多角形が2000年ぶりに増えたことになります。

$k=3$ とすると $p_3=257$ ですが，これは1832年にリシェロート（1808

～1875，ドイツの数学者）が解いています。

さて，この研究からつながったものと思われますが，ガウスが1799年にヘルムシュテット大学で哲学の学位を取ったときの論文で（数学ではない！）

n 次の実数係数多項式 $P(x)=a_0x^n+a_1x^{n-1}+a_2x^{n-2}+\cdots+a_{n-1}x+a_n$

は，１次と２次の実数係数の多項式で因数分解できる

という，現在，**代数学の基本定理**と言われているものを証明とともに発表しました。

２次以下の因数に分解できるということは，言い方を変えると，実数係数の n 次方程式 $P(x)=0$ の解は複素数の範囲で必ず存在する，ということになります。

この時点でガウスは，複素数平面のイメージを持っていましたが，虚数がまだ避けられる時代にあって，世間との面倒な摩擦を嫌う彼は，複素数平面には言及しませんでした。彼は，自分のアイデアや成果を世間に発表することを避けていた傾向があるようです。

この定理の本質は，実際に方程式を解いて見せるという，カルダノたちの "試合" と違って，解の存在を保証する理論（**存在定理**）を示したという点で画期的であり，その後の数学や科学の研究に大きな影響を与えています。

その意味では，第１章で見たユークリッドの「素数が無数に存在する」証明も同様に画期的といえます。

ガウスはまた，それまでの整数に関する研究を体系化して『整数論研究』を出版し（1801年），整数論の基礎を築きました。

数学のほかに，天体力学を研究し，1807年には，ゲッチンゲン大学の天文学教授と天文台の台長に任命され，終生，そこに留りました。

そして，天体観測のデータの誤差を評価するための研究により，現在の統計学で不可欠の正規分布を見つけました。（正規分布をガウス分布ともいう）

ガウスはさらに，地磁気の研究から磁気の理論の基礎をつくり，磁力の単位名としてガウスの名が使われています。

彼は，決して裕福ではありませんでしたが，長生きできて彼の持てる才能を最大限に発揮できたことは幸せであったといえます。

2　複素数と三角関数

●極形式

複素数の和や差は，ガウス平面上で平行四辺形の対角線として見ることができましたが，積や商のガウス平面上での関係は，複素数のまた別の表現方法を使うと，よく分かるようになります。

ガウス平面上の$\alpha=a+bi$に相当する点 A を$A(\alpha)$と書くことにします。

このとき，$OA=r$，OA が実軸の正の部分となす角をθとすると

$$\frac{a}{r}=\cos\theta \quad ゆえ \quad a=r\cos\theta \ , \quad \frac{b}{r}=\sin\theta \quad ゆえ \quad b=r\sin\theta$$

ですから

【図 10-2-1】

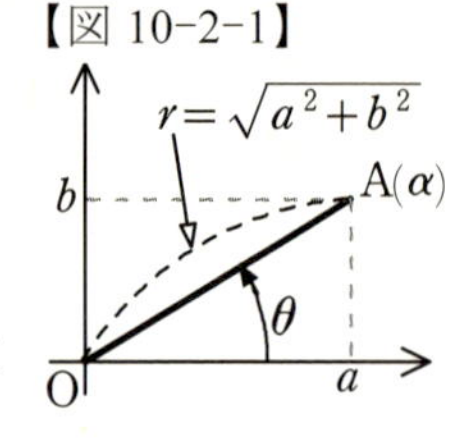

$$\begin{aligned}\alpha &= a+bi \\ &= r\cos\theta+r\sin\theta\cdot i\end{aligned}$$

$$\therefore \ \boldsymbol{\alpha=r(\cos\theta+i\sin\theta)}$$

とも表せることになります。この表現を，複素数の**極形式**といいます。

これは，点 A の**極座標** (r, θ) を用いた複素数の表記です。

r を複素数αの**絶対値**といい，$|\alpha|$ と表します。これは，点$A(\alpha)$と原点 O との距離 OA のことですから，$\alpha=a+bi$ とすると

$$r=|\alpha|=|a+bi|=\sqrt{a^2+b^2}$$

となります。

θは複素数αの**偏角**(argument)といい，**arg$\boldsymbol{\alpha}$** と表します。偏角は，通常は $0\leqq\theta<2\pi$（度数法なら $0°\leqq\theta<360°$）で表したり，$-\pi<\theta\leqq\pi$（度数法なら $-180°<\theta\leqq180°$）で表したりします。

また，$\sin\theta i$ と書くとθに i が掛かっているような誤解も生じますか

ら，極形式の場合は，i を $\sin\theta$ の前に書く習慣になっています。

２つの複素数 $\alpha = r_1(\cos\theta_1 + i\sin\theta_1)$ と $\beta = r_2(\cos\theta_2 + i\sin\theta_2)$ に対して

$$\alpha = \beta \Leftrightarrow r_1 = r_2 \text{ かつ } \theta_1 = \theta_2 + 2n\pi \quad (n\text{は整数})$$

となります。$\theta_1 = \theta_2$ とは限りません。動径の一般角と同じ考えです。

この偏角の具体的な扱いについては，例 1 などで示します。

●複素数の積と商（点の回転移動）

それでは，積を極形式で計算してみます。

$$\alpha = r_1(\cos\theta_1 + i\sin\theta_1)\ ,\quad \beta = r_2(\cos\theta_2 + i\sin\theta_2)$$

として

$$\begin{aligned}\alpha\beta &= r_1(\cos\theta_1 + i\sin\theta_1)\cdot r_2(\cos\theta_2 + i\sin\theta_2)\\ &= r_1r_2(\cos\theta_1\cos\theta_2 + i\cos\theta_1\sin\theta_2 + i\sin\theta_1\cos\theta_2 + i^2\sin\theta_1\sin\theta_2)\\ &= r_1r_2\{\underline{\cos\theta_1\cos\theta_2 - \sin\theta_1\sin\theta_2} + i(\underline{\sin\theta_1\cos\theta_2 + \cos\theta_1\sin\theta_2})\}\end{aligned}$$

で，何か思い出しませんか？　そう，三角関数の加法定理です。

$$\underline{\cos\theta_1\cos\theta_2 - \sin\theta_1\sin\theta_2} = \cos(\theta_1 + \theta_2)$$

$$\underline{\sin\theta_1\cos\theta_2 + \cos\theta_1\sin\theta_2} = \sin(\theta_1 + \theta_2)$$

$$\therefore\ \boldsymbol{\alpha\beta = r_1r_2\{\cos(\theta_1 + \theta_2) + i\sin(\theta_1 + \theta_2)\}} \qquad (1)$$

となります。これは

$$\boldsymbol{|\alpha\beta| = r_1r_2 = |\alpha||\beta|}$$

$$\boldsymbol{\arg(\alpha\beta) = \theta_1 + \theta_2 = \arg\alpha + \arg\beta}$$

で，言い方を変えると，α を β 倍するということは

α の絶対値 r_1 を β の絶対値 r_2 倍する

点 α を原点を中心に β の偏角 θ_2 だけ回転させる

ということを表しています。つまり，複素数の積は

原点を中心とする**拡大縮小**と**回転**

という図形的な操作に対応するわけです。原点を中心とする回転については，第 6 章 1 節で扱いましたが，拡大縮小もふくめて**1 次変換**の一種です。

【図 10-2-2】

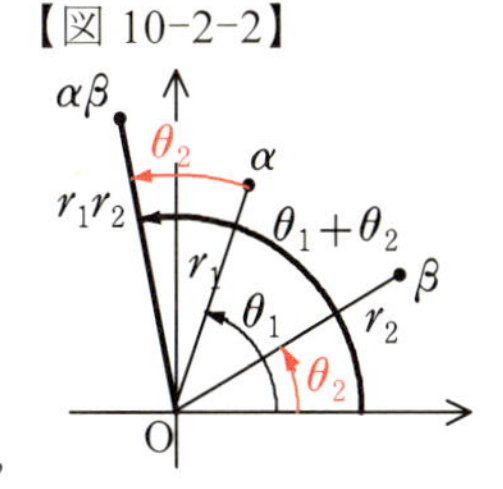

一方割り算は，極形式で分母の実数化をして，

三角関数の加法定理を適用すると（やってみてください）

$$\frac{\alpha}{\beta}=\frac{r_1}{r_2}\{\cos(\theta_1-\theta_2)+i\sin(\theta_1-\theta_2)\} \qquad (2)$$

となり，α を時計回りに θ_2 だけ回転させることになります：

$$\left|\frac{\alpha}{\beta}\right|=\frac{r_1}{r_2}=\frac{|\alpha|}{|\beta|}$$

$$\arg(\frac{\alpha}{\beta})=\theta_1-\theta_2=\arg\alpha-\arg\beta$$

例 1　点 P(2, 3) を次のように回転させたときの座標を求める。
（ア）原点を中心に60°回転　（イ）点Q(−1, 4) を中心に−135°回転

問題文に複素数は出てきません。(ア)は，三角関数の加法定理を用いて一度やっています。ここでは複素数を用いた解答を示します。

ポイントは，座標と複素数の対応：

点の座標 (a, b) ⇔ 複素数 $a+bi$

ということです。複素数にすると，加減乗除，いろいろ計算ができます。そこで，(ア)(イ)に共通で

$(2, 3)$ ⇔ $2+3i=\alpha$

とします。

(ア) 原点を中心に回転させるだけなので，原点との距離，つまり，絶対値は変わりません。そして，α を原点を中心に $60°$ 回転ですから，(1)より，絶対値が 1 で偏角が $60°$ の複素数：

$$z=\cos 60°+i\sin 60°=\frac{1}{2}+\frac{\sqrt{3}}{2}i$$

を $\alpha=2+3i$ に掛ければよいことが分かります。

$$\alpha z=(2+3i)(\frac{1}{2}+\frac{\sqrt{3}}{2}i)=1+\sqrt{3}i+\frac{3}{2}i+\frac{3\sqrt{3}}{2}i^2$$

$$=\frac{2-3\sqrt{3}}{2}+\frac{3+2\sqrt{3}}{2}i \quad \Leftrightarrow \quad (\frac{2-3\sqrt{3}}{2}, \frac{3+2\sqrt{3}}{2}) \qquad \text{(答)}$$

(イ) Q(−1, 4) について

$(-1, 4)$ ⇔ $-1+4i=\beta$

とします。

【図 10-2-3】

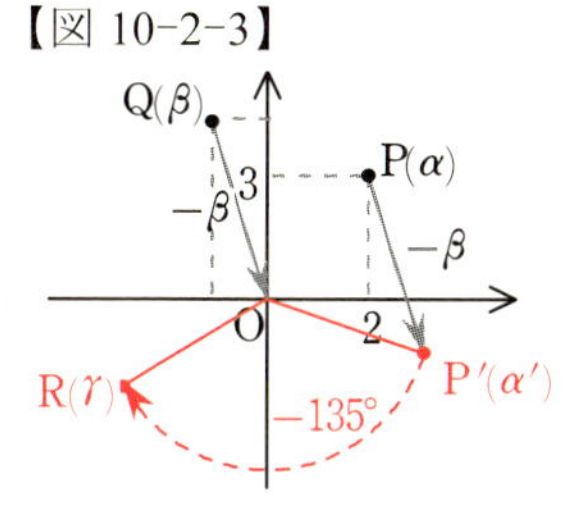

回転の中心が原点ではないので，直接 α に複素数を掛けてもうまくいきません。そこで，回転の中心 β が原点にくるように，α, β とも $-\beta$ だけ平行移動します。平行移動は複素数の加法・減法でしたね：

$$\alpha' = \alpha - \beta = 2 + 3i - (-1 + 4i) = 3 - i \qquad \cdots \text{①}$$

次に，原点を中心に α' を $-135°$ 回転させます。それには，絶対値が 1，偏角 $-135°$ の複素数：

$$z = \cos(-135°) + i\sin(-135°) = -\frac{\sqrt{2}}{2} - \frac{\sqrt{2}}{2}i$$

を α' に掛けます。

$$\gamma = \alpha' z = (3 - i)\left(-\frac{\sqrt{2}}{2} - \frac{\sqrt{2}}{2}i\right) = -\frac{3\sqrt{2}}{2} - \frac{3\sqrt{2}}{2}i + \frac{\sqrt{2}}{2}i + \frac{\sqrt{2}}{2}i^2$$

$$= -2\sqrt{2} - \sqrt{2}i \iff \mathrm{R}(-2\sqrt{2},\ -\sqrt{2})$$

【図 10-2-4】

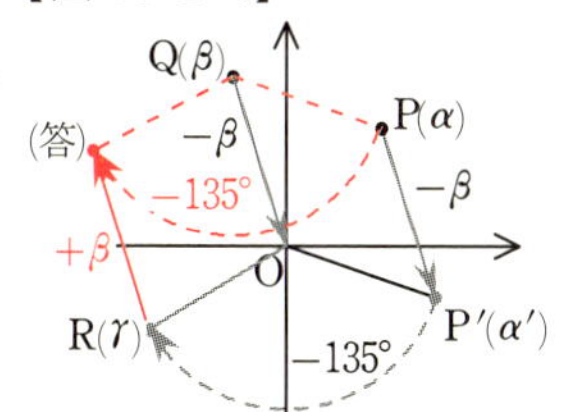

そして，①と逆方向の平行移動をします。

$$\gamma + \beta = -2\sqrt{2} - \sqrt{2}i + (-1 + 4i)$$

$$= -1 - 2\sqrt{2} + (4 - \sqrt{2})i$$

したがって　$(-1 - 2\sqrt{2},\ 4 - \sqrt{2})$　(答)

例 2　放物線 $C_1 : y = x^2$ を，原点を中心に $-45°$ 回転させてできる放物線 C_2 の方程式を求める。

【図 10-2-5】

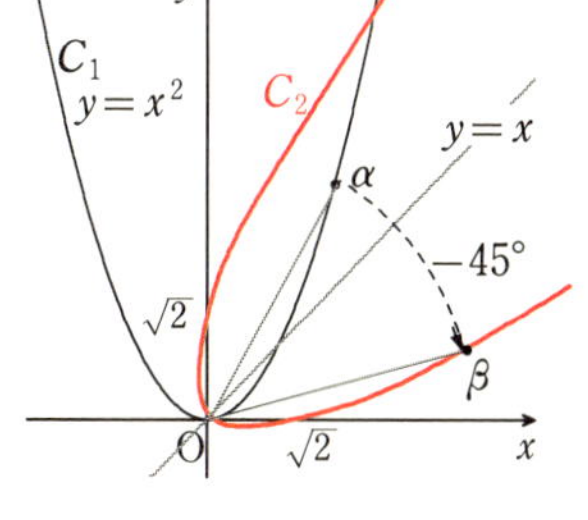

これも，加法定理を用いて一度やっていますが，ここでは複素数を利用します。

放物線 C_1 上の任意の点を複素数 α，それを原点を中心に $-45°$ 回転させた点を複素数 β として

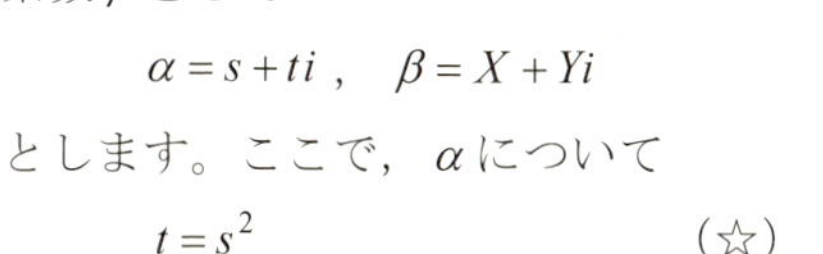

$$\alpha = s + ti, \quad \beta = X + Yi$$

とします。ここで，α について

$$t = s^2 \qquad (☆)$$

が成り立っていますから，この関係から X と Y の満たす等式を求めて，

最後に文字を x，y にすれば，それが C_2 の方程式になります。

α を原点を中心に $-45°$ 回転させるには，α に

$$z=\cos(-45°)+i\sin(-45°)=\frac{\sqrt{2}}{2}-\frac{\sqrt{2}}{2}i=\frac{\sqrt{2}}{2}(1-i)$$

を掛けます：

$$\beta=\alpha z=(s+ti)\cdot\frac{\sqrt{2}}{2}(1-i)=\frac{\sqrt{2}}{2}(s-si+ti-ti^2)$$
$$=\frac{\sqrt{2}}{2}\{(s+t)+(-s+t)i\}$$

$\beta=X+Yi$ との実部どうし，虚部どうしを等号で結んで

$$X=\frac{\sqrt{2}}{2}(s+t)\quad\cdots①\qquad Y=\frac{\sqrt{2}}{2}(-s+t)\quad\cdots②$$

$$\left.\begin{array}{lll}①-② & X-Y=\sqrt{2}s & \therefore s=\dfrac{1}{\sqrt{2}}(X-Y)\\ ①+② & X+Y=\sqrt{2}t & \therefore t=\dfrac{1}{\sqrt{2}}(X+Y)\end{array}\right\}\ (★)$$

$t=s^2$ に代入して

$$\frac{1}{\sqrt{2}}(X+Y)=\frac{1}{2}(X-Y)^2$$

$\times 2 = \times\sqrt{2}^2$

$$\sqrt{2}(X+Y)=X^2-2XY+Y^2$$

$$X^2-2XY+Y^2-\sqrt{2}X-\sqrt{2}Y=0$$

通常の変数 x，y に戻して

$$C_2:x^2-2xy+y^2-\sqrt{2}x-\sqrt{2}y=0 \qquad\cdots(答)$$

(☆)において，C_1 の式を変えれば，また別の曲線に対応できます。

例 3　双曲線 $C_1:y=\dfrac{1}{x}$ を，原点を中心に $-45°$回転させてできる曲線の C_2 方程式。

例２の解答中の(☆)を $t=\dfrac{1}{s}$ に変えて，(★)を代入して

$$\frac{1}{\sqrt{2}}(X+Y)=\frac{1}{\frac{1}{\sqrt{2}}(X-Y)}$$

$$\frac{1}{2}(X+Y)(X-Y)=1$$

$$\therefore \frac{X^2}{2}-\frac{Y^2}{2}=1$$

変数を x，y に戻して

$$\frac{x^2}{2}-\frac{y^2}{2}=1 \quad (答)$$

【図 10-2-6】

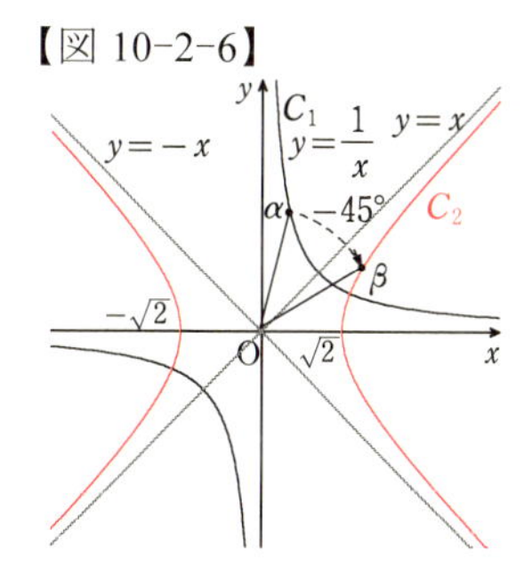

漸近線も一緒に回転することに気をつけてください。ですからこれは，直線 $y=x$ と $y=-x$ を漸近線にもつ双曲線です。

もとのいわゆる反比例 $y=\frac{1}{x}$ のグラフもそうですが，２本の漸近線が直交している双曲線を**直角双曲線**といいます。

●ド・モアブルの定理

$\alpha=r(\cos\theta+i\sin\theta)$ として，極形式による積の計算（１）を $\alpha^2=\alpha\cdot\alpha$ に適用すると，$\theta+\theta=2\theta$ ですから

$$\alpha^2=r^2(\cos 2\theta+i\sin 2\theta)$$

となります。これを繰り返すことで

$$\boldsymbol{\alpha^n=r^n(\cos n\theta+i\sin n\theta)}$$

が成り立つことが分かります。これを**ド・モアブルの定理**といいます。

これは，$n\leqq 0$ の場合にも成り立ちます。なぜなら，$n=0$ のときは

左辺 $=\alpha^0=1$

右辺 $=r^0(\cos 0+i\sin 0)=1$

$n<0$ のときは，$n=-m$ $(m>0)$ として

$$\alpha^n=\alpha^{-m}=\frac{1}{\alpha^m}=\frac{\cos 0+i\sin 0}{r^m(\cos m\theta+i\sin m\theta)}$$ （負の指数については次章）

で，商の計算（２）を適用すると

$$\alpha^n=\frac{1}{r^m}\{\cos(0-m\theta)+i\sin(0-m\theta)\}$$

$$=\frac{1}{r^m}\{\cos(-m\theta)+i\sin(-m\theta)\}$$

$$=r^n(\cos n\theta+i\sin n\theta) \qquad \left(\frac{1}{r^m}=\frac{1}{r^{-n}}=r^n\right)$$

ド・モアブル（1667〜1754）はフランス生れですが，ロンドンに住んでいました。そのため，イギリスの数学者といわれています。

●複素数の *n* 乗根

a の ***n* 乗根**とは，n 乗すると a になる数，すなわち，方程式 $z^n=a$ の解 z のことです。$n=2$ のときは**平方根**，$n=3$ のときは**立方根**ともいいます。

2乗根(平方根)から n 乗根を総称して，**累乗根**といいます。

a が実数の場合，n 乗根のうち実数のものは，平方根の根号をアレンジして $\sqrt[n]{a}$ と書きます（$n\geqq 3$）。正と負があるときは，正の方を表すことにします。

例：$\sqrt[3]{125}=5$，$\sqrt[4]{\dfrac{1}{16}}=\dfrac{1}{2}$，$\sqrt[5]{-243}=-3$，$-\sqrt[6]{8}=-\sqrt{2}$

例4　$w=r_1(\cos\alpha+i\sin\alpha)$ の n 乗根。（方程式 $z^n=w$ を解く。）

角度は，弧度法で説明します。（度数法でもできます。）

まず，ド・モアブルの定理により

$z=r(\cos\theta+i\sin\theta)$　とおくと　$z^n=r^n(\cos n\theta+i\sin n\theta)$

ですから，方程式 $z^n=w$ は

$$r^n(\cos n\theta+i\sin n\theta)=r_1(\cos\alpha+i\sin\alpha)$$

となります。両辺の絶対値を比較して

$r^n=r_1$　より　$r=\sqrt[n]{r_1}$　$(r,\ r_1>0)$

また，$\cos n\theta=\cos\alpha$，$\sin n\theta=\sin\alpha$ より，k を整数として

$$n\theta=\alpha+2k\pi$$

$n\theta=\alpha$ とは限らないことに注意。一般角の形で表す。

$$\therefore\quad \theta=\frac{\alpha}{n}+\frac{2k}{n}\pi$$

ここで，$0\leqq\dfrac{\alpha}{n}<2\pi$ とすると

$k=0,\ 1,\ 2,\cdots,\ n-1$　　（☆）

で θ は $0\leqq\theta<2\pi$ の範囲を動き，$k=n$ 以降は(☆)の場合と同じ点になります。よって

$$z=\sqrt[n]{r_1}\{\cos(\frac{\alpha}{n}+\frac{2k}{n}\pi)+i\sin(\frac{\alpha}{n}+\frac{2k}{n}\pi)\}\quad (k=0,\ 1,\ 2,\cdots,\ n-1)\ (答)$$

これを見ると，n 乗根はちょうど n 個あることが分かります。これら n 個の複素数は，絶対値と偏角を見れば分かるとおり，ガウス平面上において，原点を中心とする半径 $\sqrt[n]{r_1}$ の円に内接する正 n 角形の頂点になっています。（$n=2$ のときは円の直径の両端）

【図 10-2-7】

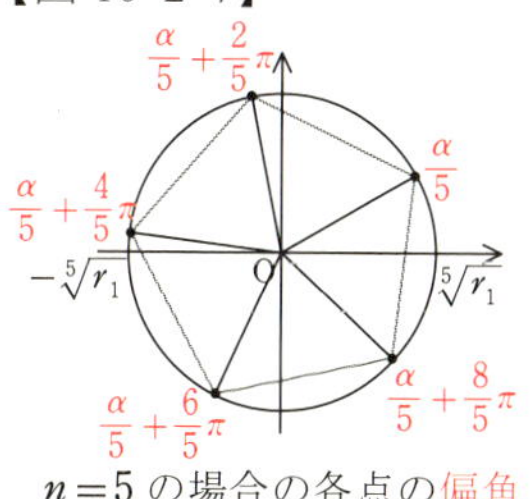

$n=5$ の場合の各点の偏角

例5　（ア）i，$-i$ の平方根　　（イ）1の5乗根

i の平方根は，前節(p.338)で一度求めていますが，ここでは，例4の手順で求めてみます。

（ア）求める複素数を $z=r(\cos\theta+i\sin\theta)$ とおくと，$z^2=r^2(\cos 2\theta+i\sin 2\theta)$

i の平方根

方程式 $z^2=i$ の解ゆえ，$i=\cos\frac{\pi}{2}+i\sin\frac{\pi}{2}$ より

$$r^2(\cos 2\theta+i\sin 2\theta)=\cos\frac{\pi}{2}+i\sin\frac{\pi}{2}\qquad \therefore r=1$$

また，$2\theta=\frac{\pi}{2}+2k\pi$ ゆえ

$$\theta=\frac{\pi}{4}+k\pi\quad (k=0,\ 1)$$

したがって

$$\left.\begin{aligned} z&=\cos\frac{\pi}{4}+i\sin\frac{\pi}{4}=\frac{\sqrt{2}}{2}+\frac{\sqrt{2}}{2}i \\ z&=\cos\frac{5}{4}\pi+i\sin\frac{5}{4}\pi=-\frac{\sqrt{2}}{2}-\frac{\sqrt{2}}{2}i \end{aligned}\right\}(答)$$

【図 10-2-8】

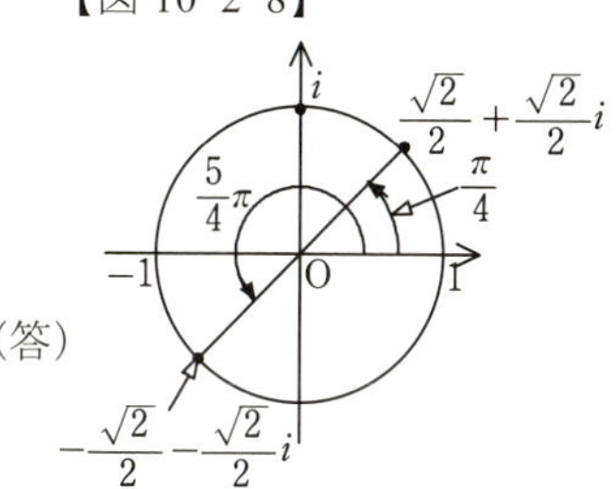

$-i$ の平方根（$z^2=-i$）

方程式 $z^2=-i$ の解ゆえ，$-i=\cos\frac{3}{2}\pi+i\sin\frac{3}{2}\pi$ より

$$r^2(\cos 2\theta+i\sin 2\theta)=\cos\frac{3\pi}{2}+i\sin\frac{3\pi}{2}\qquad \therefore r=1$$

また，$2\theta=\frac{3}{2}\pi+2k\pi$ ゆえ

$$\theta = \frac{3\pi}{4} + k\pi \quad (k = 0,\ 1)$$

【図 10-2-9】

したがって

$$\left.\begin{aligned} z &= \cos\frac{3}{4}\pi + i\sin\frac{3}{4}\pi = -\frac{\sqrt{2}}{2} + \frac{\sqrt{2}}{2}i \\ z &= \cos\frac{7}{4}\pi + i\sin\frac{7}{4}\pi = \frac{\sqrt{2}}{2} - \frac{\sqrt{2}}{2}i \end{aligned}\right\}(答)$$

z の偏角を２倍すると，2π 以上も視野に入れて i や $-i$ の偏角になる，という見方もしてください。

（イ） 求める複素数を $z = r(\cos\theta + i\sin\theta)$ とおくと $z^5 = r^5(\cos 5\theta + i\sin 5\theta)$

方程式 $z^5 = 1$ の解ゆえ，$1 = \cos 0 + i\sin 0$ より

$$r^5(\cos 5\theta + i\sin 5\theta) = \cos 0 + i\sin 0 \qquad \therefore r = 1$$

また，$5\theta = 2k\pi$ ゆえ

$$\theta = \frac{2k}{5}\pi \quad (k = 0,\ 1,\ 2,\ 3,\ 4)$$

したがって

$$\left.\begin{aligned} &z = 1\ ,\quad z = \cos\frac{2}{5}\pi + i\sin\frac{2}{5}\pi\ ,\quad z = \cos\frac{4}{5}\pi + i\sin\frac{4}{5}\pi \\ &z = \cos\frac{6}{5}\pi + i\sin\frac{6}{5}\pi\ ,\quad z = \cos\frac{8}{5}\pi + i\sin\frac{8}{5}\pi \end{aligned}\right\}(答)$$

これらの解は，右図のようになっています。【図 10-2-10】

なお，$\frac{2}{5}\pi\,[\mathrm{rad}] = 72^\circ$ なので

$$\cos\frac{2}{5}\pi = \cos 72^\circ = \frac{\sqrt{5}-1}{4}$$

$$\sin\frac{2}{5}\pi = \sin 72^\circ = \frac{\sqrt{10+2\sqrt{5}}}{4}$$

であることは，第２章１節(p.38)で，正五角形を利用して求めています。

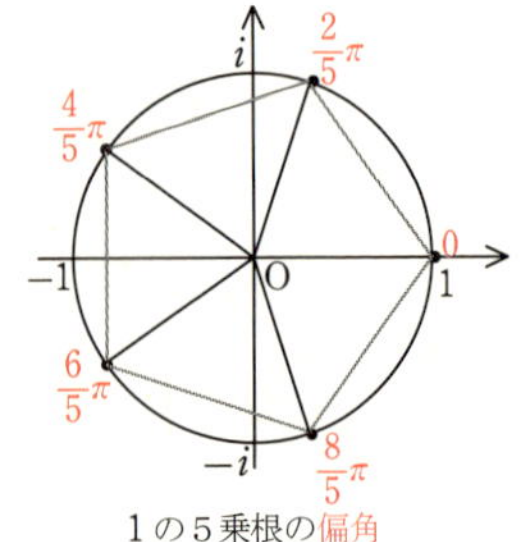

1の５乗根の偏角

前節の最後に，カルダノの公式の計算例の中で，i や $-i$ の３乗根を，

因数分解して2次方程式の解の公式などで求めましたが，皆さんは，ここでやったような極形式とド・モアブルの定理を利用した方法で解いてみてください。

i の3乗根は

$$-i,\ \frac{\sqrt{3}}{2}+\frac{1}{2}i=\cos\frac{\pi}{6}+i\sin\frac{\pi}{6},\ -\frac{\sqrt{3}}{2}+\frac{1}{2}i=\cos\frac{5}{6}\pi+i\sin\frac{5}{6}\pi$$

$-i$ の3乗根は

$$i,\ \frac{\sqrt{3}}{2}-\frac{1}{2}i=\cos\frac{11}{6}\pi+i\sin\frac{11}{6}\pi,\ -\frac{\sqrt{3}}{2}-\frac{1}{2}i=\cos\frac{7}{6}\pi+i\sin\frac{7}{6}\pi$$

ですから，これらをガウス平面に描いてみると，次の図のようになります。

【図 10-2-11】

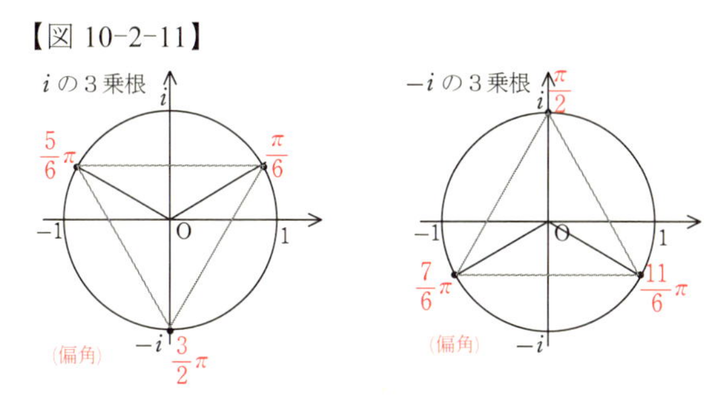

●偏角と指数法則

本章の最後に，積と商について，偏角に注目してみます。p.347 の(1)，および，p. 348 の(2)をもう一度見てください。

$\arg(\alpha\beta)=\arg\alpha+\arg\beta$　は，複素数の**積の偏角は，偏角の和**

$\arg(\frac{\alpha}{\beta})=\arg\alpha-\arg\beta$　は，複素数の**商の偏角は，偏角の差**

となり，何となく指数法則

$$a^s a^t=a^{s+t}\ ,\ \frac{a^s}{a^t}=a^{s-t}$$

を連想させてくれます。上の太字の文の中の「偏角」を「指数」に変えて言ってみてください。複素数の偏角と指数とが同じような振舞をしているということがよくわかります。

次章では，三角関数から離れる感じになりますが，指数法則から指数関数へと足を踏み入れてみます。そのあと最終章で，これらが混ざり合う風景を見ることになります。

複素数と行列

複素数αの表す点をP(α)として，点 P を原点を中心に角度θだけ回転した移動先の点をQ(β) とすると

$$\beta=\alpha(\cos\theta+i\sin\theta) \qquad \cdots ①$$

です。

原点の周りの回転移動(変換)については，第6章末で加法定理を用いて扱っています。そこでの表現は，移動前の点をP(s, t)，移動先の点をQ(X, Y) として

$$\begin{cases} X=s\cos\theta-t\sin\theta \\ Y=s\sin\theta+t\cos\theta \end{cases}$$

というものです。そして，これを行列を用いて

$$\begin{pmatrix} X \\ Y \end{pmatrix}=\begin{pmatrix} \cos\theta & -\sin\theta \\ \sin\theta & \cos\theta \end{pmatrix}\begin{pmatrix} s \\ t \end{pmatrix} \qquad \cdots ②$$

と表しました。

さらに，2つの回転変換を続けて行うようすを行列に対応させた結果

$$\begin{pmatrix} a & b \\ c & d \end{pmatrix}\begin{pmatrix} p & q \\ r & s \end{pmatrix}=\begin{pmatrix} ap+br & aq+bs \\ cp+dr & cq+ds \end{pmatrix} \qquad \cdots ③$$

という規則の行列どうしの演算(乗法)が，自然に定義できました。

さて，①を②に対応させようとすると，回転変換を表す部分について

$\cos\theta+i\sin\theta$ が $\begin{pmatrix} \cos\theta & -\sin\theta \\ \sin\theta & \cos\theta \end{pmatrix}$

に対応しているように見えます。

そこで，そう見えるなら素直にそうしよう，という前向きの姿勢で

一般の複素数 $a+bi$ は行列 $\begin{pmatrix} a & -b \\ b & a \end{pmatrix}$ で表す

というアイデアが出てきます。この対応によれば

実数aは$\begin{pmatrix} a & 0 \\ 0 & a \end{pmatrix}$，とくに実数 1 は$\begin{pmatrix} 1 & 0 \\ 0 & 1 \end{pmatrix}$，虚数単位 i は$\begin{pmatrix} 0 & -1 \\ 1 & 0 \end{pmatrix}$

にそれぞれ対応します。ここで

$$E=\begin{pmatrix}1&0\\0&1\end{pmatrix},\quad I=\begin{pmatrix}0&-1\\1&0\end{pmatrix}\quad \text{一般に}\ A=\begin{pmatrix}p&q\\r&s\end{pmatrix}$$

というように，行列を大文字ひとつで表すことにします。すると

$$AE=\begin{pmatrix}p&q\\r&s\end{pmatrix}\begin{pmatrix}1&0\\0&1\end{pmatrix}=\begin{pmatrix}p\cdot1+q\cdot0&p\cdot0+q\cdot1\\r\cdot1+s\cdot0&r\cdot0+s\cdot1\end{pmatrix}=\begin{pmatrix}p&q\\r&s\end{pmatrix}=A$$

同様にして　$EA=A$

が成り立ちますから，行列 E は，他の行列との乗法において交換法則が成り立ち，数の世界の１と同じ働きであることが分かります。行列の世界では，E を（２行２列の）**単位行列**といいます。

また

$$I^2=\begin{pmatrix}0&-1\\1&0\end{pmatrix}\begin{pmatrix}0&-1\\1&0\end{pmatrix}=\begin{pmatrix}0-1&0+0\\0+0&-1+0\end{pmatrix}=\begin{pmatrix}-1&0\\0&-1\end{pmatrix}=-1\cdot E=-E$$

ですから，行列 I は虚数単位 i と同じ働きであることが分かります。

そして，複素数の加法・減法については

$(a+bi)\pm(c+di)=(a\pm c)+(b\pm d)i$　は

$$\begin{pmatrix}a&-b\\b&a\end{pmatrix}\pm\begin{pmatrix}c&-d\\d&c\end{pmatrix}=\begin{pmatrix}a\pm c&-(b\pm d)\\b\pm d&a\pm c\end{pmatrix}$$

となって，行列の同じ位置にある成分どうしを足したり引いたりするようになっています（これを行列の加法・減法と定義すればよい）し，複素数の積は

$$(a+bi)(c+di)=ac+adi+bci+bdi^2=(ac-bd)+(ad+bd)i$$

ですが，これを行列の乗法に書きかえると

$$\begin{pmatrix}a&-b\\b&a\end{pmatrix}\begin{pmatrix}c&-d\\d&c\end{pmatrix}=\begin{pmatrix}ac-bd&-ad-bc\\bc+ad&-bd+ac\end{pmatrix}=\begin{pmatrix}ac-bd&-(ad+bc)\\ad+bc&ac-bd\end{pmatrix}$$

というように，③の規則に合致しています。

さらに，行列の実数倍を

$$k\begin{pmatrix}p&q\\r&s\end{pmatrix}=\begin{pmatrix}kp&kq\\kr&ks\end{pmatrix}$$

として，E と I を使えば

$a+bi$　は　$aE+bI$

という表し方にもなります。

複素数の絶対値 $|a+bi|=\sqrt{a^2+b^2}$ は

$$\text{行列}\begin{pmatrix} p & q \\ r & s \end{pmatrix}\text{に対して}\begin{vmatrix} p & q \\ r & s \end{vmatrix}=ps-qr \qquad \cdots ④$$

という演算を導入して

$$\begin{vmatrix} a & -b \\ b & a \end{vmatrix}=a^2-b(-b)=a^2+b^2$$

ということで（これの正の平方根が複素数の絶対値ですが）表すことができます。演算④を，２行２列の行列の**行列式**といいます。

複素数を行列の形で表すと，$i^2=-1$ という "詭弁" を使わなくても，実数だけで複素数の世界を構築することも可能になります。

読む授業
～ピタゴラスからオイラーまで～

第11章

指数関数と対数関数

1　指数関数

前章で，複素数の偏角が指数法則に似た振る舞いをすることを見たので，ここで，指数関数について見ておきます。とりあえず，実数の範囲で考えます。

●指数法則

$$\text{I}\quad \boldsymbol{a^s a^t = a^{s+t}} \qquad \text{I}'\quad \boldsymbol{\frac{a^s}{a^t} = a^{s-t}} \qquad \text{II}\quad \boldsymbol{(a^s)^r = a^{sr}} \qquad \text{III}\quad \boldsymbol{(ab)^s = a^s b^s}$$

指数はもともと，同じ数を繰り返し掛けることを簡潔に表す方法で

$$\underbrace{aa\cdots a}_{n\text{個}} = a^n$$

と書き，a の n 乗と読み，a を**底**（てい），n を a の**指数**と呼びます。

この約束に忠実に従って掛ける個数を数えれば，指数法則が得られます。文字列として暗記するような公式ではありません。

$$\text{I}\quad a^s a^t = \underbrace{aa\cdots a}_{s\text{個}}\cdot\underbrace{aa\cdots a}_{t\text{個}} = a^{s+t} \quad \leftarrow \text{合わせて } s+t \text{ 個}$$

$$\text{II}\quad (a^s)^r = \underbrace{\underbrace{(aa\cdots a)}_{s\text{個}}\underbrace{(aa\cdots a)}_{s\text{個}}\cdots\underbrace{(aa\cdots a)}_{s\text{個}}}_{s\text{個が } r \text{ 組}} = a^{sr} \quad \rightarrow sr\text{個}$$

$$\text{III}\quad (ab)^s = \underbrace{(ab)(ab)\cdots(ab)}_{(ab)\text{が } s \text{ 個}} = \underbrace{aa\cdots a}_{a\text{が } s \text{ 個}}\underbrace{bb\cdots b}_{b\text{が } s \text{ 個}} = a^s b^s$$

I′は，今の段階ではこのひとつの形ではなく，場合分けが必要です。

<u>$s>t$</u> の場合，約分すると分子に a が $(s-t)$ 個残りますから

$$\text{I}'\quad \frac{a^s}{a^t} = \frac{\overbrace{a\cdots a}^{t\text{個}}\overbrace{a\cdots a}^{(s-t)\text{個残る}}}{\underbrace{a\cdots a}_{t\text{個}}} = a^{s-t} \tag{1}$$

<u>$s=t$</u> の場合，分子，分母の a の個数は同じだから，全部約分できて

$$\text{I}' \quad \frac{a^s}{a^t} = \frac{a^s}{a^s} = \frac{\cancel{a \cdots a}}{\cancel{a \cdots a}} = 1 \qquad (2)$$

$\underline{s<t}$ の場合，約分すると分母に $(t-s)$ 個残りますから

$$\text{I}' \quad \frac{a^s}{a^t} = \frac{\overbrace{\cancel{a \cdots a}}^{s\text{個}}}{\underbrace{\cancel{a \cdots a}}_{s\text{個}}\underbrace{a \cdots a}_{(t-s)\text{個残る}}} = \frac{1}{a^{t-s}} \qquad (3)$$

●指数の拡張

指数法則 I′について，この(１)〜(３)を統一することを目指します。

まず(２)において，(１)と同じように指数を引き算してみると

$$a^{s-s} = a^0$$

となりますが，当然(２)の結果と一致すべきですから

$$\boldsymbol{a^0 = 1} \qquad (a \neq 0)$$

と考えればいいではないか，ということで，そのように約束します。

指数の引き算は a での割り算を意味しますから，$a \neq 0$ という条件がつきます。（0^0 は定義できない）

これで(２)は I′に統合できます。

次に，(３)も思い切って I′と同じ順序（分子－分母）で指数を引き算してみます。a^{s-t} では分かりづらいので，具体的な数値で観察します。

$$\frac{a^2}{a^5} = a^{2-5} = a^{-3}$$

となってしまいますが，これは(３)による結果 $\frac{1}{a^{5-2}} = \frac{1}{a^3}$ と一致するべきですから，$a^{-3} = \frac{1}{a^3}$ と考えるしかないだろうということで，一般に

$$\boldsymbol{a^{-s} = \frac{1}{a^s}} \qquad (a \neq 0) \qquad \text{（指数の「－」は「分の１」の役割）}$$

と約束します。これで(３)も I′に統合でき，すべて I′になるわけです。

実はこれで，$\frac{1}{a^t} = a^{-t}$ とすることで I′は I に統合できてしまいます：

$$\frac{a^s}{a^t} = a^s \cdot \frac{1}{a^t} = a^s a^{-t} = a^{s+(-t)} = a^{s-t} \quad (\text{I})$$

今度は，たとえば $a^{\frac{1}{2}}$ はいったい何を表すと考えればよいでしょうか。指数法則 II を機械的に適用して２乗してみると

$$(a^{\frac{1}{2}})^2 = a^{\frac{1}{2}\cdot 2} = a^1 = a$$

で，「２乗すると a になる数」となるので，a の平方根です。平方根は正と負ふたつあるので，$a^{\frac{1}{2}}$ は a の正の方の平方根と約束しましょう：

$$\boldsymbol{a^{\frac{1}{2}} = \sqrt{a}}$$

一般に $(a^{\frac{1}{n}})^n = a$ となります。

n 乗すると a になる数，すなわち a の **n 乗根**のうち，実数のものを $\sqrt[n]{a}$ と表すことは前章で紹介しました。実数のもので正と負の両方があるときは正の方を表すものとします。そこで

$$\boldsymbol{a^{\frac{1}{n}} = \sqrt[n]{a}}$$

と約束します。

また，$a>0$ のとき，たとえば $a^{\frac{3}{2}}$ は

$$a^{\frac{3}{2}} = a^{\frac{1}{2}\cdot 3} = (a^{\frac{1}{2}})^3 = \sqrt{a}^3 = a\sqrt{a} \quad \text{または} \quad (a^3)^{\frac{1}{2}} = \sqrt{a^3} = \sqrt{a^2}\sqrt{a} = a\sqrt{a}$$

というように，指数が有理数の場合

$$\boldsymbol{a^{\frac{m}{n}} = \sqrt[n]{a}^m = \sqrt[n]{a^m}}$$

と考えればよいでしょう。「m 乗」は根号の中でも外でも同じということです。

さらに，指数を無理数にまで広げます。

たとえば，$a^{\sqrt{2}}$ は次のように考えます。

$$a^{\sqrt{2}} = (a^{1.4}\ ,\ a^{1.41}\ ,\ a^{1.414}\ ,\ a^{1.4142}\ ,\cdots\ \text{の極限値})$$

$$a^{\frac{14}{10}}\ ,\ a^{\frac{141}{100}}\ ,\ a^{\frac{1414}{1000}}\ ,\ a^{\frac{14142}{10000}}\ ,\cdots$$

$$\sqrt[10]{a}^{14},\sqrt[100]{a}^{141},\sqrt[1000]{a}^{1414},\sqrt[10000]{a}^{14142},\cdots$$

このように，小数表記を有限桁で打ち切れば有理数ですから，累乗根で表せます。すべての無理数について同様に考えるのです。

そうしたとき，その極限値が存在する(この数列が収束する)かどうか，という根本的な理論も解析学の基礎の部分ですが，高校の数学や本書では直感的に存在しそうだということで良しとします（オイラーやフーリエまでの感覚)。

指数が実数に拡張されても，指数法則Ⅰ～Ⅲはそのまま成り立ちます。

このことも，本当は証明が必要ですが，これも割愛します。

●指数関数 $y=a^x$

こうして，すべての実数 x に対して a^x が定義されたので

$$y=a^x$$

という関数に関心が移っていきます。指数が変数なので，a を底とする**指数関数**といいます。これはすべての実数 x で定義されます。

a^x が実数の関数として意味をもつためには，$a>0$ である必要があります。なぜなら，たとえば $a=-2$ とすると，$x=\frac{1}{2}$ のとき，$a^{\frac{1}{2}}=\sqrt{a}=\sqrt{-2}$ は実数ではなく，グラフの y 座標がなくなってしまう，というようなことが x の至るところで起こるからです。

また，$a=1$，すなわち $y=1^x$ は，単なる定数関数 $y=1$ になってしまいますし，$y=0^x$ は，$x\leqq 0$ で定義されず，$x>0$ で定数関数 $y=0$ です。

したがって，指数関数は，底 a に $\boldsymbol{a>0,\ a\neq 1}$ という条件を付けて扱います。

例1　$y=2^x$ と $y=(\frac{1}{2})^x$ のグラフ。

【図 11-1-1】

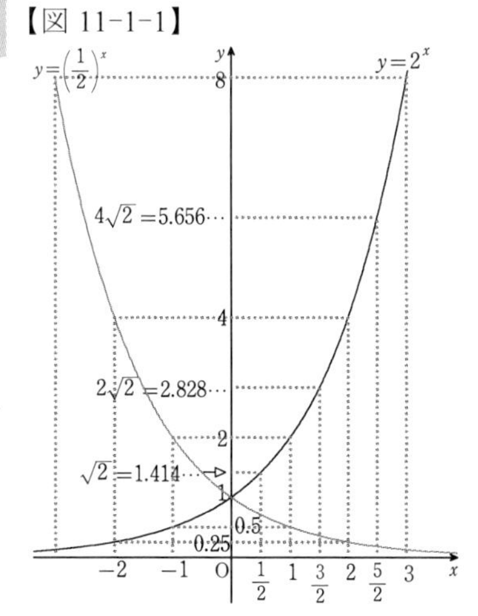

いくつかの x に対すると y の値を求めて，座標平面上に点を並べて，それらを滑らかに結んでみます。

$y=x^2$ と混同しないように。

滑らかに結んで良さそうだということも納得できますか？

下にふくらんだ(下に凸(とつ)の)曲線です。

$y=2^x$ のグラフは右上がりです。$y=(\frac{1}{2})^x$ は右下がりです。

そして，$x\to-\infty$ のとき，あるいは $x\to\infty$ のとき，グラフは限りなく x 軸に近づくので，いずれも x 軸が

漸近線になります。また，これらは，互いにy軸に関して対称です。

一般に，$y=a^x$ は，$a>1$ のとき増加（グラフは右上がり），$0<a<1$ のとき減少（グラフは右下がり）になります。とくに，$y=a^x$ と $y=(\frac{1}{a})^x$ のグラフは，y軸に関して左右対称になります。

● $y=a^x$ のグラフのy軸との交点における接線の傾き

$y=3^x$ のグラフは，$y=2^x$ と比べてどう違うでしょうか。

$3^0=1$ なのでy切片はやはり 1 で，ここを要（かなめ）にして $y=2^x$ のグラフを反時計回りに回転させるような格好で，グラフ全体の傾きが $y=2^x$ より大きくなることは理解できるでしょう。(図 11-1-2(a))

【図 11-1-2】

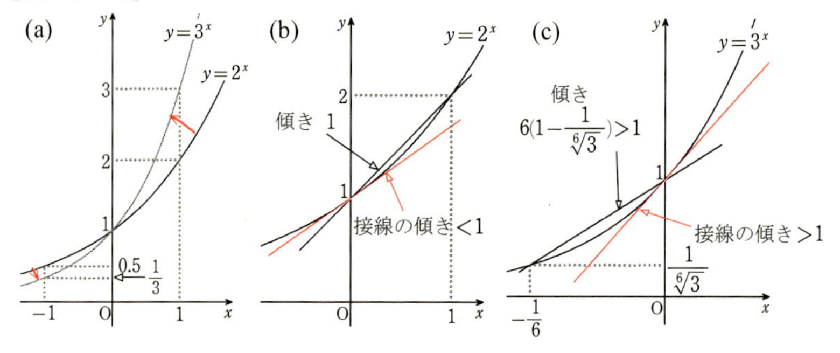

傾き具合をもう少し詳しく観察すると，上図(b)にあるように，$y=2^x$ のy軸との交点での接線の傾きは1より小さいことが分かります。

上図(c)を見ると

$$3^{-\frac{1}{6}}=\frac{1}{3^{\frac{1}{6}}}=\frac{1}{\sqrt[6]{3}}=0.83268\cdots$$

$$x=-\frac{1}{6} \text{ と } x=0 \text{ の間の傾き}=\frac{1-\frac{1}{\sqrt[6]{3}}}{\frac{1}{6}}=6(1-\frac{1}{\sqrt[6]{3}})\fallingdotseq 1.0039$$

ですから，$y=3^x$ のy軸との交点での接線の傾きは1より大きいことが分かります。（この図だけx軸方向に引き延ばしている。）

そうすると，底を2と3の間のある値にすればy軸との交点での接線の傾きがちょうど1にできるはずです。そのときの底の値をeと表すことにすると

$2<e<3$

です。先ほどの傾きの計算では 2 よりは 3 に近い感じがします。

実際は，$e=2.71828\,18284\cdots$ という無理数なのです。（p.369）

この e は，指数の底ではなく，**自然対数の底**といいます。歴史的には，e は，指数関数からではなく対数関数からつくられたからです。

e は**ネイピア数**とも呼ばれることがあります。(次節末)

e という記号は，"ネイピア数" と名づけたオイラーが初めて使っています。オイラー(Euler)の頭文字だといわれています。

● e^x の導関数

それでは，$y=e^x$ の導関数を求めてみます。

$$\frac{\varDelta y}{\varDelta x}=\frac{e^{x+\varDelta x}-e^x}{\varDelta x}=\frac{e^x e^{\varDelta x}-e^x}{\varDelta x}=e^x\cdot\frac{e^{\varDelta x}-1}{\varDelta x}$$

$1=e^0$ と表せますから，最後の分子は $e^{\varDelta x}-e^0$ で

$$\frac{e^{\varDelta x}-e^0}{\varDelta x}$$

は，右図において $x=0$ と $x=\varDelta x$ 間の直線 ℓ の傾き(平均変化率)です。

ここで $\varDelta x\to 0$ とすれば

$$\frac{e^{\varDelta x}-e^0}{\varDelta x}\ \to\ (\,x=0\ での接線の傾き)$$

になります。

【図 11-1-3】

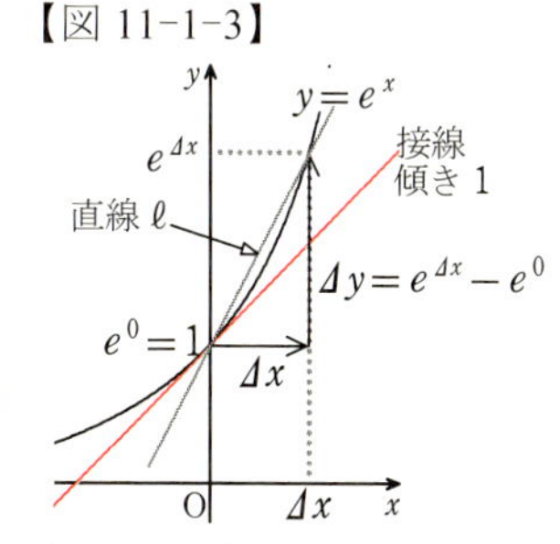

今は，それが 1 になるように定めた底 e ですから（実は，この話を見越して事前に e を導入したのです）

$$\lim_{\varDelta x\to 0}\frac{e^{\varDelta x}-e^0}{\varDelta x}=1 \qquad (4)$$

$$\therefore\ \lim_{\varDelta x\to 0}\frac{\varDelta y}{\varDelta x}=\lim_{\varDelta x\to 0}e^x\cdot\frac{e^{\varDelta x}-e^0}{\varDelta x}=e^x$$

となり，$y=e^x$ の導関数は

$y'=e^x$　つまり　$\boldsymbol{(e^x)'=e^x}$

という結果になります。自分自身が導関数です。とても印象に残ります。

あと，x に係数 k が付いて e^{kx} の場合は

$$\frac{\Delta y}{\Delta x}=\frac{e^{k(x+\Delta x)}-e^{kx}}{\Delta x}$$ ← $e^{kx+\Delta x}$ ではない。

$$=\frac{e^{kx}e^{k\Delta x}-e^{kx}}{\Delta x}=e^{kx}\cdot\frac{e^{k\Delta x}-1}{\Delta x}=e^{kx}\cdot\frac{e^{k\Delta x}-e^{0}}{\Delta x} \quad (1=e^0) \qquad (5)$$

この最後の分数は，分子の e の指数には k が掛かっていますが，分母には掛かっていません。一方(4)は，e の指数と分母が同じ：

$$\lim_{\bullet\to 0}\frac{e^{\bullet}-e^{0}}{\bullet}=1$$

ということですから，$\bullet=k\Delta x$ と考えれば(5)の最後の分数は

$$\lim_{\Delta x\to 0}\frac{e^{k\Delta x}-e^{0}}{\Delta x}=\lim_{k\Delta x\to 0}k\cdot\frac{e^{k\Delta x}-e^{0}}{k\Delta x}=k$$

となります。（$\Delta x\to 0$ ならば $k\Delta x\to 0$）

よって，(5)より

$$\boldsymbol{(e^{kx})'=ke^{kx}} \qquad (6)$$

という具合に，x の係数 k が掛かる形になります。

● a^x の導関数

一般の底の指数関数の導関数は，次のようにします。対数をご存知でない場合は，次節の学習後に戻ってきてください。

$$y=a^{x} \qquad (7)$$

の両辺に対数記号 $\log_e$ をつけて

$$\log_e y=\log_e a^{x}$$

$$\log_e y=x\log_e a$$

$$\therefore\ y=e^{x\log_e a} \qquad (8)$$

したがって，(7)の関係から

$$a^{x}=e^{x\log_e a} \qquad (9)$$

というように，指数関数の底を変換することができます。

(8)(9)の右辺は，(6)において $k=\log_e a$ の状態ですから

$$y'=(a^{x})'=\log_e a\cdot e^{x\log_e a}=\log_e a\cdot a^{x}$$

（(9)により $e^{x\log_e a}$ → a^{x}）

公式としては，$\log_e a$ と a^x の順序を逆にしておきます。

$$(a^x)' = a^x \log_e a \qquad (10)$$

底が e の場合と違って，対数記号が必要になります。したがって，解析学においては，指数関数の底は e にしておくと大変都合が良いのです。

なお，e を底とする対数は**自然対数**といって，ふつうは底を省略して $\log a$ と書くことになっています。本書では，次節以降で省略することにします。

●指数関数の積分

微分の公式（6）$(e^{kx})' = ke^{kx}$ の両辺を積分すると

左辺は $\int (e^{kx})' dx = e^{kx} + C_0$ ，右辺は $\int ke^{kx} dx = k\int e^{kx} dx$

$$e^{kx} + C_0 = k\int e^{kx} dx$$

$$\therefore \int e^{kx} dx = \frac{1}{k} e^{kx} + C \qquad (\frac{C_0}{k} = C)$$

とくに $k=1$ のとき $\boxed{\int e^x dx = e^x + C}$

が得られます。$k=1$ の場合は，$(e^x)' = e^x$ からでも直接得られます。

また，(10) $(a^x)' = a^x \log_e a$ の両辺を積分すると

$$a^x + C_0 = \log_e a \int a^x dx$$

$$\therefore \int a^x dx = \frac{a^x}{\log_e a} + C \qquad (\frac{C_0}{\log_e a} = C)$$

となります。

例 2　右図の斜線部分の面積 S を求める。

【図 11-1-4】

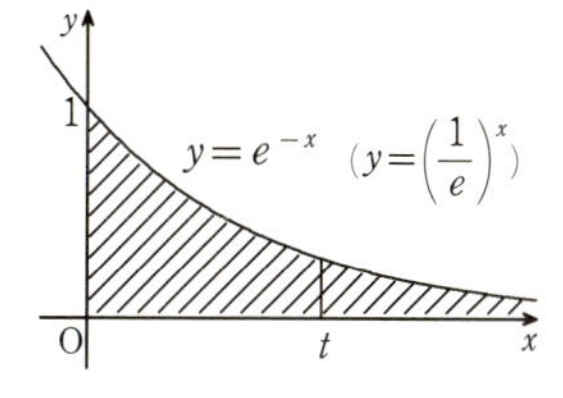

$y = e^{-x}$ は $y = (\frac{1}{e})^x$ と書いても同じで，底は $0 < \frac{1}{e} < 1$ なので，グラフは右下がり，$y = e^x$ のグラフと y 軸に関して対称で，斜線部分は，右のほうに無限に続いています。

無限に続く領域の面積は無限大になってしまうような感じがしますが，計算で確かめましょう。

x 軸より上にあるグラフと x 軸の間の面積はグラフの関数の定積分で

すが，積分区間をいきなり無限にするわけにはいきません。

まず，有限区間の$[0, t]$で積分します。

$$S_t = \int_0^t e^{-x}dx = \left[-e^{-x}\right]_0^t = -e^{-t} - (-e^0) = -e^{-t} + 1$$

そして，$t \to \infty$ とします。このとき，$e^{-t} = \frac{1}{e^t} \to 0$ ですから

$$S = \lim_{t\to\infty} S_t = \lim_{t\to\infty}(-e^{-t} + 1) = \lim_{t\to\infty}(-\underset{\searrow 0}{\frac{1}{e^t}}) + 1 = 1 \quad \text{（答）}$$

●指数関数のべき級数展開

$$e^x = a_0 + a_1x + a_2x^2 + a_3x^3 + \cdots + a_nx^n + \cdots \tag{11}$$

と展開できるとして，$\sin x$ のときと同様の手順で係数 a_n を決めます。

(11)において，$x=0$ とすると $e^0=1$ なので

$$e^0 = a_0 \quad \therefore a_0 = 1$$

次に，(11)の両辺を x で微分します。左辺は変わりません。

$$e^x = a_1 + 2a_2x + 3a_3x^2 + \cdots + na_nx^{n-1} + \cdots \tag{12}$$

で，再び $x=0$ とすれば

$$a_1 = 1$$

(12)を微分して

$$e^x = 2a_2 + 3\cdot 2a_3x + 4\cdot 3a_4x^2 + \cdots + n(n-1)a_nx^{n-2} + \cdots$$

$x=0$ とすると

$$1 = 2a_2 \quad \therefore a_2 = \frac{1}{2}$$

以下同様にして，階乗の記号も使うと

$$a_3 = \frac{1}{3!},\ a_4 = \frac{1}{4!},\ a_5 = \frac{1}{5!}, \cdots,\ a_n = \frac{1}{n!}, \cdots$$

となるので，e^x のべき級数展開は

$$\boldsymbol{e^x = 1 + x + \frac{x^2}{2} + \frac{x^3}{3!} + \frac{x^4}{4!} + \cdots + \frac{x^n}{n!} + \cdots} \tag{13}$$

となります。$2=2!$，x の係数 1 は $\frac{1}{1!}$，さらに x を分子に乗っけて

$$e^x = 1 + \frac{x}{1!} + \frac{x^2}{2!} + \frac{x^3}{3!} + \frac{x^4}{4!} + \cdots + \frac{x^n}{n!} + \cdots$$

$$\boldsymbol{e^x = \sum_{k=0}^{\infty} \frac{x^k}{k!}} \quad \text{(ただし，}\frac{x^0}{0!} = \frac{1}{1} = 1\text{)}$$

と，とてもシンプルな表現になります。

(13)において，$x=1$ とすると，

$$\boldsymbol{e = 1 + 1 + \frac{1}{2!} + \frac{1}{3!} + \frac{1}{4!} + \cdots = \underline{2.7182}8\ 18284\cdots}$$

という関係が得られます。8! の項まで計算すると $\underline{2.7182}7876\cdots$ となります。

級数を途中で打ち切ったときのグラフを見てみましょう。

【図 11-1-5】

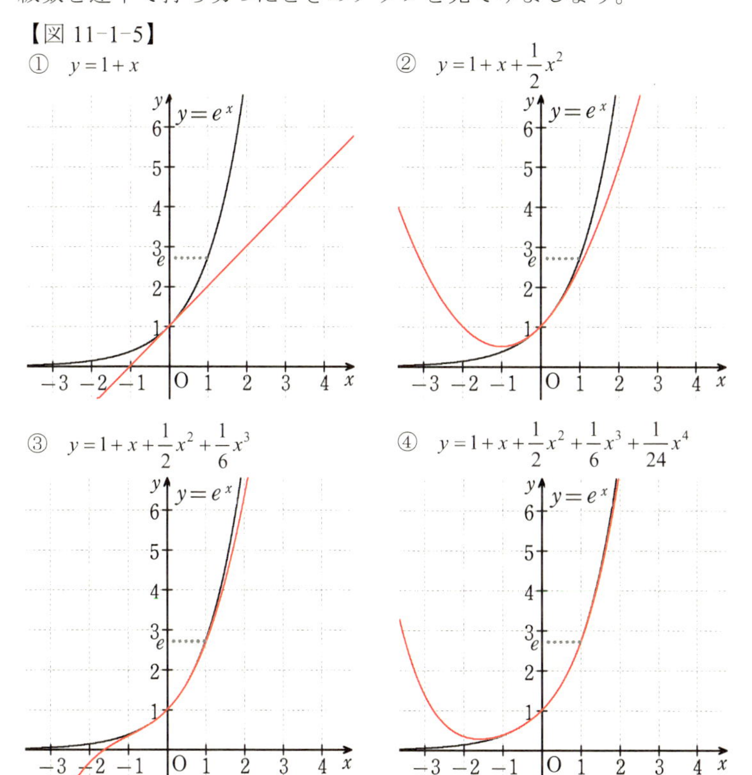

$x=0$（y 軸との交点）の近くで精度の良い近似です（$x=0$ を中心とするテイラー級数展開）。

●高校数学における指数関数の近似

高校数学では，近似という観点ではなく，大小関係として次のような

不等式の証明が必ず扱われます。

例3　$x>0$ とするとき，次の不等式を証明せよ。

（ア）　$e^x>1+x$　　　　（イ）　$e^x>1+x+\frac{1}{2}x^2$

上のグラフで見えていますが，ちゃんとした証明は次のようにします。

（ア）　$f(x)=e^x-(1+x)$ とおくと　$f'(x)=e^x-1$

$x>0$ において $e^x>1$ だから $f'(x)>0$

よって，$f(x)$ は単調増加。

$f(0)=0$ ゆえ，$x>0$ において $f(x)=e^x-(1+x)>0$

したがって　$e^x>1+x$（終）

x	0	…
f'		+
f	0	↗

$A-B>0 \Leftrightarrow A>B$

（イ）　$f(x)=e^x-(1+x+\frac{1}{2}x^2)$ とおくと　$f'(x)=e^x-(1+x)$

（ア）により $e^x>1+x$ ゆえ $f'(x)>0$。よって，$f(x)$ は単調増加。

$f(0)=0$ ゆえ，$x>0$ において $f(x)=e^x-(1+x+\frac{1}{2}x^2)>0$

したがって　$e^x>1+x+\frac{1}{2}x^2$（終）

関数になる前の指数

指数法則は，紀元前には気づいていたようです。

アルキメデス（BC287～212）はその著作『砂粒をかぞえるもの』で，宇宙を埋め尽くす砂粒の数を計算しようとして（当時の宇宙は一定の大きさの球体と考えられていた），それまで決まっていた 10^2「百」，10^3「千」，10^4「万」という数詞をもとにして，「万」の「万」10^8 ごとに区切って，大きな数を体系化して，宇宙球を埋め尽くす砂粒は10^{51} より少ないという結論を出しています。この計算の中で，$10^m \times 10^n = 10^{m+n}$ に相当する計算が使われています。（10^{51} = 1000極（ごく）。第2章末参照）

フランスのオレーム（オレスム，1323頃～1382）は，フランスのリジューで司教を勤め，税制理論の研究をした経済学者であり，コペルニクス（1473～1543）より100年早く地動説を説き，指数を負の数や分数まで考えました。また，デカルト（1596～1650）より200年も早く，温度変化をグラフ的に示すなど，座標軸と関数の考え方まで達していますが，代数学（文字式の扱い）が未発達な時代であったため，指数関数を含めて関数という概念としてまとめるところまでには至りませんでした。

0 や負の指数まで含めた指数法則は，フランスのニコラ・シュケ（1455～1487）が 1484 年に発表しています。

オレームと調和級数

オレームの名前が出たついでに，オレームのもう一つの業績をご紹介します。

彼は，最も単純な調和級数：

$$1+\frac{1}{2}+\frac{1}{3}+\frac{1}{4}+\cdots=\sum_{n=1}^{\infty}\frac{1}{n} \qquad \cdots ①$$

が発散する(和が無限大になる)ことを証明しました。この級数は，第 8 章 3 節で触れた，ゼータ級数 $\varsigma(s)$ の $s=1$ の場合の $\varsigma(1)$ です。

①は，定義は単純なのに，第 n 部分和を n の式で表せないので，なかなか全体像が見えません。それで当時は，収束するのではないかと思うひともいました。なぜなら，項をドンドン足していっても，先のほうの増え方がとてつもなく遅いからです：

1000 項までで　7.4854⋯，1 万項までで　9.7876⋯
100 万項までで 14.3927⋯，1000 万項までで　16.6953⋯

当時のひとは何項めまで足してみたのでしょうか。

20世紀半ば，ジョン・W・レンチ・ジュニア（1911～2009）は，①の初項からの部分和が初めて100を越えるのは

1509 26886 22113 78832 36935 63264 53810 14498 59497 項め

ということを計算したそうです（1968年)。もちろん，実際に足したはずはありません。

1 秒間に 10^{20}（1 京(けい)× 1 万)項ずつ足せる超スーパー・コンピュータ "垓(がい)" でも 1.5×10^{23} 秒 $=4.75\times10^{15}$ 年かかります。宇宙のビッグバンから現在まで，まだ 1.4×10^{10} 年足らずです。（"垓" は架空の量子コン

ピュータです。）

ジョン・レンチは1961年，ＩＢＭのコンピューターを使って円周率πを10万265桁計算するなど，数値解析を専門とするひとです。

さて，オレームは級数①が発散することを次のように証明しました。

$$
\begin{aligned}
&1+\frac{1}{2}+\frac{1}{3}+\frac{1}{4}+\frac{1}{5}+\cdots+\frac{1}{8}+\frac{1}{9}+\cdots+\frac{1}{16}+\frac{1}{17}+\cdots+\frac{1}{32}+\cdots\\
&>1+\frac{1}{2}+\left(\frac{1}{4}+\frac{1}{4}\right)+\left(\frac{1}{8}+\cdots+\frac{1}{8}\right)+\left(\frac{1}{16}+\cdots+\frac{1}{16}\right)+\left(\frac{1}{32}+\cdots+\frac{1}{32}\right)+\cdots\\
&=1+\frac{1}{2}+\frac{2}{4}+\frac{4}{8}+\frac{8}{16}+\frac{16}{32}+\cdots\\
&=1+\frac{1}{2}+\frac{1}{2}+\frac{1}{2}+\frac{1}{2}+\frac{1}{2}+\cdots\\
&\to\infty
\end{aligned}
$$

発散する級数より大きいので，発散する。(終)

発散する調和級数①の一部分だけを取り出した級数

$$\frac{1}{2}+\frac{1}{4}+\frac{1}{8}+\frac{1}{16}+\cdots=\sum_{n=1}^{\infty}\frac{1}{2^n} \qquad \cdots ②$$

はきっちり収束します。一般に，分母（自然数）が等比数列ならば収束します。まず，そのことを確かめましょう。

分母が自然数からなる公比kの等比数列 $c, ck, ck^2, ck^3, ck^4, \cdots$ の場合，cは自然数，kは$k\geqq 2$の自然数で，その逆数の数列

$$\frac{1}{c}, \frac{1}{ck}, \frac{1}{ck^2}, \frac{1}{ck^3}, \frac{1}{ck^4}, \cdots$$

は，公比$\frac{1}{k}$の等比数列になり，公比は$0<\frac{1}{k}<1$となります。

一般に，公比rの等比数列のはじめのm項の部分和S_m：

$$S_m=a+ar+ar^2+ar^3+\cdots+ar^{m-1}$$

は，p.269と同じ方法で求められます：

$$
\begin{array}{rl}
S_m = & a+ar+ar^2+\quad\cdots+ar^{m-2}+ar^{m-1}\\
-)\quad rS_m = & \quad\ \ ar+ar^2+ar^3+\quad\cdots+ar^{m-1}+ar^m\\
\hline
(1-r)S_m = & a \qquad\qquad\qquad\qquad\cdots\ -ar^m
\end{array}
$$

$r\neq 1$のとき

$$S_m=\frac{a-ar^m}{1-r}=\frac{a(1-r^m)}{1-r}$$

ここで，$-1<r<1$ ならば $r^m \to 0\ (m \to \infty)$ なので，無限等比級数の和は

$$S = a + ar + ar^2 + ar^3 + \cdots \ = \frac{a}{1-r} \quad (-1<r<1)$$

となります。

さて，②は，初項 $a = \frac{1}{2}$，公比 $r = \frac{1}{2}$ で $-1<r<1$ を満たす無限等比級数ですから，収束して

$$\frac{1}{2}+\frac{1}{4}+\frac{1}{8}+\frac{1}{16}+\cdots=\sum_{n=1}^{\infty}\frac{1}{2^n}=\frac{\frac{1}{2}}{1-\frac{1}{2}}=1$$

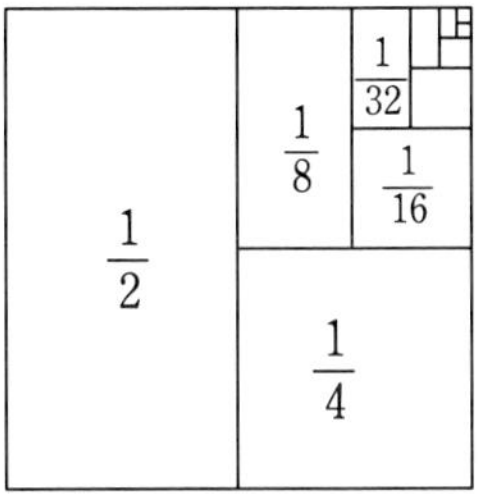

これは，右図でも納得でしょう。１辺の長さが１の正方形において

(半分)+(その半分)+(そのまた半分)+…

と足していけば，重ならず，また隙間もあかずに正方形を埋め尽くして，かつ，正方形をはみ出すこともないだろうということです。

【図 11-1-6】

先ほどの例２では，無限に続く領域の面積が１になるところを見ました。

前章末の「無限に足すということ」でも例を挙げましたが，無限というものが，私たちの日常とかなり異なるものだということを思い知らされます。

オイラーなど，300年ほど前までの大数学者でも無限については曖昧だったのですから，いくら21世紀でも，素人の私たちがなかなか理解できないといって恥じることはありません。

話を戻して，②のように①の一部分を取り出したもの（もとの級数の**部分級数**という）が収束するのですから，どの程度①から取り出せば収束する級数がつくれるだろうかと，いろいろなひとが考えました。

分母が等差数列では，公差がどんなに大きくてもダメです。たとえば

$$\frac{1}{35億}+\frac{1}{70億}+\frac{1}{105億}+\frac{1}{140億}+\cdots = \frac{1}{35億}\left(1+\frac{1}{2}+\frac{1}{3}+\frac{1}{4}+\cdots\right)$$

という具合です。無限大は，どんなに大きな有限値で割ったって無限大です。

分母が自然数の等比数列なら，先ほど見たとおり収束します。

そこで，②の各項の分母(2^n)より個数は多そうだが自然数全体よりは圧倒的に少ない素数だったらどうだろうか，と考えるわけです。

素数が無数に存在することは分かっています。（第１章１節）

$$\frac{1}{2}+\frac{1}{3}+\frac{1}{5}+\frac{1}{7}+\frac{1}{11}+\frac{1}{13}+\frac{1}{17}+\cdots=\sum_{p\text{は素数}}\frac{1}{p}$$

実は，これも発散してしまうのです。まだ，項が "多すぎ" なのです。

オイラーもこうしたことを研究していました。

調和級数①の部分級数で，収束するぎりぎりのものというは，いまも確定していません。しかし，こうした級数の研究の過程で，いろいろ重要なことが見つかってきたのです。

e^x の級数の収束について

$$e^x=1+x+\frac{x^2}{2}+\frac{x^3}{3!}+\frac{x^4}{4!}+\cdots+\frac{x^n}{n!}+\cdots=\sum_{n=0}^{\infty}\frac{x^n}{n!} \qquad (★)$$

の収束について調べます。ただし，$x=0$ のときは明らかに収束しますから，$x\neq 0$ の場合について考えます。

まず，級数 $\sum_{n=1}^{\infty}a_n$ に対して $\sum_{n=1}^{\infty}|a_n|$ が収束するとき，この級数は**絶対収束**であるといって，次の命題が成り立ちます：

絶対収束である級数 $\sum_{n=1}^{\infty}a_n$ は収束する。

これと，次の命題(**ダランベールの収束判定法**)を用います。

$a_n>0$ $(n=0,\ 1,\ 2,\cdots)$ である級数(正項級数) $\sum_{n=1}^{\infty}a_n$ （☆） は

$\lim_{n\to\infty}\frac{a_{n+1}}{a_n}$ が 1 より小さな(0 以上の)値に収束するならば収束する。

極限値が 1 より大きい(発散も含む)とき，収束しない。

つまり，(★)の各項を絶対値にしたもの(正項級数☆)が収束する(絶対収束である)ことを示せばよいわけです。なお，これらの命題の証明は，他の "真面目な" 専門書にお任せすることにします。

(★)の一般項の絶対値を $a_n = \left|\dfrac{x^n}{n!}\right|$ とし，実数 x を任意の値に固定すると

$$\frac{a_{n+1}}{a_n} = \left|\frac{x^{n+1}}{(n+1)!}\cdot\frac{n!}{x^n}\right| = \left|\frac{x}{n+1}\right| = \frac{|x|}{n+1} \to 0 \quad (n\to\infty)$$

これは，すべての実数 x において成り立ちます。

よって，ダランベールの収束判定法により，(★)はすべての実数において絶対収束ですから，(★)は収束します。(終)

無数にあるものの "多い"，"少ない"

上の話に出てきた 2^n や素数は，自然数全体よりかなり少ないというのが通常の感覚ですが，無数にあるものどうしで，どちらが多い・少ないというのは，考えてみればおかしなことです。なにせ，どちらも無数にあるのですから。

実際，次のように，自然数と 2^n は **1 対 1 に対応**が付いて，どちらが余ることも不足することもない，という説明ができてしまいます。

$$\begin{array}{cccccccccc} 1 & 2 & 3 & 4 & 5 & 6 & \cdots & n & & \cdots \\ \updownarrow & \updownarrow & \updownarrow & \updownarrow & \updownarrow & \updownarrow & \cdots & \updownarrow & & \cdots \\ 2 & 4 & 8 & 16 & 32 & 64 & \cdots & 2^n & & \cdots \end{array}$$

素数も無数にあることが証明されていますから，2 を p_1，3 を p_2，5 を p_3，… と，過不足なく順に番号を付けられますから，自然数全体と素数全体も "同数" あるという説明ができます。

このように，自然数と 1 対 1 対応がつくということは，1 番から順に番号が付けられるということなので，そのような個数を**可付番個**とか**可算個**と表現します。

【図 11-1-7】

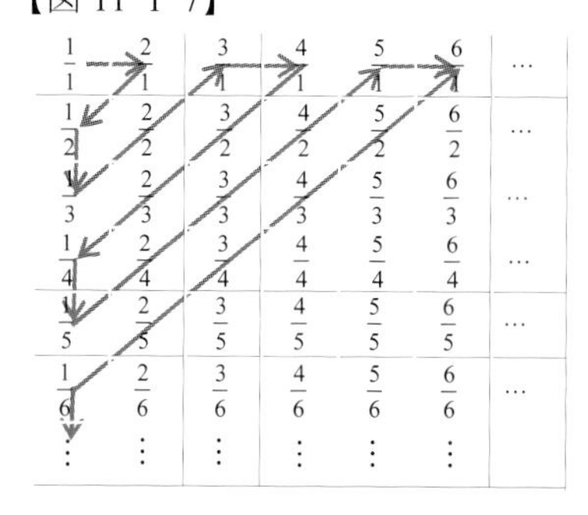

さらに，正の有理数 $\dfrac{m}{n}$ (m，nは自然数) 全体も可算個です。それは右図のように，分母が 1 の分数を 1 行目，分母が 2 の分数を 2 行目…，というように並べて，矢印で示した

順に番号をつけるのです。すでに番号の付いたものと等しい値のものは飛ばします。

ヘンなたどり方のようにも感じますが，もし，真横とか真下にたどっていくと，永久に２行目，あるいは２列目に移ることができません。

それに対して，このたどり方なら，どんな先（右下の方）にあるマス目にもいずれ到達できるということが理解できる点で，とてもうまいアイデアです。

こうして有理数全体に番号が付けられることが示せました。

要素が無数にある集合については，要素の個数とはいわずに，その集合の**濃度**といいます。

自然数全体の集合の濃度を $\aleph_0$ などの記号で表します。$\aleph$は「アレフ」と読むヘブライ文字の第１文字で，$\aleph_0$ は「アレフゼロ」と読みます。そして，すべての要素が自然数と１対１に対応する集合を**可算集合**といい，濃度はすべて $\aleph_0$ とします。

また，実数は連続したものなので，上の有理数のようにひとつずつを分離してマスに入れることはできず，順に番号を付けることが不可能ですので，実数全体の集合は**不可算集合**とか**非可算集合**といって，その濃度は$\aleph$などと表します。

$y=\tan x$ のグラフを見ると，x の開区間$(-\frac{\pi}{2}, \frac{\pi}{2})$ がy 軸（実数）全体と１対１に対応していることが分かりますから，実数の部分集合である開区間 $(-\frac{\pi}{2}, \frac{\pi}{2})$ の濃度も，実数全体と同じ$\aleph$ということになります。

【図 11-1-8】

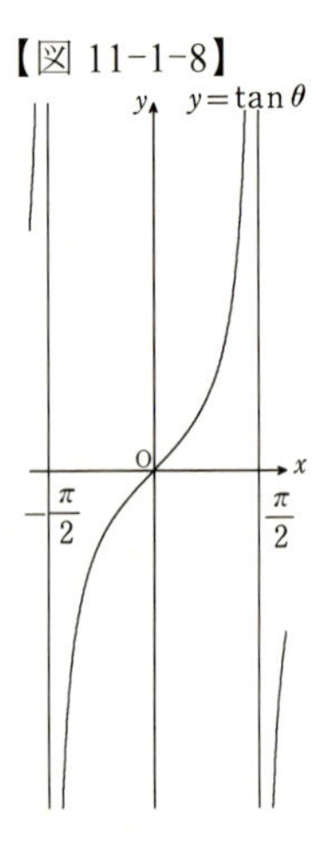

このような理論は，カントール（1845～1918）が確立した集合論に関する話です。

全体と部分の要素の "個数" が同じという，この理屈を初めて聞いたひとは，狐に抓(つま)まれたような気がするのではないでしょうか。

2　対数関数

●対数関数　$y=\log_a x$

$y=a^x$ を　$x=$ に書きかえることは，四則計算や累乗根ではできませんので，新しい記号を導入します。

指数関数 $y=a^x$ $(a>0,\ a\neq 1)$ において，x は a の指数といいますが，このとき，「a の」ということばが付くことには気付いていましたか。

「a の」でなければあと何があるかというと，「y の」何であるかということなのですが，この x は「y の」**対数**(logarithm)というのです。

a は底(てい)というのでしたね。

そこで，x は **a を底とする y の対数**，という意味の新しい記号を

$$y=a^x \iff \boldsymbol{x=\log_a y} \qquad (1)$$

と定義します。普通は「ログ a の y」と読みます。

x，y が実数のとき，(1)の x と y の対応のイメージは，下図のようになります。

【図 11-2-1】

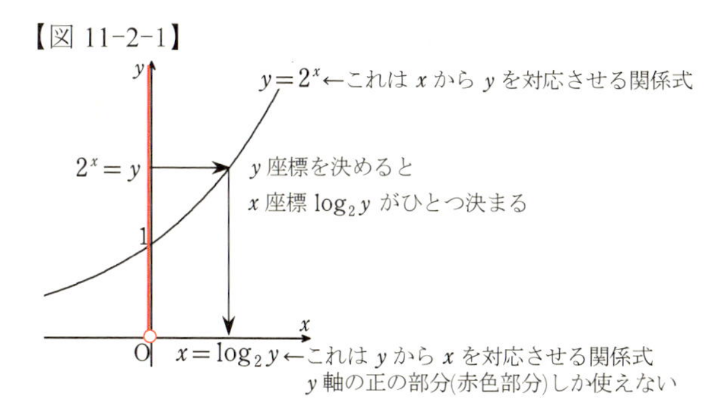

例 1　次の各値を求める。ただし，$a>0,\ a\neq 1$ とする。

$\log_2 8$　　$\log_3 \dfrac{1}{9}$　　$\log_{25} 5$　　$\log_a a$　　$\log_a 1$　　$\log_a a^n$

$$\left.\begin{array}{ll}\log_2 8=3 \quad (\Leftrightarrow 2^3=8) & \log_3\dfrac{1}{9}=-2 \quad (\Leftrightarrow 3^{-2}=\dfrac{1}{3^2}=\dfrac{1}{9}) \\ \log_{25}5=\dfrac{1}{2} \quad (\Leftrightarrow 25^{\frac{1}{2}}=\sqrt{25}=5) & \mathbf{\log_a a=1} \quad (\Leftrightarrow a^1=a) \\ \mathbf{\log_a 1=0} \quad (\Leftrightarrow a^0=1) & \mathbf{\log_a a^n=n} \quad (\Leftrightarrow a^n=a^n)\end{array}\right\}\text{(答)}$$

$\log_a y$ と書いたときの y を**真数**(しんすう)といいます。

図 11-2-1 からも分かるように，x，y が実数の場合には，$\log_a y$ は $y>0$ のときしか使えません。なぜなら，$\log_a y$ の y は指数関数 $y=a^x$ $(a>0,\ a\neq 1)$ の y で，これは，すべての実数 x に対して $y=a^x>0$ となるからです。それが図 11-2-1 で赤く塗ってある範囲です。

この「真数＞0」は，**真数条件**とよく言われます。

また，$a=1$ の場合，$y=1^x$（一定）ですから，$x=\log_1 y$ は $y=1$ のときだけでしか意味をもたず，しかも，x は何でもよい（値が定まらない）ということになってしまうので，$\log_1 y$ は使いものになりません。指数関数で $y=1^x$ を除いた理由より深刻です。

したがって，実数の世界では，$\log_a y$ は，$\boldsymbol{a>0,\ a\neq 1,\ y>0}$ という条件を前提とします。

$x=\log_a y$ を，"通常の" 関数のように，先に決める変数(独立変数)を x，それに対応する変数(従属変数)を y と書いて

$$y=\log_a x \quad (a>0,\ a\neq 1)$$

としたものを，**a を底とする対数関数**といいます。定義域(関数が意味をもつ x の範囲)は $x>0$ です。

●指数法則を対数で表す

指数法則：I $a^s a^t=a^{s+t}$　I′ $\dfrac{a^s}{a^t}=a^{s-t}$　II $(a^s)^r=a^{sr}$ において

$$a^s=P,\ a^t=Q \quad \text{つまり} \quad s=\log_a P,\ t=\log_a Q \tag{2}$$

とすると，指数法則 I, I′, II は

$$\text{I}\quad PQ=a^{s+t} \qquad \text{I}'\quad \frac{P}{Q}=a^{s-t} \qquad \text{II}\quad P^r=a^{sr}$$

となります。

まずⅠにおいて，対数の定義（1）により

$$s+t=\log_a PQ$$

ここで，（2）より

$$\log_a P+\log_a Q=\log_a PQ$$

また，Ⅰ′は

$$s-t=\log_a \frac{P}{Q} \qquad \therefore \log_a P-\log_a Q=\log_a \frac{P}{Q}$$

そしてⅡでは

$$sr=\log_a P^r \qquad \therefore r\log_a P=\log_a P^r$$

となります。これらを，対数の計算上の性質として，左辺と右辺を逆にしてまとめておきます。

（Ⅰ）　$\boldsymbol{\log_a PQ=\log_a P+\log_a Q}$　　　（Ⅰ′）　$\boldsymbol{\log_a \frac{P}{Q}=\log_a P-\log_a Q}$

（Ⅱ）　$\boldsymbol{\log_a P^r=r\log_a P}$　　　$\boldsymbol{(P>0,\ Q>0)}$

● $y=\log_a x$　のグラフ（逆関数とそのグラフ）

$y=\log_a x$ は，$y=a^x$ を $x=\log_a y$ にして，x を y に，y を x に書きかえたものですから，もとの x と y の役割が逆になったということで，$y=a^x$ の**逆関数**(inverse function)といいます。これは互いに呼び合える言葉で，$y=a^x$ は $y=\log_a x$ の逆関数です。

x と y を入れかえますから，$y=a^x$ のグラフと $y=\log_a x$ のグラフは，斜め45°の直線 $y=x$ に関して線対称で，y 軸が漸近線になっています。

このことは，点 (p,q) と (q,p) が直線 $y=x$ に関して線対称の位置

【図 11-2-2】

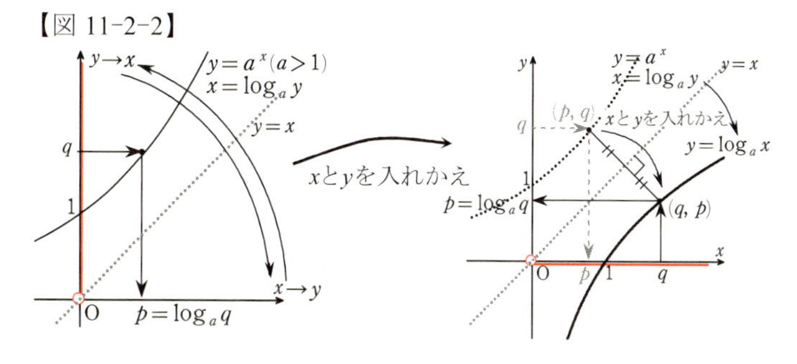

関係にあることから理解できるでしょう。

x と y を入れかえなければ，$y=a^x$ と $x=\log_a y$ のグラフは同じです。

$a>1$ の場合，$y=a^x$，$y=\log_a x$ ともに増加関数で，グラフは右上がりです。

$0<a<1$ の場合はともに減少関数で，右図のとおり右下がりです。

【図 11-2-3】

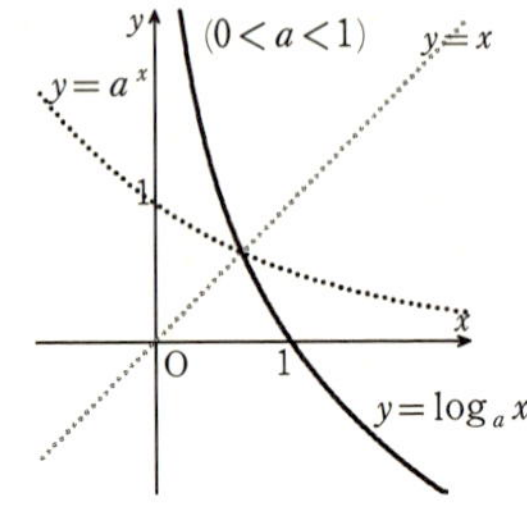

一般に，$y=f(x)$ の逆関数は，x と y が **1対1に対応**しているときに定めることができます。

$f(x)$ の逆関数が存在するとき，それを $\boldsymbol{f^{-1}(x)}$ と表し，「インバース $f(x)$」と読んだりします。この「-1 乗」という書き方は，第3章1節の逆三角関数で $\theta=\sin^{-1} p$ という形で使ったのと同じものです。

ここでは

$$f(x)=a^x \text{ に対して } f^{-1}(x)=\log_a x$$

$$f(x)=\log_a x \text{ に対して } f^{-1}(x)=a^x$$

となります。三角関数と違い，$\log_a{}^{-1}$ という記号はありません。

例2 実数の関数 $y=x^2$ の逆関数について。

x		y		y		x
2	→	4	なので，逆の対応は	4	→	$2=\sqrt{4}$
-2	→				→	$-2=-\sqrt{4}$

というように，1対1ではないため，y をひとつ決めても x がひとつに決まりませんから，このままでは逆関数が定まりません。式も

$$x=\sqrt{y} \quad \text{または} \quad x=-\sqrt{y} \qquad (y \geqq 0)$$

の2つになってしまいます。

そこで，たとえば $x \geqq 0$（放物線の右半分）に制限すれば $x=\sqrt{y}$ に定まりますから，x と y を互いに書きかえて，$y=\sqrt{x}$ が逆関数として確定します。（図 11-2-4 の赤い曲線）

また，$x \leqq 0$（放物線の左半分）に制限すれば，$y=-\sqrt{x}$ がその逆関数

です。（右図の黒い曲線）

【図 11-2-4】

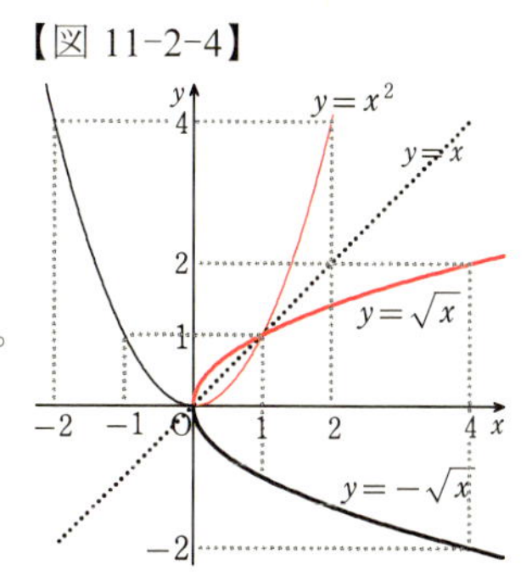

一般に，もとの関数の（制限した）定義域は，x を y に変えて，逆関数の値域（定義域における y のとり得る範囲）になります。

また，もとの関数の値域の y を x にした範囲が逆関数の定義域になります。

例 3　三角関数の逆関数のグラフ。

$y=\sin x$ の場合，x に対しては y はひとつずつ対応しますが，たとえば，$y=\dfrac{1}{2}$ に対しては，下のグラフの範囲だけでも $x=-\dfrac{7}{6}\pi$, $\dfrac{\pi}{6}$, $\dfrac{5}{6}\pi$, $\dfrac{13}{6}\pi$, $\dfrac{17}{6}\pi$ が対応していますから，y から x をひとつに確定することができません。つまり，逆関数が定まりません。

【図 11-2-5】

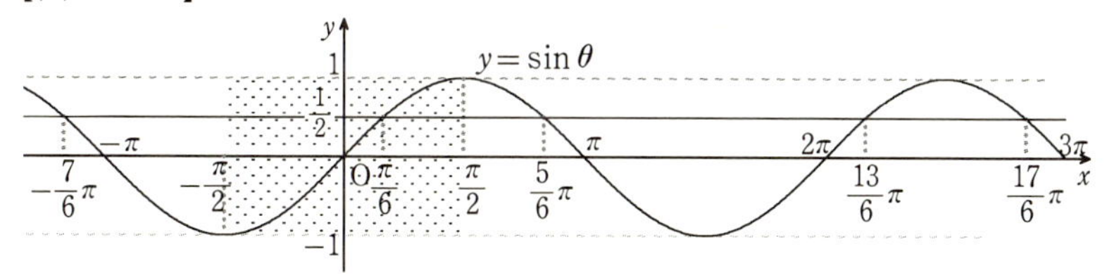

そこで，たとえば x の範囲（定義域）を $-\dfrac{\pi}{2}\leqq x\leqq\dfrac{\pi}{2}$ に制限すれば，x と y が 1 対 1 に対応しますから，この範囲において $y\mapsto x$ という対応の $x=\sin^{-1}y$ が確定して，x を y に，y を x に書きかえて，逆関数 $y=\sin^{-1}x$ ができます。

このように，逆関数が存在するように制限された基本的な範囲を，その関数（逆関数）の**主値**といいます。

$\cos^{-1}x$, $\tan^{-1}x$ も同様に考えて，主値は次の範囲にするのが普通です。

$y=\sin^{-1}x$ の主値は $-\dfrac{\pi}{2}\leqq y\leqq\dfrac{\pi}{2}$

$y=\cos^{-1}x$ の主値は　$0\leqq y\leqq\pi$

$y=\tan^{-1}x$ の主値は $-\dfrac{\pi}{2}<y<\dfrac{\pi}{2}$

【図 11-2-6】

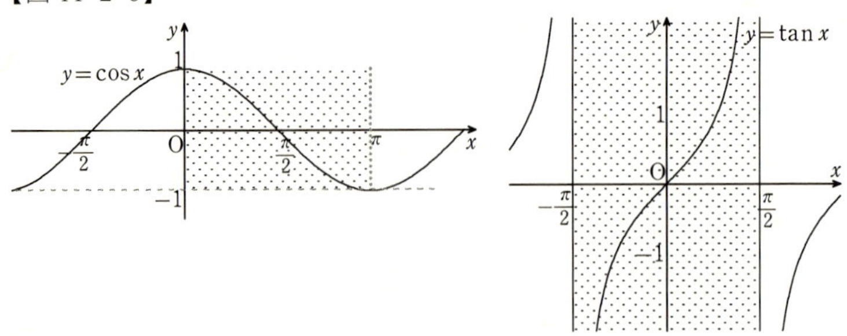

関数電卓の逆三角関数キーでは，この主値の範囲の角度だけが表示されます。

主値に限定した逆三角関数の記号は，しばしば Sin^{-1}，Cos^{-1}，Tan^{-1} というように先頭を大文字にすることがあります。たとえば

$$\mathrm{Sin}^{-1}\frac{1}{2}=\frac{\pi}{6}\ ,\ \ \mathrm{Cos}^{-1}\left(-\frac{\sqrt{2}}{2}\right)=\frac{3}{4}\pi\ ,\ \ \mathrm{Tan}^{-1}\sqrt{3}=\frac{\pi}{3}$$

という具合です。

$y=\mathrm{Sin}^{-1}x$，$y=\mathrm{Cos}^{-1}x$，$y=\mathrm{Tan}^{-1}x$ のグラフは次のようになります。どれも，もとのグラフとは直線 $y=x$ に関して線対称の関係にあります。

【図 11-2-7】

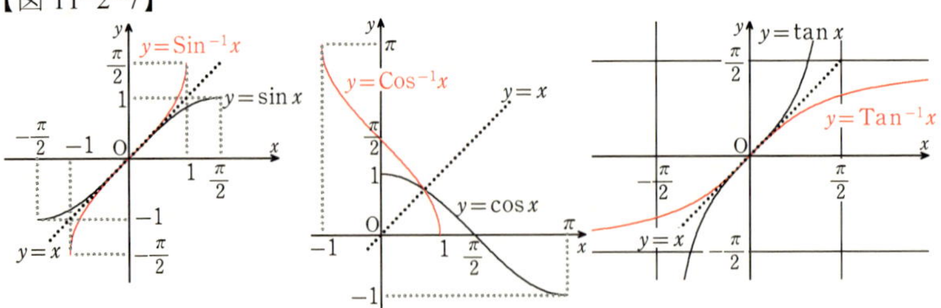

●逆関数の微分法

$y=f(x)$ は，ある区間で微分可能で逆関数が存在し，$x=f^{-1}(y)$ に対して，この区間において $\dfrac{dx}{dy}\neq 0$ であるとします。

$\dfrac{dx}{dy}$ はヘンな感じですが，要するに，$y=f(x)$ を $x=(y$の式$)$ と解いて，yを変数とする関数として微分したものが $\dfrac{dx}{dy}$ ということです。

このとき

$$\frac{dy}{dx}=\lim_{\Delta x\to 0}\frac{\Delta y}{\Delta x}=\lim_{\Delta x\to 0}\frac{1}{\frac{\Delta x}{\Delta y}}$$

【図 11-2-8】

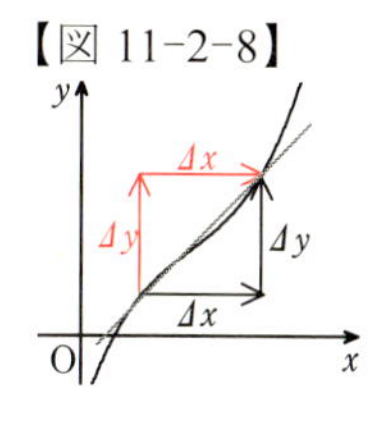

が成り立ちます。ここで，微分可能なので

$\Delta x\to 0$ ならば $\Delta y\to 0$ ですから

$$\frac{dy}{dx}=\frac{1}{\lim_{\Delta y\to 0}\frac{\Delta x}{\Delta y}}=\frac{1}{\frac{dx}{dy}} \qquad \therefore \frac{dy}{dx}=\frac{1}{\frac{dx}{dy}}$$

ということになります。

●対数関数の微分（逆関数の微分法を利用）

$y=\log_a kx$ の導関数を求めてみましょう。ただし，$kx>0$ とします。

$y=\log_a kx$ を x について解くと，$kx=a^y$ より $x=\frac{1}{k}a^y$ となります。

これを，y を変数として微分するには，指数関数 $y=a^x$ の導関数の公式：

$$(a^x)'=a^x\log a \qquad \log a=\log_e a$$

に係数 $\frac{1}{k}$ をつけて，x と y を入れかえて使えばよいので

$$\frac{dx}{dy}=(\frac{1}{k}a^y)'=\frac{1}{k}a^y\log a=x\log a$$

となります。したがって，$y=\log_a kx$ に対して

$$\frac{dy}{dx}=\frac{1}{\frac{dx}{dy}}=\frac{1}{x\log a}$$

すなわち（k に関係なく）

$$(\log_a kx)'=\frac{1}{x\log a}$$

とくに，$a=e$ のときは $\log e=1$ ゆえ

$$(\log kx)'=\frac{1}{x} \qquad (3)$$

底が e の対数を**自然対数**といい，通常は，このように底 e は省略します。ちなみに，底が 10 の対数 $\log_{10}x$ を**常用対数**といいます。

（3）において，真数条件に注意すると

$k=1$ のときは $x>0$ で $(\log x)'=\dfrac{1}{x}$

$k=-1$ のときは $x<0$ で $\{\log(-x)\}'=\dfrac{1}{x}$

となります。

$x>0$ のときは x のまま，$x<0$ のときは $-x$，というのは，結局，絶対値の扱いと同じですから，自然対数の微分の公式としては，次の形が標準的です：

$$\boldsymbol{(\log|x|)'=\frac{1}{x}} \tag{4}$$

対数関数の底の変換公式：（※）

$$\boldsymbol{\log_a b=\frac{\log_c b}{\log_c a}}$$ （$c>0$，$c\neq 1$ なら底は自由に選べる）

を用いれば，自然対数でない対数も自然対数に変換できますから，対数関数の微分の公式は（4）さえ知っていれば対処できます：

$$(\log_a x)'=(\frac{\log x}{\log a})'=\frac{1}{\log a}(\log x)'=\frac{1}{\log a}\cdot\frac{1}{x}=\frac{1}{x\log a}$$

<u>**※ 底の変換公式の証明**</u>

$\log_a b=p$ とすると $a^p=b$

この両辺に，対数記号 $\log_c$ （$c>0$，$c\neq 1$） をつけると

$$\log_c a^p=\log_c b$$

$$p\log_c a=\log_c b \qquad \therefore p=\frac{\log_c b}{\log_c a}$$

したがって $\log_a b=\dfrac{\log_c b}{\log_c a}$ （終）

関数電卓には，常用対数のキー「log」と自然対数のキー「ln」(natural logarithm) しかありません。

それでは，どうやって $\log_2 3$（$2^x=3$ の x）などを計算するかというと，底の変換公式を使うのです：

$$\log_2 3=\frac{\log_c 3}{\log_c 2}$$

$c=10$ とすれば常用対数のキー「log」が使えるし，$c=e$ と思えば自然対数のキー「ln」を使えばよいのです。どちらで計算しても結果は同じです。

底を書かずに $\log_2 3=\dfrac{\log 3}{\log 2}$ とすれば，数学やコンピュータのプログラムでは自然対数と解釈され，正しい等式として認知，実行されます。

指数関数も次のように底の変換ができますが，対数関数も必要ですので，教科書では "指数関数の" 公式にはしていないのでしょう。

p.366(9)の底 e を c にして $a^x=c^{x\log_c a}$　$(c>0,\ c\neq 1)$

●反比例のグラフと自然対数の関係

微分の公式(4)から即座に，不定積分の公式

$$\boldsymbol{\int \frac{1}{x}dx=\log|x|+C}$$

ができあがります。

例4　右図の網掛け部分の面積 T を求める。

$$T=\int_1^e \frac{1}{x}dx$$

$$=\left[\log x\right]_1^e \qquad x>0 \text{ なので絶対値不要。}$$

$$=\log e-\log 1=1 \quad \text{(答)} \qquad \log_e e=1,\ \log 1=0$$

【図 11-2-9】

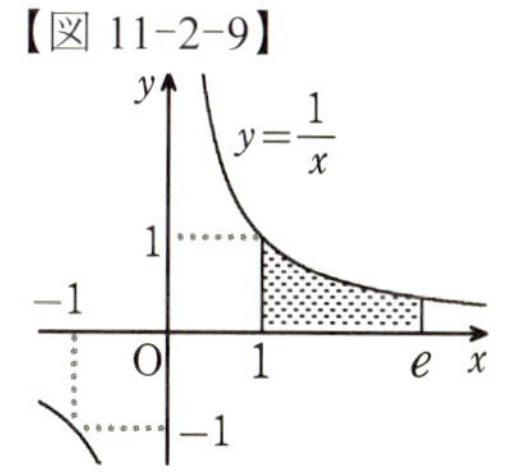

さらに，$y=\dfrac{1}{x}$ のグラフと x 軸の間の，$x=1$ から $x=x$ までの面積 S は

$$S=\int_1^x \frac{1}{t}dt=\left[\log t\right]_1^x$$

$$=\log x-\log 1=\log x$$

$$\therefore S=\log x$$

となります。

【図 11-2-10】

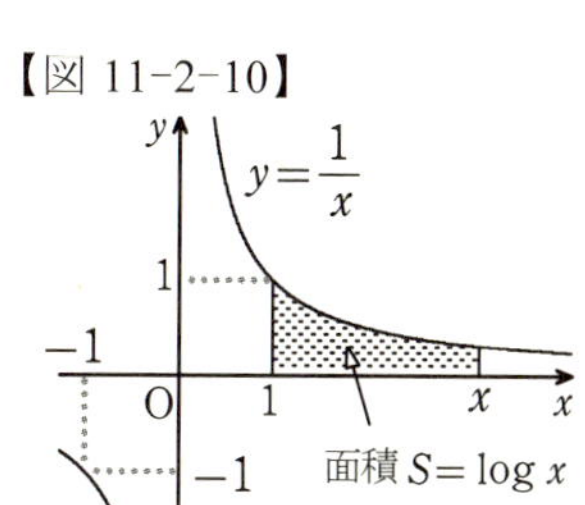

これは，$x\to\infty$ とすると $\log x\to\infty$ なので，面積 S は無限大に発散し

てしまいます。

$\frac{1}{x}$ と $\log x$ の関係は，調和級数 $\varsigma(1)=1+\frac{1}{2}+\frac{1}{3}+\cdots$ と $\log x$ の関係として，オイラーも熱心に研究したところです。（次章末）

●対数関数を導関数の定義に従って微分する

関数 $f(x)$ の導関数（微分）の定義は，こうでした：

$$f'(x)=\lim_{\Delta x\to 0}\frac{f(x+\Delta x)-f(x)}{\Delta x}$$

$f(x)=\log_a x$ として，ニュートン商を計算します。

$$\frac{\log_a(x+\Delta x)-\log_a x}{\Delta x}=\frac{\log_a\frac{x+\Delta x}{x}}{\Delta x} \qquad \log_a M-\log_a N=\log_a\frac{M}{N}$$

$$=\frac{1}{\Delta x}\log_a(1+\frac{\Delta x}{x})=\log_a(1+\frac{\Delta x}{x})^{\frac{1}{\Delta x}}$$

$$r\log_a M=\log_a M^r$$

ここで，$\frac{1}{\Delta x}=h$ とおくと $\Delta x=\frac{1}{h}$ なので

$$\log_a(1+\frac{\Delta x}{x})^{\frac{1}{\Delta x}}=\log_a(1+\frac{1}{xh})^h=\log_a\{(1+\frac{1}{xh})^{xh}\}^{\frac{1}{x}}=\frac{1}{x}\log_a(1+\frac{1}{xh})^{xh}$$

$\Delta x\to 0$ のとき $h\to\infty$ ゆえ $xh\to\infty$ なので，$xh=r$ とおくと $r\to\infty$ で

$$(\log_a x)'=\lim_{r\to\infty}\frac{1}{x}\log_a(1+\frac{1}{r})^r=\frac{1}{x}\log_a\{\lim_{r\to\infty}(1+\frac{1}{r})^r\}$$

となります。

最後の真数部分の極限は 1^∞ の形の不定形なのですが，収束するとして，その極限値を e とすると

$$\boxed{\lim_{r\to\infty}(1+\frac{1}{r})^r=e} \qquad (5)$$

$$\therefore(\log_a x)'=\frac{1}{x}\log_a e$$

対数の底 a を e にすれば $\log_e e=1$ となるので

$$(\log x)'=\frac{1}{x}$$

という具合です。

高校数学の教科書もこの方法で対数関数を微分していますが，その難点は，r を実数として（5）が収束することを，高校生に明確に示せない点にあります。それで本書では，2 と 3 の間に e という定数が存在する

ことがグラフのようすから認めやすい，指数関数のグラフの接線から始めたのです。(5)が収束することは，本節末でがんばって証明します。

● x^p（p は実数）の導関数と不定積分

指数関数 a^x と混同しないよう気をつけてください。

n が自然数のときに $(x^n)'=nx^{n-1}$ であることは，第 8 章で二項定理を用いて示しました。

しかし，指数が自然数と限らない場合には，そこで用いた二項定理は使えません。そこで，p を実数とするときの $(x^p)'$ を，次のように，対数を利用して求めます。

$$y=x^p$$

として，両辺に自然対数の記号をつけます：

$$\log y=p\log x \qquad (☆) \qquad\qquad \log x^p=p\log x$$

このような操作を，「両辺の(自然)対数をとる」といいます。

(☆)の両辺を x について微分します。つまり，左辺は，$f(y)=\log y$，$y=x^p$ という合成関数として微分します。$f'(y)=\dfrac{1}{y}$ ですから

$$\frac{1}{y}\cdot y'=p\cdot\frac{1}{x} \qquad \text{よって} \qquad y'=p\cdot\frac{1}{x}\cdot y=p\cdot\frac{1}{x}\cdot x^p=p\,x^{p-1}$$

したがって

$$\boldsymbol{(x^p)'=p\,x^{p-1}}$$

結果的に，$(x^n)'=nx^{n-1}$ と同じ形になりました。

ここでやったように，対数をとって微分する方法を**対数微分法**という場合があります。

ここから直ちに，積分の公式

$$\int x^p dx=\frac{1}{p+1}x^{p+1}+C \qquad (p\neq -1)$$

が得られます。分母 0 はダメですから，$p\neq -1$ という条件付きです。

$p=-1$ というのは，$x^{-1}=\dfrac{1}{x}$ ですが，$\dfrac{1}{x}$ の積分は

$$\int\frac{1}{x}dx=\log|x|+C$$

です。

x^p の中で，$x^{-1}=\frac{1}{x}$ は特別な位置にあるのですね。

例5 次の導関数を求める。 (ア) $\frac{1}{x^2}$ (イ) $\sqrt{x}$

(ア) $(\frac{1}{x^2})'=(x^{-2})'=-2x^{-2-1}=-2x^{-3}=-\frac{2}{x^3}$ (答)

(イ) $(\sqrt{x})'=(x^{\frac{1}{2}})'=\frac{1}{2}x^{\frac{1}{2}-1}=\frac{1}{2}x^{-\frac{1}{2}}=\frac{1}{2x^{\frac{1}{2}}}=\frac{1}{2\sqrt{x}}$ (答)

例6 不定積分 $\int\frac{x^3-x^2-x+1}{x^2}dx$ を求める。

$$\int\frac{x^3-x^2-x+1}{x^2}dx$$

$$=\int(x-1-\frac{1}{x}+x^{-2})dx$$

$\frac{1}{x^2}$ は x^{-2} のほうが積分しやすい。

$$=\frac{1}{2}x^2-x-\log|x|+\frac{1}{-1}x^{-1}+C=\frac{1}{2}x^2-x-\log|x|-\frac{1}{x}+C \quad \text{(答)}$$

●自然対数のべき級数展開

対数関数のべき級数展開は，次のようになります：

$$\boldsymbol{\log(1+x)=x-\frac{x^2}{2}+\frac{x^3}{3}-\cdots+(-1)^{n-1}\frac{x^n}{n}+\cdots}$$

$$\boldsymbol{=\sum_{k=1}^{\infty}\frac{(-1)^{k-1}}{k}x^k \quad (-1<x\leqq 1)} \qquad (6)$$

これも

$$\log(1+x)=a_0+a_1x+a_2x^2+a_3x^3+\cdots$$

と級数展開できるとすれば，ということで，$x=0$ を代入して $a_0=0$ が得られ，次に両辺を微分して

$$\frac{1}{1+x}=a_1+2a_2x+3a_3x^2+4a_4x^3+\cdots$$

そしてまた，$x=0$ を代入すると $a_1=1$ が得られます。

更に微分して（左辺は商の微分法 p.244），$x=0$ を代入します：

$$\frac{-1}{(1+x)^2}=2a_2+3\cdot 2a_3x+4\cdot 3a_4x^2+5\cdot 4a_5x^3+\cdots$$

$$-1=2a_2 \qquad \therefore a_2=-\frac{1}{2}$$

合成関数の微分法(p.249)
$\{(1+x)^n\}'=n(1+x)^{n-1}$

「微分して $x=0$ を代入」を続ければ(６)が得られます。

なぜ $\log x$ ではないのかというと，$\log x$ は $x=0$ で定義されないのに $x=0$ を中心に展開というのはヘン，$x=0$ が代入できないので a_0 すら求められない，という説明で納得していただきましょう。

参考までに，$y=\log(1+x)=\log(x+1)$ のグラフは $y=\log x$ のグラフを x 軸方向に -1 平行移動したもので，原点を通ります。

【図 11-2-11】

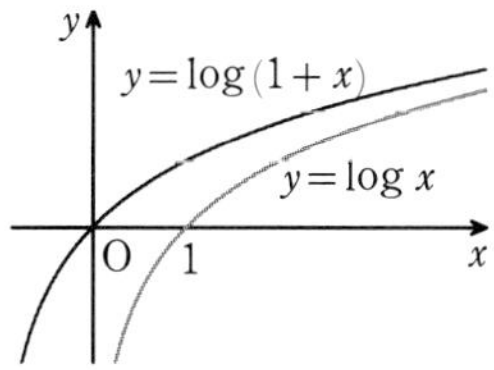

(６)の末尾にある $-1<x\leqq 1$ は，この級数が収束する範囲を表しています。(※)

とくに $x=1$ とすると

$$\log 2=1-\frac{1}{2}+\frac{1}{3}-\cdots+(-1)^{n-1}\frac{1}{n}+\cdots \quad (=0.69314\,7180\cdots)$$

となります。これは，調和級数 $\varsigma(1)$ の項の符号を交互に変えたものです。

どうしても $\log x$ の級数展開がほしいならば

$1+x=t$　とおくと　$x=t-1$

として，文字 t を x に書き戻せば

$$\log x=(x-1)-\frac{(x-1)^2}{2}+\frac{(x-1)^3}{3}-\cdots+(-1)^{n-1}\frac{(x-1)^n}{n}+\cdots \quad (0<x\leqq 2)$$

が得られます。

※　(６)の収束について

$x=0$ のとき，(６)は明らかに成り立ちます。

$0<x\leqq 1$ のときは，第８章末で紹介した交項級数(交代級数)

$$a_0-a_1+a_2-a_3+\cdots \qquad (a_n>0,\ n=0,\ 1,\ 2,\ 3,\cdots)$$

で，その収束条件「$a_n\geqq a_{n+1}$　かつ　$\lim_{n\to\infty}a_n=0$」を満たすので，(６)は収束します。

また，$-1<x<0$ のときは，(６)の右辺はすべての項が負の級数になるので，その各項の絶対値の数列の第 n 部分和 S_n を考えます。S_n は，n の増加に対して単調に増加して（$|x^n|=|x|^n$ に留意して）

$$0 < \underbrace{|x| + \left|\frac{x^2}{2}\right| + \left|\frac{x^3}{3}\right| + \cdots + \left|\frac{x^n}{n}\right|}_{S_n} < |x| + |x|^2 + |x|^3 + |x|^4 + \cdots = \frac{|x|}{1-|x|}$$

初項 $=|x|$，公比 $=|x|$ の等比級数
$(0<|x|<1)$
（この和の求め方は p.269）

というように，有限値より小さいので，$\lim_{n\to\infty} S_n$ は収束します。その極限値に負号「−」をつけたものが，$-1<x<0$ の場合の（6）の右辺の極限値です。

上の記述の＿＿部分は，挟みうちの原理に似たイメージで理解できると思います。つまり，増加し続けるものが，ある上限で抑えられている（**上に有界**）なら，その上限以下のある値に収束していくしかないということです。

本来は

上に有界な単調増加数列は収束する

という定理になっています。これは，「上」を「下」に，「増加」を「減少」に変えると，次のような表現で成り立ちます：

下に有界な単調減少数列は収束する。

●対数関数の積分

$\int \log x\,dx$ は，初めてでは気づきにくいと思いますが，$\int 1\cdot\log x\,dx$ として，第９章２節で定積分の計算に用いた部分積分法を使います。

部分積分法： $\displaystyle \int f(x)g(x)\,dx = \overset{積分}{F(x)}\overset{そのまま}{g(x)} - \int \overset{積分}{F(x)}\overset{微分}{g'(x)}\,dx$

係数１を「積分」，$\log x$ を「そのまま，微分」の役割にします。

$$\int \log x\,dx = \int 1\cdot\log x\,dx = x\log x - \int x\cdot\frac{1}{x}\,dx = x\log x - \int 1\,dx$$

$$\therefore \int \log x\,dx = x\log x - x + C$$

● $\int \tan x\,dx = -\log|\cos x| + C,\quad \int \frac{1}{\tan x}\,dx = \log|\sin x| + C$

この第１式は p.275 で紹介だけしましたが，対数のからむ積分を学んだので，実際に積分してみましょう。

$$\int \tan x\,dx = \int \frac{\sin x}{\cos x}dx$$

$\cos x = t$ とおいて，この両辺を x で微分すると

$$-\sin x = \frac{dt}{dx} \qquad \therefore dx = -\frac{dt}{\sin x}$$

よって

$$\int \tan x\,dx = \int \frac{\sin x}{\cos x}dx = \int \frac{\cancel{\sin x}}{t}\left(-\frac{dt}{\cancel{\sin x}}\right) = -\int \frac{1}{t}dt = -\log|t| + C$$

$$\therefore \int \tan x\,dx - -\log|\cos x| + C \qquad \text{（終）}$$

第 2 式は，$\displaystyle\int \frac{1}{\tan x}dx = \int \frac{\cos x}{\sin x}dx$ ですから，$\sin x = t$ とおいて，この両辺を x で微分すると

$$\cos x = \frac{dt}{dx} \qquad \therefore dx = \frac{dt}{\cos x}$$

よって

$$\int \frac{1}{\tan x}dx = \int \frac{\cos x}{\sin x}dx = \int \frac{\cancel{\cos x}}{t}\cdot\frac{dt}{\cancel{\cos x}}) = \int \frac{1}{t}dt = \log|t| + C$$

$$\therefore \int \frac{1}{\tan x}dx = \log|\sin x| + C \qquad \text{（終）}$$

●逆三角関数の微分

本書の主役である三角関数についても，その逆関数の微分を見てみましょう。まず

$$y = \mathrm{Sin}^{-1}x \iff x = \sin y \quad \left(-\frac{\pi}{2} \leqq y \leqq \frac{\pi}{2}\right)$$

ですから，$\dfrac{dx}{dy} = \cos y$ 。ここで，主値 $-\dfrac{\pi}{2} \leqq y \leqq \dfrac{\pi}{2}$ において $\cos y \geqq 0$ ゆえ

$$\cos y = \sqrt{1 - \sin^2 y} = \sqrt{1 - x^2}$$

よって

$$(\mathrm{Sin}^{-1}x)' = \frac{dy}{dx} = \frac{1}{\frac{dx}{dy}} = \frac{1}{\cos y} = \frac{1}{\sqrt{1 - x^2}} \qquad \therefore \boldsymbol{(\mathrm{Sin}^{-1}x)' = \frac{1}{\sqrt{1 - x^2}}}$$

次に

$$y = \mathrm{Cos}^{-1}x \iff x = \cos y \quad (0 \leqq y \leqq \pi)$$

ですから，$\dfrac{dx}{dy} = -\sin y$ 。ここで，主値 $0 \leqq y \leqq \pi$ において $\sin y \geqq 0$ ゆえ

$$\sin y = \sqrt{1 - \cos^2 y} = \sqrt{1 - x^2}$$

よって

$$(\mathrm{Cos}^{-1}x)' = \frac{dy}{dx} = \frac{1}{\frac{dx}{dy}} = \frac{1}{-\sin y} = -\frac{1}{\sqrt{1-x^2}} \qquad \therefore \boldsymbol{(\mathrm{Cos}^{-1}x)' = -\frac{1}{\sqrt{1-x^2}}}$$

そして

$$y = \mathrm{Tan}^{-1}x \iff x = \tan y \quad (-\frac{\pi}{2} < y < \frac{\pi}{2})$$

ですから，$\frac{dx}{dy} = \frac{1}{\cos^2 y} = 1 + \tan^2 y = 1 + x^2$　ゆえ

$$(\mathrm{Tan}^{-1}x)' = \frac{dy}{dx} = \frac{1}{\frac{dx}{dy}} = \frac{1}{1+x^2} \qquad \therefore \boldsymbol{(\mathrm{Tan}^{-1}x)' = \frac{1}{1+x^2}}$$

と，それぞれなります。

これより直ちに，不定積分の公式もできます：

$$\boldsymbol{\int \frac{dx}{\sqrt{1-x^2}} = \mathrm{Sin}^{-1}x + C} \qquad \boldsymbol{\int \frac{dx}{\sqrt{1-x^2}} = -\mathrm{Cos}^{-1}x + C}$$

$$\boldsymbol{\int \frac{dx}{1+x^2} = \mathrm{Tan}^{-1}x + C}$$

この中に，見覚えのある関数はありますか？

第８章４節の終わりに，$\int_0^a \frac{dx}{a^2+x^2}$ という定積分の例を見ました。

そこでは，いきなり三角関数を用いた置換積分法を利用しましたが，ここでは，上の公式を念頭においた置換をして計算をしてみましょう。

例７　定積分 $\int_0^a \frac{dx}{a^2+x^2}$ を，逆三角関数を利用して計算する。

$$\int_0^a \frac{dx}{a^2+x^2} = \int_0^a \frac{dx}{a^2(1+\frac{x^2}{a^2})} = \frac{1}{a^2}\int_0^a \frac{dx}{1+(\frac{x}{a})^2} = I$$

→ $\int \frac{dt}{1+t^2} = \mathrm{Tan}^{-1}t$ と関係ありそう。

ここで，$\frac{x}{a} = t$ とおくと，$\frac{1}{a}\cdot\frac{dx}{dt} = 1$ より $dx = a\,dt$

x	$0 \sim a$
t	$0 \sim 1$

$$I = \frac{1}{a^2}\int_0^1 \frac{a\,dt}{1+t^2} = \frac{1}{a}\Big[\mathrm{Tan}^{-1}t\Big]_0^1 = \frac{1}{a}(\mathrm{Tan}^{-1}1 - \mathrm{Tan}^{-1}0)$$

主値 $-\frac{\pi}{2} < y < \frac{\pi}{2}$ で考えればよいので，$\mathrm{Tan}^{-1}1 = \frac{\pi}{4}$，$\mathrm{Tan}^{-1}0 = 0$ 。よって

$$I = \frac{1}{a}(\frac{\pi}{4} - 0) = \frac{\pi}{4a} \quad \text{(答)}$$

例 8　定積分 $\int_0^{\frac{1}{2}} \frac{dx}{\sqrt{1-x^2}}$ を，逆三角関数を利用して計算する。

$$\int_0^{\frac{1}{2}} \frac{dx}{\sqrt{1-x^2}} = \left[\mathrm{Sin}^{-1}x\right]_0^{\frac{1}{2}} = \mathrm{Sin}^{-1}\frac{1}{2} - \mathrm{Sin}^{-1}0 = \frac{\pi}{6} \quad \text{（答）}$$

高校数学では，逆三角関数は扱っていないので，第 7 章のような置換積分法で計算するようになっています。また，$\frac{1}{\sqrt{1-x^2}}$ や $\frac{1}{1+x^2}$ などの不定積分は出題できません。

●逆三角関数の不定積分

例 9　次の不定積分を求める。　（ア）$\int \mathrm{Sin}^{-1}x dx$　　（イ）$\int \mathrm{Tan}^{-1}x dx$

（ア）$\mathrm{Sin}^{-1}x = t$ とおくと $x = \sin t$ ゆえ $\frac{dx}{dt} = \cos t$　$\therefore dx = \cos t\, dt$

よって

部分積分法（p.390）

$$\int \mathrm{Sin}^{-1}x dx = \int t\cos t\, dt = t\sin t - \int \sin t\, dt = t\sin t + \cos t + C$$

x の式に戻す

主値 $-\frac{\pi}{2} \leqq t \leqq \frac{\pi}{2}$ において $\cos t \geqq 0$ ゆえ $\cos t = \sqrt{1-\sin^2 t} = \sqrt{1-x^2}$

$$\therefore \int \mathrm{Sin}^{-1}x dx = x\,\mathrm{Sin}^{-1}x + \sqrt{1-x^2} + C \quad \text{（答）}$$

（イ）$\mathrm{Tan}^{-1}x = t$ とおくと $x = \tan t$ ゆえ $\frac{dx}{dt} = \frac{1}{\cos^2 t}$　$\therefore dx = \frac{dt}{\cos^2 t}$

よって

$$\int \mathrm{Tan}^{-1}x dx = \int t\frac{1}{\cos^2 t}dt = t\tan t - \int \tan t\, dt = t\tan t + \log\left|\cos t\right| + C$$

部分積分法　　x の式に戻す

主値 $-\frac{\pi}{2} < t < \frac{\pi}{2}$ において $\cos t > 0$ ゆえ $\cos t = \sqrt{\frac{1}{1+\tan^2 t}} = \frac{1}{\sqrt{1+x^2}}$

したがって

$$\int \mathrm{Tan}^{-1}x dx = x\,\mathrm{Tan}^{-1}x + \log\frac{1}{\sqrt{1+x^2}} + C$$

$$= x\,\mathrm{Tan}^{-1}x + \log(1+x^2)^{-\frac{1}{2}} + C$$

$$\therefore \int \mathrm{Tan}^{-1}x dx = x\,\mathrm{Tan}^{-1}x - \frac{1}{2}\log(1+x^2) + C \quad \text{（答）}$$

$\lim\limits_{r\to\infty}(1+\dfrac{1}{r})^r$ （r は実数）が収束することの証明

（step 1） n を自然数として， $\lim\limits_{n\to\infty}(1+\dfrac{1}{n})^n$ が収束することを証明します。

$a_n=(1+\dfrac{1}{n})^n$ とします。二項定理(p.234)により

$$
\begin{aligned}
a_n &= 1+\cancel{n}\cdot 1\cdot\frac{1}{\cancel{n}}+{}_n\mathrm{C}_2\cdot 1\cdot\frac{1}{n^2}+{}_n\mathrm{C}_3\cdot 1\cdot\frac{1}{n^3}+\cdots+{}_n\mathrm{C}_n\cdot 1\cdot\frac{1}{n^n}\\
&= 2+\frac{n(n-1)}{2!}\cdot\frac{1}{n^2}+\frac{n(n-1)(n-2)}{3!}\cdot\frac{1}{n^3}+\cdots+\frac{n(n-1)(n-2)\cdots 1}{n!}\cdot\frac{1}{n^n}\\
&= 2+\frac{\dfrac{n}{n}\cdot\dfrac{n-1}{n}}{2!}+\frac{\dfrac{n}{n}\cdot\dfrac{n-1}{n}\cdot\dfrac{n-2}{n}}{3!}+\cdots+\frac{\dfrac{n}{n}\cdot\dfrac{n-1}{n}\cdot\dfrac{n-2}{n}\cdots\dfrac{(n-(n-1))}{n}}{n!}\\
&= 2+\frac{1-\dfrac{1}{n}}{2!}+\frac{(1-\dfrac{1}{n})(1-\dfrac{2}{n})}{3!}+\cdots+\frac{(1-\dfrac{1}{n})(1-\dfrac{2}{n})\cdots(1-\dfrac{n-1}{n})}{n!}
\end{aligned}
$$

ここで， n を 1 増やして $n+1$ とすると

第 n 項

第 $(n+1)$ 項

$$
\begin{aligned}
a_{n+1} &= 2+\frac{1-\dfrac{1}{n+1}}{2!}+\frac{(1-\dfrac{1}{n+1})(1-\dfrac{2}{n+1})}{3!}+\cdots\\
&\quad+\frac{(1-\dfrac{1}{n+1})(1-\dfrac{2}{n+1})\cdots(1-\dfrac{n-1}{n+1})}{n!}+\frac{(1-\dfrac{1}{n+1})(1-\dfrac{2}{n+1})\cdots(1-\dfrac{n}{n+1})}{(n+1)!}
\end{aligned}
$$

となります。a_n と a_{n+1} の右辺を比較すると，たとえば第２項，第３項

$$
\frac{1-\dfrac{1}{n}}{2!}<\frac{1-\dfrac{1}{n+1}}{2!}\ ,\qquad \frac{(1-\dfrac{1}{n})(1-\dfrac{2}{n})}{3!}<\frac{(1-\dfrac{1}{n+1})(1-\dfrac{2}{n+1})}{3!}
$$

を見て分かるように， a_{n+1} の第２項から第 n 項の各項は， a_n のそれらより大きくなり，かつ， a_{n+1} には正の第 $(n+1)$ 項が付加されるので

$$a_n<a_{n+1}. \qquad\cdots\ ①$$

が成り立ちます。すなわち， a_n の数列は単調増加です。

また， a_n の右辺の第２項以降は

$$
\frac{1-\dfrac{1}{n}}{2!}<\frac{1}{2!}\ ,\qquad \frac{(1-\dfrac{1}{n})(1-\dfrac{2}{n})}{3!}<\frac{1}{3!}\ ,\ \cdots
$$

となりますから

$$a_n < 2 + \frac{1}{2!} + \frac{1}{3!} + \frac{1}{4!} + \cdots + \frac{1}{n!}$$

$$< 2 + \underbrace{\frac{1}{2} + \frac{1}{2^2} + \frac{1}{2^3} + \cdots + \frac{1}{2^{n-1}}}_{<1 \text{ ※2}}$$

$$< 3 \qquad \cdots ②$$

※1 $k \geqq 3$ のとき

$$k! = k(k-1)\cdots 2 \cdot 1 > 2 \cdot 2 \cdots 2 \cdot 1 = 2^{k-1} \quad \therefore \frac{1}{k!} < \frac{1}{2^{k-1}}$$

※2 $$\sum_{k=1}^{n-1} \frac{1}{2^k} = \frac{\frac{1}{2}(1 - \frac{1}{2^{n-1}})}{1 - \frac{1}{2}} = 1 - \frac{1}{2^{n-1}} < 1$$

(p.372 (16) 参照)

①単調増加で，②上限が 3 であるということは，3 以下の何らかの値に収束せざるを得ません。(p.390)

その極限値を e として

$$\lim_{n \to \infty} (1 + \frac{1}{n})^n = e \qquad (n \text{ は自然数})$$

小さい方を見ておくと，$a_1 = (1 + \frac{1}{1})^1 = 2 < a_n \ (n \geqq 2)$ ですから

$$2 < e \leqq 3$$

この説明では，$e = 3$ の可能性は排除できません。なぜなら，たとえば

$$a_n = 3 - \frac{1}{n} \text{ とすると，} a_n < 3 \text{ でも } \lim_{n \to \infty} a_n = 3$$

となる実例があるからです。

(step 2) r を実数として $\lim_{r \to \infty} (1 + \frac{1}{r})^r$ が収束することを証明します。

n を自然数，r を実数として，$n \leqq r < n+1$ のとき $0 < \frac{1}{n+1} < \frac{1}{r} \leqq \frac{1}{n}$ ゆえ

$$1 < 1 + \frac{1}{n+1} < 1 + \frac{1}{r} \leqq 1 + \frac{1}{n}$$

で，1 より大きい範囲において，より大きい数により大きい指数をつけても大小の順序は変わらないから

$$(1 + \frac{1}{n+1})^n < (1 + \frac{1}{r})^r \leqq (1 + \frac{1}{n})^{n+1}$$

$$\frac{(1 + \frac{1}{n+1})^{n+1}}{1 + \frac{1}{n+1}} < (1 + \frac{1}{r})^r \leqq (1 + \frac{1}{n})^n \cdot (1 + \frac{1}{n}) \qquad \cdots ③$$

（極限：$(1 + \frac{1}{n+1})^{n+1} \to e$，$1 + \frac{1}{n+1} \to 1$，$(1 + \frac{1}{n})^n \to e$，$1 + \frac{1}{n} \to 1$）

ここに各部分の極限が書き込んであるように，(step 1) により

$$\lim_{n\to\infty}(1+\frac{1}{n+1})^{n+1}=e\ ,\quad \lim_{n\to\infty}(1+\frac{1}{n+1})=1$$ （$n\to\infty$ は $n+1\to\infty$ と同じ。）

$$\lim_{n\to\infty}(1+\frac{1}{n})^{n}=e\ ,\quad \lim_{n\to\infty}(1+\frac{1}{n})=1$$

となりますから，③の左辺，右辺とも e に収束します。

また，$n\leqq r<n+1$ なので，$n\to\infty$ のとき $r\to\infty$ となります。

したがって，実数 r に対して，挟みうちの原理により

$$\lim_{r\to\infty}(1+\frac{1}{r})^{r}=e \quad \text{（終）} \tag{6}$$

再掲

ネイピアの対数

ネイピア（1550～1617）は，スコットランドの修道士，貴族（男爵）。

自然対数の底 e は，とくにイギリスではネイピア数と呼んでいます。それは，e の発見者がネイピアだからということなのですが，ネイピア自身には（6）の認識はなかったようです。

この時代は，1492年にコロンブス（1431－51頃～1506）がアメリカに到達，1522年にはマゼラン（1480～1521）の一行が世界一周を達成し，ヨーロッパはアフリカやアジアに進出していくところでした。商業目的だけでなく，キリスト教の布教という大きな目的もありました。日本へも，フランシスコ・ザビエルが1549年に来ています。

このような時代ですので，航海に必要な（球面）三角法などの計算で，三角関数を含む桁の多い数どうしの掛け算や割り算が必要でした。

また，1543年にコペルニクスが地動説を唱え，1609年にはケプラー（1571～1630）が惑星の運動についてのケプラーの法則：

1　惑星は太陽をひとつの焦点とする楕円軌道を描く

2　惑星と太陽を結ぶ線分が掃く部分の面積が一定で動く

を発表したことで，天文学でも一層，膨大な計算が必要となりました。

それまでに，三角関数の積を和に直す公式を利用して掛け算を足し算にして計算することは行われていました。（第６章３節末）

それでネイピアは，角度１分刻みで８桁の三角関数表を20年かけてつくり，さらに，割り算も含めた計算がどうしたら楽にできるようになる

かを考えました。そこでネイピアが着目したのが，等比数列と等差数列の関係です。

等比数列　$1, r, r^2, r^3, r^4, r^5, r^6, r^7, r^8, \cdots$　　　$\cdots$ ①

等差数列　$0, 1, 2, 3, 4, 5, 6, 7, 8, \cdots$

となり，たとえば，$r^3 \times r^5 = r^{3+5}$ が，等差数列の $3+5=8$ に対応し，$r^7 \div r^4$ なら $\dfrac{r^7}{r^4} = r^{7-4} = r^3$ で，等差数列の $7-4=3$ に対応するという具合に，等比数列の中の掛け算が等差数列の中の足し算になる，というところに注目して，これを一般の計算に利用できないかと考えたわけです。

例えば $a_1 \times a_2$ を計算するとき，a_1 と a_2 が，ある数 r を用いた等比数列の項に対応して，$a_1 = r^m$，$a_2 = r^n$ となっていれば，$a_1 \times a_2 = r^{m+n}$ より，今度は逆に，等差数列の $m+n$ に対応する等比数列の値が $a_1 \times a_2$ である，というわけです。三角関数の積・和の公式より操作は簡単です。さらに，割り算にも対応できます。そこでネイピアは，次のようにしました。

十分大きな長さ v の線分 AB と，C を端点とする半直線 CD を用意します。

そして，点 P は A から B へ，点 Q は C から D の方向へ，それぞれ秒速 v で同時に出発します。すると，P がそのまま等速で進めば，1 秒で B へ到達します。時間の単位は何でもよいのですが，ここでは分かりやすいように「秒」にして話をします。

【図 11-2-12】

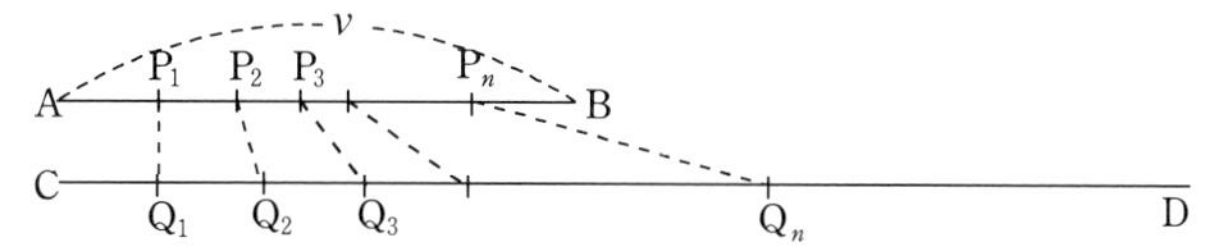

さて，点 Q は一定の速さですが，P は，そのときの B までの距離 PB に比例するものとします。B までの距離は減少するのですから，P の速度も減少します。たとえば，P が $AP = \dfrac{1}{10}AB$ のところへ来たときには，B までは $PB = (1 - \dfrac{1}{10})AB = \dfrac{9}{10}AB$ ですから，速さは $\dfrac{9}{10}v$ になります。

このような設定でネイピアは，「CQ を PB の対数(logarithm)」と名づけたのでした。logos(神の言葉)とギリシャ語の arithmos(数)の造語です。

ネイピアの思い入れが伝わってきます。

これは現代の対数と少し違うので，$\mathrm{CQ} = \mathrm{N}\text{-}\log \mathrm{PB}$ と表すことにします。

この設定で，P と Q の位置を $\frac{1}{v}$ 秒毎にみて，P の速さが $\frac{1}{v}$ 秒毎に変わるとして $\frac{t}{v}$ 秒後の P，Q の位置をそれぞれ P_t，Q_t とします。$\mathrm{AB} = v$ なので

$$t=1 \text{ のとき，} \mathrm{AP}_1 = v \cdot \frac{1}{v} = 1 \quad \text{ゆえ} \quad \mathrm{P}_1\mathrm{B} = \mathrm{AB} - \mathrm{AP}_1 = v - 1$$

$$\mathrm{CQ}_1 = v \cdot \frac{1}{v} = 1 \qquad \therefore \mathrm{N}\text{-}\log(v-1) = 1$$

ここで，P の速さは $v \cdot \frac{\mathrm{P}_1\mathrm{B}}{\mathrm{AB}} = v \cdot \frac{\mathrm{P}_1\mathrm{B}}{v} = v - 1$ になりますから，次の $\frac{1}{v}$ 秒後，つまり，A を出発から $\frac{2}{v}$ 秒後については

$$t=2 \text{ のとき，} \mathrm{AP}_2 = \mathrm{AP}_1 + \mathrm{P}_1\mathrm{P}_2 = 1 + (v-1) \cdot \frac{1}{v} = 2 - \frac{1}{v}$$

$$\text{ゆえ} \quad \mathrm{P}_2\mathrm{B} = \mathrm{AB} - \mathrm{AP}_2 = v - 2 + \frac{1}{v} = v(1 - \frac{2}{v} + \frac{1}{v^2}) = v(1 - \frac{1}{v})^2$$

$$\mathrm{CQ}_2 = v \cdot \frac{2}{v} = 2 \qquad \therefore \mathrm{N}\text{-}\log v(1 - \frac{1}{v})^2 = 2$$

ここで，P の速さは $v \cdot \frac{\mathrm{P}_2\mathrm{B}}{v} = v(1 - \frac{1}{v})^2$ になりますから

$$t=3 \text{ のとき，} \mathrm{AP}_3 = \mathrm{AP}_2 + \mathrm{P}_2\mathrm{P}_3 = 2 - \frac{1}{v} + \cancel{v}(1 - \frac{1}{v})^2 \cdot \frac{1}{\cancel{v}} = 3 - \frac{3}{v} + \frac{1}{v^2}$$

$$\text{ゆえ} \quad \mathrm{P}_3\mathrm{B} = \mathrm{AB} - \mathrm{AP}_3 = v - 3 + \frac{3}{v} - \frac{1}{v^2}$$

$$= v(1 - \frac{3}{v} + \frac{3}{v^2} - \frac{1}{v^3}) = v(1 - \frac{1}{v})^3$$

$$\mathrm{CQ}_3 = v \cdot \frac{3}{v} = 3 \qquad \therefore \mathrm{N}\text{-}\log v(1 - \frac{1}{v})^3 = 3$$

という具合に，$t=1$ の場合も含めて（$v - 1 = v(1 - \frac{1}{v})$）

$$\mathrm{P}_t\mathrm{B} = v(1 - \frac{1}{v})^t \ , \ \mathrm{CQ}_t = v \cdot \frac{t}{v} = t \qquad \therefore \mathrm{N}\text{-}\log v(1 - \frac{1}{v})^t = t \qquad \cdots ②$$

という関係になります。

②の $\mathrm{N}\text{-}\log X$ が対数の性質をもっていることを確認しておきます。

$1 - \frac{1}{v} = V$，$X_1 = vV^{t_1}$，$X_2 = vV^{t_2}$ とすると，$\mathrm{N}\text{-}\log X_1 = t_1$，$\mathrm{N}\text{-}\log X_2 = t_2$ ですから

$X_1X_2 = v^2V^{t_1+t_2}$ ゆえ

$$\text{N-}\log\frac{X_1X_2}{v} = \text{N-}\log vV^{t_1+t_2} = t_1+t_2 = \text{N-}\log X_1 + \text{N-}\log X_2$$

$\dfrac{X_1}{X_2} = \dfrac{vV^{t_1}}{vV^{t_2}} = V^{t_1-t_2}$ ゆえ

$$\text{N-}\log(v\cdot\frac{X_1}{X_2}) = \text{N-}\log vV^{t_1-t_2} = t_1-t_2 = \text{N-}\log X_1 - \text{N-}\log X_2$$

積は v で割って，商には v を掛けておくことで，私たちの知っている対数の性質に似たこと，つまり，積が和に，商が差に変換できることが分かります。

これで，①に相当する等比数列

$$v,\ v(1-\frac{1}{v}),\ v(1-\frac{1}{v})^2,\ v(1-\frac{1}{v})^3,\ v(1-\frac{1}{v})^4,\cdots,\ v(1-\frac{1}{v})^t,\cdots$$

をつくり出したことになっています。

ネイピアは，$v = 10^7$ としています。これは，彼は三角関数の値を想定しており，たとえば，巻末の三角関数表によれば

$$\sin 20° = 0.34202\,01433$$

ですが，これを 10^7 倍すれば

$$10^7\sin 20° = 34202\,01.433$$

となるので，7 桁の整数 34202 01 として扱えるということです。

$v = 10^7$ のとき，②は

$$\text{N-}\log\{10^7(1-\frac{1}{10^7})^t\} = \text{N-}\log\{10^7\cdot 0.9999999^t\} = t \qquad \cdots ③$$

よって，$t = 0, 1, 10^7$ とすることで，ネイピアの対数は

$$\text{N-}\log 10^7 = 0\ ,\ \ \text{N-}\log 9999999 = 1\ ,\ \ \text{N-}\log\{10^7(0.9999999)^{10^7}\} = 10^7$$

ということになります。$\text{N-}\log 10^7 = 0$ というのは，P，Q がそれぞれ A，C にあるときですから，はじめの設定の段階で分かることでもあります。

さて，ネイピアがこの対数を1614年に発表しましたが，あまりに難解で使いづらく（上の説明，分かりました？），ほとんど注目されませんでした。そんな中，イギリスの数学者・天文学者のブリッグス（1556～1631）はネイピアのアイデアに感心し，ネイピアの居所・マーキストン城に出向き，問題点などを意見交換しました。そこで，底を 10 にして，

つまり，10 の対数を 1 にして，1 の対数を 0 にするという，現在の常用対数が発案され，ふたりは共同で常用対数表をつくり始めました。しかし，ネイピアはその途中で亡くなってしまったため，ブリッグスが 7 年かけて，1 から 20000 までと 90000 から 10 万までの数の 14 桁の対数の表をつくりました。それで，常用対数はブリッグス対数とも呼ばれています。その後，オランダのアドリアン・ブラック（1600頃～1667頃）が，10桁ですが，20000から90000の間の対数を補いました。

本書の巻末には，1.00～9.99 までの数の小数点以下 6 桁の常用対数を 10^6 倍して整数にした表が載せてあります。これを 10^6 で割ったものが実際の対数の値です。利用例は「補足」をご覧ください。

ちなみに，ネイピアは，ステヴィンの小数表記法が使いづらいということで，現在と同じような小数点を使っています。（小数点の元祖？）

ところで，ネイピアは $v=10^7$ として，$\frac{1}{v}=\frac{1}{10^7}$（秒）ごとに速さが変化するという条件で②を求めましたが，本当は，時刻とともに速さは刻々と変化していくはずです。そこで，時間間隔 $\frac{1}{v}$ を限りなく小さくする，すなわち，v を限りなく大きくしたときに，A を出発して 1(秒)後（$t=v$ のとき）の PB がどうなるかを見てみましょう。その際，$v=\text{AB}$ という設定でしたから，v を限りなく大きくするということは，線分 AB の長さも際限なく大きくするということになってしまいますから，$\frac{\text{PB}}{\text{AB}}$ の値を考えることにします。

$$\frac{\text{PB}}{\text{AB}}=\frac{v(1-\frac{1}{v})^v}{v}=(1-\frac{1}{v})^v$$

$$=(\frac{v-1}{v})^v=\frac{1}{(\frac{v}{v-1})^v}=\frac{1}{(\frac{v-1+1}{v-1})^v}=\frac{1}{(1+\frac{1}{v-1})^v}$$

$$=\frac{1}{(1+\frac{1}{v-1})(1+\frac{1}{v-1})^{v-1}}$$

と，(　)の中を足し算にするためにちょっと強引な変形をしましたが，ここで分母に対して極限を考えます：

$$\lim_{v\to\infty}(1+\frac{1}{v-1})(1+\frac{1}{v-1})^{v-1}$$

$v-1=n$ とおくと，$v\to\infty$ は$n\to\infty$ としてよいですから

$$\lim_{v\to\infty}(1+\frac{1}{v-1})(1+\frac{1}{v-1})^{v-1}=\lim_{n\to\infty}(1+\frac{1}{n})(1+\frac{1}{n})^{n}=1\cdot e=e \qquad \lim_{n\to\infty}(1+\frac{1}{n})^{n}=e$$

したがって

$$\lim_{v\to\infty}\frac{\mathrm{PB}}{\mathrm{AB}}=\lim_{v\to\infty}(1-\frac{1}{v})^{v}=\frac{1}{\lim_{n\to\infty}(1+\frac{1}{n})(1+\frac{1}{n})^{n}}=\frac{1}{e} \qquad (=0.36787\,944\cdots)$$

つまり $\lim_{n\to\infty}(1-\frac{1}{n})^{n}=\frac{1}{e}$

という具合に，ネイピアの対数に e が潜んでいたわけです。

線分 AB 上の点 P は，A を出発してから 1 秒後には，線分 AB を 1 としたとき，B の手前 0.36787 944… のところに来るということです。

【図 11-2-13】

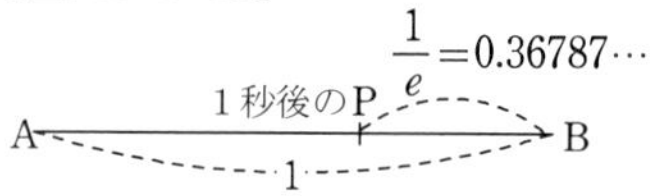

$\frac{1}{e}=0.36787\cdots$

A　1 秒後の P　B

1

$\mathrm{N\text{-}log\,PB=CQ}$ において，$\mathrm{AB}=v=10^{7}$ の場合に 1 秒後というのは $t=10^{7}$ で

$$\mathrm{N\text{-}log}\{10^{7}\cdot 0.9999999^{t}\}=t \qquad \cdots ③再掲$$

において，$10^{7}\cdot 0.9999999^{10^{7}}=\mathrm{PB}$ ですから

$$\frac{\mathrm{PB}}{\mathrm{AB}}=0.99999\,99^{10^{7}}=0.36787\,942\cdots$$

となり，ネイピアの設定は十分に実用に耐える精度であることが分かります。

ネイピアが亡くなって90年後に生まれたオイラーは，ネイピアの対数を研究しました。そのときすでに，オイラーは，指数関数の級数展開から

$$e^{x}=1+\frac{x}{1!}+\frac{x^{2}}{2!}+\frac{x^{3}}{3!}+\frac{x^{4}}{4!}+\cdots+\frac{x^{n}}{n!}+\cdots$$

$$e=1+\frac{1}{1!}+\frac{1}{2!}+\frac{1}{3!}+\frac{1}{4!}+\cdots=2.71828\,18284\cdots$$

を得ていましたし

$$M=a^{p}\Leftrightarrow p=\log_{a}M\ ,\quad \lim_{n\to\infty}(1+\frac{1}{n})^{n}=e$$

ということも知っていました。ただし，当時はまだ，極限の概念や記号は確立されていなかったので，オイラーは，i を "非常に大きな数" として

$$(1+\frac{1}{i})^i = e$$

というように書いていました。そして，虚数単位は$\sqrt{-1}$と書いています。

そういうところでオイラーは，ネイピアの対数の中に自然対数の底 e が含まれていることを見出し，e を「ネイピア数」と呼んだのです。常用対数表が広く活用され，ほとんど顧みられることのなかったネイピアの対数に，オイラーは光を当てることになったのです。

逆三角関数と円周率

$$(\mathrm{Tan}^{-1}x)' = \frac{1}{1+x^2}$$

の右辺を，割り算をして級数展開します：

$$\begin{array}{r|l} & 1-x^2+x^4-x^6+\cdots \\ \hline 1+x^2 & 1 \\ & 1+x^2 \\ \hline & -x^2 \\ & -x^2-x^4 \\ \hline & x^4 \\ & x^4+x^6 \\ \hline & -x^6 \\ & -x^6-x^8 \\ \hline & x^8 \\ & \cdots \end{array}$$

$$(\mathrm{Tan}^{-1}x)' = 1-x^2+x^4-x^6+\cdots$$

両辺を積分します：

$$\int(\mathrm{Tan}^{-1}x)'dx = \int(1-x^2+x^4-x^6+\cdots)dx$$

$$\therefore \mathrm{Tan}^{-1}x = x-\frac{x^3}{3}+\frac{x^5}{5}-\frac{x^7}{7}+\cdots$$

$x=0$ のとき，成り立つことは明らかです。

$x \neq 0$ のときは交項級数で，$-1 \leqq x \leqq 1$ においては，p.270 や p.389 で述べた交項級数の収束条件を満たすので収束します。

そこで，$x=1$ とすると $\mathrm{Tan}^{-1}1 = \frac{\pi}{4}$ ですから

$$\frac{\pi}{4} = 1-\frac{1}{3}+\frac{1}{5}-\frac{1}{7}+\cdots \qquad \cdots ①$$

となります。これは，円周率が計算できる最初の級数で，1671年にジェームス・グレゴリー（1638～1675）が発見し，それを知らずに1673年にライプニッツが再発見したものです。

①を 10 桁の関数電卓で計算すると

$$4\sum_{k=1}^{1000}\frac{(-1)^{k-1}}{2k-1} = 3.14059\,2654\cdots \quad , \quad 4\sum_{k=1}^{10000}\frac{(-1)^{k-1}}{2k-1} = 3.14149\,2654\cdots$$

となります。

これ以降，円周率の計算には，アルキメデスのような図形ではなく，関数や級数が使われるようになり，オイラーも

$$\frac{\pi}{4} = \mathrm{Tan}^{-1}\frac{1}{2} + \mathrm{Tan}^{-1}\frac{1}{3} \qquad \cdots ②$$

をみつけています。

これは，正方形を３つ繋げた右図において

$$\alpha + \beta = \frac{\pi}{4} \ (= 45°)$$

となることを表しています。つまり

【図 11-2-14】

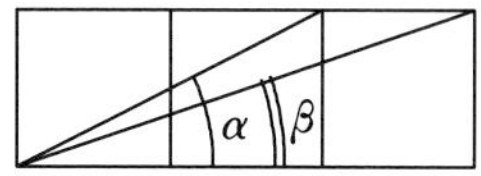

$\tan\alpha = \frac{1}{2}$　$\therefore \mathrm{Tan}^{-1}\frac{1}{2} = \alpha$

$\tan\beta = \frac{1}{3}$　$\therefore \mathrm{Tan}^{-1}\frac{1}{3} = \beta$

$$\tan(\alpha+\beta) = \frac{\tan\alpha + \tan\beta}{1 - \tan\alpha\tan\beta} = \frac{\left(\frac{1}{2}+\frac{1}{3}\right)\times 6}{\left(1 - \frac{1}{2}\cdot\frac{1}{3}\right)\times 6} = 1 \quad \text{ゆえ} \quad \alpha + \beta = \frac{\pi}{4}$$

$$\therefore \mathrm{Tan}^{-1}\frac{1}{2} + \mathrm{Tan}^{-1}\frac{1}{3} = \frac{\pi}{4}$$

オイラーは，①の収束の遅さを改善するために， $\tan\theta = 1$ となるθを２つに分けて $\theta = \alpha + \beta$ とし

$$\tan(\alpha+\beta) = \frac{\tan\alpha + \tan\beta}{1 - \tan\alpha\tan\beta} = 1 \quad \text{より} \quad \tan\alpha + \tan\beta = 1 - \tan\alpha\tan\beta$$

$$(1+\tan\alpha)\tan\beta = 1 - \tan\alpha \qquad \therefore \tan\beta = \frac{1-\tan\alpha}{1+\tan\alpha}$$

で， $\tan\alpha = \frac{1}{2}$ とすると $\tan\beta = \frac{1}{3}$ となる，ということで②を導いています。

さて，②も，10 桁の関数電卓で計算してみました（オイラーの時代のように，級数の項の順序を変えました）：

$$4\sum_{k=1}^{n} \frac{(-1)^{k-1}}{2k-1}\left(\frac{1}{2^{2k-1}} + \frac{1}{3^{2k-1}}\right) \quad \text{で} \quad \begin{cases} n = 10 \text{のとき } 3.141592580\cdots \\ n = 20 \text{のとき } 3.141592654\cdots \end{cases}$$

その後も，より収束の速い級数（数学的に速いもの，コンピュータの計算が速いもの）が研究され，円周率の小数部分の桁数が急速に増えていくことになったのです。2016 年現在，小数 22 兆 4591 億 6771 万 8361 桁だそうです。

二項定理の一般化

第８章で見た二項定理：

$$(a+b)^n = {}_n\mathrm{C}_0 a^n + {}_n\mathrm{C}_1 a^{n-1}b + {}_n\mathrm{C}_2 a^{n-2}b^2 + \cdots + {}_n\mathrm{C}_{n-1} ab^{n-1} + {}_n\mathrm{C}_n b^n \qquad \cdots ①$$

の二項係数 ${}_nC_r$ （n は自然数，r は負でない整数，$0 \leqq r \leqq n$ ）は

$${}_nC_r = \frac{n(n-1)\cdots(n-r+1)}{r!}$$

というものでした。（ただし，${}_nC_0 = 1$ ）

指数 n（自然数）を実数 p にした場合，この二項係数に相当する係数は，形式的に書けば

$$\frac{p(p-1)\cdots(p-r+1)}{r!} \qquad \cdots ②$$

となります。r は非負の整数ですが，今度は，$p<r$ の場合も有効とします。そこで，これを $\binom{p}{r}$ と表すことにして①を形式的に書きかえると，

$$\boldsymbol{(a+b)^p = \binom{p}{0}a^p + \binom{p}{1}a^{p-1}b + \binom{p}{2}a^{p-2}b^2 + \cdots} \quad \left(\binom{p}{0}=1\right) \qquad \cdots ③$$

となります。

r は整数なので，p が自然数でないと②の分子は 0 になりませんから③の右辺は無限に続く級数になります。ですから，③の末尾が $+\cdots$ になっているのです。

で，級数が収束する条件のもとで，③を**一般化された二項定理**といいます。たとえば

$$(a+b)^{-1} = a^{-1} + \frac{-1}{1}a^{-1-1}b + \frac{(-1)(-2)}{2\cdot 1}a^{-1-2}b^2 + \frac{(-1)(-2)(-3)}{3\cdot 2\cdot 1}a^{-1-3}b^3 + \cdots$$

$$\therefore \frac{1}{a+b} = \frac{1}{a} - \frac{b}{a^2} + \frac{b^2}{a^3} - \frac{b^3}{a^4} + \cdots \qquad \cdots ④$$

$$(a+b)^{\frac{1}{2}} = a^{\frac{1}{2}} + \frac{\frac{1}{2}}{1}a^{\frac{1}{2}-1}b + \frac{\frac{1}{2}(\frac{1}{2}-1)}{2\cdot 1}a^{\frac{1}{2}-2}b^2 + \frac{\frac{1}{2}(\frac{1}{2}-1)(\frac{1}{2}-2)}{3\cdot 2\cdot 1}a^{\frac{1}{2}-3}b^3 + \cdots$$

$$\therefore \sqrt{a+b} = \sqrt{a} + \frac{b}{2\sqrt{a}} - \frac{b^2}{2\cdot 1\cdot 2^2 a\sqrt{a}} + \frac{b^3}{2\cdot 1\cdot 2^3 a^2\sqrt{a}} + \cdots \qquad \cdots ⑤$$

という具合です。

④は $1\div(a+b)$ を実行しても得られます。

また，第８章では，テーラー展開を用いて第３項まで

$$\sqrt{a+x} = \sqrt{a} + \frac{1}{2\sqrt{a}}x - \frac{1}{8a\sqrt{a}}x^2$$

を導いていますが，⑤の b を x にしたものの第３項までと一致しています。

一般化された二項定理が成り立つことは，テイラー展開を利用して証明できます。そのために，ちょっと準備をします。

③を a^p でくくって $\dfrac{b}{a}=x$ とすると

$$左辺=\{a(1+\frac{b}{a})\}^p=a^p(1+x)^p$$

$$右辺=a^p(1+\binom{p}{1}x+\binom{p}{2}x^2+\binom{p}{3}x^3\cdots)$$

となります。したがって

$$(1+x)^p=1+\binom{p}{1}x+\binom{p}{2}x^2+\binom{p}{3}x^3\cdots \qquad \cdots ⑥$$

の関係が，実数 p で成り立つかどうかを調べればよいことになります。

ところで，$f(x)$ の $x=0$ を中心とするテイラー展開（マクローリン展開）は

$$f(x)=a_0+a_1x+a_2x^2+a_3x^3+\cdots \qquad \cdots ⑦$$

$$a_n=\frac{f^{(n)}(0)}{n!}\ (n=0,\ 1,\ 2,\ 3,\cdots)$$

というものでした。

それでは，⑥を証明します。

p が非負整数の場合は普通の二項展開ですから，ここでは p が非負整数でない実数とします。

まず，$f(x)=(1+x)^p$ を u^p，$u=1+x$ という合成関数と見て順次微分していきますが，いまは $u'=1$ なので，実質，$(u^p)'=pu^{p-1}$ をくり返すだけです。

$$f'(x)=p(1+x)^{p-1}\ ,\quad f''(x)=p(p-1)(1+x)^{p-2}\ ,\ \cdots\ ,$$

$$f^{(n)}(x)=p(p-1)\cdots(p-n+1)(1+x)^{p-n}$$

ゆえ

$$f^{(n)}(0)=p(p-1)\cdots(p-n+1)$$

したがって

$$a_n=\frac{f^{(n)}(0)}{n!}=\frac{p(p-1)(p-2)\cdots(p-n+1)}{n!}\quad (n=0,\ 1,\ 2,\ 3,\cdots)$$

$$\therefore a_n=\binom{p}{n}$$

これを⑦に代入して⑥が得られ，x を $\dfrac{b}{a}$ にして a^p を掛ければ③が得

られます。

次に，収束について調べます。

$p<1$ のとき，r が $r=0,1,2,\cdots$ と変化すると，二項係数 $\binom{p}{r}$ の符号は交互に変わります。なぜなら

$0<p<1$ のとき $p>0$，$p(p-1)<0$，$p(p-1)(p-2)>0,\cdots$

$p<0$ のとき $p<0$，$p(p-1)>0$，$p(p-1)(p-2)<0,\cdots$

だからです。すなわち，③の右辺は交項級数(交代級数)になります。

しかし，$p>1$ の場合は，初めの何項かは正で，その後，符号が交互に変わるようになります。

そこで，⑥が絶対収束（p.374）であるかどうか調べてみます。

⑥の右辺の項を順に c_n（$n=0,1,2,3,\cdots$）として

$$\left|\frac{c_{n+1}}{c_n}\right|=\left|\frac{p(p-1)\cdots(p-n+1)(p-n)}{(n+1)!}x^{n+1}\cdot\frac{n!}{p(p-1)\cdots(p-n+1)\cdot x^n}\right|$$

$$=\left|\frac{p-n}{n+1}x\right|$$

$$=\left|\frac{\frac{p}{n}-1}{1+\frac{1}{n}}\right||x| \quad \to |x| \quad (n\to\infty)$$

この極限が 1 より小さく 0 以上であれば c_n の数列は絶対収束ですから，⑥は $|x|<1$ の範囲で収束します。

$x=\dfrac{b}{a}$ なので，$|x|<1$ は $|a|>|b|$ ということです。

以上より，$|a|>|b|$ のとき，一般化された二項定理

$$(a+b)^p=\binom{p}{0}a^p+\binom{p}{1}a^{p-1}b+\binom{p}{2}a^{p-2}q^2+\cdots$$

が成り立ちます。　（終）

一般化された二項定理は，ニュートン以降，非常に重要な役割を果たしています。オイラーもしばしば，非常に効果的に用いています。（第12章の1節末）

読む授業
～ピタゴラスからオイラーまで～

第12章

オイラー

1　オイラーの公式

$f'=-g,\ g'=f,\ f(0)=1,\ g(0)=0$ を満たす関数について

オイラーの「無限解析」におけるオイラーの公式の導出

2　複素関数

ロジャー・コーツの関係式

複素関数としての三角関数

3　複素フーリエ級数

4　オイラー

1　オイラーの公式

● e^{x+iy}

指数を実数から複素数に拡張したらどうなるかを考えてみます。

$x+yi$ でなく $x+iy$ と，i が先になっていますが気にしないでください。

さて，未知のものの意味や性質を考えようとするときには，これまでの法則などはとりあえずそのまま当てはめてやってみるということをします。すると

$$e^{x+iy}=e^x e^{iy} \qquad \leftarrow \text{指数法則 I}$$

となります。$y=0$ のときは，実数の指数関数 e^x です。

$y\neq 0$ のときは，e^{iy} が虚数に関係するだろうということで

$$e^{iy}=f(y)+ig(y) \qquad \leftarrow \text{これで } a+bi \text{ の形}$$

とおきます。$f(y)$，$g(y)$ は実数 y を変数として実数の値をもつ関数です。

すると

$$e^{x+iy}=e^x e^{iy}=e^x(f(y)+ig(y))$$

となります。

もし，この話に無理があるなら，この先どこかで破綻する（矛盾に遭遇する）でしょう。そうなったら，この仮定を見直せばよいのです。

では話を続けます。変数が y というのはどうもシックリきませんから，y を t に書きかえて考えます。

$$e^{it}=f(t)+ig(t) \qquad (1)$$

において，実部 $f(t)$，虚部 $g(t)$ がどのような性質を満たすべきか，状況証拠をいくつか調べてみます。

まず，(1)において $t=0$ とすると

$$e^0=f(0)+ig(0)$$

$e^0=1=1+0i$ ですから，実部どうし，虚部どうしを等しいとして

$f(0)=1$ ，$g(0)=0$ 　（２）

また，e^{-it} は，e^{it} の i を $-i$ にしたものだと考えれば

$e^{-it}=f(t)-ig(t)$ 　（３）

となるでしょうし，また，t を $-t$ にしたものだと考えれば，$e^{-it}=e^{i(-t)}$ ゆえ

$e^{-it}=f(-t)+ig(-t)$ 　（４）

となるでしょう。しかし，（３）と（４）は同じもののはずですから，実部どうし，虚部どうしがそれぞれ等しく

$f(-t)=f(t)$，　$g(-t)=-g(t)$ 　（５）

が成り立つべきです。つまり

$f(t)$ は偶関数，$g(t)$ は奇関数 　（５'）

です。

さらに，（１）と（３）の左辺どうしの積は，指数法則がそのまま成り立つと仮定すると（成り立つような性質を追求すると）

$$e^{it}e^{-it}=e^{it+(-it)}=e^0=1$$

一方，（１）と（３）の右辺どうしの積は

$$\begin{aligned}&(f(t)+ig(t))(f(t)-ig(t))\\&=\{f(t)\}^2-i^2\{g(t)\}^2 \qquad (i^2=-1)\\&=\{f(t)\}^2+\{g(t)\}^2\end{aligned}$$

よって

$\{f(t)\}^2+\{g(t)\}^2=1$ 　（６）

この辺で何かを連想しませんか？

もう少し続けましょう。（１）$e^{it}=f(t)+ig(t)$ の左辺を t で微分すると，i は定数なので

$$\begin{aligned}(e^{it})'&=ie^{it}\\&=i\{f(t)+ig(t)\}\\&=if(t)+i^2g(t)\\&=-g(t)+if(t)\end{aligned}$$

で，これは（１）の右辺を微分したもの $f'(t)+ig'(t)$ と等しいはずですから

$$f'(t)+i\,g'(t)=-g(t)+i\,f(t)$$

したがって

$$f'(t)=-g(t)\ ,\ \ g'(t)=f(t) \qquad (7)$$

となります。

（2）（5）（6）（7）と，状況証拠がそろってきました。

これらに当てはまる関数のセット $f(t)$, $g(t)$ といえば，そう！

（2）　$\cos 0=1$ ， $\sin 0=0$

（5）　$\cos(-t)=\cos t$ ， $\sin(-t)=-\sin t$

（6）　$\cos^2 t+\sin^2 t=1$

（7）　$(\cos t)'=-\sin t$ ， $(\sin t)'=\cos t$

つまり

$$f(t)=\cos t\ ,\ \ g(t)=\sin t \qquad (8)$$

です。

実は，（2）と（7）を満たす関数のセットは，（5）や（6）も成り立ち，しかも唯一であることが証明できるのですが，いまはその証明はなくても支障はないので，次へ進みます。この証明は，節末(p.414)でがんばります。（かなり険しい道です。）

●オイラーの公式

（8）を（1）に適用すると，なんと！

$$\mathbf{e}^{it}=\cos t+i\sin t \qquad (9)$$

という関係が導かれました。これを**オイラーの公式**といいます。

オイラーの公式

$$e^{it}=\cos t+i\sin t \qquad (t\text{ は実数})$$

【図 12-1-1】

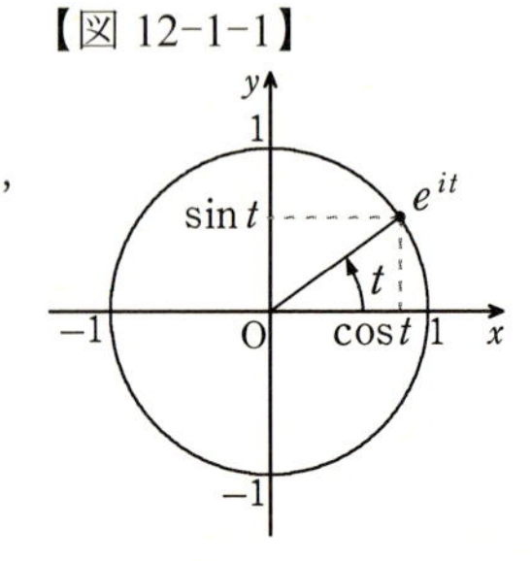

これは，絶対値 1，偏角 t の複素数ですから，ガウス平面における原点を中心とする半径 1 の円周上にある複素数です。ただし，オイラーの時代にはまだガウス平面はなかったことに留意しておきましょう。

さて，第10章２節の最後に述べた「偏角が指数と同じ振舞をする」という見方はまったくそのものズバリということです。

一般には，複素数 $z=x+iy$ に対して

$$e^z=e^{x+iy}=e^xe^{iy}$$

$$\boldsymbol{e^z=e^x(\cos y+i\sin y)}$$

で

$$\boldsymbol{\left|e^z\right|=\left|e^{x+iy}\right|=e^x\ ,\quad \arg e^z=\arg e^{x+iy}=y}$$

となります。とくに $x=0$，$y=\pi$ とすると

$$e^{0+i\pi}=e^0(\cos\pi+i\sin\pi)\ =1(-1+i\cdot 0)$$

$$\therefore e^{i\pi}=-1$$

$$\boldsymbol{\therefore e^{i\pi}+1=0}$$

となります。これを，**オイラーの等式**といいます。

i は虚数単位，その意味でいえば 1 は実数の単位（実数の乗法に関する単位元），0 も特別な立場にある数だし（実数の加法に関する単位元），π は円周率，そして，自然対数の底 e も解析学に欠かせない無理数で，数のオールスターが勢ぞろいです。なお，「元（げん）」は集合の要素のことです。

●べき級数からオイラーの公式へのアプローチ

$$e^x=1+\frac{x}{1!}+\frac{x^2}{2!}+\frac{x^3}{3!}+\frac{x^4}{4!}+\cdots+\frac{x^k}{k!}+\cdots$$

の x に it を代入してみます。そのとき

$$(it)^2=i^2t^2=-t^2\ ,\ (it)^3=-it^3\ ,\ (it)^4=t^4\ ,\ (it)^5=it^5\ ,\cdots$$

というように，指数が偶数のところは実数，奇数のところは i がついて

$$e^{it}=1+\frac{it}{1!}-\frac{t^2}{2!}-\frac{it^3}{3!}+\frac{t^4}{4!}+\frac{it^5}{5!}-\frac{t^6}{6!}-\cdots$$

となるので，実部と虚部に分けます：

$$e^{it}=(1-\frac{t^2}{2!}+\frac{t^4}{4!}-\frac{t^6}{6!}+\cdots)+i(\frac{t}{1!}-\frac{t^3}{3!}+\frac{t^5}{5!}-\cdots)$$

ところが，すでに見た通り

$$\cos t=1-\frac{t^2}{2!}+\frac{t^4}{4!}-\frac{t^6}{6!}+\frac{t^8}{8!}-\cdots\ ,\quad \sin t=\frac{t}{1!}-\frac{t^3}{3!}+\frac{t^5}{5!}-\frac{t^7}{7!}+\frac{t^9}{9!}-\cdots$$

ですから

$$e^{it}=\cos t+i\sin t$$

という具合に，オイラーの公式が導けます。

●三角関数を指数関数で表す

オイラーの公式は，指数関数を三角関数で表している式ですが

$$e^{it}=\cos t+i\sin t \qquad (9)\ 再掲$$

の t を $-t$ にすると，$\cos(-t)=\cos t$，$\sin(-t)=-\sin t$ なので

$$e^{-it}=\cos t-i\sin t \qquad (10)$$

となりますから（e^{it} と e^{-it} は互いに共役な複素数），（9）＋(10)で

$$e^{it}+e^{-it}=2\cos t \quad \therefore \boldsymbol{\cos t=\frac{e^{it}+e^{-it}}{2}} \qquad (11)$$

（9）－(10)より

$$e^{it}-e^{-it}=2i\sin t \quad \therefore \boldsymbol{\sin t=\frac{e^{it}-e^{-it}}{2i}} \qquad (12)$$

というように，三角関数を指数関数で表すこともできます。

とくにこの三角関数は，これまで使ってきた普通の実数の関数であることに注意してください。

ということは，フーリエ級数が指数関数で表せるのではないかという予感を抱かせてくれます。フーリエ級数に必要なのは

$$\sin kt=\frac{e^{ikt}-e^{-ikt}}{2i}\ ,\quad \cos kt=\frac{e^{ikt}+e^{-ikt}}{2}$$

すなわち

$$\boldsymbol{e^{ikt}=\cos kt+i\sin kt}$$

です。順を追って見ることにします。

● e^{ikt} の微分・積分

$$\begin{aligned}(e^{ikt})'&=(\cos kt+i\sin kt)'\\&=-k\sin kt+ik\cos kt\\&=k(-\sin kt+i\cos kt)\\&=k(i^2\sin kt+i\cos kt)\\&=ik(\cos kt+i\sin kt)\end{aligned}$$

$e^{ikt}=\cos kt+i\sin kt$ と見比べて実部を cos，虚部を sin にするため $-1=i^2$

$$\therefore (e^{ikt})' = ike^{ikt} \tag{13}$$

で，実数の指数関数 $(e^{kx})' = ke^{kx}$ と同様のことが成り立つことが分かります。

次に，不定積分を計算してみます。

$$\begin{aligned}\int e^{ikt}dt &= \int(\cos kt + i\sin kt)dt \\ &= \frac{1}{k}\sin kt - i\frac{1}{k}\cos kt + C \\ &= \frac{1}{k}(\sin kt - i\cos kt) + C \\ &= \frac{1}{ik}(i\sin kt - i^2\cos kt) + C \\ &= \frac{1}{ik}(\cos kt + i\sin kt) + C \\ &= \frac{1}{ik}e^{ikt} + C\end{aligned}$$

$\times\frac{1}{i}\times i$

あるいは
(13)の両辺を t で積分して

$$e^{ikt} + C_1 = ik\int e^{ikt}dt$$

$$\therefore \int e^{ikt}dt = \frac{1}{ik}e^{ikt} + C \qquad \left(\frac{C_1}{ik} = C\right)$$

で，これも実数関数 $\int e^{kx}dx = \frac{1}{k}e^{kx}$ と同じ規則になります。ただし，この積分定数 C は複素数です。

$e^{ikt} = \cos kt + i\sin kt$ の定積分については，積分区間を $0 \leqq t \leqq 2\pi$ にすれば

<u>$k \neq 0$ のとき</u>

$$\begin{aligned}\int_0^{2\pi} e^{ikt}dt &= \frac{1}{ik}\left[e^{ikt}\right]_0^{2\pi} \\ &= \frac{1}{ik}(e^{i2k\pi} - e^0) \\ &= \frac{1}{ik}(\underbrace{\cos 2k\pi}_{1} + i\underbrace{\sin 2k\pi}_{0} - 1) = 0\end{aligned}$$

$$\therefore \int_0^{2\pi} e^{ikt}dt = 0$$

<u>$k = 0$ のとき</u>

$$\int_0^{2\pi} e^{ikt}dt = \int_0^{2\pi} e^0 dt = \int_0^{2\pi} 1dt = \left[\,t\,\right]_0^{2\pi} = 2\pi$$

となります。

後のために変数を x にして書いておきます。

$$\int_0^{2\pi} e^{ikx}\,dx = \begin{cases} 0 & (k \neq 0) \\ 2\pi & (k = 0) \end{cases} \qquad (k\text{は整数})$$

$f' = -g$, $g' = f$, $f(0) = 1$, $g(0) = 0$ を満たす関数について

（7）の変数を x にして，（2）とともに式番号を改めます：

$$f'(x) = -g(x),\ g'(x) = f(x) \qquad \cdots ①$$

$$f(0) = 1,\ g(0) = 0 \qquad \cdots ②$$

◆ $f^2 + g^2 = 1$ 証明

まず，①と②を満たす関数は，（6）に相当する

$$\{f(x)\}^2 + \{g(x)\}^2 = 1 \qquad \cdots ③$$

が成り立つことを証明します。

③の左辺だけを微分します。（=1 は切り離します。）その際

$\{f(x)\}^2$ は u^2 に $u = f(x)$ を合成した合成関数（$\{g(x)\}^2$ も同様）

として合成関数の微分法（p.249）を適用します。

$$[\{f(x)\}^2]' + [\{g(x)\}^2]'$$

$$= 2f(x)\underline{f'(x)} + 2g(x)\underline{g'(x)} \quad \text{①より，′ なしの関数で表す}$$

$$= \underline{-}2f(x)\underline{g(x)} + 2\underline{f(x)}g(x) \quad = 0$$

これは，$\{f(x)\}^2 = f(x)f(x)$，$\{g(x)\}^2 = g(x)g(x)$ として積の微分法を用いてもできます。

さて，導関数が 0 ですから，$\{f(x)\}^2 + \{g(x)\}^2$ は x の値にかかわらず一定の値の定数関数です。そこで，$x = 0$ とすると，②より

$$\{f(0)\}^2 + \{g(0)\}^2 = 1^2 + 0^2 = 1$$

したがって，すべての x に対して

$$\{f(x)\}^2 + \{g(x)\}^2 = 1 \text{（終）}$$

◆唯一であることの証明

①，②を満たす関数 $f(x)$，$g(x)$ に対して，これと同じことが成り立つ別の関数 $f_1(x)$，$g_1(x)$ があるとします：

$$f_1{}'(x) = -g_1(x),\ g_1{}'(x) = f_1(t) \qquad \cdots ④$$

$$f_1(0)=1,\ g_1(0)=0 \qquad \cdots ⑤$$

ここで

$$\left.\begin{array}{l} f(x)f_1(x)+g(x)g_1(x) \\ f(x)g_1(x)-f_1(x)g(x) \end{array}\right\} \cdots ⑥$$

というものをつくって，これらを x で微分して（項別に積の微分法適用），①と④を用いて，$'$ なしの関数だけで表します。なお，適宜，関数記号の (x) は省略します。

$$\begin{aligned}(f\cdot f_1+g\cdot g_1)' &= f'\cdot f_1+f\cdot f_1'+g'\cdot g_1+g\cdot g_1' \\ &= -f_1\cdot g-f\cdot g_1+f\cdot g_1+f_1\cdot g \qquad =0 \\ (f\cdot g_1-f_1\cdot g)' &= f'\cdot g_1+f\cdot g_1'-f_1'\cdot g-f_1\cdot g' \\ &= -g\cdot g_1+f\cdot f_1+g\cdot g_1-f\cdot f_1 \qquad =0\end{aligned}$$

微分して 0 ですから，⑥の各関数は定数関数です。そこで，$x=0$ とすると，②と⑤により

$$f(0)f_1(0)+g(0)g_1(0)=1\cdot1+0\cdot0=1$$

$$f(0)g_1(0)-f_1(0)g(0)=1\cdot0-1\cdot0=0$$

ですから，すべての x に対して

$$f(x)f_1(x)+g(x)g_1(x)=1 \qquad \cdots ⑦$$

$$f(x)g_1(x)-f_1(x)g(x)=0 \qquad \cdots ⑧$$

となります。

⑦，⑧を連立させて，$f_1(x)$，$g_1(x)$ について解きます：

$$\begin{array}{lll} & ⑦\times f(x) & \{f(x)\}^2 f_1(x)+f(x)g(x)g_1(x)=f(x) \\ -) & ⑧\times g(x) & f(x)g(x)g_1(x)-f_1(x)\{g(x)\}^2=0 \\ \hline & & \underbrace{[\{f(x)\}^2+\{g(x)\}^2]}_{③より\ 1}f_1(x) \quad =f(x) \\ & & \therefore f_1(x)=f(x) \end{array}$$

$$\begin{array}{lll} & ⑦\times g(x) & f(x)f_1(x)g(x)+\{g(x)\}^2 g_1(x)=g(x) \\ +) & ⑧\times f(x) & \{f(x)\}^2 g_1(x)-f(x)f_1(x)g(x)=0 \\ \hline & & \underbrace{[\{f(x)\}^2+\{g(x)\}^2]}_{③より\ 1}g_1(x) \quad =g(x) \\ & & \therefore g_1(x)=g(x) \end{array}$$

以上により，①，②を満たす関数の組 $f(x)$，$g(x)$ は唯一であることが証明されました。(終)

それで実は，①，②を満たす関数を

$$f(x)=\cos x\,,\ g(x)=\sin x$$

と表すことにして，動径という図形的な要素を用いずに三角関数を定義することもできるのです。

◆ **$f(-x)=f(x)$，$g(-x)=-g(x)$ の証明**

つまり，$f(x)$ が偶関数，$g(x)$ が奇関数であることを導いてみます。そこで，次のような関数をつくります：

$$\left.\begin{array}{l} f(x)f(-x)-g(x)g(-x) \\ f(x)g(-x)+f(-x)g(x) \end{array}\right. \quad \cdots ⑨$$

それぞれを x で微分しますが，$f(-x)$ と $g(-x)$ の微分は，$u=-x$ として $f(u)$ と $g(u)$ を合成関数の微分法を用いて微分します：

$$\{f(-x)\}'=f'(u)\cdot u'=-g(u)\cdot(-1)=g(-x)$$
$$\{g(-x)\}'=g'(u)\cdot u'=f(u)\cdot(-1)=-f(-x)$$

ですから

$$\begin{aligned}&\{f(x)f(-x)-g(x)g(-x)\}'\\ &=f'(x)f(-x)+f(x)\{f(-x)\}'-g'(x)g(-x)-g(x)\{g(-x)\}'\\ &=-g(x)f(-x)+f(x)g(-x)-f(x)g(-x)+g(x)f(-x)\qquad=0\end{aligned}$$

$$\begin{aligned}&\{f(x)g(-x)+f(-x)g(x)\}'\\ &=f'(x)g(-x)+f(x)\{g(-x)\}'+\{f(-x)\}'g(x)+f(-x)g'(x)\\ &=-g(x)g(-x)-f(x)f(-x)+g(-x)g(x)+f(-x)f(x)\qquad=0\end{aligned}$$

よって，⑨の各関数は定数関数です。そこで，$x=0$ とすると，②と⑤により

$$f(0)f(0)-g(0)g(0)=1\cdot1-0\cdot0=1$$
$$f(0)g(0)+f(0)g(0)=1\cdot0+1\cdot0=0$$

したがって

$$f(x)f(-x)-g(x)g(-x)=1 \qquad \cdots ⑩$$
$$f(x)g(-x)+f(-x)g(x)=0 \qquad \cdots ⑪$$

これを，$f(-x)$ と $g(-x)$ の連立方程式として解きます：

⑩$\times f(x)+$⑪$\times g(x)$

$$[\{f(x)\}^2+\{g(x)\}^2]f(-x)=f(x) \qquad \therefore f(-x)=f(x)$$

⑩$\times g(x)-$⑪$\times f(x)$

$$-[\{g(x)\}^2+\{f(x)\}^2]g(-x)=g(x) \qquad \therefore g(-x)=-g(x)$$（終）

◆加法定理の証明

加法定理：

$$f(x+y)=f(x)f(y)-g(x)g(y)$$

$$g(x+y)=g(x)f(y)+f(x)g(y)$$

をみたすことを導きます。

$f(x)f_1(x)+g(x)g_1(x)$
$f(x)g_1(x)-f_1(x)g(x)$ … ⑥再掲

y を定数として

$$f(x+y)=f_1(x)\ ,\quad g(x+y)=g_1(x)$$

とおいて2ページ前の⑥と同じ形の関数をつくり，それらを x で微分します。このとき，途中に $f_1{}'(x)=\{f(x+y)\}'$ が現れますが，$u=x+y$ とすると $f_1{}'(x)=\{f(u)\}'$ となり，$u'=1$ に注意して（y は定数），$f(u)$ に合成関数の微分法を用いると（$g_1{}'(x)=\{g(x+y)\}'=\{g(u)\}'$も同様）

$$f_1{}'(x)=\{f(u)\}'=f'(u)\cdot u'=-g(u)\cdot 1=-g(x+y)=-g_1(x)$$

$$g_1{}'(x)=\{g(u)\}'=g'(u)\cdot u'=f(u)\cdot 1=f(x+y)=f_1(x)$$

となります。よって，2ページ前と同じ計算になって

$$\{f(x)f_1(x)+g(x)g_1(x)\}'=0$$

$$\{f(x)g_1(x)-f_1(x)g(x)\}'=0$$

ゆえ，⑥の各関数は定数関数になります。そこで，$x=0$ とすると

$$f_1(0)=f(0+y)=f(y)\ ,\quad g_1(0)=g(0+y)=g(y)$$

ですから，②式 $f(0)=1$，$g(0)=0$ とあわせて

$$f(0)f_1(0)+g(0)g_1(0)=1\cdot f(y)+0\cdot g(y)=f(y)$$

$$f(0)g_1(0)-f_1(0)g(0)=1\cdot g(y)-f(y)\cdot 0=g(y)$$

したがって

$$f(x)f_1(x)+g(x)g_1(x)=f(y) \qquad \cdots ⑫$$

$$f(x)g_1(x)-f_1(x)g(x)=g(y) \qquad \cdots ⑬$$

そして，⑫と⑬を $f_1(x)$，$g_1(x)$ に関する連立方程式として解きます：

⑫$\times f(x)-$⑬$\times g(x)$

$$[\{f(x)\}^2+\{g(x)\}^2]f_1(x)=f(x)f(y)-g(x)g(y)$$

$$\therefore f(x+y)=f(x)f(y)-g(x)g(y)$$

⑫$\times g(x)+$⑬$\times f(x)$

$$[\{g(x)\}^2+\{f(x)\}^2]g_1(x)=g(x)f(y)+f(x)g(y)$$

$$\therefore g(x+y)=g(x)f(y)+f(x)g(y)$$ （終）

加法定理から２倍角の公式：

$$f(2x)=\{f(x)\}^2-\{g(x)\}^2 \quad , \quad g(2x)=2g(x)f(x)$$

や３倍角，半角の公式が導かれます。（ここで x や y を「角」というのはヘンなのですが．．．）

◆ $f(x)=0$，$g(x)=1$ となる x の存在の証明

③式 $\{f(x)\}^2+\{g(x)\}^2=1$ より

$$-1\leqq f(x)\leqq 1,\ -1\leqq g(x)\leqq 1$$

が成り立つことは分かりますが，この範囲の値をすべてとり得るかどうかは，まだ明らかではありません。

$f(0)=1$，$g(0)=0$ は，もとの条件②ですから，今度は

$$f(a)=0,\ g(a)=1$$

となる a が存在することを示そうというわけです。その際，$f(a)=0$ が示せれば，③により $g(a)=1$ であることが自動的に成り立つことになります。

条件① $f'(x)=-g(x)$，$g'(x)=f(x)$ を用いて，$f(x)$，$g(x)$ の増減を考えます。条件②より

$$f'(0)=-g(0)=0,\ g'(0)=f(0)=1$$

ゆえ，増減は次の図 12-1-2 のようになります。

下２段の「＋」と増加の矢印については，$g'(x)=f(x)$ は微分可能だから連続で，$g'(0)=1>0$ なので，$x=0$ の前後のある区間においては $g'(x)>0$ である，ということです。これは，g' が 1 から連続的に変化するとき，ジャンプするように 0 や負の値になることはできないという

連続関数の性質で，「**中間値の定理**」として述べられています。（「補足」参照）

【図 12-1-2】

x	$\cdots$	$\cdots$	0	$\cdots$（区間 I）	$\cdots$
$f'(=-g)$			0	$-$	
f			1	$\searrow$ ★	
$g'(=f)$		$+$	1	$+$	
g		$\nearrow$	0	$\nearrow$ $+$	

そこで，$x=0$ の前後で $g'(x)>0$（$g(x)$が増加）である x の区間のうち，正の範囲（区間 I とする）において，$g(x)=1$（③により $f(x)=0$ ）とはならないと仮定してみます。背理法の始まりです。

$g(0)=0$ であり，$x \geqq 0$ において増加ですから，区間 I で $g(x)>0$ です（増減表右下の＋）。よって，$f'(x)=-g(x)<0$ となり，その区間で $f(x)$ は減少です。（増減表の★）

$f(0)=1$ から連続的に減少して $f(x)=0$ とはならない　（☆）

という仮定なので，$x>0$ の区間 I において，連続関数の性質により負にもなり得ず，$0<f(x)<1$ です。

いま，$a>0$ とすると，加法定理（２倍角の公式）により

$$0<f(2a)=\{f(a)\}^2-\{g(a)\}^2<\{f(a)\}^2$$

が成り立ちます。$2a$ の２倍角に対して

$$0<f(2\cdot 2a)=\{f(2a)\}^2-\{g(2a)\}^2<\{f(2a)\}^2$$
$$=[\{f(a)\}^2-\{g(a)\}^2]^2<\{f(a)\}^{2\cdot 2}$$

$$\therefore 0<f(2^2a)<\{f(a)\}^{2^2}$$

2^2a の２倍角 2^3a についても同様に $0<f(2^3a)<\{f(a)\}^{2^3}$ となり，これを繰り返すことで，自然数 n に対して

$$0<f(2^na)<\{f(a)\}^{2^n}$$

が成り立つことになります。

$0<f(a)<1$ ですから $\{f(a)\}^{2^n}\to 0\ \ (n\to\infty)$

はさみうちの原理により

$$f(2^na)\to 0\ \ (n\to\infty)$$

$f(x)$ は x について連続かつ常に減少だから，飛び飛びの値 2na を x に変えても

$$f(x)\to 0\ (x\to\infty)$$

が成り立ち，$g(x)>0$ なので同時に

$$g(x)\to 1\ (n\to\infty)$$

も成り立ちます。

ここまでのイメージは右の図です。

そうすると，$f(x)$ と $g(x)$ の大小が逆転して図のように

$$f(b)<\frac{1}{2}<g(b)$$

【図 12-1-3】

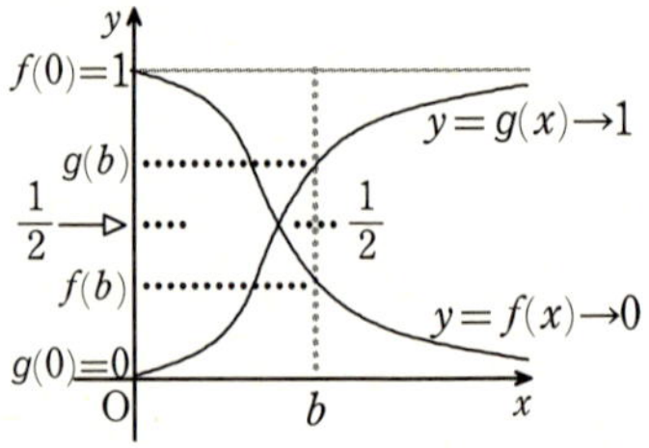

となる $b>0$ が存在します。そこで，$f(2b)$ を2倍角の公式で計算してみると

$$0<f(2b)=\{f(b)\}^2-\{g(b)\}^2<(\frac{1}{2})^2-(\frac{1}{2})^2=0$$

（より大きく／より小さく）

$$\therefore 0<f(2b)<0$$

となり，矛盾が生じました。(等号がないので矛盾です。)

$f(2b)<0$ は正しい推論によって導かれたので，この矛盾の原因は $0<f(2b)$ のほうにあります。$0<f(x)$ は，(☆)という仮定から導かれたことなので，背理法により，(☆)は誤りだったということになります。したがって

正の範囲において，$g(x)=1$，$f(x)=0$ となる x が存在する

ということになります。(終)

◆ $f(x)$，$g(x)$ の周期性

そこで，区間 I $(x>0)$ で $f(x)=0$，$g(x)=1$となる<u>最小の</u> x を $\frac{\pi}{2}$ と定義します：

$$f(\frac{\pi}{2})=0\ ,\ \ g(\frac{\pi}{2})=1 \qquad \cdots ⑭$$

$\frac{\pi}{2}$ は最小ですから，$0\leqq x<\frac{\pi}{2}$ においては，$f(x)=0$ または $g(x)=1$ となる x は存在しません。

さて，加法定理を適用すると，⑭より

$$f(x+\frac{\pi}{2})=f(x)f(\frac{\pi}{2})-g(x)g(\frac{\pi}{2})=-g(x)$$

$$g(x+\frac{\pi}{2})=g(x)f(\frac{\pi}{2})+f(x)g(\frac{\pi}{2})=f(x)$$

また

$$f(x+\pi)=f(x+\frac{\pi}{2}+\frac{\pi}{2})=-g(x+\frac{\pi}{2})=-f(x)\quad ゆえ$$

$$x=0 で f(\pi)=-f(0)=-1\ ,\quad x=\frac{\pi}{2} で f(\frac{3}{2}\pi)=-f(\frac{\pi}{2})=0$$

$$g(x+\pi)=g(x+\frac{\pi}{2}+\frac{\pi}{2})=f(x+\frac{\pi}{2})=-g(x)\quad ゆえ$$

$$x=0 で g(\pi)=-g(0)=0\ ,\quad x=\frac{\pi}{2} で g(\frac{3}{2}\pi)=-g(\frac{\pi}{2})=-1$$

さらに

$$f(x+2\pi)=f(x+\pi+\pi)=-f(x+\pi)=-\{-f(x)\}=f(x)$$

$$g(x+2\pi)=g(x+\pi+\pi)=-g(x+\pi)=-\{-g(x)\}=g(x)\quad ゆえ$$

$$x=0 で f(2\pi)=f(0)=1\ ,\quad g(2\pi)=g(0)=0$$

というように，$f(x)$，$g(x)$ はともに2π を周期とする周期関数であることが分かりました。

これと，$f(x)$ が偶関数，$g(x)$ が奇関数で，ともに連続であることも考慮して，$f(x)$ と $g(x)$ の増減表が次のようにでき上がります。

x	…	$-\frac{\pi}{2}$	…	0	…	$\frac{\pi}{2}$	…	π	…	$\frac{3}{2}\pi$	…	2π	…
$f'(=-g)$	$+$	$+$ (1)	$+$	0	$-$	$-$ (-1)	$-$	0	$+$	$+$ (1)	$+$	0	$-$
f	↗	↗0	↗	1	↘	↘0	↘	−1	↗	↗0	↗	1	↘
$g'(=f)$	$-$	0	$+$	1	$+$	0	$-$	$-$ (-1)	$-$	0	$+$	$+$ (1)	$+$
g	↘	−1	↗	↗0	↗	1	↘	↘0	↘	−1	↗	↗0	↗

◆ $\lim_{\Delta x\to 0}\frac{g(\Delta x)}{\Delta x}=1$

最後に，この重要な極限

$$\lim_{\Delta x\to 0}\frac{\sin\Delta x}{\Delta x}=1\quad に相当する\quad \lim_{\Delta x\to 0}\frac{g(\Delta x)}{\Delta x}=1$$

は，ここでは導関数 $g'(x)=f(x)$ が先に定められていることから

$$g'(x)=\lim_{\Delta x\to 0}\frac{g(x+\Delta x)-g(x)}{\Delta x}$$

$$=\lim_{\Delta x\to 0}\frac{g(x)f(\Delta x)+f(x)g(\Delta x)-g(x)}{\Delta x}$$

$$=\lim_{\Delta x\to 0}(g(x)\cdot\frac{f(\Delta x)-1}{\Delta x}+f(x)\cdot\frac{g(\Delta x)}{\Delta x})$$

$$\frac{\{f(\Delta x)-1\}\{f(\Delta x)+1\}}{\Delta x\{f(\Delta x)+1\}}$$

$$=\frac{\{f(\Delta x)\}^2-1}{\Delta x\{f(\Delta x)+1\}}$$

$$= \lim_{\Delta x \to 0} \left(g(x) \cdot \frac{-\{g(\Delta x)\}^2}{\Delta x(f(\Delta x)+1)} + f(x) \cdot \frac{g(\Delta x)}{\Delta x} \right)$$

$\{f(\Delta x)\}^2 + \{g(\Delta x)\}^2 = 1$ より $\{f(\Delta x)\}^2 - 1 = -\{g(\Delta x)\}^2$

$$= \lim_{\Delta x \to 0} \left(g(x) \cdot \frac{g(\Delta x)}{\Delta x} \cdot \frac{-g(\Delta x)}{f(\Delta x)+1} + f(x) \cdot \frac{g(\Delta x)}{\Delta x} \right)$$

$g(0) = 0$
$f(0) = 1$

$$= f(x)$$

（$\frac{-g(\Delta x)}{f(\Delta x)+1} \to 0$）

なので

$$\lim_{\Delta x \to 0} \frac{g(\Delta x)}{\Delta x} = 1$$

でなければならないと，という話の順序で定めるのです。

オイラーの「無限解析」におけるオイラーの公式の導出

オイラーがオイラーの公式を導いた過程を見てみましょう。

「無限解析」というのは，1748年に刊行された『無限解析序説』全２巻のうちの第１巻のことで，「無限小解析」とも呼ばれています。

ここでは，この和訳『オイラーの無限解析』（レオンハルト・オイラー著，高瀬正仁訳　海鳴社2004年）を参考にしました。

以下に見える章番号や３桁の番号は，「無限解析」にあるものですが，文章は訳そのままではなく，私が簡素化したり言いかえたりしており，さらに，［　］内と図は私による補足です。式の番号もここだけのものです。

オイラーの「無限」「極限」に対する認識のようすがよく分かりますし，巧みな "式さばき" にも注目です。

第７章　指数量と対数の級数表示

１１４．

$$a^0 = 1$$

である。$a>1$ のとき，指数を 0 より大きくすると 1 より大きな値になるから

【図 12-1-4】

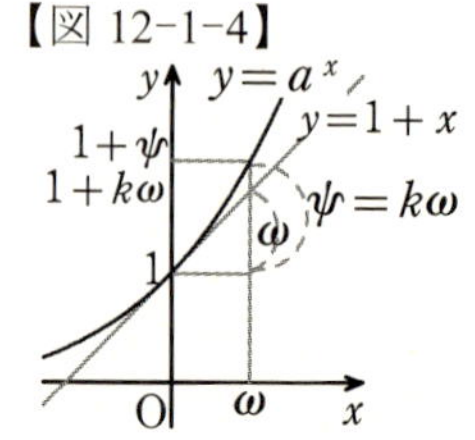

$$a^{\omega} = 1 + \psi \quad ［\omega はオメガ，\psi はプサイ］$$

と表せる。ここで，ω を無限小［正で限りなく 0 に近い値］の数とすると，ψ もやはり無限小

の数である。［指数 ω の連続的な変化に対して a^{ω} の変化に不連続なギャップがないことを念頭においています。］

このとき，$\psi=\omega,\ \psi>\omega,\ \psi<\omega$ のいずれか一つが成り立つ。いずれであるかは a に依存するので，$\psi=k\omega$ とすると

$$a^{\omega}=1+k\omega \qquad (1)$$

となる。k は a に依存する値である。

a を底とする対数をとれば

$$\omega=\log_a(1+k\omega) \qquad (2)$$

［オイラーは，底を明示する対数記号は使っておらず，$\omega=\log(1+k\omega)$ と記しています。またここに，関数 $\log(1+x)$ の原形が見えています。］

１１５．

任意の実数を p として［これをオイラーは i という文字にして，虚数単位は $\sqrt{-1}$ と書いていますが，本書では，i は虚数単位で通したいので，ここは p にしました］，(１)の両辺を p 乗すると

$$a^{p\omega}=(1+k\omega)^p \qquad (3)$$

この右辺に［$0<k\omega<1$ ゆえ，一般化された］二項定理を用いると

$$a^{p\omega}=1+pk\omega+\frac{p(p-1)}{1\cdot 2}k^2\omega^2+\frac{p(p-1)(p-2)}{1\cdot 2\cdot 3}k^3\omega^3+\cdots \qquad (4)$$

となる。ここで，$p\omega=z$ とすると $\omega=\dfrac{z}{p}$ で，ω は無限小の数なので，p は無限大の数になる。そして，(３)および(４)は［$p=\dfrac{z}{\omega}$ ゆえ］

$$\begin{aligned}a^z&=(1+k\cdot\frac{z}{p})^p\\&=1+pk\cdot\frac{z}{p}+\frac{p(p-1)}{1\cdot 2}k^2\cdot\frac{z^2}{p^2}+\frac{p(p-1)(p-2)}{1\cdot 2\cdot 3}k^3\cdot\frac{z^3}{p^3}+\cdots\\&=1+kz+\frac{\frac{p-1}{p}}{1\cdot 2}k^2z^2+\frac{\frac{p-1}{p}\cdot\frac{p-2}{p}}{1\cdot 2\cdot 3}k^3z^3+\frac{\frac{p-1}{p}\cdot\frac{p-2}{p}\cdot\frac{p-3}{p}}{1\cdot 2\cdot 3\cdot 4}k^4z^4+\cdots\end{aligned} \qquad (5)$$

１１６．

p が指定可能なあらゆる数より大きいならば［これは，p が無限大であることの客観的な表現で，現代でも，限りなく大きな数をこのように

表現します]，$\dfrac{p-1}{p}$ は1に等しくならざるを得ないので，他も同様に

$$\frac{p-1}{p}=1,\ \frac{p-2}{p}=1,\ \frac{p-3}{p}=1,\cdots \qquad [\ \lim_{p\to\infty}\frac{p-c}{p}=\lim_{p\to\infty}(1-\frac{c}{p})=1\ ]$$

である。よって(5)は

$$a^z=1+kz+\frac{k^2z^2}{1\cdot 2}+\frac{k^3z^3}{1\cdot 2\cdot 3}+\frac{k^4z^4}{1\cdot 2\cdot 3\cdot 4}+\cdots \qquad (6)$$

となる。$z=1$ とすれば

$$a=1+k+\frac{k^2}{1\cdot 2}+\frac{k^3}{1\cdot 2\cdot 3}+\frac{k^4}{1\cdot 2\cdot 3\cdot 4}+\cdots \qquad (7)$$

となる。これは，数 a と k の関係をはっきり表している。［底 a が 10 の場合は，$k=2.30258$ でなければならないとしています。$k=\log_e 10$ です。］

１２２．

（7）において $k=1$ とすると

$$a=1+1+\frac{1}{1\cdot 2}+\frac{1}{1\cdot 2\cdot 3}+\frac{1}{1\cdot 2\cdot 3\cdot 4}+\cdots$$

これを計算すると

$$a=2.71828\,18284\,59045\,23536\,028$$

が得られる。この末尾の数字も正しい。

この数を底とする対数は，自然対数または双曲線対数と呼ぶ。この数を

$$e$$

で表すことにする。

【図 12−1−5】

図12−1−4 を$k=1$にした場合のイメージ

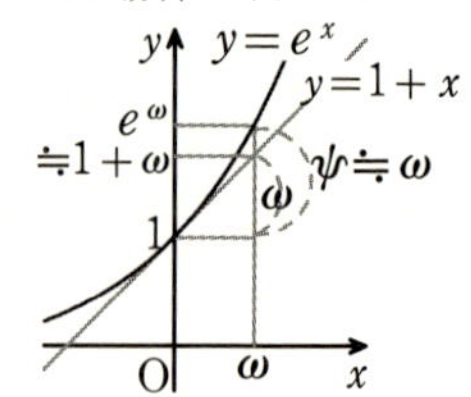

［$k=1$ ということは，（1）は $a^\omega=1+\omega$ となります。つまり，$x=0$ のごく近く（ω が無限に小さな正の数）では e^x は $1+x$ とみなせる，ということを言っていることになります。これは，本書の e の導入の仕方と同等です。］

１２５．

（３）において，$a=e$，$p\omega=z$，$k=1$ とすると $\omega=\frac{z}{p}$ ゆえ［ω は無限小の数という設定なので，p は無限大の数］

$$e^z=(1+\frac{z}{p})^p \qquad (8)$$

となる。［$e^z \fallingdotseq (1+\frac{z}{p})^p$ とすべきでしょうが，オイラーは等号で表しています。$\lim_{p\to\infty}(1+\frac{z}{p})^p=e^z$ ，$z=1$ とすると $\lim_{p\to\infty}(1+\frac{1}{p})^p=e$ ］

第８章　円から生じる超越量

１３２．

$$\sin^2 z+\cos^2 z=1$$

ゆえ［$\sin^2 z+\cos^2 z=(\cos z)^2-(i\sin z)^2$ 　（$i^2=-1$ ）］

$$(\cos z+i\sin z)(\cos z-i\sin z)=1$$

と因数分解できる。この因数の形の式を用いて，たとえば

$$(\cos y+i\sin y)(\cos z+i\sin z)$$
$$=\cos y\cos z-\sin y\sin z+i(\sin y\cos z+\cos y\sin z)$$
$$=\cos(y+z)+i\sin(y+z)$$
$$(\cos y-i\sin y)(\cos z-i\sin z)$$
$$=\cos(y+z)-i\sin(y+z)$$

などが得られる。

［オイラーは，有限の代数式で表された関数からは得られない量を「超越量」と言っています。そして，「超越量」は，べき級数で表わすことで代数的計算ができ，三角関数表や対数表が容易につくれるようになると指摘しています。］

１３３．

これより

$$(\cos z\pm i\sin z)^2=\cos 2z\pm i\sin 2z$$
$$(\cos z\pm i\sin z)^3=\cos 3z\pm i\sin 3z$$

そして，一般に

$$(\cos z \pm i \sin z)^n = \cos nz \pm i \sin nz$$ ［ド・モアブルの定理］

となる。よって，複号同順で［２本の等式に分けて］等式の辺々を加えて２で割る，また，辺々を引いて $2i$ で割ると

$$\cos nz = \frac{(\cos z + i \sin z)^n + (\cos z - i \sin z)^n}{2} \quad (9)$$

$$\sin nz = \frac{(\cos z + i \sin z)^n - (\cos z - i \sin z)^n}{2i} \quad (10)$$

１３８．

（９）(10)において，z は無限小［限りなく０に近い正の値］とする。また，n は無限大の数 p で［前述同様，オイラーは無限大の数は i で表していますが，ここでは p にします］，$pz = v$ が有限値を保持するとすれば

$$z = \frac{v}{p},\ \sin z = z = \frac{v}{p},\ \cos z = 1$$ $$\left[\ \lim_{z \to 0} \frac{\sin z}{z} = 1,\ \lim_{z \to 0} \cos z = 1\ \right]$$

となる。これらを（９）(10)に代入すると

$$\cos v = \frac{(1 + \frac{v}{p} i)^p + (1 - \frac{v}{p} i)^p}{2} \quad (11)$$

$$\sin v = \frac{(1 + \frac{v}{p} i)^p - (1 - \frac{v}{p} i)^p}{2i} \quad (12)$$

ところで，前章１２５（８）式において［p を無限大数として］

$$(1 + \frac{z}{p})^p = e^z$$ $$[(1 + \frac{v}{p} i)^p = e^{vi},\ (1 - \frac{v}{p} i)^p = e^{-vi}]$$

となることを見た。そこで，z を vi あるいは $-vi$ とすると，(11)(12)はそれぞれ

$$\sin v = \frac{e^{vi} - e^{-vi}}{2i}, \quad \cos v = \frac{e^{vi} + e^{-vi}}{2}$$

となる。これらより，実数 v の正弦と余弦が，指数が虚数である量を用いて表されることになる。

そして［$e^{vi} + e^{-vi} = 2\cos v$，$e^{vi} - e^{-vi} = 2i \sin v$ を足す・引く］

$$e^{vi} = \cos v + i \sin v$$ ［これがオイラーの公式］

$$e^{-vi} = \cos v - i \sin v$$

が得られる。■

本書では，オイラーの公式から正弦，余弦を指数関数で表しました。

さて，オイラーはこの途中，指数関数や対数関数，正弦や余弦の級数展開を導いています。そのようすも，せっかくなので見ておきましょう。

１１８．

［(２)の両辺にpをかけると］

$$p\omega = p\log_a(1+k\omega) = \log_a(1+k\omega)^p \qquad (13)$$

となる。pを無限大の数と設定すれば，$(1+k\omega)^p$ は，1 よりいくらでも大きい数になれる。そこで［$x>0$ として］

$$(1+k\omega)^p = 1+x \qquad (14)$$

とおくと，(13)より

$$\log_a(1+x) = p\omega \qquad (15)$$

１１９．

(14)より

$$1+k\omega = (1+x)^{\frac{1}{p}} \qquad \therefore k\omega = (1+x)^{\frac{1}{p}} - 1$$

これから

$$\left[\ \omega = \frac{1}{k}(1+x)^{\frac{1}{p}} - \frac{1}{k}\ \text{ゆえ}\right] \qquad p\omega = \frac{p}{k}(1+x)^{\frac{1}{p}} - \frac{p}{k}$$

そして(15)より

$$\log_a(1+x) = \frac{p}{k}(1+x)^{\frac{1}{p}} - \frac{p}{k} \qquad (16)$$

また，［一般化された二項定理により］

$$(1+x)^{\frac{1}{p}} = 1 + \frac{1}{p}x + \frac{\frac{1}{p}(\frac{1}{p}-1)}{1\cdot 2}x^2 + \frac{\frac{1}{p}(\frac{1}{p}-1)(\frac{1}{p}-2)}{1\cdot 2\cdot 3}x^3 + \frac{\frac{1}{p}(\frac{1}{p}-1)(\frac{1}{p}-2)(\frac{1}{p}-3)}{1\cdot 2\cdot 3\cdot 4}x^4 + \cdots$$

$$= 1 + \frac{1}{p}x - \frac{1}{p}\cdot\frac{1}{1\cdot 2}(1-\frac{1}{p})x^2 + \frac{1}{p}\cdot\frac{1}{1\cdot 2\cdot 3}(1-\frac{1}{p})(2-\frac{1}{p})x^3 - \frac{1}{p}\cdot\frac{1}{1\cdot 2\cdot 3\cdot 4}(1-\frac{1}{p})(2-\frac{1}{p})(3-\frac{1}{p})x^4 + \cdots$$

ここで，p は無限大の数なので

$$1-\frac{1}{p}=1\ ,\ \ 2-\frac{1}{p}=2\ ,\ \ 3-\frac{1}{p}=3\ ,\cdots \qquad [\ \lim_{p\to\infty}(c-\frac{1}{p})=c\ ]$$

よって

$$[\ (1+x)^{\frac{1}{p}}=1+\frac{1}{p}x-\frac{1}{p}\cdot\frac{1}{2}x^2+\frac{1}{p}\cdot\frac{1}{3}x^3-\frac{1}{p}\cdot\frac{1}{4}x^4+\cdots$$

両辺に p をかけて]

$$p(1+x)^{\frac{1}{p}}=p+x-\frac{1}{2}x^2+\frac{1}{3}x^3-\frac{1}{4}x^4+\cdots$$

となる。したがって(16)は

$$\log_a(1+x)=[\ \frac{1}{k}(p+x-\frac{1}{2}x^2+\frac{1}{3}x^3-\frac{1}{4}x^4+\cdots)-\frac{p}{k}\ ]$$

$$=\frac{1}{k}(x-\frac{1}{2}x^2+\frac{1}{3}x^3-\frac{1}{4}x^4+\cdots) \qquad (17)$$

となる。ここで，底 a と k の関係は(７)のようになっている。

１２３．

$k=1$ とすると $a=e$ なので，（２）［ $\omega=\log_a(1+k\omega)$ ］は

$$\log_e(1+\omega)=\omega$$

【図 12-1-6】

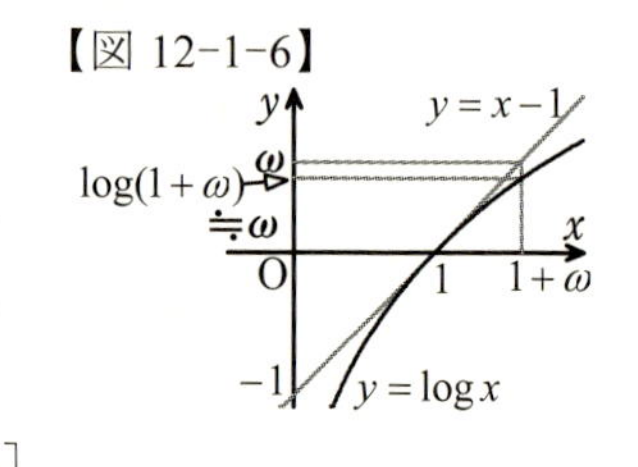

となる。ここで ω は無限小量を表す。

［これも $\log_e(1+\omega)\fallingdotseq\omega$ の意味でしょうが，オイラーは等号で表しています。$\log_e x$ は，$x=1$ のごく近くでは１次関数 $(x-1)$ とみなせる，ということを言っているわけです。］

同様にして（６）［ $a^z=1+kz+\frac{k^2z^2}{1\cdot2}+\frac{k^3z^3}{1\cdot2\cdot3}+\frac{k^4z^4}{1\cdot2\cdot3\cdot4}+\cdots$ ］は

$$e^z=1+z+\frac{z^2}{1\cdot2}+\frac{z^3}{1\cdot2\cdot3}+\frac{z^4}{1\cdot2\cdot3\cdot4}+\cdots$$

となる。自然対数は，(17)より

$$\log_e(1+x)=x-\frac{x^2}{2}+\frac{x^3}{3}-\frac{x^4}{4}+\frac{x^5}{5}-\frac{x^6}{6}+\cdots$$

となる。

［級数展開が $\log_e x$ ではなく $\log_e(1+x)$ となる必然性が見えます。］

１３３．

（９）［$\cos nz = \dfrac{(\cos z + i\sin z)^n + (\cos z - i\sin z)^n}{2}$］，（10）［$\sin nz = \dfrac{(\cos z + i\sin z)^n - (\cos z - i\sin z)^n}{2i}$］の分子の n 乗を二項展開すると

［$i^2 = -1, i^3 = -i, i^4 = 1, i^5 = i$，… に留意して］

$$
\begin{aligned}
(\cos z + i\sin z)^n = \cos^n z + n i\cos^{n-1} z\sin z - \frac{n(n-1)}{1\cdot 2}\cos^{n-2} z\sin^2 z \\
- \frac{n(n-1)(n-2)}{1\cdot 2\cdot 3}\cdot i\cos^{n-3} z\sin^3 z \\
+ \frac{n(n-1)(n-2)(n-3)}{1\cdot 2\cdot 3\cdot 4}\cos^{n-4} z\sin^4 z \\
+ \frac{n(n-1)(n-2)(n-3)(n-4)}{1\cdot 2\cdot 3\cdot 4\cdot 5}\cdot i\cos^{n-5} z\sin^5 z + \cdots
\end{aligned}
$$

$$
\begin{aligned}
(\cos z - i\sin z)^n = \cos^n z - n i\cos^{n-1} z\sin z - \frac{n(n-1)}{1\cdot 2}\cos^{n-2} z\sin^2 z \\
+ \frac{n(n-1)(n-2)}{1\cdot 2\cdot 3} i\cos^{n-3} z\sin^3 z \\
+ \frac{n(n-1)(n-2)(n-3)}{1\cdot 2\cdot 3\cdot 4}\cos^{n-4} z\sin^4 z \\
- \frac{n(n-1)(n-2)(n-3)(n-4)}{1\cdot 2\cdot 3\cdot 4\cdot 5}\cdot i\cos^{n-5} z\sin^5 z + \cdots
\end{aligned}
$$

ゆえ

$$
\begin{aligned}
\cos nz = \cos^n z - \frac{n(n-1)}{1\cdot 2}\cos^{n-2} z\sin^2 z \\
+ \frac{n(n-1)(n-2)(n-3)}{1\cdot 2\cdot 3\cdot 4}\cos^{n-4} z\sin^4 z - \cdots \qquad (18)
\end{aligned}
$$

$$
\begin{aligned}
\sin nz = n\cos^{n-1} z\sin z - \frac{n(n-1)(n-2)}{1\cdot 2\cdot 3}\cos^{n-3} z\sin^3 z \\
+ \frac{n(n-1)(n-2)(n-3)(n-4)}{1\cdot 2\cdot 3\cdot 4\cdot 5}\cos^{n-5} z\sin^5 z - \cdots \qquad (19)
\end{aligned}
$$

となる。

１３４．

z が無限に小さい［z は半径 1 の円の弧の長さという設定なので $z>0$ ゆえ，限りなく 0 に近い］とすると

【図 12-1-7】

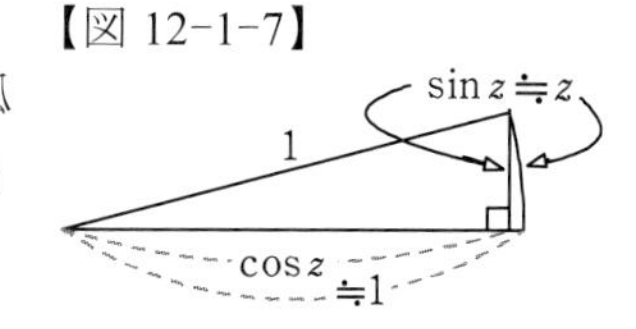

$$\sin z = z \ , \ \cos z = 1$$

このような z に対して，無限に大きな数 n を用いて，$nz = v$ が有限値になるようにできるとすると，$z = \frac{v}{n}$ ゆえ

$$\sin z = z \quad [= \frac{v}{n}]$$

であるから，(18) は

$$\cos v = 1 - \frac{n(n-1)}{1 \cdot 2} \cdot \frac{v^2}{n^2} + \frac{n(n-1)(n-2)(n-3)}{1 \cdot 2 \cdot 3 \cdot 4} \cdot \frac{v^4}{n^4} - \frac{n(n-1)(n-2)(n-3)(n-4)(n-5)}{1 \cdot 2 \cdot 3 \cdot 4 \cdot 5 \cdot 6} \cdot \frac{v^6}{n^6} + \cdots$$

$$\therefore \cos v = 1 - \frac{v^2}{1 \cdot 2} + \frac{v^4}{1 \cdot 2 \cdot 3 \cdot 4} - \frac{v^6}{1 \cdot 2 \cdot 3 \cdot 4 \cdot 5 \cdot 6} + \cdots \tag{20}$$

(19) は

$$\sin v = n \cdot \frac{v}{n} - \frac{n(n-1)(n-2)}{1 \cdot 2 \cdot 3} \cdot \frac{v^3}{n^3} + \frac{n(n-1)(n-2)(n-3)(n-4)}{1 \cdot 2 \cdot 3 \cdot 4 \cdot 5} \cdot \frac{v^5}{n^5} - \frac{n(n-1)(n-2)(n-3)(n-4)(n-5)(n-6)}{1 \cdot 2 \cdot 3 \cdot 4 \cdot 5 \cdot 6 \cdot 7} \cdot \frac{v^7}{n^7} + \cdots$$

$$\therefore \sin v = v - \frac{v^3}{1 \cdot 2 \cdot 3} + \frac{v^5}{1 \cdot 2 \cdot 3 \cdot 4 \cdot 5} - \frac{v^7}{1 \cdot 2 \cdot 3 \cdot 4 \cdot 5 \cdot 6 \cdot 7} + \cdots \tag{21}$$

と，それぞれなる。これで，正弦と余弦の値の計算ができる。■

正弦，余弦の級数展開は，微分ではなく，二項定理から導かれたのです。また，級数の収束・発散については全く触れられていませんが，本書でもしばしば述べてきたように，この時代では仕方のないことだったのです。

オイラーは，(20) (21) を得た直後，三角関数の値の算出の具体的な計算式を示していますので，それも見ておきましょう。

ここで，v は半径 1 の円の弧の長さに相当するものなので，今でいう弧度法と同等のものであることに留意してください。また，オイラーは階乗記号！は用いていませんが，ここでは簡素化のために！で表すことにします

オイラーは，四分円（しぶんえん）(中心角が直角の扇形，半径 1) の弧の長さ $\frac{\pi}{2}$，つまり，直角 $\frac{\pi}{2}$ [rad] をもとにして，$v = \frac{m}{n} \cdot \frac{\pi}{2}$ とおいて，(21) (20) を

$$\sin v = \frac{m}{n}\cdot\frac{\pi}{2} - \frac{m^3}{n^3}\cdot\frac{\pi^3}{3!\cdot 2^3} + \frac{m^5}{n^5}\cdot\frac{\pi^5}{5!\cdot 2^5} - \frac{m^7}{n^7}\cdot\frac{\pi^7}{7!\cdot 2^7} + \cdots$$

$$\cos v = 1 - \frac{m^2}{n^2}\cdot\frac{\pi^2}{2!\cdot 2^2} + \frac{m^4}{n^4}\cdot\frac{\pi^4}{4!\cdot 2^4} - \frac{m^6}{n^6}\cdot\frac{\pi^6}{6!\cdot 2^6} - \frac{m^8}{n^8}\cdot\frac{\pi^8}{8!\cdot 2^8} + \cdots$$

とした場合の，$\frac{m^k}{n^k}$ の係数 $\frac{\pi^k}{k!\cdot 2^k}$ の $k=1\sim30$ の場合の値を小数第28位まで示しています。たとえば

$$\frac{\pi}{2} = 1.57079\ 63267\ 94896\ 61923\ 13216\ 916$$

$$\frac{\pi^3}{3!\cdot 2^3} = 0.64596\ 40975\ 06246\ 25365\ 57565\ 639$$

$$\vdots$$

$$\frac{\pi^{29}}{29!\cdot 2^{29}} = 0.00000\ 00000\ 00000\ 00000\ 00000\ 551$$

や

$$\frac{\pi^2}{2!\cdot 2^2} = 1.23370\ 05501\ 36169\ 82735\ 43113\ 750$$

$$\frac{\pi^4}{4!\cdot 2^4} = 0.25366\ 95079\ 01048\ 01363\ 65633\ 664$$

$$\vdots$$

$$\frac{\pi^{30}}{30!\cdot 2^{30}} = 0.00000\ 00000\ 00000\ 00000\ 00000\ 029$$

といった具合です。（一部の末尾の１桁ないし２桁には誤りがあったのですが，後世に修正されています。ここの数字は修正後のものです。）

これで，m と n を任意に与えることで，正弦，余弦の値が計算できるというわけです。それでも大変な計算であることには違いありません。

さらにオイラーは，三角関数表をつくる際，上の式の計算をすべての角度についてする必要はないということも述べています。

１３６．

半直角［45°］よりも小さい角度の正弦と余弦が分かれば，もっと大きな角度の正弦と余弦が得られるが［$\sin(90° - \theta) = \cos\theta$，$\cos(90° - \theta) = \sin\theta$］，実は 30° までの角度の正弦と余弦さえ得られれば，それを用いて，足し算と引き算のみでもっと大きいすべての角度の正弦と余弦が計

算できる。実際，［積→和の］公式

$$\sin y\cos z=\frac{\sin(y+z)+\sin(y-z)}{2},\quad \sin y\sin z=\frac{\cos(y-z)-\cos(y+z)}{2}$$

において，$y=30°$ とすると，$\sin 30°=\frac{1}{2}$ だから

$$\left[\frac{1}{2}\cos z=\frac{\sin(30°+z)+\sin(30°-z)}{2},\quad \frac{1}{2}\sin z=\frac{\cos(30°-z)-\cos(30°+z)}{2}\right]$$

$$\cos z=\sin(30°+z)+\sin(30°-z)$$

$$\sin z=\cos(30°-z)-\cos(30°+z)$$

となる。よって

$$\sin(30°+z)=\cos z-\sin(30°-z)$$

$$\cos(30°+z)=\cos(30°-z)-\sin z \quad ■$$

たとえば，$z=10°$ とすると

$$\sin 40°=\cos 10°-\sin 20°,\quad \cos 40°=\cos 20°-\sin 10°$$

という具合に，$30°$ までの既知の値の引き算だけで計算できます。またこれで，$\cos 50°, \sin 50°$ も得られたことになります。

2　複素関数

●指数関数の周期性

複素数の世界では，指数関数が周期性のある三角関数で表されるのですから，指数関数にも周期が考えられそうです。

一般に，複素数 $z=x+yi$ に対して

$$\begin{aligned}e^z=e^{x+yi}&=e^x e^{yi}\\&=e^x(\cos y+i\sin y)\\&=e^x\{\cos(y+2n\pi)+i\sin(y+2n\pi)\}\\&=e^{x+(y+2n\pi)i}\\&=e^{x+yi+2n\pi i}\end{aligned}$$

$$\therefore e^z=e^{z+2n\pi i}\quad (n\text{は整数})$$

となり，これは，$f(z)=e^z$ とすると

$$f(z)=f(z+2n\pi i)$$

が成り立っていることを表しますから

e^z の基本周期（$n=1$）は $2\pi i$

ということになります。

●複素関数

「周期が虚数」とはどういうことか，を説明するには

$$w=e^z$$

を，変数 z がガウス平面（z 平面ということにします）の点，w もまた別のガウス平面（w 平面といいます）の点として，z 平面上の点を w 平面上の点に対応させる関数というとらえ方をします。

点に点を対応させることを，一般に**写像**といいます。

複素数 z を複素数 w に対応させる関数（$z=x+yi \mapsto w=u+vi$）

$$w=f(z)$$

を**複素関数**といいます。「$\mapsto$」は，点と点の対応を表す記号です。極限の「$\to$」と区別してください。

変数 z の変化というのは，z 平面上を点が動くと考えます。従って，実数関数 $y=f(x)$ の実数の変数 x の動き（x 軸上を左右に動くだけ）とは格段に複雑さが増します。

【図 12-2-1】

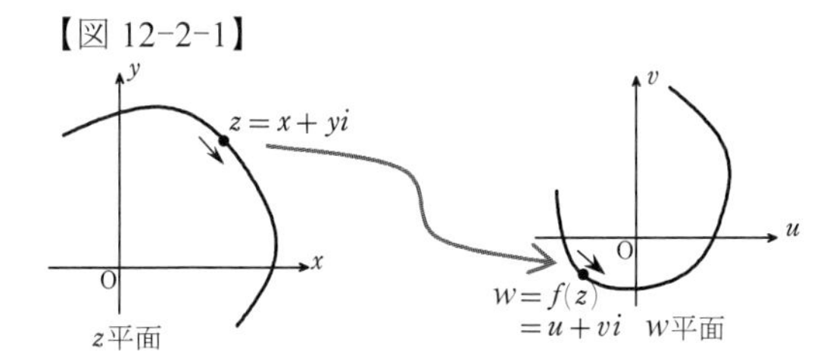

ですから，複素関数 $w=f(z)$ による z と w の対応を考えようとするときは，z の動きを z 平面上の特定の図形上（実軸や虚軸に平行な直線，原点を中心とする円周上など）に限定して w の動きを観察するのが，複素関数の入門です。

● $w=e^z$

$$z=x+yi,\ w=u+vi$$

として，点の対応 $(x,\ y)\mapsto(u,\ v)$ を考えます。

まず最初に，$z=0$ のとき $w=e^0=1$ ですから

$$z=0\ (z\text{平面の原点}(0,\ 0))\ \mapsto\ w=1\ (w\text{平面上の点}(1,\ 0))$$

が分かります。

一方，w 平面の原点に対応する z 平面上の点はないことも分かります。なぜなら，z をどう選んでも $w=e^z\neq0$ だからです。

次に，z を z 平面の虚軸上の点だとすると，$z=yi$ と表されますから，オイラーの公式により

$$w=e^{yi}=\cos y+i\sin y$$

となります。従って

$z=0$ から $2\pi i$ まで変化するとき（$z=x+yi$ で $x=0,\ 0\leqq y<2\pi$）

w は，単位円周上を $(1,\ 0)$ から反時計回りに１周

することが分かります。（下図の赤い線）

【図 12-2-2】

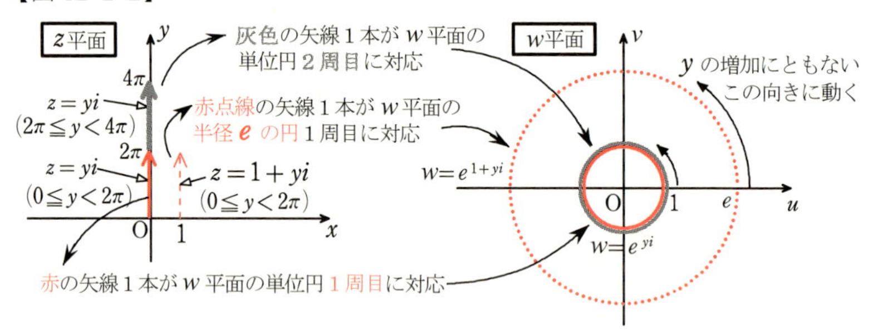

ここで，$0\leqq z<2\pi i$ という不等式が使えないことに注意してください。虚数に大小関係はないのでした。(p.339)

同じく z が虚軸上で

$z=2\pi i$ から $4\pi i$ まで変化するとき（$x=0,\ 2\pi\leqq y<4\pi$）

w は，単位円周上の２周目

になります。（上図の灰色の線）

上図において，z 平面の虚軸上の "矢線の根もと" に着目すると

$$z=0,\ 2\pi i,\ 4\pi i,\cdots,\ 2n\pi i,\cdots \mapsto w=1 \quad (n\text{は整数})$$

という対応になっています。

矢線を右にずらして $z=1+yi \quad (0\leqq y<2\pi)$ とすると，z は z 平面上の直線 $x=1$ 上の点で

$$w=e^{1+yi}=e(\cos y+i\sin y) \quad (0\leqq y<2\pi)$$

ですから，w は，w 平面上の原点を中心とする半径 e の円周上の点になります。ここでも $0\leqq y<2\pi$ で w は $(e,\ 0)$ から反時計回りに1周します。（上図赤い点線）

先ほどのように "矢線の根もと" に着目すると

$$z=1,\ 1+2\pi i,\ 1+4\pi i,\cdots,\ 1+2n\pi i,\cdots \mapsto w=e \quad (n\text{は整数})$$

という対応になります。

一般に，$z=x+yi$ に対して

$$w=e^z=e^{x+yi}=e^x(\cos y+i\sin y) \tag{1}$$

ですから，実部 x を固定して z を動かせば（虚軸と平行），w は原点を中心とする半径 e^x の円周上を，y が 2π ごとに1周します。

つまり，z が虚軸と平行に $2\pi i$ だけ動くと，w は原点を中心とする円周上を1回りすることになり，これが「周期 $2\pi i$ 」の実態です。

今度は $z=x+yi$ の虚部 y を固定して x だけを変化させてみます。つまり，z は z 平面の実軸と平行な直線上を動くことになります。

まず $y=0$ なら z は z 平面の実軸上の点になります。

このとき $w=e^x$ ですから，w も実数で，しかも，$w=e^x>0$ ですから，w 平面の実軸のうち，正の部分だけになります。（下図の赤い線）

z 平面の実軸 $\mapsto$ w 平面の実軸の正の部分

【図 12-2-3】

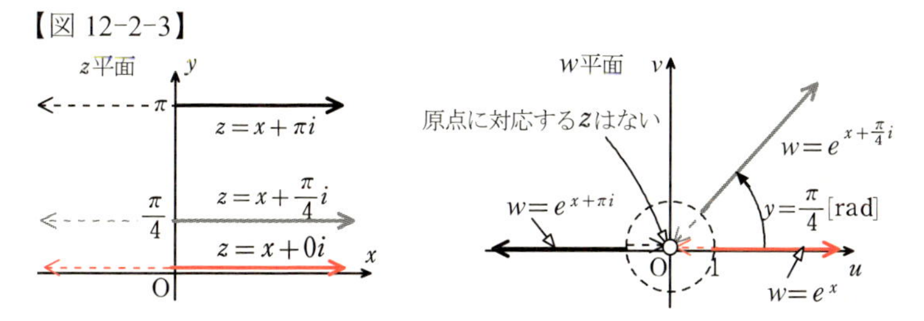

実線どうしと点線どうしの対応にも注意を向けてください。

また

$$y=\frac{\pi}{4}\text{，つまり } z=x+\frac{\pi}{4}i \text{ のとき } \quad w=e^x(\cos\frac{\pi}{4}+i\sin\frac{\pi}{4})$$

は，偏角$\frac{\pi}{4}$の半直線上で原点からの距離がe^xの点になります。（上図灰色の線）

このように，（1）でyを固定すると，zは実軸に平行な直線上の点であり，wは原点から放射状に伸びた半直線上（偏角が一定のy）の点になります。

●対数螺線（等角螺線）

あと最後に，zがz平面上の直線$y=x$上の点のときのようすを観察しておきます。

$z=x+xi$ ですから

$$w=e^x(\cos x+i\sin x)$$

で，wは偏角x（ラジアン）の増加に伴って原点との距離もe^xで増加していくような曲線を描きます（回転しながら原点から遠ざかる）。これは，次のような螺線（らせん）（渦巻き線）になります。

【図 12-2-4】

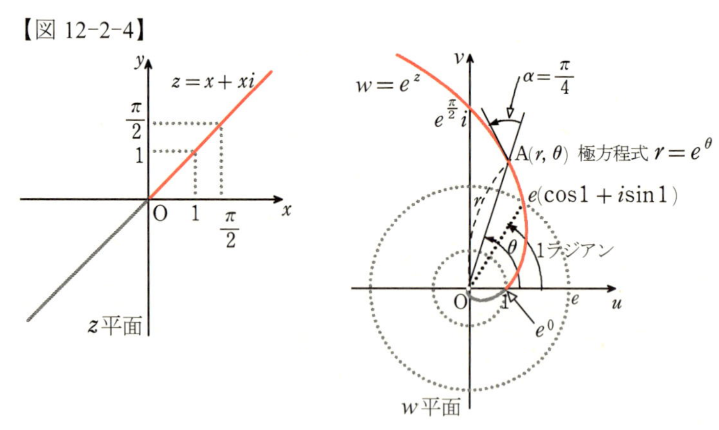

この螺線は，**対数螺線**とか**等角螺線**という名称の曲線の一種です。

対数螺線は，点 A の位置を原点との距離rと，動径 OA がx軸の正の部分となす角（偏角）θ を用いて $A(r, \theta)$ と表す極座標の方程式（**極方程式**）で

$$r = a^{\theta} \ (a > 0) \qquad （ここでは\ r = e^{\theta}） \qquad （2）$$

と表される曲線です。いまは，偏角 θ が x になっています。

第6章2節の最後，黄金比の話の中に出てきた螺線（黄金螺線）は

$$a = \left(\frac{1+\sqrt{5}}{2}\right)^{\frac{2}{\pi}} = 1.358456\cdots \qquad \left(\frac{1+\sqrt{5}}{2} \cdots 黄金比の値\right)$$

の場合の対数螺線です。

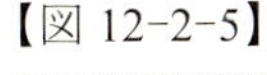

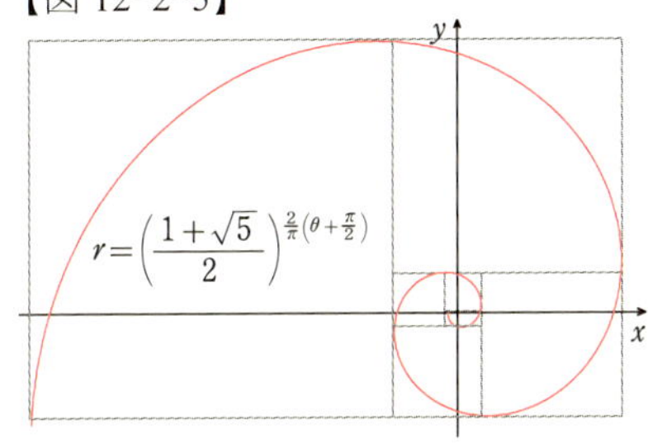

指数関数なのに対数螺線というのは，（2）が

$$\theta = \log_a r$$

と表せるからということなのですが，歴史的には指数関数より対数関数の方が先に注目されてきたことによるものと思われます。

等角螺線という名の由来は，螺線上の任意の点 A（図 12-2-4 右）における曲線の接線と動径 OA のなす角が常に一定の値 α になっているというところで，一般には $\frac{1}{\tan\alpha} = \log a$ なので，ここでは $\log e = 1$ ですから $\alpha = \frac{\pi}{4}$ になっています。

●高校数学における複素関数の扱い

高校数学では「複素関数」という用語は出てきませんが，たとえば次のような形で扱われています。

例1　複素数 z が $|z|=1$ を満たしながら動くとき，$w = \frac{z+2}{z-1}$ は複素数平面上にどのような図形を描くか。

まず，$|z|=1$ は「点 z と原点との距離が 1」という意味ですから，z は，z 平面の単位円周上の点です。ただし，$z=1$ を除きます。（分母0は不可）

$w = \frac{z+2}{z-1}$ から w がどのような条件を満たすかを調べるために，条件の

分かっている z について解きます。

$$w(z-1)=z+2$$

$$wz-w=z+2$$

$$(w-1)z=w+2$$

$w=\dfrac{z+2}{z-1}$ より，$w\neq1$ であることも分かりますから（分子と分母は等しくならない）

$$z=\frac{w+2}{w-1} \qquad (w\neq1)$$

よって

$$\left|z\right|=\left|\frac{w+2}{w-1}\right|=\frac{\left|w+2\right|}{\left|w-1\right|}=1$$

$\left|\dfrac{\alpha}{\beta}\right|=\dfrac{|\alpha|}{|\beta|}$ （p.348）

ゆえ

$$\left|w+2\right|=\left|w-1\right|$$

さて，$\left|w+2\right|$ や $\left|w-1\right|$ が意味するものは

$\left|w-1\right|$ は，点 w と点 1 との距離

$\left|w+2\right|=\left|w-(-2)\right|$ は，点 w と点 -2 との距離

ですから（後述），$\left|w+2\right|=\left|w-1\right|$ は

w は，点 1 と点 -2 から等距離にある

と解釈できます。このような点 w 全体は

点 1 と -2 を結ぶ線分の垂直二等分線　（答）

【図 12-2-6】

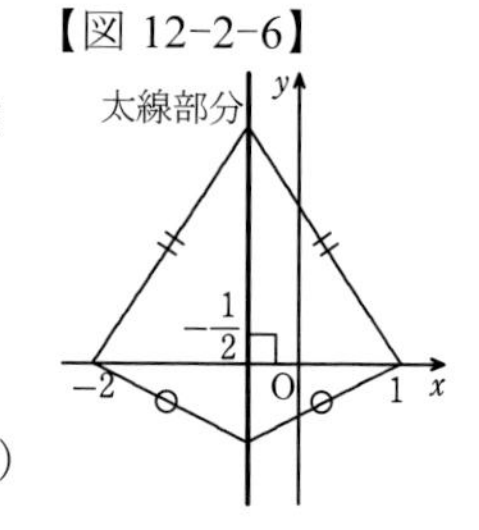

一般に，２つの複素数 α と β の差の絶対値 $\left|\alpha-\beta\right|$ は，$\alpha-\beta$ に相当する点と原点の間の距離ですが，これは，２点 α，β の間の距離と等しくなります。

【図 12-2-7】

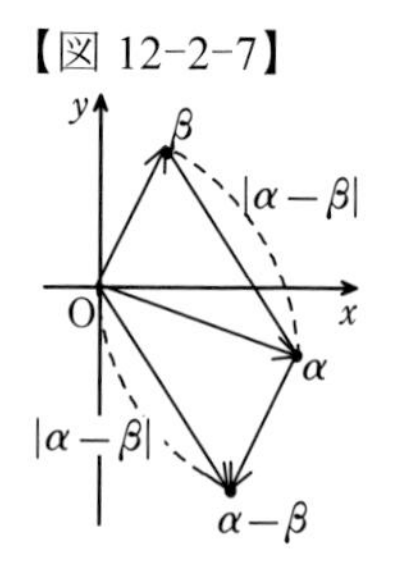

●複素関数としての対数関数

オイラーの公式

$$e^{it}=\cos t+i\sin t$$

において，たとえば $t=\pi$ とすると

$$e^{i\pi}=-1 \qquad (3)$$

となります。（オイラーの等式）

ここで，左辺の指数部分を取り出すことを考えます。これは，「e を底とする -1 の対数」という関係ですから，実数の範囲で定義した「log」を形式的に使ってみると（自然対数の底 e は省略）

$$\mathbf{log(-1)} = \boldsymbol{\pi i}$$

が得られます。 i を "通常の位置" にしました。

ところで，指数関数は複素数の世界では周期関数で

$$e^{it} = e^{it+2n\pi i}$$

が成り立つのですから，（3）と併せて

$$e^{i\pi+2n\pi i} = -1$$

となります。この形の等式で対数記号を使うと

$$\log(-1) = \pi i + 2n\pi i = (2n+1)\pi i$$

となります。

ここで，$n=0$ とすると，先ほどの

$$\log(-1) = \pi i$$

が導かれます。さらに

$n=1$ のとき $\log(-1) = 3\pi i$

$n=2$ のとき $\log(-1) = 5\pi i$

$n=3$ のとき $\log(-1) = 7\pi i$ 　$\cdots$

というように，$\log(-1)$ の値が無数に存在することになります。

対数関数は，指数関数の逆の対応ですから，図 12-2-2 の右側にある w 平面の点から左側の z 平面の点への対応と見れば，w 平面における単位円 1 周分が，z 平面の虚軸上 $0 \leqq y < 2\pi$，$2\pi \leqq y < 4\pi, \cdots$ の範囲の各矢線にそれぞれ相当することからイメージを持つことができます。

そのようすを改めて次ページの図 12-2-8 に示します。ちょっとゴチャゴチャしてしまいましたが，$\log(-1) = \pi i,\ 3\pi i,\ 5\pi i, \cdots$ となるようすをよく見てください。

また，この図から

$$\log(-e) = 1+\pi i,\ 1+3\pi i,\ 1+5\pi i, \cdots$$

ということも読み取れます。

一般に負の数 $-k$ $(k>0)$ の自然対数は，n を整数として

$$\log(-k)=\log k+(2n-1)\pi i$$

となります。

【図 12-2-8】

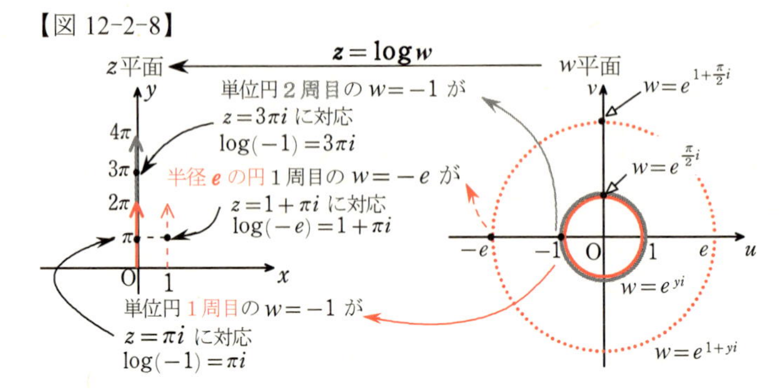

また

$$\log i=\frac{\pi}{2}i+2n\pi i=(2n+\frac{1}{2})\pi i$$

さらに一般に，$w=e^{z+2n\pi i}$ ですから

$$\log w=z+2n\pi i \quad (n\text{は整数})$$

となり，ひとつの複素数 w に対して無数の複素数 $z+2n\pi i$ が対応することになり，複素数においては，「log」は関数として不適切なのではないかという疑問が生じます。

●多価関数

このように，ひとつの値に対して，２つ以上の値が対応するような関数を**多価関数**といい，関数として扱うという考え方もあります。

一方，ひとつの値に対してただひとつだけの値が決まる関数を，一**価関数**といいます。

多価関数は，実数関数でも存在します。代表的なものは，すでに見た逆三角関数です。

そのときは，一価関数になるように主値というものを定めましたが，多価関数という考えを受け入れるなら，$y=\sin^{-1}x$ は多価関数としてこのまま扱うことができます。多価関数としての $y=\sin^{-1}x$ のグラフは次のようになります。

たとえば $x=\frac{1}{2}$ に対して $y=-\frac{7}{6}\pi$，$\frac{\pi}{6}$，$\frac{5}{6}\pi$，$\frac{13}{6}\pi$ が，この図の中だけでも見えています。

【図 12-2-9】

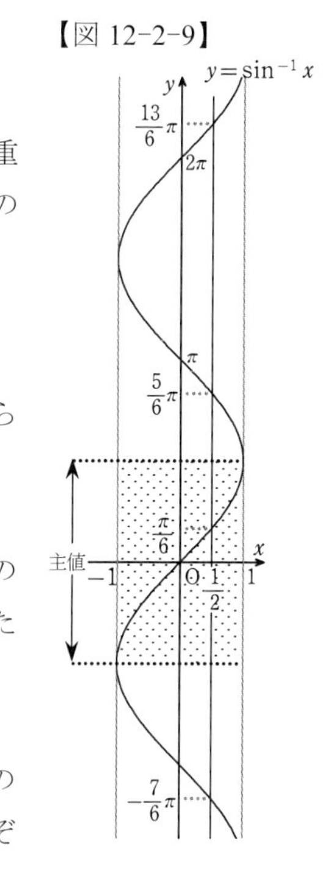

実数の多価関数のグラフは，グラフが縦に重なる部分があって，y 軸と平行な直線と複数の共有点をもつような形になります。

●リーマン面

前ページの図 12-2-8 において，w 平面から z 平面への対応ということで

$$z=\log w$$

と書きましたが，やはりこれも，実数関数の $x=\log y$ で x と y を入れかえて $y=\log x$ としたように，ここでは z と w を入れかえて

$$w=\log z$$

と書くことにします。そうすると，図 12-2-8 の z 平面を w 平面に，w 平面を z 平面に，それぞれ名前を変えて見ることになります。

このとき，z 平面の単位円周上に複素数 α があるとき，これが 1 周目の円周か，それとも 2 周目の円周なのかの区別がつきません。そのため，"ひとつの" α に複数の $\log\alpha$ が対応する，ということになってしまうのです。

一般には，複素数における対数関数は

$$\log z=w_0+2n\pi i \quad (n\text{は整数})$$

ただし，w_0 は $\log z=w$ を満たすあるひとつの w 平面上の点

というような多価関数になります。

そこでまず，対応を 1 対 1 にするために z 平面の各円を 1 周の範囲に制限します。たとえば，z の偏角 $\arg z$ を $0\leqq\arg z<2\pi$（図 12-2-10 右のアの範囲）や $-\pi<\arg z\leqq\pi$（イの範囲）に制限すれば，$w=\log z$ は 1 価関数（点 $\log\alpha$ が 1 つだけに決まる状態）になります。

【図 12-2-10】

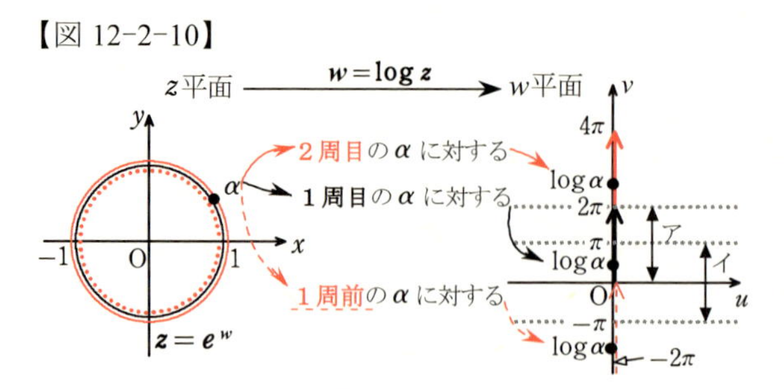

イの範囲というのは，z 平面の単位円でいうと，黒い円の上半分とその内側に描かれている赤い点線の円の下半分を合わせた１周分に相当します。

この「円１周分」の偏角の範囲を対数関数の**主値**といい，Arg$z$ と表し，主値に制限した対数関数を Log$z$ と表すことがあります。

逆三角関数のときの主値は範囲が図の一部として目に見えましたが，ここでの主値は，見た目では結局 z 平面全体（Log の定義域（z の範囲）としては原点を除く）になっていて，主値に制限していることが見えません。

そこで次に，１周目，２周目，…，n 周目，… を別々のガウス平面と考えようというアイデアが登場するのです。便宜的に「１周目」といいましたが，とくに "最初" の平面があるというわけではありません。

さて，このとき，１周目，２周目，… は連続して回れるようになっていなければなりませんから，１周したところで２枚目のガウス平面につながっているという，右図のようなイメージになります。

【図 12-2-11】

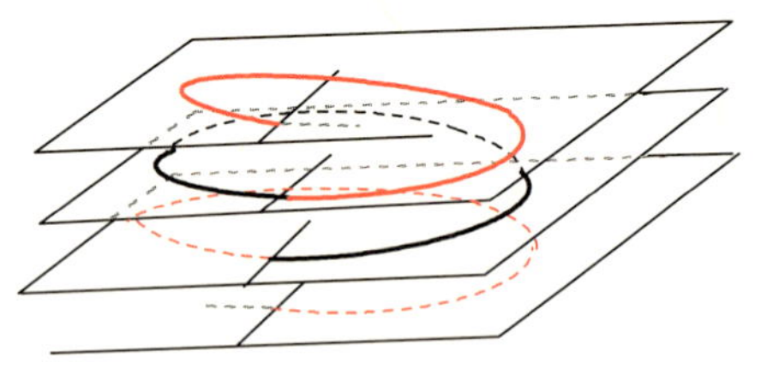

この，ショッピングモールか何かの高層の駐車場のような面の，どこからどこまでを１周分と考えたらよいか，つまり，図 12-2-10 の色分けした単位円において，赤の点線から黒へ，黒から赤へ移る場所をどこにすればよいかということを考えなければなりません。

いま，z 平面上の複素数 z の偏角を $\arg z = \theta$ として，たとえば，$0 \leqq \theta < 2\pi$ で一区切りとすると，実軸の正の部分が境界になりますが，通常 "よく使うところ" のど真ん中に境界があるというのも邪魔な感じがします。かといって，$\theta = \dfrac{\pi}{2}$ や $\theta = \dfrac{\pi}{3}$ などというところはいかにも中途半端です。

で，普通は $-\pi < \theta \leqq \pi$ ，つまり $\theta = \pi$（実軸の負の部分）を境界にします。これは，図 12-2-10 でいうと，イに相当する範囲です。

z 平面の実軸の負の部分を切り（こうして z 平面を切る線を**切断線**という），その第２象限のへりに，次の z 平面の第３象限のへりを連結していくとできあがります。

【図 12-2-12】

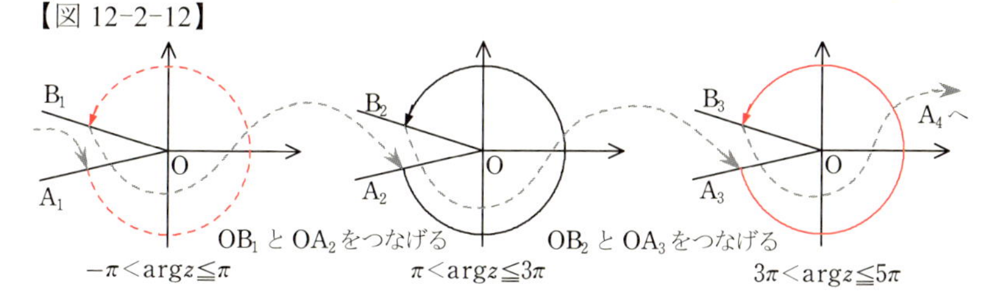

この１枚１枚の複素数平面を**分枝**（branch）と呼びます。この図では各分枝を分けて描いています。

このアイデアの発案者がドイツのハノーバーに生まれたリーマン（1826～1866）なので，このような複素数平面を**リーマン面**といいます。1857年に発表しています。コーシーの没年，私が生れるちょうど100年前です。

z がリーマン面のひとつの分枝上の複素数なら，$w = \log z$ は１価関数になります。つまり，図 12-2-10 の z 平面上の点 α が，赤点線，黒，赤，その他のどの単位円周上の点であるのかを区別することができるということです。

リーマン面の様態は関数によって異なり，このスクリュー（ねじ）状のものは対数関数におけるリーマン面ということになります。詳しくは複素関数論を学習してください。複素関数論は，電磁気学や流体力学などで欠かせない理論です。

ロジャー・コーツの関係式

オイラーに先んじること約30年，1714年にイギリスの数学者・天文学者のロジャー・コーツ（1682～1716）は

$$\log(\cos x + i\sin x) = ix$$

という関係式を発表していますが，証明は曖昧で，対数関数の多価性が認識されていなかったという不十分さもあります。

オイラーは，対数と指数の関係：

$$\log(\cos x + i\sin x) = ix \Leftrightarrow e^{ix} = \cos x + i\sin x$$

を用いて，ロジャー・コーツの関係式を証明したことになるのです。

コーツは，対数のグラフや双曲螺線（$r = \dfrac{a}{\theta}$）を研究したり，ニュートンに協力して『プリンキピア』第２版の校正に携わるなどしたひとです。

複素関数としての三角関数

指数関数や対数関数は，複素数 z を変数として

$$w = e^z \ , \ w = \log z$$

というものが出てきましたが，三角関数については

$$w = \sin z \ , \ w = \cos z \ , \ w = \tan z$$

が出てきていません。

本書の流れで出てくるきっかけがなかったというところですが，これらは，実数関数としての級数展開：

$$\sin x = x - \frac{x^3}{3!} + \frac{x^5}{5!} - \frac{x^7}{7!} + \cdots \ , \quad \cos x = 1 - \frac{x^2}{2!} + \frac{x^4}{4!} - \frac{x^6}{6!} + \cdots$$

の x を複素数 z にしたものとして定義されます。つまり

$$\sin z = z - \frac{z^3}{3!} + \frac{z^5}{5!} - \frac{z^7}{7!} + \cdots = \sum_{n=0}^{\infty} (-1)^n \frac{z^{2n+1}}{(2n+1)!}$$

$$\cos z = 1 - \frac{z^2}{2!} + \frac{z^4}{4!} - \frac{z^6}{6!} + \cdots = \sum_{n=0}^{\infty} (-1)^n \frac{z^{2n}}{(2n)!}$$

$$\tan z = \frac{\sin z}{\cos z}$$

と，淡々と定義するのです。

当然 z は，動径の位置を表すものではありませんが

$$\sin^2 z + \cos^2 z = 1 \ , \quad \sin(-z) = -\sin z \ , \ \cos(-z) = \cos z$$

$$\sin(z_1 \pm z_2) = \sin z_1 \cos z_2 \pm \cos z_1 \sin z_2$$

$$\cos(z_1 \pm z_2) = \cos z_1 \cos z_2 \mp \sin z_1 \sin z_2$$

$$\frac{d}{dz}\sin z = \cos z\,,\ \frac{d}{dz}\cos z = -\sin z\,,\ \frac{d}{dz}\tan z = \frac{1}{\cos^2 z}$$

など，実数関数と同じことが成り立ち，指数関数との関係も，p.412 の(11)と(12)式の t を z にしたもの：

$$\sin z = \frac{e^{iz} - e^{-iz}}{2i}\,,\ \cos z = \frac{e^{iz} + e^{-iz}}{2}$$

が成り立つのです。

ここはもう三角関数に沿った道ではなく，オイラーの公式を礎（いしずえ）に，18世紀後半から19世紀にかけて，ガウス（1777～1855），コーシー（1789～1857），ワイエルシュトラス（1815～1897），リーマン（1826～1866）たちによって築かれていった複素関数の "大陸" という感じの広大な世界なので，本書ではここまでの紹介だけにしておきます。

3　複素フーリエ級数

●フーリエ級数を指数関数で表す

本章 1 節で，オイラーの公式

$$e^{it} = \cos t + i\sin t$$

$$e^{-it} = \cos t - i\sin t$$

を加・減することで

$$e^{it} + e^{-it} = 2\cos t \quad \therefore \cos t = \frac{e^{it} + e^{-it}}{2} \tag{1}$$

$$e^{it} - e^{-it} = 2i\sin t \quad \therefore \sin t = \frac{e^{it} - e^{-it}}{2i}$$

を導きました。 $\sin t$ については，その右辺の分母を実数化する（分母と分子に i を掛ける）と

$$\sin t = \frac{i}{i}\cdot\frac{e^{it} - e^{-it}}{2i} = i\cdot\frac{e^{it} - e^{-it}}{2i^2}\cdot i = -i\cdot\frac{e^{it} - e^{-it}}{2} \tag{2}$$

となります。

(1)と(2)の t を kx $(k=1, 2, 3, \cdots)$ にして，フーリエ級数

$$
\begin{aligned}
f(x) &= a_0 + a_1 \cos x + b_1 \sin x \\
&\quad + a_2 \cos 2x + b_2 \sin 2x \\
&\quad + a_3 \cos 3x + b_3 \sin 3x \\
&\quad + \cdots \\
&= a_0 + \sum_{k=1}^{\infty} (a_k \underline{\cos kx} + b_k \underline{\sin kx})
\end{aligned}
\tag{3}
$$

にあてはめると

$$
f(x) = a_0 + \sum_{k=1}^{\infty} \left(a_k \underline{\frac{e^{ikx} + e^{-ikx}}{2}} \underline{-i} b_k \underline{\frac{e^{ikx} - e^{-ikx}}{2}}\right)
$$

となります。

e^{ikx}, e^{-ikx} ごとに整理します。

$$
f(x) = a_0 + \sum_{k=1}^{\infty} \left(\frac{a_k - ib_k}{2} e^{ikx} + \frac{a_k + ib_k}{2} e^{-ikx}\right)
$$

ここで，指数関数の各係数を

$$
\frac{a_k - ib_k}{2} = \alpha_k \ , \quad \frac{a_k + ib_k}{2} = \beta_k \tag{4}
$$

とすると

$$
f(x) = a_0 + \sum_{k=1}^{\infty} (\alpha_k e^{ikx} + \beta_k e^{-ikx}) \tag{5}
$$

となります。

これで，フーリエ級数が指数関数で表せたことになります。

何度か述べていますが，無限級数においては，無条件で項の順序を入れかえたりしてはいけないのですが，本書ではドンドン進めていきます。

●複素フーリエ級数

さらに整理します。

(5)において，$\alpha_k e^{ikx} + \beta_k e^{-ikx}$ の2つの項はよく似ています。

$k=1, 2, 3, \cdots$ に対して

$\alpha_k e^{ikx}$ は，$\alpha_1 e^{ix}$, $\alpha_2 e^{i2x}$, $\alpha_3 e^{i3x}$, $\cdots$

$\beta_k e^{-ikx}$ は，$\beta_1 e^{-ix}$, $\beta_2 e^{-i2x}$, $\beta_3 e^{-i3x}$, $\cdots$

という具合です。

ここでまず

e^{-ikx} は，e^{ikx} において $k=-1, -2, -3, \cdots$ としたもの

と捉えて，式の各項を e^{ikx} にそろえて，k の値を $1, 2, 3, \cdots$ とする Σ と，k の値を $-1, -2, -3, \cdots$ とする Σ に分けて表すようにしてみます。

その場合，$k=-1, -2, -3, \cdots$ とした方の係数 β_k は，β_{-k} とすることで $\beta_1, \beta_2, \beta_3, \cdots$ になりますから

$$f(x)=a_0+\sum_{k=1}^{\infty}\alpha_k e^{ikx}+\sum_{k=-1}^{-\infty}\beta_{-k}e^{ikx} \tag{6}$$

ここで $\sum_{k=-1}^{-\infty}$ は，$k=-1$ から k の値を 1 ずつ減らしながら足す，と解釈します。Σ 記号も柔軟に使っていきます。

次に，α_k と β_{-k} の統一的表現を考えます。

（4）において

$$k=1, 2, 3, \cdots \quad のときは \quad \alpha_k=\frac{a_k-ib_k}{2}$$

そして，$k=-1, -2, -3, \cdots$ のとき $-k=1, 2, 3, \cdots$ ですから，（4）の β_k を β_{-k} にして書き直すと

$$k=-1, -2, -3, \cdots \quad のとき \quad \beta_{-k}=\frac{a_{-k}+ib_{-k}}{2}$$

となります。

このような α_k, β_{-k} の役割を果たすものとして

$$c_k=\begin{cases}\alpha_k=\dfrac{a_k-ib_k}{2} & (k=1, 2, 3, \cdots)\\ \beta_{-k}=\dfrac{a_{-k}+ib_{-k}}{2} & (k=-1, -2, -3, \cdots)\end{cases} \tag{7}$$

という係数を導入すれば，（6）は

$$f(x)=a_0+\sum_{k=1}^{\infty}c_k e^{ikx}+\sum_{k=-1}^{-\infty}c_k e^{ikx} \tag{8}$$

と，とりあえず項の形が統一できます。

（8）は，結局，k の値が $(-\infty)\cdots, -3, -2, -1, 1, 2, 3, \cdots(+\infty)$ の項の足し算で，$k=0$ だけ除かれていることに注意して

$$\boldsymbol{f(x)=a_0+\sum_{-\infty}^{\infty}c_k e^{ikx}} \qquad (\ \boldsymbol{k\neq 0}\ ) \tag{9}$$

というように，ひとつのΣで書き表せます。

Σで整数を変化させる変数($k=$)を省略してありますが，見て判断が容易なときは支障はありません。

(9)を**複素フーリエ級数**と呼ぶことにします。それに対して，(3)を**実フーリエ級数**といいます。

●複素フーリエ級数の係数

それでは，まず，(9)の a_0 を求めてみましょう。

それには，本章１節の最後で求めた

$$\int_0^{2\pi} e^{ikx}dx=\begin{cases}0 & (k\text{は整数，}k\neq 0)\\ 2\pi & (k=0)\end{cases} \tag{10}$$

を利用します。

(9)の両辺を積分しますと（項別に積分可能と考えて，というところが本書の立場です）

$$\int_0^{2\pi} f(x)dx=\int_0^{2\pi} a_0 dx+\sum_{-\infty}^{\infty}\int_0^{2\pi} c_k \underbrace{e^{ikx}dx\ \ (k\neq 0)}_{0}=\left[a_0 x\right]_0^{2\pi}=2\pi a_0$$

$$\boldsymbol{\therefore a_0=\frac{1}{2\pi}\int_0^{2\pi} f(x)dx} \tag{11}$$

となり，p.320の(2)の $\alpha=0$ とした場合と一致します。

次に，$k=n$ のときの c_n を求めるために(9)の両辺に e^{-inx} を掛けて積分しますが，これは，Σを足し算の形で書くとよく分かります。なお，$k=1,\ -1,\ 2,\ -2,\cdots,n,\ -n,\cdots$ の順に変えてあります。このように，無限和において足す順番を変えることを気にせずやっていくのも，本書の立場です。

$$\begin{aligned}\int_0^{2\pi} f(x)e^{-inx}dx=&\ \underline{\int_0^{2\pi} a_0 e^{-inx}dx}+\underline{\int_0^{2\pi} c_1 e^{ix}e^{-inx}dx}+\underline{\int_0^{2\pi} c_{-1}e^{-ix}e^{-inx}dx}\\ &\underline{+\cdots}+\int_0^{2\pi} c_n \underbrace{e^{inx}e^{-inx}}_{1}dx+\underline{\int_0^{2\pi} c_{-n}e^{-inx}e^{-inx}dx}\\ &\underline{+\cdots}\end{aligned}$$

で，下線……部分は $e^{imx}e^{-inx}=e^{i(m-n)x}$ の積分で，(10)の $k\neq 0$ の場合に相当するのですべて０となり，残るところは $e^{inx}e^{-inx}=e^0=1$ なので

$$\int_0^{2\pi} f(x)e^{-inx}dx = \int_0^{2\pi} c_n dx = 2\pi c_n$$

したがって

$$\boldsymbol{c_n = \frac{1}{2\pi}\int_0^{2\pi} f(x)e^{-inx}dx \qquad (n=1,\ -1,\ 2,\ -2,\cdots)} \tag{12}$$

となります。

(12)が(7)で定めた c_k の $k=n$ の場合と一致することは，次のようにして確認できます。

まず，(12)の右辺に

$$e^{-inx} = \cos nx - i\sin nx$$

を代入すると

$$c_n = \frac{1}{2\pi}\int_0^{2\pi} f(x)(\cos nx - i\sin nx)dx$$

$$= \underline{\frac{1}{2\pi}\int_0^{2\pi} f(x)\cos nxdx} - i\underline{\frac{1}{2\pi}\int_0^{2\pi} f(x)\sin nxdx} \tag{13}$$

となります。ここに，第9章3節で求めた実フーリエ級数の係数（ただし，$\alpha=0$ とする）：

$$\boldsymbol{a_n = \frac{1}{\pi}\int_0^{2\pi} f(x)\cos nx\,dx} \tag{14}$$

$$\boldsymbol{(n=1,\ 2,\ 3,\cdots)}$$

$$\boldsymbol{b_n = \frac{1}{\pi}\int_0^{2\pi} f(x)\sin nx\,dx} \tag{15}$$

を適用すると

$$c_n = \frac{1}{2}(\underline{a_n} - i\underline{b_n})$$

となり，c_k の定義(7)の $k>0$ の場合で $k=n$ としたものと一致します。

$k<0$ で $k=n$ のものは，$n=-n'$ とおくと（$n'>0$）

$$\cos nx = \cos(-n'x) = \cos n'x$$

$$\sin nx = \sin(-n'x) = -\sin n'x$$

ですから，(13)式は

$$c_n = \underline{\frac{1}{2\pi}\int_0^{2\pi} f(x)\cos n'xdx} + i\underline{\frac{1}{2\pi}\int_0^{2\pi} f(x)\sin n'xdx}$$

$$= \frac{1}{2}(\underline{a_{n'}} + i\underline{b_{n'}}) \quad = \frac{1}{2}(a_{-n} + ib_{-n})$$

となり，（7）の $k<0$ の場合で $k=n$ としたものと一致します。

さてここで，a_0 (11)と c_n (12)を比べてみます。

$$a_0=\frac{1}{2\pi}\int_0^{2\pi}f(x)dx \qquad (11)\ 再掲$$

$$c_n=\frac{1}{2\pi}\int_0^{2\pi}f(x)e^{-inx}dx \qquad (12)\ 再掲$$

c_n の n を0にしてみますと，$e^{-inx}=e^0=1$ となりますから

$$c_0=a_0$$

であることが分かります。

つまり，複素フーリエ級数（9）で a_0 だけを先頭に分けて書いておく必要が，実はなかったということになりますので，通常，**複素フーリエ級数**は

$$\boldsymbol{f(x)=\sum_{-\infty}^{\infty}c_k e^{ikx}} \qquad (16)$$

と表されるのです（ $k\neq 0$ という条件がなくなる）。

●複素フーリエ級数から実フーリエ級数を再現する

最後に，複素フーリエ級数(16)から実フーリエ級数

$$f(x)=a_0+\sum_{k=1}^{\infty}(a_k\cos kx+b_k\sin kx) \qquad (3)\ 再掲$$

を導いてみます。

オイラーの公式：$e^{ikx}=\cos kx+i\sin kx$ を(16)に代入すると

$$f(x)=\sum_{-\infty}^{\infty}c_k(\cos kx+i\sin kx)$$

で，$k=0$，$k>0$，$k<0$ に分離しますが，$k=-1,\ -2,\ -3,\cdots$のところは，式の中の k を $-k$ に変えて $k=1,\ 2,\ 3,\cdots$ と変化させても同じですから

$$f(x)=c_0+\sum_{k=1}^{\infty}c_k(\cos kx+i\sin kx)+\sum_{k=1}^{\infty}c_{-k}\{\cos(-kx)+i\sin(-kx)\}$$

$$=c_0+\sum_{k=1}^{\infty}c_k(\cos kx+i\sin kx)+\sum_{k=1}^{\infty}c_{-k}(\cos kx-i\sin kx)$$

$$=c_0+\sum_{k=1}^{\infty}\{(c_k+c_{-k})\cos kx+i(c_k-c_{-k})\sin kx\}$$

ここで

$$c_k + c_{-k} = a_k \ , \ i(c_k - c_{-k}) = b_k \tag{17}$$

とおけば，$k=0$ のときに

$$c_0 + c_0 = a_0 \ , \ i(c_0 - c_0) = b_0$$

$$\therefore c_0 = \frac{a_0}{2} \ , \ b_0 = 0$$

となるので

$$\left.\begin{aligned} & \boldsymbol{f(x) = \frac{a_0}{2} + \sum_{k=1}^{\infty}(a_k \cos kx + b_k \sin kx)} \\ & \boldsymbol{k = n} \ \text{において} \\ & \quad \boldsymbol{a_n = \frac{1}{\pi}\int_0^{2\pi} f(x)\cos nx\, dx} \\ & \quad \boldsymbol{b_n = \frac{1}{\pi}\int_0^{2\pi} f(x)\sin nx\, dx} \qquad \boldsymbol{(n = 1, 2, 3, \cdots)} \end{aligned}\right\} \tag{18}$$

となります。

第９章で扱った実フーリエ級数の第１項は a_0 でしたが，複素フーリエ級数から導くと，$\frac{a_0}{2}$ となっていないとあとの a_n（$n=1, 2, 3, \cdots$）との整合性が保てません。

実は，第９章においても

$$a_0 = \frac{1}{2\pi}\int_0^{2\pi} f(x)dx \tag{11 再掲}$$

$$a_n = \frac{1}{\pi}\int_0^{2\pi} f(x)\cos nx\, dx \tag{14 再掲}$$

が導かれていて，よく見ると，a_n で $n=0$ としたものの $\frac{1}{2}$ が a_0 になっていたわけです。ただそのときには，a_n と a_0 の整合性という点に目を向ける強い動機がなかったために，本書ではそのままにしてきたのですが，複素フーリエ級数まで視野に入れれば，実フーリエ級数は(18)式で定義する方が都合が良いということで，通常は，(18)を実フーリエ級数の定義としています。

なお，複素フーリエ級数から導かれた(18)の係数 a_n, b_n は実数です。なぜなら，c_k は，実数 a_k, b_k を用いて（７）式(p.447)で定義されていて

$$k=1,\ 2,\ 3,\cdots \quad \text{のとき} \qquad c_k=\alpha_k=\frac{a_k-ib_k}{2}$$

$$k=-1,\ -2,\ -3,\cdots \quad \text{のとき} \quad c_{-k}=\beta_k=\frac{a_k+ib_k}{2}$$

ですから，(17)の置き換え

$$c_k+c_{-k}=\frac{a_k-ib_k}{2}+\frac{a_k+ib_k}{2}=a_k$$

$$i(c_k-c_{-k})=i(\frac{a_k-ib_k}{2}-\frac{a_k+ib_k}{2})=i(-ib_k)=-i^2b_k=b_k$$

は，結局，(7)の置き換えを逆に戻しただけになっていたのです。

フーリエ級数は，本書では三角関数の応用として紹介しましたが，フーリエ級数の応用については，その方面の大きな道がありますから，またの機会に出かけてみてください。本書はその入り口までのご案内ということにしておきます。

4　オイラー

【図 12-4-1】

1707～1783，スイスのバーゼル生れ。

牧師である父は，息子を牧師にしたいと思い，1720年にバーゼル大学に入れて神学を学ばせようとしたのですが，そこで受けたヨハン・ベルヌーイ（1667～1748）の数学の講義に魅せられ，以後，数学に専念することになってしまったのです（神学科には大数学者による数学の講義があったということです）。

1735年，ペテルブルク（ソ連時代のレニングラード，現在サンクトペテルブルク）でロシアの地図を作成中に右目を失明し，さらに60歳ほどのときには左目も失ってしまいました。過度の研究に加え，暖房用の薪の煙がひどかったことが原因ともいわれています。

それでも研究の意欲と力は衰えず，失明した後は口述筆記に頼りながらも，生涯で，人類最多とも言われるほどの論文を発表しました。生前でも約560編にもなるそうで，21世紀の今なお，未発表のものも含めて刊行作業が続いているそうです。

その中でも，『力学』(1736年)，『無限解析入門』(全２巻)(1748年)，『微分計算教程』(全２巻)(1755年)，『積分計算教程』(全３巻)(1768～70年)，『代数学完全入門』(1769～9年）は有名です。

彼は，現在も使われている数学のいろいろな記号などを導入しています。三角形の頂点をアルファベットの大文字にして，各頂点の対辺には同じアルファベットの小文字をつけるという規則や，関数の定義を初めて与える試みをして関数記号「f」を使い，$a^z = y$ に対して $z = \log y$ という対数記号（底 a は書かなかったようです)，円周率の π や自然対数の底 e などです。

ただし，対数の概念に初めて気付いたのはスティーフェル（1487～1567)，確立したのはビュルギ（1552～1632）とネイピアです。

●一筆書き（グラフ理論の始まり）

「ケーニヒスベルクの橋の問題」というものがあります。ケーニヒスベルク市は，当時ドイツ領で，ドイツの哲学者カント（1724～1804）の出生地ですが，第２次世界大戦後，ソ連に併合されカリーニングラードと呼ばれるようになったところです。

【図 12-4-2】

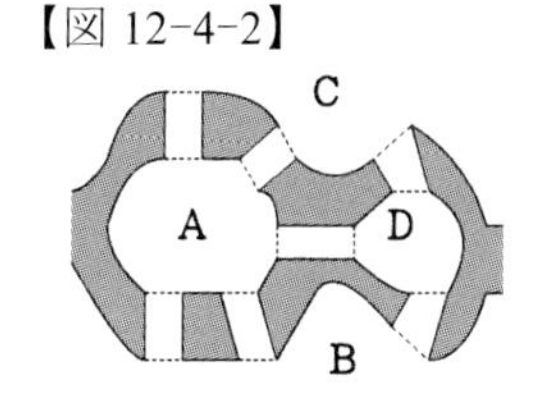

そこを流れるプレーゲル川には，右図のようにふたつの中島ＡとＤと両岸Ｂ，Ｃが７つの橋で結ばれていて，いつしか市民の間で「７つの橋全てをただ１回ずつ渡ってもとのところに戻れるか」という問題が話題になり，オイラーは，これが不可能であることを示したのです（1736 年)。

オイラーは，この橋のようすを右図のような点と点が線でつながれた状態に書き直して考えました。このように，問題の本質部分だけを抽出して考えるというところが，オイラーの才能のすばらしさの分かりやすい例でしょう。一般のひとにとって，岸や島を１点で表すという発想は困難でしょう。

【図 12-4-3】

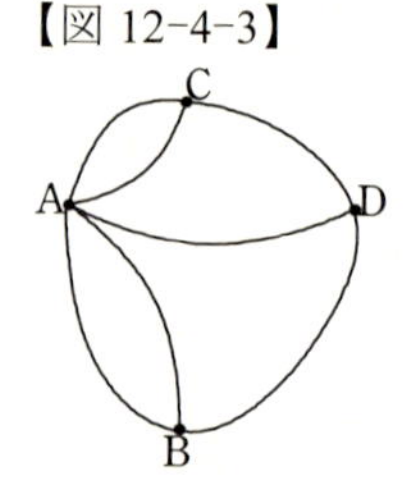

このような図を，のちにグラフと呼ぶようになります（関数のグラフとは別のものです)。

さて，これはいわゆる一筆書きの問題で，図 12-4-3 が一筆書きができるかどうかを考えればよいわけです。

ひとつの線に沿って点に到着したら，そこで終了するか別の線に沿って出ていくかのどちらかです。入(い)りと出(で)で２本の線が必要ですから，偶数の線がつながっている点(偶点)は，その点に始めに入ってきたら，必ず出て行く通過点か，開始点として始めに出ていったら，必ず入ってきて終わる終了点ということになります。したがって

ア：全てが偶点のグラフは開始点と終了点を同じ点にして一筆書き**可能**。

【図 12-4-4】

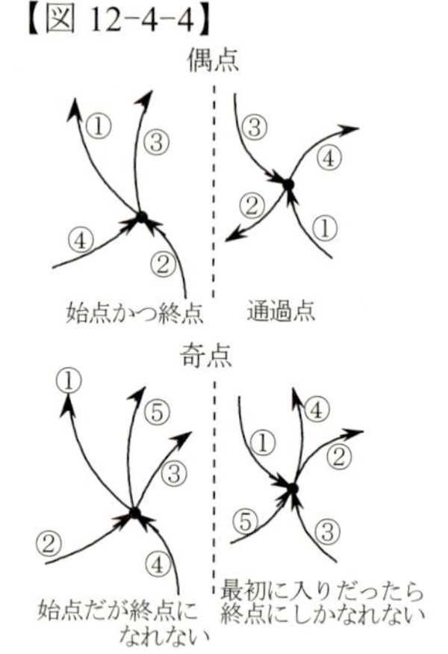

一方，奇数の線がつながっている点(奇点)は，開始点として出で始まったら，必ず最後には出ていってしまうし，その点に入りから始まったら最後はまた入りで終る，つまり終了点でなければなりません。つまり，奇点は開始点か終了点のどちらか一方にしかなり得ません。単なる通過点にはなれません。

開始点と終了点は一致する場合も含めて１個ずつですから，もし奇点が１個しかないときは，それを開始点にするか終了点にするかしかありません。開始点にすると他の偶点が終了点にならねばなりませんが，この場合の偶点は最初に入ってくることになりますから必ず出て行かねばならず，従って，この場合には終了点がないことが分かります。唯一の

奇点を終了点にしようとすると，他の偶点を開始点に選ばなければなりませんが，開始点とした偶点は必ず終了点にならなければなりませんから，奇点を終了点にすることと矛盾します。

ですから

イ：奇点が１つしかないグラフは一筆書き不可能。

ウ：奇点が２つある場合は，１つを開始点にしてもうひとつを終点にして一筆書きが**可能**（他の偶点はすべて通過点）。

エ：奇点が３つ以上あるときは，開始点でも終了点でもない奇点が存在してしまうので，一筆書きは不可能。

結局，一筆書きできるのは，**ア**（すべてが偶点）と**ウ**（奇点が２個だけ）の場合だけです。

こうして，奇点が４つあるケーニヒスベルクの橋の問題は，もとの場所に戻ることはおろか、一筆書きそのものが不可能という結論になるわけです。

一筆書きのできるグラフは**オイラー路**（ろ）(Eulerian trail) といわれています。

●オイラーの多面体定理

一筆書きの問題は，のちのグラフ理論，さらに位相幾何学(トポロジー)へとつながるものです。

トポロジーとは，ギリシャ語の topos(位置)と logos(学)から成る言葉で，リスティング（1808～1882）がつくったことばです。それを位相幾何学と日本語に訳したのは高木貞治（ていじ）（1875～1960）です。

長さや角度といった定量的な性質を抜きに，点の結びつきだけを考えようとする幾何学を「位置の幾何学」として今後必要となるという予感をもったのは，実はライプニッツが最初なのですが，彼はその具体例を挙げることはできませんでした。しかしオイラーは，このケーニヒスベルクの橋の問題の論文の表題を「位置の幾何学に属する問題の解」とし，その冒頭で，「次のようなものが恐らくライプニッツのいう位置の幾何学の問題であろう」と述べており，オイラーがライプニッツの予感を意識していたことが分かります。

トポロジーに関連して，**オイラーの多面体定理**というのがあります。

面で囲まれた多面体の頂点の数をa_0，辺の数をa_1，面の数を a_2 とすると

$$a_0 - a_1 + a_2 = 2$$

が成り立つ，というものです。

平面図形では，辺で囲まれたひとつながりの有界な領域を面とすると

$$a_0 - a_1 + a_2 = 1$$

が成り立ちます。

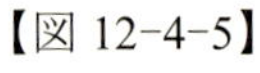
【図 12-4-5】

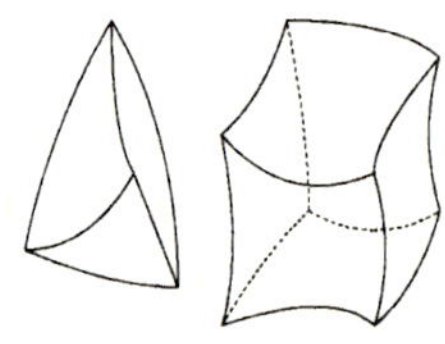

右図の左側の図は，立体的な四面体と考えれば，$a_0 = 4$ ，$a_1 = 6$ ，$a_2 = 4$ ですから

$$a_0 - a_1 + a_2 = 4 - 6 + 4 = 2$$

右側の図は六面体で $a_0 = 8$ ，$a_1 = 12$ ，$a_2 = 6$ なので

$$a_0 - a_1 + a_2 = 8 - 12 + 6 = 2$$

となります。

左側の図を３つの "三角形" がくっついた平面図形と見れば，$a_0 = 4$，$a_1 = 6$ ，$a_2 = 3$ （外側の "三角形" は面ではない）ですから

$$a_0 - a_1 + a_2 = 4 - 6 + 3 = 1$$

となります。

この性質は，その図形が伸縮自在のゴムでできていると考えて，それを伸び縮みさせて形をどんなに変形しても変わらない定数です。ただし，ゴムが切れたり，辺や面の途中が他の辺や面に接着してしまうようなことはないとします。図 12-4-5 の２つの立体は，こうした変形で互いに行き来できます。

【図 12-4-6】

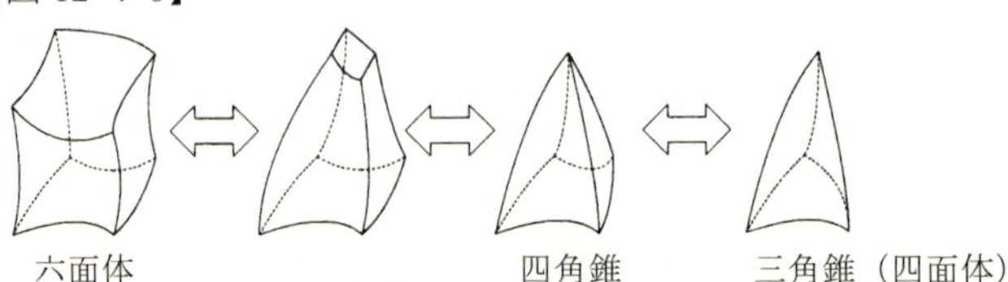

このような図形の変形において変わらない性質を研究する幾何学が位相幾何学(トポロジー)です。

オイラーは，このオイラーの多面体定理等によって，ピタゴラスやプラトンの時代からすでに知られていた正多面体（第１章４節）が，プラトンの立体と呼ばれる，正四面体，正六面体(立方体)，正八面体，正十二面体，正二十面体の５つしかないことを改めて証明しました。

●オイラー線と９点円

オイラーは，三角形の外心(外接円の中心)，重心，垂心(頂点から対辺への垂線の交点)の３点が一直線上にあることを発見し，その直線は，**オイラー線**と呼ばれています。

証明の概要は，次の図 12-4-7 の灰色の補助線を参考に，まず，△BCD において，中点連結定理により

【図 12-4-7】

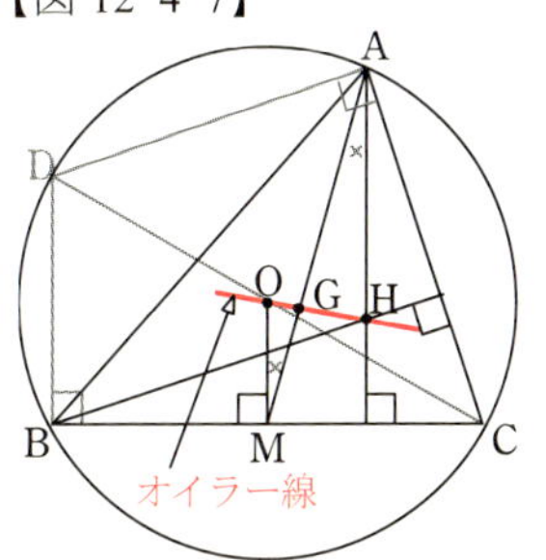

O：外心　G：重心　H：垂心

DB = 2OM

DB⊥BC，OM⊥BC，AH⊥BC ゆえ

DB // OM // AH

BH⊥AC，DA⊥AC ゆえ　BH // DA

よって，四角形 AHBD は平行四辺形ゆえ

AH = DB = 2OM

G は重心なので

AG = 2MG

OM // AH ゆえ　∠GMO =∠GAH　（錯角）

よって

△AGH∽△MGO　ゆえ　∠AGH =∠MGO

そして，A，G，M は一直線上にあるので

O，G，H も一直線上にある。（終）

同時に，OG : GH = 1 : 2 ということも示されています。

ついでに，次ページ図 12-4-8 において，オイラー線上で線分 OH の

中点 P は，△ABC の各辺の中点 L，M，N，頂点から対辺への垂線の足 D，E，F，そして垂心を H とするとき，線分 AH，BH，CH の中点 S，T，U の合計９つの点を通る円（**９点円**）の中心になっています。

【図 12-4-8】

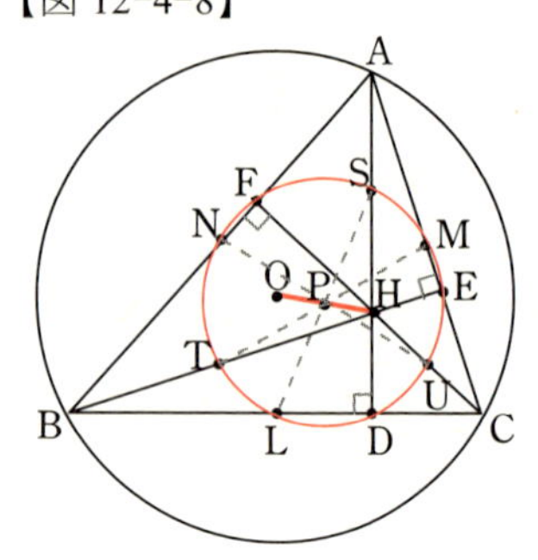

半径は，△ABC の外接円の半径の半分です。

線分 LS，MT，NU は９点円の直径になっています。（円周角∠LDS = 90°）

９点円は，**フォイエルバッハ円**とか**オイラー円**とも呼ばれています。

フォイエルバッハ（1800〜1834）はドイツの数学者で，三角形の内接円が９点円に内接し，９点円と傍接円（ぼうせつえん）が外接するという定理（フォイエルバッハの定理）を発見したひとです。

【図 12-4-9】

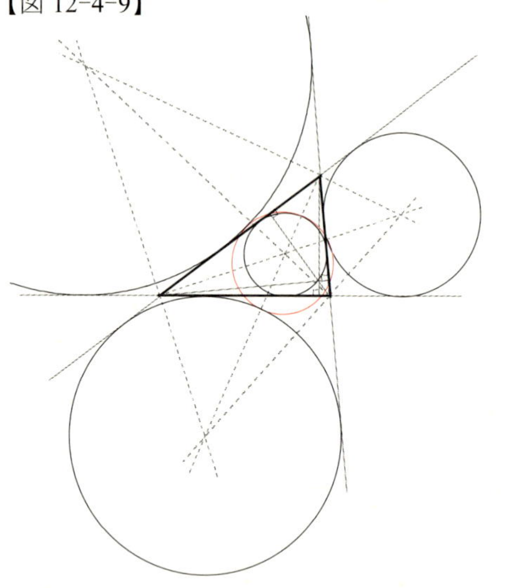

三角形の傍接円とは，三角形の１つの内角の二等分線と，他の２つの外角の二等分線の交点を中心として，１辺と他の２辺の延長に接する円で，１つの三角形に３つあります。

オイラーと直接は関係ないですが，見るだけでも価値のある定理ですので，ゆっくり鑑賞してください。

●オイラー定数 γ（ガンマ）

調和級数 $1+\frac{1}{2}+\frac{1}{3}+\frac{1}{4}+\cdots=\sum_{n=1}^{\infty}\frac{1}{n}$ について，その第 n 部分和を

$$S_n = 1 + \frac{1}{2} + \cdots + \frac{1}{n} \quad (= \sum_{k=1}^{n} \frac{1}{k})$$

として，オイラーは，次のようにnを増やながらその和の値を観察したのでしょうか：

$$\begin{array}{lll}
S_{10} = 2.928968\cdots & S_{100} = 5.187377\cdots & S_{100} - S_{10} = 2.258409\cdots \\
S_{20} = 3.597739\cdots & S_{200} = 5.878030\cdots & S_{200} - S_{20} = 2.280291\cdots \\
S_{30} = 3.994987\cdots & S_{300} = 6.282663\cdots & S_{300} - S_{30} = 2.287676\cdots \\
S_{40} = 4.278543\cdots & S_{400} = 6.569929\cdots & S_{400} - S_{40} = 2.291386\cdots \\
S_{50} = 4.499205\cdots & S_{500} = 6.792823\cdots & S_{500} - S_{50} = 2.293618\cdots \\
S_{60} = 4.679870\cdots & S_{600} = 6.974978\cdots & S_{600} - S_{60} = 2.295108\cdots \\
S_{70} = 4.832836\cdots & S_{700} = 7.129010\cdots & S_{700} - S_{70} = 2.296174\cdots \\
S_{80} = 4.965479\cdots & S_{800} = 7.262452\cdots & S_{800} - S_{80} = 2.296973\cdots \\
S_{90} = 5.082570\cdots & S_{900} = 7.380165\cdots & S_{900} - S_{90} = 2.297595\cdots \\
S_{100} = 5.187377\cdots & S_{1000} = 7.485470\cdots & S_{1000} - S_{100} = 2.298093\cdots
\end{array}$$

さらに，前章1節末で挙げた値も見ると

$$\begin{array}{rl}
S_{1000} = 7.485470\cdots & \\
S_{1万} = 9.787606\cdots & S_{1万} - S_{1000} = 2.302135\cdots \\
S_{10万} = 12.090146\cdots & S_{10万} - S_{1万} = 2.302540\cdots \\
S_{100万} = 14.392726\cdots & S_{100万} - S_{10万} = 2.302580\cdots \\
S_{1000万} = 16.695311\cdots & S_{1000万} - S_{100万} = 2.302584\cdots
\end{array}$$

nが10倍ごとにS_nはほぼ一定数増加してるようです。これは，対数の増え方に似ています。ちなみに，$\log 10 = 2.30258509\cdots$ です。

実は，$y = \frac{1}{x}$ と対数が関係あるということは，イエズス会司祭のグレゴリー・聖ヴィンセント（1584～1667，ベルギー）や，ニュートン（1642～1727）がすでに気づいていました。

そこでオイラーは，調和級数と対数関数とが一定の値しか違わないということを示したのです。その「一定の値」というのが**オイラー定数**と呼ばれているもので，オイラーはCで表しましたが，のちにロレンツォ・マスケローニ（1750～1800）がγ(ガンマ)で表し，現在に至ります：

$$\boldsymbol{\gamma = \lim_{n\to\infty}\left(1 + \frac{1}{2} + \frac{1}{3} + \cdots + \frac{1}{n} - \log n\right) = \lim_{n\to\infty}(S_n - \log n)}$$

前章2節で

$$\int_1^x \frac{1}{t}\,dt = \log x$$

を求めました。したがって，$\log n$ は，$x=1$ から $x=n$ までの，$y=\dfrac{1}{x}$ のグラフと x 軸の間の面積です。

一方，S_n は，右図の赤色の長方形（図は途中を省略）の面積の総和です。

【図 12-4-10】

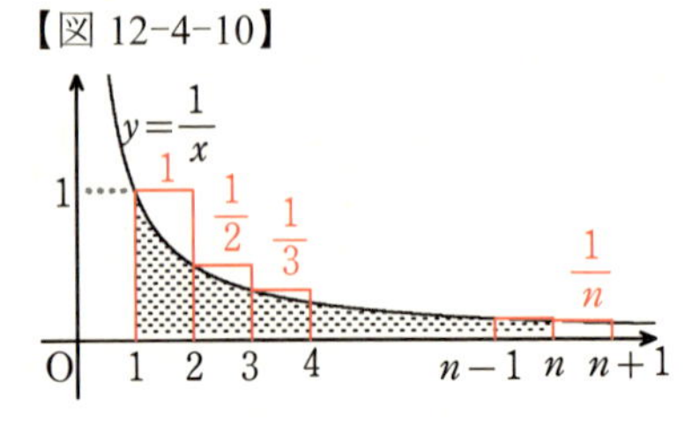

注意深く言うと，右端が $x=n+1$ の長方形まで入ります。

そうすると，$\log n$ の範囲とずれてしまいますが，実は，$\log(n+1)$ まで延ばしても，極限では変わりません：

$$\begin{aligned}\lim_{n\to\infty}\{S_n-\log(n+1)\}&=\lim_{n\to\infty}\{S_n-\log n-\log(n+1)+\log n\}\\&=\lim_{n\to\infty}(S_n-\log n)-\lim_{n\to\infty}\{\log(n+1)-\log n)\}\\&=\gamma-\lim_{n\to\infty}\log\frac{n+1}{n} \qquad \log M-\log N=\log\frac{M}{N}\\&=\gamma-\lim_{n\to\infty}\log(1+\frac{1}{n})\ =\gamma-\log 1 \qquad \log 1=0\\&=\gamma\end{aligned}$$

それでは，$S_n-\log n$ は何を意味するかというと，下図のヒストグラム(柱状グラフ)のような長方形のうち，グラフの上にはみ出した部分の総和です。

【図 12-4-11】

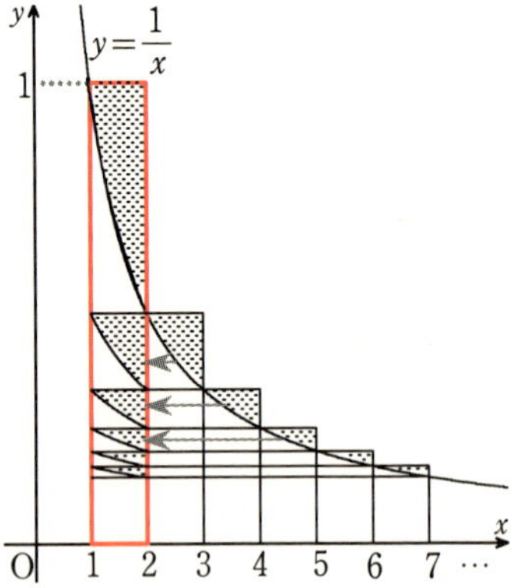

横にずれているものを，一番左の長方形（右図の赤色の長方形）の中に平行移動してくると，見えてきます。

右図では縦方向に拡大しているので，赤色の長方形が縦長に見えますが，実際は，1辺の長さが 1 の正方形なのですから，面積は 1 です。

その中の，影をつけた少し下に膨らんだ三角形の面積の総和は，正方形の面積の半分=0.5 より少し大きく，1 より小さいということは分かります。

つまり，オイラー定数 γ は0.5より少し大きい値です。

オイラーは，1735年に

0.577218

という値を発表しました。このときはまだ，C という文字も使っていません。

この値は，ゼータ級数 $\varsigma(s)$（第８章５節）

$$\varsigma(s)=\sum_{r=1}^{\infty}\frac{1}{r^s}$$

を用いて次のようにして求めました。

対数の級数展開：

$$\log(1+x)=x-\frac{x^2}{2}+\frac{x^3}{3}-\frac{x^4}{4}+\cdots \qquad (-1<x\leqq 1)$$

において，オイラーは $x=\dfrac{1}{r}$ としたのです：

$$\log(1+\frac{1}{r})=\frac{1}{r}-\frac{1}{2r^2}+\frac{1}{3r^2}-\frac{1}{4r^4}+\cdots$$

$$\frac{1}{r}=\log\frac{r+1}{r}+\frac{1}{2r^2}-\frac{1}{3r^2}+\frac{1}{4r^4}-\cdots$$

$$\frac{1}{r}=\log(r+1)-\log r+\frac{1}{2r^2}-\frac{1}{3r^2}+\frac{1}{4r^4}-\cdots \qquad \log\frac{M}{N}=\log M-\log N$$

そして，$r=1,\ 2,\ 3,\cdots$ として両辺の和をつくります：

$$\sum_{r=1}^{n}\frac{1}{r}=\sum_{r=1}^{n}\{\log(r+1)-\log r\}+\frac{1}{2}\sum_{r=1}^{n}\frac{1}{r^2}-\frac{1}{3}\sum_{r=1}^{n}\frac{1}{r^3}+\frac{1}{4}\sum_{r=1}^{n}\frac{1}{r^4}-\cdots$$

すると，左辺は S_n で，右辺のはじめの Σ は

$$\sum_{r=1}^{n}\{\log(r+1)-\log r\}$$
$$=\{\log 2-\underset{0}{\log 1}\}+\{\log 3-\log 2\}+\{\log 4-\log 3\}+\cdots+\{\log(n+1)-\log n\}$$
$$=\log(n+1)$$

ですから

$$S_n=\log(n+1)+\frac{1}{2}\sum_{r=1}^{n}\frac{1}{r^2}-\frac{1}{3}\sum_{r=1}^{n}\frac{1}{r^3}+\frac{1}{4}\sum_{r=1}^{n}\frac{1}{r^4}-\cdots$$

$$\therefore S_n-\log(n+1)=\frac{1}{2}\sum_{r=1}^{n}\frac{1}{r^2}-\frac{1}{3}\sum_{r=1}^{n}\frac{1}{r^3}+\frac{1}{4}\sum_{r=1}^{n}\frac{1}{r^4}-\cdots \qquad (★)$$

ここで $n\to\infty$ とすると，左辺は $\lim_{n\to\infty}\{S_n-\log(n+1)\}=\gamma$ ゆえ

$$\gamma = \frac{1}{2}\varsigma(2) - \frac{1}{3}\varsigma(3) + \frac{1}{4}\varsigma(4) - \cdots$$

となります。

オイラーは，ゼータ級数 $\varsigma(s)$ について，s が偶数のときの値は，たとえば

$$\varsigma(2) = \frac{\pi^2}{6}，\ \varsigma(4) = \frac{\pi^4}{90}，\ \varsigma(6) = \frac{\pi^6}{945}，\ \varsigma(8) = \frac{\pi^8}{9450}\ ，\cdots$$

というように得ていましたが（第８章５節），s が奇数の場合は，このような有限の計算で得ることが（現在に至るまで）できていないので，実際に足し算をして求めたのではないかと思います。

その後，1781年には別の等式を開発して，小数第12位まで正しい値に C という名前をつけて，ペテルブルクアカデミーへ提出した論文に載せています：

$$C = 0.57721\ 56649\ 01$$

オイラー定数

$$\gamma = 0.57721\ 56649\ 01532\ 86060\cdots$$

は，有理数なのか無理数なのか，未だに不明です。つまり，この末尾にある「…」は，$\frac{1}{11} = 0.0909\cdots$ や $\sqrt{2} = 1.41421356\cdots$，$\pi = 3.14159\,265\cdots$ の「…」とは意味が違って，γ の場合は，もしかすると有限小数なのかも知れない，ということも含めて，全く分からないという意味の「…」なのです。

高校数学の教科書では，不等式：

$$\log(n+1) < 1 + \frac{1}{2} + \frac{1}{3} + \cdots + \frac{1}{n} < \log n + 1$$

の証明問題が，定積分の性質の応用問題として必ず扱われています。

本書ではその厳密な証明は割愛しますが（概要は本項でも説明できている），この不等式の中辺と左辺の差が(★)の左辺で，それの $n \to \infty$ としたときの極限が，オイラー定数 γ です。

右辺と中辺は，1 を引いて

$$\frac{1}{2}+\frac{1}{3}+\cdots+\frac{1}{n}<\log n$$

で，この左辺は，右図における赤い長方形の面積の総和で，それが，$y=\frac{1}{x}$ のグラフと x 軸の間（網掛け部分）の面積より小さいことを表しています。

【図 12-4-12】

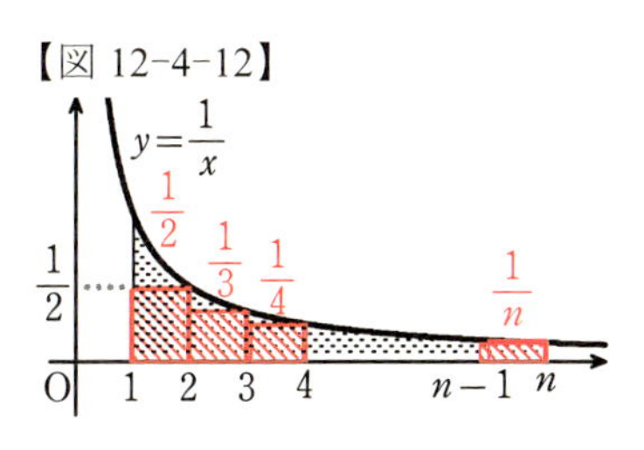

●外れたオイラーの予想

オイラーは，フェルマーの最終定理：

$x^n+y^n=z^n$ $(z\geqq 3)$ を満たす整数の組 (x, y, z) は存在しない

の $n=3$ の場合を証明しています。そこで彼は，フェルマーの最終定理を拡張した

$$x_1{}^4+x_2{}^4+x_3{}^4=x_4{}^4$$
$$x_1{}^5+x_2{}^5+x_3{}^5+x_4{}^5=x_5{}^5$$
$$\vdots$$
$$x_1{}^n+x_2{}^n+x_3{}^n+\cdots+x_{n-1}{}^n=x_n{}^n$$

についても，正の整数解が存在しないと予想したのですが，1966年に

$$27^5+84^5+110^5+133^5=144^5 \quad (=619\ 1736\ 4224)$$

が見つかり，1988年には

$$2682440^4+15365639^4+18796760^4=20615673^4$$

も発見され，さらに，$x_1{}^4+x_2{}^4+x_3{}^4=x_4{}^4$ には無数の解が存在することも示されました。オイラーの多数の業績の中の珍しいミスでした。

●オイラーと日本

さて，オイラーの生きた時代(1707～1783)は，日本では江戸時代，5代将軍徳川綱吉（1646～1709，在職 1680～1709）から10代将軍家治(1737～1786，在職 1760～1786）にかけてになります。とくに８代将軍吉宗（1684～1751，在職 1716～1745）がキリスト教以外の漢訳洋書輸入の禁を解いたことは，日本の学問に大変刺激になりました（1720年）。そして，杉田玄白（1733～1817）が『解体新書』を著したのが1774年です。

それからすると，和算家 関孝和（1640～1708）の時代には洋書を見ることはほとんど困難だった中で，ニュートン（1642～1727）やライプニッツ（1646～1716）とほぼ同時に微積分の考えに達していたのはやはり驚くべきことだと思います。

最後にもうひとつ，オイラーがペテルブルクにいたとき(1727～1741)に，やはりペテルブルクに日本人がいたというお話です。もしかすると，その日本人の噂くらいはオイラーの耳にも入っていたかも知れません。

それは，薩摩藩出身のゴンザ（権左，1717～1739）という少年で，初めての露和辞典『新スラブ・日本語辞典』等，６巻の書物を著しています。辞典の原書は，いまでもサンクトペテルブルクの科学アカデミー東洋学研究所に厳重に保管されているということです。

ただし，和訳は薩摩方言で書かれており，「愛する」は「スイチョル」,「友だち」は「ネンゴロ」,「偉大な」は「フトカ」,「平和」は「ナカナオイ」,「女郎屋」は「ワルカコトスルトコル」という具合です。しかし，語学の才能は非常に優れていたことは確かでしょう。

ゴンザは，10才のときに薩摩から大坂への御用船「若潮丸」に父親とともに乗船中に遭難し，一行17人は黒潮に乗って半年後にカムチャツカ半島に漂着しましたが，当時そのあたりを牛耳っていた騎馬戦士集団コサックに，ゴンザともうひとりの商人ソウザ（宗左，1696～1736）以外の15人は殺されてしまいました。

そのコサックは別のコサックに処刑され，ゴンザとソウザはペテルブルクへ４年かけて護送されたのです。時の女帝，アンナ・ヨアノヴナ（1693～1740，在位 1730～1740）は，おそらくマルコポーロ（1254～1324）の『東方見聞録』(1299年）で「黄金の国ジパング」を知り，通商を願い，日本人を見つけたら首都ペテルブルクへ連れて来るように命令を出していたのではないかと私は想像します。

ゴンザは1736年（ソウザはこの年に亡くなった），女帝に日本語教師に任命され，生徒は首都守備隊学校の若い軍人２人が選ばれました。この同じ年，同じ街でオイラーは，「ケーニヒスベルクの橋の問題」の論文をペテルブルク科学アカデミーに発表しています。

しかし1739年，ペテルブルクは大寒波に見舞われ，ゴンザは多くの市民とともに21才の生涯を終えました。日本語を教わった軍人たちが実際に日本語(薩摩弁)を使う機会があったかどうかは分かりません。

ロシアが初めて日本(松前藩)に通商を求めてきたのは1778年のことです。もちろん松前藩は拒否しています。

オイラーは，その５年後，ペテルブルクで息子の家族とともに食事をしながら，1781年にハーシェル（1738～1822）によって発見された天王星の軌道について話をしている途中に突然亡くなってしまいました。

その120年余り後には，日本とロシアは戦争をし（日露戦争 1904～5)，有色人種が白人に初めて勝ったという意味で世界中に大きな波紋を広げました。

2003年，サンクトペテルブルクは建都300周年を迎え，同市出身のプーチン・ロシア大統領（1952～，在職 2000～）が40ケ国以上の首脳を招いて記念行事を行なったというニュースが茶の間にも流れました。

2007年には，オイラーの生誕300年の記念行事が行われたということです。

●むすびにかえて

三角関数の道に沿って歩いてきたのに，対数関数で締めくくることになりました。

実は，金利の計算や生物の増加・衰退の仕方など，経済活動や自然現象などのなかには，三角関数よりも指数・対数関数に近い変化をするものの方が多いのかも知れません。

私たちの知覚も，外からの刺激の強さ x に対して，感じる強さ y は

$$y = \log_2 x$$

に近いそうです。つまり，刺激が２倍，４倍，８倍… になるときに，感じ方は，1，2，3… というように同じ幅で強くなったように感じるというのです。

最もよく分かるのは音階です。例えば，400 ヘルツの１オクターブ上

の音は 800 ヘルツで，その１オクターブ上の音は，1200 ヘルツではなく 1600 ヘルツです。そのまた１オクターブ上は 3200 ヘルツ… という具合に，周波数は２倍２倍になります。しかし私たちは，それを等間隔の違いに感じます。ちょうどピアノの鍵盤の並びと同じ感じ方をしているというわけです。

そういうこともあって，私は高校の授業において，いわゆる文系(経済学はもちろん，心理学や社会学などの志望)で大学受験に数学Ⅱ以上は必要ないなどと言っている生徒には，指数関数・対数関数とその微分(自然対数の底 e)くらいは知っておいた方がいいぞ，微分積分は(文系こそ必要な)統計学でも使うのだぞ，と呼びかけて，なんとか数学への関心をつなぎとめようとしています。

また，法学部を目指す生徒へも，数学は，内容が気に入るとか入らないなどという自分の感情とは別に，論理的な考え方，説明の仕方を訓練する恰好の場なのだ，などとも言ったりしています。

最後に，本書ごときには過ぎた願望かも知れませんが，数学が，文学や芸術と同様，生身の人間の知的活動によってつくられてきた "作品" であり，"自然科学" と言い切れないということも感じてもらえたら，本書の役割は十二分に果たせたと思います。

おわり

読む授業
～ピタゴラスからオイラーまで～

補　足

1　微分・積分の公式など

2　k, k^2, k^3 の和

3　三角関数の方程式・不等式

4　三角関数の最大値・最小値

5　常用対数の利用

1　微分・積分の公式など

●積の微分法

$$\{f(x)g(x)\}' = \overset{\text{微分 そのまま}}{f'(x)g(x)} + \overset{\text{そのまま 微分}}{f(x)g'(x)}$$

［証明その１］

$$\{f(x)g(x)\}' = \lim_{\Delta x \to 0} \frac{f(x+\Delta x)g(x+\Delta x) - f(x)g(x)}{\Delta x}$$

$$= \lim_{\Delta x \to 0} \frac{f(x+\Delta x)g(x+\Delta x) - f(x)g(x+\Delta x) + f(x)g(x+\Delta x) - f(x)g(x)}{\Delta x}$$

$$= \lim_{\Delta x \to 0} \frac{f(x+\Delta x) - f(x)}{\Delta x} \cdot g(x+\Delta x) + \lim_{\Delta x \to 0} f(x) \frac{g(x+\Delta x) - g(x)}{\Delta x}$$

$$= f'(x)g(x) + f(x)g'(x) \qquad \text{（終）}$$

［証明その２］

対数微分法（p.387）を用いて証明することもできます。

$y = f(x)g(x)$　の両辺の絶対値の自然対数をとると

$$\log|y| = \log|f(x)| + \log|g(x)|$$

この両辺を x で微分します：（関数記号の (x) は適宜，省略します。）

$$\frac{1}{y}y' = \frac{1}{f}f' + \frac{1}{g}g'$$

$$\therefore y' = y\left(\frac{f'}{f} + \frac{g'}{g}\right) = fg\left(\frac{f'}{f} + \frac{g'}{g}\right) = f'(x)g(x) + f(x)g'(x)$$

この方法ですと，3 つ以上の関数の積の微分も容易に導けます。

$y = f(x)g(x)h(x)$　に対して

$$\log|y| = \log|f(x)| + \log|g(x)| + \log|h(x)|$$

$$\frac{1}{y}y' = \frac{1}{f}f' + \frac{1}{g}g' + \frac{1}{h}h'$$

$$\therefore y' = fgh\left(\frac{f'}{f} + \frac{g'}{g} + \frac{h'}{h}\right)$$

$$= f'(x)g(x)h(x) + f(x)g'(x)h(x) + f(x)g(x)h'(x) \quad \text{（終）}$$

●商の微分法

$$\left(\frac{f(x)}{g(x)}\right)' = \frac{f'(x)g(x) - f(x)g'(x)}{\{g(x)\}^2}$$

微分 そのまま － そのまま 微分
分母２乗分の

［証明その１］

$$\left(\frac{f(x)}{g(x)}\right)' = \lim_{\Delta x \to 0} \frac{\dfrac{f(x+\Delta x)}{g(x+\Delta x)} - \dfrac{f(x)}{g(x)}}{\Delta x}$$

$$= \lim_{\Delta x \to 0} \frac{f(x+\Delta x)g(x) - f(x)g(x+\Delta x)}{\Delta x \cdot g(x+\Delta x)g(x)}$$

$$= \lim_{\Delta x \to 0} \frac{f(x+\Delta x)g(x) - f(x)g(x) + f(x)g(x) - f(x)g(x+\Delta x)}{\Delta x \cdot g(x+\Delta x)g(x)}$$

$$= \lim_{\Delta x \to 0} \frac{\{f(x+\Delta x) - f(x)\}g(x) - f(x)\{g(x+\Delta x) - g(x)\}}{\Delta x \cdot g(x+\Delta x)g(x)}$$

$$= \lim_{\Delta x \to 0} \frac{\dfrac{f(x+\Delta x) - f(x)}{\Delta x} g(x) - f(x) \dfrac{g(x+\Delta x) - g(x)}{\Delta x}}{g(x+\Delta x)g(x)}$$

$$= \frac{f'(x)g(x) - f(x)g'(x)}{\{g(x)\}^2} \quad \text{（終）}$$

［証明その２］

対数微分法で証明します。

$y = \dfrac{f(x)}{g(x)}$　とおいて

$$\log|y| = \log|f(x)| - \log|g(x)|$$

$$\frac{1}{y} y' = \frac{1}{f} f' - \frac{1}{g} g'$$

$$\therefore y' = y\left(\frac{f'}{f} - \frac{g'}{g}\right) = \frac{f}{g}\left(\frac{f'g - fg'}{fg}\right) = \frac{f'(x)g(x) - f(x)g'(x)}{\{g(x)\}^2} \quad \text{（終）}$$

●媒介変数表示された関数の微分法

$f(t)$, $g(t)$ は t で微分可能とするとき

$$\begin{cases} x = f(t) \\ y = g(t) \end{cases}$$

で表された関数の導関数 $\dfrac{dy}{dx}$ を，t の関数として求めます。

$$\frac{dy}{dx}=\lim_{\Delta x\to 0}\frac{\Delta y}{\Delta x}=\lim_{\Delta x\to 0}\frac{\frac{\Delta y}{\Delta t}}{\frac{\Delta x}{\Delta t}}$$

$x=f(t)$ は微分可能なので連続です。つまり，ある点を $t=a$ として

$$\lim_{\Delta t\to 0}\{f(a+\Delta t)-f(a)\}=\lim_{\Delta t\to 0}\Delta x=0$$

【図１】

です。このとき，点 $(a,\ f(a))$ の付近で逆に，$f(a+\Delta t)$ を $f(a)$ に限りなく近づける，すなわち，$\Delta x\to 0$ とすると $\Delta t\to 0$ となることが，右図のイメージで理解できるでしょう。

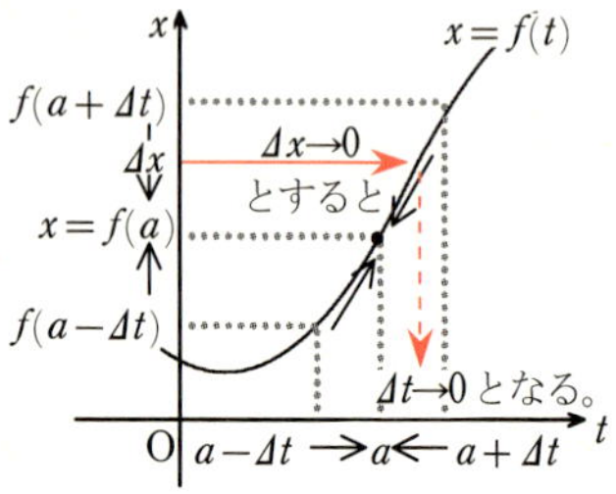

よって

$$\frac{dy}{dx}=\lim_{\Delta x\to 0}\frac{\frac{\Delta y}{\Delta t}}{\frac{\Delta x}{\Delta t}}=\frac{\displaystyle\lim_{\Delta t\to 0}\frac{\Delta y}{\Delta t}}{\displaystyle\lim_{\Delta t\to 0}\frac{\Delta x}{\Delta t}}=\frac{g'(t)}{f'(t)}$$

$$\therefore\ \boldsymbol{\frac{dy}{dx}=\frac{g'(t)}{f'(t)}}$$

例１ 半径 1 の円によってできるサイクロイド $\begin{cases}x=\theta-\sin\theta\\ y=1-\cos\theta\end{cases}$ 上で，円が原点で接している状態から $\frac{\pi}{2}$ だけ回転したときの点における接線の傾きを求める。

$$\frac{dx}{d\theta}=1-\cos\theta,\quad \frac{dy}{d\theta}=\sin\theta\quad ゆえ\quad \frac{dy}{dx}=\frac{\sin\theta}{1-\cos\theta}$$

題意より $\theta=\frac{\pi}{2}$ ゆえ

$$\frac{\sin\frac{\pi}{2}}{1-\cos\frac{\pi}{2}}=\frac{1}{1-0}=1\qquad(答)$$

【図２】

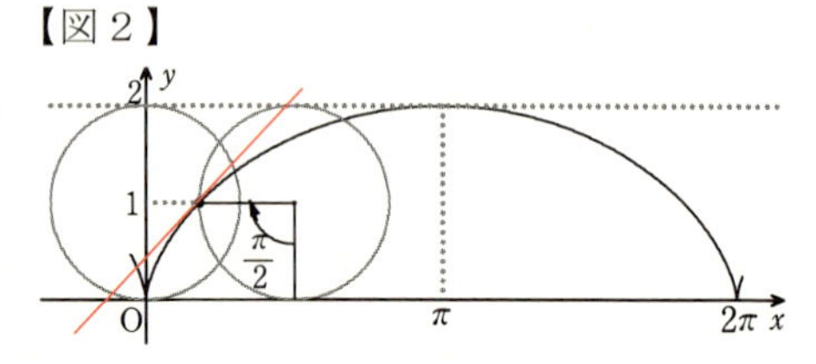

参考までに，この接線の方程式を求めておきます。

接点の座標は $(\frac{\pi}{2}-1,\ 1)$

ですから $y-1=1(x-(\frac{\pi}{2}-1))$　　　※

$$\therefore y=x+2-\frac{\pi}{2}$$

【図３】

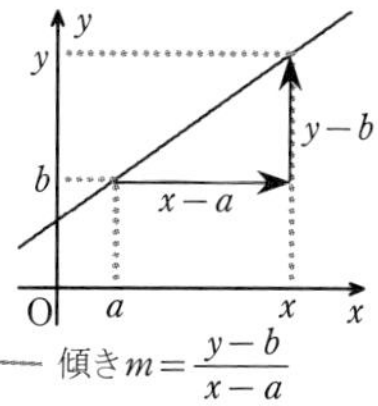

※　点 $(a,\ b)$ を通り，傾きが m の直線の方程式は

$$\boldsymbol{y-b=m(x-a)}$$

傾き $m=\frac{y-b}{x-a}$

●部分積分法

積分　そのまま　積分　微分

$$\int \boldsymbol{f(x)g(x)dx = F(x)g(x) - \int F(x)g'(x)dx}$$

［証明］

積の微分法

$$\{f(x)g(x)\}' = f'(x)g(x) + f(x)g'(x)$$

の両辺を積分します：

$$\int \{f(x)g(x)\}'dx = \int f'(x)g(x)dx + \int f(x)g'(x)dx$$

$$f(x)g(x) = \int f'(x)g(x)dx + \int f(x)g'(x)dx$$

ここで，右辺第１項について解くと

積分　積分

$$\int f'(x)g(x)dx = f(x)g(x) - \int f(x)g'(x)dx$$

そのまま　微分

となっているので，$f'(x)$ を $f(x)$ にして，その積分を $F(x)$ で表すと

$$\int f(x)g(x)dx = F(x)g(x) - \int F(x)g'(x)dx$$ （終）

定積分の場合は，定積分の記号に変えるだけです：

$$\int_a^b \boldsymbol{f(x)g(x)dx = \left[F(x)g(x)\right]_a^b - \int_a^b F(x)g'(x)dx}$$

●置換積分法

p.288 をはじめとして，何度か形式的に使いました。その仕組みについて補足します。

まず

$$F(x)=\int f(x)dx \qquad \cdots ①$$

としたとき

$$F'(x)=f(x) \qquad \cdots ②$$

という関係であることを押さえておきます。（微分積分法の基本定理(p.293)）

いま，x が変数 t の微分可能な関数 $g(t)$ によって $x=g(t)$ と表されるとすると，合成関数として

$$F(x)=F(g(t)) \qquad \cdots ③$$

$$f(x)=f(g(t)) \qquad \cdots ④$$

という具合に t の関数になります。そこで，③の両辺を t で微分すると，合成関数の微分法と②，④により

$$\frac{d}{dt}F(x)=F'(x)g'(t)=f(x)g'(t)=f(g(t))\cdot g'(t)$$

$$\therefore \frac{d}{dt}F(x)=f(g(t))\cdot g'(t)$$

この両辺を t で積分すると

$$F(x)=\int f(g(t))\cdot g'(t)\,dt$$

すなわち，①より

$$\int f(x)dx=\int f(g(t))\cdot g'(t)\,dt \qquad \cdots ⑤$$

という関係が出てきます。

⑤は，変数 x による積分を，微分可能な関数 $x=g(t)$ があれば，変数 t に置き換えて t に関する積分に変えられるということを表しています。

変数置き換えの関係 $x=g(t)$ の両辺を t で微分すると

$$\frac{dx}{dt}=g'(t)$$

ですが，これを形式的に分母を払うと

$$dx=g'(t)dt$$

となり，⑤において，左辺の dx を $g'(t)dt$ に置き換えた格好になっているので，p.288 などで示したような手順でよいということになるのです。

定積分では，積分区間も x の区間から t の区間に変換するところは，

本文で見たとおりです。

変数の置き換えは，$x=a\sin\theta$ や $x=a\tan\theta$ のように，$x=$ の形で表すものばかりではなく，p.292 にある $\cos x=t$ のように，(xの式)$=t$ とすることもできます。これは，被積分関数がやや複雑な場合，その式の一部の (xの式) をかたまりとして t に置き換えたら積分しやすくなりそうなときに，それを t に置き換えて積分する，という捉え方もできるということです。

このとき，かたまりに入れられずに残った x も t の式にするということが必要になる場合があります。

ただ，「なりそうな」というのは，試行錯誤を伴ったり，結局，置換積分では何ともならないこともある，ということを含んでの話です。

例 2　$\displaystyle\int(2x+1)\sqrt{x-1}\,dx$

$\sqrt{x-1}=t$　とおくと，$x-1=t^2$

両辺を t で微分すると　$\dfrac{dx}{dt}=2t$　$\therefore dx=2t\,dt$

$x-1=t^2$ より $x=t^2+1$ ゆえ

$2x+1=2t^2+3$　　　← これで x はすべて t に置換できる

よって

$$\begin{aligned}\int(2x+1)\sqrt{x-1}\,dx &= \int(2t^2+3)\cdot t\cdot 2t\,dt\\ &= \int(4t^4+6t^2)dt\\ &= \frac{4}{5}t^5+2t^3+C\\ &= \frac{2}{5}t^3(2t^2+5)+C\\ &= \frac{2}{5}(x-1)\sqrt{x-1}(2x+3)+C\\ &= \frac{2}{5}(2x+3)(x-1)\sqrt{x-1}+C \quad \text{（答）}\end{aligned}$$

$2t^2+5=2(x-1)+5$
$=2x+3$

● **$\log(1+x)$ の級数展開**

$$\log(1+x) = x - \frac{x^2}{2} + \frac{x^3}{3} - \cdots + (-1)^{n-1}\frac{x^n}{n} + \cdots = \sum_{k=1}^{\infty}\frac{(-1)^{k-1}}{k}x^k \quad (-1 < x \leqq 1)$$

これは，p.388 で，$x=0$ の代入と微分を繰り返す方法で紹介しましたが，ここでは，既知の級数から導く方法を紹介します。

まず，既知の級数というのは

$$\frac{1}{1+x} = 1 - x + x^2 - x^3 + \cdots$$

です。（p.268）

$$\begin{array}{r}
1 - x + x^2 - x^3 + \cdots \\
1+x\,\overline{)\,1\qquad\qquad\qquad\qquad} \\
\underline{1+x\qquad\qquad\qquad} \\
-x\qquad\qquad\quad \\
\underline{-x-x^2\qquad\quad} \\
x^2\qquad\quad \\
\underline{x^2+x^3\quad} \\
-x^3\quad \\
\underline{-x^3-x^4} \\
x^4 \\
\cdots
\end{array}$$

両辺を積分しますが，$\displaystyle\int\frac{1}{1+x}dx$ については

$1+x=t$ とおくと $\dfrac{dx}{dt}=1$ $\therefore dx=dt$

よって

$$\int\frac{1}{1+x}dx = \int\frac{1}{t}dt = \log|t| + C_1 = \log|1+x| + C_1$$

一方，オイラー流に無限級数の項別積分をドンドンやると

$$\int(1-x+x^2-x^3+\cdots)dx = (x - \frac{x^2}{2} + \frac{x^3}{3} - \frac{x^4}{4} + \cdots) + C_2$$

よって

$$\log|1+x| + C_1 = (x - \frac{x^2}{2} + \frac{x^3}{3} - \frac{x^4}{4} + \cdots) + C_2$$

$x=0$ のとき，$\log|1+0| = \log 1 = 0$ ゆえ

$$C_1 = C_2$$

したがって

$$\log|1+x| = x - \frac{x^2}{2} + \frac{x^3}{3} - \frac{x^4}{4} + \cdots$$

この右辺は，p.389 の(※)で説明したとおり，$-1 < x \leqq 1$ のときに収束します。$-1 < x \leqq 1$ のとき，$0 < 1+x \leqq 2$ ゆえ，絶対値記号は不要となって

$$\log(1+x) = x - \frac{x^2}{2} + \frac{x^3}{3} - \frac{x^4}{4} + \cdots \quad (-1 < x \leqq 1)$$ （終）

級数がただ収束するからといって，項の順番を入れかえたり，項別に微分や積分をしてよいとは限らないのですが，本書では，ドンドン項別に微分したり積分をしてきました。

項の順番の入れかえや，項別に微分・積分をしてよいかどうかは，関数列の収束の仕方についてもう少し詳しく見る必要があるのですが，そのことについては，他の "真面目な" 専門書をご覧ください。

$y=\log(1+x)$ の級数展開の有限和のグラフを見ておきましょう。

【図４】

① $y=x$

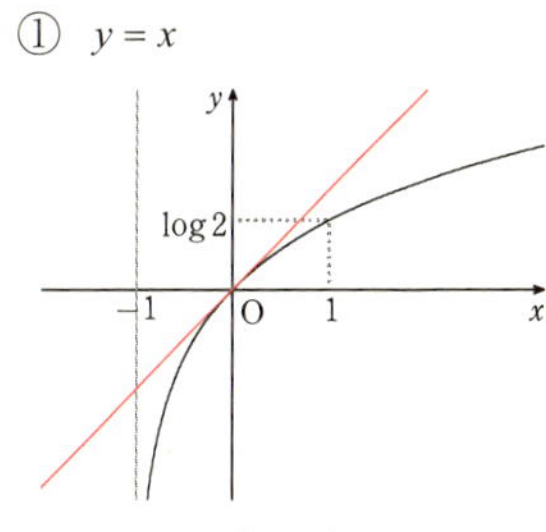

② $y=x-\dfrac{x^2}{2}$

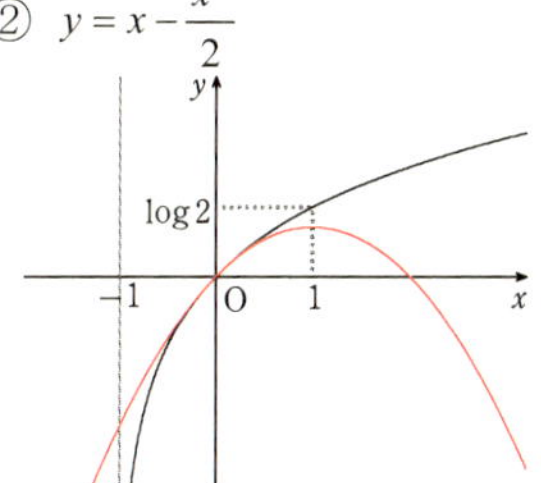

③ $y=x-\dfrac{x^2}{2}+\dfrac{x^3}{3}$

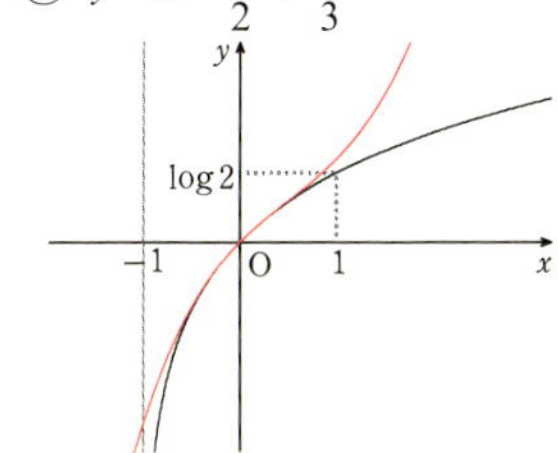

④ $y=x-\dfrac{x^2}{2}+\dfrac{x^3}{3}-\dfrac{x^4}{4}$

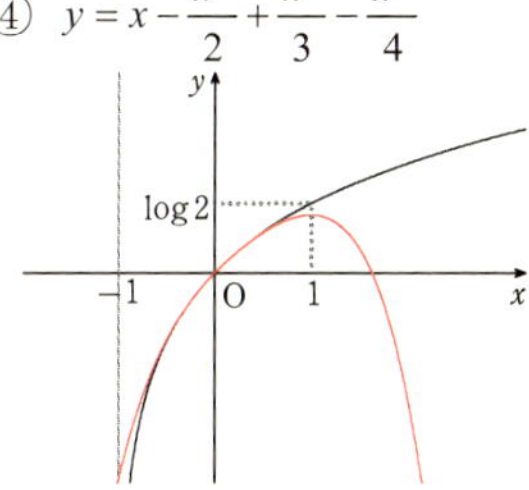

●中間値の定理

連続関数の性質として，次の**中間値の定理**が成り立ちます。

中間値の定理

閉区間 $a \leqq x \leqq b$ で連続な関数 $f(x)$ について

$f(a)<f(b)$ $\left[f(a)>f(b)\right]$ ならば

$f(a)<m<f(b)$ $\left[f(a)>m>f(b)\right]$ である m に対して

$f(c)=m$，$a<c<b$ を満たす c が少なくともひとつ存在する

これは，連続関数 $y=f(x)$ のグラフを考えたとき，閉区間 $a \leqq x \leqq b$ の両端の点 A，B の間を連続した曲線でつなごうとすれば，その途中で必ず，$y=f(a)$ と $y=f(b)$ の間にある直線 $y=m$ と少なくとも１回は交わらなければならない，ということを言っているわけです。

【図５】

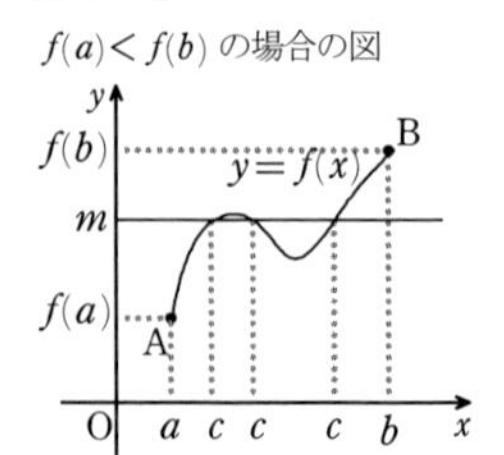

中間値の定理は，m を 0 にすれば

　閉区間 $a \leqq x \leqq b$ で連続な関数 $f(x)$ について

　$f(a)<0<f(b)$　$[f(a)>0>f(b)]$ ならば

　$f(c)=0$，$a<c<b$ を満たす c が少なくともひとつ存在する

となります。これを中間値の定理(その２)とします。

さて，p.418 に

　連続関数 $g'(x)$ について，$g'(0)=1>0$ なので，$x=0$ の前後のある区間で $g'(0)>0$

という記述がありますが，この理由は，次のような説明になります。

なお，ここでの $g'(x)$ は，′ が付いていますが「導関数」という意味は関係なく，単なるひとつの関数だと思ってください。

それでは，中間値の定理(その２)において，$a=0$，$f(x)$ を $g'(x)$ にして[　]内の記述を適用すると

　閉区間 $0 \leqq x \leqq b$ で連続な関数 $g'(x)$ について

　$g'(0)>0>g'(b)$ ならば

　$g'(c)=0$，$0<c<b$ を満たす c が少なくともひとつ存在する

となります。

そこで，そのような c が複数存在するときは，そのうちの最小値を c とすれば，半開区間 $0 \leqq x<c$ においては $g'(x)=0$ とならないのだから，$g'(0)>0$ と同じ符号のまま $g'(x)>0$。

で，p.419 の区間 I というのは，今の説明の $0 \leqq x<c$ に相当するものになります。

● $\sin^n x$，$\cos^n x$ （nは非負の整数）の積分

$I_n = \int \sin^n x\,dx$ とすると

$$I_n = \int \sin^{n-1}x \cdot \sin x\,dx$$
$$= \sin^{n-1}x(-\cos x) - (n-1)\int \sin^{n-2}x\cos x(-\cos x)\,dx$$
$$= -\sin^{n-1}x\cos x + (n-1)\int \sin^{n-2}x\cos^2 x\,dx$$
$$= -\sin^{n-1}x\cos x + (n-1)\int \sin^{n-2}x(1-\sin^2 x)\,dx$$
$$= -\sin^{n-1}x\cos x + (n-1)\int \sin^{n-2}x\,dx - (n-1)\int \sin^n x\,dx$$
$$= -\sin^{n-1}x\cos x + (n-1)I_{n-2} - (n-1)I_n$$

$$\therefore nI_n = -\sin^{n-1}x\cos x + (n-1)I_{n-2}$$

したがって

$$\boldsymbol{\int \sin^n x\,dx = -\frac{\sin^{n-1}x\cos x}{n} + \frac{n-1}{n}\int \sin^{n-2}x\,dx} \qquad \cdots ①$$

この結果

$$\int_0^{\frac{\pi}{2}} \sin^n x\,dx = \left[-\frac{\sin^{n-1}x\cos x}{n}\right]_0^{\frac{\pi}{2}} + \frac{n-1}{n}\int_0^{\frac{\pi}{2}} \sin^{n-2}x\,dx = \frac{n-1}{n}\int_0^{\frac{\pi}{2}} \sin^{n-2}x\,dx$$

ですから，$\int_0^{\frac{\pi}{2}} \sin^n x\,dx = J_n$ とおくと

$$J_n = \frac{n-1}{n}J_{n-2} \qquad \cdots ②$$

という関係になります。

数列や関数列において，②のような，番号が近隣のものどうしの関係式を**漸化式**（ぜんかしき）といいます。

さて，漸化式②は，n番の項が２つ前の$(n-2)$番の項の $\frac{n-1}{n}$ 倍であることを表していますから，順次，番号を２つずつ減らしていくと

$$J_n = \frac{n-1}{n}\cdot\overbrace{\frac{n-3}{n-2}J_{n-4}}^{J_{n-2}} = \frac{n-1}{n}\cdot\frac{n-3}{n-2}\cdot\overbrace{\frac{n-5}{n-4}J_{n-6}}^{J_{n-4}} = \cdots$$

という具合になります。

<u>nが偶数</u>の場合は，２つずつ減らしていくと最後にはJ_0に行き着いて

$$J_n = \frac{n-1}{n}\cdot\frac{n-3}{n-2}\cdots\cdots\frac{3}{4}\cdot\frac{1}{2}J_0\ ,\quad J_0 = \int_0^{\frac{\pi}{2}} 1\,dx = \left[\ x\ \right]_0^{\frac{\pi}{2}} = \frac{\pi}{2}$$

ですから

$$\boldsymbol{n}\text{が偶数の場合}\quad \int_0^{\frac{\pi}{2}} \sin^n x\,dx = \frac{n-1}{n}\cdot\frac{n-3}{n-2}\cdots\cdots\frac{3}{4}\cdot\frac{1}{2}\cdot\frac{\pi}{2}$$

nが奇数の場合は，最後はJ_1でストップで

$$J_n = \frac{n-1}{n}\cdot\frac{n-3}{n-2}\cdots\cdots\frac{4}{5}\cdot\frac{2}{3}J_1,\quad J_1 = \int_0^{\frac{\pi}{2}} \sin x\,dx = \left[-\cos x\right]_0^{\frac{\pi}{2}} = -(-1) = 1$$

ですから

$$\boldsymbol{n}\text{が奇数の場合}\quad \int_0^{\frac{\pi}{2}} \sin^n x\,dx = \frac{n-1}{n}\cdot\frac{n-3}{n-2}\cdots\cdots\frac{4}{5}\cdot\frac{2}{3}\cdot 1$$

となります。

$\int \cos^n x\,dx$ において $x = \frac{\pi}{2} - t$ とおくと，$dx = -dt$ ゆえ，①を用いて

$$\int \cos^n x\,dx = \int \cos^n\left(\frac{\pi}{2} - t\right)(-dt) = -\int \sin^n t\,dt \qquad \cos\left(\frac{\pi}{2} - t\right) = \sin t$$

$$= \frac{\sin^{n-1} t\cos t}{n} - \frac{n-1}{n}\int \sin^{n-2} t\,dt$$

$\sin t = \sin\left(\frac{\pi}{2} - x\right) = \cos x$，$\cos t = \cos\left(\frac{\pi}{2} - x\right) = \sin x$，$dt = -dx$ ゆえ

$$\int \cos^n x\,dx = \frac{\cos^{n-1} x\sin x}{n} + \frac{n-1}{n}\int \cos^{n-2} x\,dx$$

よって

$$\int_0^{\frac{\pi}{2}} \cos^n x\,dx = \left[\frac{\cos^{n-1} x\sin x}{n}\right]_0^{\frac{\pi}{2}} + \frac{n-1}{n}\int_0^{\frac{\pi}{2}} \cos^{n-2} x\,dx = \frac{n-1}{n}\int_0^{\frac{\pi}{2}} \cos^{n-2} x\,dx$$

で，J_nと同じ漸化式②になり

$n = 0$ のとき　$\int_0^{\frac{\pi}{2}} 1\,dx = \frac{\pi}{2}$　（ $J_0 = \frac{\pi}{2}$ に相当）

$n = 1$ のとき　$\int_0^{\frac{\pi}{2}} \cos x\,dx = \left[\sin x\right]_0^{\frac{\pi}{2}} = 1$　（ $J_1 = 1$ に相当）

なので，結局

$$\text{すべての非負整数}\,\boldsymbol{n}\,\text{に対して}\quad \int_0^{\frac{\pi}{2}} \cos^n x\,dx = \int_0^{\frac{\pi}{2}} \sin^n x\,dx$$

が成り立ちます。

2　k, k^2, k^3 の和

● $\displaystyle\sum_{k=1}^{n} k = \frac{1}{2}n(n+1)$

$$\sum_{k=1}^{n} k = 1+2+3+\cdots+n$$

ですから，ガウスが10歳のときに行ったという方法（p.343）で求められます。

$$\begin{array}{rccccccccc} & 1 & + & 2 & + & \cdots & + & (n-1) & + & n \\ +) & n & + & (n-1) & + & \cdots & + & 2 & + & 1 \\ \hline & (n+1) & + & (n+1) & + & \cdots & + & (n+1) & + & (n+1) \end{array}$$

$$\underbrace{(n+1)+(n+1)+\cdots+(n+1)+(n+1)}_{(n+1)\text{ が }n\text{ 個}}$$

$$\sum_{k=1}^{n} k = \frac{(n+1)n}{2} \qquad \therefore \sum_{k=1}^{n} k = \frac{1}{2}n(n+1) \quad \text{（終）}$$

● $\displaystyle\sum_{k=1}^{n} k^2 = \frac{1}{6}n(n+1)(2\mathrm{n}+1)$

$$\sum_{k=1}^{n} k^2 = 1^2+2^2+3^2+\cdots+n^2$$

ですが

$1^2 = 1\times1$（1が1個），$2^2 = 2\times2$（2が2個），…，$n^2 = n\times n$（nがn個）

と解釈できますから，次のような図式を考えます。

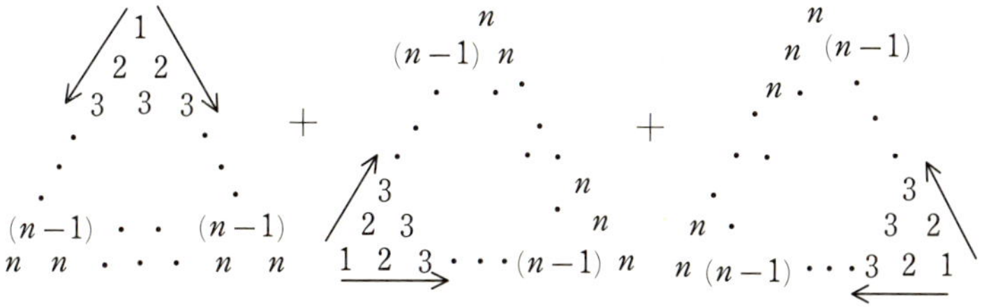

$$\begin{array}{ccccc} & & 1 & & \\ & 2 & & 2 & \\ 3 & & 3 & & 3 \\ & & \vdots & & \\ (n-1) & & \cdots & & (n-1) \\ n \quad n & & \cdots & & n \quad n \end{array} \; + \; \begin{array}{ccccc} & & n & & \\ & (n-1) & & n & \\ & & \vdots & & \\ 3 & & & & n \\ 2 \quad 3 & & & & n \\ 1 \quad 2 \quad 3 & \cdots & & (n-1) & n \end{array} \; + \; \begin{array}{ccccc} & & n & & \\ & n & & (n-1) & \\ & & \vdots & & \\ n & & & & 3 \\ n & & & & 3 \quad 2 \\ n & (n-1) & \cdots & & 3 \quad 2 \quad 1 \end{array}$$

$$
= \left.\begin{array}{l}
(2n+1) \longrightarrow (2n+1) \text{ が } 1\text{個} \\
(2n+1)(2n+1) \longrightarrow 2\text{個} \\
\quad \vdots \\
(2n+1) \quad (2n+1) \longrightarrow (n-1)\text{個} \\
(2n+1)(2n+1)\cdots(2n+1) \longrightarrow n\text{個}
\end{array}\right\} \begin{array}{l}(2n+1) \text{ が} \\ [1]\text{により} \\ \dfrac{1}{2}n(n+1) \text{ 個}\end{array}
$$

$(2n+1)$ が $\dfrac{1}{2}n(n+1)$ 個で，求めるものはその $\dfrac{1}{3}$ なので

$$\sum_{k=1}^{n} k^2 = (2n+1) \times \frac{1}{2}n(n+1) \times \frac{1}{3} = \frac{1}{6}n(n+1)(2n+1) \quad \text{（終）}$$

● $\displaystyle\sum_{k=1}^{n} k^3 = \left\{\frac{1}{2}n(n+1)\right\}^2 = (1+2+3+\cdots+n)^2$

これも，前項に習って，数をピラミッドのように重ねた図式でできますが，ここでは，次の等式を利用した方法で求めます。

$$(k+1)^4 - k^4 = 4k^3 + 6k^2 + 4k + 1 \qquad (k+1)^4 = k^4 + {}_4C_1k^3 + {}_4C_2k^2 + {}_4C_3k + 1$$

の辺々を，$k=1$ から $k=n$ まで足します：

$$
\begin{array}{lll}
k=1 \text{ のとき} & 2^4 - 1^4 = 4\cdot 1^3 & +6\cdot 1^2 \quad +4\cdot 1 \quad +1 \\
k=2 \text{ のとき} & 3^4 - 2^4 = 4\cdot 2^3 & +6\cdot 2^2 \quad +4\cdot 2 \quad +1 \\
k=3 \text{ のとき} & 4^4 - 3^4 = 4\cdot 3^3 & +6\cdot 3^2 \quad +4\cdot 3 \quad +1 \\
\quad \vdots & \qquad \vdots & \\
k=n \text{ のとき} & (n+1)^4 - n^4 = 4\cdot n^3 & +6\cdot n^2 \quad +4\cdot n \quad +1 \quad (+ \\
\hline
 & (n+1)^4 - 1^4 = 4\displaystyle\sum_{k=1}^{n} k^3 & +6\displaystyle\sum_{k=1}^{n} k^2 + 4\sum_{k=1}^{n} k + n
\end{array}
$$

よって

$$
\begin{aligned}
4\sum_{k=1}^{n} k^3 &= (n+1)^4 - 1^4 - 6\sum_{k=1}^{n} k^2 - 4\sum_{k=1}^{n} k - n \\
&= (n+1)^4 - 1^4 - 6\cdot\frac{1}{6}n(n+1)(2n+1) - 4\cdot\frac{1}{2}n(n+1) - n \\
&= (n^4 + 4n^3 + 6n^2 + 4n) - n(n+1)(2n+1) - 2n(n+1) - n \\
&= n(n^3 + 4n^2 + 6n + 4 - 2n^2 - 3n - 1 - 2n - 2 - 1) \\
&= n^2(n^2 + 2n + 1) \\
&= n^2(n+1)^2
\end{aligned}
$$

$$\therefore \sum_{k=1}^{n} k^3 = \frac{1}{4}n^2(n+1)^2 = \left\{\frac{1}{2}n(n+1)\right\}^2 \quad \text{(終)}$$

前項は，等式 $(k+1)^3 - k^3 = 3k^2 + 3k + 1$ を利用して，ここと同じように求めることができます。

$k = n$ までの和の公式で $k = n-1$ までの和を求めるには，公式の中の n をことごとく $n-1$ に書き換えればよいのです：

$$\text{例：} \sum_{k=1}^{n-1} k^2 = \frac{1}{6}(n-1)(n-1+1)\{2(n-1)+1\} = \frac{1}{6}(n-1)n(2n-1)$$

ただし，k の初期値（Σの下に書いてある値）が $k=1$ でないときには注意が必要です。たとえば，ここで示した3つの公式においては，初期値を $k=0$ とした場合，$k=0$ のときの項の値は0ですから，和には影響しません：

$$\sum_{k=0}^{n} k = \sum_{k=1}^{n} k \ , \ \sum_{k=0}^{n} k^2 = \sum_{k=1}^{n} k^2 \ , \ \sum_{k=0}^{n} k^3 = \sum_{k=1}^{n} k^3$$

しかし，すべての項が定数 c の場合は，次のようなことになります：

$$\boldsymbol{\sum_{k=1}^{n} c = nc} \ , \ \sum_{k=1}^{n-1} c = (n-1)c \ , \ \sum_{k=0}^{n-1} c = nc \ , \ \sum_{k=0}^{n} c = (n+1)c$$

それぞれ，足される c の個数に注目してください。定数 c は k の値に関係なく c のままですから（定数なんだから），この場合のΣは，足し算の回数を数える "カウンター" の役目しかしていないということに注意してください。

3　三角関数の方程式，不等式

三角関数を含む方程式や不等式です。高校の数学では，こうした方程式や不等式を解くことが，ひとつの大きな項目として扱われます。

なお，角度はすべて弧度法とします。

●三角関数の方程式

例1 次の方程式を解く。ただし，$0 \leqq \theta < 2\pi$ とする。

（ア）　$2\sin^2\theta - 3\cos\theta = 0$　　（イ）　$\sin 2\theta + \cos\theta = 0$

（ウ）　$\sqrt{2}(\sin 2\theta + \cos 2\theta) = 1$　　（エ）　$\tan\theta = \sqrt{3}$

（ア）　$2\sin^2\theta - 3\cos\theta = 0$　　… ①

$\sin^2\theta = 1 - \cos^2\theta$ ゆえ，①は

$$2(1-\cos^2\theta) - 3\cos\theta = 0$$

$$2\cos^2\theta + 3\cos\theta - 2 = 0$$

$\cos\theta = t$ とおくと

$$2t^2 + 3t - 2 = 0$$

$$(2t-1)(t+2) = 0$$

置き換えは必須ではない。
$(2\cos\theta - 1)(\cos\theta + 2) = 0$
$\cos\theta = -2$ は適さない。

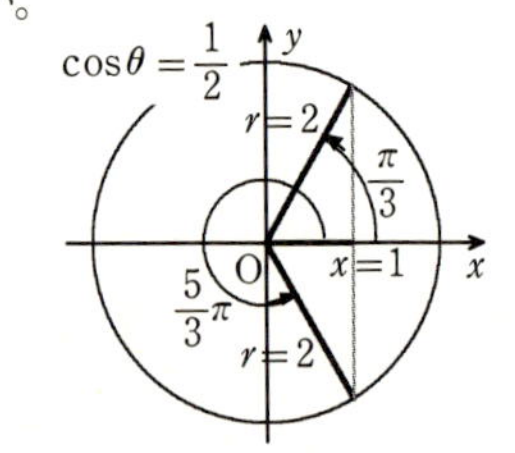

$0 \leqq \theta < 2\pi$ ゆえ　$-1 \leqq t \leqq 1$ なので

$t = \frac{1}{2}$　つまり　$\cos\theta = \frac{1}{2}$ ←x ←r

$\therefore \theta = \frac{\pi}{3},\ \frac{5}{3}\pi$　　（答）

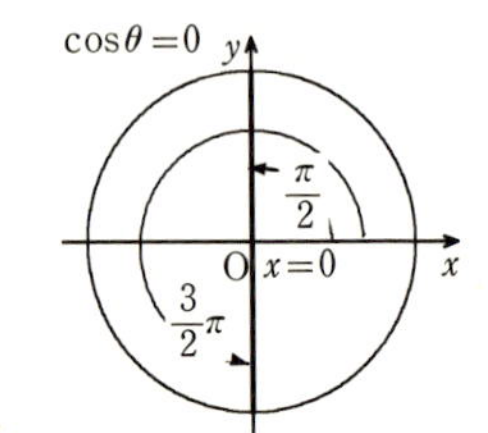

（イ）　$\sin 2\theta + \cos\theta = 0$　　… ①

２倍角の公式：$\sin 2\theta = 2\sin\theta\cos\theta$ より

$$2\sin\theta\cos\theta + \cos\theta = 0$$

$$\cos\theta(2\sin\theta + 1) = 0$$

$\cos\theta = 0$ の場合　$\theta = \frac{\pi}{2},\ \frac{3}{2}\pi$

$2\sin\theta + 1 = 0$ の場合　$\sin\theta = -\frac{1}{2}$

$\therefore \theta = \frac{7}{6}\pi,\ \frac{11}{6}\pi$

よって　$\theta = \frac{\pi}{2},\ \frac{7}{6}\pi,\ \frac{3}{2}\pi,\ \frac{11}{6}\pi$　（答）

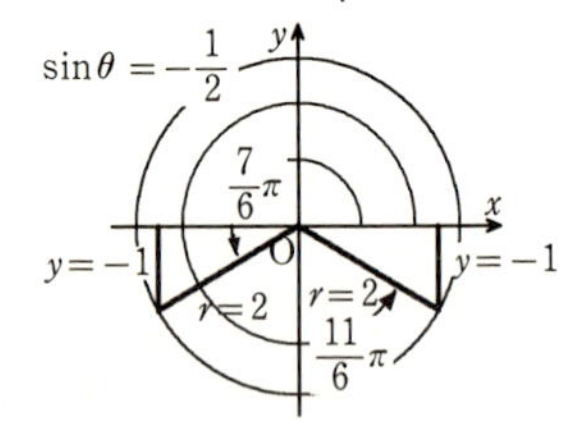

（ウ）　$\sqrt{2}(\sin 2\theta + \cos 2\theta) = 1$　　… ①

三角関数の合成により

$$\sin 2\theta + \cos 2\theta = \sqrt{2}\left(\frac{1}{\sqrt{2}}\sin 2\theta + \frac{1}{\sqrt{2}}\cos 2\theta\right) = \sqrt{2}\sin\left(2\theta + \frac{\pi}{4}\right)$$

よって①は

$$2\sin(2\theta+\frac{\pi}{4})=1 \quad \therefore \sin(2\theta+\frac{\pi}{4})=\frac{1}{2} \qquad \cdots ②$$

$0 \leqq \theta < 2\pi$ ゆえ　$0 \leqq 2\theta < 4\pi$

よって　$\frac{\pi}{4} \leqq 2\theta+\frac{\pi}{4} < \frac{17}{4}\pi$

この範囲において②を満たす動径の位置（$2\theta+\frac{\pi}{4}$）は

$$2\theta+\frac{\pi}{4}=\frac{5}{6}\pi,\ \frac{13}{6}\pi,\ \frac{17}{6}\pi,\ \frac{25}{6}\pi$$

$2\theta+\frac{\pi}{4}=\frac{\pi}{6}$ は不可。
（$\theta<0$ になってしまう。）

したがって　$\theta=\frac{7}{24}\pi,\ \frac{23}{24}\pi,\ \frac{31}{24}\pi,\ \frac{47}{24}\pi$　（答）

$\sin\left(2\theta+\frac{\pi}{4}\right)=\frac{1}{2}$ の図

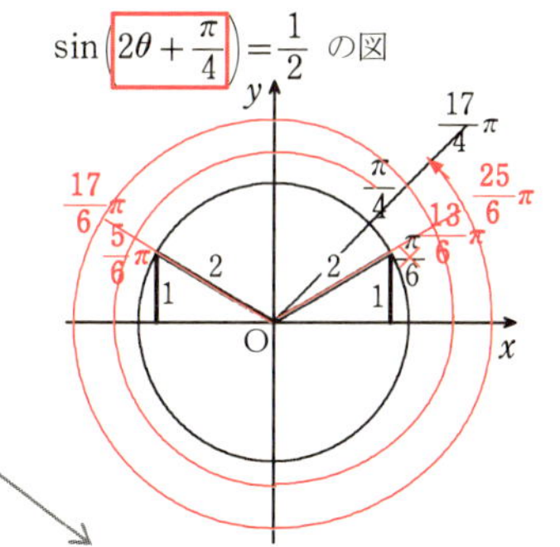

（エ）　$\tan\theta=\sqrt{3} \quad \cdots ①$

①の動径の図をかきますが，$\tan\theta=\frac{y}{x}$ なので次のように考えます。

$$\tan\theta=\sqrt{3}=\frac{\sqrt{3}}{1}=\frac{-\sqrt{3}}{-1}$$

図より　$\theta=\frac{\pi}{3},\ \frac{4}{3}\pi$　（答）

$\tan\theta=\sqrt{3}$ の図

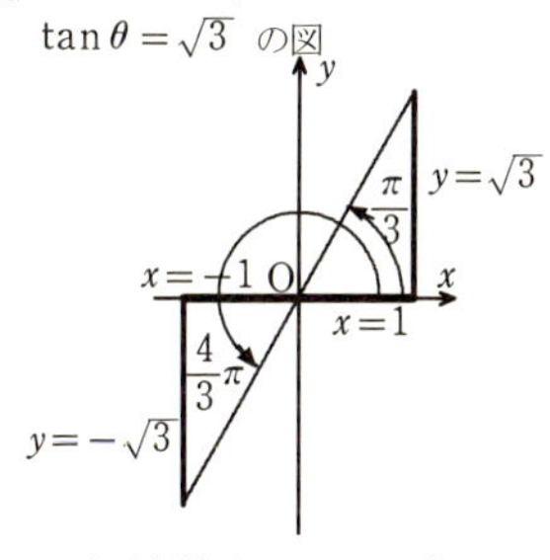

正弦，余弦の分母は r なので常に正ですが，正接は分子，分母とも，正にも負にもなります。

また，正接は動径 r を直接は使いませんから，円がなくても考えることができます。

$0 \leqq \theta < 2\pi$ というような制限がないときは，n を整数として，上のそれぞれの角度に $+2n\pi$ をつけた一般角で答えます。ただし

（ア）は　$\theta=\pm\frac{\pi}{3}+2n\pi$

と表してもよいし

（エ）は　$\theta=\frac{\pi}{3}+n\pi$

とする方が普通です。（$\tan\theta$ の周期は π）

●三角関数の不等式

例 2 次の不等式を解く。ただし，$0 \leqq \theta < 2\pi$ とする。

（ア） $2\cos\theta > 1$　　（イ） $\sin\theta < \cos\theta$　　（ウ） $\tan\theta \geqq 1$

不等式でも，まずは，等号が成り立つ動径の位置を図示するところから始めます。その際，動径の位置を表す角度は，原点の周囲にではなく，時計の文字盤のように動径の先端のところに書くようにすると見やすくなります。

（ア） $\cos\theta > \dfrac{1}{2}$ … ①　ですから，$\cos\theta = \dfrac{1}{2}$ を図示します。

次に，動径の先端をつまんで円周上を動かし，動径を時計の針のように回す場面を想像します。そして，動径をどちらに回せば①の不等号が成り立つか，つまり，$\cos\theta$ が $\dfrac{1}{2}$ より大きくなるかを考えます。

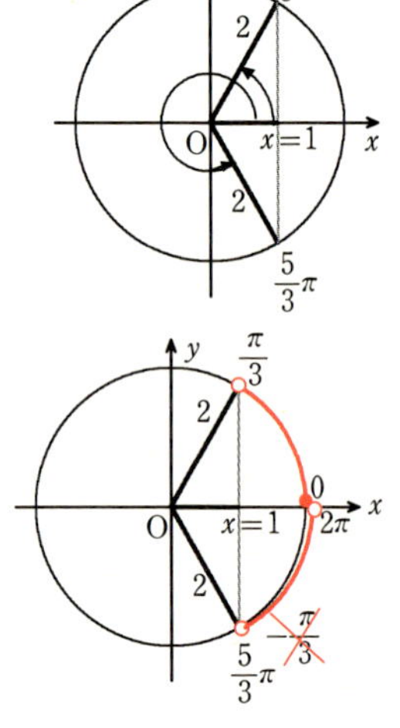

動径を回しても半径 r は 2 のまま変化しませんから，動径の先端の x 座標が 1 より大きくなればよいので，右図の赤い部分に動径の先端を置けばよいことが分かります。このような動径の位置の範囲を角度 θ の不等式で表せば，それが解です。

右図では，赤い弧を 2 つに分けてかいてありますが，それは，今は θ は負の値が使えない条件なので，第 4 象限の部分は，正の角で表さなければならないからです。

したがって

$$0 \leqq \theta < \frac{\pi}{3},\ \frac{5}{3}\pi < \theta < 2\pi \quad \text{（答）}$$

もし，問題の不等号の向きが逆：$\cos\theta < \dfrac{1}{2}$ なら，簡単です。上の図の赤く塗っていないひとつながりの部分：$\dfrac{\pi}{3} < \theta < \dfrac{5}{3}\pi$ が解になります。

（イ） $\sin\theta - \cos\theta < 0$　　… ①

問題はこの①と同等です。左辺を合成します：

$\sqrt{2}\sin(\theta-\frac{\pi}{4})<0 \qquad \therefore \sin(\theta-\frac{\pi}{4})<0 \quad \cdots$ ②

$0 \leqq \theta < 2\pi$ ゆえ　$-\frac{\pi}{4} \leqq \theta-\frac{\pi}{4} < \frac{7}{4}\pi$

$\theta-\frac{\pi}{4}$ の図

これは右図の灰色の範囲です。

②を等号にしたときの動径の位置を図示します。いまは，x 軸と重なっています。

そして，灰色の範囲内で②の成り立つ動径の位置の範囲を考えます。（赤い弧）

ここでは，第４象限の途中で赤い弧を分けてかいてあります。それは，$-\frac{\pi}{4}$ より小さな負の角度は使えないため，第３象限から第４象限にかけての部分の角度は，正の向きに計って答えなければならないからです。

よって　$-\frac{\pi}{4} \leqq \theta-\frac{\pi}{4} < 0$ ，$\pi < \theta-\frac{\pi}{4} < \frac{7}{4}\pi$

したがって　$0 \leqq \theta < \frac{\pi}{4}$ ，$\frac{5}{4}\pi < \theta < 2\pi$　（答）

この場合は，$\sin\theta < \cos\theta$　のままで，グラフも分かりやすいでしょう。

$\sin\theta$ のグラフが $\cos\theta$ のグラフより下にある θ の範囲です。

【図６】

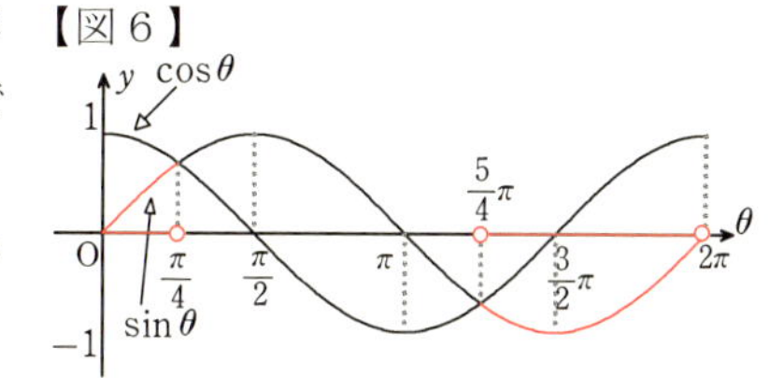

（ウ）　$\tan\theta \geqq 1 \qquad \cdots$ ①

等号が成り立つ動径をかいたあと，①の不等号が成り立つ方向へ動径の先端を動かしますが，$\tan\theta$ は r を使わないので，動径の先端を円周上を動かすのではなく，直線 $x=1$ 上，または $x=-1$ 上を動かします。動径はゴムのように伸び縮みできるものとします。$y=\tan\theta$ のグラフをかいたときのことを思い出してください。

そうすると，動径が第１象限，第４象限にあるときは，$x=1$ が分母で一定になりますから，①の不等号が成り立つのは，y 座標が 1 以上になる方向，つまり，図の点 A から上方に動径の先端を移動させたときです。で，これをいくら上まで移動させても，ゴム状の動径の角度は $\frac{\pi}{2}$ には達しません。

したがって，まず

$$\frac{\pi}{4} \leqq \theta < \frac{\pi}{2}$$

となります。

次に，第３象限にある動径は，分母は $x=-1$ で負ですから，①は

$$\tan\theta = \frac{y}{-1} \geqq 1 \quad \therefore y \leqq -1$$

となります。したがって，①が成り立つ動径は，その先端を図の点 B の下方へ動かせばよいことになります。不等号の大小と，図の上下の関係に注意してください。

これも，動径が真下を向く，つまり，角度が $\frac{3}{2}\pi$ になることはありませんから $\frac{5}{4}\pi \leqq \theta < \frac{3}{2}\pi$ となります。

以上より

$$\frac{\pi}{4} \leqq \theta < \frac{\pi}{2},\quad \frac{5}{4}\pi \leqq \theta < \frac{3}{2}\pi \quad (答)$$

グラフを見ると，θ の範囲が $\frac{\pi}{2}$ や $\frac{3}{2}\pi$ で切れるようすがよく分かります。

【図７】

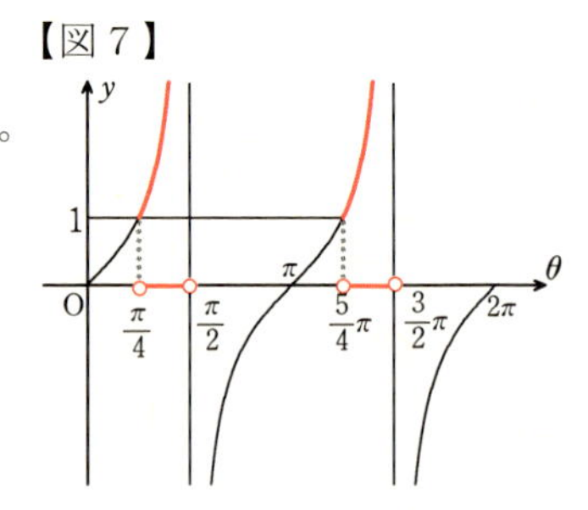

4　三角関数の最大値・最小値

例3 次の各関数の最大値，最小値を求める。また，（ア）（ウ）については，最大値，最小値をとるときの θ あるいは x の値を，（イ）については，その θ に対する $\sin\theta$ と $\cos\theta$ の値を求める。

（ア）　$y=2\sin\theta-\cos 2\theta$　（$0\leqq\theta<2\pi$）

（イ）　$y=\sin\theta+2\cos\theta$　（$0\leqq\theta\leqq\pi$）

（ウ）　$y=\sin 2x\sin x+\cos x$　（$0\leqq x<2\pi$）

（ア）　２倍角の公式：$\cos 2\theta=1-2\sin^2\theta$ より

$$y=2\sin\theta-(1-2\sin^2\theta)$$
$$=2\sin^2\theta+2\sin\theta-1$$

$\sin\theta=t$ とおくと，$0\leqq\theta<2\pi$ ゆえ　$-1\leqq t\leqq 1$ で

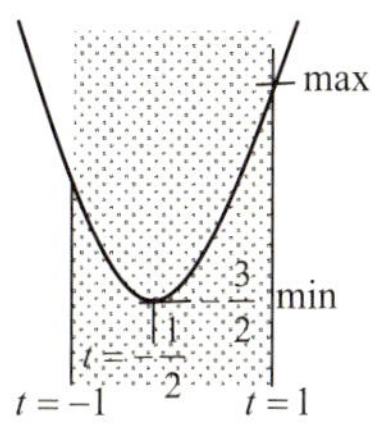

$$y=2t^2+2t-1$$
$$=2\{t^2+t+(\frac{1}{2})^2-\frac{1}{4}\}-1$$
$$=2(t+\frac{1}{2})^2-\frac{3}{2}$$

よって，$t=1$ で最大値 3，$t=-\frac{1}{2}$ で最小値 $-\frac{3}{2}$ をとる。

$t=\sin\theta=1$ より　$\theta=\frac{\pi}{2}$　，$t=\sin\theta=-\frac{1}{2}$　より　$\theta=\frac{7}{6}\pi,\ \frac{11}{6}\pi$

以上より

$\theta=\frac{\pi}{2}$ で最大値 3，$\theta=\frac{7}{6}\pi,\ \frac{11}{6}\pi$ で最小値 $-\frac{3}{2}$　（答）

上の図の放物線は，t を変数とする関数：$y=2t^2+2t-1$ のグラフであり，θ を変数としたものではありませんから，混同しないよう注意してください。

最大値・最小値を求める場合は，関数（y）の値の範囲が分かればよいのあって，途中がどのような変化をしているかは，必ずしも知る必

要はないのです。

参考までに，θ を変数（横軸）とする $y=2\sin\theta-\cos 2\theta$ のグラフを示しておきます。

微分を学習済みなら，増減表をつくってグラフをかいてみてください。いい練習になります。

【図８】

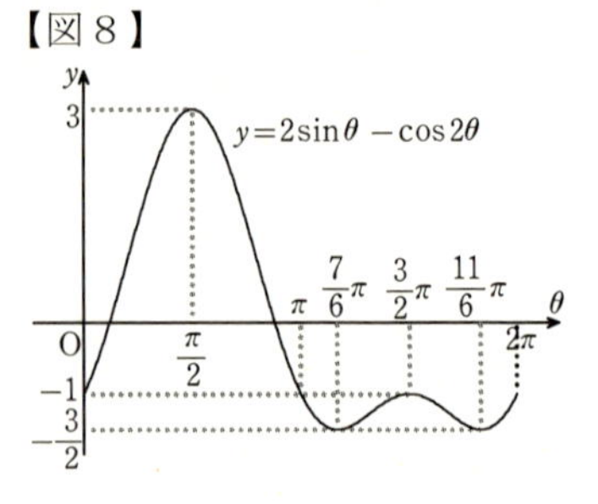

（イ）　合成すると

$$y=\sqrt{5}\left(\frac{1}{\sqrt{5}}\sin\theta+\frac{2}{\sqrt{5}}\cos\theta\right)$$

$$=\sqrt{5}\sin(\theta+\alpha)\qquad \left(\cos\alpha=\frac{1}{\sqrt{5}},\ \sin\alpha=\frac{2}{\sqrt{5}}\right)$$

$0\leqq\theta\leqq\pi$　ゆえ　$\alpha\leqq\theta+\alpha\leqq\pi+\alpha$

$\left(\frac{\pi}{3}<\right)\alpha<\frac{\pi}{2}$ ゆえ，右図の赤色の範囲。

よって　$\theta+\alpha=\frac{\pi}{2}$ で最大値 $\sqrt{5}$ をとる。

このとき，$\theta=\frac{\pi}{2}-\alpha$ ゆえ

$$\sin\theta=\sin\left(\frac{\pi}{2}-\alpha\right)=\cos\alpha=\frac{1}{\sqrt{5}}$$

$$\cos\theta=\cos\left(\frac{\pi}{2}-\alpha\right)=\sin\alpha=\frac{2}{\sqrt{5}}$$

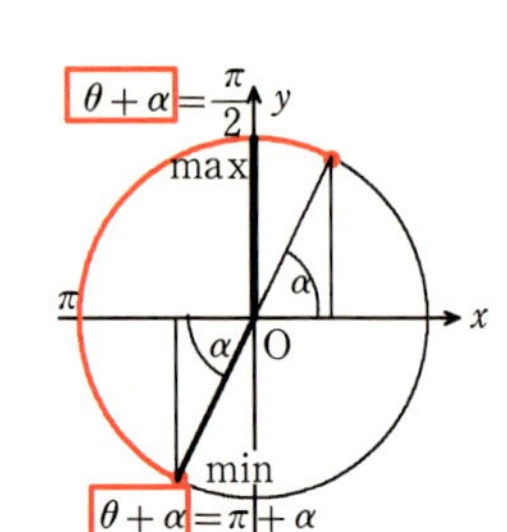

$\theta+\alpha=\pi+\alpha$　のとき，最小値：

$$\sqrt{5}\sin(\theta+\alpha)=\sqrt{5}\sin(\pi+\alpha)=-\sqrt{5}\sin\alpha=-\sqrt{5}\cdot\frac{2}{\sqrt{5}}=-2$$

をとる。このとき，$\theta=\pi$　ゆえ，$\sin\theta=\sin\pi=0$，$\cos\theta=\cos\pi=-1$

以上より　$\sin\theta=\frac{1}{\sqrt{5}}$，$\cos\theta=\frac{2}{\sqrt{5}}$ のとき最大値 $\sqrt{5}$
$\sin\theta=0$，$\cos\theta=-1$　のとき最小値　-2　（答）

（ウ）　２倍角の公式：$\sin 2x=2\sin x\cos x$　により，問題の関数は

$$y=2\sin^2 x\cos x+\cos x$$

$$=2(1-\cos^2 x)\cos x+\cos x$$

$$=-2\cos^3 x+3\cos x$$

$\cos x = t$ とおくと，$0 \leqq x < 2\pi$ ゆえ $-1 \leqq t < 1$ で

$$y = -2t^3 + 3t$$

$$y' = -6t^2 + 3 = -3(2t^2 - 1)$$

t	-1	$\cdots$	$-\frac{1}{\sqrt{2}}$	$\cdots$	$\frac{1}{\sqrt{2}}$	$\cdots$	1
y'		$-$	0	$+$	0	$-$	
y	-1	↘	$-\sqrt{2}$ 最小	↗	$\sqrt{2}$ 最大	↘	1

$y' = 0$ とすると

$$t^2 = \frac{1}{2} \qquad \therefore t = \pm\frac{1}{\sqrt{2}}$$

$t = \cos x = \dfrac{1}{\sqrt{2}}$ のとき $x = \dfrac{\pi}{4},\ \dfrac{7}{4}\pi$

$t = \cos x = -\dfrac{1}{\sqrt{2}}$ のとき $x = \dfrac{3}{4}\pi,\ \dfrac{5}{4}\pi$

したがって

$x = \dfrac{\pi}{4},\ \dfrac{7}{4}\pi$ で最大値 $\sqrt{2}$

$x = \dfrac{3}{4}\pi,\ \dfrac{5}{4}\pi$ で最小値 $-\sqrt{2}$　（答）

【図９】

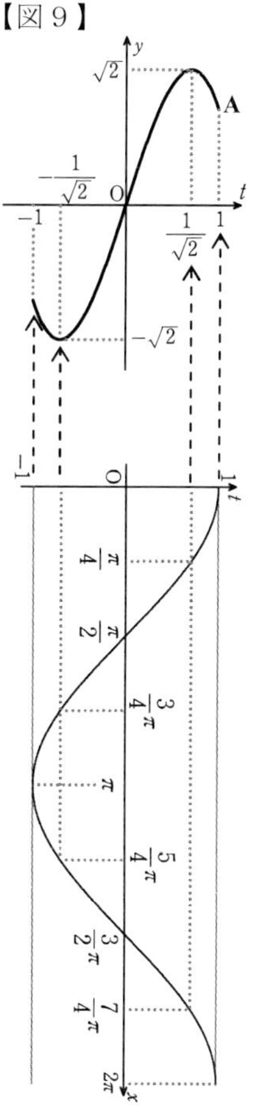

t を変数とするグラフは右図の上のようになります。最大値，最小値を求める問題では，グラフは必須ではありません。むしろ，増減表の方が重要です。

（ア）と同様このグラフは，横軸は x ではなく t であることに注意してください。このような変数の置き換えをして，もとの変数 x に対するグラフの形が分からなくなっても，最大値・最小値を調べるのに支障はありません。

$\cos x = t$ と置き換えたわけですから

$t = \cos x$

↓

$y = -2t^3 + 3t$

という合成関数にして解いたわけです。

合成関数のグラフのイメージは右図のようになります。つまり，x が 0 から 2π まで変化する間に $y = -2t^3 + 3t$ のグラフ上を点 A をスタートして１往復して A へ戻ってくる変化をするのです。

（ア）についても，このような図をかいてみてください。

参考までに

$y=\sin 2x\sin x+\cos x$

のグラフを載せておきます。

これも，増減表をつくってグラフをかいてみてください。

【図 10】

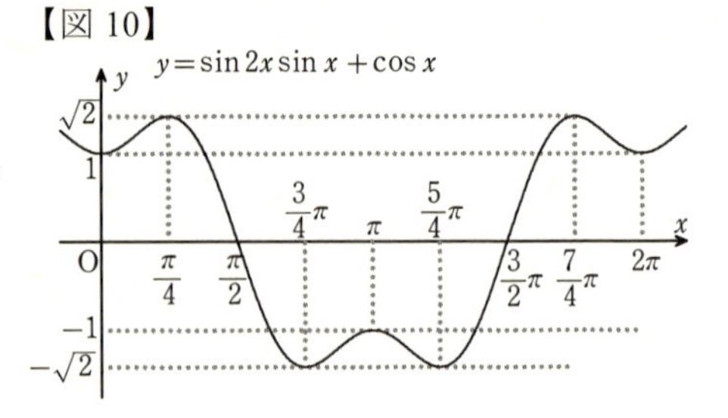

5　常用対数の利用

ネイピアやブリッグス，ブラックのつくった常用対数表は，1.0000～10.0000（これを 1 万倍して整数で表している）の 0.0001 ごとの対数の値14桁を求めたものでしたから，有効桁５桁までの数どうしの掛け算や割り算に利用できました。

それに対して本書の巻末の常用対数表は，1.00～9.99 の 0.01 ごとの対数の値ですから，有効桁３桁までの数どうしの掛け算や割り算しかできません。

実用というより，仕組みを理解するための例を挙げておきましょう。

例を見る前に，次のことを確認しておきます。

巻末の対数表は $\log_{10}1.00\sim\log_{10}9.99$ の値が載っている。

したがって

対数表に載っている値は $0\leqq x<1$ の範囲内。

また

たとえば $\log_{10}3.14=0.496930$ は $3.14=10^{0.496930}$ という意味。

つまり，常用対数表とは

ある数値（1.00～9.99）を 10^x と表そうとしたときの x の値の表

ということです。

例 4　（ア）246×975　（イ）$0.654 \div 93$ を常用対数表を利用して計算する。

（ア）　$246 \times 975 = 2.46 \times 10^2 \times 9.75 \times 10^2 = 2.46 \times 9.75 \times 10^4$ ですから

$$\log_{10}(246 \times 975) = \log_{10}(2.46 \times 9.75 \times 10^4)$$
$$= \underline{\log_{10} 2.46 + \log_{10} 9.75} + 4$$

$\log_a MN = \log_a M + \log_a N$
$\log_a a^r = r \log_a a = r$

↑掛け算が足し算になった。

本書の対数表より

$$\log_{10} 2.46 = 0.390935$$
$$\log_{10} 9.75 = 0.989005$$
$$\therefore \log_{10} 2.46 + \log_{10} 9.75 + 4 = 1.379940 + 4 = 0.379940 + 5$$

これで

$$246 \times 975 = 10^{0.379940+5} = 10^{0.379940} \times 10^5$$

ということが分かったことになります。

対数表の中から 379940 に近いところを探すと

$$\log_{10} 2.39 < 0.379940 < \log_{10} 2.40$$
$$\therefore 246 \times 975 \fallingdotseq 2.39 \times 10^5 = 239000$$ （答）　［実際は 239850］

（イ）　$0.654 \div 93 = (6.54 \times 10^{-1}) \div (9.30 \times 10) = 6.54 \div 9.30 \times 10^{-2}$ ですから

$$\log_{10}(0.654 \div 93) = \underline{\log_{10} 6.54 - \log_{10} 9.30} - 2$$
$$= 0.815578 - 0.968483 - 2$$
$$= -0.152905 - 2$$

$\log_a \frac{M}{N} = \log_a M - \log_a N$

↑割り算が引き算になった。

これは

$$0.654 \div 93 = 10^{-0.152905-2} = 10^{-0.152905} \times 10^{-2}$$

ということを表していますが，10 の指数が負では対数表は使えません。
そこで

$$-0.152905 - 2 = -0.152905 + 1 - 1 - 2$$
$$= 0.847095 - 3$$

ということをすれば

$$6.54 \div 93 = 10^{0.847095} \times 10^{-3}$$

となりますから，対数表で 847095 に近い値を探して

$$\log_{10} 7.03 < 0.847095 < \log_{10} 7.04$$

が見つかります。よって

$$0.654 \div 93 \fallingdotseq 7.03 \times 10^{-3} = 0.00703$$ （答）［実際は 0. 00703225…］

例 5　（ア）3^{100}　（イ）$(0.4)^{50}$　を常用対数表を利用して計算。

（ア）　$\log_{10} 3^{100} = 100 \log_{10} 3 = 100 \times 0.477121 = 47.7121$ ゆえ

$$3^{100} = 10^{47.7121} = 10^{0.7121} \times 10^{47}$$

対数表の中で 712100（小数第 6 位までの 6 桁）に近いところを探すと

$$\log_{10} 5.15 < 0.712100 < \log_{10} 5.16$$

よって

$$3^{100} \fallingdotseq 5.15 \times 10^{47}$$ （答）　［実際は $5.15377 \cdots \times 10^{47}$］

（イ）　$\log_{10}(0.4)^{50} = 50 \log_{10}(\frac{4}{10}) = 50(\log_{10} 4 - 1)$

$$= 50(0.602060 - 1) = 50 \times (-0.397940) = -19.89700$$

$$\therefore 0.4^{50} = 10^{-19.89700} = 10^{-0.89700-19} = 10^{-0.89700} \times 10^{-19}$$

しかし，10 の指数の小数部分が負の数では対数表は使えないので

$$-0.89700 - 19 = -0.89700 + 1 - 1 - 19 = 0.10300 - 20$$

として

$$0.4^{50} = 10^{0.10300} \times 10^{-20}$$

となるので，対数表の中で 103000（小数第 6 位までの 6 桁にする）に近いところを探すと

$$\log_{10} 1.26 < 0.103000 < \log_{10} 1.27$$

$$\therefore 0.4^{50} \fallingdotseq 1.26 \times 10^{-20}$$ （答）　［実際は $1.26765 \cdots \times 10^{-20}$］

（ア）は 48 桁の整数，（イ）は，小数で表すと，小数第 20 位に初めて 0 でない数字が出てきます（小数点以下に 19 個 0 が続く）。

三角関数の「積→和差」の公式を使うのと比べてどうですか？

17世紀後半以降，常用対数表が普及していったことで，シモン・ステヴィン（1548～1620）の提唱した，1 より小さな数も十進法にすることも広く浸透していったのではないかとも思われます。

三角関数表１（小数第11位四捨五入）

角(°)	sin	cos	tan
0	0.00000 00000	1.00000 00000	0.00000 00000
1	0.01745 24064	0.99984 76952	0.01745 50649
2	0.03489 94967	0.99939 08270	0.03492 07695
3	0.05233 59562	0.99862 95348	0.05240 77793
4	0.06975 64737	0.99756 40503	0.06992 68119
5	0.08715 57427	0.99619 46981	0.08748 86635
6	0.10452 84633	0.99452 18954	0.10510 42353
7	0.12186 93434	0.99254 61516	0.12278 45609
8	0.13917 31010	0.99026 80687	0.14054 08347
9	0.15643 44650	0.98768 83406	0.15838 44403
10	0.17364 81777	0.98480 77530	0.17632 69807
11	0.19080 89954	0.98162 71834	0.19438 03091
12	0.20791 16908	0.97814 76007	0.21255 65617
13	0.22495 10543	0.97437 00648	0.23086 81911
14	0.24192 18956	0.97029 57263	0.24932 80028
15	0.25881 90451	0.96592 58263	0.26794 91924
16	0.27563 73558	0.96126 16959	0.28674 53858
17	0.29237 17047	0.95630 47560	0.30573 06815
18	0.30901 69944	0.95105 65163	0.32491 96962
19	0.32556 81545	0.94551 85756	0.34432 76133
20	0.34202 01433	0.93969 26208	0.36397 02343
21	0.35836 79495	0.93358 04265	0.38386 40350
22	0.37460 65934	0.92718 38546	0.40402 62258
23	0.39073 11285	0.92050 48535	0.42447 48162
24	0.40673 66431	0.91354 54576	0.44522 86853
25	0.42261 82617	0.90630 77870	0.46630 76582
26	0.43837 11468	0.89879 40463	0.48773 25886
27	0.45399 04997	0.89100 65242	0.50952 54495
28	0.46947 15628	0.88294 75929	0.53170 94317
29	0.48480 96202	0.87461 97071	0.55430 90515
30	0.50000 00000	0.86602 54038	0.57735 02692

三角関数表２（小数第11位四捨五入）

角(°)	sin	cos	tan
31	0.51503 80749	0.85716 73007	0.60086 06190
32	0.52991 92642	0.84804 80962	0.62486 93519
33	0.54463 90350	0.83867 05679	0.64940 75932
34	0.55919 29035	0.82903 75726	0.67450 85168
35	0.57357 64364	0.81915 20443	0.70020 75382
36	0.58778 52523	0.80901 69944	0.72654 25280
37	0.60181 50232	0.79863 55100	0.75355 40501
38	0.61566 14753	0.78801 07536	0.78128 56265
39	0.62932 03910	0.77714 59615	0.80978 40332
40	0.64278 76097	0.76604 44431	0.83909 96312
41	0.65605 90290	0.75470 95802	0.86928 67378
42	0.66913 06064	0.74314 48255	0.90040 40443
43	0.68199 83601	0.73135 37016	0.93251 50861
44	0.69465 83705	0.71933 98003	0.96568 87748
45	0.70710 67812	0.70710 67812	1.00000 00000
46	0.71933 98003	0.69465 83705	1.03553 03138
47	0.73135 37016	0.68199 83601	1.07236 87100
48	0.74314 48255	0.66913 06064	1.11061 25148
49	0.75470 95802	0.65605 90290	1.15036 84072
50	0.76604 44431	0.64278 76097	1.19175 35926
51	0.77714 59615	0.62932 03910	1.23489 71565
52	0.78801 07536	0.61566 14753	1.27994 16322
53	0.79863 55100	0.60181 50232	1.32704 48216
54	0.80901 69944	0.58778 52523	1.37638 19205
55	0.81915 20443	0.57357 64364	1.42814 80067
56	0.82903 75726	0.55919 29035	1.48256 09685
57	0.83867 05679	0.54463 90350	1.53986 49638
58	0.84804 80962	0.52991 92642	1.60033 45290
59	0.85716 73007	0.51503 80749	1.66427 94824
60	0.86602 54038	0.50000 00000	1.73205 08076

三角関数表３（小数第11位四捨五入）

角(°)	sin	cos	tan
61	0.87461 97071	0.48480 96202	1.80404 77553
62	0.88294 75929	0.46947 15628	1.88072 64653
63	0.89100 65242	0.45399 04997	1.96261 05055
64	0.89879 40463	0.43837 11468	2.05030 38416
65	0.90630 77870	0.42261 82617	2.14450 69205
66	0.91354 54576	0.40673 66431	2.24603 67739
67	0.92050 48535	0.39073 11285	2.35585 23658
68	0.92718 38546	0.37460 65934	2.47508 68534
69	0.93358 04265	0.35836 79495	2.60508 90647
70	0.93969 26208	0.34202 01433	2.74747 74195
71	0.94551 85756	0.32556 81545	2.90421 08777
72	0.95105 65163	0.30901 69944	3.07768 35372
73	0.95630 47560	0.29237 17047	3.27085 26185
74	0.96126 16959	0.27563 73558	3.48741 44438
75	0.96592 58263	0.25881 90451	3.73205 08076
76	0.97029 57263	0.24192 18956	4.01078 09335
77	0.97437 00648	0.22495 10543	4.33147 58743
78	0.97814 76007	0.20791 16908	4.70463 01095
79	0.98162 71834	0.19080 89954	5.14455 40160
80	0.98480 77530	0.17364 81777	5.67128 18196
81	0.98768 83406	0.15643 44650	6.31375 15147
82	0.99026 80687	0.13917 31010	7.11536 97224
83	0.99254 61516	0.12186 93434	8.14434 64280
84	0.99452 18954	0.10452 84633	9.51436 44542
85	0.99619 46981	0.08715 57427	11.43005 23028
86	0.99756 40503	0.06975 64737	14.30066 62567
87	0.99862 95348	0.05233 59562	19.08113 66877
88	0.99939 08270	0.03489 94967	28.63625 32829
89	0.99984 76952	0.01745 24064	57.28996 16308
90	1.00000 00000	0.00000 00000	-

常用対数表　1（小数第7位四捨五入 $\times 10^6$）

	0	1	2	3	4	5	6	7	8	9
1.0	000000	004321	008600	012837	017033	021189	025306	029384	033424	037426
1.1	041393	045323	049218	053078	056905	060698	064458	068186	071882	075547
1.2	079181	082785	086360	089905	093422	096910	100371	103804	107210	110590
1.3	113943	117271	120574	123852	127105	130334	133539	136721	139879	143015
1.4	146128	149219	152288	155336	158362	161368	164353	167317	170262	173186
1.5	176091	178977	181844	184691	187521	190332	193125	195900	198657	201397
1.6	204120	206826	209515	212188	214844	217484	220108	222716	225309	227887
1.7	230449	232996	235528	238046	240549	243038	245513	247973	250420	252853
1.8	255273	257679	260071	262451	264818	267172	269513	271842	274158	276462
1.9	278754	281033	283301	285557	287802	290035	292256	294466	296665	298853
2.0	301030	303196	305351	307496	309630	311754	313867	315970	318063	320146
2.1	322219	324282	326336	328380	330414	332438	334454	336460	338456	340444
2.2	342423	344392	346353	348305	350248	352183	354108	356026	357935	359835
2.3	361728	363612	365488	367356	369216	371068	372912	374748	376577	378398
2.4	380211	382017	383815	385606	387390	389166	390935	392697	394452	396199
2.5	397940	399674	401401	403121	404834	406540	408240	409933	411620	413300
2.6	414973	416641	418301	419956	421604	423246	424882	426511	428135	429752
2.7	431364	432969	434569	436163	437751	439333	440909	442480	444045	445604
2.8	447158	448706	450249	451786	453318	454845	456366	457882	459392	460898
2.9	462398	463893	465383	466868	468347	469822	471292	472756	474216	475671

常用対数表　2（小数第7位四捨五入 $\times 10^6$）

	0	1	2	3	4	5	6	7	8	9
3.0	477121	478566	480007	481443	482874	484300	485721	487138	488551	489958
3.1	491362	492760	494155	495544	496930	498311	499687	501059	502427	503791
3.2	505150	506505	507856	509203	510545	511883	513218	514548	515874	517196
3.3	518514	519828	521138	522444	523746	525045	526339	527630	528917	530200
3.4	531479	532754	534026	535294	536558	537819	539076	540329	541579	542825
3.5	544068	545307	546543	547775	549003	550228	551450	552668	553883	555094
3.6	556303	557507	558709	559907	561101	562293	563481	564666	565848	567026
3.7	568202	569374	570543	571709	572872	574031	575188	576341	577492	578639
3.8	579784	580925	582063	583199	584331	585461	586587	587711	588832	589950
3.9	591065	592177	593286	594393	595496	596597	597695	598791	599883	600973
4.0	602060	603144	604226	605305	606381	607455	608526	609594	610660	611723
4.1	612784	613842	614897	615950	617000	618048	619093	620136	621176	622214
4.2	623249	624282	625312	626340	627366	628389	629410	630428	631444	632457
4.3	633468	634477	635484	636488	637490	638489	639486	640481	641474	642465
4.4	643453	644439	645422	646404	647383	648360	649335	650308	651278	652246
4.5	653213	654177	655138	656098	657056	658011	658965	659916	660865	661813
4.6	662758	663701	664642	665581	666518	667453	668386	669317	670246	671173
4.7	672098	673021	673942	674861	675778	676694	677607	678518	679428	680336
4.8	681241	682145	683047	683947	684845	685742	686636	687529	688420	689309
4.9	690196	691081	691965	692847	693727	694605	695482	696356	697229	698101

常用対数表 3（小数第7位四捨五入 × 10^6）

	0	1	2	3	4	5	6	7	8	9
5.0	698970	699838	700704	701568	702431	703291	704151	705008	705864	706718
5.1	707570	708421	709270	710117	710963	711807	712650	713491	714330	715167
5.2	716003	716838	717671	718502	719331	720159	720986	721811	722634	723456
5.3	724276	725095	725912	726727	727541	728354	729165	729974	730782	731589
5.4	732394	733197	733999	734800	735599	736397	737193	737987	738781	739572
5.5	740363	741152	741939	742725	743510	744293	745075	745855	746634	747412
5.6	748188	748963	749736	750508	751279	752048	752816	753583	754348	755112
5.7	755875	756636	757396	758155	758912	759668	760422	761176	761928	762679
5.8	763428	764176	764923	765669	766413	767156	767898	768638	769377	770115
5.9	770852	771587	772322	773055	773786	774517	775246	775974	776701	777427
6.0	778151	778874	779596	780317	781037	781755	782473	783189	783904	784617
6.1	785330	786041	786751	787460	788168	788875	789581	790285	790988	791691
6.2	792392	793092	793790	794488	795185	795880	796574	797268	797960	798651
6.3	799341	800029	800717	801404	802089	802774	803457	804139	804821	805501
6.4	806180	806858	807535	808211	808886	809560	810233	810904	811575	812245
6.5	812913	813581	814248	814913	815578	816241	816904	817565	818226	818885
6.6	819544	820201	820858	821514	822168	822822	823474	824126	824776	825426
6.7	826075	826723	827369	828015	828660	829304	829947	830589	831230	831870
6.8	832509	833147	833784	834421	835056	835691	836324	836957	837588	838219
6.9	838849	839478	840106	840733	841359	841985	842609	843233	843855	844477

常用対数表　4（小数第7位四捨五入 × 10^6）

	0	1	2	3	4	5	6	7	8	9
7.0	845098	845718	846337	846955	847573	848189	848805	849419	850033	850646
7.1	851258	851870	852480	853090	853698	854306	854913	855519	856124	856729
7.2	857332	857935	858537	859138	859739	860338	860937	861534	862131	862728
7.3	863323	863917	864511	865104	865696	866287	866878	867467	868056	868644
7.4	869232	869818	870404	870989	871573	872156	872739	873321	873902	874482
7.5	875061	875640	876218	876795	877371	877947	878522	879096	879669	880242
7.6	880814	881385	881955	882525	883093	883661	884229	884795	885361	885926
7.7	886491	887054	887617	888179	888741	889302	889862	890421	890980	891537
7.8	892095	892651	893207	893762	894316	894870	895423	895975	896526	897077
7.9	897627	898176	898725	899273	899821	900367	900913	901458	902003	902547
8.0	903090	903633	904174	904716	905256	905796	906335	906874	907411	907949
8.1	908485	909021	909556	910091	910624	911158	911690	912222	912753	913284
8.2	913814	914343	914872	915400	915927	916454	916980	917506	918030	918555
8.3	919078	919601	920123	920645	921166	921686	922206	922725	923244	923762
8.4	924279	924796	925312	925828	926342	926857	927370	927883	928396	928908
8.5	929419	929930	930440	930949	931458	931966	932474	932981	933487	933993
8.6	934498	935003	935507	936011	936514	937016	937518	938019	938520	939020
8.7	939519	940018	940516	941014	941511	942008	942504	943000	943495	943989
8.8	944483	944976	945469	945961	946452	946943	947434	947924	948413	948902
8.9	949390	949878	950365	950851	951338	951823	952308	952792	953276	953760

常用対数表　5（小数第7位四捨五入 × 10^6）

	0	1	2	3	4	5	6	7	8	9
9.0	954243	954725	955207	955688	956168	956649	957128	957607	958086	958564
9.1	959041	959518	959995	960471	960946	961421	961895	962369	962843	963316
9.2	963788	964260	964731	965202	965672	966142	966611	967080	967548	968016
9.3	968483	968950	969416	969882	970347	970812	971276	971740	972203	972666
9.4	973128	973590	974051	974512	974972	975432	975891	976350	976808	977266
9.5	977724	978181	978637	979093	979548	980003	980458	980912	981366	981819
9.6	982271	982723	983175	983626	984077	984527	984977	985426	985875	986324
9.7	986772	987219	987666	988113	988559	989005	989450	989895	990339	990783
9.8	991226	991669	992111	992554	992995	993436	993877	994317	994757	995196
9.9	995635	996074	996512	996949	997386	997823	998259	998695	999131	999565

表の見方

$\log_{10} 1.23 = 0.089905$

	0	1	2	3	4	5	6	7	8	9
1.2	079181	082785	086360	089905	093422	096910	100371	103804	107210	110590
2.7	431364	432969	434569	436163	437751	439333	440909	442480	444045	445604

$\log_{10} 2.71 = 0.432969$

著者：坂江　正（さかえ　ただし）
1957 年生まれ.
東京都立青山高校，電気通信大学情報数理工学科卒業後，私立高校，東京都立足立工業高校・新宿山吹高校・小山台高校・武蔵野北高校・上野高校で数学を教える．自分自身が数学のどこがどう分からなかったのかを常に思い起こしながら，コトの本質が理解できるような「分かりやすい授業」を心がけている．
著書：『sin と cos 超入門』（日本実業出版社 2001 年）

ピタゴラスからオイラーまで
2019 年 3 月 28 日　第 1 刷発行

発行所：㈱海 鳴 社　〒101-0065　東京都千代田区西神田 2-4-6
http://www.kaimeisha.com　E メール：info@kaimeisha.com
電話：03-3262-1967　ファックス：03-3234-3643

発 行 人：辻　信行
組　　版：海 鳴 社
印刷・製本：シ ナ ノ

出版社コード：1097
ISBN 978-4-87525-344-0